筑龙论坛精华帖

建筑施工篇 1

筑龙网 编著

  本书内容为网络积聚的各类问题，并经网站组织的专家评审和精选，内容以网友回答的为主，有目的地选择了一些专家们认为合适的内容。也许有的问题并没有最佳答案，但基本有条解决问题的思路。读者在参考时要重点从方法和思路上学习，不要"唯书是瞻"。如对某问题有新的方法和思路可在网上继续发表。

  本系列将陆续出版，新的问题也许在以后的书中有所体现，请继续关注。

中国建筑工业出版社

图书在版编目（CIP）数据

筑龙论坛精华帖. 建筑施工篇1/筑龙网编著. —北京：中国建筑工业出版社，2007
ISBN 978－7－112－09629－9

Ⅰ. 筑… Ⅱ. 筑… Ⅲ. 建筑工程－工程施工 Ⅳ. TU7

中国版本图书馆 CIP 数据核字（2007）第 154688 号

筑龙论坛精华帖
建筑施工篇 1
筑龙网 编著

*

中国建筑工业出版社出版、发行（北京西郊百万庄）
各地新华书店、建筑书店经销
北京嘉泰利德公司制版
北京建筑工业印刷厂印刷

*

开本：787×1092 毫米 1/16 印张：34 字数：846 千字
2008 年 1 月第一版 2008 年 1 月第一次印刷
印数：1—3500 册 定价：60.00 元
ISBN 978－7－112－09629－9
（16293）

版权所有 翻印必究
如有印装质量问题，可寄本社退换
（邮政编码 100037）

也许你在施工过程中遇到过各种各样烦人的问题，想问而无处问。现在将筑龙网凝聚的近百万网友共同关注的问题，通过精选出版，是否能解决你的一些疑虑。本书是筑龙论坛自创办以来，有关建筑施工板块的部分精华讨论帖汇编，积聚了近百万热爱通过筑龙论坛进行沟通、学习、交流的网友的心血。本书提供的不是所有问题，而是所有经典问题；给出的不是所有回答，而是有价值的回答。本书关注的不是所有人，而是所有专业人士的你们；给出的问题不是所有人关注的，而是最值得你关注的。本书作者关心的不仅是你看了多少，还有你用了多少；本书编辑关心的不是你仅用了多少，还有你让多少人知道；本书读者收获的不仅是一个个问题的解答，还有一个个实际问题的解决。

本书适用于从事建筑施工的技术员、管理者，大专院校相关专业师生。

* * *

责任编辑：张礼庆
责任设计：董建平
责任校对：王雪竹　陈晶晶

编委会

策　　划：张兴诺　李　箐

主　　编：叶　彤（拐子马）　　　　杨本荣（mingong）

副 主 编：刘利锋（逸风）　　　　　张兴诺（anuo）

　　　　　吴兴宇（gunyun）　　　　陈海励（海天小筑）

参编人员：林建明（linjianming）　　章晓余（yu7201）

　　　　　龚全锋（gqf1518）　　　　周震（a1b2c3aa）

　　　　　叶增富（霄夜）　　　　　沈健（沈健）

　　　　　袁媛（亲亲mami）　　　　陈建兵（xvbw）

　　　　　钟煜铭（fox115）　　　　方丽（yldfl）

　　　　　张建辉（waqingwa）　　　唐小卫（tangxiaowei）

　　　　　张党恩（大人物）　　　　张金成（zhang111111）

　　　　　朱刚（zhugang6530）　　　凌如强（赤红热血）

　　　　　罗颖锋（花水映峰）　　　单宝龙（sssl）

　　　　　周晓雷（ZhxL0006）　　　冯辉（mijun）

　　　　　周江辉（三剑客）　　　　李澄（lichengalex）

　　　　　史建锋（shijianf026）

前　言

砂石桩处理后地基承载力为何反而降低了？地基处理的 CFG 桩和水泥土桩按规范的工程桩要求进行静载试验有必要吗？板的分布筋是按锚固算还是按搭接算？构造柱上下端的箍筋加密有必要吗？混凝土气泡多怎么办？模板的起拱后板顶标高怎么定？砌筑砂浆强度的代号 M 与 Mb 有什么差别？1:3 水泥砂浆是体积比还是重量比？依据在哪里？水泥 3d 强度合格，28d 强度不合格怎么办？混凝土试块不合格怎么办？构件回弹不合格怎么办？商品混凝土不合格责任在谁？模板拆除一定要等上一层浇灌完再拆吗？

这类问题你碰到过吗？为此烦恼过吗？

随着我国经济持续高速发展，人民的生活水平不断提高，对生活工作最多的场所——房屋的需求再也不是简单的遮风避雨所能满足，智能化、信息化已成为正常需求，一栋栋功能各异、造型独特、构成材料千差万别的建筑物构成了我们生活的一座座美妙多彩、风格鲜明的城市。

建筑施工技术也随着科技和经济的发展突飞猛进，建造房屋再不是秦砖汉瓦、砖砌木架、人挑肩扛的时代。新材料、新工艺、新设备、新技术层出不穷。而我们国家幅员辽阔，气候环境、自然资源、经济条件、地质状况、生活习惯注定了我们建筑施工工艺、施工方法的独特。由于上述差异，加之我们从事建筑业施工的人员各自资历、经历、专业不同，当我们共同面对国家统一的验收规范标准时，时常会得到不同甚至相反的理解，并为之争执不休。这对于施工生产一线的工程技术人员来说几乎是形影不离的困惑。

筑龙网是目前国内最大型的建筑专业网站之一，跟随建筑业科技发展、追求专业特色、打造一流网站一直是网站的追求目标。筑龙论坛更是网站倾力打造的专业板块，以其显著的专业特色和独到的资源优势吸引了一大批从院士、专家、学者到普通的建筑施工一线工程技术人员在这里交流探讨。产生了大量的经典讨论，这些讨论大多来自于施工一线工程技术人员在施工过程中遇到的具体问题，参与人员也大多是一线施工人员和行业专家，由于论坛的独特优势，大家在这里讨论畅所欲言，或引经据典、或针锋相对、或随意发挥，常有精彩火花迸出。本书就是力图攫取其中的精华，供大家工作中参考。

本书内容全部来自筑龙网友讨论，编者全部出自筑龙网友，本书是由网站组织，由网友利用业余时间整理、编辑的，在编辑过程中，尽量保持论坛讨论的原汁原味。贴近工作实际是我们最大的愿望和努力方向，对一些错误观点、习惯用语、网络语言给予了保留，只对少量错别字进行了修正，限于篇幅进行了适当裁减。但由于编者本身来自施工一线（全部利用业余时间编辑），编者人员来自全国各地，一些思路和尺度不尽统一，水平所限，错误疏漏在所难免，恳请大家给我们指出，并到筑龙网来一起讨论交流。如果因此得到大家的指正和引来更精彩的讨论，这正是编者最愿意看到和最渴望得到的结果。

目　录

第1章　地基与基础工程 …………………………………………………… 1
　1.1.1　讨论主题：砂石桩处理后地基承载力为何反而降低了？ ………… 3
　1.1.2　讨论主题：预应力管桩的承载力为什么相差那么大？ …………… 6
　1.1.3　讨论主题：紧急求助：如何更换护壁桩支撑！ ………………… 15
　1.1.4　讨论主题：逆作法施工。 ………………………………………… 26
　1.1.5　讨论主题：寻求地面裂缝的处理办法，请大家帮帮忙！ ……… 35
　1.1.6　讨论主题：管桩施工时出现断桩怎么办？ ……………………… 39
　1.1.7　讨论主题：《建筑地基基础工程施工质量验收规范》的问题。 … 41
　1.1.8　讨论主题：吸收塔基础裂缝问题如何处理？ …………………… 43
　1.1.9　讨论主题：什么是跑桩？CFG桩如何跑桩？ …………………… 46
　1.1.10　讨论主题：讨论人工挖孔灌注桩是先挖土，还是先挖孔桩。 … 47
　1.1.11　讨论主题：关于人工挖孔灌注桩的问题。 …………………… 50

第2章　混凝土工程 …………………………………………………………… 53
　2.1　钢筋工程 …………………………………………………………… 55
　　2.1.1　讨论主题：谁能告诉我跨中1/3处到底在哪里？ ……………… 55
　　2.1.2　讨论主题：钢筋的两个强度比值限制主要指哪些部位的钢筋？ … 55
　　2.1.3　讨论主题：剪力墙结构中钢筋构造位置？ …………………… 56
　　2.1.4　讨论主题：预应力工程的若干问题。 ………………………… 58
　　2.1.5　讨论主题：板的分布筋是按锚固算还是按搭接算？ ………… 59
　　2.1.6　讨论主题：探讨板、墙钢筋定位及保护层控制的措施方法。 … 62
　　2.1.7　讨论主题：这样钢筋接头施工现场检验与验收是否妥当？ … 64
　　2.1.8　讨论主题：梁的箍筋是否允许用闪光焊接？ ………………… 66
　　2.1.9　讨论主题：钢筋接头连接方法专题讨论。 …………………… 69
　　2.1.10　讨论主题：板中分布筋要不要加弯钩？ …………………… 72
　　2.1.11　讨论主题：钢筋焊接网如何复验？ ………………………… 73
　　2.1.12　讨论主题：箍筋和二层筋"打架"的问题。 ………………… 74
　　2.1.13　讨论主题：构造柱上下端的箍筋加密有必要做吗？ ……… 76
　　2.1.14　讨论主题：梁下部纵筋锚入柱内端头
　　　　　　直钩能否向下锚入柱内？ ………………………………… 77
　　2.1.15　讨论主题：如何在框架柱上留好拉结筋？ ………………… 78
　　2.1.16　讨论主题：墙体拉结筋与柱的连接方法？ ………………… 81

2.1.17　讨论主题：主筋之间的连接（有奖）。……………………… 82
　　2.1.18　讨论主题：钢筋的连接要放在哪里。…………………… 85
　　2.1.19　讨论主题：主次梁的钢筋怎么放？…………………… 87
　　2.1.20　讨论主题：钢筋位移的问题 …………………………… 89
　　2.1.21　讨论主题：关于钢筋保护层厚度检验构件数量的确定？…… 90
2.2　混凝土工程 ……………………………………………………… 91
　　2.2.1　讨论主题：筏基上翻梁（墙）混凝土浇筑方法。………… 91
　　2.2.2　讨论主题：混凝土浇筑的方法。………………………… 92
　　2.2.3　讨论主题：钢筋在梁、柱节点处通常都很密怎么进行振捣。…… 93
　　2.2.4　讨论主题：膨胀剂使用上是否有负面影响？…………… 94
　　2.2.5　讨论主题：混凝土强度和砂子粗细有关系吗？………… 95
　　2.2.6　讨论主题：清水混凝土表面处理措施。………………… 98
　　2.2.7　讨论主题：混凝土气泡多的原因。……………………… 99
　　2.2.8　讨论主题：如何消除框架柱烂根现象？………………… 100
　　2.2.9　讨论主题：水灰比对混凝土的强度有何影响？………… 100
　　2.2.10　讨论主题：剪力墙和柱混凝土强度等级不同，如何浇筑？… 101
　　2.2.11　讨论主题：为了赶工期，提高梁混凝土的强度等级可行吗？… 101
　　2.2.12　讨论主题：斜屋面混凝土浇筑。………………………… 103
　　2.2.13　讨论主题：混凝土养护时间。…………………………… 104
　　2.2.14　讨论主题：混凝土试块不合格怎么办？………………… 105
　　2.2.15　讨论主题：关于混凝土试块的评定问题。……………… 106
　　2.2.16　讨论主题：关于防水混凝土质量验收表的填报。……… 108
　　2.2.17　讨论主题：混凝土终凝前对其扰动，对混凝土的强度是否有
　　　　　　影响？…………………………………………………… 108
　　2.2.18　讨论主题：高强度等级混凝土的施工注意事项。……… 110
　　2.2.19　讨论主题：在拆模时，如何确定混凝土是否已达到规定强度？… 112
　　2.2.20　讨论主题：盛夏框架柱的养护方法。…………………… 113
　　2.2.21　讨论主题：混凝土养护时间。…………………………… 114
　　2.2.22　讨论主题：关于混凝土水灰比的猜疑。………………… 115
　　2.2.23　讨论主题：梁板混凝土强度等级不同如何施工。……… 118
　　2.2.24　讨论主题：防水混凝土施工缝的处理方法。…………… 122
　　2.2.25　讨论主题：如何控制混凝土板厚？……………………… 124
　　2.2.26　讨论主题：地下室外墙施工缝的留置。………………… 126
　　2.2.27　讨论主题：为何混凝土裂缝越来越多？………………… 127
　　2.2.28　讨论主题：查查裂缝的根源究竟是什么？……………… 129
　　2.2.29　讨论主题：一个墙体裂缝。……………………………… 131
　　【相关主题】混凝土浇筑出现裂缝。…………………………… 133
　　2.2.30　讨论主题：关于混凝土开裂的问题。…………………… 134
　　2.2.31　讨论主题：商品混凝土现浇楼面板不规则裂缝

		的成因及对策？	135
	2.2.32	讨论主题：楼板开裂（贯通裂缝）。	137
	2.2.33	讨论主题：这些裂缝到底怎么回事？	139
	2.2.34	讨论主题：楼面板奇怪的裂缝，谁知道成因？	141
2.3	模板工程		143
	2.3.1	讨论主题：一起因拆模引发的争执。	143
	2.3.2	讨论主题：关于模板拆除的几种说法，大家讨论一下。	152
	2.3.3	讨论主题：关于后浇带支撑的问题。	154
	2.3.4	讨论主题：后浇带模板拆除应具备的条件？	158
	2.3.5	讨论主题：地下室外墙1500mm厚，探讨一下施工方法。	160
	2.3.6	讨论主题：竹胶板模板制作时的防水封边和提高周转率问题探讨。	165
	2.3.7	讨论主题：关于模板的起拱问题。	169
	2.3.8	讨论主题：地下室顶板2100mm厚，探讨一下施工方法。	172
	2.3.9	讨论主题：在模板施工中遇到的问题。	185

第3章 装饰装修工程 195

	3.1.1	讨论主题：地面砖施工中存在的问题及处理。	197
	3.1.2	讨论主题：怎样保证外墙面砖的施工质量？	199
	3.1.3	讨论主题：房间里的地板砖为什么破碎？	201
	3.1.4	讨论主题：外墙面砖上直接刷涂料，你觉得可行吗？	202
	3.1.5	讨论主题：关于卫生间墙地砖的精品工程做法的讨论。	204
	3.1.6	讨论主题：压光的基层面上能直接贴面砖吗？	206
	3.1.7	讨论主题：小女子请教大问题，老师傅请教。	207
	3.1.8	讨论主题：清水混凝土表面处理措施。	210
	3.1.9	讨论主题：水磨石已出现空鼓，应该怎么补救？	211
	3.1.10	讨论主题：这样的墙体如何加固？	213
	3.1.11	讨论主题：求助梁墙阴角抹灰裂缝防治方法（500分答谢）。	213
	3.1.12	讨论主题：不知道如何去除花岗石上的污斑？	222
	3.1.13	讨论主题：混凝土墙抹灰的讨论。	222
	3.1.14	讨论主题：外墙挤塑板（XPS）外保温加外墙面砖的可行性。	225
	3.1.15	讨论主题：你们的墙面抹灰能控制在多厚？	228
	3.1.16	讨论主题：窗户角外面开细裂缝。	229
	3.1.17	讨论主题：厨房不设地漏行不行？	230
	3.1.18	讨论主题：装修问题多出在哪儿？	232
	3.1.19	讨论主题：关于木门的问题。	234
	3.1.20	讨论主题：石材踢脚线在施工中应该注意的问题？	236
	3.1.21	讨论主题：室内装修出现的质量问题求教！	241
	3.1.22	讨论主题：石膏板吊顶如何施工才能保持长久不开裂？	249
	3.1.23	讨论主题：装饰施工中弧形隔墙及顶棚怎么放线放的准？	253

3.1.24　讨论主题：【征求】收口范例及相关图片。 ……………………………… 255
3.1.25　讨论主题：家装工程如何做好试压及隐蔽工程的质检？ ………………… 261
3.1.26　讨论主题：（讨论）内墙腻子的选择和施工。 ……………………………… 263
3.1.27　讨论主题：100mm柱面伸缩缝如何装饰？ ………………………………… 265
3.1.28　讨论主题：木基层的防火防潮疑问！ ……………………………………… 267
3.1.29　讨论主题：卫生间木门套如何防止发霉？ ………………………………… 268
3.1.30　讨论主题：请问，墙面瓷砖断裂是怎么回事？ …………………………… 269
3.1.31　讨论主题：内墙批灰中的一个盲点。 ……………………………………… 270

第4章　钢结构 ……………………………………………………………………… 273

4.1.1　讨论主题：大型钢结构吊车梁制作问题。 …………………………………… 275
4.1.2　讨论主题：H型钢等强连接。 ………………………………………………… 276
4.1.3　讨论主题：钢梁吊装方案。 …………………………………………………… 279
4.1.4　讨论主题：如何彻底解决钢结构渗漏问题？ ………………………………… 281
4.1.5　讨论主题：用槽钢做钢支架。 ………………………………………………… 282
4.1.6　讨论主题：钢结构焊缝重量如何计算？ ……………………………………… 284
4.1.7　讨论主题：压型钢板屋面存在问题及解决方法。 …………………………… 285
4.1.8　讨论主题：钢结构与混凝土界面的防水处理。 ……………………………… 296
4.1.9　讨论主题：请分析一个门式刚架倒塌的施工原因。 ………………………… 298
4.1.10　讨论主题：关于焊接H型钢的火焰校正方法——侧弯、扭曲等。 ………… 302
4.1.11　讨论主题：热轧H型钢对接。 ……………………………………………… 304
4.1.12　讨论主题：哪位高手施工过型钢混凝土结构？ …………………………… 306
4.1.13　讨论主题：俺遇到了怪事！钢管焊接遇到剩磁怎么办？ ………………… 307
【相关主题】钢管带磁性，怎么办？ ………………………………………………… 309

第5章　防水与保温 ………………………………………………………………… 313

5.1.1　讨论主题：水泥多孔砖外墙体如何做好墙体防水？ ………………………… 315
5.1.2　讨论主题：你家屋面渗漏了怎么办？ ………………………………………… 317
5.1.3　讨论主题：建筑外墙保温技术的利与弊。 …………………………………… 320
5.1.4　讨论主题：靠卫生间墙上做衣柜，怎么样处理防潮问题？ ………………… 343
5.1.5　讨论主题：地下防水工程防水效果的检查手段？ …………………………… 346
5.1.6　讨论主题：房屋严重返潮渗漏，无法确定原因，请求指点！ ……………… 349
5.1.7　讨论主题：为什么天沟老是会裂开啊？ ……………………………………… 362

第6章　安装工程 …………………………………………………………………… 365

6.1.1　讨论主题：大家怎么理解"三布四涂"。 ……………………………………… 367
6.1.2　讨论主题：设备垫铁的意义。 ………………………………………………… 367
6.1.3　讨论主题：铸铁管破裂维修。 ………………………………………………… 369
6.1.4　讨论主题：请教"如何解决预埋管件后防止漏水问题？" ………………… 371
6.1.5　讨论主题：关于不锈钢复合层焊接产生黑色影像的问题。 ………………… 373

6.1.6 讨论主题：关于不锈钢焊接！304SS 该如何选用焊条？ ……… 375
6.1.7 讨论主题：如何在大应力作用下进行返修工艺？ ……………… 376
6.1.8 讨论主题：大型储罐底板怎样的焊接工艺才能最好的控制变形？ … 378
6.1.9 讨论主题：各种管道施工中，焊接与防腐哪个更重要？ ……… 379
6.1.10 讨论主题：套管是否属于预留预埋？ ………………………… 379
6.1.11 讨论主题：金属软管安装一般是在什么情况才用？ ………… 380
6.1.12 讨论主题：毛坯房预留安装套管是否有价值？ ……………… 381
6.1.13 讨论主题：碳素结构钢、低合金钢钨极氩弧焊产生气孔的原因。 … 382

第7章 检验与试验 ……………………………………………………… 385

7.1.1 讨论主题：这样的钢筋是否合格？结构质量验收能否通过？ … 387
7.1.2 讨论主题：房屋建筑工程中重要材料复验周期以及工程
试验的周期要求？ …………………………………………… 392
7.1.3 讨论主题：掺加早强剂、防冻剂对混凝土强度造成的
不良影响？ …………………………………………………… 395
7.1.4 讨论主题：装饰装修工程使用的材料有哪些应做进场
取样复试？ …………………………………………………… 400
7.1.5 讨论主题：混凝土结构工程中，留置混凝土标养试块
的目的是什么？ ……………………………………………… 403
7.1.6 讨论主题：有关结构实体检验用同条件养护试件的一些疑问？ … 410
7.1.7 讨论主题：外加剂使用过程中最大的难点是什么？ ………… 413
7.1.8 讨论主题：对于分项工程的检验批与隐蔽工程之间
是否存在着某种关联？ ……………………………………… 414
7.1.9 讨论主题：水灰比对混凝土的强度有何影响？ ……………… 416
7.1.10 讨论主题：如果混凝土的抗渗试块不合格要如何处理？ …… 417
7.1.11 讨论主题：关于表示砌筑砂浆强度的代号 M 与 Mb。 ……… 418
7.1.12 讨论主题：用结构实体检验同条件试块（600℃·d）
代替标养试块合理吗？ ……………………………………… 419
7.1.13 讨论主题：混凝土同条件养护试块留置是否有灵活性？
还是有统一的原则？ ………………………………………… 420
7.1.14 讨论主题：混凝土试块试验结果不合格怎么办？ …………… 422
7.1.15 讨论主题：在进行混凝土施工检验批质量验收时，如何针对
混凝土强度进行验收？ ……………………………………… 424
7.1.16 讨论主题：结构实体检验同条件养护试块强度评定是否同标
养试块强度评定？ …………………………………………… 426
7.1.17 讨论主题：当只有两组砂浆试块时如何评定验收批？ ……… 427
7.1.18 讨论主题：1:3 水泥砂浆是体积比还是重量比做投票。 …… 428
7.1.19 讨论主题：对混凝土坍落度的检查？抽查？ ………………… 430
7.1.20 讨论主题：关于混凝土坍落度的困惑。 ……………………… 431
7.1.21 讨论主题：水泥 3d 强度合格，28d 强度不合格怎么办？ …… 434

7.1.22　讨论主题：混凝土构件回弹不合格怎么办？求教各位！ …………… 434
7.1.23　讨论主题：关于回弹法测混凝土强度的若干讨论！ …………… 436
7.1.24　讨论主题：混凝土强度和砂子粗细有关系吗？ …………………… 437
7.1.25　讨论主题：新材料的应用——凝石替代水泥。 …………………… 440
7.1.26　讨论主题：关于混凝土试块的问题。 ……………………………… 445
7.1.27　讨论主题：常见混合砂浆试块不合格，而实体检测其强度很高。 … 446
7.1.28　讨论主题：关于混凝土强度评定。 ………………………………… 447
7.1.29　讨论主题：什么情况下，砂子、石子需要做碱活性指标检验。 … 448
7.1.30　讨论主题：一个小区工程的材料复试问题。 …………………… 450
7.1.31　讨论主题：同条件28d再转标养28d试块强度
　　　　不合格如何处理？ ………………………………………………… 451
7.1.32　讨论主题：对于人工成孔灌注桩基础试块应打多少组？ ……… 454
7.1.33　讨论主题：如何保证混凝土试块的强度合格。 ………………… 456
7.1.34　讨论主题：C40的混凝土用普通水泥P.O32.5
　　　　配制问题大吗？ …………………………………………………… 458
7.1.35　讨论主题：用P.O42.5的水泥配制C50混凝土，可行吗？ ……… 460
7.1.36　讨论主题：混凝土试压强度高于设计强度多少为异常？ ……… 461
7.1.37　讨论主题：两种水泥混合使用到底会产生什么后果？ ………… 463
7.1.38　讨论主题：结构实体检验同条件试块留置时需要
　　　　考虑不同部位吗？ ………………………………………………… 463

第8章　施工测量 ……………………………………………………… 467

8.1.1　讨论主题：建筑物首次沉降观测应选几等水准。 ………………… 469
8.1.2　讨论主题：对中杆倾斜误差。 ……………………………………… 470
8.1.3　讨论主题：导线测设有哪些问题？如何控制？ …………………… 472
8.1.4　讨论主题：三角高程测量精度大讨论。 …………………………… 476
8.1.5　讨论主题：一个奇怪的土方计算问题。 …………………………… 484
8.1.6　讨论主题：这两幢住宅楼如何放样？ ……………………………… 487
8.1.7　讨论主题：高层建筑平面控制网如何设置。 ……………………… 490
8.1.8　讨论主题：全站仪的精度问题。 …………………………………… 493
8.1.9　讨论主题：测量软件计算结果的差异。 …………………………… 494
8.1.10　讨论主题：关于圆弧定位方法。 …………………………………… 501
8.1.11　讨论主题：在山脚下布设一个闭合导线，你有什么高招？ ……… 503
8.1.12　讨论主题：测边网这样布设，行吗？ ……………………………… 504
8.1.13　讨论主题：经纬仪应更注意"对中"还是"整平"？ ……………… 508
8.1.14　讨论主题：高层建筑圆弧放线。 …………………………………… 509
8.1.15　讨论主题：有关沉降观测的一些问题。 …………………………… 510
8.1.16　讨论主题：支水准路线的容许闭合差。 …………………………… 512
8.1.17　讨论主题：全站仪的悬高测量问题。 ……………………………… 516
8.1.18　讨论主题：请问旋转楼梯用什么方法放线最快捷、准确？ ……… 520

8.1.19	讨论主题：关于沉降观测。	521
8.1.20	讨论主题：由不可及基线确定坐标的讨论。	523
8.1.21	讨论主题：一个数学问题，也是个测量问题。	525
8.1.22	讨论主题：关于建筑物垂直度、标高、全高测量记录。	526

第 1 章
地基与基础工程

1.1.1 讨论主题：砂石桩处理后地基承载力为何反而降低了？

原帖地址：http://bbs3.zhulong.com/forum/detail2709152_1.html

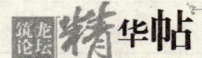

| 无痕 lzf | 位置：广西 | 专业：施工 | 第1楼 | 2005-12-20 17:02 |

某工程，土质0～8m为粉土（局部相变为粉砂），下卧为圆砾层。地下水位于地面下0.5m左右，处理前地基承载力为120kPa，经砂石桩（桩径300mm，桩距700mm，桩长4m，振动挤密法施工）处理后，静载试验时发现地基承载力反而降低了，最低的只有60～80kPa，为什么？

设计单位是在我们挖到设计标高后出的这个处理方案，另检测时检测单位是按规范挖了一个坑，大约也是0.5m深（地下水位面的位置）来进行检测的。

我也咨询了很多老专家，大家都认为是不可能的事，有点不可思议，但检测的结果就是如此（虽然我并不认同检测结果）。

我认为这设计从开始就存在问题，因为已挖到设计标高了；大家认为呢？

是开挖到设计标高后才发现有问题（土软、陷人，很多地方人踩上去陷到脚眼），所以设计才出了砂石桩的处理方案。

| Yu7201 | 位置：江苏 | 专业：岩土 | 第5楼 | 2005-12-20 20:05 |

地表变化情况如何？有隆起现象吗？粉土光振动也能提高点承载力啊。还有就是处理前的承载力是怎么来的啊？

其实对检测结果的检验也很简单，手摇静探对比一下就知道了，成本也不高。

在水位处进行检测，持力层是否扰动过了？还有能把试验曲线拿来看看吗？很多时候，检测不按规范进行预压，或者设备安装有点问题，很容易导致结果失真。取 $s/b=0.01$，允许变形也就1～2cm，对实验的要求还是很高的。

| songzaolong | 位置：北京 | 专业：其他 | 第6楼 | 2005-12-20 20:51 |

地基承载力反而降低了，最低的只有60～80kPa？这样的情况很少见，是不是振动挤密法后就立即进行载荷试验啊？

也许是地下水造成的吧？我认为可能黏性土的工程性质随含水量的变化是有很大变化的，当载荷试验单位开挖0.5m达到自然水面时，试验面上的土体含水量马上会增加很多，这样载荷板压上以后沉降量就会加大。

| ljmtidilgw | 位置：其他 | 专业：岩土 | 第8楼 | 2005-12-20 21:19 |

我的初步意见是，由于0.5～8m是饱和粉土（局部相变为粉砂），你们的砂石桩桩长是4m，为什么不打到8m的下卧圆砾层？

不处理是"硬底板＋稀泥"，处理后是"硬底板＋稀泥＋硬盖（砂石桩）"。原来承载力不够，是因为"稀泥"——粉土，处理后没有解决任何问题？

把钢板放到稀泥上，还是稀泥起作用啊？

可能叫"稀泥"不合适，软弱层也行，先这样叫吧，形象。

灰土搅拌桩到8m是最佳和稳妥处理方案，因为地下水0.5m深，浅基础不可能，饱和粉土、细砂，地震液化是潜在问题。

| 小晓 | 位置：广西 | 专业：岩土 | 第16楼 | 2005-12-21　8:39 |

首先，从开挖后你现场所反映的现象来看，地基原来的承载力很难达到120kPa（个人意见），你可以去论证一下。其次，水对工程来说是百害而无一利的，对施工工艺要求相对要高，要下一定的功夫。

| 无痕 lzf | 位置：广西 | 专业：施工 | 第21楼 | 2005-12-21　12:36 |

在这种情况下，各位认为该如何进行静载试验呢？
这可是承压水，挖降水沟行吗？

| songzaolong | 位置：北京 | 专业：其他 | 第22楼 | 2005-12-21　12:51 |

如何进行静载试验呢？从原理上很简单，就是保证载荷板下的土体的含水量基本不变，具体方法可以在载荷板四周一定的范围内挖降水沟且排水就可以了。

| Yu7201 | 位置：江苏 | 专业：岩土 | 第26楼 | 2005-12-21　15:33 |

也就是说是先挖了8m，再进行处理，后挖0.5m做试验。工程很复杂，呵呵。
那就是承压水的问题了，上覆土挖除了，水头顶上来了，土层强度降低。这个地基处理起来比较麻烦了，建议降水加注浆处理。

| 无痕 lzf | 位置：广西 | 专业：施工 | 第31楼 | 2005-12-21　21:19 |

原先设计采用的是旋喷桩，后因业主一句话，设计就改了砂石桩，不光出现了以上问题，成本也高了很多。
的确，本工程的粉土不只是饱和，我看那是水中粉土了。采用振动挤密不大妥当（孔隙水如何排得完？），但设计如此，我们也提了意见，到底抵不过业主一句话。

| bbkk | 位置：其他 | 专业：其他 | 第35楼 | 2005-12-22　16:09 |

饱和粉土应该是能振密实的吧，只是很有液化的可能了。
我认为处理的关键不是采用砂石桩或是粉喷桩（因为都可行），而是桩打不打透软弱层的问题了。

| 石上流 | 位置：黑龙江 | 专业：施工 | 第38楼 | 2005-12-22　22:05 |

这种情况在地基加固处理中经常见到。饱和土在振动挤密过程中必然产生液化现象，没什么大惊小怪。待压力水逐渐消散后，地基土承载力会大大提高。只是土的固结恢复时间较长，按照地基检测规范规定时间进行（载荷板）试验，估计问题不大。最简单、最直接的办法是在前面已做检测试验桩的相邻部位进行再次试验，结果是肯定的。
试试看。请告知试验结果。

| 无痕 lzf | 位置：广西 | 专业：施工 | 第39楼 | 2005-12-23　1:56 |

饱和土在振动挤密过程中必然产生液化现象这是肯定的，但本工程地下水水位这么高，又

如何能达到排水固结、提高承载力的作用呢（即使一时排出又马上受到补给）？

| bbkk | 位置：其他 | 专业：其他 | 第 40 楼 | 2005-12-23　8：47 |

"即使一时排出又马上受到补给"，对于表层土是这样，深一点的土呢？楼上的是想当然吧。

按这种观点，砂石桩处理可能就不行了吧，土总是那么软，砂石桩这种散体桩的围压怎么提供？桩周土能提供多大的侧限能力？

| xiaopingguo | 位置：江西 | 专业：岩土 | 第 41 楼 | 2005-12-23　9：12 |

砂石桩的理论和实践尚不成熟。出现这种情况属正常现象。一般越往下其承载力会升高，达到一定深度才会高于原地基值，这要看桩的大小和施工质量以及井周土的松垮情况。

| a fei | 位置：天津 | 专业：造价 | 第 43 楼 | 2005-12-23　15：13 |

我认为 songzaolong 的看法较对，我猜承载力降低的可能一是：施工完成后很快进行了试验，未达到龄期。因振动施工会造成周围土质的性能改变。二是：建议对施工后的周围土的物理性能进行取样，看相关的指标与施工前是否有所变化，是什么指标变化。

| qingranyixin | 位置：河北 | 专业：施工 | 第 44 楼 | 2005-12-23　16：10 |

砂石桩施工工法对浅层粉土的影响是什么样的？请讲一下。最大的原因是施工对浅层的土产生了扰动形成了橡皮土，把浅层土换掉吧，施工时没有预留保护层，是一次挖至设计基底的吧？扰动作用明显。

| ljmtidilgw | 位置：其他 | 专业：岩土 | 第 47 楼 | 2005-12-23　16：40 |

别在非黏性土（粉土）取样，原因如下：

1. 从来没有人取过；
2. 即使取了，作试验偏差太大，不一定比目估准确。取样扰动、蜡封扰动、装车扰动（工人有气给扔上车），碰上猛司机颠簸上百公里，早是稀汤了，还做试验？当然，试样进了实验室一般没问题，实验人员会提醒你"轻放！"

一般非黏性土通过原位测试确定，如标贯、动探等。所以试验取样，你知道是怎么回事就行。尽量作原位测试，相对好点。

黏性土相对好一些。

| 无痕 lzf | 位置：广西 | 专业：施工 | 第 50 楼 | 2005-12-23　23：35 |

第 40 楼的 bbkk 网友问得好，深一点的土里的孔隙水根本排不出来。

另外，挖到设计标高再采用砂石桩处理，本来就违反规范、施工工艺要求，没有上覆土层，何来围压？先不说检测的问题，没有围压，对于砂石桩这种散体桩，单桩承载力又如何上得来，对吧？

| songzaolong | 位置：北京 | 专业：其他 | 第 55 楼 | 2005-12-24　9：07 |

这个案例实际上是很有代表意义的。挤土桩施工是要将地层原有的静态孔隙水改变成为地

层的超孔隙水压力的，地层的超孔隙水压力一般是不能大于地层上覆压力的80%，否则地层将会有大面积的隆起，当地层隆起达到一定的数量时，这种后期扰动将破坏地层土体的固有工程力学性质，所以进行挤土桩施工时千万要注意将施工引起的地层超孔隙水压力保持在上覆压力的80%以下。

具体措施：
1. 绝对不能开挖后进行无覆盖层的挤土桩施工。
2. 根据土体的可压缩性决定挤土桩的打桩速率，绝对不能追求速度，最稳妥的方式是进行地层的超孔隙水压力的监测，用监测数据控制打桩的方式和速度。
3. 结构设计人员要有一点起码的岩土知识和概念。

| 无痕 lzf | 位置：广西 | 专业：施工 | 第59楼 | 2005-12-24 15:51 |

对不起，由于工程已交工，一些加固前后的测试资料都已归档，我也很难找到了，所以无法提供。

不过，下部的粉土还是有加固效果的。重型圆锥动力触探试验：共进行132个点，试验显示砂石桩及桩间土均为在基坑底面往下0~2m范围内承载力较低，压缩性大，不能满足设计要求，2~4m范围内砂桩及桩间土承载力较高，达到150 kPa以上，可以满足设计要求。

| 西北人123 | 位置：陕西 | 专业：施工 | 第64楼 | 2006-1-2 20:48 |

这个问题好解决，我以前也出过这样的问题，当时没处理的承载力是180kPa，进行了DDC灰土挤密桩的处理，当时承载力只有150kPa了。经过我们的研究，认为是在施工中破坏了原始土的结合，最后等了3个月再测，到原始土又固结在一起时，承载力是250kPa，再没有加级，估计能到320kPa左右吧。你等几个月再看看。

1.1.2 讨论主题：预应力管桩的承载力为什么相差那么大？

原帖地址：http://bbs3.zhulong.com/forum/detail3213044_1.html

| tage | 位置：浙江 | 专业：岩土 | 第1楼 | 2006-3-22 18:08 |

最近利用工作间的空闲把手上的基桩试验资料进行整理，发现同在钱江江边，土质都是粉土，钱塘江冲积成因，沉积年代为全新世，密实度也差不多，采用预应力混凝土管桩时，尽管规格接近，承载力却相差很多，有的承载力很低，与通常的经验估算相差甚远，以下是一墙之隔的两个工地的情况（表1.1~表1.2）。

各土层室内试验指标从上而下依次如下：
甲工地：

甲工地土层室内试验指标　　　　表1.1

层序	含水率 ω（%）	重度 γ（kN/m³）	天然孔隙比 e_0	压缩系数 a_{1-2}（MPa^{-1}）
②	28.7	19.4	0.791	0.15
③	29.7	19.2	0.824	0.12
④	27.6	19.3	0.785	0.11
⑤	30.1	19.0	0.866	0.18

乙工地：

乙工地土层室内试验指标　　　　　表 1.2

层序	含水率 ω（%）	重度 γ（kN/m³）	天然孔隙比 e_0	压缩系数 a_{1-2}（MPa^{-1}）
②	30.0	19.4	0.809	0.15
③	29.1	19.4	0.796	0.14
④	28.8	19.6	0.774	0.12
⑤	31.0	19.4	0.821	0.19

甲工地采用 PC-600（100），桩长 15m，桩端入土 15.7m，成桩 3d 进行静载荷试验，桩顶荷载加至 2565kN，沉降量最大的一根桩顶沉降 20.8mm，未出现陡降段，承载力还有提高的空间，如图 1.1 所示。

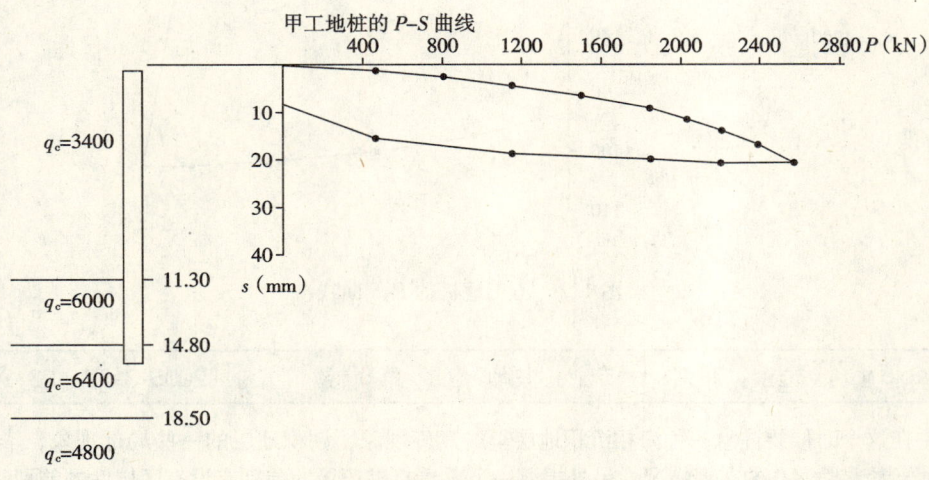

图 1.1　甲工地桩的 P-S 曲线

乙工地采用 PTC 600（70），桩长 15m，桩端入土 15.8m，成桩后 15d 进行静载荷试验，普遍的极限承载力只有 1500～1700kN，有一根桩桩顶荷载加至 1336kN 时已沉了 60mm，加至 1503kN 时桩顶沉降达 102mm，如图 1.2 所示。

都采用的敞口管桩，没有经过特殊处理，即平口。桩的侧阻力特征值和端阻力特征值网友可自己估算，但有一点可以告诉大家，设计单位取这类桩的承载力特征值为 835kN，比勘察报告的建议值略低。要求试验最大加荷为 1670kN，结果约 50% 的桩不到这个数或在这级荷载下急速下沉，这使得勘察单位相当被动，但对照规范，所建议的参数也不冒进，附近也有不少工程用了管桩挺好的，大家一时找不到问题的原因。

| Fle_Flo | 位置：四川 | 专业：岩土 | 第 7 楼 | 2006-3-22　23:21 |

乙工地试桩 P-S 曲线线形完整，特征明显，应视为成功的试验。甲工地试桩卸载 P-S 线近似于弹性恢复，似乎异常的可能性大些。

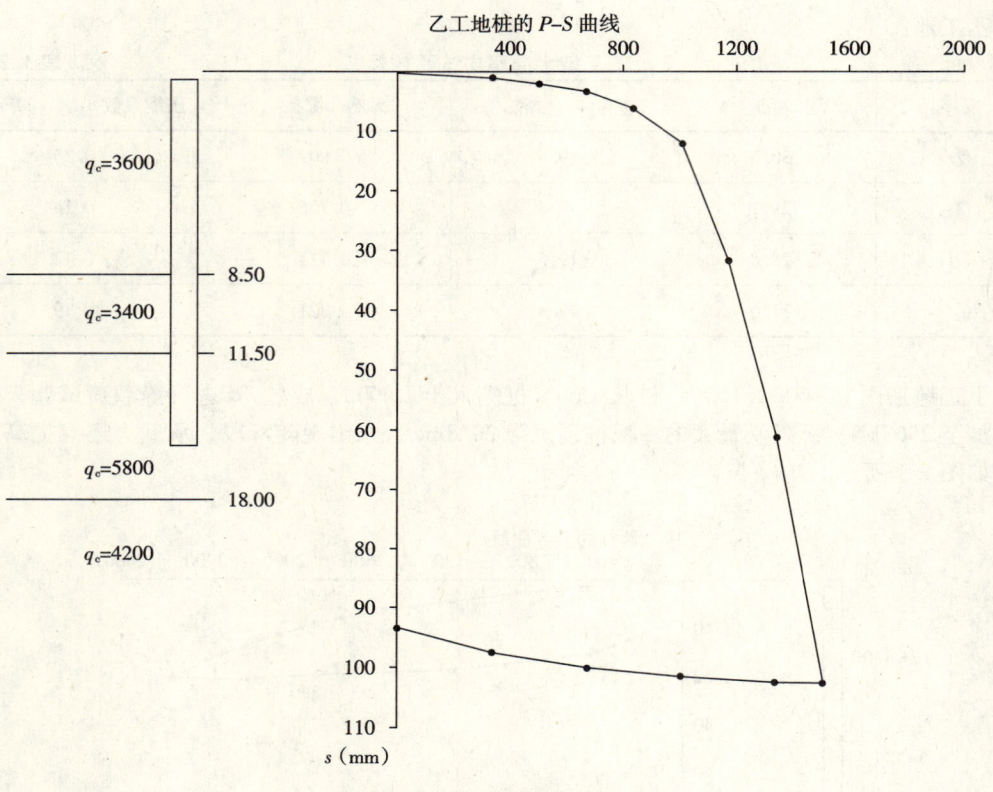

图 1.2 乙工地桩的 $P\text{-}S$ 曲线

| songzaolong | 位置：北京 | 专业：其他 | 第 8 楼 | 2006-3-22 23:34 |

楼主在这个时候要注意一种海相沉积地层里的窝旋现象，湖积地层的一些局部现象，毕竟桩很短。同时看看勘察孔的布置情况，另外提醒一下看看打桩记录的差别有没有区域性的差别。

| tage | 位置：浙江 | 专业：岩土 | 第 9 楼 | 2006-3-23 12:31 |

桩的承载力受许多因素影响，而现在试验的只管试验值的大小，不分析产生的原因很普遍，所以试验报告中把条件说全、说透的很少。其他人也主要把原因归为土的沉积年代较新，变异数大（看粉土的静力触曲线，尖峰锐谷的，哪有黏土软土那样比较平滑），这个地区已遇到好几起类似的情况。笔者去过乙工地，注意到采用的是锤击法施工，场地四周布了轻型井点，据说如不采取降水措施，打桩时粉土液化，地面下沉，打桩机很难直立好。笔者想去量一下管内土柱，但管内都是水，一时找不到合适的工具，又呼着要开会讨论处理意见，接下来又有其他……，把量土柱的事给错过了。话又说回来，对于管内土柱的高度又有什么影响呢？土柱的高度可能有大小，但按规范，钢管桩的直径不大于 600mm，$\lambda s = 1$。而混凝土管桩，去掉管壁，内径才 400～460mm，内壁的粗糙度也大于钢管，应该影响不大。

| loveyousoso | 位置：四川 | 专业：岩土 | 第 10 楼 | 2006-3-23 12:55 |

1. 再用低应变查一下桩的完整性，看第二根桩是否有断桩现象。

2. 看打桩记录，是否有异常现象。
3. 打桩位置是否在钻孔上。
　　另外提醒楼主，第一根桩的测试时间是在打完桩后的 3d，第二个是在 15d，我估计如果其他相同的话，这可能是主要因素了。

| 危建成 | 位置：广东 | 专业：岩土 | 第 12 楼 | 2006-3-23　12:58 |

是不是两个工地打桩方式不一样？
　　在楼主的帖中说有粉土，如果打桩方式不一样，对桩周围的土体扰动很不一样。再说，打桩后三天验桩，可能被扰动土体还十分脆弱。如果是这样，两个工地相差很大可以理解。如果在一个月以后去验，也许相差就不大了！

| tage | 位置：浙江 | 专业：岩土 | 第 15 楼 | 2006-3-23　14:16 |

甲工地成桩三天后就开始试验，承载力高；乙工地成桩休止了 15d，承载力低。
　　有意思的是正当我们担心是休止时间有水分时（这根桩打完后，附近仍有桩在打），业主同意再停 14d 再试验，结果承载力一点都没有提高，桩顶在 1503kN 压力下再沉 51mm（第一次卸荷回弹后，最终沉降量 93.3mm），低应变检测也做了，没有发现断桩。
　　不过 12 楼的危建成网友提到的打桩方式，给我们提供了新的思路。谢谢！

| 危建成 | 位置：广东 | 专业：岩土 | 第 16 楼 | 2006-3-24　1:56 |

我现在有个不成熟的想法想请大家评一下：
　　根据 tage 网友提供资料，乙工地采用井点降水，锤击沉桩，不知甲工地是否也是如此？现在假设甲工地没有采取井点降水，我认为在这种情况下，粉土的力学相应在两个工地是完全不同的。
　　乙工地：
　　从土工试验数据看，本地基粉土属于中压缩土，部分接近低压缩性土，换句话说，密实度比较好；在振动荷载下（粉土非饱和，因为采用了降水），密实粉土变松，则对桩体的侧阻力及端阻减小，承载力低。
　　甲工地：
　　同样，粉土密实，但是粉土处于饱和，在振动荷载下，粉土密实度进一步提高，从而侧阻、端阻提高，承载能力高。
　　所以我认为除了打桩方式外，降水也是一个关键因素，因为粉土在饱和与非饱和情况下力学响应不同。

| tage | 位置：浙江 | 专业：岩土 | 第 17 楼 | 2006-3-24　6:50 |

据我所知轻型井点的降深十分有限，实际上降水只降了 1~4m，降水在四周，打桩的位置水位还是较高，降水主要改善了地表情况，表层土的强度得到改善，可能关键问题还是在粉土液化上。网友们是否见到过打桩引起土层液化的情况。

| liaowl | 位置：广西 | 专业：岩土 | 第 18 楼 | 2006-3-24　15:23 |

既然场地的地质资料没有问题，那会不会是施工的问题？从粉土本身分析，根据 e 判断密实度属中密，据压缩系数 a 判断属于中压缩性土（偏低），同时地下水位也较高，在这种条件下锤击法打桩，施工速度，打桩频率都要控制好，应该进行孔隙水压力观测，防止土层液化。我猜测是不是打桩导致粉土液化改变了其物理力学性质。

| Fle_Flo | 位置：四川 | 专业：岩土 | 第19楼 | 2006-3-24 21:39 |

看来大家的疑点集中到施工方法或施工环境引起的"粉土液化"上了。有个疑点：

粉土液化是粉土在动荷载作用下超孔隙水压导致强度降低的。粉土中超孔隙水压上升得快，然而在动力解除后消散得也快。（这也是之所以饱和粉土和细砂易出现液化问题，而饱和黏性土不易出现液化问题的原因。）我想打桩后两天孔压应该消散的差不多了吧。同时，在孔压消散后粉土的强度逐渐恢复，甚至会超过原来的强度。相应地，承载力也应该恢复，甚至高于原来值。

然而，楼主在15楼提到："有意思的是正当我们担心是休止时间有水分时（这根桩打完后，附近仍有桩在打），业主同意再停14d再试验，结果承载力一点都没有提高，桩顶在1503kN压力下再沉51mm（第一次卸荷回弹后，最终沉降量93.3mm），低应变检测也做了没有发现断桩。"

本人认为，粉土液化可以导致打桩时沉桩突然加快，而对于解释桩的承载力（尤其是静态下承载力）似乎不大说得过去。

| tage | 位置：浙江 | 专业：岩土 | 第21楼 | 2006-3-25 6:32 |

我翻过资料，两工地的试验单位是同一家，试验负责是同一人，都是采用快速维持荷载法（1h加一级）。不同点是业主不同，勘察单位不同，设计单位不同，施工单位不同。

再仔细整理一下可能主要有以下几点重要的不同会影响到承载力的高低，请大家分析一下他们对承载力的正反面影响：

甲工地与乙工地相比粉土的平均 q_c 值较高，特别是桩端土层的 q_c 值较高；

甲工地采用的桩管壁较厚，乙工地采用的桩管壁较薄；

补充一点前面未交待清楚的，甲工地是采用静压法施工，乙工地是锤击法，由于锤击振动时产生粉土液化，地基承载力降低引起打桩机倾斜（施工人员说的），不得已采用了井点降水。甲工地是否也采用降水，资料上没有交待，我也没有追查；甲工地的这根桩成桩3d后，就进行静载荷试验，乙工地这根桩隔了15d才试验。

| Fle_Flo | 位置：四川 | 专业：岩土 | 第22楼 | 2006-3-25 21:54 |

1. "甲工地与乙工地相比粉土的平均 q_c 值较高，特别是桩端土层的 q_c 值较高"——两者应该存在正相关关系。可以比较一下二者各自高出的百分比是否一致。

2. "甲工地采用的桩管壁较厚，乙工地采用的桩管壁较薄；"——管壁越薄，自振频率越高。又是锤击法。可能加重打桩中液化程度，造成沉桩位移较大。

3. "不得已采用了井点降水"——有可能产生桩的负摩阻力，造成沉桩位移大，承载力低。不知楼主有没有降水漏斗水位等资料。

以上除第1条之外，2、3条多是"定性"问题：可能有影响，但影响是微乎其微？还是很明显？不好说。要定量恐怕现有的资料还不够，要做更多的对比试验。

其中的"负摩阻力"问题,风过留沙朋友可是专家,还没出手呢。

| 危建成 | 位置:广东 | 专业:岩土 | 第23楼 | 2006-3-26 23:57 |

楼主在21楼提到的现象:"甲工地是采用静压法施工,乙工地是锤击法,由于锤击振动时产生粉土液化,地基承载力降低引起打桩机倾斜(施工人员说的),不得已采用了井点降水。"

1. 我认为土体液化是相当严重的,而且对于桩周围土体的扰动很厉害,不然也不至于打桩机倾斜,不得不井点降水;楼主说井点降水也只有 4~5m,有点怀疑打桩的时候桩没有出现急剧下降的现象或者倾斜,不知你们的打桩记录是否记录这些。

2. 粉土属于细粒土,扰动后恢复缓慢,15d 显然太少,从一些资料看,一般 3 个月可以回到原来的水平。

所以我认为土体液化是主要因素,时间太少只是次要,如果深层降水,也许就不会有这么大的问题。

| tage | 位置:浙江 | 专业:岩土 | 第24楼 | 2006-3-27 12:35 |

危建成及各网友提醒得好,两工地的桩主要区别是施工方法的区别,但大家当时并没想到施工方法或者说粉土的液化对承载力有这样大的影响。随着钱江两岸在粉土、粉砂土中大量采用预应力管桩和更多的工程开工,问题就逐渐显现出来了,下面是笔者手中的部分桩试验结果汇总(表1.3)。

钱塘江两岸粉土粉砂中预应力管桩部分承载力表　　　　表1.3

桩号	桩长(m)	桩径(mm)	壁厚(mm)	施工方法	停歇时间(d)	试验得到的单桩极限承载力(kN)	备注
下沙计1	12.0	600	70	锤击	8	870	开口
下沙计2	12.0	600	70	锤击	17	880	开口
下沙计3	12.0	600	70	锤击	18	880	开口
下沙计4	12.0	600	70	锤击	13	1336	开口
下沙计5	15.8	600	70	锤击	15	1169	开口
下沙计6	15.4	600	70	锤击	18	1169	开口
下沙公1	14.1	400	55	锤击	7	1005	开口
下沙铝1	10.9	400	55	锤击	10	150	开口
下沙育1	15.4	600	100	静压	2	>2565	开口
下沙育2	15.4	600	100	静压	3	>2565	开口
下沙财1	13.0	500	100	静压	3	>1381	开口
下沙财2	13.0	500	100	静压	3	>1381	开口
下沙财3	13.0	500	100	静压	3	>1381	开口
下沙财4	13.0	500	100	静压	12	>1381	开口
下沙财5	13.0	500	100	静压	9	>1381	开口
滨江湾1	17.0	400	55	锤击	14	654	开口
滨江湾2	18.0	400	55	锤击	35	880	开口
滨江湾3	17.0	400	55	锤击	22	654	开口

续表

桩 号	桩 长（m）	桩 径（mm）	壁 厚（mm）	施工方法	停歇时间（d）	试验得到的单桩极限承载力（kN）	备 注
滨江湾 4	17.0	400	55	锤击	21	1230	开口
滨江中 1	10.4	400	55	锤击	11	545	开口
滨江中 2	10.4	400	55	锤击	20	545	开口
滨江花 1	17.0	350	55	锤击	51	800	开口
滨江花 2	18.0	350	55	锤击	35	900	开口
滨江花 3	17.0	350	55	锤击	54	900	开口
滨江机 1	12.2	500	60	静压	46	>1600	开口
滨江机 2	12.8	500	60	静压	29	>1600	开口
滨江机 3	12.3	500	60	静压	30	>1600	开口
滨江机 4	12.3	500	60	静压	16	>1635	开口
滨江节 1	15.0	400	55	静压	15	>1219	开口
滨江节 2	15.5	400	55	静压	10	>1219	开口

作进一步回顾，事情是那么的凑巧，有一个业主在同一地区不同工地共试验了几十根预应力管桩，因设计承载力都有适当余地，除两根桩外其他都没有试验到极限荷载，而这两根出现极限荷载的试桩，经查是这些工地惟一采用锤击法施工的工地。该地区其他承载力未满足设计要求的管桩也无一例外的是锤击法施工的。

危建成	位置：广东	专业：岩土	第 30 楼	2006-3-30 13:43

大家对于出现这种现象的原因大部分归于沉桩方式不同，也就是锤击对土体的扰动。经过一些查询，其实粉土由于其细颗粒对于液化并不是十分敏感，在无法找到其他原因的情况下，我对于地基勘察的情况有所置疑。从楼主提供的资料看，好象两个工地相似的过分了，从他们的数值看真是几乎一样。大家知道，取样本来就带有随机性，况且是两个工地，怎么一个"异端"都没有出现，实在是奇怪。

所以我对于这份报告的可靠性有些怀疑，如果地层不一样，在加上沉桩方式不同，出现这种情况就显得合理了。希望大家继续讨论。

tjzjc611	位置：浙江	专业：岩土	第 35 楼	2006-3-31 9:43

从单个个例来看，可能是勘察报告有问题，但现在按楼主后续提供的资料看，其他施工场地也出现了类似情况，所以，个人感觉更应该是沉桩方式不同引起的。

这个现象很值得关注和研究，呵呵。

tage	位置：浙江	专业：岩土	第 36 楼	2006-3-31 10:44

分析其中的原因，有一点可能影响承载力的高低，由于粉土砂土有较高的透水性，沉桩过程中桩体挤入，孔隙水排出，土的孔隙比降低与密度提高。

在通常情况下（除超密土）桩的置换率越高，粉土砂土挤得越密实，单桩承载力越高。

静力桩在粉土砂土中很早形成土塞，桩的置换率基本可用桩的圆形截面计算；而锤击法施工下液化土量进入敞口的管内，桩的置换率要用环形截面计算，管壁越薄，实际桩置换率越低，所以锤击法施工的敞口管桩承载力较低。

| Yu7201 | 位置：江苏 | 专业：岩土 | 第37楼 | 2006-3-31 10:49 |

静力桩在粉土砂土中很难形成土塞，桩的置换率基本可用桩的圆形截面计算的说法我是不赞成的，有几个工地的结果都是没有产生很好的土塞效应。

你的工程实际，我试算也不仅仅是端阻差异的结果。大家还有没有进一步的资料、经验来佐证施工方法是罪魁祸首呢？

| liucaiyongzh | 位置：贵州 | 专业：景观 | 第42楼 | 2006-3-31 16:08 |

这种现象不奇怪。预应力管桩的力学环境十分复杂和承载力检测方法也很重要。前面已经分析了几种原因，都有可能是造成这一结果的因素。可以从地质的复杂性，桩身质量、施工因素等方面分析原因。

| 危建成 | 位置：广东 | 专业：岩土 | 第44楼 | 2006-4-1 0:28 |

粉土有个现象应该引起注意：

松散粉土在振动下会变得密实，比如强夯置换法下卧松散粉土层就靠振动使下层密实，砂桩、碎石桩等如果有下卧松散粉土层都可以密实；但如果粉土为超固结，已经是密实的，振动则会使粉粒悬浮，强度降低。

从楼主的资料看，应该属于中密接近密实，会不会是打桩的振动让桩周的粉土强度降低，桩没有充分发挥其摩阻力，主要靠端阻，这样的话承载力肯定会大大降低。

建议楼主做一下轻型动力触探，很简单的，可否在甲工地的承载力好的桩侧监测桩周土的情况，然后与勘查报告比较，然后再到乙工地承载力差的桩做几个，也看土层的变化情况，这样可以检测到底是不是桩体对土体的扰动而引起的。

一般一个动力触探200块，但是根据我个人做的情况，一半天可以做7、8个，三个工人，如果有动力触探仪器，再请人，200元搞定。如果因此可以搞清问题，很值得！楼主可否考虑我的想法，大家都很期待结果啊。

| tjzjc611 | 位置：浙江 | 专业：岩土 | 第46楼 | 2006-4-1 12:08 |

查到一篇文献《锤击桩与静压桩沉桩对预制桩承载力的影响》，看来确实是施工方法引起的承载力不同。文献见 http://bbs3.zhulong.com/forum/detail3213044_5.html。

这个例子也是粉土，穿过粉土层，进入老黏土。

| 危建成 | 位置：广东 | 专业：岩土 | 第50楼 | 2006-4-1 13:29 |

tjzjc611 网友提供的资料对于这个帖子是一颗定心丸，大家现在基本已经对于该工程现象有一个结论：沉桩时对土体的扰动导致了侧阻力减小！

但是我个人还是保留自己的一个意见，根据 tjzjc611 网友提供的论文可知，乙工地桩基承载力只是时间问题，希望楼主在乙工地桩基复测的时候给大家说一声，证实一下大家的看法。

我个人观点是粉土在振动荷载下松散粉土会密实,而已经密实的粉土会变松散(即使扰动恢复以后),所以一段时间后乙工地桩基承载力我还是比较担心的。

论文中其实就工程现象做了理论的解释,但是其解释并未用实际的数据或者试验证明。只能说是一家之言,所以还是提议监测甲乙工地桩基周围土体的情况,在原位试验的基础上证明,这样才具有说服力。

tage	位置:浙江	专业:岩土	第53楼	2006-4-2 9:12

危建成网友多次提醒本人,再补原位试验数据。其实要认真科学的态度对待新问题,就该像危建成网友一样有股钻劲。我想当时在管桩内进行静力触探试验超出敞口桩端足够深度是最好的,还要测一下粉土密度随距桩距离的变化。但遗憾,许多东西,受建设各方主体制约,经济实力弱小的一方对事务的影响力是比较小的。现在甲乙工地的建筑早已投入使用。今天大家聚在一起只能对遇到的现象进行讨论,在今后遇到类似问题时,有好的对策。

静压法施工和锤击法施工的桩,它们静载荷试验曲线有明显的差别,图1.3是某工地粉砂土中锤击施工的预制桩(实心方桩)多循环载荷试验的 P-S 曲线。第一循环,当桩顶荷载998kN时,桩顶沉降39.1mm;桩顶荷载加到1080kN时,桩顶沉降突增到71.3mm;逐级卸荷至零,桩顶残余沉降量为66.7mm,单桩极限承载力为998kN。停歇4d后进行第二循环试验,当桩顶荷载998kN时,桩顶累计沉降74.1mm,桩顶荷载加到1080kN时,桩顶累计沉降79.6mm;桩顶荷载加到1164kN时,桩顶累计沉降92.5mm;本次循环这三级荷载的桩顶累计沉降分别是7.4mm、12.9mm和25.8mm。

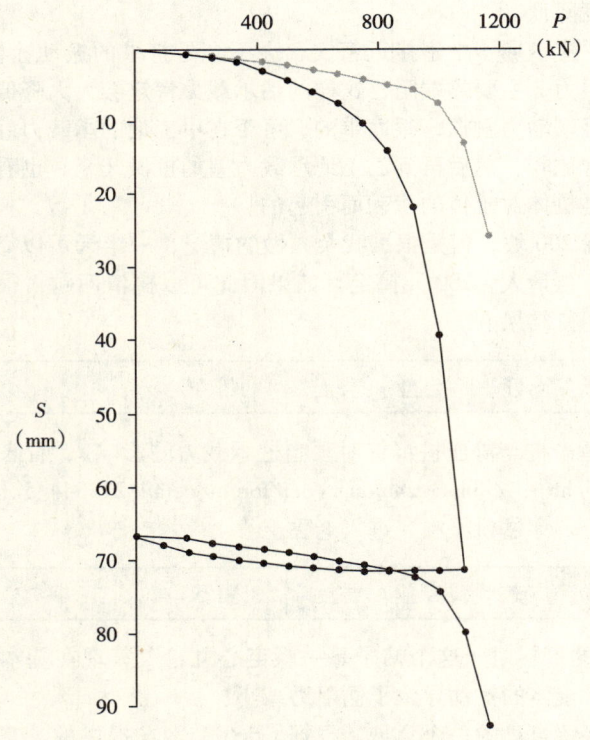

图1.3 某工地粉砂土中锤击预制桩试验的 P-S 曲线

如果当时此桩第一循环试验改由静压桩机预压，其预压发生的沉降量，未记入静载试验结果的话，其试验就完全变了样。下图中的红线就是不计第一循环下的桩顶 P-S 曲线，可以得出极限承载力大于 1164kN 的结果。

桩的多循环试验在早期的桩静荷载试验中很多，其原理和材料强化试验、土的多循环压缩等相似。

| tjzjc611 | 位置：浙江 | 专业：岩土 | 第 58 楼 | 2006-4-2 22:20 |

这还是沉桩过程中粉土液化恢复的时间问题，本地有一工程，直径 0.5m 长 30m 管桩，进入中密粉土层约 15m 左右，沉桩方式为静压，设计单桩承载力特征值为 2500kN，30d 静载试验极限值为 3600kN，60d 后试验值即满足设计要求。更有特例：上海××工程，40m 管桩，打入粉土层，15d 静载试验值仅为设计值的 30%～40%，60d 后均能满足设计要求，所以上海规范对粉土层的休止时间同软土一样不低于 28d，而其他国家规范一般为 15d。

希望能得到休止时间较长后承载力的增长幅度变化。因为，许多实践证明，粉土层液化振动后的恢复强度远比想象的要慢得多。上海特例可参考《江苏省桩基检测培训教材》关于休止期的讨论。

| tage | 位置：浙江 | 专业：岩土 | 第 62 楼 | 2006-4-5 7:43 |

感谢众多网友参加本帖的讨论，大家的讨论对找到承载力差异的原因起到关键的作用，承载力差异可能由以下几种原因引起：

锤击作用下粉土和粉砂液化，液化改变了土的性质和结构；
敞口的管桩，给液化土一个转移的空间，使粉土的加密程度降低。
1. 场地锤击振动使沉桩留下的残余压应力退化，静压桩桩端残余压应力是保留的；
2. 由于端口闭塞效应可能小于 1，管壁薄的有效截面积较小因而端阻力较低；
3. 管壁薄内径大的端口闭塞效应低于壁厚内径小的。

由于粉土、粉砂中锤击施工的管桩承载力与静压桩相差很大，以上原因还不足以解释差异全部。那么液化使桩侧和桩端土的密度降低可能是重要原因。砂土在地震作用下液化时，其喷水冒砂的管道中含水量特别高，如图 1.4，地震结束后，喷口表面下陷可以证明。

而打桩时，土与桩管接触部位土粒最为活动，容易形成液化水土的流动通道，敞口桩端则是必经通道，在这些通道中含水量较高。振动结束，超静水压消散过程中，管内的土粒下沉却受到桩管内壁的阻力，桩端口内口外的土可能达不到正常固结状态，这正好与静压桩相反。如果是这样，承载力差异之大就不足为怪了。这仅是我分析问题时的假定，还缺乏有力的证据。今后网友遇到锤击管桩砂土液化时，我建议从管内中心点进行静力触探试验，一直试验到端下足够的深度，试验时取桩管内径大的，探头用截面小的。免得管壁的约束影响测试结果。

1.1.3 讨论主题：紧急求助：如何更换护壁桩支撑！

原帖地址：http://bbs3.zhulong.com/forum/detail1881044_1.html

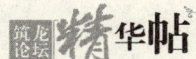

| TangXiaoWei | 位置：辽宁 | 专业：施工 | 第 1 楼 | 2005-9-2 10:48 |

本工程由于四周临近建筑物，所以护壁采用方法比较特殊！具体如图 1.5～图 1.7 所示。现在施工到剪力墙体时，必须拆除护壁支撑梁才可以施工。采用什么样的替代方式去支撑护壁

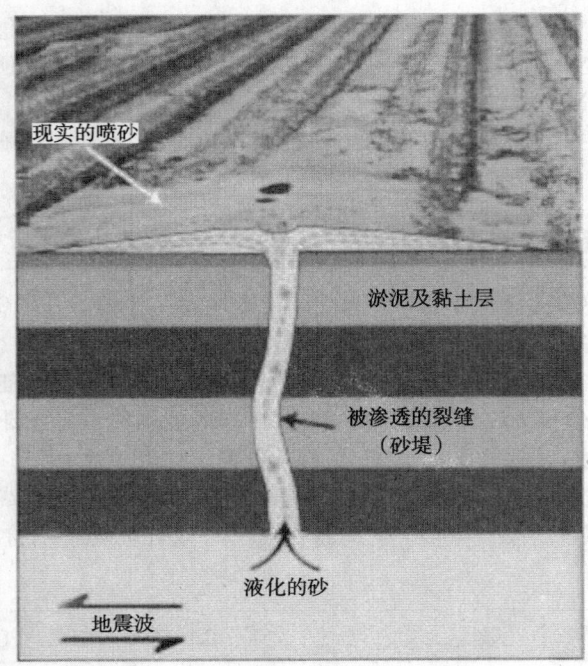

图1.4 砂土在地震作用下液化示意图

桩呢？希望有施工经验及各位网友帮忙解决一下！

注明一下：本工程地下二层已施工完毕！支撑的标高在梁顶标高在-1.7m，梁高0.8m，地下二层顶板的标高在-4.5m，地下一层顶板标高在-0.3m。图片见图1.5~图1.7。

图1.5 基坑施工图

图1.6 基坑施工图

图1.7 基坑施工图

这种情况，喷锚护壁是不可能施工的，就算锚杆可以打，钢筋网也不能布，喷射混凝土更别谈了，难。

试试看压密注浆方法，我一个污水处理厂曾经施工过这种加固措施。不过这时的压密注浆是要斜打才行的。

| bay | 位置：浙江 | 专业：其他 | 第7楼 | 2005-9-2 11:29 |

我想楼主的图片还不能完全说明情况。支撑拆除一般是利用已施工完的地下室结构作为支撑体，即将支撑下部外侧土方回填和支撑处局部加固等措施来完成拆除准备，接着开始拆除施工，拆除可以是爆破也可以是人工拆除。

楼主的问题是结构没有完成前便拆支撑还是完成后拆支撑。如果是完成后拆支撑就是我上面说的方法。如果是前者则该围护设计是失败的，应该从新布置支撑结构，并经专家认证合格后，将新支撑完成后达到一定强度方可撑除原支撑。

liwei402	位置：北京	专业：施工	第8楼	2005-9-2　11:35

楼上的朋友说得对，我们这里就是刚刚把地下二层施工完毕，马上就要施工下一层墙体，所以在施工地下一层墙体之前必须拆除支撑梁，我们这里是初步打算用圆木把支撑顶在外墙结构上，且地下二层已经还土。

yanglan1230	位置：湖北	专业：岩土	第9楼	2005-9-2　11:40

如果换个角度考虑行不行呢？现在你的支撑如果拆掉就会引起附近基础不稳定，你做的是地下室，那么能不能利用现在的支撑做地下室的屋顶梁呢？这样既不怕基础稳定问题，又省掉了两笔开支。此外如果使用预应力锚索加固基础的话也能够起到作用（前提是基础非土基，如果是土基可以先深层搅拌灌浆然后做锚索也是一样的，不过投入会增大很多），建议考虑利用现有支撑即不拆除，为什么一定要拆除呢？如果你的地下室现在已经到位了，那么用现在的支撑做一个屋顶梁，上面还可以作为通道使用，多好的事情。

liwei402	位置：北京	专业：施工	第12楼	2005-9-2　11:46

回复9楼网友，此支撑的标高在梁顶标高在－1.7m，梁高0.8m，地下二层顶板的标高在－4.5m，地下一层顶板标高在－0.3m，所以说不能用它代替地下室屋顶梁。

回复11楼朋友，护壁支撑桩不更换，但是支撑梁必须更换，因为它挡住了楼房的施工，就像你用手盖住杯子一样，必须把手指头刹掉杯子才能往上走。

基坑外边是一个6m的施工道路，道路一侧就是19层左右的楼房。

zooos	位置：浙江	专业：施工	第15楼	2005-9-2　12:07

采用此种基坑壁围护支撑，是充分考虑了深基坑对周围建筑物的影响，也是充分通过验证才采用的，这种围护也是专业的设计院才能出专项方案的，一般情况下是不允许土方未回填前就进行围檩的拆除的。只有在土方回填之后，才能进行围檩的拆除，如果不回填就拆除，我认为可行性不大，毕竟周围的建筑物距离较近，如果周围建筑物出现位移现象，后果不可设想。如果抓工期非要提前拆除，还是只能通过专业设计院出方案，专家进行认证才能进行拆除，否则施工单位承担不起这个责任，还是建议不拆除，看其余人有何好主意。

TangXiaoWei	位置：辽宁	专业：施工	第16楼	2005-9-2　12:11

发表一下我个人的意见：

1. 既然地下二层已施工完毕，可以进行回填工作，所以说，护壁产生土方侧压力作用的范围也就是地下二层以上4m左右的范围。所以说我们考虑方案的方向就定了下来。

2. 地下二层分段施工，根据实际情况可以分两段施工。这些又减少了一部分桩外侧压力，所以我们考虑的就是1/2的桩的支撑工作。

3. 我看了几张图片，虽然不是太明白，但发表一下处理意见：在桩外侧（非基础范围内）5m左右，浇筑梁与桩上部的梁成为一个整体。其实我觉得这个方案在护壁施工时就可以采取这种方法。但有可能安全不好,但现在4m桩高的情况下,采用这种方法肯定是没有问题的,就好像加了一个配重一样。

| hooliganlin | 位置:其他 | 专业:给排 | 第19楼 | 2005-9-2 12:22 |

回复14楼:

喷锚没有那么大的空间来施工,而且支撑不能一点儿一点儿的拆除,何况施工出一小块面积的喷锚是起不到护壁的作用的。如何是好呢?

| liwei402 | 位置:北京 | 专业:施工 | 第27楼 | 2005-9-2 13:48 |

把我们这里的支撑梁图上传给大家,希望对大家有所帮助,拆的就是这些东西,它挡住了我们工地地下一层的墙体施工,如图1.8、图1.9所示。

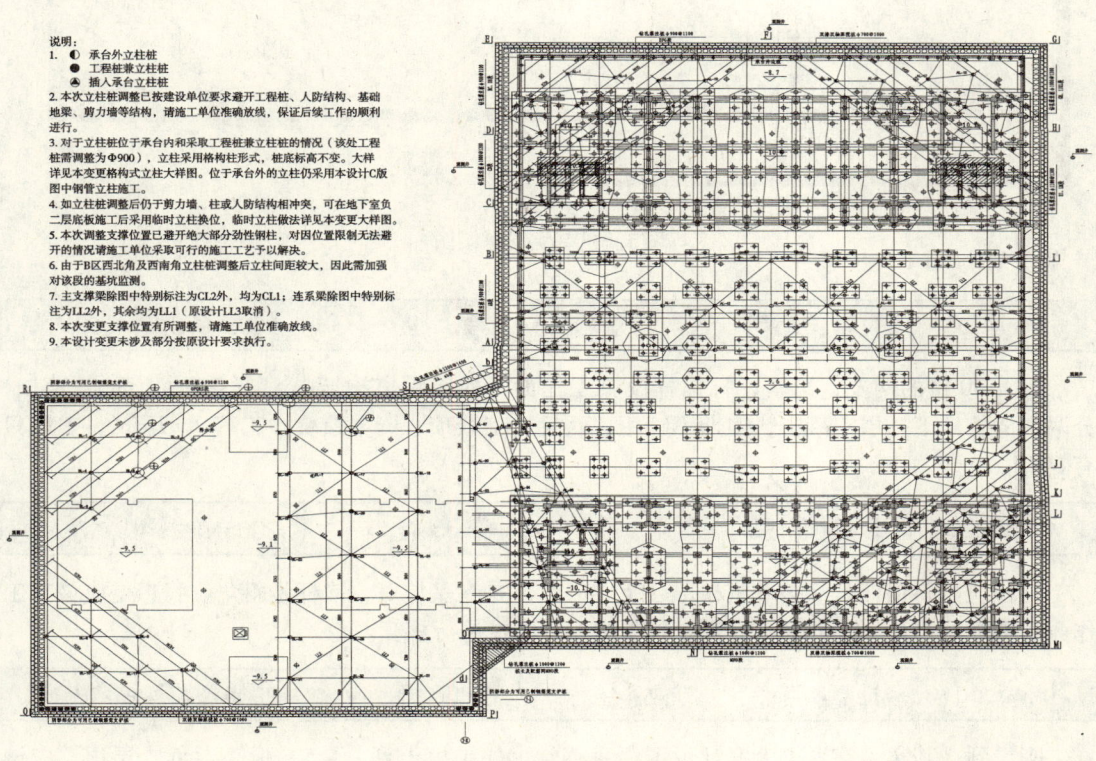

图1.8 基坑支撑梁图

| wz139221 | 位置:广东 | 专业:结构 | 第30楼 | 2005-9-2 14:15 |

1. 因地下室施工已完成至负二层,四周边应可回填,护桩外露也就4.5m,由设计测算荷载护壁桩是否能承受,不够可打预应力锚杆。

2. 或者负一层(柱、墙)分两次完成,先做到支撑梁下方,再回填地下室四周边后,拆除支撑,再进行负一层(柱、墙)施工。

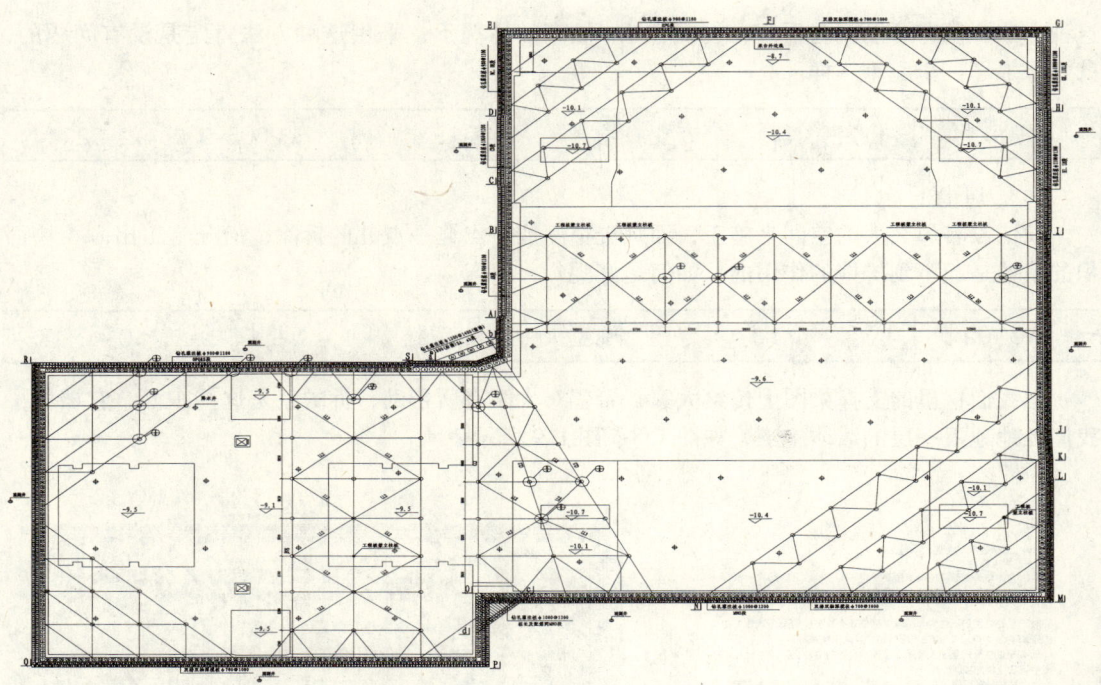

图 1.9 基坑支撑梁图

| liwei402 | 位置：北京 | 专业：施工 | 第 32 楼 | 2005-9-2　14:58 |

回复 30 楼的网友，第一，打锚杆没有工作面，外墙距离护坡桩只有 0.6～1.5m，第二，分两次浇筑地下一层混凝土，工期不够用，而且施工繁琐，资金浪费，工程 26 万 m²，工期只有 600d。

| wz139221 | 位置：广东 | 专业：结构 | 第 33 楼 | 2005-9-2　15:10 |

打预应力斜锚杆是从护壁桩顶部（下 1m），不是在基坑底，锚杆是斜角。我想是应该有工作面。可能这是最好的办法。要原基坑支护设计人员进行核算。

| mingong | 位置：河北 | 专业：结构 | 第 35 楼 | 2005-9-2　15:18 |

刚看到，其实，该说得大家都说了，我感觉，如果填土到 －4.5m 标高，负二层顶，应该靠护壁桩单独支撑差不了太多了，找一下护壁桩设计的让他核实一下（上来一层对悬臂构件来说承载力相差不少啊），控制一下旁边道路上的载重车，应该问题不大，实在不行的话，打点儿锚杆，有 6m，应该能解决一些问题。

止水帷幕是怎么做的？对护壁桩有影响么？要是没有影响，那就没问题了，关键是水压力，没有水，就没问题了。

如果止水帷幕依赖于护壁桩，地下水位是多少？是否可以在路上搞降水，降到 －4.5m 就行了，还是得找当初方案设计的，他最了解地质水文情况。

| niudao | 位置：台湾 | 专业：岩土 | 第42楼 | 2005-9-2 15:58 |

我刚才也看了看！但是我还是不太了解你们现场的具体状况！

我就想说一句：与其要更换，不如利用本工程已完工并且具有一定承载力的任何能利用的东西！既然你是特殊的施工现场那么也许一些现有的施工办法无法奏效，那么就自创啊！也可以采用多种工艺结合！

| TangXiaoWei | 位置：辽宁 | 专业：施工 | 第44楼 | 2005-9-2 16:27 |

我觉得大家把这个问题都说严重了。其实就是4m护壁桩的支撑。大胆的说一声，就是不支撑问题也不大！当然这个谁也不敢这么做。

希望大家考虑一下这四组护壁桩采用什么样的快捷、安全的支撑。我觉得切实可行的方法就是：

1. 打入锚杆，锚杆深度不需要太深（这个现场条件应该能满足）。
2. 斜支撑，支撑点为已浇筑剪力墙。

| fox115 | 位置：浙江 | 专业：施工 | 第45楼 | 2005-9-2 16:50 |

各位都说的很多，很惭愧本人工作这么多年还真没有碰见过此类问题，我现在所做的一些工程都是简单中的简单，地基好，地下室也就一层（只是车库而已）。学到了很多，liwei402网友有这么多网友帮你想法子，我相信你一定能找到一个很好的施工方案。这里我想说两点建议：

1. 要制订出可行的施工方案，必须熟悉现场情况及周边的情况。
2. 也要考虑到经济。

| yanglan1230 | 位置：湖北 | 专业：岩土 | 第46楼 | 2005-9-2 16:59 |

仔细看了你图片中的情况，不论是结构还是稳定都是很麻烦的一件事情，你的支撑是将两侧（直角两侧）支撑起来，保证基础的稳定性。我个人的意见是，如果你将下一步的施工计划也写出来的话更有利于大家分析研究问题，这样你才会听到你想要的施工方案。现在你说的只是拆除，拆除后你在这里做什么用？你做的建筑的最终模样或造型是什么样子？大家都不知道。因此很多人没有办法告诉你该怎么处理这种情况，何况这种情况的处理很复杂，涉及面多，考虑不周到的话有可能会造成不必要的损失。这个是我们大家都不希望看到的，对吧？你还是再整理一下然后把问题详细地表述出来，相信能够得到你要的答案的。

感觉既然周边已经进行了深层搅拌灌浆，那么基础在短期内是不会有变形的，如果此时将该层的墙体改为钢筋混凝土的话不是和原来的支撑一样吗？混凝土里面加早强剂就可以的。

| liwei402 | 位置：北京 | 专业：施工 | 第49楼 | 2005-9-2 19:11 |

再看看这个照片（图1.10、图1.11），这个地方地下二层顶板还没有浇筑，刚刚把模板支设好，上边放着杂乱的东西，墙体与护坡桩就这么点距离。

| sunxumin | 位置：广东 | 专业：施工 | 第51楼 | 2005-9-3 10:07 |

本人觉得可以用已完的地下室结构做为支撑啊，用填土换撑就OK，当然，还要请设计复核一下，但还是觉得这个方法较好，施工方便、低造价。

图 1.10 基坑施工图

图 1.11 基坑施工图

换撑技术的原理比较简单，具体针对该工程实例而言，就是让支护桩因内支撑拆除所产生的部分应力通过受力媒体分化或传递给具备足够承受能力的第三者，即已经施工好且达到相当强度的地下室外壁及负一层楼板梁，而支护体等依然发挥正常的支护作用。它既可以是采用相当数目的刚性支撑物放置在支护桩与地下室外墙之间的指定部位或者直接设置传力带，也可以是利用基坑回填使回填物与地下室结构共同作用来控制变形。换撑的力学本质是用给支护类似均布荷载的受力实体替代或部分替代给支护集中荷载的内支撑，支护体系本身在此转换过程中依然承担相当的支护作用。

设置刚性支撑物，工期短，投入少，施工操作也相对简单。但存在支撑点的选择困难，难以布设全面，且换撑的整体作用效果差，加之容易被破坏，一般只适用于浅基坑或作局部处理；而直接采用钢筋混凝土换撑梁等传力带的施工方法虽然结构受力明显，施工过程安全可靠，但相对工期较长，施工层次比较复杂，实际操作困难，且会影响后继工作。多数用于比较复杂尤其是特大型深基坑项目。回填法则主要表现在施工层次分明、实操简单、易于控制，且实施效果可靠，一步到位无手尾，特别是对本工程只有两层地下室，支护体与地下室外壁所构成的巷道相对狭小，尽管采用回填法会因防水施工而较晚介入，但比较而言选择回填，既能弥补刚性支撑物整体作用差的不足，又能避免设置传力带的困难，因而比较适用。为方便施工，实际换撑就采用回填法。回填物则主要采用碎石混合料，局部采用C20素混凝土。

| saharaice | 位置：天津 | 专业：施工 | 第53楼 | 2005-9-3 15:24 |

我有天津开发区现在建工程的基坑支护结构拆除施工方案，工程$60460m^2$，地下二层，基坑平均深度11m，设钢筋混凝土支撑2道。希望对你有所帮助。

基坑支护结构及其拆除的基本概况如下：

第一道钢筋混凝土支撑结构底标高为－3.000m，第二道钢筋混凝土支撑结构底标高为－7.500m，建筑基础底板板顶标高为－9.300m，基础底板厚度1.2m、2m。

支护结构施工见http：//bbs2.zhulong.com/forum/detail1189818_1.html。

支护结构拆除思路：基础底板浇筑——基础底板与支护桩之间回填素土——－9.3m处浇筑300mm厚钢筋混凝土层——拆除－7.5m处第二道支撑结构——施工地下室二层竖向结构及－5.0m处梁板结构（局部梁板结构向外延伸至基坑支护混凝土搅拌桩）——地下室侧壁与支护桩之间回填石屑——－5.0m处浇筑300mm厚钢筋混凝土层——拆除－3.0m处第一道支撑结构——施工地下室一层竖向结构。

| hunheren | 位置：辽宁 | 专业：施工 | 第54楼 | 2005-9-3 16:52 |

现在的问题是地下二层已施工完毕。并且已经回土，也就是说－4.5m以下已经没有问题了，不再需要进行支撑。在施工地下一层的时候需要拆掉护壁支撑梁才可以施工。而护壁支撑梁底标高为（－1.7＋0.8）＝2.5m，那么可不可以这样设想一下：将地下室一层做两次施工。现行浇筑到－2.5m处在那里留置施工缝，当然只是剪力墙，而钢筋混凝土柱没有必要留置施工缝，如果这样施工可行的话，需要支撑的部分就只剩下2.5m了。也就是说，是不是可以不用考虑设置支撑了？当然最好是作一下荷载验算。如果这个方案可行的话，应该是最经济和最简单的方案了吧。

没有到施工现场实际考察，不知道说得对不对？还请楼主自己根据施工现场的实际情况作决定吧！

至于基坑边上是路面，有钢筋运输车、混凝土运输车。本人意见，只有联系有关部门临时封路了。对于工期问题，本人意见，作两次浇筑，不会严重影响工期的。反之，如果再去处理支撑，怕是要影响工期的。孰重孰轻，还请楼主自己定夺吧！

| 木马6017 | 位置：内蒙古 | 专业：施工 | 第59楼 | 2005-9-4 11:02 |

1998年我领学生在上海实习时在福州路一个工地上就是和这个工程几乎一样的情况。那也是我第一次对深基坑的梁式支撑有一点接触。该工程在开挖前进行了支撑梁的浇筑，然后进行大开挖。因此，支撑一侧留设了挖掘机和翻斗车等车辆的运行通道。在进行了地下室施工后，进行回填、夯实。这时我们该注意的是一个变化：基坑深度已经很小了，边坡易于稳定，

可能简单的支撑方式就可以解决。然后，他们采用了静态爆破的方案进行了拆除。我想，常规爆破在这不合适。我理解的楼主的工程也是一样的吧。在地下室 2 层完成后进行回填压实，这时确实是支撑梁已经影响了一层的墙体施工了。我们是不是可以用简单的板桩支护或型钢桩横档板支撑，也可以考虑利用已浇筑的地下二层顶梁做水平支撑。

　　至于支撑梁的拆除，用静态爆破很好，但原支撑设计方案没有事先考虑的话，受钢筋影响很难实现，可以考虑采用其他的静态或非静态的拆除方案。可能最快的就是用德国人（HILTI 公司）的绳锯了吧。

ntyubin	位置：江苏	专业：施工	第 60 楼	2005-9-4　23:54

　　大概把各位网友的意见浏览了一遍。提出的方案都有一些道理，但要想用到具体这个工程上，似乎都差了那么一点儿！

　　我现在要说的是：这个问题的处理，还必须由原基坑支护设计单位来处理！

　　这并不是在推卸责任，而是因为之所以出现现在的问题，应该是由原基坑设计单位考虑不周而造成的（对施工中的各种工况考虑不周）。他们理所当然应该提出处理方案，负责解决这一问题，并且要承担由此而造成的后果。

　　从技术角度上来讲，可以分这样几种情况：

　　一是在地下二层楼面浇筑完成后四周回填土，在二层楼面标高处在地下室墙与支护桩之间浇筑一道支撑，然后拆除上道支撑。——看来此种工况为设计所不允许。因此不成立。

　　二是如果支撑环梁并不影响地下室外墙，只是因为支撑梁的标高在地下室一层楼面标高以下，而且支撑梁与地下室一层梁板结构也不冲突（从标高上看并不冲突），此时可以在支撑梁不拆除的情况下施工地下室一层墙、一层梁板结构。只是在外墙支撑梁穿过的位置预留孔洞待以后做好防水处理即可。

　　第三种情况是支撑梁本身就与地下室外墙位置冲突，本工程极有可能是此种情况，这也是最为糟糕的情况。可从图片上看，支撑梁水平方向并不是很宽呀！如果支撑梁与外墙重合不是很宽，可以在支撑梁上钻孔让外墙纵筋通过。如果重合很多，甚至超过了外墙内侧，就很难处理了！

　　能不能在地下室一层楼板以上标高处先设置钢结构的支撑梁及内支撑，再拆除下面的混凝土支撑（其实也是一种换撑）。可分区域进行，地下室一层施工也分区域施工。

　　一孔之见，请指正！

mxlin	位置：四川	专业：施工	第 61 楼	2005-9-5　13:52

　　能不能考虑将地下一层施工到现有支撑梁底即在 -2.5m 处留施工缝，然后另设支撑将其支撑在地下一层已施工的部位上，地下一层内部设置支撑满足受力要求，最后拆掉现有支撑。

sunxumin	位置：广东	专业：施工	第 66 楼	2005-9-7　16:29

　　回复 61 楼的网友，我考虑过这种方法，不过我们这里支撑梁混凝土大概 2500m³，室内破碎难度不小。

　　静态爆破是一种既安全又实用的拆除方法，以下是静态爆破机理及其施工，希望对你的工程有用。

　　静态爆破主要膨胀源为氧化钙，在适量水的掺合下产生膨胀压力，该膨胀压力在被爆介质中沿径向产生压应力，在切向产生拉应力。由于脆性材料的抗拉强度只有抗压强度的 1/8～

1/15。当炮孔内膨胀压力增加到一定程度时，被爆介质就会由于拉应力作用产生径向裂缝而破裂。静态爆破胀力大，安全可靠。破碎钢筋混凝土时没有飞石，没有噪声，没有振动，也无毒气排放，爆下的块度可按设计要求予以控制，不致对周围物体造成大的影响。

支撑梁的拆除采用静态爆破方法，将混凝土松动并使其部分脱落，配合风镐清除混凝土，然后用风焊割断钢筋。施工中应特别注意的是严格按设计要求在钢筋混凝土支撑梁上钻取炮孔，分布点要控制准确，孔深要符合设计要求，总之既要达到爆破要求，也应保证施工安全。

| lewis0630 | 位置：上海 | 专业：施工 | 第71楼 | 2005-9-8　16:17 |

根据照片来看围护体系是钻孔灌注桩，一道支撑。具体的地下室结构位置不清楚。现暂时假设外部空间不能利用的条件下的做法。

建议在地下二层结构位置设置传力带，即在围护体系到地下二层结构之间采用200～250mm厚混凝土（传力带），根据计算做为换撑，即可拆除第一道支撑。

注意：
1. 不知第一道支撑到自然地坪高度有多少，是否满足围护体系的变形要求？
2. 传力带的设计适用于围护体系与结构之间间距较小的工程，间距超过1m的还是另想办法。
3. 如地下二层结构一般会有地下车库，在车库坡道位置的支撑可考虑局部钢支撑换撑。

| t14xjm | 位置：全国 | 专业：建筑 | 第72楼 | 2005-9-9　9:33 |

这个属于设计考虑不周造成的。为什么不能将支撑设计在二层地下室的顶板位置？

能不能这样，在施工好的二层地下室的主梁处下几个大号的膨胀螺栓固定300mm×300mm×20mm的钢板，然后以工字钢做斜撑，支在要拆除的支撑下，两个工字钢斜撑之间也以工字钢焊接，以替换第一道支撑的压力。

待拆除的支撑吊走后，在施工斜撑处的地下室剪力墙时，为防止以后在此因工字钢温度伸缩造成的渗水可特别布置沿工字钢周圈的止水带。

| 依海听涛 | 位置：浙江 | 专业：施工 | 第83楼 | 2005-9-11　16:44 |

从以上描述的情况来看，本工程的地下室结构施工及换撑、拆撑均为常规的施工问题，并没有你说的特别的难度，只是你以前可能没有过类似工程的施工经验而已。

从照片资料可以看出，本工程为地下二层结构，基坑围护仅设置一道钢筋混凝土刚性支撑，本工程的施工并不难。也就是说在地下室结构施工至地下二层顶板顶之后，在地下室外墙外防水施工完毕后，分段对地下室外墙外侧的基坑用砂土进行回填，回填至地下二层顶板底，浇一圈C40素混凝土传力带，厚度同地下二层顶板，等达到强度的75%后，便可以搭架子进行拆撑工作（注：在基坑围护的设计过程中用启明星软件计算就是这样设计计算的，请放宽心）。拆撑比较适合、实用的方法是，采用空压机钻头将钢筋混凝土支撑钢筋外面的一圈混凝土剥除，然后用切割机将钢筋割断，用大铁锤敲打即断，每段混凝土重量可视塔吊能吊重量来定，然后用塔吊将素混凝土段吊上基坑后外运。安全措施、防护方面，要求拆撑所搭设的钢管架子要牢靠，人员上下方便，有临边防护，空压机的电缆要保护好，当然最重要的还是安全员要加强安全交底及安全监督，并随时派专人进行指挥协调。

本工程的地下室结构及拆撑施工总体来说是常规问题，技术上的难度并不大，只要在思想有足够重视，便能顺利完成施工任务。

| aaawjs | 位置：浙江 | 专业：施工 | 第 111 楼 | 2005-10-9 16:45 |

　　本人在杭州进行过这方面的施工，根据我的施工经验和楼主的施工现场图片来看，在二层地下室楼板施工前将支撑拆除是不太能够进行的了，我有一个办法不知可行否，就是要增加一部分造价。方法如下：

　　你目前主要影响的就是地下室外剪力墙了，内墙是无所谓的，做低一点，下次补足就是了。那么在外墙板施工时你是不是可以考虑不要拆除支撑呢？外墙板施工到支撑和围护桩的位置时预留"凹"型或"回"型施工缝，我根据你的图片可以判断你们外墙板的厚度应该蛮厚的，那么在施工缝的位置上加"橡胶止水带"或"钢板止水带"，待外墙板和楼面梁的强度达到要求强度时就可以将支撑拆除了，然后在原先预留的位置做牛腿混凝土浇筑斗进行补浇，如果楼板的高度和支撑梁的高度相近可以考虑在楼板上预留混凝土浇筑孔。这样我想问题应该就可以解决了。

1.1.4　讨论主题：逆作法施工。

原帖地址：http：//bbs3.zhulong.com/forum/detail517206_1.html

| vhsq | 位置：湖南 | 专业：结构 | 第 1 楼 | 2004-9-20 11:34 |

　　哪位高手有逆作法施工的经验，能否提供有关的资料。

| mycpc | 位置：广东 | 专业：结构 | 第 2 楼 | 2004-9-20 11:50 |

　　我在策划广州黄沙地铁商住发展项目时，曾经认真研究过"逆作法"。编写前查找了很多逆作法的资料、施工手册、工法等都未能提供详细的过程图纸，编写本方案时本人咨询了当地多位从事过"逆作法"施工的工程人员，并针对工程具体特征设计了工艺图（图 1.13）。

　　广州地铁黄沙站商住发展项目地址形式复杂，土质以杂填土、淤泥质土、砂为主，地下水位较高，平均地下水位埋深 1.5m。地铁线路横穿建筑物地下，地铁管廊部分无任何地基措施，且处于淤泥质土和砂层之间。因此，水位的下降、土方的开挖都会对其造成不可估量的负面影响，而地铁线路在此期间不能停运。为确保地铁的安全使用，减少基坑外土体的变形，该部分基坑的围护采用地下连续墙围护及逆作法施工，利用结构梁板作支撑，增加支撑刚度。

　　地下结构二层，主要为楼板、柱、外墙、电梯井，基坑开挖深度大部分为 11.00m 左右，塔楼核芯筒位置 15.00m 左右，为确保基坑及地下室施工的安全，在基坑四周布置有由地下连续墙、钻孔灌注桩及预应力锚杆、钢管支撑组成的挡土支护体系，在钻孔灌注桩外做喷粉桩形成止水帷幕。如图 1.12 所示。

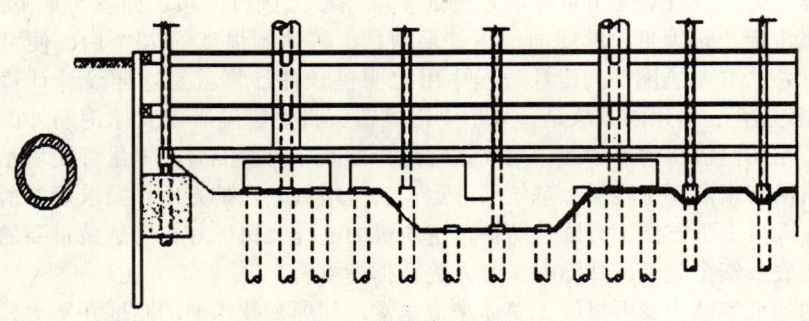

图 1.12　地下室剖面图

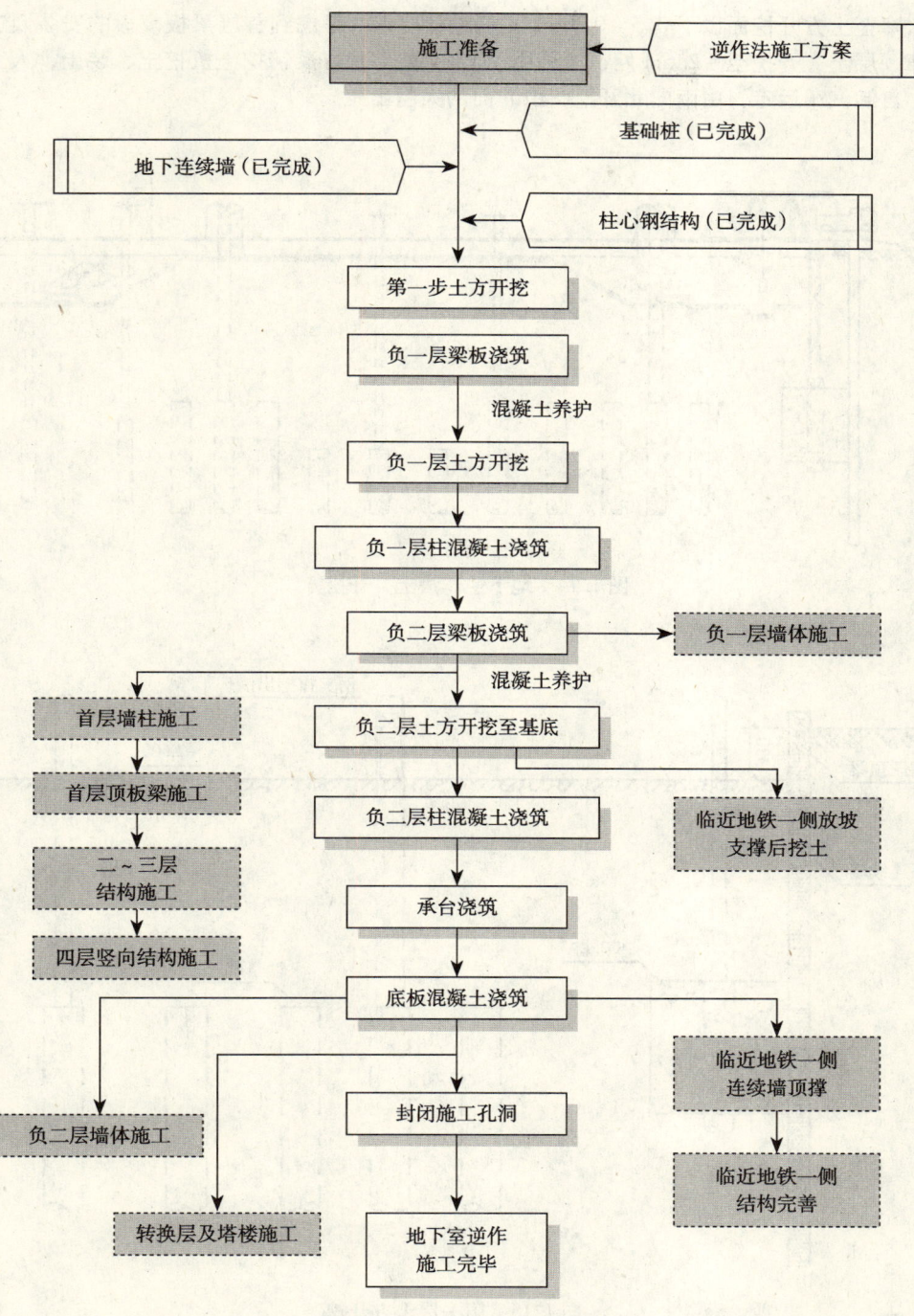

图 1.13 整个逆作法工艺流程图

逆作法施工可保证边坡及临近建筑物稳定性,并可有效缩短工期。然而,须制定科学、合理的逆作法施工方案,方能保证工程质量和安全。

1. 第一层土方开挖(图 1.14、图 1.15)。在进行第一层土方开挖前,应做好基坑降水,将地下水降至土方开挖面以下 0.5~0.7m。根据设计要求，考虑到首层梁板模板的安装及工作空间，第一层土方开挖至 -2.6m 处，拟采用 WY100 型 1 立方反铲挖土机挖土、装土，人工辅助整平，自卸汽车运走，由南向北开挖，由北面的大门出土。

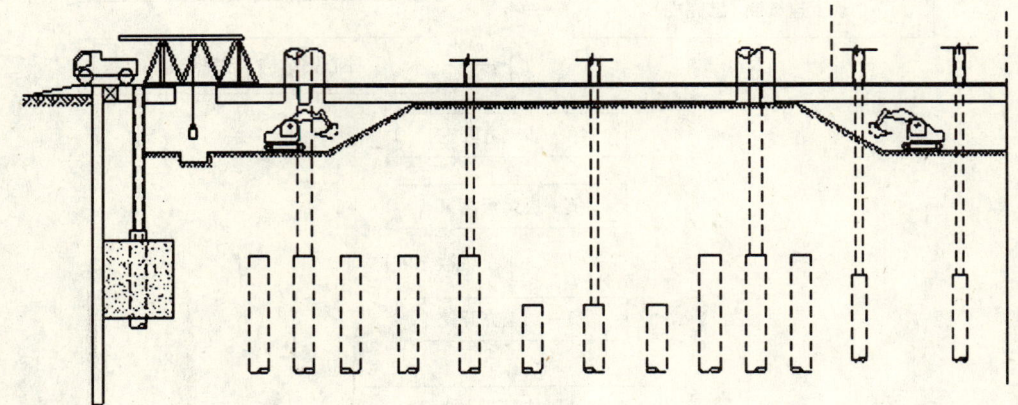

图 1.14　地下逆作法土方开挖方式

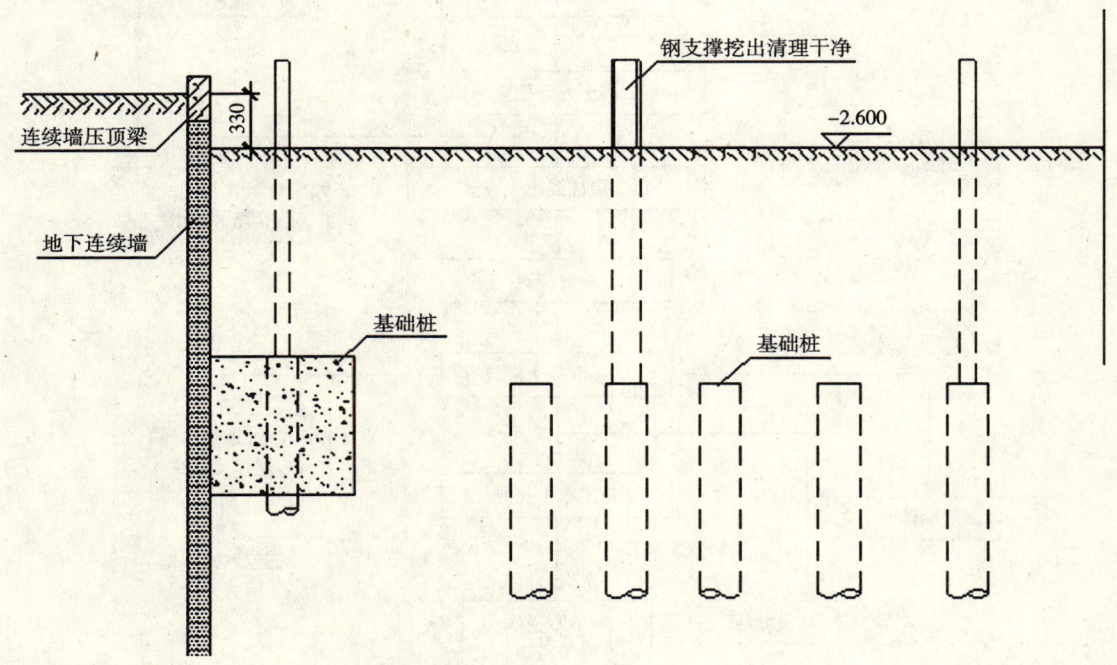

图 1.15　第一层土方开挖

2. 施工首层梁板结构（图 1.16）。将开挖后的土层面用人工夯实后，上铺垫木扩大支承面积，垫木的尺寸大小、支承面积大小根据施工荷载、土质情况等条件确定。如土质很差，则采用混凝土垫层，在垫层或垫木完成后，即施工梁板脚手架，安装梁板模板，绑扎梁板钢筋，浇筑梁板混凝土，其施工方法同普通钢筋混凝土结构。并沿地下连续墙浇筑第一道圈梁，通过钢筋混凝土连梁与主体结构梁连接。

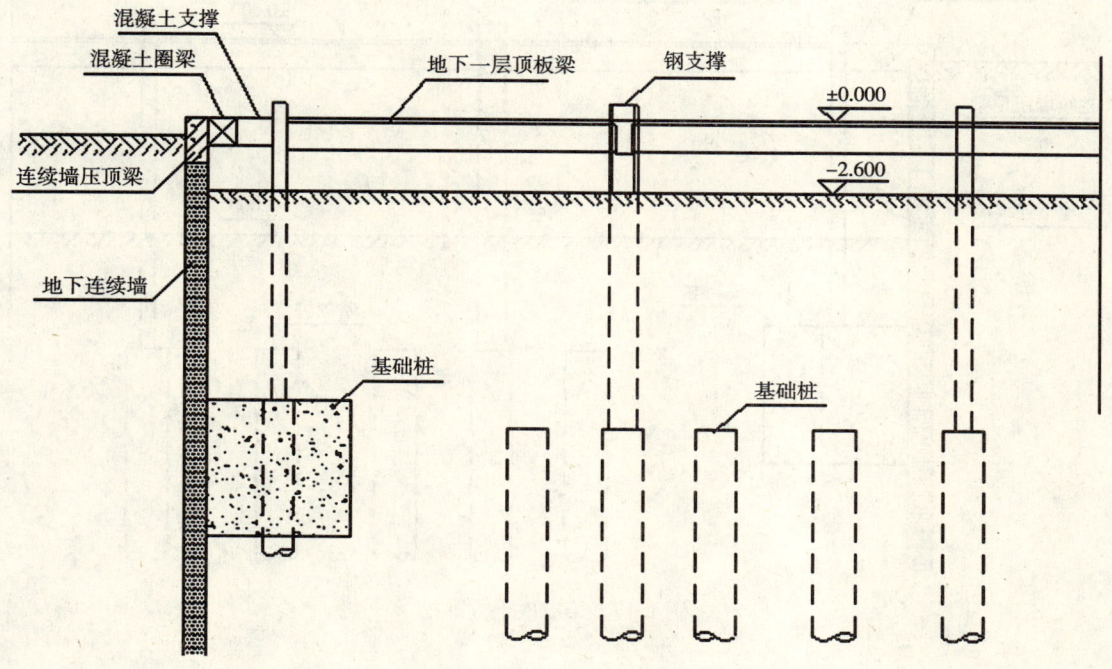

图 1.16 首层结构施工

3. 土方第二次开挖（图 1.17）。第二次挖土，应待首层梁板混凝土达到拆模时所需混凝土强度要求后，且将首层梁板模板、脚手架拆除后进行，挖土深度至负一层梁板以下，以能满足安装负一层梁板脚手架、模板所需的深度为准，考虑到本工程负一层层高为 4.4m，楼板面标高 +4.0m，为便于负一层安装梁板脚手架、梁板模板及绑扎梁板钢筋，第二次开挖至 -7m 处。在开挖过程中，将土方开挖至标高 -6.5m 位置，即采用人工掏槽安装钢管角支撑，然后采用人工开挖有钢角支撑区域的土方至 -7m 标高位置，对于有钢斜支撑的位置，先施工钢斜支撑所支撑的承台，再将土方开挖至 -7m 位置，安装钢管斜支撑。第二次土方开挖深度较深，约 4.4m，开挖工作空间较大，约 5.6m，由此本次土方开挖拟采用机械开挖为主，辅助人工开挖及整平，在预留的出土洞口位置向四周开挖，将四周的土用 K904D 型小型挖土机挖出且驳接至洞口位置，将土装入特制的斗内，通过汽车吊将其吊至地面装上自卸汽车运走。

4. 负一层支撑钢柱的外包地下室外墙及混凝土立柱的施工（图 1.18）。在土方开挖完成后，即对支撑钢柱表面进行处理，冲刷干净，绑扎钢柱外包钢筋、地下室外墙钢筋，安装柱、地下室外墙模板，灌注柱、地下室外墙混凝土。柱、地下室外墙的外包混凝土灌注宜从侧面入模，为便于混凝土入模和保证其密实性，除对竖向钢筋的间距作适当调整外，柱、地下室外墙顶部的模板宜做成喇叭形，接头处混凝土灌注至高于接缝的适当高度，以保证接缝处的混凝土密实，多余的凸出部分混凝土待强度达到设计强度的 70% 后，再凿平。

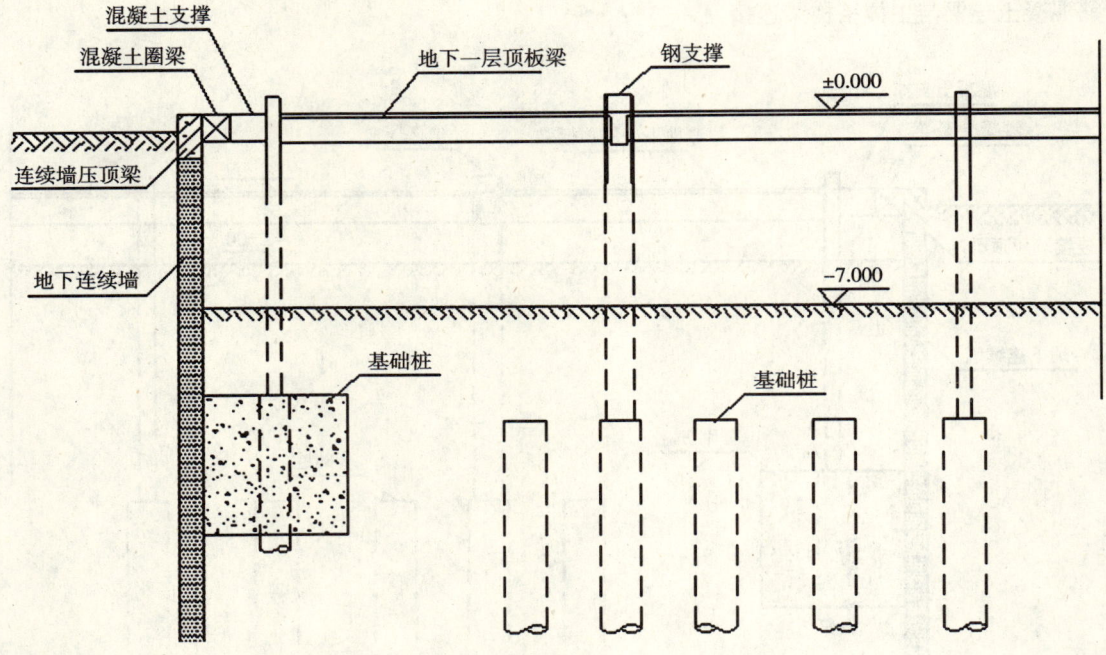

图 1.17 第二次土方开挖

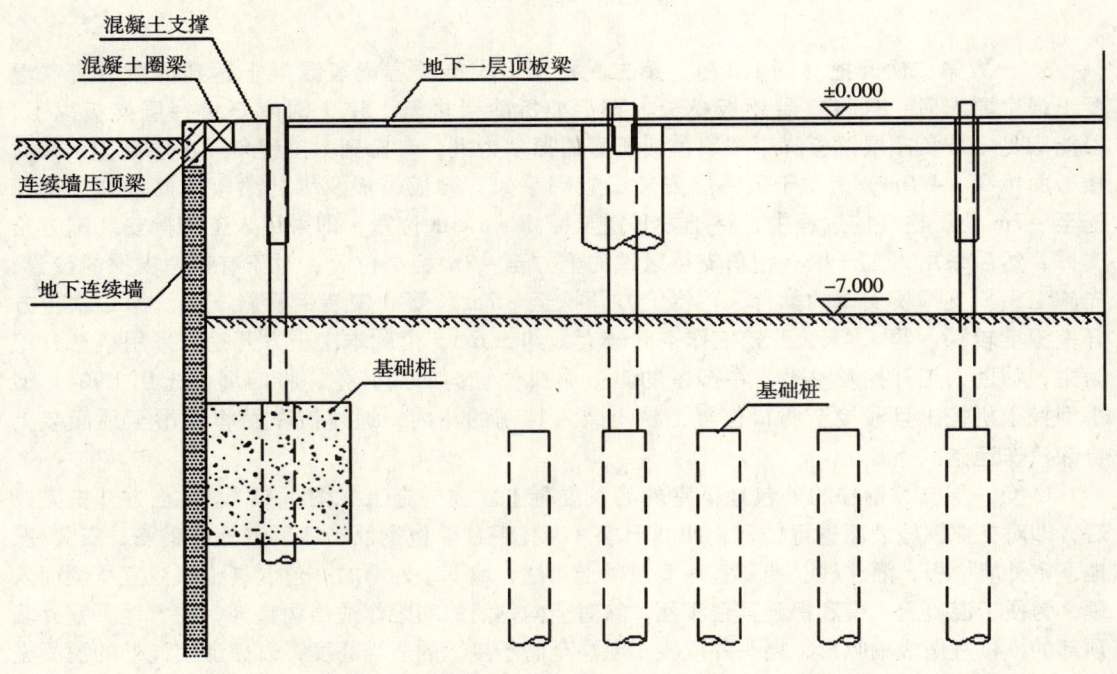

图 1.18 负一层支撑钢柱的外包地下室外墙及混凝土立柱的施工

5. 负一层梁板结构施工（图1.19）。其施工方法同首层梁板结构施工。同时地上结构施工可开始。

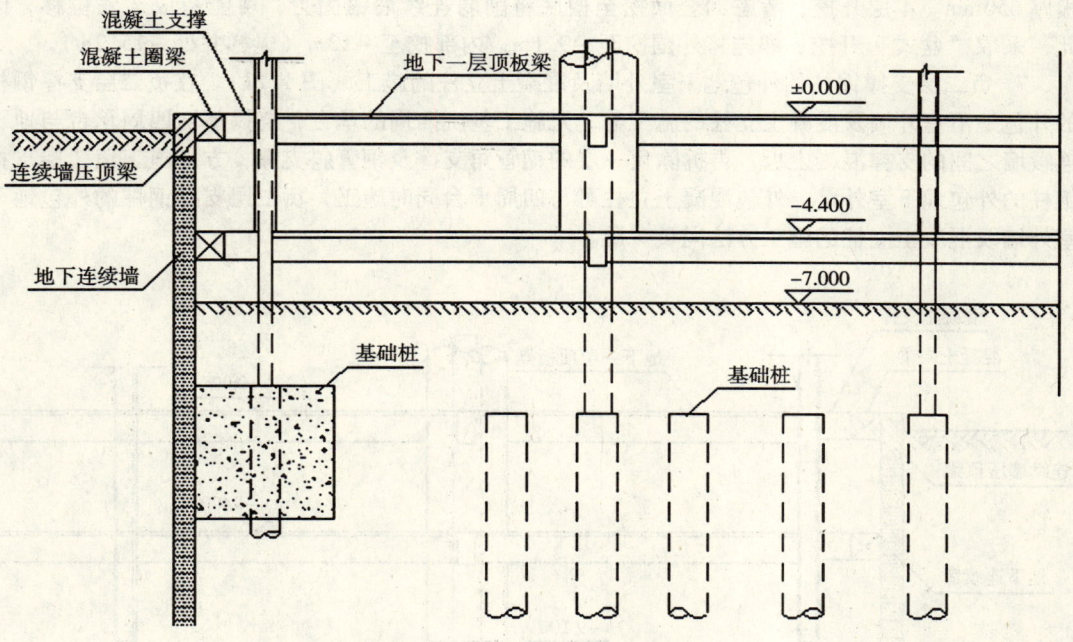

图 1.19　负一层梁板结构施工

6. 土方第三次开挖（图1.20）。第三次土方开挖，应待负二层梁板混凝土达到拆模时所需

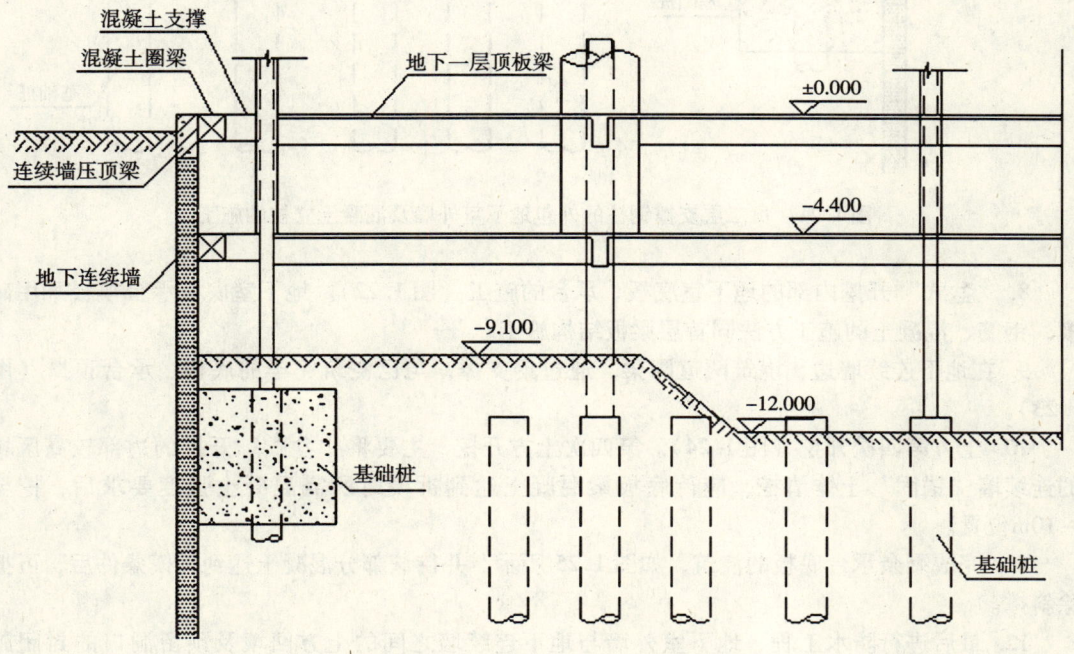

图 1.20　第三次土方开挖

混凝土强度要求，且将负二层梁板模板、脚手架拆除后进行。第三次土方开挖拟采用一次开挖至底板底，包括承台、地梁的土方开挖，本工程负二层层高为4m，底板面标高为-8.4m，底板厚650mm。本层开挖，考虑到全面挖至槽底将削弱连续墙锚固力，可能造成地铁位移，因此，采取"盆式"开挖，即先将外围挖至-9.1m，内部挖至-12m（电梯井处-15.2m）。

7. 负二层支撑钢柱的外包地下室外墙及混凝土立柱的施工（图1.21）。在负二层支撑钢柱的外包地下室外墙及混凝土立柱的施工前，先施工基坑四周的承台，浇捣基坑四周承台与地下连续墙之间的支撑混凝土板，再拆除负一层的钢管角支撑及钢管斜支撑，方可施工负二层支撑钢柱的外包地下室外墙，外包混凝土立柱可与四周承台同时施工，负二层支撑钢柱的外包地下室外墙及混凝土立柱的施工方法同负一层。

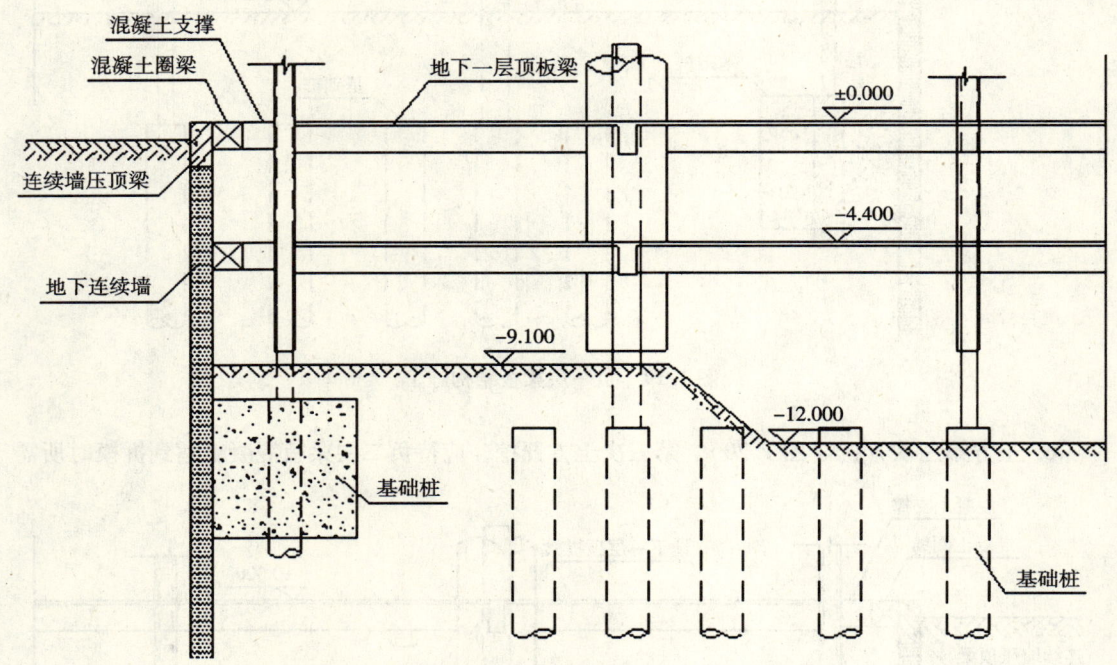

图1.21 负二层支撑钢柱的外包地下室外墙及混凝土立柱的施工

8. "盆式"开挖内部的地下室底板、承台的施工（图1.22）。地下室底板承台模板采用砖模，钢筋、混凝土的施工方法同首层梁板结构施工。

9. 在地下连续墙边，浇筑两道圈梁，通过钢支撑，与已浇筑完毕的底板、承台顶撑（图1.23）。

10. 土方第四次开挖（图1.24）。第四次土方开挖，主要将"盆式"开挖的边部较高区域的连续墙"锚固"土体清挖，应待底板梁混凝土达到拆模时所需混凝土强度要求后，挖至-10m位置。

11. 完成剩余承台底板的浇筑，如图1.25所示。并待该部分混凝土达到拆模条件后，可拆除斜撑。

12. 最后进行防水工程、地下室外墙与地下连续墙之间的土方回填及预留洞口的封闭施工。在地下室底板施工完成后，再开始封闭首层、负一层楼板上的预留洞口，同时进行地下室

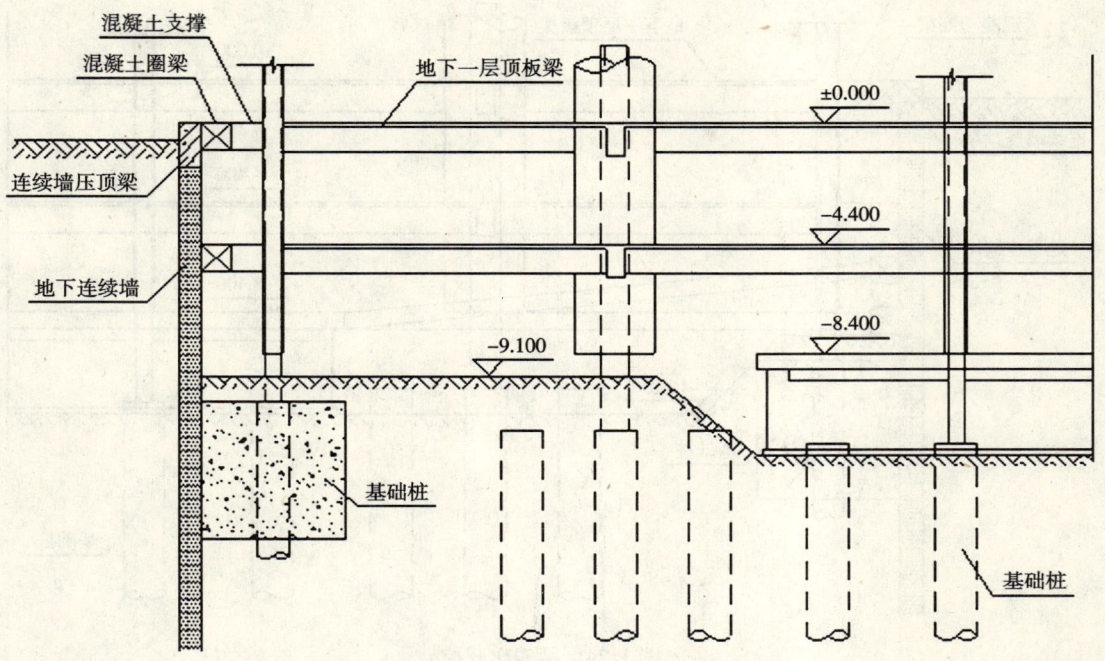

图 1.22 "盆式"开挖内部底板、承台施工

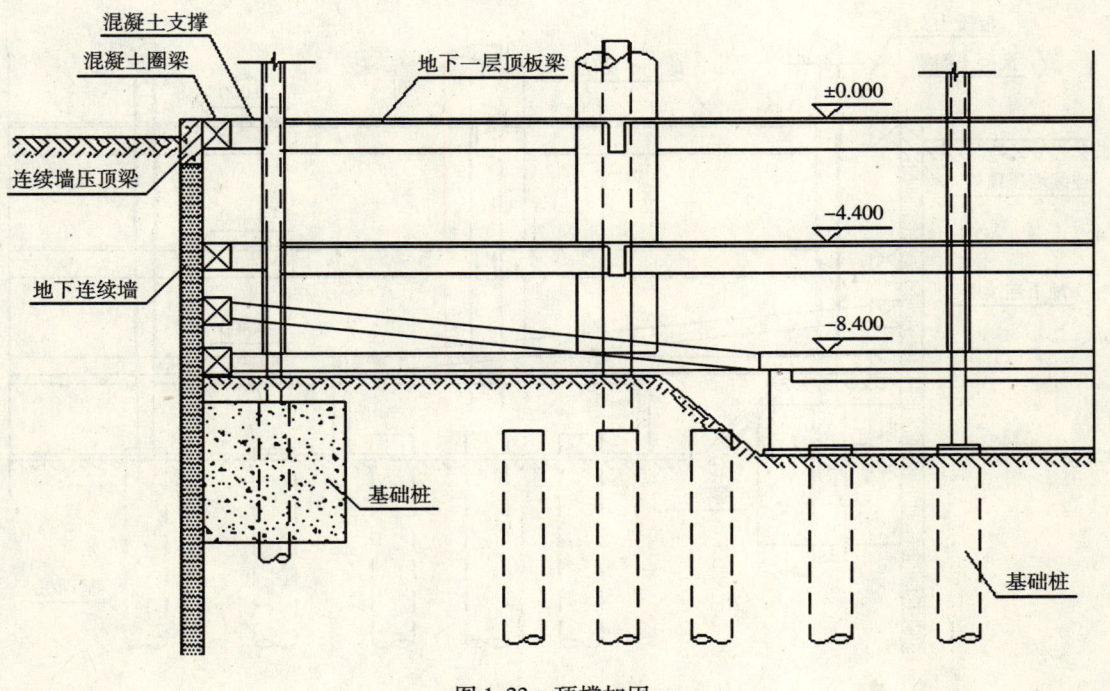

图 1.23 顶撑加固

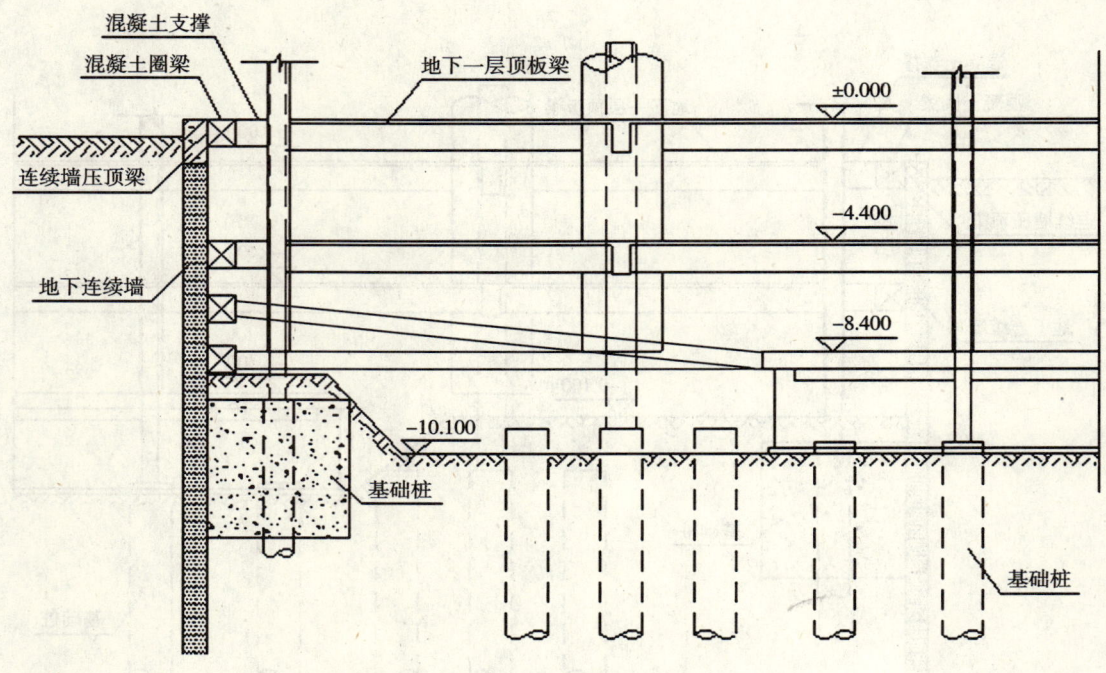

图 1.24 第四次开挖

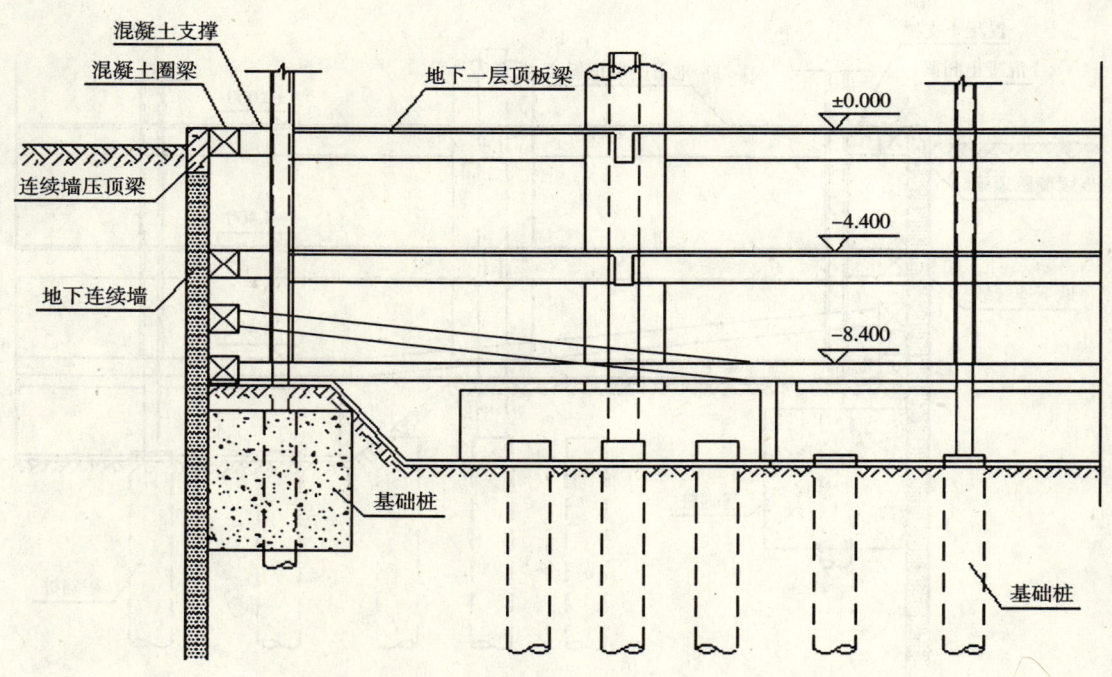

图 1.25 浇筑剩余承台

外墙防水及地下室外墙与地下连续墙之间的土方回填，土方回填应采用黏土分层夯实。

逆作法中，桩基施工的难点在于其穿过整个基坑深度，因此只是施工的难度大，不易控制准确的位置。

对于设计本身没有特殊要求。结构设计一般重点考虑桩上的型钢部分，它先是桩，待逆作法的不断深入，型钢变为劲性柱！因此，其作用重大！

| zzh7354 | 位置：天津 | 专业：施工 | 第 37 楼 | 2005-5-11 11:13 |

逆作法施工基本工艺：

逆作法即地面以下工程自上往下进行，先沿工程周围筑地下连续墙，此墙即为建筑物外墙或是基坑挡土结构，同时打入框架支柱、灌注桩或临时支柱，然后开挖第一层土方到第一层地下底面标高，筑该层的纵横梁和楼板与地下连续墙交圈，实际是利用地下室梁板作支撑系统。按照上述方法继续向下开挖并向下逐层施工，同时在已完成的地面层底面梁板结构处向上接柱子或墙板，向上逐层进行结构施工。这就是逆作法的基本工艺。

逆作法施工的优点是利用地下室工程的梁板作支撑，挡墙的变形小，节约大量支撑工具和投资，可以上下施工，交叉作业，施工速度快。

逆作法施工的缺点是挖土施工比较困难，梁柱节点、纵横梁与地下连续墙的节点留筋插筋须考虑周到，吊车在楼板及梁柱上施工要有足够的承载力。

1.1.5　讨论主题：寻求地面裂缝的处理办法，请大家帮帮忙！

原帖地址：http://bbs3.zhulong.com/forum/detail2664560_1.html

| zhangapple | 位置：北京 | 专业：结构 | 第 1 楼 | 2005-12-14 15:46 |

地面裂缝为一个工业厂房的地面裂缝，整个厂房地面大约 $4000m^2$，地面分隔缝大小为 $6m \times 6m$，已经出现不同程度的裂缝（图 1.26、图 1.27），请大家给点意见，如何处理？

图 1.26　裂缝的地面

图 1.27 裂缝的地面

| 王卫东 | 位置：河南 | 专业：施工 | 第 4 楼 | 2005-12-14　18:27 |

地面分割缝的宽度是多少？有可能是分割缝的宽度太窄了，没有起到分割缝的作用。还有一个可能是回填土有问题，有反弹现象。也没有什么好办法处理，看用压力泵灌一下浆怎么样？估计作用不会很大，还会继续开裂。

| ging007 | 位置：湖北 | 专业：施工 | 第 5 楼 | 2005-12-14　19:33 |

多半是由于回填土影响，或者由于混凝土地坪在墙脚边与结构柱、墙没有留缝或留缝较小，后因基础沉陷带动混凝土地坪开裂，比较好的处理方案就是将地坪砸了重做。

| 赤红热血 | 位置：浙江 | 专业：结构 | 第 6 楼 | 2005-12-14　19:36 |

我怎么看起来那条缝像假缝呢？很有可能是不均匀沉降引起的！而且好像用水泥浆涂过一遍了？灌浆可能灌不进去！沿缝割开，再灌浆，地面的伸缩缝可以割大一点啊。

| zhang2272 | 位置：天津 | 专业：施工 | 第 7 楼 | 2005-12-14　20:38 |

我分析的原因有以下几点：
1. 地基土不均匀沉降造成的，这个占很大比例。
2. 地面垫层混凝土收缩应力引起的。
3. 分割缝没起到应起的作用，分割缝太浅，分割缝间距太大。
措施：
1. 把裂缝部位弹好墨线，用手锯开道直缝，宽度要匀称，大小依照裂缝而定，把裂缝部位砸掉重做。
2. 见图只在纵向有分割缝，可以在横向再加一道分割缝，深度加大。

| wang lin808 | 位置：天津 | 专业：施工 | 第 8 楼 | 2005-12-14　20:56 |

如果当初垫层配置双向钢筋可能会避免这种问题的出现！现在只能观察裂纹是否在继续发

展，分析裂缝的成因，这种裂缝未必是地基不均匀沉降造成！

| chj80220 | 位置：山东 | 专业：施工 | 第9楼 | 2005-12-15 20:00 |

我觉得同分割缝的关系不大。从图上看，好像还连通了，应该是回填土或下边的垫层不密实，引起的不均匀沉降造成的，建议沿缝开个槽重新做。不知道面层下边是什么，不如把你的地面做法也说一下。

| zhangapple | 位置：北京 | 专业：结构 | 第10楼 | 2005-12-16 11:26 |

请教王卫东网友：要没有空压机，直接用环氧树脂修补裂缝行吗？再请教一下，用哪种环氧树脂修补地面裂缝比较好啊？

| fzc26326437 | 位置：内蒙古 | 专业：施工 | 第13楼 | 2005-12-16 17:20 |

多厚的混凝土？分隔缝像切出来的，是不是切晚了？切开一个缝隙，用灌浆料，它有一定的微膨胀，我认为会好一点。

| TANGHG | 位置：江苏 | 专业：施工 | 第16楼 | 2005-12-17 7:26 |

混凝土是一种匀质脆性材料，由骨料、水泥石以及存留其中的气体和水组成。在温度和湿度条件的变化下，容易产生硬化和体积变形，由于各组成成分的变化及相互作用，产生初始应力，形成在骨料与水泥石粘结面或水泥石本身之间出现肉眼看不见的细微裂缝，这种裂缝是不规则、不连贯的出现，但在荷载作用下或进一步产生温差、干缩的情况下裂缝开始扩张，并逐渐互相串通，从而出现较大的肉眼可见的裂缝。因此混凝土的裂缝，实际是微裂的扩张。

一般工业与民用建筑中混凝土裂缝宽度在小于或等于 0.05mm 范围内，不会产生危害。由于微裂在混凝土施工中是不可避免的，混凝土结构设计规范对有些结构按其所处条件的不同，允许存在一定宽度的裂缝。但在施工中应尽可能采用有效的技术措施控制裂缝，使用前结构尽量不出现裂缝，尽量减少裂缝的数量及宽度，特别是避免出现有害裂缝，以确保工程质量。

产生混凝土裂缝的原因主要有以下几点：

1. 材料原因，使用水泥的品种、水泥的用量、砂石料的级配及含泥量等以及混凝土搅拌不均匀，或水泥品种混用，因其收缩不一产生裂缝。
2. 气候因素。气温高、风速大、气候干燥或冬季冻胀等。
3. 由于设计或施工中支架的刚度、强度、施工荷载、养护等原因产生局部断裂或环形裂缝。

控制混凝土裂缝的措施：

1. 由于原材料的因素引起的混凝土裂缝，我们可以通过加强对原材料的进场验收，做好原材料的选样检测工作，严格按施工设计配合比要求施工，杜绝水泥品种混用现象。
2. 在混凝土工程施工中由于施工原因引起的裂缝，是对工程质量危害最大的，也是最难以把握及控制的。根据以往的施工经验，在混凝土工程施工中，首先加强模板的验收工作，确保模板有足够刚度、强度、稳定性，能完全承受施工中产生的活荷载及新浇筑混凝土的重量。
3. 在混凝土的配制过程中，严格控制水灰比和水泥用量，选择级配良好的骨料，减少空隙率和砂率，同时要振捣密实，以减少混凝土的收缩量，提高混凝土的抗裂强度。
4. 混凝土浇筑前将基层或模板浇水湿润，避免吸收混凝土中的水分。

5. 混凝土浇筑后，加强混凝土表面的抹压收平工作。

6. 特别是混凝土养护工作在控制混凝土裂缝环节中是重中之重，以往的做法是及时洒水养护、草袋覆盖。随着建筑工程机械化程度的不断发展，目前都已采用商品混凝土。由于商品混凝土浇筑速度的提高，特别是现浇板的板面面积大，白天气温高，养护工作采用以往的方法已不能有效的控制板面裂缝。

例如在2003年3月份开工的百川房产商住楼工程，此工程占地面积大，每层近2500m^2，全部采用商品混凝土浇筑。针对板面面积大，混凝土初凝速度快，板面易开裂等特点，我项目部打破了以往传统的浇捣及养护方法，采用边浇捣边收平，在混凝土初凝前再进行二次收平。同时，采用1.5m宽的地膜进行覆盖，由于地膜较窄，刚好一个工人的工作面，施工很方便，每个大工人手一卷，边收平边覆盖，大大缩短了阳光直接照射混凝土表面的时间，有效的控制了混凝土内水分的大量蒸发，从而有效的控制了现浇板板面出现裂缝，而且资金投入不大，降低了工程成本，减少了养护工人的劳动强度。

| hjx200 | 位置：江苏 | 专业：施工 | 第 17 楼 | 2005-12-17 9:54 |

对于这个问题我发表点意见！

从裂缝的形状和裂缝的宽来看，我认为与结构的关系不大，对于产生原因我做如下分析：

1. 回填土在回填过程中可能压实不到位，导致局部回填土下沉，是形成裂缝的原因之一。

2. 地面施工过程中工期压得过紧，在回填土施工完成后最好要过一定的周期后再进行地面施工，让回填土有一个稳定的过程。

3. 地面施工时分格的伸缩缝条，要彻底分开，不能只对表层进行分格，而且面积不能太大，缝隙不能太小，一般为2cm。

4. 地面施工时要注意保养。

| fcy19710702 | 位置：河南 | 专业：安装 | 第 22 楼 | 2005-12-17 13:54 |

要解决地面裂缝问题，首先要查清楚裂缝产生的原因，然后对症下药。

1. 如果是回填土夯实的程度不同，即有的满足要求，有的不能满足要求，虚实不均匀造成的沉降，可以采用化学注浆，固化回填土，使回填土的密实度达到一致。

2. 如果地面裂缝位置在地梁的中间，可以把设计的分割缝设置在中间，不至于形成新的裂缝。

3. 如果是不均匀沉降造成的，就需要考虑基础处理问题，或者在沉降稳定以后，地面重新处理。

4. 检查设计的分割缝是否彻底，是否因为温度变化引起的。

| zhangapple | 位置：北京 | 专业：结构 | 第 26 楼 | 2005-12-21 8:13 |

谢谢大家关注，目前已经进行整改了：

1. 局部有沉降的地方已经重新浇筑了（图1.28）。

2. 其他地方裂缝不严重的，已经把缝切成"V"形，用金钢砂灌的缝，表面再用环氧树脂整体做的面层（图1.29）。

| baihaidong | 位置：河北 | 专业：施工 | 第 32 楼 | 2005-12-21 20:24 |

图 1.28 下沉部位重新返工处理

图 1.29 其余部位灌缝处理

　　一般来说都是施工停顿造成的。我施工时也存在的。要不就是后来上设备时压的。处理的办法就是沿施工缝凿出宽 5cm，深度 2cm 以上，补细石混凝土，最好加上建筑胶。

1.1.6 讨论主题：管桩施工时出现断桩怎么办？

原帖地址：http://bbs3.zhulong.com/forum/detail1934861_1.html

| happyfww | 位置：其他 | 专业：其他 | 第 1 楼 | 2005-9-9　16:21 |

　　有一只工程基础采用预应力混凝土管桩，有地下室，桩基验收时发现有根断桩，地下室基坑已开挖完成，垫层已施工完成，请大家讨论一下，采用什么方法补救最好。

| zghuo | 位置：其他 | 专业：其他 | 第 2 楼 | 2005-9-9　17:32 |

　　可按图 1.30 的方法处理。

| mingong | 位置：河北 | 专业：施工 | 第 4 楼 | 2005-9-9　17:46 |

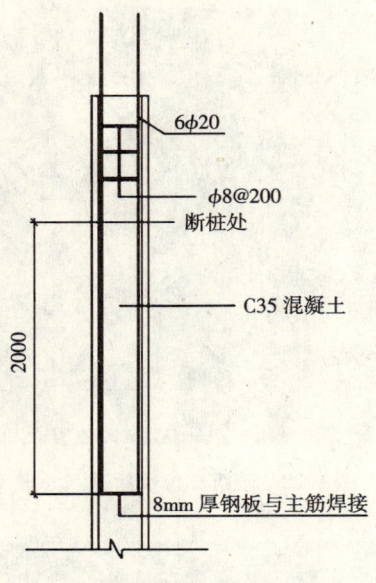

图1.30 基坑施工图

问题是楼主没说断桩位置啊,还有垫层已经打完了?是不是应该由桩基设计部门拿主意啊?

| zghuo | 位置:其他 | 专业:其他 | 第5楼 | 2005-9-9 17:49 |

断桩位置图中标出的,要求钢筋笼放置深度在断桩位置下2m。施工单位先拿出有效的处理方案,有利于设计方"拿主意"。

| luqiab | 位置:浙江 | 专业:其他 | 第6楼 | 2005-9-10 8:44 |

上面的方案对断桩位置较浅的桩比较有效,但如果是断桩位置较深呢?作为预应力混凝土管桩,有可能在焊接部位出现断裂造成桩身的偏差或是错位,这种情况就比较难控制了。这里一般的做法是补桩,麻烦也没办法啊!质量要紧.所以断桩要分情况,由设计、施工出方案都可以,但一定要设计认可!

对于补桩这里有种做法就是打锚杆桩。不过对此我是有保留意见的,因为锚杆桩的计算理论不是太明确,而且检测的方法也不是太合理。但对楼主的情况可能比较有效,因为施工条件比较简单,对场地的要求小。

| happyfww | 位置:其他 | 专业:其他 | 第8楼 | 2005-9-10 9:10 |

看来我得先说明一下基本概况,设计桩长48m,摩擦端承桩,以摩擦为主,端承为辅,断桩位置约在底1/3处,现在补桩是比较困难的了,因为地下室基坑已开挖,垫层已施工完毕。

我们及时向监理和业主汇报,商量对策,三方一致认为上报至设计院,请设计院拿方案,于是第二天我们和监理去设计院汇报了情况,请他们拿出补救方案,他们让我们先回去,等待消息，等了一天，终于来电话了，本想是个好消息，结果他们却说，你们看着办吧。

| hzzwj | 位置：其他 | 专业：施工 | 第9楼 | 2005-9-10 11:12 |

有这种设计院的？

既然是看着办，那就出份报告不处理算了，不知道设计是否能认可。

我的想法是可以通过修改基础承台或梁的方法，应该也是可行的，但有一条是肯定的，不管怎么修改，最终必须由设计院认可才能实施。

| SGP123 | 位置：广东 | 专业：施工 | 第10楼 | 2005-9-10 11:25 |

不知道周围桩的位置，既然设计院说看着办，我个人觉得这根桩的位置不是很重要，那么就砸掉一块垫层，做个地梁，把这个承台上的荷载分布到周围的承台上，再传递给桩。

| zghuo | 位置：其他 | 专业：其他 | 第15楼 | 2005-9-10 19:00 |

"安全第一"的原则下如何做到大事化小，小事化了呢？我要告诫大家学习再学习的是"如何做好工作"方法。

如果把整个桩的内孔浇灌混凝土也没有多大的工作量啊！

| happyfww | 位置：其他 | 专业：其他 | 第18楼 | 2005-9-12 9:11 |

我项目部技术负责人出具了施工图纸，主筋为8根直径16mm的螺纹钢筋，箍筋为螺旋箍筋，然后由设计院签字，总算解决了。

| wtywty0083 | 位置：浙江 | 专业：监理 | 第22楼 | 2005-9-13 16:30 |

出现断桩（和上述情况一样）我们的做法就是扎一个钢筋笼，然后在桩管内灌注混凝土C35，按桩管内径计算出混凝土量，浇至断裂处以上5m（主要是考虑测桩也有一定的偏差）。到设计院去盖章。

1.1.7 讨论主题：《建筑地基基础工程施工质量验收规范》的问题。

原帖地址：http：//bbs3.zhulong.com/forum/detail3225648_1.html

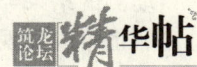

| cq2004 | 位置：重庆 | 专业：地产 | 第1楼 | 2006-3-25 15:40 |

因为该规范为上海地区的建筑部门和单位编制，明显带地方性。比如说上海是冲积地质，采用灌注桩基的话，高层建筑一般一根桩混凝土量都超过$100m^3$，进行抽样检测进行静载试验成本摊销自然少一些。如果像我们重庆地区，一个桩的混凝土就几立方米到$30m^3$之间。若非要按规范搞静载试验费用真的很高。

还有就是部分设计要求在浇筑混凝土前超前钻5m左右检查下部是不是有空洞。重庆属于山地，很多基础是靠钻孔抽芯才把桩孔成型的。有的就是在整块岩石上。有必要吗？在实际施工中，重庆普遍采用全数动载测试代替抽样静载试验。一般都没有进行超前钻探底，除非地质勘查报告说明地质复杂和设计有特殊要求。

大家就《建筑地基基础工程施工质量验收规范》谈谈自己的看法吧。

| Yu7201 | 位置：江苏 | 专业：岩土 | 第2楼 | 2006-3-25 16:07 |

规范适用全国，肯定不会只有上海的经验参与。静载试验测的是桩承载力，与混凝土量没什么关系。这个分摊也没有什么理由。浇筑混凝土前超前钻5m左右是《建筑地基基础设计规范》的要求，规范也很明确，"视岩性检验桩底下……"，所以关键在执行。

| mingong | 位置：河北 | 专业：施工 | 第3楼 | 2006-3-25 16:12 |

楼主这个问题值得讨论，欢迎大家参与，只是一个问题没看明白，静载检测与单桩成本的关系怎么回事？

补充一个问题：地基处理的CFG桩和水泥土桩按规范静载必要吗？我们这里不是成本，是好多房地产怕影响工期取消检测。

| Yu7201 | 位置：江苏 | 专业：岩土 | 第4楼 | 2006-3-25 16:25 |

静载检测是现今让人感觉最可靠的手段。

复合地基的设计现在连规范的经验计算都那么的不明确，只有经过试验。试验是个什么情况？有没有必要？

个人觉得，复合地基的静载试验实在是没什么必要：

1. 试验影响深度有限，不能全面反映实际使用的状况。一般静载影响深度也就1.5倍桩直径，而使用期间的影响深度比这大很多。

2. 土的承载力应该在勘察期间解决，检测的目的主要应该在桩。复合检测模糊了主旨。

| lvyinzjy | 位置：福建 | 专业：施工 | 第6楼 | 2006-3-26 22:52 |

动测不如静载可靠，动测只能测桩的完整性，承载力无法确定是否满足设计要求。且动测与测量的仪器及分析动测波形的人关系很密切，我以前做的一个工程，开始一家单位动测有1/8的三类桩，我们对检测的成果表示怀疑，后来请省内最权威的机构来检测，三类桩仅为1/170。

动测的结果与仪器的精密性也有关系，现在有美国进口的一种检测仪器，对正常的桩进行检测，也可以发现有很多缺陷，如打入地下，判断起来就更需要经验。

| songzaolong | 位置：北京 | 专业：其他 | 第8楼 | 2006-3-27 10:07 |

个人认为基础工程的涉及面太大了，过程又很隐蔽，还是求稳为上。静载试验是最可靠的质量检验手段，各种动测方法在某种意义上有一定的质量检验效果，但是可靠度远不如静载试验，用这些相对整个建设费用不算大的钞票买个稳妥和可靠很有必要。

| cq2004 | 位置：重庆 | 专业：地产 | 第10楼 | 2006-3-28 8:12 |

摘录一篇文章的部分内容：

重庆市在地貌形态上属低山丘陵区，冲沟、河流发育，因而建筑物基础多位于斜坡上或冲沟内。位于斜坡上的建筑物其地基为半挖半填形式，在回填土部分采用挖孔桩基础。位于冲沟内的建筑物一般均采用挖孔桩基础。

对于设计等级为甲级（或一级建筑）的地基基础要求进行单桩静载荷试验。但是，大直径嵌岩灌注桩单桩承载力设计值上千吨，进行现场试验受试验条件和试验能力限制，几乎不可能完成。尽管规范有要求，在重庆地区还没有进行过现场原型大直径嵌岩灌注桩的静载荷试验。对于用小应变的动测法确定单桩承载力，学术上存在争议。笔者认为，对于大直径嵌岩桩的承载力根据终孔时桩端持力层岩性报告结合桩身质量检验报告核验的方法是合理和可行的。

提醒注意下面几个问题：

1. 同一地貌单元、同一层位、同一岩性，岩石单轴抗压强度标准值只有一个，不是检测报告提出的每一孔一个标准值。

2. 岩石单轴抗压强度标准值是一个经修正后的统计值，其中的单值可能大于或小于该值。只要该值大于等于设计文件要求的强度值，即满足设计要求。

| wsf | 位置：河南 | 专业：施工 | 第 11 楼 | 2006-4-4 8:41 |

我在施工中也发现 GB 50202—2002 中的条文在实行过程中过于复杂：小于 $50m^3$ 的桩，每根桩必须有 1 组试件。

在我们一个施工工地上共有桩基 1200 根，每根的混凝土浇筑量为 $3m^3$ 左右，每天我们每台桩机的施工数量是 12 根左右，共有 3 台桩机同时施工，结果每天留置的混凝土试块就有 36 组，光试模就需要 36 套，简直把我们的质检员累惨了，建议国家标准制订的单位应该对这种情况区别对待，留那么多的试块，有必要吗？

| zjpjjhb | 位置：浙江 | 专业：施工 | 第 12 楼 | 2006-4-4 17:28 |

关于那个动测的问题，说实话，我是实在信不过。我第一次接触低应变的时候是我们有两根桩要做静载，但是挖出来后感觉其中有一个桩有点歪，就认为是桩断了，然后我们就请试验人员来做一下低应变，结果，来试验的人当场就说第一个桩没断，第二个桩断了（注意，他是先做一个桩下一个结论的，所以不存在混淆的情况），结果挖出来一看，情况刚好相反，而且断的那个可以说是断的很彻底，裂缝有 2cm 宽。

| 城里的工匠 | 位置：广东 | 专业：监理 | 第 13 楼 | 2006-4-8 9:23 |

桩的检测问题，和建筑物的规模有关，这涉及到桩的类型。静载主要是检测桩承载力的（破坏性）试验，动测中分低应变和高应变动测，低应变主要是检测桩身完整性，高应变则可检测桩的完整性和桩的承载力。

对于小直径桩，可以采用静载或高应变的方式检测其承载力。对于大直径桩，好像这两种方法都不太可行，静载的堆载都很成问题，以设计承载力的双倍荷载为例，如果是一根设计承载力达到 25000kN 的桩，就要 5000t 以上的荷载，这个堆起来怕是有点匪夷所思。

桩的检测方式都有其局限性是必然的。基础问题看不见摸不着，保守些好，再急的工程毕竟建成后是要用几十年的，这短短的数天对于几十年来说，孰重孰轻不言而喻。

1.1.8 讨论主题：吸收塔基础裂缝问题如何处理？

原帖地址：http://bbs3.zhulong.com/forum/detail371905_1.html

| life_space | 位置：贵州 | 专业：造价 | 第 1 楼 | 2004-6-30 23:13 |

请问各位网友此种问题如何处理？

吸收塔塔高 36.9m，直径为 12.5m，壁厚 18mm，安装完成后钢筋混凝土基础出现横向裂缝，见图 1.31~图 1.34。

图 1.31　基础裂缝

图 1.32　基础裂缝

| xayang_01369 | 位置：陕西 | 专业：结构 | 第 10 楼 | 2004-7-1　14:54 |

　　从图片上看，是水平剪切所致，可能是温差收缩的缘故，但也不排除结构设计或是施工顺序不对所造成的。

| 拉撒路 | 位置：浙江 | 专业：地产 | 第 11 楼 | 2004-7-1　15:07 |

　　从图中看，基础上面一层应该是二次浇筑的混凝土。可能是吸收塔底部就位后再浇的，所以可能没有预留钢筋。要进行加固的话，最好是叫设计来看一看，由他们提出方案。

| 天堂的阳光 | 位置：广东 | 专业：施工 | 第 12 楼 | 2004-7-1　16:43 |

图 1.33 基础裂缝

图 1.34 基础裂缝

应该互相间有水平位移,并把混凝土剪坏了。各位网友,会不会是上部产生了侧移?

| gqf1518 | 位置:浙江 | 专业:监理 | 第 13 楼 | 2004-7-1　16:57 |

应该是后浇部分与原结构面没有有效的拉结!

如果是后浇的话应该不会影响到结构安全,这就要看设计是如何要求的了!最好有图纸要求的相关说明!

| 石头甲 | 位置:湖南 | 专业:施工 | 第 22 楼 | 2004-7-2　17:56 |

设计和施工都有问题,有水平裂缝(宽度很夸张)的那几个基础上部应该基本没钢筋,施工时太疏忽了。

第二、三个节点应该是设计问题,钢筋混凝土结构抗剪强度不够造成。其实设计时应该考虑温度变化时钢筋混凝土结构的抗剪强度,混凝土与钢板底座连接节点侧面应留设变形空隙,底部作弹性连接，连接方法可参照桥梁支座处设弹性垫板的做法，可有效减小钢筋混凝土基础的剪力。

总体上只要振动幅度满足要求就可以了。加固看来是靠不住，本可以注浆＋粘钢，但以后的温度应力还是会导致裂缝产生。我感觉设计缺陷较大，应作全面处理。

| life_space | 位置：贵州 | 专业：造价 | 第25楼 | 2004-7-2 20:54 |

经过德国技术专家、监理单位、土建总监、建设管理处主任专家、施工单位总工分析问题如下：

1. 设计完全正确，同时基础混凝土体混凝土强度等级为C35，二、三次灌浆为C50，但后来施工变更设计为C40，完全符合要求（锅炉、汽轮机全部采用C40二次灌浆）。

2. 设计图纸中预留孔洞要求钢筋不能折断，但在施工过程中全部切断，吸收塔本体与基础是用地脚螺栓加螺栓垫板在第三次灌浆时连接为整体的。

| 8铁砂怪8 | 位置：浙江 | 专业：施工 | 第38楼 | 2004-7-30 16:05 |

但这些图未能反映连接点的形式！是否有预埋件的存在呢？预埋件的不当，位置、埋深、与基础钢筋的处理关系等，都会造成水平裂缝的产生。

至于应该采取的措施：我看还得看分析裂缝产生的原因和是否普遍性、水平裂缝的范围等，根据实际来加固为好。

预埋件（预埋位置与主筋接触）迫使水平主受力钢筋变形也可以造成水平裂缝的。如果是这样本人建议：

1. 先对该部位进行受力点附近临时设置支撑分担受力，对松动部位进行凿除后再用高强度等级混凝土浇筑。

2. 对相临的地梁凿出主筋与该处钢筋焊接后整体浇筑，使之成为一个受力整体。

3. 直接采用型钢加箍，二次灌浆。

1.1.9 讨论主题：什么是跑桩？CFG桩如何跑桩？

原帖地址：http://bbs3.zhulong.com/forum/detail1894878_1.html

| 梦石 | 位置：浙江 | 专业：市政 | 第1楼 | 2005-9-4 10:41 |

什么是跑桩？CFG桩如何跑桩？Ⅱ类桩、Ⅲ类桩跑桩有什么后果？

| 19980630syq | 位置：浙江 | 专业：施工 | 第5楼 | 2005-9-4 20:04 |

跑桩是地方的一种桩体检测叫法，就是小应变试验。

| 躲雨 | 位置：浙江 | 专业：施工 | 第8楼 | 2005-9-5 11:24 |

跑桩是主要针对沉管灌注桩，是在单桩承载力检测之前先采用跑桩复压检验法（简称跑桩法），具体如下：

1. 根据桩的竖向极限承载力标准值、桩型和桩端持力层土性，确定跑桩复压力，调整桩架配重。

2. 对桩基逐根进行复压，每根桩加压稳定三分钟后卸压，测定加压前后桩顶标高，由此计算复压产生的沉降量。

3. 每根桩的复压沉降量宜控制在 30mm 以内。当超出 30mm 时，应对超出的桩进行再次复压，如仍不能满足要求，应由施工单位会同工程勘察、监理单位出具原因分析报告，并由建设单位委托设计单位进行处理。

另跑桩时间应在混凝土强度达到 70% 设计强度且桩龄期 20d 后进行。

对于无抗拔要求的缩颈、夹泥、水平裂缝等，Ⅱ类桩、Ⅲ类桩有较好的闭合作用，减小桩基沉降。

| wtywty0083 | 位置：浙江 | 专业：监理 | 第 14 楼 | 2005-9-15　16:56 |

根据工程情况，沉管桩跑桩时要注意跳桩施工，防止跑桩时对邻桩的影响。我们一个工程最大跑桩达到 50cm，原因是桩施工时，按下葫芦浮起了瓢。

处理办法：

经设计同意，我们最后是采用静压桩机进行跑桩的。因为该施工地区 2 层土以下有约 30m 深的淤泥质土层，沉管桩为设计 500mm，桩管都是专门加工的。从最后的的桩顶标高及桩基承载力测试来看，还是达到设计要求了，部分桩顶凿除有 100mm 左右，设计也认可了。

1.1.10　讨论主题：讨论人工挖孔灌注桩是先挖土，还是先挖孔桩。

原帖地址：http://bbs3.zhulong.com/forum/detail3205402_1.html

| wgw123 | 位置：湖南 | 专业：施工 | 第 1 楼 | 2006-3-20　17:58 |

今天和同事讨论了一个问题："某地下室，其基础是人工挖孔灌注桩，是先挖土？还是先挖孔桩？"

同事认为从安全方面考虑是先挖孔桩并浇筑成桩，再进行地下室土方开挖。而我认为从造价及施工方便考虑是先土方开挖。

请问网友们，到底是先土方开挖？还是先孔桩开挖？（再如桩基是机械成孔，那又是先机械成孔？还是先地下室土方开挖？）

| bay | 位置：浙江 | 专业：施工 | 第 2 楼 | 2006-3-20　18:15 |

当然先挖地下室土方，后挖桩，地下室留 20～30cm 土人工开挖，机械开挖留下坡道就行了。既经济又安全。

| Yu7201 | 位置：江苏 | 专业：岩土 | 第 3 楼 | 2006-3-20　19:50 |

说说先挖土的缺点：

1. 基坑问题，长期暴露基坑是不安全的。
2. 土方开挖以后，施工道路怎么办，要花钱去处理。
3. 土方挖后，地势低洼，降雨、地下水怎么处理？还是要钞票。
4. 基底土也是不允许长期浸泡。
5. 从工序上是挖土——桩施工——挖土，相比多了一道工序。

机械桩更是如此了。

| bay | 位置：浙江 | 专业：施工 | 第 6 楼 | 2006-3-21　8:48 |

我们先来看下人工挖孔桩的适用范围：适用于黏性土、粉土、砂土、人工填土、碎石土和风化土层，也可以湿陷性黄土、膨胀土和冻土等特殊土中使用，适应性较强。

1. 从目前应用情况，总的来说土质多在较好的情况下采用，且地下水位较低。

2. 对于有地下室工程来说，基坑总要围护吧，而桩基施工一般在30~50d内，与地下室工期60~90d相比也不算长，所以也不能算是长期暴露基坑。

3. 之所以要在基坑底部留20~30cm土就是要解决施工道路以及雨水浸泡地基土影响承载力之问题。

4. 地下室土方开挖后，大大的减少了人工挖孔深度，即护壁高度，使挖土过程的安全性更高了。

5. 挖桩施工进度也可大大缩短，由于机械开挖比人工快，所以总工期提前了。

综合比较情况下采用先挖地下室土方后挖人工挖孔桩基方案还是优于先挖桩后挖土方的方法。

| zhanggreat | 位置：浙江 | 专业：施工 | 第7楼 | 2006-3-21 10:49 |

我赞成先挖孔桩，后挖土。理由：

1. 先挖土，再挖桩孔并不能提前工期。因为，成桩后还要一定时间的养护期。而且，会让基坑暴露时间过长，让施工程序更为繁琐。先成桩，后挖土的，可以在挖土、破桩后，即可进行基础工程的施工，这样并不会增加工期。

2. 至于安全的因素，如果严格按规范的施工，并不会不安全，也不会更安全，安全程度是一样的。

3. 经济性的比较：从表面上看，是先挖土，后成桩比较经济。但是，这要求有较好的施工组织，对施工组织的要求较高，如果组织不到位就容易发生窝工等情况，无形之中造成成本提高。可能也会得不偿失的。

| andgo1000 | 位置：浙江 | 专业：地产 | 第8楼 | 2006-3-21 13:28 |

我认为应该先挖土方，再挖桩。

如果不挖土，挖桩的深度就增加了，按要求每天只能挖1m深，如果地下室5m深的话就得多挖5d时间（每根桩），所有的桩挖完不知道要多用多少时间。

同时挖桩的费用，护壁的费用相应也增加了。

从安全方面考虑，人工挖孔灌注桩本身是高危险性施工，目前各省都在考虑限制或取缔这类做法。多挖1m，就多一份危险，出现1个塌孔或是出现流沙的话，是很麻烦的。人工清土工作是必须要有的，因为机械挖土不可能很平整，土方暴露时间长了后，是有一部分土会变成弹簧土的，留300mm厚人工以后整平就可以了。

| 吴海容 | 位置：福建 | 专业：施工 | 第9楼 | 2006-3-21 15:42 |

针对3楼谈谈不同意见：

1. 地下室基坑本身要围护，只不过时间加长一点，围护设计和施工考虑安全系数大一点而已。

2. 土方开挖后，基坑内道路很少需要，相应塔吊应该也出来了，钢筋用塔吊，混凝土用泵送，运输问题可以解决。

3. 本身施工地下室需要解决降水和地下水的问题，这钞票没白花。

4. 如果是挖孔桩，应是桩基受力，地下室底板下的土就没那么重要了，预留一层影响不大。

5. 挖土再挖桩本身节约工期，理由上面有人说了，同时减少桩深，增加安全系数。另外，如果先施工桩基，在挖土时一则机械要降效，二则对桩身质量和成品保护有影响，一旦机械碰触桩身，易导致桩的损坏（尤其小口径桩）。

总的讲，对人工挖孔桩，本人赞成先挖土再挖桩。但如果是机械成孔，还是要先成桩。

| Yu7201 | 位置：江苏 | 专业：岩土 | 第 10 楼 | 2006-3-21　16:11 |

看来各个地方的做法不一致。与地质条件、基坑深度以及环境条件有关系。

1. "地下室基坑本身要围护，只不过时间加长一点，围护设计和施工考虑安全系数大一点而已"，这个"而已"我不赞成，时间也不是长一点的问题。地下施工计划赶不上变化。

2. "土方开挖后，基坑内道路很少需要，相应塔吊应该也出来了，钢筋用塔吊，混凝土用泵送，运输问题可以解决；"挖孔施工的土方外运道路不是一点点。

3. "本身施工地下室需要解决降水和地下水的问题，这钞票没白花；"我讲的是降雨水，不是地下水的问题。采用挖孔的一般地下水也不大。

4. 挖孔桩的桩头高度好控制，一般没有机械碰损的问题。减少桩深越多，损失基坑安全系数越大。

干旱地区、基坑深度不大的情况还是可以采取先挖的方法。

| mingong | 位置：河北 | 专业：施工 | 第 12 楼 | 2006-3-21　17:53 |

一般人工挖孔桩用的多的地方不会是地下水位十分丰富的地方，也不会是经常下雨的地方（你就是不先挖土挖成的孔经雨水过后也是很麻烦的），所以感觉 yu7201 的顾虑好像有些多余。

桩底土不一定是岩石设计的持力层，一般挖到扩大头部位时往下一次挖成，并及时验收浇灌。

基坑深一些也不要紧，一般可以放坡下去，各地施工差别很大，我们这里就没有打桩的，从来都是挖桩或灌桩，十多米深的基坑照样是先挖土后挖桩。

| carlamy | 位置：广东 | 专业：施工 | 第 13 楼 | 2006-3-21　19:21 |

我现在的工地基坑是 9m 的，先挖土方，挖了一半，再来挖孔桩，留的那一半空地先解决了另外一半的土方输送的问题，不过广州这边是雨季，处理降水就是一个比较大的问题。

| wgw123 | 位置：湖南 | 专业：施工 | 第 14 楼 | 2006-3-22　8:00 |

昨晚我问了一个现场经验丰富的高工，他说理论上是先挖孔桩再挖土方，但实际操作中基本上是先挖土方后挖桩。

先挖孔桩再挖土方的优点：

1. 可以避免基坑留置时间长，以及相关的降雨问题。

2. 可以使围护时间短，一般桩基施工时间半月至 1 个月，如先挖土方后挖桩，则无形中使围护时间增加了一个月。

3. 桩基开挖时一般采用钢护筒，挖出的土方能及时运出，同时还能解决降水问题。

先挖土方后挖桩的优点：
1. 可以节约挖桩的造价，但在其他方面造价又要比前者造价高，因此基本上是造价平衡。
2. 施工方便，这也是大家平时施工选后者的主要原因。
如基坑不深的情况下，一般选用后者。基坑深的情况下，宜选用前者。

| fzfzfz1968 | 位置：浙江 | 专业：安装 | 第17楼 | 2006-5-8 7:38 |

楼主的这个问题我有遇到过很多，现场环境、周围建筑物等因素都是我们应该考虑的（所谓的平面布置）。一般先进行桩施工的情况多一些，而先进行基坑开挖再施工桩的很少，有时地面局部凸起，先整平，这不能说是基坑开挖。先进行桩施工，再开挖基坑有很多的优势，理论上就不多说了，但先开挖基坑再施工桩所带来的麻烦只有作过的人才能体会的到。

1.1.11 讨论主题：关于人工挖孔灌注桩的问题。
原帖地址：http：//bbs3.zhulong.com/forum/detail1993460_1.html

| mingong | 位置：河北 | 专业：施工 | 第1楼 | 2005-9-17 14:35 |

现有一人工挖孔桩，桩直径1.2m，深5m。施工过程中有地下水往上冒，灌注前提起水泵后有大约1~1.5m深水。

现场是这样施工：先用商品混凝土灌注1.5m左右，振捣，然后用水泵抽水（其实是水泥浆），还是冒水，只是没有那么大，再灌注混凝土50cm，然后放水泥一袋，还是有点冒水，下面怎么样做来处理现在的情况？说明：不是用泵送水下混凝土，而是人工用溜槽滑下普通混凝土。

想请大家说说，类似工程如何处理既经济又满足质量要求。

| hunheren | 位置：辽宁 | 专业：施工 | 第2楼 | 2005-9-19 20:14 |

这种情况应该做降水处理后，再进行混凝土的浇筑。像你们这样施工是根本不能保证工程质量的。

如果楼主感到降水的费用太大的话，是否可以这样处理一下：
1. 在桩孔内，预留下一段废旧钢管（或缸瓦管等），大小以能够抽出地下涌水为度。利用水泵进行抽水，以降低地下水位。
2. 正常浇筑混凝土，直至地下水位以上，待混凝土凝固以后，快速将钢管内用干硬性混凝土浇筑，填满，振捣密实。

| 拐子马 | 位置：广西 | 专业：施工 | 第4楼 | 2005-9-19 23:57 |

恐怕还是很难保证质量。要么降水，要么做水下混凝土，这两种方法比较可行吧？
以前我们是直接往桩下放砂、石、水泥混合料（简单地不加水的拌合），这种方法现在被禁止了。

| mingong | 位置：河北 | 专业：施工 | 第5楼 | 2005-9-20 16:57 |

hunheren说的这种做法，觉得还不如拐子马的干混凝土做法可靠，存在两个方面的缺陷：
1. 1.5m深的水，压力是不小的，明抽的话必然导致部分土跟着水涌出来，导致底下的地

基镂空。

2. 明抽水必须将水泵放到坑底以下，才能把水抽尽，在1.5m深的水下很难做到，结果还是和现在的状况差不多。

拐子马说的干混凝土做法确实达不到规范要求，其他两种做法确实能保证质量但成本相对较高，尤其降水还涉及到工期。想讨论的是：

1. 大家碰到此类问题是如何处理的？
2. 水下混凝土有没有人用过？
3. 有没有更好的解决办法？

| 拐子马 | 位置：广西 | 专业：施工 | 第6楼 | 2005-9-20 17:30 |

现在我们常用的方法是先人工挖孔，到下面难处理的地方再改钻孔，这是量比较大的情况。如果量少，只有几根桩出现这种情况，可以在附近另外做一个降水井，局部地降一下水，费用并不大。

水下混凝土其实并不复杂，像泥浆护壁钻孔桩，大多也是利用水下混凝土灌注。

| hunheren | 位置：辽宁 | 专业：施工 | 第7楼 | 2005-9-20 18:51 |

mingong说得对，我的办法还不如浇筑干拌混凝土。但是，那种做法不让用，我的这种做法让用。就像是以前用的砌筑灌浆，很结实的，对接合面和砖墙的通缝都有很好的防治作用，但是现在不让用，你还得采取其他方式保证接合面。

| dakelove | 位置：贵州 | 专业：施工 | 第13楼 | 2005-9-22 16:18 |

有个很简单的方法处理，采用多台泵抽水，找到出水源头，用木棒打入出水口，堵住大部分出水，快速提起水泵，放入拌制好的混凝土（相对干一点），有部分水不要紧，分1m一层快速浇筑完毕。

出现这样的情况是不宜用人工挖孔桩的，如果出现这个现象的孔桩很多，我建议采用筏形基础比较好一点，楼主看看如何？

| xiaopingguo | 位置：江西 | 专业：岩土 | 第19楼 | 2005-9-23 11:00 |

我有一个七层住宅楼工程，也为人工挖孔灌注桩，桩深6m，地下水较多，与楼主的相似。处理办法并不是采用水下浇筑混凝土，而是降低水位的方法。在房基周边搞了四个降水井，施工时与其旁边的桩同时交替往下挖，最后降水井略深。施工中一直抽水，人工挖孔桩进展顺利，只是在底部有些塌垮问题（护壁也跟着斜，因为是砂卵石层）。

| tjcsy | 位置：四川 | 专业：施工 | 第20楼 | 2005-9-23 16:10 |

有时质量可能并不是像想象中那么难保证，在这个建筑业的微利时代更要胆大。我想如果甲方是私人的话，是不会同意再因更改施工方案而加费的。其实直接搅干料倒下去，先倒出基底高度，隔一会用水泵抽干，观察水源，如果没流出说明已经堵上，此时待干后，去掉浮石直接下钢筋笼浇混凝土就行了。如果还有水，则要先抽水，堵漏，才能下钢筋，否则钢筋有受腐蚀的可能。当然，在工期不紧，甲方愿意采用设降水井并额外掏钱的情况下，肯定首选先降水

再浇筑混凝土。不过这位老兄也应该是甲方不让步才这样的吧,这时一定要做好相关资料,划清责任,以防万一!另外,甲方这等于间接承认了遇到非正常因素,是补偿费用的一个机会,也要让监理做好备忘录。

石头甲	位置:湖南	专业:施工	第 24 楼	2005-9-24　17:06

要符合规范要求,又要监理不说闲话,最好用水下混凝土灌注法施工。

还有一个办法:就是先往坏里着想,什么都不管,把混凝土直接灌了,桩里埋注浆管,混凝土灌完后压力注浆(水泥浆掺水玻璃)。

要说费用,可能还是直接用水下混凝土施工费用低些。

chenweibo	位置:上海	专业:施工	第 29 楼	2005-9-29　9:49

我认为楼主提出的问题在施工过程中极为常见,只不过楼主提出的水压力较大。

我个人认为应该降低水压力。因为在水压力较大的基础上。混凝土的凝结强度不足以抵抗水压力,往往造成水泥浆流失,引起质量问题。所以在降低水压力的基础上,处理的方法都是比较简单,有些施工技术是没有办法取巧的。

第 2 章
混凝土工程

2.1 钢筋工程

2.1.1 讨论主题：谁能告诉我跨中 1/3 处到底在哪里？

原帖地址：http://bbs3.zhulong.com/forum/detail2606987_1.html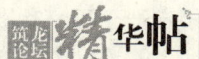

| shimingjun | 位置：四川 | 专业：施工 | 第1楼 | 2005-12-7 14:23 |

谁能告诉我跨中 1/3 处到底在哪里？是把梁跨三等分，然后中间那一段，还是把到梁跨中心的距离进行三等分，然后再选择中间那段？还是有其他的解释？我知道这个问题有点傻，但是一定也有人不清楚。

请高手出来澄清一下，谢谢了。

| 007-lufeng | 位置：浙江 | 专业：结构 | 第2楼 | 2005-12-7 14:41 |

跨中 1/3 范围不是一个点，而是以梁净跨 1/3 处为中点的一个范围，范围一般取梁最大主筋搭接长度。理论上以梁净跨 1/3 处为中点，小于 1/6 梁净跨为半径都为 1/3 范围。

| zxc73420 | 位置：四川 | 专业：施工 | 第4楼 | 2005-12-7 17:30 |

是一个梁一跨进行 3 等分，然后中间那一段。一般用于箍筋加密，见图 2.1（该图此处略，详见标准图集 03G101-1 第 55 页）。

2.1.2 讨论主题：钢筋的两个强度比值限制主要指哪些部位的钢筋？

原帖地址：http://bbs3.zhulong.com/forum/detail875990_1.html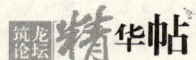

| 吴海容 | 位置：福建 | 专业：施工 | 第1楼 | 2005-2-18 14:40 |

在混凝土工程设计和施工两本规范上都明确规定，一、二级抗震的钢筋混凝土结构中，对纵向受力钢筋的力学性能有两个强度比值（强屈比、屈标比）的限制，并且还是黑体字（强制性条文）。在施工中材料检验时也非常重视这两个比值，一旦不合格，往往造成返工和浪费。所以对"纵向受力钢筋"所指的范围，还是比较关键的。对于"纵向受力钢筋"的范围，有不少人意见不统一，有的认为仅柱、墙、梁的受力主筋有这样的要求，其余的就不必考虑了；有人甚至认为圆钢（HPB 235 级钢）基本都不受限制；有的人认为板的主筋哪怕是圆钢也要有这个要求。说法纷纭。为正确理解该规范的意思，特向大家请教，以免今后贻误他人。

| fhhing | 位置：陕西 | 专业：施工 | 第3楼 | 2005-2-18 21:06 |

你说的是钢筋的屈强比吗？这是钢筋的力学性能，是检验钢筋的基本性能。所有的钢筋都要满足一定的屈强比才能使用，否则就是不合格品，怎么能看它用于哪个部位呢。

| 亲亲mami | 位置：北京 | 专业：施工 | 第4楼 | 2005-2-20 12:08 |

这个问题的确存在很多争论焦点，我们曾经就这些问题直接咨询了规范的主要编写人员。我们总结出以下条件的钢筋需要限制强屈比、屈标比：

1. 设计未提出具体要求时，同时具备以下条件的钢筋应有所限制：①一、二级抗震设防等级；②框架结构；③纵向受力钢筋；④在地震作用下，可形成塑性铰的部位（梁柱交接处）。

当然，按上述四条执行较为理论化，不便于掌握和操作。因此我们企业变通为"竖向、水平向结构体系（不包括板筋和箍筋）所用的纵向受力主筋都需要限制强屈比、屈标比"，这样规定严于国家标准，且易于掌握和操作。

2. 设计如果提出了具体要求的，应执行设计要求。

| byxh1975 | 位置：北京 | 专业：施工 | 第6楼 | 2005-4-9　15:56 |

亲亲 mami 网友说的几条，我觉得就一个纵向受力钢筋已经很能解决问题。

楼主的关键问题是什么是"纵向受力钢筋"。纵向是相对于构件的一个方向，不是相对于钢筋的一个方向（钢筋一般都是受拉，包括横向的箍筋，相对于钢筋本身也是在钢筋方向纵向受拉）。对于梁、柱，应该很好理解的长的方向就是纵向，短的方向比如箍筋，就是横向（类似于建筑中的纵墙、横墙）。对于板墙，就不是那么好区分，规范中也说纵向受力，如老规范《人民防空地下室设计规范》（GB 50038—94）中条文 C.3.1 无梁楼盖的板内纵向受力钢筋的配筋率不应小于 0.3%。

现在的 0XG-101 系列已经避开这个概念，对板中的钢筋不好分纵向横向，就把"纵向受拉钢筋"改为"受拉钢筋"，见板中受拉钢筋锚固。——以上回复得到 0XG101 编者陈青来教授的帮助，大家一起感谢陈教授以及他的论坛。

解决了概念问题，楼主的问题就迎刃而解了，故板中的钢筋也应该满足，即使是光圆钢筋。

2.1.3　讨论主题：剪力墙结构中钢筋构造位置？

原帖地址：http://bbs3.zhulong.com/forum/detail378466_1.html

| sohaixing | 位置：青海 | 专业：施工 | 第1楼 | 2004-7-4　19:11 |

我在去年施工的高层住宅楼时遇到的问题，是一个剪力墙结构，每个结构层所有剪力墙上都设有主筋为螺纹 $\Phi22$ 的暗梁一道，剪力墙配筋是螺纹 $\Phi16\sim\Phi18$ 的。在钢筋构造施工时出现两种观点，因为设计部门认为是构造配筋，不能影响墙作为受力构件的主筋骨架截面尺寸，坚持暗梁主筋设置在墙主筋内（我作为施工单位也是这个观点）；另一个观点是监理单位和市质检站认为暗梁是一个"箍"的构造，如果设在墙内就不能满足构造要求。后来监理有质检站这个硬汉撑腰，就按他们的施工意图施工了。但是我至今还是不同意他们的观点，请大家发表一下意见。

| wjf1222 | 位置：北京 | 专业：结构 | 第2楼 | 2004-7-4　19:52 |

你的观点是正确的，一般我做的时候全部是墙包梁，让设计出个变更，将梁的保护层加大。

| zxp110321 | 位置：浙江 | 专业：施工 | 第3楼 | 2004-7-4　20:26 |

以我个人观点，我认为应该是梁包墙的。为什么这么说呢，首先我觉得它这暗梁起的是什么作用，一方面是为了紧扣剪力墙的双排钢筋；另一方面是由于剪力墙太高需要在一定的高度设一道暗梁进行拉结，从而不会造成双排钢筋大面积分离，保证了剪力墙结构的稳固。不知道对不对，请各位继续发表意见。

| sohaixing | 位置：青海 | 专业：施工 | 第6楼 | 2004-7-5 18:35 |

　　回复第3楼网友：剪力墙的双排钢筋肯定设有结构拉筋（俗称"S"钩）来固定双排主筋位置的，须暗梁来多此一举了。我觉得现在的关键是缩小暗梁截面是否影响结构的问题。你们说呢？

| chewming | 位置：浙江 | 专业：结构 | 第7楼 | 2004-7-5 18:52 |

　　正确应该是墙包梁。暗梁并不是梁（梁定义为受弯构件），它是剪力墙的水平线性"加强带"。但暗梁仍然是墙的一部分，它不可能独立于墙身而存在，比较合适的钢筋绑扎位置是：（由外及内）第一层为墙水平钢筋（水平钢筋放在外侧施工方便），第二层为墙竖向钢筋及暗梁箍筋，第三层为暗梁纵向（水平）钢筋。端头直钩与暗梁箍筋为同一层面，从面筋上过。

| 天堂的阳光 | 位置：广东 | 专业：施工 | 第9楼 | 2004-7-7 9:43 |

　　我也做过全剪力墙结构的24层高层建筑，用 $\Phi16$ 和 $\Phi18$ 的钢筋大了一点。我们这里设计院自己做的高层剪力墙结构宿舍用的是 $\Phi12$ 的 HRB 335 级钢筋。

　　至于是墙包梁还是梁包墙，我觉得上面的两种分析都有理，所以我糊涂了，还希望听到更多更专业的解释。个人稍微倾向上第2楼的墙包梁的分析。

　　这里我再问一个问题，墙体的钢筋是谁在最外？水平筋还是竖直筋？我偏向竖直筋在外，因为这样最能保证剪力墙的有效截面高度。

| applezerg | 位置：北京 | 专业：结构 | 第10楼 | 2004-7-7 14:51 |

　　墙体水平钢筋在内从施工来说是比较困难的，很难想像把一根根的钢筋穿进去的工效啊。我见过的除了临空墙是水平筋在内，其他剪力墙都是水平筋在外的。24层到上部用圆 $\Phi10$ 和 $\Phi12$ 的钢筋就够了。

| sohaixing | 位置：青海 | 专业：施工 | 第11楼 | 2004-7-7 15:33 |

　　回复第10楼网友：剪力墙双层双向配筋，根据施工方便，一般水平筋都设在竖向筋外面，除非剪力墙自身有防水要求则水平筋设在里面。具体还得要根据设计图纸施工。

| cscec3 | 位置：广东 | 专业：造价 | 第12楼 | 2004-7-7 19:24 |

　　我觉得理论上来讲，应该是梁包墙。但是像这种剪力墙暗梁配筋还是比较大的，梁包墙难以施工。所以实际施工时都改为墙包梁；楼上说得很对，剪力墙水平钢筋按道理也应该设在里面，但是这样的话，施工效率很低，进度较慢。我们工程就是利用工期问题让甲方及监理方妥协的。

| yorkbay | 位置：其他 | 专业：造价 | 第18楼 | 2004-7-23 15:54 |

　　应该尊重设计意见。混凝土墙中暗梁又不是按深梁设计的，凭什么说梁截面不足？在个别工程中我也碰到过半暗的（梁有一部分突了墙面的），但都是经设计人员验算过的，受力模型也就这个样的。还有就是柱包梁是常识，但有个别工程中梁包柱现象也存在。我国设计规范中

没有梁包柱的算法，但德国和马来西亚有，不能认为这是个错误，只要设计时考虑到这种情况并按此计算的。

图纸设计问题由设计人员担责任。在设计没有违反强制性条文的情况下，如果不听设计意见，我觉得在这个问题上就没有给予设计人员应有的尊重。

| 君子鱼 | 位置：湖北 | 专业：造价 | 第22楼 | 2004-7-27 18:14 |

应该是墙包梁，墙体的竖向钢筋在外，水平钢筋在里，因为剪力墙一方面受到水平抗剪和垂直向下的荷载，而剪力墙设计考虑的垂直向下的荷载占主导地位，所以竖直筋在外，梁属于剪力墙的构造部分，不应该影响剪力墙的垂直受力，应该以剪力墙钢筋受力为主。为确保剪力墙的受力截面的承载力，不应影响剪力墙截面的宽度，所以梁的钢筋应该在墙的内侧才能保证剪力墙的截面。

2.1.4 讨论主题：预应力工程的若干问题。

原帖地址：http://bbs3.zhulong.com/forum/detail1554196_1.html

| 亲亲mami | 位置：北京 | 专业：施工 | 第1楼 | 2005-7-15 17:26 |

论坛中关于预应力工程的讨论比较少，先咨询几个问题？
1. 哪些种类的锚（夹）具应做硬度检查（据说不是所有种类的都做）？
2. 对无粘结预应力筋的涂包质量（油脂、护套）应如何做进场外观质量检查（规范提出当有工程经验，并经观察认为质量有保证时，可不做油脂用量和护套厚度的进场复验）？
3. 后张法有粘结预应力筋张拉后的孔道灌浆通常在什么时限内完成（规范只说应尽早灌浆）？

请教各位了，好帖重奖。

| fzfzfz1968 | 位置：浙江 | 专业：安装 | 第2楼 | 2005-7-18 2:19 |

1. 预应力筋用锚具、夹具均应做硬度检查，这在不同的规范里有不相同的规定。
2. 无粘结预应力筋的涂包外观质量检查的检查方法在有关规范上也有明确规定，好像筑龙论坛上就有这方面的介绍文章。至于说有工程经验，并经观察认为有保证时，可不做油脂用量和护套厚度的进场复验，我认为这是业主和监理的权利，施工单位不一定好使吧。
3. 孔道灌浆当然是越早越好，不知大家注意没有，经过拉伸调直后的钢筋只要几个小时就会开始锈蚀。我们现在做的20m长空心板，都是在第一时间完成灌浆和封锚的。

| yharch2005 | 位置：湖北 | 专业：建筑 | 第4楼 | 2005-7-18 12:47 |

我看到的资料上是在拉伸24h后才能灌浆啊。但以前在工地上还确实是张拉后马上灌浆的，到底是什么原因？是不是要等预应力应力与应变稳定后才能灌浆呢？

| mingong | 位置：河北 | 专业：施工 | 第5楼 | 2005-7-18 13:35 |

回复第4楼网友：好好看看GB 50204—2002标准6.5.1的条文解释吧。张拉后的钢绞线对腐蚀特别敏感。

| 张志强2004 | 位置：江苏 | 专业：结构 | 第6楼 | 2005-7-20 9:27 |

1. JGJ 85—2002规定：硬度检验在有严格要求的情况下，每批抽取5%的样品且不少于5套，做硬度试验。
2. JGJ 85—2002规定：对群锚，取样数量为1000套，对单锚取2000套为一个验收批。
3. 对于灌浆，GB 50204—2002没有对灌浆时间作明确要求，但《公路桥涵施工技术规范》（JTJ 041—2000）第11.9.1条规定：预应力钢材张拉后，孔道应尽早压浆（一般不宜超过14d）。

| 亲亲mami | 位置：北京 | 专业：施工 | 第7楼 | 2005-7-20 11:13 |

感谢各位对本帖的支持与回复了。我先自问自答一下，但还有几个细节处说不清楚，希望大家帮助：

问题1. 我查了有关资料，对于硬度检查的要求：从每一批（同材料、同生产条件的锚（夹）不超过1000套为一检验批）中抽取5%但不少于5件锚具，对其中有硬度要求的零件做硬度试验……"有硬度要求的零件"做何解释呢？

问题2. 无粘结预应力筋的涂包油脂用量不足是一种常见的质量通病，现场应加强涂包油脂用量的检验。油脂用量参考如表2.1所示。

油脂用量表　　表2.1

钢丝束/钢绞线规格	油脂用量（kg/10m）
$\phi^j 15.5$	0.5
$7\phi^s 5$	0.5
$\phi^j 12.7$	0.43

检验的方式：
1. 油脂的检验：无粘结预应力筋的出厂质量证明文件中应包含油脂用量的检验内容。如果此项内容不具备，应按以60t为一验收批进行油脂用量的复试。
2. 护套的检验：无粘结预应力筋的护套应做进场外观检查，护套应光滑、无裂缝、无明显皱褶，对护套轻微破损者应外包防水塑料胶带修补，严重破损者严禁使用。

问题3. 我查了有关资料，是这样要求的：对后张法有粘结预应力筋，张拉后孔道应尽早灌浆，用连接器连接的多跨连续预应力筋的孔道灌浆应张拉完一跨随即灌注一跨，不得在各跨全部张拉完毕后一次连续灌注，灌浆应缓慢均匀，不得中断，并保证排气通顺。

可是从资料中反映出来张拉日期与灌浆日期间隔差距却很大，有相差1d的、有相差3d的、有相差5d的、还有……，可否说都满足规范提出的尽早灌浆的要求呢？

| xf6427 | 位置：山东 | 专业：施工 | 第9楼 | 2005-7-20 19:33 |

压浆应该在24h以后，但是实际操作中因为要赶工期有的拉完就压浆。但是可以张拉完毕后移到存梁区后24h再压浆，但是不要超过72h，防止应力损失过大，影响梁的质量。

2.1.5 讨论主题：板的分布筋是按锚固算还是按搭接算？
原帖地址：http://bbs3.zhulong.com/forum/detail1862388_1.html

| hjx200 | 位置：江苏 | 专业：施工 | 第1楼 | 2005-8-31 6:42 |

mingong 版主提出了分布筋加不加 180° 弯钩的事，我想起了混凝土结构施工中普通板负筋的分布筋进入板端双向负筋时，是按锚固长度计算还是按搭接长度计算？

| bluefoxlw | 位置：北京 | 专业：施工 | 第 2 楼 | 2005-8-31　8:05 |

一般 HPB 235 级钢筋分布筋要加弯钩，应该按锚固长度计算。

| happyfww | 位置：其他 | 专业：其他 | 第 3 楼 | 2005-8-31　9:12 |

hjx200 网友，对于你提出的问题，我想你应该先了解一下分布筋的作用，其次分布筋在进入板端双向负筋是不会断开的，否则其余的负筋不就无法固定了吗？所以只有在端头才会断开，至于长度只有合适均可。

| wdm326266 | 位置：江苏 | 专业：监理 | 第 5 楼 | 2005-8-31　9:29 |

HPB 235 级钢筋分布筋要加弯钩，长度只有合适就可。分布筋是为绑扎负筋而设的吧。

| hjx200 | 位置：江苏 | 专业：施工 | 第 6 楼 | 2005-8-31　9:32 |

bluefoxlw 网友，你说加 180° 弯钩，按锚固计算。但 03G 101—1 第 43 页中说 HPB 235 级钢筋在受拉时需加 180° 弯钩。如果按锚固计算的话，分布筋的作用是架立筋，不是受力筋，需加 180° 弯钩就解释不通。

| wwg20041016 | 位置：山东 | 专业：施工 | 第 7 楼 | 2005-8-31　9:39 |

一般 HPB 235 级钢筋分布筋应加弯钩，冷轧带肋时不加弯钩。普通板负筋的分布筋进入板端双向负筋时，应按搭接长度计算。

| hjx200 | 位置：江苏 | 专业：施工 | 第 8 楼 | 2005-8-31　12:19 |

wwg20041016 网友，请问如果分布筋间距为 250mm，板负筋间距为 150mm，板分布筋为 4 根。这间距就赶不上，你说能否搭接？这搭接不起来，还按搭接长度计算吗？

| 钢筋工人 | 位置：江西 | 专业：施工 | 第 11 楼 | 2005-8-31　17:41 |

就从总的钢筋工程的作用来讲，板的负筋分布筋应该讲是同负筋一起形成完整的钢筋骨架，其工程中的作用虽然不同于主要受力钢筋，但由于施工或建筑物的不均匀沉降必然会在板的不同方向形成应力。所以我认为负筋的分布筋应按锚固长度计算，原因是在我所讲的形成应力过程中分布筋必然会受力。

| 鬼子兵 | 位置：江苏 | 专业：施工 | 第 12 楼 | 2005-8-31　19:24 |

回复第 6 楼网友：我想说明一点，03G 101—1 这本标准图集是针对"现浇混凝土框架、剪力墙、框架、剪力墙、框支剪力墙结构"的，不是针对板的，这个应参照混凝土的结构设计规范及验收规范。此外，请各位能具体说明做法的出处。

我现在做的就是按搭接要求做的，光圆筋也是按弯钩处理的，但是对于带肋的就直接按

"直锚"做的。

| armer | 位置：上海 | 专业：施工 | 第13楼 | 2005-8-31 19:39 |

03G 101—1 上明确说明受拉钢筋中 HPB 235 钢筋端头做 180°的弯钩，施工验收规范里也是这样说明的。因此分布钢筋的端头是不做弯钩的。

至于分布钢筋的搭接长度，不能按照搭接长度算，而应该按照构造搭接。长度 250mm，不存在锚固这一说吧，我记得是与负筋搭接 200mm 并且与负筋分布筋绑扎。

再说分布筋是不是受力，我想不是说它是分布钢筋就不受力了。例如板跨中的分布钢筋是抗裂，负筋的分布筋除了架立作用也是受力的，只是因为受力不大，不予计算而已。

| heixia51168 | 位置：河北 | 专业：施工 | 第15楼 | 2005-8-31 19:47 |

一般 HPB 235 级钢筋分布筋应加弯钩，冷轧带肋时可不加弯钩。普通板负筋的分布筋进入板端双向负筋时，应按搭接长度计算。04G 01—4 图集有详细构造说明。

| hjx200 | 位置：江苏 | 专业：施工 | 第16楼 | 2005-9-3 12:31 |

谢谢各位网友为我提的议题交流了这么长时间，但能不能有谁提出一定的依据。

| laotang111 | 位置：北京 | 专业：结构 | 第17楼 | 2005-9-4 16:31 |

所以 HPB 235 级钢筋不许设弯钩，搭接长度 $15d$ 且不小于 150mm。

| gandirong | 位置：广西 | 专业：施工 | 第19楼 | 2005-9-4 19:33 |

我想分布筋的主要作用是把板面荷载分布给受力筋，端头可以不设弯钩。

| YANGJINJUN | 位置：北京 | 专业：施工 | 第20楼 | 2005-9-5 0:46 |

混凝土结构构造手册有明确说明，分布筋进入板端双向负筋时，应按锚固长度计算。

对于是否加弯钩的问题，规范要求 HPB 235 级钢筋受拉时需加 180°弯钩，分布筋并不作为受力筋，而是为了防止顶板裂缝，是一种构造措施，不用加弯钩的。

| gunyun | 位置：北京 | 专业：施工 | 第21楼 | 2005-9-7 0:05 |

经过大家的讨论，其实和规范的规定基本符合。首先分布钢筋主要为把荷载均匀传递到受力钢筋上。端头不用加弯钩。你加上也没有人反对。

至于伸入的长度，无论是锚固和搭接还是构造，基本上都是 200mm 左右。欢迎大家继续发扬求索精神，查规范，找图集，在细节问题上弄清楚。

| 于季辰 | 位置：黑龙江 | 专业：施工 | 第22楼 | 2005-9-7 7:21 |

分布筋是不参与受力计算与构造要求配置的，完全不用加弯钩的，其概念就是起到固定负弯矩筋的作用，所以只要能固定好负弯矩筋就可。

| hzzwj | 位置：其他 | 专业：施工 | 第23楼 | 2005-9-7 11:13 |

回复第 22 楼网友：对分布筋的作用的理解，我同意这位网友的观点。仅从分布筋的作用方面来理解，分布筋完全不需要设弯钩。

但是，按 04G 101—4 图集要求，HPB 235 光圆钢筋是需要加设 180°弯钩的（注意：图集中用词是"应"），其平直段长度为 $3d$（第 25 页第 6 点）。

在从分布筋的作用方面来考虑，两端与负筋的连接长度，我认为用锚固长度计算或只要合适即可的两种说法都不对，应该按搭接长度或 250mm 计算。

2.1.6 讨论主题：探讨板、墙钢筋定位及保护层控制的措施方法。

原帖地址：http://bbs3.zhulong.com/forum/detail1941999_1.html

hzzwj	位置：其他	专业：施工	第1楼	2005-9-10 16:14

有关这个话题的帖子在本论坛应该有很多，我是想如果你作为现场施工管理人员，在实际施工管理中你是如何进行有效控制管理的。

我在板钢筋定位的实际管理过程中，一般都要求钢筋工跟随混凝土浇捣进度，发现钢筋问题可随时调整，感觉还是这个方法比较有实效。

luqiab	位置：浙江	专业：其他	第4楼	2005-9-11 11:49

这主要是施工的问题，在钢筋安装时应注意钢筋的重叠问题，还有就是有上翻梁或是梁钢筋在板钢筋之上时建议在梁中加一道小规格钢筋来固定板的上部钢筋。雨篷、空调板等悬挑结构更应注意。对板来说，最主要就是撑模要设置稍密点，在浇筑时可先在撑模部位护上几铲的混凝土以固定，防止撑模倾倒。再有就是钢筋工应跟班作业，随时进行调整。

gunyun	位置：北京	专业：施工	第6楼	2005-9-11 16:23

确保钢筋的保护层厚度，主要还是在方案上下功夫。墙体钢筋水平及立面均要用钢筋定位框固定，无论浇筑混凝土如何振动，钢筋位置不变。

控制钢筋保护层的垫块、卡具、支架尺寸必须准确，并确保浇筑时，钢筋不位移。浇筑混凝土时必须有专人负责看筋，及时调整钢筋保护层及间距。并坚持自检、互检和专业检验制度。如图 2.2，不清楚的地方，请提问，我将详细作答。

xsk73	位置：湖北	专业：施工	第8楼	2005-9-11 17:12

1. 对于板的钢筋固定，我也是上面说的钢筋工全程跟班检查、整改；另外搭设较为完善的施工架空通道以尽量减少人员踩踏钢筋，对于增加过密的板凳筋，我觉得效果不怎么样，而且全社会都在提节约嘛。

2. 对于墙筋，要根据自己尺寸做相应的卡具，这个相对要容易得多。只要做了卡具，钢筋挪位的可能性不大。

gunyun	位置：北京	专业：施工	第10楼	2005-9-11 20:25

可以用梯子筋代替墙筋使用。梯子筋比墙筋粗一级，如图 2.3，有的可以重复使用。

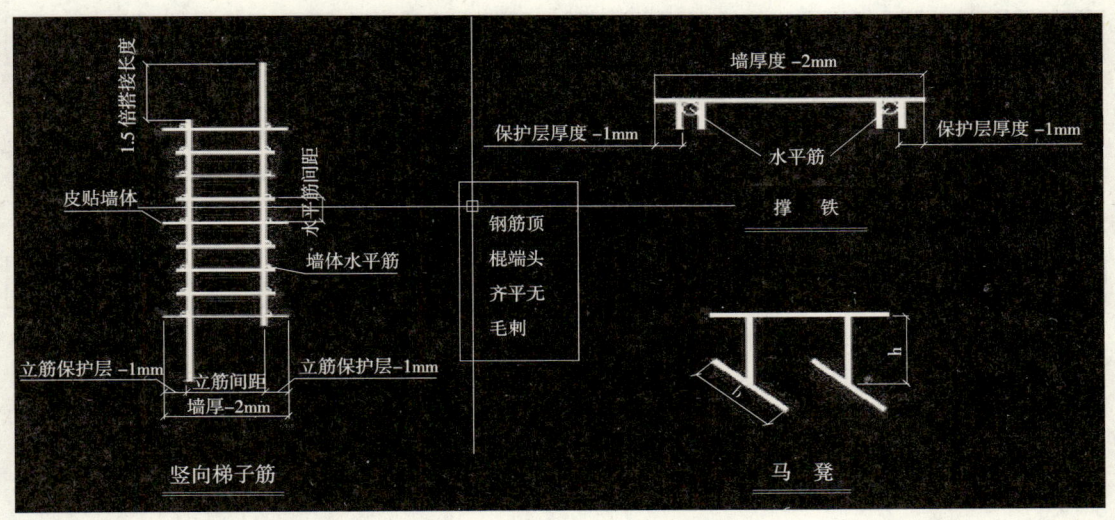

图 2.2

图 2.3

| hjx200 | 位置：江苏 | 专业：施工 | 第 11 楼 | 2005-9-11 | 20:58 |

　　第 1 楼网友说，混凝土浇筑时安排人员护筋是必要的，第 10 楼的施工活动，从图片上看上去确实不错；但活干得再好，护筋的人再多，碰上一班不负责的混凝土浇筑工这板筋一样受灾不轻；关键问题要有能实际可行的成品保护措施，真正落实到混凝土浇筑施工中和其他工种施工中。我项目部现浇梁板混凝土时主要是架马凳搁脚手板，混凝土浇筑人员在架板上作业。但我总觉得也不太完善，望各位高手提出宝贵的意见。

| hzzwj | 位置：其他 | 专业：施工 | 第 12 楼 | 2005-9-12　0:38 |

回复第 11 楼网友：说到底，最关键的还是操作工人的素质了，操作工人在浇捣时把钢筋弄偏位，就算有护筋人员也没用。看来关键点还是人的管理，是混凝土浇捣工如何在浇捣过程中随时调整偏位钢筋。其他措施如加支撑、设工作平台等是目前施工中都在用的，但实际效果都不理想。望各位网友多提自己的实际有效的操作经验。

| wtywty0083 | 位置：浙江 | 专业：监理 | 第 13 楼 | 2005-9-13　15:42 |

从现在施工的方式来说，楼板浇筑混凝土，基本上都存在板筋下陷问题，主要的人为因素，要想只从施工人员那里处理这个问题，恐怕不能根本解决，一个方面的原因是施工区内即使搭设马凳，在浇筑区内是要拆除的，不然没法振捣；另一方面，混凝土卸料时较为集中，不管是泵送还是斗送，都会有这个现象。

我们现在的做法是：

1. 图纸会审时，要求板的负筋改为螺纹钢，适当加大一点间距即可。螺纹钢的价格较圆钢低，业主也是可以接受的。

2. 施工时，对混凝土泵管出口处的钢筋支脚适当加密，现场操作起来也快，效果也好。

3. 下层钢筋保护层垫块，我们采有花岗石碎块，厚度能满足规范要求，硬度高于现场制作的水泥砂浆垫块。这种利用工程废料的方法成本比自己制作垫块要低。

4. 出料后，施工人员尽可能在已振捣的混凝土上操作，对钢筋会有一定的保护作用，而且不会对已浇筑的混凝土产生什么不好的影响。

2.1.7　讨论主题：这样钢筋接头施工现场检验与验收是否妥当？

原帖地址：http://bbs3.zhulong.com/forum/detail2100407_1.html

| 西毒 | 位置：江西 | 专业：施工 | 第 1 楼 | 2005-10-1　21:55 |

我们施工的一电厂脱硫工程的电控楼施工中遇到了一件事情，请广大网友给评评看。

事因：

电控楼结构是框架5层，钢筋的连接设计为直螺纹连接。一共有两种型号：一种为直径为25mm，每层有接头共计300个；另一种直径为22mm，每层接头总数为60个。施工方法是先浇柱，再施工梁板。钢筋接头在施工现场检验与验收时，监理提出要求：在钢筋隐蔽时要有直螺纹连接头的现场取样试验报告（见证）。柱子取一组、梁板取两组（一组25个，一组22个），整幢楼总共要取15组样（现场割取）。

这样的施工现场检验与验收能让我们接受吗？根据《钢筋机械连接通用技术规程》6.0.4的规定应当取多少组呢？

| hjx200 | 位置：江苏 | 专业：施工 | 第 3 楼 | 2005-10-2　12:18 |

我认为做到以下几点就对了：

1. 在一个检验批验收的直螺纹连接接头施工完成时，要请监理工程师现场见证取样。

2. 同一个检验批同规格的接头不超过500个取一组。

3. 钢筋安装工程检验批验收时除了报验单、检验批验收记录、隐蔽工程验收记录外，还要向监理报相应部位接头连接的试验报告。

所以我认为你项目监理要求每层柱子取一组试件、梁板取两组试件（一组25、一组22）是正确的，我们这里都是这么做的。

| cai88 | 位置：广东 | 专业：结构 | 第6楼 | 2005-10-2 21:59 |

钢筋机械连接：
1. 常规检测项目：钢筋接头试件母材的抗拉强度、钢筋接头试件的抗拉强度。
2. 取样批量：钢筋的机械连接以同一施工条件下采用同一批材料的同等级、同型式、同规格的500个接头为一批，不足500个的仍作一批。如在现场连续检验10个接头验收，其全部单向拉伸试件一次抽样均合格时，验收批接头数量可扩大一倍。
3. 取样方法：母材取样参照相应的钢筋原材取样方法；接头试件取样必须在工程结构中随机选择3个接头且以连接部位的中点为中心，向两端等长截取。
4. 取样规格：直径大于等于20mm的试件长度为600mm，直径小于20mm的试件长度为400mm。
5. 取样数量：母材抗拉试件取2根，接头抗拉试件取3根。
6. 检验委托单填写：要求填写清楚委托单位、工程名称、工程部位、工程所在镇区、钢筋强度等级、公称直径、送检数量、送检时间、焊接方式等；见证取样的应填写清楚见证人员及取样时间。
7. 技术要求：3个试件的抗拉强度均不得小于该级别钢筋规定的抗拉强度。
8. 检测结果判定：
1）当全部检测项目符合标准规定时，判定该批钢筋机械连接试件合格。
2）当检测结果有1个试件的抗拉强度小于规定值时，应取双倍数量的试件进行复检。
3）复检结果仍有1个试件的抗拉强度小于规定值时，则判定该批接头为不合格品。
这是现场取样，这很正常呀。平时我们这边在基础、主体、屋面钢筋验收时，市质监站都会现场抽钢筋接头的，还有水泥。事后只有再接钢筋啦。

| dndtnt | 位置：广东 | 专业：市政 | 第8楼 | 2005-10-5 17:05 |

楼主的问题很现实。按道理，监理要求完全符合规范要求，但却对于这种量小的工程极为不经济。

按规范还应对每批进场钢筋（直螺纹用的钢筋）进行工艺检测，然后才能在工程上使用，再进行抽检。为了平衡关系，目前我们常用变通做法：直螺纹连接当总量不大于1个批次500个时，就按一个批次处理。不过这要求必须严格监督直螺纹施工过程质量，特别是套丝的质量。现场取样后的钢筋连接一般最好当然是冷挤压了，不过很多时候采用焊接（绑扎焊或绑条焊）。

| 张飞扬 | 位置：山东 | 专业：监理 | 第12楼 | 2005-10-8 0:10 |

我也是监理，遇到这样的情况就要善于具体的对待了，$\Phi 22$的接头最多取一组就够了，$\Phi 25$的接头可以分两层一个验收批，那么最多3组就OK了。这样不等于监理就验收通过了，监理在现场查看接头外露丝有多少，按照工艺要求不能超过3个丝。按我的经验，直螺纹接头的质量保证是比任何接头要好。

| 李大兵 | 位置：湖南 | 专业：施工 | 第13楼 | 2005-10-8 0:10 |

根据钢筋机械连接取样规范，我认为监理的要求是对的（以同一施工条件下采用同一批材料的同等级、同型式、同规格的 500 个接头为一批，不足 500 个的仍作一批）。既然是同一施工条件下，那么每一层的施工条件就不会一样，因为钢筋机械连接（直螺纹连接）是在现场加工，而不是事先加工好的，必须是第一层浇筑完毕后再加工第二层，以此类推，所以我认为监理的要求是符合规范的。

| 李大兵 | 位置：湖南 | 专业：施工 | 第 21 楼 | 2005-10-9 9:08 |

有网友说：象征性的取几组水平钢筋算了，然后帮条焊补好，竖向就不要做了，其他全部私下做试样算了。如果以后真的如此取样，那么还要监理干嘛？要规范干嘛？工程质量如何保证？

规范就是规范，必须执行，无条件可讲，楼主所说的电控楼结构是框架 5 层，而且每层都有 $\Phi25$ 和 $\Phi22$ 的钢筋接头，按规范取样的话，每层 $\phi25$ 和 $\phi22$ 的接头必须各取一组，那么共计十组就可以了。

| 李大兵 | 位置：湖南 | 专业：施工 | 第 28 楼 | 2005-10-9 21:25 |

我们在工程建设中，并不是考虑到怎么去对付监理，过监理这一关，而是要把质量放在首位。就算监理这一关你过了，你如果少取了样，以后竣工资料如何齐备？

| 西毒 | 位置：江西 | 专业：施工 | 第 32 楼 | 2005-10-9 23:43 |

根据《钢筋机械连接通用技术规程》（JGJ 107—2003）的规定：两次检验合格可以增加到一个批次 1000 个，规范条文：

6.0.6 现场检验连续 10 个验收批抽样试件抗拉强度试验 1 次合格率为 100% 时，验收批接头数量可以扩大 1 倍。

6.0.7 外观质量检验的质量要求、抽样数量、检验方法、合格标准以及螺纹接头所必需的最小拧紧力矩值由各类型接头的技术规程确定。

| rxggg | 位置：广东 | 专业：施工 | 第 37 楼 | 2005-10-11 4:00 |

其实在施工工地，我所接触的，一般都是这样的：

1. 施工之前由现场的电焊工将本工程所需要焊接的各种规格的钢筋（监理取样）先焊好，填好见证取样，送到试验室（法定的）试验，合格后方可施工。

2. 施工过程中，监理验收钢筋时每二层抽样一次，但每次抽 1 至 2 种规格。如果工程规模较小的，就整个工程抽样一次。

以上是我所接触的工程的情况。规范可能不是这样，我想也没有几个工程能真正地执行规范的。像楼主所说的工程，其规模较小，如果是这样现场取样的话，我个人认为过分了点。取样的最终目的也是为了保证工程质量，如把现场钢筋割得七零八碎，能保证质量吗？

2.1.8 讨论主题：梁的箍筋是否允许用闪光焊接？

原帖地址：http://bbs3.zhulong.com/forum/detail2149597_1.html

| hjx200 | 位置：江苏 | 专业：施工 | 第 1 楼 | 2005-10-9 13:24 |

在施工中由于钢筋下料不赶巧，材料浪费太大，在梁箍筋腹部（让过弯折点 $10d$）采用了闪光焊连接接头。

请各位网友讨论讨论，梁的箍筋是否允许设置接头？

| luqiab | 位置：浙江 | 专业：其他 | 第 4 楼 | 2005-10-9 17:16 |

《钢筋焊接及验收规程》（JGJ 18—2003）第 4.3.9 条规定：封闭环式箍筋采用闪光对焊时，钢筋断料宜采用无齿锯切割，断面应平整。当箍筋直径为 12mm 及以上时，宜采用 UN1-75 型对焊机和连续闪光焊工艺；当箍筋直径为 6~10mm，可使用 UN1-40 型对焊机，并应选择较大变压器级数。

| 西毒 | 位置：江西 | 专业：施工 | 第 5 楼 | 2005-10-9 18:35 |

第 4 楼网友说得不错。根据《钢筋焊接及验收规程》（JGJ 18—2003）的规定，只要焊接头检验合格，是允许设置接头的。当然有接头的箍筋不要放到剪力最大处。

| gunyun | 位置：北京 | 专业：施工 | 第 8 楼 | 2005-10-9 23:51 |

《钢筋焊接及验收规程》（JGJ 18—2003）中规定的是封闭环式箍筋螺旋上升接长而采用的方法，方柱箍筋就不能用了吧。要做试验，还要请注意安放位置，否则会增加施工的困难。施工要是那样的话，也证明管理水平不行。

| happyfww | 位置：其他 | 专业：其他 | 第 14 楼 | 2005-10-11 9:09 |

其实箍筋在制作时应该有个计划，因为一个工程箍筋的型号很多，我想只要认真计算好，不至于浪费多少。

| 俞林林 | 位置：浙江 | 专业：施工 | 第 20 楼 | 2005-10-11 16:32 |

从施工成本等方面来说，箍筋采用闪光对焊不合理。

| hjx200 | 位置：江苏 | 专业：施工 | 第 22 楼 | 2005-10-11 16:48 |

谢谢几位网友的参与探讨。对于这个问题规范和标准都没有明确的说明，但从施工中让过弯折点 $10d$，然后再 50% 错开，是符合规范要求的。在大项目的基础梁施工中确实存在这种情况。在我的记忆中有一个项目的基础梁截面尺寸为 2500mm×2500mm，下料长度就超过 9000mm，不设置接头就没法施工了。

| ntyubin | 位置：江苏 | 专业：施工 | 第 25 楼 | 2005-10-11 16:59 |

针对不同的情况不同对待：对于直径较大的箍筋（12mm 及以上），可采用闪光对焊；对于较小直径的箍筋，采用闪光对焊实际意义不大，还是不用的好。

建议在施工前与监理沟通，省得验收钢筋时麻烦。

闪光焊就是指闪光对焊，搭接焊一般称为手工电弧焊。

| fcy19710702 | 位置：河南 | 专业：安装 | 第 28 楼 | 2005-10-11 20:05 |

箍筋焊接从理论上讲是没有问题的，只是要求焊接质量可靠。箍筋的作用在梁中抗剪，柱子中增加约束，固定主筋的位置。监理和甲方不是技术权威，他们是否同意并不能说明箍筋焊接这种方式本身的对与错。

只要试验合格，注意好绑扎位置，没什么不可以的。

| zouzhiqi | 位置：山东 | 专业：安装 | 第 31 楼 | 2005-10-12　14:47 |

箍筋进行对焊完全是可以的，不过大多数建筑工地上使用的箍筋是圆盘条，剩余的钢筋头一般来说是比较少的。较长的钢筋剩余可以作较小的箍筋用，较小的箍筋剩余钢筋头作单箍（拉条），单箍剩余钢筋头可以作为马凳使用。所以在建筑工地上箍筋材料一般不会有剩余钢筋头，也就不会出现箍筋焊接。

| zwq18866 | 位置：河南 | 专业：监理 | 第 34 楼 | 2005-10-12　21:33 |

回复第 28 楼网友：虽然你是安装专业，但你的意见值得赞同，只是我还是认为这没必要做试验，因为规范讲得很明确，按规范施工永远错不了。顺便回应一下我认为没必要做复试。

| bangge | 位置：广西 | 专业：监理 | 第 38 楼 | 2005-10-12　23:01 |

看了此帖，见识大增。但个人认为，箍筋的作用是有效发挥抗剪作用；使构件具有较好的延性；钢筋骨架应有足够刚度，避免施工时变形错位；能可靠地约束受压钢筋。因此，箍筋不应焊接接长，仅应该是在闭口箍这种形式的箍筋接头处焊接。

意见妥否，欢迎大家讨论。

| hugedao | 位置：湖北 | 专业：造价 | 第 40 楼 | 2005-10-13　10:23 |

我觉得不应把这个简单的问题太复杂化。接头的力学性能符合要求，接头位置也没有违反规范规定，为什么不能用呢？

| sanfu | 位置：广东 | 专业：施工 | 第 45 楼 | 2005-10-14　9:25 |

《混凝土结构工程施工质量验收规范》中第 5.3.2 条提到："除焊接封闭式箍筋外，箍筋的末端应作弯钩，弯钩形式应符合设计要求"，可知封闭式箍筋是可以焊接的。

| ctj197600 | 位置：广东 | 专业：施工 | 第 46 楼 | 2005-10-14　11:20 |

箍筋一般直径较小，但是还是有粗大的钢筋。

凡事不能一概而论，在现阶段桥梁设计中，箍筋采用 $\phi 20$、$\phi 22$，甚至 $\phi 25$ 的也是屡见不鲜，箍筋采用焊接成环的也不少，只是焊接通常采用双面或者单面搭接焊，采用闪光对焊通常很少，因为对焊抗拉较强而抗剪较差。

| zjywxxx | 位置：浙江 | 专业：其他 | 第 47 楼 | 2005-10-14　17:33 |

箍筋是可以焊接的，梁的钢筋可以焊接，只要符合复试要求就可以，箍筋应该也是如此，而且还可以省料，有些单位连那个弯钩长度都不能保证，焊接一下可以弥补。

| hjx200 | 位置：江苏 | 专业：施工 | 第 55 楼 | 2005-10-18　12:14 |

楼主说的是采用手工电弧焊对钢筋的连接，对于这种方法不一定要双面焊，正常使用的手工电弧焊有以下几种，请楼主参考：

1. 钢筋打弯单面搭接焊，焊接长度是焊接较小钢筋的 $10d$；
2. 钢筋打弯双面搭接焊，焊接长度是焊接较小钢筋的 $5d$；
3. 钢筋帮条焊 – 单面焊，焊接长度是焊接较小钢筋的 $10d$；
4. 钢筋帮条焊 – 双面焊，焊接长度是焊接较小钢筋的 $5d$。

祥瑞	位置：四川	专业：施工	第 59 楼	2005-10-19 22:52

就一般的普通工民建工程而言，梁箍筋不大于 $12mm$，对于这类工程我们来讨论箍筋的焊接问题纯属多余，我想这也并非楼主提出这个问题的初衷。对于箍筋大于 $12mm$ 的超大截面梁来说，则意义重大了。我没有遇到过这类工程，但也凑凑热闹，谈谈自己的浅见及疑问：

1. 对于箍筋能否采用焊接的问题，规范中没有明确禁止的条文规定。
2. 大跨度梁上的纵向受力主筋都允许焊接，在大截面梁上的箍筋又有何不可？如楼主所说梁截面尺寸为 $600mm \times 1800mm$，则下料尺寸为 $5m$ 多，$9m$ 定尺材剩下 $3m$ 多点，若是其他部位又不能消化，难道就拿去卖废品？再者，若截面大到箍筋下料尺寸大于标准定尺材长度，那焊接便是毋庸质疑的事，还有个解决方法除非到厂家定型生产你需要的长度的钢材。
3. 在平常采用的焊接方式中，对于直径大于 $12mm$ 的箍筋来说，闪光对焊无疑是相对成本较低、质量可靠的一种，为什么有人说用于箍筋搭接焊就比对焊好呢？
4. 若需设置接头，在事先与监理沟通当然是必须的，你得体现出对监理方足够的尊重。

hjx200	位置：江苏	专业：施工	第 64 楼	2005-10-20 12:08

祥瑞网友你的意见不错，但从监理方面来说，我们要有理有据地给予解释，不能什么东西监理说不行就不行。作为监理他说不行也得说明理由，不能说什么东西没有见过就一律否定，要看是否与标准规范相抵触。

hjx200	位置：江苏	专业：施工	第 118 楼	2005-11-3 12:52

这么多网友参与了这个问题的讨论，从绝大多数网友的意见中看来梁的箍筋是可以采用焊接的。

2.1.9 讨论主题：钢筋接头连接方法专题讨论。

原帖地址：http://bbs3.zhulong.com/forum/detail2224511_1.html

sunnyman168	位置：北京	专业：其他	第 1 楼	2005-10-19 1:07

现在钢筋连接方式多种多样，建设部推广的钢筋连接新技术也已经很成熟。每个工程设计、投标、施工前都要考虑钢筋接头的连接方式。希望大家从以下几个方面来共同探讨一下：

1. 你施工的工程采用了哪些钢筋连接技术；
2. 你施工的工程钢筋连接方式遇到过哪些质量问题；
3. 你所知道的各类钢筋连接方式工程造价如何；
4. 编制方案前，你认为应该从哪些方面综合选择钢筋连接方式呢？

5. 对钢筋连接方式你有哪些好的建议？
期待您的参与和补充。

| hjx200 | 位置：江苏 | 专业：施工 | 第 2 楼 | 2005-10-19 12:44 |

斑竹的论题不错，我先跟一下。如有不对的地方请各位网友指教。在我们施工中常使用四种接头连接技术：①通常使用的钢筋闪光对焊；②钢筋电渣压力焊；③钢筋气压焊；④钢筋直螺纹连接。

对于钢筋闪光对焊通常情况下主要问题是易偏心和焊接电流不够，其他性能还是不错的；对于钢筋电渣压力焊，主要焊包不均匀和脆断；对于钢筋气压焊，施工质量还是可靠的，但在工人施工时如果接头打磨不到位，打磨好的接头被二次污染，或开始加热时烟炭污染就可能造成接头脆断；对于钢筋直螺纹连接，要特别注意丝纹的完整性和拧入长度问题。

如果让我选取钢筋接头连接方式的话，如业主同意优先采用直螺纹连接，其次是气压焊。其实不管是哪一种连接方式，最关键的还是我们要认真地去勤检查、多管理才能对结构有保证，才能出好活。

| wtywty0083 | 位置：浙江 | 专业：监理 | 第 3 楼 | 2005-10-21 17:00 |

1. 我们施工一般较常采用的连接方法是钢筋闪光对焊和钢筋电渣压力焊以及手工电弧焊。
2. 主要质量问题：
1）闪光对焊主要是试验时接头抗弯测试会出问题，关键是出现裂缝。这有两个方面的原因，一是施工时对接头的操作有人为因素影响，操作方法不符合要求；二是送检时，接头毛边未处理，造成弯曲半径偏小，造成对自己不利的结果。
2）压力焊经常出现的问题就是钢筋接头偏位，主要还是操作的原因。
3. 在我们这里，一个闪光接头大约是 4～5 元/个，电渣压力焊是 2 元/个（这是指工地施工价格）。
4. 在编制方案时，对于基础（含地下室底、顶板钢筋）一般采用闪光焊，因为钢筋较粗、较长，采用这种方法可节省钢筋，而且便于运输。上部梁筋采用手工电弧焊，20mm 以上的两根对焊，再长就用手工焊了，因为塔吊有局限性，太长钢筋易弯曲；16mm（含）以上柱筋采用压力焊，经测算，比搭接和手工焊省。
5. 从质量保护方来说，钢筋直螺纹连接最能保证接头质量，但由于价格较高，一般业主方不同意采用。而手工焊的方法，各工地广泛采用，但送检的接头试件较易出问题，对钢筋接头的质量不能得到真正保证。

气压焊本人没用过。

| hlzzl | 位置：广东 | 专业：造价 | 第 5 楼 | 2005-10-22 14:40 |

目前，接头性能按 96 版规范和 2003 版规范共分三个等级，主要是：96 版中的接头性能分为 A、B、C 三个等级，而 2003 版中分为Ⅰ、Ⅱ、Ⅲ三个等级。其中 A 级接头与现行标准中的Ⅱ级接头性能要求基本相同，而Ⅰ级接头则对其性能有了进一步要求，以解决某些场合的特殊需求。

2003 版中取消了原 96 版中的"割线模量"指标和单向拉伸时的"残余变形"指标，改用接头的"非弹性变形"指标，控制单向拉伸时接头的变形；接头试件与钢筋母材试件均应在同一根钢筋上截取；再次强调了现场取样的重要性，即现场施工过程中对接头进行拉伸试验应从工程结构中随机截取，而不是要求做试件，以防出现试件与现场施工接头质量不一的现象；修改了型式检验的接头数量和加载制度。

以上只是对两种版本进行了分析比较，不足之处请指正。

| 我系普通人 | 位置：陕西 | 专业：施工 | 第6楼 | 2005-10-27 8:53 |

闪光对焊一般用于钢筋加工，其试验项目包括弯曲试验和抗拉试验。如果电压保证、操作工熟练、无雨雪影响，直径25mm以下钢筋基本上不出会出现问题，好焊工最大可焊接直径30mm钢筋。

电渣压力焊连接宜用于竖向钢筋连接，仅进行抗拉试验。雨天不能施工，雪天在焊头冷却前不能接触雪花，焊接前钢筋头不能潮湿，钢筋吊运放置时要将焊接一头垫起，以免被水浸湿。电渣压力焊适宜于直径16～25mm之间的HRB 335级钢筋焊接，直径过小易偏头，且不经济，直径过大不能保证质量。技术好的焊工最大可焊直径32mm钢筋，部分HRB 400级钢筋也可焊接，但应经过试验确认。

钢筋机械连接适用于各类钢筋接头，但成本高，小直径钢筋一般不采用。试验内容为抗拉，对工人操作要求不高，质量易控制。我最喜欢锥螺纹套筒连接，操作方便，成本低，质量也容易保证。

| lxh19791026 | 位置：山东 | 专业：其他 | 第8楼 | 2005-10-27 11:19 |

我们用过的有电弧焊，闪光对焊，直螺纹套筒挤压连接。

电弧焊造价比较高；闪光对焊虽然简单，造价低，但是质量不稳定，接头容易开裂，适用于$\Phi \leq 25$mm的钢筋。大于25mm的还是用套筒挤压连接比较合适，既简单又价格低，最重要的是能保证连接质量。

| yttx | 位置：山东 | 专业：其他 | 第10楼 | 2005-10-27 13:14 |

我们这边工地上用过的有闪光对焊和墩粗直螺纹连接。闪光对焊由于人工操作的原因经常造成偏轴线和折角，有的还有横向裂缝；墩粗直螺纹的问题主要出现在套丝外露过多。总体感觉只要在人工操作的环节中多加要求，以上的问题是完全可以避免的。

| 我系普通人 | 位置：陕西 | 专业：施工 | 第11楼 | 2005-11-1 8:38 |

闪光对焊时常出现偏轴、折角和横向裂缝的问题，主要原因是对焊接头还未充分冷确就放置在料场，放置不平整或与积水接触而引起的。搭设操作台后，对焊头冷却之前，先放置于操作台上，等下一根钢筋焊完后再将此根钢筋取下，这样可有效防止上述通病。当然，正如楼上所说，最终要加强工人管理。

| 微雨初澜 | 位置：浙江 | 专业：施工 | 第22楼 | 2005-11-15 17:34 |

支持版主，我想简单的说一下我们采取的连接方法。

闪光对焊在大型工程中采用的较多，质量控制也相对比较容易。我曾经做过这样一套培训资料，适用于水平和垂直受力钢筋，惟一的缺陷是先期投入较多，对操作人员的要求高；造价相对比较便宜，只需要一个操作手和电力就可以了。

电渣压力焊在工民建中应用得较多，主要用于垂直受力构件，每个接头的造价在浙江地区也就是 4～5 元（直径 25mm 左右钢筋），内陆更便宜；质量控制相对有些难度，因为操作面一般在高空，但是焊接质量比闪光对焊要好。

单面焊和双面焊的质量比较好控制，也便宜，惟一缺陷就是施工时间长，而且工艺过程麻烦。

其他的焊接方法我们在土建工程中基本不再使用，主要是不经济。

2.1.10 讨论主题：板中分布筋要不要加弯钩？

原帖地址：http://bbs3.zhulong.com/forum/detail1819261_1.html

mingong	位置：河北	专业：施工	第 1 楼	2005-8-25 8:35

板中的分布筋要不要加弯钩？图集和规范都没有明确说法，大家说说要不要弯钩。

jdjjh	位置：江苏	专业：监理	第 4 楼	2005-8-25 11:19

个人认为：不需要加弯钩，因为分布筋，属于架立钢筋，主要作用是保证受力筋的位置不发生偏移而采取的一种构造措施，而主筋加弯钩的作用是为了增加锚固强度。

莫树	位置：辽宁	专业：建筑	第 7 楼	2005-8-25 12:14

分布筋可以增加弯钩，这样可以增强锚固强度。若板筋为 HPB 235 级钢筋必须加弯钩，若是 HRB 335、HRB 400 级钢筋则可不加。

ggggtghaps	位置：河北	专业：结构	第 8 楼	2005-8-25 12:40

第 7 楼网友注意，人家的意思说的都是 HPB 235 级钢筋。分布筋一般情况下都是 HPB 235 级钢筋，如果没有设计的特殊要求的话，但是也有用 HRB 335、HRB 400 级钢筋做分布筋的时候。

分布筋不能只是到了最后一根钢筋那里就完了，还是应当有不小于 $10d$ 的锚固，可以不做弯钩，但有弯钩更好。

kaoconst	位置：	专业：	第 11 楼	2005-8-25 13:02

可参照《混凝土结构设计规范》（GB 50010—2002）的第 9.3 条钢筋的锚固中的注来解决。"注：光面钢筋指 HPB 235 级钢筋，其末端应做 180°弯钩，弯后平直段长度不应小于 $3d$，但作受压钢筋时可不做弯钩；……" 结论：可以不要。

mingong	位置：河北	专业：施工	第 17 楼	2005-9-3 8:14

谢谢大家的热情参与，通过大家的热情讨论，得出两种观点：

1. 不用加，各位网友分别从受力原理和规范条文、施工实践的角度进行了解读，应该算是更有说服力一些，个人支持此观点。

2. 要加，理由是加上可以增加锚固，但好像大家对此的理由不太充分。

浪漫男孩	位置：河南	专业：结构	第 18 楼	2005-9-3 8:18

按照规范要求，受力筋必须要有弯钩，分布筋可以不要弯钩，但双向受力筋必须都有弯钩。

| zjh261 | 位置：江苏 | 专业：监理 | 第24楼 | 2005-9-11 22:30 |

分布筋一般不加弯钩，因为其主要作用是对受力筋起加固作用，但也不是绝对的，比如温度分布筋，设计规范说的很清楚，其在端部的锚固同受力筋，很显然有时是要加钩的。

| sjkjb | 位置：江苏 | 专业：施工 | 第25楼 | 2005-9-11 22:59 |

我认为分布筋是非受力钢筋，一般来说是没必要加弯钩的。如果图纸或监理、业主有特殊要求，或者是结构创优工程，可以加弯钩，这样可以增强钢筋整体的锚固强度。

| wtywty0083 | 位置：浙江 | 专业：监理 | 第29楼 | 2005-9-13 16:07 |

板的分布筋是不需要加弯钩的。但在施工时，为确保钢筋的保护层和钢筋位置的准确，分布筋是需要加直弯的，因为钢筋的支脚是有一定的间距，不可能每一根筋下都会有支脚，在施工过程中，支脚间的钢筋就可能下陷，扎直钩对预防这一现象是有好处的。从教科书和一些手册里，可以看到这个图例的。

2.1.11 讨论主题：钢筋焊接网如何复验？

原帖地址：http://bbs3.zhulong.com/forum/detail2750860_1.html

| 亲亲mami | 位置：北京 | 专业：施工 | 第1楼 | 2005-12-26 11:55 |

请教：
1. 钢筋焊接网复验验收批如何划分？
2. 复验项目有哪些？取样规则是什么？
3. 执行依据是什么？

| yuanchaos | 位置：山东 | 专业：结构 | 第3楼 | 2005-12-26 19:52 |

1. 钢筋焊接网复验验收批的划分见《钢筋焊接及验收规程》（JGJ 18—2003）第5.2.1条：凡钢筋牌号、直径及尺寸相同的焊接骨架和焊接网应视为同一类型制品，且每300件作为一批，一批内不足300件的亦应按一批计算。
2. 复验项目有外观质量检验和力学性能检验（抗拉、抗剪、弯曲）取样规则详见《钢筋焊接及验收规程》（JGJ 18—2003）第5.2.1条及《钢筋焊接网混凝土结构技术规程》（JGJ 114—2003）附录E。
3. 执行依据：《钢筋焊接及验收规程》（JGJ 18—2003）、《钢筋焊接网混凝土结构技术规程》（JGJ 114—2003）。

| 亲亲mami | 位置：北京 | 专业：施工 | 第5楼 | 2005-12-27 10:04 |

谢谢yuanchaos。再请教几个小问题：什么情况下，（混凝土结构用、钢结构用）焊接材料应进行抽样复验？复验项目、取样原则和执行依据分别是什么？复验不合格如何处置？焊材烘焙的基本原则是什么？

| yuanchaos | 位置：山东 | 专业：结构 | 第 6 楼 | 2005-12-28 21:59 |

钢结构焊接材料的复验：

1. 根据《建筑工程施工质量验收统一标准》（GB 50300—2001）第 3.0.2 条和《钢结构工程施工质量验收规范》（GB 50205—2001）第 4.3.2 条，重要钢结构采用的涉及安全、功能的焊接材料（焊条、焊丝、焊剂、焊钉、焊接瓷环、焊接用氩气及二氧化碳）应进行抽样复验，复验结果应符合现行国家产品标准和设计要求。

2. 复验项目（主要技术性能）：

1）焊条：尺寸及允许偏差、熔敷金属拉伸试验（抗拉强度、屈服强度、伸长率）。

2）焊丝：尺寸及允许偏差、镀层结合力、焊丝的抗拉强度、松弛直径、翘距、熔敷金属拉伸试验（抗拉强度、屈服强度、伸长率）、焊缝射线探伤（符合 GB 3323 二级规定）。

3）焊剂：熔敷金属拉伸试验（抗拉强度、屈服强度、伸长率）、焊缝射线探伤、焊剂颗粒度、含水量、夹杂物、硫磷含量。

3. 取样原则：

1）焊条

验收批组成：同一批号焊芯、同一批号主要涂料原料、以同样涂料配方及制造工艺制成；

每批数量：EXX 01/03 及 E 4313 型焊条的每批最高量为 100t，其他型号每批最高量为 50t；

取样数量：每批在 3 个部位平均取有代表性样品。

2）焊丝

验收批组成：同炉号、同规格、同一制造工艺制成；

每批数量：ER 49/50 - X 型最大 30t，ER 55 - X 型最大 20t，ER 62/69/76/83 - X 型最大 15t；

取样数量：每批按盘、筒数任选 1%，但不少于 2 盘、筒。

3）焊剂

验收批组成：同批号、同配方、同一制造工艺制成；

每批数量：每批最大 50t；

取样数量：每批抽样不得少于 6 处包装袋中抽取，总量 10kg。

4. 依据标准：《碳钢焊条》（GB/T 5117—1995）、《低合金钢焊条》（GB/T 5118—1995）、《熔化焊用钢丝》（GB/T 14957—1994）、《气体保护电弧焊用碳钢、低合金钢焊丝》（GB/T 8110—1995）、《碳钢药芯焊丝》（GB/T 10045—2001）、《低合金钢药芯焊丝》（GB/T 17493—1998）、《埋弧焊用碳钢焊丝和焊剂》（GB/T 5293—1999）、《埋弧焊用低合金钢焊丝和焊剂》（GB/T12470—2003）。

若复验不合格，应加倍复验，若仍不合格，则该批焊接材料不合格。

| yuanchaos | 位置：山东 | 专业：结构 | 第 10 楼 | 2005-12-28 21:59 |

焊条烘焙的基本原则见 JB3323 第 6 条，碱性焊条必须进行烘焙。焊剂使用前需经 250℃ 恒温烘焙 1~2h。

2.1.12 讨论主题：箍筋和二层筋"打架"的问题。

原帖地址：http：//bbs3.zhulong.com/forum/detail441240_1.html

| 风中沙 | 位置：四川 | 专业：施工 | 第 1 楼 | 2004-8-12 20:14 |

在梁钢筋绑扎过程中，由于有些梁受力较大，特别是梁两端负弯矩区，通常面筋设计成双排钢筋。规范要求面筋和二层筋之间的间距为25mm，但在实际施工过程中，箍筋弯135°，弯钩10d长，这就造成在弯钩处二层筋和箍筋在同一水平位置，不能满足面筋和二层筋间距达到25mm。通常在这个弯钩处，面筋和二层筋的间距达到50～70mm（视钢筋直径大小而定），与规范要求差了一倍（图2.4）。若按照箍筋在安放过程中要求弯钩部分交替安放，即一左一右放置，则会造成最左边和最右边的二层筋都会与一层筋之间的距离达不到规范间距要求。我们都知道钢筋偏位对结构的影响很大，虽然结构设计上都有一定的余地，一层筋和二层筋差几厘米的受力损失或许可以用钢筋实际的抗拉强度与设计抗拉强度之差值、混凝土的实际抗拉强度和设计抗拉强度、恒载的系数（1.2）和活载的取值系数（1.4）、混凝土的抗折、抗剪折减系数等方面来作一些弥补。总体上一般不会出现什么问题，但毕竟还是不符合规范要求。有没有其他的办法来解决这样的问题呢？

我想到一种办法，那就是将箍筋倒过来安放，将有弯钩的一面放在梁底，这样就能满足有双层筋的梁面钢筋箍筋处无弯钩阻挡，使面筋和二层筋的间距满足规范要求。这种方法只适合于梁底无二层筋的梁，若梁底也为双层筋，则还是不能解决钢筋间距的问题。

当然，现行的规范也没有这种摆放箍筋的方法，但实际上将箍筋倒过来放，也不会对结构造成影响，而且在浇筑混凝土的过程中梁上部的钢筋密度小了（没有箍筋弯钩的阻挡），对插振动棒也有利，也不会增加用工量。希望大家讨论一下，看这种绑扎方法是否可行。

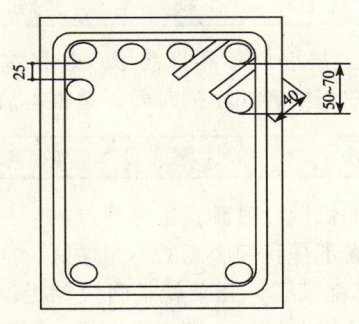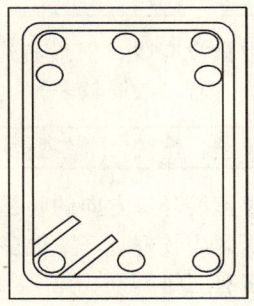

图2.4

| renguoqiang | 位置：辽宁 | 专业：施工 | 第2楼 | 2004-8-12 20:33 |

为了达到箍筋的最佳的抗剪能力，通常是将箍筋的135°弯钩隔一跳一的绑扎箍，这样有利于整体的抗剪能力。

| tuotian | 位置：浙江 | 专业：结构 | 第3楼 | 2004-8-12 20:39 |

其实，将二层筋往里面靠也可以，也就是说钢筋水平向移动（但必须保证钢筋最小间距），不会损失梁的强度的。可以去参照《钢筋混凝土设计规范》中相关的配筋计算模型。

| 风中沙 | 位置：四川 | 专业：施工 | 第5楼 | 2004-8-12 20:46 |

水平移的话，会对混凝土的下料造成一定的困难，混凝土落不下去。

| tuotian | 位置：浙江 | 专业：结构 | 第6楼 | 2004-8-12　21:23 |

怎么会呢，与上排筋对齐就不是没事了，不过你的方法也不错。

| 风中沙 | 位置：四川 | 专业：施工 | 第7楼 | 2004-8-12　21:30 |

你是说将最边上的钢筋移到中间去吧，这样一来就不对称了。

| LUJIAQIANG | 位置：福建 | 专业：施工 | 第8楼 | 2004-8-12　21:31 |

我同意将箍筋倒过来安放，将有弯钩的一面放在梁底，这样就能满足有双层筋的梁面钢筋箍筋处无弯钩阻挡，使面筋和二层筋的间距满足规范要求。

| 风中沙 | 位置：四川 | 专业：施工 | 第9楼 | 2004-8-12　21:37 |

只不过目前没有这种做法，以后我先拿一个小工程来试一下效果再说。

| tuotian | 位置：浙江 | 专业：结构 | 第10楼 | 2004-8-12　21:40 |

不是，是将第二排钢筋向中间移动，并且移到上排筋的下面，呵呵。

| 风中沙 | 位置：四川 | 专业：施工 | 第11楼 | 2004-8-12　21:48 |

这样一来钢筋数量没有少，但最右边的二层筋就不靠箍筋了。若将左右的钢筋都向中间移，受力才均匀一些。若二层筋较多，达到三根或者四根的时候，是根本放不下的。

| LSS5526 | 位置：全国 | 专业：结构 | 第13楼 | 2004-8-13　10:27 |

我曾向设计问过箍筋开口方向的问题，他们设计时其实也考虑过的，一般不是反梁，开口都要求向上，在受压区内较好。其实很多时候不是我们施工的不想做好，而是实在没办法。我们现在施工的梁很多有三排钢筋，第1、2排都满了，几乎就是两块钢板，想把二排向内挪都不行，只好把二排钢筋紧靠箍筋了。如果真像楼上说的，绑完后再焊，那工程的工期和造价大概都要翻倍了。

2.1.13　讨论主题：构造柱上下端的箍筋加密有必要做吗？

原帖地址：http：//bbs3.zhulong.com/forum/detail383912_1.html

| lujiaqiang | 位置：福建 | 专业：施工 | 第1楼 | 2004-7-7　17:09 |

构造柱上下端的箍筋加密有必要做吗？有什么作用？请大家踊跃参与讨论。

| zhanghang163 | 位置：黑龙江 | 专业：其他 | 第2楼 | 2004-7-7　17:14 |

绝对有必要，结构设计的原则是"强柱弱梁、强剪弱弯、强节点弱构件"。

| 冰凉两 | 位置：河南 | 专业：施工 | 第4楼 | 2004-7-7　20:59 |

节点处的受力复杂，弯剪力均较大，故应加强。

| sohaixing | 位置：青海 | 专业：施工 | 第 10 楼 | 2004-7-7　23:04 |

对构造柱箍筋的讨论，要从构造柱抗震结构原理说起。首先，地震时易产生平面弯曲破坏，其次，构造柱节点受力状态十分复杂，既要承受柱顶端的弯矩、剪力，又要承受构造柱节点的弯矩、剪力、轴力。由于地震波向的不确定性，在其荷载的反复作用下，节点构造柱端点会出现与静力计算时符号相反的弯矩。在端部塑性铰区产生剪切破坏，构造柱端在圈梁梁高位置的核心区混凝土处于剪压复杂应力状态，使核心区出现交叉形式的裂缝及构造柱柱端混凝土被压碎、剥落，钢筋屈服外鼓，使锚固钢筋脱落，节点丧失支承作用而导致整体倒塌。因此，抗震规范规定梁端、柱端和核心区内应加密箍筋，提高承载能力和抗剪能力，加大圈梁与构造柱之间钢筋的锚固。再次，强梁弱柱，造成严重损害，发生柱端的塑性铰。建筑物整层发生崩塌常常是因柱箍筋的崩离造成柱主筋挫屈，导致整根柱的破坏，而柱箍筋的崩离，直接影响柱主筋的受力，因柱箍筋的崩离造成柱主筋挫屈，导致整根柱的破坏。而柱箍筋的崩离，则是箍筋间距太大，或系筋不足或135°弯钩制作不确实所致。从而导致构件丧失承载力而倒塌。

因此，抗震规范规定梁端、柱端和核心区内应加密箍筋，提高承载能力和抗剪能力。所以构造柱作为抗震的竖向构件，必须在根部、顶端剪力最大区域内箍筋加密。且从施工角度构造柱下端为柱筋搭接位置，受力更是薄弱环节，所以抗震规范要求，柱子的上下两端1/6净高或50cm处箍筋加密。箍筋弯钩成135°角，且平直长度不小于$10d$。

| gwx525 | 位置：陕西 | 专业：施工 | 第 23 楼 | 2004-8-4　22:48 |

加密区属核心受力区，是应该重视的重要部位，绝对有必要，而施工时，一般施工单位会因为该处施工不方便而减少数量或者不加密，严重隐患，此处施工一定要从严要求。

| mingong | 位置：河北 | 专业：施工 | 第 11 楼 | 2006-5-6　10:40 |

回复第10楼网友：这段分析是按照框架柱分析的，构造柱本身并没有明确规定构造柱箍筋加密的问题，构造柱本身就是为抗震设置的构造要求。如果能准确分析出其受力特征也就不用称为"构造柱"了，可以称为"抗震柱"之类的名称并由设计人员来验算。其实规范很难找到准确依据，现在可以找到的依据是《03G363 多层砖房钢筋混凝土构造柱抗震节点详图》图集，其标注的构造柱箍筋间距在基础和柱筋搭接位置采用"$\Phi 6@100$"，不知道是否应算"加密"。

| 杨柳依依 | 位置：辽宁 | 专业：结构 | 第 12 楼 | 2006-5-6　12:53 |

我们地方性图集中02G801中有相关的规定，上部500mm、下部700mm范围都要求加密。

2.1.14　讨论主题：梁下部纵筋锚入柱内端头直钩能否向下锚入柱内？

原帖地址：http://bbs3.zhulong.com/forum/detail391478_1.html

| sohaixing | 位置：青海 | 专业：施工 | 第 1 楼 | 2004-7-12　12:10 |

框架梁下部纵筋锚入柱内时，端头直钩能否向下锚入柱内（我们现场就是这么做的）？可是监理认为会影响柱施工缝的留设位置。我认为下锚入柱能改善节点区钢筋的拥挤状态，便于施工。我查了国外的资料，英国的施工工艺就是下锚入柱的。请大家讨论。

| 冰凉两 | 位置：河南 | 专业：施工 | 第2楼 | 2004-7-12 | 12:41 |

从理论上讲可以锚入柱内，因为并未改变锚固力，不过应保证水平段过柱中线。

| sohaixing | 位置：青海 | 专业：施工 | 第4楼 | 2004-7-12 | 16:46 |

这就说明我们把施工缝通常留在梁下口50mm的工艺习惯是不是要改改了？

| 鲁班再世 | 位置：黑龙江 | 专业：施工 | 第5楼 | 2004-7-12 | 16:57 |

回复第4楼网友：我不同意楼主的想法。上面与下面肯定不同，国家的任何一本标准图集都把钩向上画，没有向下的。作为施工技术人员最起码的原则就是按图施工，如想向下弯，就应得到肯定的答复后，才能施工。

| zxp110321 | 位置：浙江 | 专业：施工 | 第9楼 | 2004-7-12 | 18:16 |

这里我有一点疑问不是很清楚，我们在平时施工框架结构的房屋时，一般来说，都是先浇筑框架柱留施工缝到框架梁底，然后再铺设框架梁的底板进行框架钢筋的绑扎。如果按你的说法施工的话，那我的框架底筋在柱头这个节点弯锚往下怎么可能呢？是不是梁柱一起浇筑的工程，弯锚往下是可以做的？

| wzys | 位置：浙江 | 专业：监理 | 第10楼 | 2004-7-12 | 21:00 |

问题（14）：梁下部纵筋锚入柱内时，端头直钩能否向下锚入柱内（我们现场就是这么做的）？

答：英国人也是这样做的，可以大大改善节点区的拥挤状态，只是要改变我国将施工缝留在梁底的习惯。

这是陈青来教授回答以上问题的答案，具体请看03G 101—1 问题答复：http://bbs2.zhulong.com/forum/detail866918_1.html。

2.1.15 讨论主题：如何在框架柱上留好拉结筋？

原帖地址：http://bbs3.zhulong.com/forum/detail2635029_1.html

| 许志建 | 位置：山东 | 专业：施工 | 第1楼 | 2005-12-10 | 19:52 |

在砌填充墙时，与框架柱的结合的好坏直接影响砌筑质量，如果处理不好，墙体容易出现裂缝导致渗水等问题：

1. 用木模板时，可以在木模板上打孔，将拉结筋直接浇筑在框架柱内，但是这样拆模麻烦，而且模板损耗量大。
2. 用钢模板更不好弄，不能打孔。
3. 用植筋胶种植质量不好控制。

大家有什么好办法都来说一说，讨论一下。

| 罗东彪 | 位置：上海 | 专业：安装 | 第2楼 | 2005-12-10 | 19:57 |

目前来说没有其他的好方法，绝大多数的施工单位采用的都是以上的几种办法，也有把拉

结筋弯成 L 形，贴在模板上的，但拆模后框架柱的外表看着实在难受。

| 许志建 | 位置：山东 | 专业：施工 | 第 3 楼 | 2005-12-10 21:37 |

折成 L 形的也不错，反正这个部位还要砌砖，是要隐蔽起来的。要是实用，还是第 2 楼网友说的这种方法好，对模板没有损伤，浇筑好后剔凿用的人工远远比用种植的方法省钱。打孔、清孔、注胶、再安装，太费钱费工了。

| mingong | 位置：河北 | 专业：施工 | 第 4 楼 | 2005-12-10 21:48 |

预埋拉结筋做法只适用于砖墙砌体，对于现在通用的砌块墙体，很难在预留时控制好灰缝的位置。因此，现在通行的做法是植筋，经济可靠。

| zhc_33 | 位置：宁夏 | 专业：市政 | 第 5 楼 | 2005-12-10 22:48 |

可以在框架柱上打上膨胀螺栓，把钢筋直接焊接在螺栓上，方便可靠。

| 许志建 | 位置：山东 | 专业：施工 | 第 8 楼 | 2005-12-10 23:36 |

你们作植筋采用什么胶，价格如何？我是山东的，上个工地是从北京买的胶，质量不是很好，但价格比较高。大家都说植筋经济，可以介绍一下吗？什么产品比较经济，物美价廉？

| 赤红热血 | 位置：浙江 | 专业：结构 | 第 9 楼 | 2005-12-10 23:39 |

前期处理：一般不是将整根拉结筋预埋如柱内，而是采用一小段钢筋，埋入柱内，等模板拆除后，再将其与要求长度的拉结筋进行焊接。

这是最主要的前期处理方法，也是比较能保证拉结筋质量的方法，但是前提是，设计变更较少。如果墙体变更了，就白预埋了，只能采用后期处理了。

后期处理就是一般说的植筋，植筋很难满足要求。有些植的钢筋用手一拉就掉出来了。如果把钢筋凿出来，与主筋焊接上就好了。呵呵，这个方法质量倒是可以保证，但是时间花费太多了。

| 享耳 | 位置：江苏 | 专业：施工 | 第 10 楼 | 2005-12-10 23:59 |

回复第 8 楼的网友：沈阳地区是用的沈阳建筑研究院的产品，相信你们省相关部门也有吧，不至于到北京，看来我可以做个经销商了，呵呵。

回复第 9 楼的网友，对于预埋拉结筋做法，方法有多种，施工单位一般在选用时，会考虑经济和效果，同时还考虑施工的方便性。你说的："植筋很难满足要求。有些植的钢筋用手一拉就掉出来了。"不能否定它的广泛使用，以及大多数施工单位对它的肯定。只要做好交底，及做好过程控制，效果还是不错的。沈阳地区普遍的使用就是最好的证明。

| mingong | 位置：河北 | 专业：施工 | 第 11 楼 | 2005-12-11 7:48 |

回复第 9 楼网友：关键是你预埋的拉筋位置很难控制在灰缝的位置，砌块不是砖，砖的厚度只有 5cm 多，可以很方便的调节到灰缝内，砌块至少是 20cm 厚度吧，高低偏上 3cm 很正常的事情，放到灰缝内作用还有多少啊？

与主筋焊接是不允许的，不能因为拉筋这种构造性的小东西破坏结构的主筋。

| wu-peiqi | 位置：江苏 | 专业：造价 | 第12楼 | 2005-12-11 8:07 |

现在混凝土框架柱上设置拉结筋的方法很多，有直埋法、焊接法、锚入法。锚入法是施工较方便的，是后施工的。当在砌筑填充墙前，在混凝土柱上钻孔，用结构胶锚入。

| 许志建 | 位置：山东 | 专业：施工 | 第19楼 | 2005-12-12 18:49 |

植筋的方法：放线—确定植筋位置—打孔—清孔—注胶—插入钢筋。要注意的是：插入钢筋后不要在胶凝固前人为的活动钢筋，不然质量难以保证。

| wdyfirst | 位置：山东 | 专业：施工 | 第20楼 | 2005-12-12 19:51 |

我认为首选就是植筋：在我经过的几个工程中，植筋的质量是很好的，没有出现过质量问题，而且植筋并不贵，一般拉结筋也就是用光圆 $\phi 6$ 的，价格也就是几毛钱一根。植筋深度一般 $15d$，柱主筋的位置也是很好确定的。这样省了预埋，那样太费事了。

二就是预埋了，一般不是埋置整根的，而是做成"几"字形按高度绑在柱主筋上，砌墙时再凿出焊接，这样省得在模板上打眼等工作了，施工中效果还是比较好的。

| 王丽 | 位置：江苏 | 专业：造价 | 第21楼 | 2005-12-12 20:28 |

大家好啊，我是一名刚毕业的大学生，我可以介绍我们工地的用法给大家，关于拉结筋问题，一定要木工和钢筋工配合好，就能节省一部分费用。在做高层的时候，一般都是木工在模板上打孔，然后再由钢筋工插入，并设有L弯头，等到墙体砌筑时，再由冷作工焊接，埋入墙体。

| mrlion413 | 位置：湖北 | 专业：施工 | 第23楼 | 2005-12-14 11:02 |

除了楼上所说的方法外，我还采用过预埋钢板的方法，具体做法是采用 50mm×5mm 的扁钢，背侧焊圆 $\phi 6mm$ 的钢筋爪子与柱或剪力墙混凝土锚固，在支设模板时将铁件固定在模板上或者是点焊在附加箍筋上面。这要求现场施工人员很负责任，现场管理必须到位。这个方法和楼上所采用的"L"形钢筋、留置通长钢筋、植筋等方式一样，不存在方法可行性的问题，主要在于现场的管理和成本，这些方法我在同一个工地都试过，采用预埋件只要管理跟的上，质量和成本都还是可以接受的。

另外，工地采用现场植筋的方式最简单，植筋胶可以自己配置，主要成分为环氧树脂、二丁脂（增韧剂）、乙二胺（有毒、固化剂）、水泥（掺合料）、丙酮（稀释剂），掺合料及其他原料配比根据气温控制。给个我用过的配比，做过拉拔试验的，不知道对大家有没有帮助：环氧树脂100g，二丁脂10～15g，乙二胺6～8g，水泥适量以配制好的胶体能成半流塑态为准。在冬期施工时要加丙酮，以便于可操作。

施工过程中千万要注意以下几点：

1. 钻好的孔一定要清理干净，可以用棉花球和气筒清理；
2. 配比时计量要准确，不能随手倒，增韧剂和固化剂严格控制用量；
3. 取乙二胺一定要在通风处进行，人要在上风处，操作时要带橡皮手套，乙二胺能通过皮肤和呼吸道让人中毒，而且不好治；

4. 在植筋后不要碰撞钢筋；

5. 每次配制完成后在 2h 内用完；

6. 本办法价格很低，包括材料、人工价格每根 2.2 元左右。因为掺合料为脆性材料导致胶的延性不够好，但如果严格操作质量还是有保证的。

以上仅供参考，施工前应先做好试配、根据材料和环境情况确定配比，试验合格后方可施工。

| dubuhongchen | 位置：陕西 | 专业：施工 | 第 25 楼 | 2005-12-14 21:12 |

如果要求清水混凝土的话，后砌墙最好还是植筋，价钱要看钢筋的直径而定的：一般直径大一点的钢筋自然要贵一点，植筋时钢筋需要做抗拔试验，合格的话才能够大面积的植筋。

至于各种砌块墙植筋，因为砌块一般都会有多种规格，就是要求技术人员把砌块的规格选择好，在植筋之前把砌块大概摆一下。

| mrlion413 | 位置：湖北 | 专业：施工 | 第 26 楼 | 2005-12-15 9:47 |

包括人工打孔、清理和植筋 2.2 元已经很便宜了，预留钢筋焊接、预埋钢板焊接等方式都需要工人配合，劳务队在报价中考虑的比这个高。楼主看来对行情不了解，可以查一查市场价格。

大多数单位劳务分包都是将砌体、抹灰一起分包，包括墙拉筋，这里面有的要求总包方提供电焊工焊接墙拉筋，有的自己有电焊工，但考虑到电费、报价中钢筋加工绑扎费，2.2 元一根肯定是打不住的。

2.1.16 讨论主题：墙体拉结筋与柱的连接方法？

原帖地址：http://bbs3.zhulong.com/forum/detail465054_1.html

| pinkmdj | 位置：全国 | 专业：结构 | 第 1 楼 | 2004-8-25 11:31 |

在工作中见到几种墙体拉结筋与柱的连接方式，有在浇筑混凝土前预埋的、有浇筑成型后剔出箍筋焊接的，最近竟然见到将膨胀螺栓打入柱内然后焊接拉结筋的，不知还有什么高招。大家来讨论一下到底什么施工方法是最合理的呢？

| zgh64 | 位置：浙江 | 专业：其他 | 第 2 楼 | 2004-8-25 11:34 |

最好是留插筋外露 80mm 容易拆模，然后焊接。

| chuan9815 | 位置：浙江 | 专业：施工 | 第 3 楼 | 2004-8-25 12:14 |

拉结筋共有七种做法：

1. 在柱箍筋处紧贴模板放 22mm 或 20mm 的粗钢筋，拆模后敲掉水泥浆焊接拉结筋；

2. 在柱预留 20～30cm 长的 6mm 圆钢筋，紧贴模板，靠它的弹性拆模后会自动露出；

3. 模板打洞插筋；

4. 浇筑后凿出箍筋焊接，这种方法对柱特别是小尺寸的柱伤害很重；

5. 成型后冲击钻打孔填环氧树脂；

6. 植筋。

膨胀螺栓不准使用，但用圆钢废料改造后制成螺杆的新型膨胀螺栓比较好，费用也低也方便。

| babyjjj | 位置：上海 | 专业：施工 | 第 4 楼 | 2004-8-25 12:57 |

现在好像用环氧树脂和预留插筋的较多，以前膨胀螺栓可以用，现在禁止了。个人感觉成型后冲击钻打孔填环氧树脂最简单，费用也不大。

| 躲雨 | 位置：浙江 | 专业：施工 | 第 6 楼 | 2004-8-26 11:18 |

回复第 3 楼网友：
第 1、2 条：粗钢筋、圆钢在柱内锚固长度、深度不足，不如预埋铁件加锚筋。
第 3 条：模板打洞插筋有两种方法：一种长度留足，但不利施工；一种留足焊接搭接长度，砌墙前焊接到位。
第 4 条：作为施工方案禁止使用，只能作为个别部位后补措施。
第 5 条：不懂您是什么意思。
第 6 条：正在普及推广，胶的质量、使用年限、老化问题不好控制。
第 7 条：膨胀螺栓禁止使用，改制的新型膨胀螺栓是否能通过现场拉拔试验？

| pinkmdj | 位置：全国 | 专业：结构 | 第 7 楼 | 2004-8-27 10:30 |

是呀，改制的膨胀螺栓能行嘛？是否能通过拉拔试验，拉拔的值是不是还要找结构设计出数据？另外植筋的使用年限一直是不好说的问题，在其他工程方面也存在类似的问题。就植筋的问题，很多人都说挺好用，但是胶的年限和老化问题好像都很含糊，在这方面有专家吗？大家讨论一下。

| lichunsz | 位置：江苏 | 专业：监理 | 第 8 楼 | 2004-8-27 11:03 |

本人认为最方便的方法应该植筋，但植筋有几个值得思考的问题：
1. 就像 pinkmdj 网友说的一样，材料的质量目前无明确的定论，尚需要考证。
2. 就施工质量而言也有问题，施工人员的素质参差不齐，对施工技术的掌握不一致。在施工过程中钻孔的深度、孔径的大小、孔的清理、胶的摄入量、植入深度等都应当在施工中严格控制的。
3. 拉结筋是结构抗震的需要，是百年大计，相应抗震级是否应对植筋的要求也不一致？
这些都应当思考，但植筋较其他施工方法有位置准确、施工简便等优点。

2.1.17 讨论主题：主筋之间的连接（有奖）。
原帖地址：http://bbs3.zhulong.com/forum/detail482485_1.html

| comf10929 | 位置：上海 | 专业：施工 | 第 1 楼 | 2004-9-3 12:54 |

在钢筋工程中，规定主筋与主筋之间可以采用绑扎的形式连接，那么主筋与主筋之间的搭接用绑扎到底好不好呢？我曾经听说过在国外的钢筋工程施工中，两主筋相接处要分开 2cm 左右，只有箍筋才进行绑扎，说这是为了更好的达到强度要求。是不是感觉挺奇怪呢？下面我解释一下他们所讲的原因，因为两跟主筋连接在一起中间就会产生空隙，长期经过氧化锈蚀，主

筋被破坏，造成钢筋混凝土强度的降低，这种说法对吗？

希望大家踊跃讨论。对好的见解给予奖励。

| rongjiping | 位置：吉林 | 专业：施工 | 第2楼 | 2004-9-3 13:39 |

1. 我个人认为，主筋采用绑扎接头不经济，会造成材料浪费，所以不建议在工程中采用。
2. 对于第二个问题，施工规范中要求钢筋最小净距不小于25mm，是为了保证混凝土中不出现空隙、孔洞，而主筋相接处要分开2cm左右，是不是反倒增加了出现空隙的可能性？

| tuotian | 位置：浙江 | 专业：结构 | 第3楼 | 2004-9-3 13:58 |

1. 主筋搭接可以采用绑扎，不过要满足相关的搭接长度。
2. "国外的钢筋工程施工中，两主筋相接处要分开2cm左右"，我认为主要是让钢筋被混凝土充分握裹，通过混凝土使两根钢筋能相互传力，犹如规范中钢筋要保证最小的间距。

| 李洪涛 | 位置：天津 | 专业：施工 | 第5楼 | 2004-9-3 16:53 |

"主筋相接处要分开2cm左右"是为了有效的增加握裹力。如果钢筋间距过小就会出现空隙，相当于将钢筋置于套管里，没有了混凝土的包裹，握裹力就会大大减少。说的夸张一点：用力一拉，钢筋就出来了。所以规范要求：受力钢筋横向间距不小于25mm。

| comf10929 | 位置：上海 | 专业：施工 | 第6楼 | 2004-9-3 22:20 |

那不知道楼上是否赞同主筋连接处不进行绑扎而直接将其按规范要求分开呢？

| 李洪涛 | 位置：天津 | 专业：施工 | 第7楼 | 2004-9-3 22:45 |

至于主筋连接，俺还是觉得绑扎好，俺没亲眼见过主筋连接处分开的。最起码要是分开的话，那么角筋的位置要变了，不规则了。

那种分开连接法在理论上好像挺好，但实际不好操作。

| comf10929 | 位置：上海 | 专业：施工 | 第8楼 | 2004-9-3 22:58 |

主筋四周有箍筋相连，主筋与主筋连接的地方分开有什么困难的呢？

| 老毛 | 位置：山东 | 专业：施工 | 第9楼 | 2004-9-3 23:01 |

1. 主筋用焊接好，省料、便宜、力学性能好、传力好。
2. 国外的做法没见过，不能妄加评论，错开25mm确实为了增加握裹力。

| xrgszjw65 | 位置：重庆 | 专业：施工 | 第11楼 | 2004-9-5 22:40 |

我觉得应分不同直径区别对待。

对小直径的钢筋，绑扎是比较节约的。我曾经做过对比，直径16mm以下的钢筋用绑扎搭接比较经济，施工也比较方便，且小直径钢筋本身受力较小，只要合理错开接头，不会对结构造成影响。而大直径的钢筋（直径18mm以上），由于它承担了很大的应力，采用焊接或机械连接可以保证传力的可靠性，同时比绑扎接头还经济一些，因此我个人推荐采用焊接或机械连接。

至于钢筋错开25mm，对大截面的柱或许适用（但错开后，改变了钢筋位置，会造成间距不匀的现象，甚至会造成构件有效截面变化的情况，除在受压区或许可以，在受拉区是会形成不利影响的），对梁而言，由于梁钢筋一般都比较密，根本没有错开25mm的机会，如果非要错开，反而会错成钢筋密集，没有足够间距的情况。

补充一句，经济性的评测，当然还需要根据当时的市场行情来定，本人提供的数据仅供参考。

| 李维科 | 位置：四川 | 专业：施工 | 第17楼 | 2004-9-16 20:01 |

梁四个角的主筋最好采用焊接，中间主筋搭接时错开25mm，确实可以增加握裹力。

| snygawxf | 位置：浙江 | 专业：施工 | 第19楼 | 2004-9-16 20:50 |

1. 我认为你所说的国外的做法：两根之间错开25mm不是为了防止钢筋的锈蚀，而是为了提高钢筋之间的握裹力，他的这种连接相当于我们这里说的锚固，因为他的主筋之间的传力还是有两根钢筋间的混凝土做中介。我认为他的效果比我们这里的绑扎效果好，因为我们的混凝土握裹力没有他们的大。

2. 前面有位朋友说的钢筋比较乱是因为：像他们这样的做法，在两根钢筋连接处的空间需要通长的两根，也就是说如果这根梁设计有4根钢筋，却需要6根钢筋的空间。不过这样的做法不是很好，因为1）浪费了钢筋；2）浪费了钢筋的空间。如果设计的是250mm的梁，四根钢筋一排就够了，但这样做的话需要两排。

3. 我个人提倡机械连接和焊接，但不提倡对焊。说的不好还请各位大侠指教。

| DOUNIWAN | 位置：山东 | 专业：市政 | 第23楼 | 2004-10-4 17:34 |

各位好，对钢筋连接处隔开25mm的问题有如下见解：

1. 对于梁来讲，受压区钢筋隔开25mm有意义，而受拉区则不可以，因为钢筋受拉如果通过混凝土的握裹力来抗拉则不可想像。

2. 对于柱来讲，钢筋隔开25mm有意义，既可增加握裹力又防锈蚀。

3. 钢筋隔开25mm在操作起来应该难度较大。

| 天堂的阳光 | 位置：广东 | 专业：施工 | 第25楼 | 2004-10-8 12:33 |

平时没有注意到这个地方，一看这个帖子想想还真是这么回事情。两根紧挨的钢筋之间由于混凝土无法完全包裹会有一条缝隙，从而使此处产生很大的集中应力，也不利于握裹力的发挥，我支持分开25mm。

| hyf521007 | 位置：全国 | 专业：结构 | 第26楼 | 2004-10-8 15:40 |

我认为分开25mm有三个方面的不好：1. 氧化后降低强度；2. 在主筋接头处产生应力集中；3. 重要结构中大于20mm的钢筋接头处不能满足强度条件。

| 烟雨残石 | 位置：广东 | 专业：施工 | 第27楼 | 2004-10-9 16:08 |

1. 关于主筋与主筋之间的搭接用绑扎到底好不好？好，但是：
1）轴心受拉及小偏心受拉杆件（如桁架和拱的拉杆）的纵向受力钢筋不得采用绑扎搭接接头；
2）当受拉钢筋的直径 $d>28mm$ 及受压钢筋的直径 $d>32mm$ 时，不宜采用绑扎搭接接头。
2. 关于两主筋相接处要分开25mm的原因，不是防锈蚀，而是在钢筋与混凝土之间形成粘结力。钢筋和混凝土构成一种组合结构材料的基本条件是二者之间有可靠的粘结和锚固。若梁内钢筋与混凝土无粘结，但在端部设置机械式锚固，则此梁在荷载作用下钢筋应力沿全长相等，承载力有很大提高，但其受力宛如二铰拱，不是"梁"的应力状态。只有当钢筋沿全长（包括端部）与混凝土可靠地粘结，在荷载作用下，此梁的钢筋应力随截面弯距而变化，才符合"梁"的基本受力特点。

| jwj0437 | 位置：吉林 | 专业：施工 | 第29楼 | 2004-10-28 15:47 |

我觉得从目前施工方式上看，大部分还是选择了焊接接头。这样比较节约，在保证焊接质量的情况下，对钢筋的受力也比较有好处。至于第二点所说的，接头处隔开25mm我觉得不能绝对地看问题，除了要有一个搭接长度的限制外，我想对混凝土的浇筑要求可能也要提高，否则很有可能会对整体的质量产生影响，再说也不符合现有的规范规定。如果钢筋直径大而多的情况，根本无法采用这种施工方法，所以，这种施工方法应用在一般的民用建筑上好像比较适合。对于高层建筑和厂房等建筑，可能不会适用的。

个人看法。如果有不对请大家指出。

2.1.18 讨论主题：钢筋的连接要放在哪里。

原帖地址：http://bbs3.zhulong.com/forum/detail510913_1.html

| snygawxf | 位置：浙江 | 专业：施工 | 第1楼 | 2004-9-16 21:43 |

我现在遇到这样的一个钢筋工，他是为了帮施工单位节约钢筋，在梁一根钢筋不够长而接了50cm的同型号和同等级的钢筋，我记得规范说过在箍筋加密的范围内是不能有接头的，是不是？

还有就是，如果在一根梁的两端都不能接的话，要把接头放哪里，但如果梁的跨度只有2m的话，除掉加密范围也就没有多少了，可钢筋的接头错开怎么办？

还请各位大家发表自己的看法，到底在这个加密范围内是否可以有接头。我说的接头一般都是对焊的接头。

| 1950zxq | 位置：四川 | 专业：施工 | 第2楼 | 2004-9-16 22:14 |

梁钢筋接头位置应该看它是骨架上部钢筋还是下部钢筋，以及梁的受力情况。箍筋加密范围内不能留接头，特别是梁上部钢筋。我们一般在施工中对梁下部钢筋的接头留置在箍筋加密区外，并避开梁正弯矩区（一般取跨度的三分之一），梁上部钢筋一般留置在梁中段三分之一位置。

如果是2m的简支梁，上部钢筋应该对接头没有限制，下部钢筋接头留置在梁柱节点外50cm处。

| liubaer | 位置：四川 | 专业：结构 | 第3楼 | 2004-9-16 22:55 |

各位，我是作甲方监理的，发现施工单位在为我单位修建一栋11层高的短肢剪力墙结构住宅时，将梁的上部钢筋搭接放在梁的中间支座处（该梁为连续梁）。我记得，规范好像说连续梁的上部钢筋搭接不能放在中间位置。单从受力来讲，上部钢筋主要受负弯矩，其应在支座处最大。我的说法是正确的吗？施工单位的做法是不是该改一下呢，望各位赐教。谢谢。

fcl2000	位置：黑龙江	专业：施工	第5楼	2004-9-17 19:55

我认为这样可以，因为你已经说明是中间支座，既然是支座从梁边算起够锚固长度就可以了，而且搭接的长度大于锚固长度，所以说可以。

snygawxf	位置：浙江	专业：施工	第6楼	2004-9-17 22:07

请教第2楼网友：你说的"我们一般在施工中对梁下部钢筋的接头留置在箍筋加密区外，并避开梁正弯矩区（一般取跨度的三分之一），梁上部钢筋一般留置在梁中段三分之一位置。"这话什么意思啊？梁下部的正弯矩不就是在梁跨中最大吗？

第5楼网友的说法我有点不太同意，因为如果做接头的话，在支座处的锚固长度肯定是不满足的。按你这样的说法，锚固长度最多是半个柱子的边长，你说可能满足吗？

请各位兄弟姐妹评论。我还有一个问题：如果接头不宜设置在受拉区，那也就是说要把它放在受压区，下部钢筋要放在支座处，或是接近支座的地方，而上部钢筋是要放在梁的跨中，是不是应该这样做啊。

wzys	位置：浙江	专业：监理	第10楼	2004-9-19 10:02

别处看到专家解答，这是一个施工实践中经常发生的问题：

1. 框架梁中间支座两边的下部纵筋如果规格、直径相同，应该尽可能贯穿支座，而不要在中间支座内锚固。

2. 但是，钢筋的定尺长度有限，必然要发生钢筋连接问题。陈教授已经多次强调了不能在支座内进行连接。在跨中1/3处，是正弯矩最大的地方，下部纵筋不可能在此连接。只剩下靠近支座的1/3跨度的区域，能不能在这里连接呢？陈教授也说过，非抗震时可以，抗震时，《03G 101—1》图集没有做出明确的指示。

3. 于是梁下部纵筋在哪儿连接成了一个不好解决的问题。不少施工人员只好把钢筋截断在支座处，让中间支座两边的钢筋都在支座内锚固。从而使得上述的第1条变成理论上的说法，而实际情况是中间支座内钢筋密集。

经慎重考虑，没有在修正版中加进在支座外进行连接的构造。因为标准设计以解决普遍性问题为主，一般不解决特殊性问题（事实上特殊性问题也不应标准化）。如果我们作出了在支座外连接的构造，就可能触动了一个非常敏感的问题：客观上引导施工界都普遍这样做。

当地震发生时，梁端部位反而比跨中受力更大。在梁端部位进行连接，尚缺少经受过地震考验的实例，也缺少专门研究试验实例。如果全国范围内都采用这种做法，万一经受不住地震的考验，就要酿成大祸。

于是，我们在修正版54至59页中增加了一条注："梁下部纵向钢筋的连接应按照《高层建筑混凝土结构技术规程》（JGJ 3—2002）第6.5.1和6.5.3条的有关规定进行施工"。《规程》中的规定内容，基本明确了只有掌握结构内力实际分布情况的设计者才有可能确定下部纵筋宜在何处连接与如何连接，而不掌握结构内力实际分布情况的施工人员仅凭经验或直觉是难以判断的，这样可以避免可能的失误。

| snygawxf | 位置：浙江 | 专业：施工 | 第 11 楼 | 2004-9-20　23:03 |

兄弟。可你还没有正确表示你的意思啊。钢筋的接头到底是放在哪里好呢？现在一般在做的工程，你们是放在哪里的？还有，腰筋是不是也要满足搭接长度，为什么？

| 三剑客 | 位置：河南 | 专业：施工 | 第 12 楼 | 2004-9-21　1:14 |

钢筋接头，上部在跨中三分之一处，下部钢筋在支座处搭接。腰筋是否也应该满足就不好说了，不过一般的做法是搭接长度和规范要求的一样。

| wzys | 位置：浙江 | 专业：监理 | 第 17 楼 | 2004-9-21　17:43 |

回复第 11 楼网友：所以连专家也没给出一个确定的答案。

一般做法：钢筋接头，上部在跨中三分之一处，下部钢筋在支座处搭接。腰筋设计没有要求的如果是抗扭筋时，腰筋接头参照上部梁的接头位置和搭接长度。构造腰筋时搭接长度要满足，位置可随便。这是我个人的理解。

2.1.19　讨论主题：主次梁的钢筋怎么放？
原帖地址：http://bbs3.zhulong.com/forum/detail537741_1.html

| snygawxf | 位置：浙江 | 专业：施工 | 第 1 楼 | 2004-10-1　18:44 |

有人说主梁的钢筋在主次梁交接处必须放在下面，因为次梁的力是传到主梁上去的。但也有人说主梁的钢筋不是一定要放在次梁下的，因为次梁的力传到主梁上去不是靠钢筋来传的，而是受剪的混凝土。而现在实际中做的时候都是把次梁的钢筋放在主梁上，其实从理论角度说是没有关系。以上两个说法，哪个是正确，或是更有道理，请大家积极谈论。

注：上面说的钢筋都是指纵向受力钢筋。也就是指梁的上下排钢筋。

| Dad11 | 位置：黑龙江 | 专业：施工 | 第 2 楼 | 2004-10-1　19:19 |

我的个人看法是：
1. 关键就看他俩的关系，如果是有从属关系的话，就肯定是主在下。
2. 如果他俩没有什么必然的联系（就像上面提到的一样，力是传到受剪的混凝土上）的话，我觉得就无所谓上下了。

| 筑龙君 | 位置：重庆 | 专业：其他 | 第 3 楼 | 2004-10-1　19:21 |

笔者认为：次梁的受力传递既不是钢筋，也不是混凝土，而是次梁这根构件，只有这根构件才能完成传力任务。这里只能说钢筋是这根构件受力的核心设计，混凝土是辅助钢筋完成这根构件受力传递任务。

至于主次梁钢筋的上下关系，一般情况下：当主梁底标高 h 不大于次梁底标高 h' 时，次梁纵筋应该置于主梁底纵筋以上；当主梁底标高 h 大于次梁底标高 h'，且次梁纵筋不能置于主梁底纵筋以上时，次梁端和主梁下侧必须设置构造受力传递钢筋，以便次梁完成传力于主梁之上的任务。

| hechnk | 位置：上海 | 专业：结构 | 第9楼 | 2004-10-2　11:27 |

我认为"次梁的钢筋放在主梁上"说法还是欠妥当，严格的说应该是次梁钢筋设置在主梁钢筋的外侧，这是因为考虑到荷载方向的因素。例如：
1. 如果荷载是从上往下垂直作用在梁上，则次梁钢筋设置在主梁钢筋的上面；
2. 但如果荷载是从下往上垂直作用在梁上，则次梁钢筋设置在主梁钢筋的下面。
个人观点，仅供参考。

| snygawxf | 位置：浙江 | 专业：施工 | 第14楼 | 2004-10-9　19:23 |

听过各位兄弟的帮忙，还是以筑龙君的说法为中心。但我就不知道所说的构造钢筋是怎么设置，具体的做法是怎么样。能否说的更明白点？

还有，其实我开这个题目的主要原因还是要大家考虑一下是否可以将次梁的钢筋放在主梁下（在同高的情况下）。

为什么有的朋友说力不是靠混凝土传的，那我想知道次梁的力是靠什么传给主梁的。

| ggggtghaps | 位置：河北 | 专业：结构 | 第16楼 | 2005-3-21　14:44 |

上面的同志说到，力的传递是整个构件来完成的，我相当同意，这是在书上教师没有说明的一点。我们这里大概都没有说反梁，我们就不说反梁。一般情况下，主梁要比次梁大，有的大几十公分，有的大几公分。在只大几公分时，设计有时就将其设计为一个标高，在这时我们就分不出主次梁来了，就称之为井字梁。其实每一点的力都应当有自己相应的传递方向，当受到上部荷载的变化时，力也在变化。我们在一条主梁与次梁上来分析时，当我将全部放在主梁上，主梁产生了过极变形后，主梁会将力传给次梁一部分，这时受力就变了，这时我们会想如果次梁的钢筋在主梁下边，主梁可能就不会产生过极变形了。

再有一点它是构件传力，只要是次梁的力可以传到主梁上，就算次梁钢筋在主梁钢筋下面，主梁上也不用设置构造受力传递钢筋，因为是构件在传力，没有这设置构造，力还是传到了主梁上，无所谓的。

只是在施工过程中我们必须要注意构件的本身的受力情况，要注意钢筋保护层，构件受力钢筋的位置，箍筋的加设位置。这样主梁与次梁的钢筋位置谁在上面，谁在下面，应当根据结构的设计构件大小来定了，与受力没有关系。

| ggggtghaps | 位置：河北 | 专业：结构 | 第17楼 | 2005-3-21　19:22 |

我到建议大家可以与我一起去讨论一下不用钢筋的混凝土高层施工的可能性吧。那就是我所想的钢筋纤维混凝土，支上模板就打混凝土，构件的整体受力对钢筋混凝土的均匀受力，那样算出来的应力我还觉得可信度大一些。

| jw037 | 位置：安徽 | 专业：结构 | 第18楼 | 2005-3-21　21:36 |

当载荷作用在次梁上，次梁会按照分配法的原则将载荷分配传递到主梁上去，在实际的施工中，主梁和次梁的连接的部位可以认为是一个刚性结点，至少在设计上是这样子的认为。所以说，主次梁的钢筋怎么放不是很重要的问题，因为传递力是靠钢筋混凝土构件来传递的，而施工中的任一框架都构成了刚性框架，也就是已经连成了一个整体。筑龙君的说法也是现在施

工现场最常用的方法。

2.1.20　讨论主题：钢筋位移的问题。

原帖地址：http：//bbs3.zhulong.com/forum/detail926436_1.html

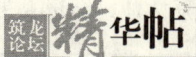

| 模板小孩 | 位置：天津 | 专业：施工 | 第1楼 | 2005-3-7　21:57 |

我所在一个工地地下室顶板上部柱筋主筋甩筋位移偏差过大，超出模板线，以致模板不能合拢，也就是说不能满足柱根部的几何尺寸，有什么解决方法吗？请教了，谢谢（地下室为人防工程）。

| free360 | 位置：浙江 | 专业：地产 | 第2楼 | 2005-3-7　22:01 |

我们常用的做法是将钢筋底部弯折（折进模板），再采用一根长约2m的同直径钢筋绑扎起来。

| CQLIRONGJUN | 位置：重庆 | 专业：其他 | 第5楼 | 2005-3-7　22:40 |

回复第2楼网友：这种处理方法应该杜绝，受力钢筋的弯折是有严格规定的，不得大于$a/6$（a为钢筋偏移量）。这种质量通病在《质量通病防治手册》上有详细描述，处理方法很多，可供参考。

对主筋位移发生的柱断面，根据位移情况，按下述办法处理：外伸主筋在截面范围内，偏移较小时，一般可凿开混凝土面层按1:6的斜坡纠正；如在截面范围外偏移较小时，也可按1:6坡度调整，局部加大柱断面处理；但当主筋在截面内、外偏移较大时，可按在正确位置钻孔灌浆植筋锚固办法重新锚筋，对于钻孔困难者，也可采用在梁主筋上加焊角钢的办法纠正。上述偏移大或小的界限应由设计、施工部门具体确定，而其处理方法应征得设计方认可。特别是主筋偏移大的处理方法一定要制定出专门的方案措施征得有关方的同意后，才可实施。

| 吴海容 | 位置：福建 | 专业：施工 | 第8楼 | 2005-3-9　17:28 |

钢筋偏位是经常遇到的问题，可以分几种情况处理：

1. 偏移不大，在柱截面内。可以按照水平位移:竖直位移 = 1:6的比例将钢筋逐步弯折回设计位置。

2. 位移稍大，偏出柱截面外。如果柱根部截面可加大（如在地下室）不影响使用功能，可按方法1处理，加大柱根部截面。

3. 如果不能加大，可适当敲凿混凝土，再按比例弯折。

4. 如敲凿仍不能达到目的，可以大角度弯折后，在弯折部位加焊钢板。焊缝要满足强度要求。

5. 也可以截断后按搭接的形式增加带弯头的钢筋或植筋。

6. 如果不允许搭接，可能就要返工了，凿掉混凝土重来。

| leech | 位置：北京 | 专业：结构 | 第13楼 | 2005-5-13　20:03 |

我认为在第5楼网友方法的基础上，还要加拐子筋。

2.1.21 讨论主题：关于钢筋保护层厚度检验构件数量的确定？

原帖地址：http://bbs3.zhulong.com/forum/detail1510342_1.html

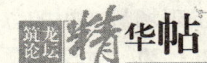

| 亲亲mami | 位置：北京 | 专业：施工 | 第1楼 | 2005-7-8 15:45 |

根据 GB 50204—2002 附录 E 第 E.0.1 条钢筋保护层厚度检验的结构部位和构件数量，应符合下列要求：

1. 钢筋保护层厚度检验的结构部位，应由监理（建设）、施工等各方根据结构构件的重要性共同选定；
2. 对梁类、板类构件，应各抽取构件数量的 2% 且不少于 5 个构件进行检验；当有悬挑构件时，抽取的构件中悬挑梁类、板类构件所占比例均不宜小于 50%。

请问：规定中的 2% 的数量如何确定？
1. 是先确定重要部位（构件），再从重要部位的构件中选取 2% 的构件抽检？
2. 先计算所有构件总数量，按 2% 计算检验数量，再根据构件的重要性选取检测部位？
简而言之，是先确定部位再计算数量还是先计算数量再确定部位？

| lovezhangy5 | 位置：江西 | 专业：结构 | 第2楼 | 2005-7-8 16:10 |

应该是先计算数量的。首先是要知道检验多少根钢筋；然后再选取重要构件，从这些构件中取钢筋来检验。比如某工程有 1000 根钢筋，那么我就要去检验最少 20 根钢筋，然后我就去找重要的构件。选出这些构件之后，就从这些构件中每个构件抽取一到两根左右，就有 20 来根了。

| mingong | 位置：河北 | 专业：施工 | 第3楼 | 2005-7-8 17:01 |

楼主说的问题一直是大家都不明白也没人愿意弄明白的问题。实际的施工情况一般是，也不说全数检查，但全数目测，抽一部分量量差不多算行，填表也是五花八门。

细究起规范来很麻烦，我整理过资料，就算坐办公室里从理论上也很难达到规范要求：

1. 关于检查数量的确定：框架结构，你说一根梁的概念是多少长度，如果按图纸标注，有的梁一小跨，有的梁通长设置，有的一根轴线上三跨算一个编号剩下一跨一个编号；如果按轴线跨算，那些小梁算不算，挑梁算不算；如果按梁跨算，对主梁来说它是连续配置的，每一段长度不一样。
2. 重要构件如何确定？就跟眼睛和鼻子哪个更重要一样。
3. 现在资料表格 10 个格，多填软件也不让你填。

不算回复，算借楼主问题也问问高手吧，看大家是怎么做的？

| 我心飞翔808 | 位置：北京 | 专业：施工 | 第5楼 | 2005-7-9 12:58 |

保护层的检测规定应当理解为：

1. 计算出施工图结构中所有梁、板总和，取总和数量的 2% 且不少于 5 个作为钢筋保护层的检测。
2. 而在抽取的 2% 构件中如果有悬挑构件的话，则必须对悬挑构件进行不少于 50% 的钢筋保护层厚度检查。

| tanghg | 位置：江苏 | 专业：施工 | 第 10 楼 | 2005-7-10　20:32 |

我是一个老资格的资料员了，经常写这样的资料：先计算所有构件总数量（但是在实际工作中计算只是一个大概），按 2% 计算检验数量，再根据构件的重要性选取检测部位。比如框架结构，一层有框架柱 KZ、框架梁 KL、联系梁 LL，我们一般都是在 KZ、KL 上抽检，但是构件总数量包括 LL。

| Lcg606 | 位置：浙江 | 专业：施工 | 第 11 楼 | 2005-7-10　21:05 |

实际上，一般选框架梁和较大尺寸板，柱比较少选，数量不少于各五件，一般来说就可以了。因为就重要性来说，小梁小柱小尺寸板不会去考虑，计算也就是初步概算。同监理先在图纸上确定好就去做，没有什么问题。

| libinghena | 位置：福建 | 专业：建筑 | 第 13 楼 | 2005-7-10　22:44 |

我们这边是这样：先预估全部的梁有多少根，再乘以 2%，比如得出的数量是 10 根。在结构图中自己选择 10 根，其中悬挑构件占 50% 以上，悬挑构件选 6 根就好吧。其余 4 根随便选。剩下就不是你的事情了，请检测人员来按你说的部位检测。

| 躲雨 | 位置：浙江 | 专业：施工 | 第 15 楼 | 2005-7-11　11:58 |

我们这里规定在办理报监手续时要同时上报《重要构件确定表》，由设计（主要是设计）、监理、业主、施工单位共同确定。当然有一些前提，比如规定一些构件必须要确定为重要构件（由当地专家组定），这些确定的重要构件也是必须要做同条件试块的。

2.2　混凝土工程

2.2.1　讨论主题：筏基上翻梁（墙）混凝土浇筑方法。

原帖地址：http://bbs3.zhulong.com/forum/detail3187122_1.html

| zhangliyuan | 位置：北京 | 专业：施工 | 第 1 楼 | 2006-3-16　12:45 |

550mm 厚的基础底板与底板四周的 2m 高、300mm 厚的地下外墙同时浇筑，使用混凝土地泵。因为地下墙体和底板间不能有冷缝，且此地下墙体较高，在墙体中灌入混凝土时，一振捣，则混凝土就会流到底板中，使底板变厚（此处结构相当于连通器原理）。如果等底板混凝土稍硬但还未初凝时再浇筑墙体，则需要再次将地泵的泵管接到此位置，严重影响浇筑速度。

哪位朋友能帮帮我？

| zhsj0219 | 位置：其他 | 专业：其他 | 第 2 楼 | 2006-3-16　13:13 |

首先，同时浇筑是不适宜的，因为泵送混凝土坍落度大，相应需沉实的时间更长，如果基础施工时塔吊已安装好，可以在底板混凝土初步沉实后使用塔吊吊斗来浇筑外墙，对 2m 高的外墙可能慢了点；不知是不是采用布料机布料，如是，根据混凝土的初凝时间在每次需移动布料机前将作业半径内的外墙浇完，还是需要好好组织一下；还有，在浇筑时在底

板与墙体相交处先多堆些混凝土，在墙体浇筑一步后，混凝土初凝前再刮掉，可以避免下口脱空。

| 赤红热血 | 位置：浙江 | 专业：结构 | 第 3 楼 | 2006-3-16 14:42 |

我也碰到过这样的问题，问题可能不止这么一些：

振捣时间短，混凝土容易出现空洞，振捣时间长，混凝土全跑到底板去了，又要撬上来，振捣时间晚了，怕破坏已初凝混凝土。

墙板 2m 也太高了。

办法 1：让一堆工人在浇捣混凝土时拿铁锹把多出的混凝土撬上去。

办法 2：在 300mm 高的地方设置一道钢板止水带，分两次浇筑！

| 86562 | 位置：广东 | 专业：监理 | 第 4 楼 | 2006-3-16 15:04 |

浇筑墙体前，在底板混凝土上加装 50cm 宽模板，可以解决此类问题。

| mingong | 位置：河北 | 专业：施工 | 第 5 楼 | 2006-3-16 15:16 |

补充一下：

1. 可以同时浇，关键是时间掌握要好，向上凸出部分浇灌过早会发生楼主所说的情况，过晚如楼上所说会扰动下部的混凝土。

2. 在向上凸出部分下面预先绑扎钢丝网，类似设置"施工缝"。一次浇灌可以保证混凝土振捣后不会向下"流"。

| sanmao0628 | 位置：浙江 | 专业：结构 | 第 9 楼 | 2006-3-17 12:34 |

我觉得有一种办法，就是先浇墙体，底下因为振捣而流到底板上的暂时不用管，因为流下一定的量以后，就基本上不会往下渗了，然后再浇筑底板，这个过程是分段进行，保持浇筑的连贯性。

| huangyikui | 位置：其他 | 专业：其他 | 第 10 楼 | 2006-3-17 20:14 |

先浇墙体这个办法不可以，这样很容易对墙体根部形成蜂窝面。还是按 4 楼的方法，在底板混凝土上加装 50cm 宽模板。

2.2.2 讨论主题：混凝土浇筑的方法。

原帖地址：http://bbs3.zhulong.com/forum/dispbbs.asp?boardid=4020&rootid=3197869&p=1

| panyejiong | 位置：上海 | 专业：施工 | 第 1 楼 | 2006-3-18 17:44 |

浇筑 2.8m 剪力墙时，分层浇筑的话，按规定应该是多少米一层啊？振动棒的插点间距是 $1.25R$，那振动棒的有效半径 R 是多少呢？

| malin1981310 | 位置：天津 | 专业：其他 | 第 2 楼 | 2006-3-18 18:12 |

2.8m 高的剪力墙就没有必要分层浇筑，超过 4m 的才分层浇筑或者采用溜筒和串筒的方法浇筑。振捣棒是工地上常用的大棒，其作用范围是从振动铁头为圆心半径 500mm 的球形。不过

一般来讲，插棒可能还要再密些。

| mingong | 位置：河北 | 专业：施工 | 第3楼 | 2006-3-18 18:21 |

浇筑2.8m剪力墙时，分层浇筑的话，按规定应该是多少米一层啊？
答：没有严格限制。
振动棒的插点间距是1.25R，那振动棒的有效半径R是多少呢？
答：查你使用的振动棒的说明书。
这些东西没有多少实际意义，振捣混凝土需要操作工人有丰富的经验。
另请malin1981310不要误导新人，一般要是一次浇灌4m对模板和振捣的考验太大，实际施工一般控制在一米一步比较适宜；
振动器规格不同振捣有效半径也是不同的。

| malin1981310 | 位置：天津 | 专业：其他 | 第5楼 | 2006-3-18 19:40 |

确实考虑可能是新人，我应该说的再严谨一些，鉴于目前建筑结构来讲，一般浇筑5m以下都不是问题。而且由于梁柱节点较密集恐怕串筒类的就使不上了。如果到了高层分层浇筑很费劲，因为还有接管的问题（就是泵送管），你算一下如果一米一步，那要反复接8次。恐怕这个劳动消耗不是一般的施工单位能承受的了的。而且如果施工浇筑面积过大也容易造成接槎时间过长。
那我在告诉你一些振捣方面的经验吧，一般1个点插20多秒就差不多了。而且混凝土无气泡泛出为止。

2.2.3 讨论主题：钢筋在梁、柱节点处通常都很密怎么进行振捣。
原帖地址：http://bbs3.zhulong.com/forum/detail524338_1.html

| 83823408 | 位置：山东 | 专业：施工 | 第1楼 | 2004-9-23 19:24 |

我有个问题，而且在很多工地上都出现这种问题，就是钢筋在梁、柱节点处通常都很密怎么进行振捣啊，别说是振捣，连混凝土浇筑都是个问题。而且很容易出现露筋现象。各位大侠可有好的解决方案吗？
哪位朋友能帮帮我。

| futailu | 位置：其他 | 专业：其他 | 第2楼 | 2004-9-23 22:01 |

临时扒开钢筋振捣，振捣后再复原。保证质量是关键。

| 1950zxq | 位置：四川 | 专业：施工 | 第3楼 | 2004-9-23 22:21 |

这确实是混凝土浇筑过程中容易遇到的问题，特别是自制混凝土。用小棒振捣，由于作用半径小，怕振捣不密实。我们遇到这种情况，一般是不绑扎梁柱节点位置的梁上部主筋，以便振动棒能插入，待到浇筑到一定位置时，再将梁上部主筋绑扎到位。还有就是减小粗骨料粒径，或用加大水灰比并增加水泥用量的办法来解决。

| 83823408 | 位置：山东 | 专业：施工 | 第4楼 | 2004-9-24 20:04 |

使用小棒，存在作用半径小的问题。临时扒开钢筋容易造成钢筋移位；先浇筑部分混凝土再绑扎钢筋，如果钢筋量大或绑扎比较困难又容易使混凝土出现分层。减小粗骨料粒径，岂不是要改变混凝土级配，混凝土强度不就降低了？增加水泥用量又担心成本，这部分成本甲方是不会给出的。总之，我认为从施工上解决这个问题不容易。

拐子马	位置：广西	专业：施工	第5楼	2004-9-24 20:16

可以用免振混凝土。
担心成本的话，最好的办法就是别接自己没能力做的工程，否则扰乱市场害死整个行业。

jiangzhxian	位置：山东	专业：施工	第10楼	2004-9-26 21:45

帖主提出的问题的确是一个我们小工程普遍性的问题，我做施工员也十来年，也一直没有很好的方法，我的做法是用小棒，细骨料，适当增加水泥用量（绝对不可以加大水灰比）上皮筋该动就让它动动。

2.2.4 讨论主题：膨胀剂使用上是否有负面影响？

原帖地址：http：//bbs3.zhulong.com/forum/detail16706_1.html

yuanda2	位置：广东	专业：其他	第1楼	2002-5-20 19:37

膨胀剂（UEA、AEA等）应用于大体积混凝土和超长混凝土结构，在工程中已应用甚为广泛，本来已无可置疑，例如UEA是建筑材料科研院研制的。但这几年，有了一些不良的反映，即有负面作用，前期虽然膨胀，但后期收缩加大。
请问各位有无负面影响的工程实例？
中国的"裂缝王"王铁梦就对外加剂的使用持谨慎态度。确实，外加剂存在相容问题，施工上也有一些需特别注意的问题，并不是像广告上吹得那么神！

hbrui	位置：浙江	专业：其他	第7楼	2002-5-24 7:49

没错，UEA外加剂我在使用中有发现这种情况，在后浇带上使用后，前期浇水养护时，都没有出现渗漏现象，可到了装修阶段，一次因下大雨室内积水后，在后浇带接缝处出现渗漏。不过楼面的找平层都还没做。

武冠	位置：	专业：其他	第11楼	2002-9-12 21:56

针对上述问题应根据不同的膨胀剂做具体的客观的分析。比如：
1. UEA：其含碱量，氯盐含量高，对钢筋有一定的锈蚀作用，因此，江苏省建设厅于2001年已明文规定限用。
2. AEA：作为一种复配产品，在工程中要做复杂的分析，试配分析，而且很难把握配合比的确定，北京市建设厅已有明文规定，慎用。
3. HEA：作为萘系膨胀剂，氯盐含量、含碱量极低，配合比简单，而且已有成套施工方案，故该类产品应比UEA、AEA在施工中更为方便，在工程质量上更为放心。

poiuyt_118	位置：	专业：其他	第17楼	2003-8-29 8:24

膨胀剂使用上要特别注意：
1. 水泥与外加剂的相容性，应做比对试验。
2. 膨胀剂的掺量要严格控制。
3. 要使膨胀剂在混凝土拌合物中分散均匀（特别引起注意）。

| sunnypeng | 位置：北京 | 专业：施工 | 第5楼 | 2006-1-9 15:49 |

我们工地开工时请王铁梦进行过大体积混凝土方案论证，据他分析膨胀剂在蓄水养护情况下起膨胀作用，如果养护不及时的话，会产生收缩，他建议大体积混凝土中尽量不掺膨胀剂。

2.2.5 讨论主题：混凝土强度和砂子粗细有关系吗？

原帖地址：http://bbs3.zhulong.com/forum/detail242352_1.html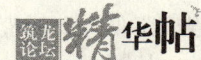

| 75760369 | 位置：河南 | 专业：施工 | 第1楼 | 2004-4-25 12:14 |

工地上试块总不合格，项目部研究好半天，水泥石子没问题，可能是砂子有问题，砂子是人工砂，细度模数3.3，含泥2.7%。真是摸不到头脑。

| xf68 | 位置：广东 | 专业：施工 | 第5楼 | 2004-4-25 17:09 |

坍落度有没有检测，有时候，商品混凝土有坍落度损失，司机会加水，加的不准，强度就降低。要注意这些问题。

混凝土强度是水灰比决定的。在进货检验时，有坍落度来检测。还有混凝土的外观，有没有离析、泌水等现象，都要观察清楚。

| 75760369 | 位置：河南 | 专业：施工 | 第9楼 | 2004-4-25 19:10 |

谢谢了，但是你们的问题基本上都控制的很好呀，每次都是让他们少加水，稠一点，坍落度3～5cm。各种材料都过秤。我主要是请教大家强度和砂子有没有明显的关系。我们用的砂是碎石碾压的人工砂。听说这种砂不太好。

| wzp7804 | 位置：山东 | 专业：施工 | 第11楼 | 2004-4-25 19:32 |

砂子与混凝土强度有一定的关系啊，砂中的含泥量、泥块含量、粒径这些都是要严格控制的。

| xf68 | 位置：广东 | 专业：施工 | 第14楼 | 2004-4-25 19:47 |

自拌混凝土的均匀性如何呀？加水的控制准确性如何呀？外加剂的计量准确性啊等等，砂的差异不会太大的。

| 三剑客 | 位置：河南 | 专业：施工 | 第16楼 | 2004-4-25 20:55 |

说一下你的配比，你的养护方法，还有就是你的泥块含量，如果原材料都合格的话，我建议你自己检测一下砂，因为有的试验室的报告不能完全相信，还有就是你是否加有外加剂，砂和混凝土强度也有关系的，一个是含泥量和泥块含量，还有就是你的混凝土的水灰比对混凝土

强度也有很大的影响的。

| 75760369 | 位置：河南 | 专业：施工 | 第21楼 | 2004-4-26　18:49 |

人工砂质量是不好，我们这里的试验室都不收这种砂做配合比。我们甲方太小气不用黄砂，人工砂便宜。

| 冰凉雨 | 位置：河南 | 专业：施工 | 第26楼 | 2004-4-26　21:45 |

影响混凝土强度的两个最主要原因：一是水灰比；二是砂率。你应该用人工砂做配比。砂细对混凝土强度的影响很大，砂细时，其表面积增大，水泥浆不足以握裹砂粒表面，使混凝土强度降低。此时应适当加大水泥浆（灰、水）用量，以提高混凝土强度（是有限度的）。

| renguoqiang | 位置：辽宁 | 专业：施工 | 第30楼 | 2004-4-26　23:01 |

混凝土的强度主要与水泥的强度和水灰比决定的，与砂没有太大的关系。主要还是和易性和日后的养护工作没有做到位。

| jzliu | 位置：辽宁 | 专业：施工 | 第34楼 | 2004-5-4　20:00 |

各位的见解我很赞同，但是混凝土的强度，最重要还是在配合比设计，一定要反映工程实际用材情况，并合理使用材料。否则是后患无穷的。

另外要注意：试验室的试压方法，试块的标养状况，试块表面完好程度等都对试压结果都有较大的影响。也就是说试验室方面也有可能存在问题。

| spaceman | 位置：福建 | 专业：施工 | 第35楼 | 2004-5-4　21:25 |

要是做配合比的时候用的是人工砂，而且施工是用同样的砂，就没有砂的问题。对于试块不合格，我建议你换台搅拌机，我们工地就出现过此情况，一样的配料，就是做出来不一样的结果，要严格控制加水量，也就是控制水灰比，还要控制搅拌的时间，问题可能出现在搅拌时间及机器问题上。

| phhwwbb | 位置：北京 | 专业：施工 | 第37楼 | 2004-5-5　19:07 |

为什么都在讨论砂子有没有问题？我觉得是做试块人员的因素较大。如果现场强度也不足，那就找试验室去。或者，你做试块时，有意识的加一点25mm左右的石子试一下，当然，这是试验，正式做试块不可刻意地加石子。加石子试验的目的是为了检验一下级配，同时可以看出水泥用量是否合理。如果现场强度有问题，也可单独查一下砂子的来源，再查当初送试验室试配的情况如何，是否用的是现在的砂子。

| 王卫东 | 位置：河南 | 专业：施工 | 第40楼 | 2004-5-5　19:46 |

从上面的情况来看，我认为还是砂子的问题：

第一你在做配比的时候应送与现场同材料的砂子，你送黄砂作配比而施工中却用人工砂这样是自欺欺人，后果只能自己承受，实验室是无责任的。

第二正如你所说的，当地不允许用人工砂，这是有一定根据的，因为人工砂的质量很难保证，别说细度模数了，也谈不上含泥量，单其级配就达不到，其中的石粉含量是一个大问题，而它的含量与混凝土的强度有直接的关系，这是一个根本原因。

| 75760369 | 位置：河南 | 专业：施工 | 第44楼 | 2004-4-26 18:49 |

人工砂我们这里的试验室不给做配合比了，工地部分试块作废了，重新用黄砂做配合比，做试块补送，不知道算不算作弊。把质检站的总工和我们公司的高级工程师都请来了，分析原因，他们列了一大堆。都说是砂子有问题。

| 愚工 | 位置：河南 | 专业：施工 | 第47楼 | 2004-6-22 7:04 |

同意王卫东在2004-5-5 19:46的发言，实验室配合比用材，一定要是现场用材，人工砂太细，且石粉含量大，要达到设计强度，必须加大水泥用量，你用黄砂配合比的水泥量，强度肯定达不到。其实你们可以向甲方反映，用人工砂，必然要加大水泥用量，一对结构养护带来困难，由于水化热和水泥用量成正比，温度应力难以消除；二是对于成本核算来说，多用出来的水泥钱并不比节约的黄砂钱少。

| twhfox | 位置：江苏 | 专业：施工 | 第49楼 | 2004-9-23 10:12 |

混凝土实际强度比实验室出来的低的原因有很多，在实际的水泥强度跟胶砂比都没有问题的情况下：

1. 石子跟砂是否冲洗干净：骨料表面沾上石粉之后是很难清洗干净的，而这点对混凝土强度影响甚大，因为实际上没有办法通过搅拌来使石粉从石子表面脱离，由于骨料与水泥握裹不紧，导致成品混凝土试块试压中剪应力大大增加，试块提早破坏。

2. 泥块含量：实际上这点应该可以目测就能看出来的，估计你现在出现的情况原因不会是这个，除非那么多专家什么的都老花眼。

3. 人工砂的级配问题：有条件你可以拿人工砂单独做个筛分试试，不管是人工碎石还是人工砂，如果生产机械比较好，级配是可以控制的，但某些老板为了利益，节省刀片，使得生产出来的砂石粒径集中在某一个或者某两个区间中，砂的级配对混凝土也是有影响的。

你说的还不够详细，但实际上谁都理解，现场的情况一般都比较难说明白的，仅就你所说的问题提出我的几点看法而已，希望有所帮助。

做试块一般都是需要严格掌握的，或者甚至需要一点点加工才行，当然，这建立在你对现场出来的混凝土有信心的前提下，否则到最后建筑物质量不成，那就是自欺欺人了。

就我们来说，为了控制混凝土水化热，掺了较大量的粉煤灰，照理论说，应该采用60d的混凝土强度才对，但我们的监理同志就是够没见识的，说没有这种做法，没办法，28d混凝土强度达不到要求，只好自己在做试块的时候添石子或者水泥做。当然，最终成品混凝土的强度是够的。

比较头疼的还有一点，这样做出来的试块，离散度是非常大的，混凝土强度的统计学评定非常容易不合格，各位同行施工中要注意哦，尽量拿实际打出来的混凝土做试块是个比较稳妥而省事的办法。

| gzr666666 | 位置：上海 | 专业：市政 | 第57楼 | 2004-10-28 12:16 |

混凝土强度一直是一个非常复杂的问题，当然和砂的细度模数（粗细）、含泥量有关，机制砂压碎指标常常偏大，和易性也比较差！我估计和现场制作与养护有关系，你再查一下，首先要控制配比，然后找原因。

2.2.6 讨论主题：清水混凝土表面处理措施。

原帖地址：http：//bbs3.zhulong.com/forum/detail258284_1.html

| honestboy | 位置：广东 | 专业：结构 | 第1楼 | 2004-5-5 19:49 |

由于种种原因清水混凝土表面总是不理想，想真正达到内实外光的效果真的不容易。表面处理显的很重要。现在我们工地存在问题是表面颜色不一致，关键是与其他建筑不一致，其他建筑颜色为灰白色，而我们这个构筑物呈现灰色，没有混凝土表面的那层白色。拆模后如何采取及时有效的处理能保证达到应有效果。

| wzp7804 | 位置：山东 | 专业：施工 | 第3楼 | 2004-5-5 20:00 |

对于清水混凝土，我们这方面主要是通过以下几点：

第一，采用九层胶合板做模板，或者采用钢模面层再一层钢板（后者造价较高，但效果相对来言好点）。

第二，板与板之间采用海绵条塞缝。

第三，拆模后，及时采用高强度砂浆修补，或者在达到强度后，用砂轮机磨光（而且根据重庆市评三峡杯的有关规定，小部分是允许打磨的）。

| xf68 | 位置：广东 | 专业：施工 | 第4楼 | 2004-5-6 17:54 |

是不是模板表面的隔离剂的颜色问题，或者模板的颜色造成的？
如果你的混凝土配合比、水泥的品种都是一样的前提下，找一下这方面的原因。

| 浪花子 | 位置：浙江 | 专业：监理 | 第6楼 | 2004-5-13 12:17 |

在施工前如果刷隔离剂的话，一定要刷均匀，不要留有气泡，否则很容易使成形混凝土表面有蜂窝、麻面出现的话，在拆除模板后，混凝土看上去表面还有一点湿的时候用水泥和粉煤灰（要和混凝土使用的同一品牌）配成浆，具体配合比可以根据混凝土配合比多配几次，使颜色与混凝土差不多，来修补孔洞，然后用混凝土专用养护剂来养护，可以节省养护的人工，价格也不是很大，想做清水混凝土的人肯定能承受的了，养护剂刚喷上去的时候，很难看的泛白，不过过几天，混凝土表面看上去就又光又亮了。这是我的一点小意见，不对之处请多指教。还有混凝土配合比配制，外加剂选用等问题就不细说了。

| yorkbay | 位置：其他 | 专业：造价 | 第15楼 | 2004-7-2 23:37 |

我也见过同一天施工的混凝土颜色不一致的情况，前面网友们分析的有道理，我补充一点个人浅见：

1. 模板刷不刷隔离剂颜色肯定不一样，楼主刷的隔离剂可能是浅色的。
2. 是由模板颜色深浅原因造成的，拆模混凝土表面渗有模板颜色，模板如不很平整，光线下表现会明显些，采购的模板表面带有一层光洁胶合板的面层，涂过隔离剂后拆模的混凝土颜色就均匀些。

3. 也要注意碎石粒径的变化，及振捣原因，有些施工单位混凝土采用现场拌制的，当大粒径石及模板周边振捣不均，水泥浆覆盖石子厚度不均，大石子面水泥浆薄了，虽不露石子，细量平整度也不超标，但新拆模混凝土在光线下会显得深浅不一致，过几天后就基本均匀了。

| weidengchen | 位置：浙江 | 专业：结构 | 第 16 楼 | 2004-7-4 21:43 |

有没有什么好的办法补救颜色不一的清水混凝土呢？
比如什么涂料之类的。

| xf68 | 位置：广东 | 专业：施工 | 第 19 楼 | 2004-7-4 23:37 |

那就不是清水混凝土了，你刷了涂料，就是已经装修过的了。
清水混凝土主要的功夫在模板上，要一次成型。

2.2.7 讨论主题：混凝土气泡多的原因。

原帖地址：http://bbs3.zhulong.com/forum/detail130742_1.html

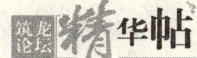

| copyten | 位置：江苏 | 专业：其他 | 第 1 楼 | 2003-12-28 15:57 |

混凝土拆模后，发现表面产生大量微小气泡，造成气泡的因素有哪些？

| hehu1965 | 位置： | 专业：其他 | 第 6 楼 | 2004-1-5 10:33 |

在混凝土施工中经常会出现如混凝土表面裂纹、小气泡、蜂窝狗洞、漏筋、麻面等现象。这些现象大多数是施工操作不当造成的，但也有施工技术问题如施工配合比、原材料、施工用水、外加剂等原因造成的。我想你提到的问题可能由以下几种原因造成的，供大家参考：

1. 防冻型的外加剂掺量过多（因防冻型外加剂是减水剂型的），掺外加剂要有措施，要根据具体情况调整好施工配合比（不是实验配合比）。

2. 混凝土坍落度过大，振捣时间太短，混凝土不密实。（一般对掺有外加剂的混凝土要增加振捣时间）。

3. 混凝土浇筑时一次下料太多，振捣不及时，振捣时气泡未排出，而集结在混凝土墙面上。

你说的钢筋比较密就与第三条有关系，对钢筋较密的部位，更要控制好浇筑量及振捣时间和振捣部位（因为钢筋较密，所以要控制好振捣部位以防漏振）。

| 三剑客 | 位置：河南 | 专业：施工 | 第 9 楼 | 2004-1-5 20:19 |

和模板也有关系，一般用吸水率大的模板，要比钢模产生的气泡少。
另外一个就是水灰比没有控制好和振捣时间没把握好。

| copyten | 位置：江苏 | 专业：其他 | 第 10 楼 | 2004-1-7 14:03 |

再次感谢大家的支持！很多朋友文中多次提到水灰比的问题，我说明一下就是坍落度变大主要是用外加剂控制的，水灰比应该不会变。我总结一下各位观点有以下几点：

1. 坍落度大，混凝土里气泡相对较多。

2. 振捣时机、方法和时间没掌握好，致使气泡无法排出。
3. 模板表面不干净、有杂物，这样气泡不容易导出或破裂。

2.2.8 讨论主题：如何消除框架柱烂根现象？
原帖地址：http://bbs3.zhulong.com/forum/detail307897_1.html

| suno2001 | 位置：湖北 | 专业：结构 | 第 1 楼 | 2004-5-29　15:32 |

本人在验收中经常见到框架结构柱子烂根，不知道有什么好的方法。

| zcbjjp | 位置： | 专业：其他 | 第 3 楼 | 2004-5-30　18:45 |

很简单，竖向结构浇筑混凝土，应该先浇 10cm 与混凝土配比相同的砂浆。

| xf68 | 位置：广东 | 专业：施工 | 第 5 楼 | 2004-5-31　10:03 |

模板和基层结合要密实，减少漏浆。有的公司加一圈泡沫进行封堵，你可以试一下。

| gqf1518 | 位置：浙江 | 专业：监理 | 第 4 楼 | 2004-6-1　16:06 |

或许我的办法是最笨的，大家看看：
模板和基层结合要尽可能的密实，在支模完成后，在柱模外围用水泥砂浆进行封模，当然这个工作要在封模后立即做。如果是框架外立柱立模时，在模板内侧粘贴胶带纸或泡沫条就可以解决问题了。
同理，框架剪力墙连续施工时也可以采用这样的方法。

| 雪凝蓝 | 位置：江苏 | 专业：监理 | 第 11 楼 | 2004-6-1　17:16 |

我认为：
1. 在混凝土接合面处浇筑一层 5cm 的同配比减石混凝土。
2. 在模板接缝处贴海绵胶条或是抹一层水泥砂浆。
3. 选择有责任心的混凝土振捣工来进行具体的施工。

2.2.9 讨论主题：水灰比对混凝土的强度有何影响？
原帖地址：http://bbs3.zhulong.com/forum/detail78724_1.html

| miao007 | 位置：广东 | 专业：监理 | 第 1 楼 | 2003-7-6　12:23 |

水灰比对混凝土的强度有何影响？

| gaojun111222 | 位置：湖南 | 专业：施工 | 第 3 楼 | 2003-7-6　20:21 |

一般简单而言。水灰比大，混凝土的强度小，水灰比小，混凝土的强度大。

| 建筑 王子 | 位置：广东 | 专业：施工 | 第 5 楼 | 2003-7-30　17:40 |

混凝土抗压强度与混凝土用水泥的强度成正比，按公式计算，当水灰比相等时，高强度等级水泥比低强度等级水泥配制出的混凝土抗压强度高许多。所以混凝土施工时切勿用错了水泥

强度等级。另外，水灰比也与混凝土强度成正比，水灰比大，混凝土强度低；水灰比小，混凝土强度高。因此，当水灰比不变时，企图用增加水泥用量来提高混凝土强度是错误的，此时只能增大混凝土和易性，增大混凝土的收缩和变形。

因此，影响混凝土抗压强度的主要因素是水泥强度和水灰比，要控制好混凝土质量，最重要的是控制好水泥和混凝土的水灰比两个主要环节。此外，影响混凝土强度还有其他不可忽视的因素。

粗骨料对混凝土强度也有一定影响，当石子强度相等时，碎石表面比卵石表面粗糙，它与水泥砂浆的粘结性比卵石强，当水灰比相等或配合比相同时，两种材料配制的混凝土，碎石的混凝土强度比卵石强。因此我们一般对混凝土的粗骨料控制在3.2cm左右。细骨料品种对混凝土强度影响程度比粗骨料小，但砂的质量对混凝土质量也有一定的影响。因此，砂石质量必须符合混凝土各强度等级用砂、石质量标准的要求。由于施工现场砂石质量变化相对较大，因此现场施工人员必须保证砂石的质量要求，并根据现场砂含水率及时调整水灰比，以保证混凝土配合比，不能把实验配比与施工配比混为一谈。因为混凝土强度只有在相应温度、湿度等条件下才能保证正常发展，所以应按施工规范的规定施工、养护。冬季要保温防冻害，夏季要防暴晒脱水。现冬期施工一般采取综合蓄热法及蒸养法。

2.2.10 讨论主题：剪力墙和柱混凝土强度等级不同，如何浇筑？

原帖地址：http://bbs3.zhulong.com/forum/detail386439_1.html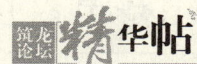

| zlm403 | 位置：广东 | 专业：监理 | 第1楼 | 2004-7-9 0:14 |

外围剪力墙和外围的柱是混在一起的，而且柱是C50，墙是C40，如何浇筑？

| yyx1013 | 位置：北京 | 专业：施工 | 第7楼 | 2004-7-16 17:07 |

一般不会有这样的问题的。到是有抗渗和非抗渗的浇筑问题。

| gzlizhong | 位置：广东 | 专业：施工 | 第8楼 | 2004-7-16 17:43 |

这个问题是施工有点难度，施工解决的办法是：

1. 与设计单位和甲方联系一下可否改为同强度等级的。但是一般情况下对方会不同意，因为主要是为了节约造价成本，在高层建筑中才出现这样的设计。

2. 施工时，为了保证质量一般把墙柱和楼板分开浇，有的设计院可以同意在1个等级差的情况下可以降低一等级施工。

3. 若严格按图纸施工的话，常规的方法是用塔吊或输送泵先浇高等级部分混凝土，待初凝前浇完楼板，接头处若不处理则会多用些高强度等级混凝土，若处理则先用钢丝网挡好。

总之，处理时会多花费一些组织精力和费用，解决的方法，最好在图纸会审时提出，看能否说服甲方补些费用。

2.2.11 讨论主题：为了赶工期，提高梁混凝土的强度等级可行吗？

原帖地址：http://bbs3.zhulong.com/forum/detail399801_1.html

| sohaixing | 位置：青海 | 专业：施工 | 第1楼 | 2004-7-17 21:56 |

我们在工期要求特别紧的项目，为了赶工期及加快拆模时间提高梁混凝土的强度一个等级，这种做法规范允许吗？

| lujiaqiang | 位置：福建 | 专业：施工 | 第2楼 | 2004-7-17　22:03 |

　　从理论上讲应该是可以的！不过这种事情最好先征得设计、业主和监理的书面同意后再操作会更妥当一些。

| 冰凉雨 | 位置：广东 | 专业：施工 | 第5楼 | 2004-7-18　8:40 |

　　即使提高强度等级，拆模时间也不可过早，应按新等级为基础计算强度比例，因为提高强度等级可提高混凝土强度，但同一时刻混凝土抗变形能力并没提高多少，所以要慎重从事。当然会好一点。

| 滕轩 | 位置：全国 | 专业：施工 | 第6楼 | 2004-7-18　10:41 |

　　这个措施牵涉到费用和质量，一定要用技术核定单或签证的形式征得各方的书面签认。
　　即便是这样做了，梁底模的拆除时间还不可过早，这样还需增加周转材料的费用。我原来施工某大学的一个工程，工期压得非常紧，最后的解决办法是加固脚手架和模板，梁浇筑混凝土后模板不拆，上楼板后不让混凝土承重，由模板直接支撑。

| pzj1991 | 位置：浙江 | 专业：结构 | 第7楼 | 2004-7-18　17:40 |

　　楼板混凝土强度等级在C35以下是可行的，C35或以上建议不要加等级了。因为强度等级高了，楼板混凝土收缩裂缝出现机会大大增加，拆模或上荷载过早易产生裂缝。毕竟施工现场控制不了那么好。

| ftwbd | 位置：辽宁 | 专业：市政 | 第11楼 | 2004-8-1　21:05 |

　　用早强外加剂提高强度，同时配合同条件养护试块，可以解决问题。

| 天圆地方 | 位置：广东 | 专业：其他 | 第16楼 | 2004-8-2　10:50 |

　　如按这方法推，C30的改用C60，这样可能三天就达到C30拆模的标准了，敢拆吗？强度的确是达到了，但是否考虑混凝土的整体凝固度？
　　虽然现在讨论的都只是加了一级，但道理却是一样的，现在时间是赶上去了，但对混凝土影响要以后才能得知，以后的裂缝，没有人想起或怀疑这与混凝土提前拆模有关。

| kuiben0259 | 位置：广西 | 专业：施工 | 第17楼 | 2004-12-12　23:32 |

　　我个人认为不可以，除非强度提高不是很多，并经过设计调整同意，否则，每一种强度下的混凝土都有它的最小配筋率，一下子改变强度，配筋没有加强的话会变成少筋破坏，从而增加了建筑结构的不安全因素。

| 不再孤独 | 位置：上海 | 专业：施工 | 第19楼 | 2004-12-13　21:39 |

　　提高混凝土强度，应当注意的另外一个问题是特别在夏天，坍落度损失大而造成操作困难，从而对质量产生隐患或影响。

2.2.12 讨论主题：斜屋面混凝土浇筑。

原帖地址：http://bbs3.zhulong.com/forum/detail441223_1.html

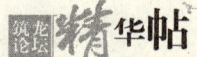

| jacontue | 位置：福建 | 专业：结构 | 第1楼 | 2004-8-12 20:05 |

别墅和多层建筑，很多都是斜屋面，但是混凝土不好振捣，平板振动器一拉，混凝土就往下流，平整度不好控制，导致找平层经常太厚。各位同行，在施工中有没有好的施工工艺，在此交流。

| comf10929 | 位置：上海 | 专业：施工 | 第2楼 | 2004-8-12 20:24 |

1. 在施工斜坡屋面时首先要对模板内部四周弹好控制标高线，以便于控制混凝土厚度。
2. 要控制好混凝土的坍落度（水灰比）。
3. 混凝土浇筑时用振动棒的效果要比平板振捣好。
4. 从上往下依次浇筑。
5. 在施工中最好带线，用一个大的刮杠从下往上找平。
6. 当混凝土达到初凝后，可以简单的用平板在坡屋面上走一下。

| jacontue | 位置：福建 | 专业：结构 | 第6楼 | 2004-8-13 8:31 |

我在施工单位担任现场工长的时候，采用的方法如下：预制十字形厚度同屋面板的混凝土预制块，混凝土浇筑前，以2m间隔固定在模板上，用来控制混凝土浇筑的厚度；混凝土的粗骨料是碎石+细石，增强混凝土的和易性；要求施工队组增加工人，全部用小桶水平运输混凝土（禁止用斗车），一小桶一小桶平铺，人工振捣，混凝土快要初凝的时候，再用平板振捣一遍，然后表面铺水泥砂浆，通过十字形预制块来控制找平、压光。节省了一道工序——水泥砂浆找平，但是增加了原材料的投入（细石比碎石贵）和人工的投入。拆模后，未发现有蜂窝、麻面的质量问题。

| mycpc | 位置：广东 | 专业：结构 | 第9楼 | 2004-8-13 16:01 |

我曾经作过斜柱的施工方案，经过实施，很是成功，不过你的斜屋面可能斜度不大，若斜屋面与水平面夹角大于25°，可以考虑：
1. 模板采用双面模板，即屋面下面和上面均配置模板。
2. 双面钢筋均需保护层垫块。
3. 混凝土坍落度要偏高，约180mm左右方可保证其在斜模板内的流动性。
4. 拆模时上模可早期拆除，底模需满足100%强度。

不知对你的斜屋面是否有帮助，下面是斜柱附图（图2.5）。

| 拐子马 | 位置：广西 | 专业：施工 | 第10楼 | 2004-8-13 16:04 |

要看斜屋面的坡度是多少，太大的话就要混凝土板上下都设模板了，就和墙体混凝土施工差不多了。不同的地方就是要留振捣口。

| hmlijian | 位置：湖北 | 专业：施工 | 第11楼 | 2004-8-13 19:47 |

图 2.5

我也才搞过一个斜屋面,坡度比较大,是用泵送混凝土,因为混凝土坍落度不好控制,大了不容易振捣,小了泵管走不动,其实我认为混凝土干些会比较好,我们当时没有办法,混凝土太稀,只有采取点振,然后等混凝土稍干时用平板拖一次,打出来的效果也不错,只有些麻面。

2.2.13 讨论主题:混凝土养护时间。
原帖地址:http://bbs3.zhulong.com/forum/detail1395203_1.html

| 树皮1803 | 位置:广东 | 专业:地产 | 第1楼 | 2005-6-15 | 11:29 |

本人在汕头,现场监理人员要求我在做对广东省省统一表格里的混凝土养护记录时的日期是不少于14d(累计温度要达到600℃时),如写7d的话说是不合规范,请问各位高手,规范不是写明如水泥是普硅只要7d的养护吗?

| 亲亲mami | 位置:北京 | 专业:施工 | 第5楼 | 2005-6-15 | 14:10 |

结构实体检验的同条件养护试件的等效养护龄期(不应小于14d)这与结构实体的养护时间是两个不同的概念。

| ysjdgv | 位置:广东 | 专业:施工 | 第6楼 | 2005-6-15 | 14:27 |

《混凝土结构工程施工质量验收规范》第7.4.7条规定:混凝土浇筑完毕后,应按施工技术方案及时采取有效的养护措施,并应符合下列规定:
1. 应在浇筑完毕后的12h以内对混凝土加以覆盖并保湿养护。
2. 混凝土浇水养护的时间:对采用硅酸盐水泥、普通硅酸盐水泥或矿渣硅酸盐水泥拌制的混凝土,不得少于7d;对掺用缓凝型外加剂或有抗渗要求的混凝土,不得少于14d。
请楼主看看你们的混凝土配合比是否掺用缓凝型外加剂或有抗渗要求?

| 树皮1803 | 位置：广东 | 专业：地产 | 第7楼 | 2005-6-16 11:08 |

多谢各位了，我们是普通的配合比，并没掺外加剂，没抗渗要求。

2.2.14 讨论主题：混凝土试块不合格怎么办？

原帖地址：http：//bbs3.zhulong.com/forum/detail2001803_1.html

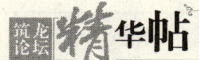

| ronaldolc | 位置：江苏 | 专业：施工 | 第1楼 | 2005-9-19 8:24 |

我有个工程在基础、主体的标养混凝土试块报告中均有几组不合格，后经质检站回弹检测后都达到设计要求，现在快竣工验收了，可不知在最后试块评定中，那几组不合格的试块报告可否由回弹报告来代替评定，恳请各位高人指点，对了，本人工程是在江苏省南京市的。

| 七星佛 | 位置：山东 | 专业：施工 | 第2楼 | 2005-9-19 10:46 |

同条件的试块检测结果怎么样，要是达到要求的话应该可以和回弹结果一起作为评定标准。

| luqiab | 位置：浙江 | 专业：其他 | 第5楼 | 2005-9-19 12:26 |

回弹检测的数据不能参加评定！回弹法的检测是当试件与结构混凝土不一致，对试件结果有怀疑，试件数量不足时使用，是验证性的，有时用于质量控制。由于精度较差，只能在规定的范围内使用，作为检验混凝土强度的辅助方法。《混凝土结构工程施工质量验收规范》（GB 50204—2002）7.1.4条规定：当混凝土试件强度评定不合格时可采用非破损或局部破损的检测方法，按国家现行有关标准的规定对结构构件中的混凝土强度进行推定，并作为处理的依据。

我们这里的做法是剔除回弹部分进行评定。

| 亲亲mami | 位置：北京 | 专业：施工 | 第15楼 | 2005-9-20 12:10 |

支持luqiab朋友的观点，给与奖励。

1. 首先按照GBJ 107—87规定的评定方法和原则去进行强度评定。如果只是个别试块强度不合格，但与抗压强度标准值（$f_{cu,k}$）相差不多情况，评定结果也应该是合格的。

2. 当按照GBJ 107—87规定的评定方法和原则评定结果不合格时，可根据国家现行有关标准采用回弹法、超声回弹综合法、钻芯法、后装拔出法等推定结构的混凝土强度。可优先选择非破损检测方法，以减少检测工作量，必要时可辅以局部破损检测方法。当采用局部破损检测方法时，检测完成后应及时修补，以免影响结构性能及使用功能。

应指出，通过检测得到的推定强度可作为判断结构是否需要处理的依据。

同时回弹检测、超声回弹综合法、钻芯法的检测数据不能参加强度评定。

| wtywty0083 | 位置：浙江 | 专业：监理 | 第19楼 | 2005-9-20 22:35 |

回弹只是参考，《回弹法检测混凝土抗压强度技术规程》（JGJ/T 23—2001）里面规定：

1.0.2 本规程适用于工程结构普通混凝土抗压强度（以下简称混凝土强度）的检测。

当对结构的混凝土强度有检测要求时，可按本规程进行检测，检测结果可作为处理混凝土质量问题的一个依据。

本规程不适用于表层与内部质量有明显差异或内部存在缺陷的混凝土结构或构件的检测。

1.0.4 使用回弹法检测及推定混凝土强度，除应遵守本规程外，尚应符合国家现行的有关强制性标准的规定。

| mingong | 位置：河北 | 专业：施工 | 第20楼 | 2005-9-21 7:25 |

补充 luqiab 和亲亲 mami 的解答：

评定结果不是"符合要求"，应该是"经鉴定符合要求"；检测方法现在有很多，但必须是规范规定的；检测部门必须具备相应的资质，并得到相关部门认可。

2.2.15 讨论主题：关于混凝土试块的评定问题。
原帖地址：http：//bbs3.zhulong.com/forum/detail1928312_1.html

| mingong | 位置：河北 | 专业：施工 | 第1楼 | 2005-9-8 18:22 |

《混凝土强度检验评定标准》（GBJ 107—87）第四章对混凝土强度的检验评定提出了明确的依据，"第4.1.1条 当混凝土的生产条件在较长时间内能保持一致，且同一品种混凝土的强度变异性能保持稳定时，应由连续的三组试件组成一个验收批"、"第4.1.3条 当混凝土的生产条件在较长时间内不能保持一致，且混凝土强度变异性不能保持稳定时，或在前一个检验期内的同一品种混凝土没有足够的数据用以确定验收批混凝土立方体抗压强度的标准差时，应由不少于10组的试件组成一个验收批"均应采用统计方法评定。

想请大家讨论一下：

在检验批验收时按这里的要求是没有进行评定的，如何填写检验批内的混凝土强度是否符合标准？

《混凝土结构工程施工质量验收规范》（GB 50204—2002）标准又要求强度必须按 GBJ 107—87 标准评定合格，那么是否意味着要等强度评定后再进行检验批地评定？

大家是如何解决此问题的，欢迎讨论。

| hzzwj | 位置：其他 | 专业：施工 | 第2楼 | 2005-9-9 9:28 |

工程现场混凝土试块的评定，一般的工程项目也就是分成基础和主体、楼地面三块，采用数理统计或非数理统计进行混凝土强度评定。GBJ 107—87 中第4.1.1条是不适用工程现场构件混凝土的强度评定，因其强度标准差难以确定。也就是说，一个分部中试块组数超过十组时，按第4.1.3条进行评定，不到十组时按非统计方法评定。

楼主提出是否要等强度评定后再进行检验批的评定？混凝土施工工程检验批质量验收记录表 GB 50204—2002（Ⅱ），是要等该检验批留置试块的强度评定后再进行评定，附强度检验报告后报送监理审核，该强度评定是以划分的一个检验批中的留置试块进行统计法或非统计法评定。试块可为标准养护试块或是同条件养护试块（乘1.1系数后，按 GB J107—87 评定）。

| mingong | 位置：河北 | 专业：施工 | 第3楼 | 2005-9-9 10:36 |

hzzwj，谢谢你的回复，但你的说法没有解决我提出的问题，比如一层只有一组或两组试块时，只能用非统计方法评定，但我用的混凝土是商品混凝土，应该是"在较长时间内保持一致"，应该是用统计方法评定，但现在建设部巡回检查的要求中有一条"工程质量检验、验收、评定是否及时"，对此也没提出"及时"到什么程度。质监站提出的做法就是你说的做

法，但我觉得有违标准初衷。

| hzzwj | 位置：其他 | 专业：施工 | 第4楼 | 2005-9-9 11:09 |

强制性条文规定：混凝土强度的试件应在混凝土的浇筑地点随机抽取。对一个工程项目而言，不能认为在较长时间内保持一致吧。

评定是建立在检验、验收的基础上进行的，检验、验收是一个过程控制，评定是对一个产品的最终评价，需要在检验、验收的基础上进行综合评价，这对有些产品（如：混凝土、水泥）是肯定需要一定的时间效应，这是客观的，并不违背"检验评定是否及时"。

质量验收的指导思想就是要坚持：验评分离、强化验收、完善手段、过程控制。质量验收关键还是在于强化验收和过程控制，评定属于事后控制手段。

| 亲亲mami | 位置：北京 | 专业：施工 | 第5楼 | 2005-9-9 15:55 |

1. 混凝土施工检验批验收通常是按照施工段划分，而混凝土强度评定并不是按照施工段划分（简单说是同强度等级、同龄期、配合比基本相同的混凝土试块为一验收批），因此用混凝土强度评定作为检验批验收依据显然不合理。

2. 检验批对应的1组或若干组混凝土试块强度符合设计要求并不意味着结构混凝土强度统计评定一定合格。

综上所述，混凝土施工检验批验收是无法对结构混凝土强度是否合格做出直接评价的。

先姑且抛开采用什么（统计还是非统计）方法进行混凝土强度统计评定，只考虑混凝土施工检验批如何进行验收，我们企业是这样对待的：对涉及有强度（龄期）要求项目的检验批质量验收（如混凝土、砌体），可采取"先验后评"的原则：

1. 对涉及强度（有龄期要求）的项目，可先填写设计强度等级、试件编号、留置组数，不做评价。

2. 按照实际验收日期（不需要等28d强度报告）验收除强度之外的项目，合格后即算验收通过，各方签认。

3. 对混凝土强度的评价应放在混凝土分项工程质量验收时进行，此时混凝土试验数据基本齐全，通过混凝土强度统计评定，按评定结果判定结构混凝土强度是否合格。

以上做法的原因有以下方面：

1. 保证了检验批验收的真实性，实际的混凝土施工检验批验收应该不会等到强度报告出来以后再验收。

2. 保证了检验批验收的及时性，对模板、钢筋、混凝土三道工序施工的质量验收是一环扣一环的，只有保证每道工序检验批质量的及时验收通过，才不会影响下一道工序的施工。

3. 保证了检验批验收的合理性，对结构混凝土（砂浆）强度的评定验收除保证同批次强度符合设计要求外，还应以（标准试块、结构实体检验）强度统计评定合格为依据，因此将混凝土强度评定一项放到分项工程验收时进行评价。

这个问题现在很有争议，我们企业是这么要求的，但往往在实际运行中也会遇到很多麻烦，借此也希望多听听大家的意见。

| mingong | 位置：河北 | 专业：施工 | 第7楼 | 2005-9-10 19:16 |

对混凝土试块的评定问题，大家容易产生一个误区：非统计方法评定要求高，最低值要达

到 0.95，平均值要 1.15。其实规范并不是要求你越高越好，而要求的是控制水平，所以对于零散的少量的混凝土要求高一些，强调的是"个体"满足要求，而对于长期、大量连续的混凝土，用统计方法更能反应混凝土的控制水平，（如果离散性过大，即使按非统计方法评定合格，用统计方法评定也可能不合格，所以用统计方法更合理），至于个别偏低只要在统计方法允许范围内就是合格的（指达到标准统计方法评定标准时），因为，规范是通过系列的规范控制的，其实大家对照一下混凝土施工方案、混凝土配合比设计规范、混凝土结构设计规范就明白，规范上关于同一个混凝土在不同规范里的要求（取值），它是通过混凝土配比保证施工强度，通过施工强度评定保证实际强度，再通过设计强度保证能达到结构承载需要的强度。因此没必要拘泥于个别试块偏低的情况，对于检验批的评定，亲亲 mami 提出的做法比较合适。

2.2.16 讨论主题：关于防水混凝土质量验收表的填报。
原帖地址：http://bbs3.zhulong.com/forum/detail3116482_1.html

| 亲亲 mami | 位置：北京 | 专业：施工 | 第 1 楼 | 2006-3-1 17:18 |

对于防水混凝土的质量验收，是否有必要同时填报《防水混凝土检验批质量验收记录表》和《混凝土施工检验批质量验收记录表》呢？还是填报一种就可以了呢？

| fox115 | 位置：浙江 | 专业：施工 | 第 2 楼 | 2006-3-1 20:25 |

我认为是有必要填写的，因为从它们的各自检查项目上来看，《防水混凝土工程检验批验收记录》重点是检查混凝土成型后的一些施工质量，如主控项目："防水混凝土的变形缝、施工缝、后浇带、穿墙管道、埋设件等设置和构造，均须符合设计要求，严禁有渗漏。"

而《混凝土施工检验批质量验收记录》重点检查的是在混凝土浇筑过程中的质量，如混凝土的运输、浇筑及施工缝的留置、处理等项目。

再者它们两者都是不同于一个子分部的。

2.2.17 讨论主题：混凝土终凝前对其扰动，对混凝土的强度是否有影响？
原帖地址：http://bbs3.zhulong.com/forum/detail1578272_1.html

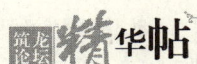

| 逸风 | 位置：辽宁 | 专业：施工 | 第 1 楼 | 2005-7-20 13:28 |

在浇筑混凝土的过程中，如出现特殊情况（如设备出现问题等）而出现浇筑的间歇，打完的已振捣完毕，而到终凝前继续浇筑混凝土，如梁只浇筑了下半部分，再浇筑上部的混凝土，重新振捣，是否对混凝土的强度有影响？

如有影响，影响的程度能有多大？有没有好的处理方法？

另外，怎么确定混凝土的终凝时间？规范规定的达到 1.2N/mm^2 怎样去确定？至于这个问题，大家是怎样去看的？

| 亲亲 mami | 位置：北京 | 专业：施工 | 第 4 楼 | 2005-7-20 15:06 |

到终凝前继续浇筑混凝土，如梁只浇筑了下半部分，再浇筑上部的混凝土，重新振捣，是否对混凝土的强度有影响？

如果在混凝土终凝前重新振捣对混凝土质量应该不会有什么不良影响吧？

我看过一些书，包括《施工手册》中关于"混凝土运输与浇筑"和《建筑工程质量百问》中关于"混凝土工程的施工缺陷及质量控制措施"上都曾经说过类似的总结"在振后的混凝土表面终凝前再进行二次振捣，避免混凝土内部钢筋底部自然下沉形成空隙，对增强密实度非常有效"。

| 拐子马 | 位置：广西 | 专业：施工 | 第6楼 | 2005-7-20　17:59 |

你可能看错了吧？初凝和终凝是不一样的两个概念。

水泥加水拌合到开始失去塑性所需的时间称为初凝时间。已经初凝的水泥，塑性大为降低。水泥从加水到完全失去塑性所需的时间称为终凝时间。终凝后水泥开始具有强度。为了保证在施工中有足够的处理时间，并满足施工中操作的要求，通常要求水泥的初凝时间不宜过早而终凝时间不宜过迟。国家标准规定初凝时间不合格的水泥是废品，终凝时间不合格的水泥为不合格品。

《硅酸盐水泥、普通硅酸盐水泥》（GB 175—1999）的6.6有如下规定："硅酸盐水泥初凝不得早于45min，终凝不得迟于6.5h，普通水泥初凝不得早于45min，终凝不得迟于10h。"如果我没有记错，混凝土一旦入模，初凝之后、终凝之前，应防止受振动或撞击，这是一般的质量控制要求。

入模前如有初凝现象，可进行一次强力搅拌，使它恢复流动性，方许入模。应尽量避免这种情况发生。

$1.2N/mm^2$是指允许在其上继续施工的强度，时间由试验确定。

初凝和终凝时间由试验确定，出配合比的时候，试验室一般会给出这方面的指标。

混凝土浇筑应连续进行，下一层混凝土应在前一层混凝土初凝前浇筑，否则就会有施工缝，这时要按施工缝有关要求处理。《混凝土结构工程施工质量验收规范》7.4.4有这样的规定："混凝土运输、浇筑及间隙的全部时间不应超过混凝土初凝时间。"

这里的条文说明是这样的："混凝土的初凝时间与水泥品种、凝结条件、掺用外加剂的品种和数量等因素有关，应由试验确定。当施工环境气温较高时，还应考虑气温对混凝土初凝时间的影响。规定混凝土应连续浇筑并在底层初凝之前将上一层浇筑完毕，主要是为了防止扰动已初凝的混凝土而出现质量缺陷。当因停电等意外原因造成底层混凝土已初凝时，则应在继续浇筑混凝土之前，按照施工技术方案对混凝土接槎的要求进行处理，使新旧混凝土结合紧密，保证混凝土结构的整体性。"

虽然这不是强制性条文，但还是可以作为依据的。

初凝后再进行二次振捣，应该有什么特殊原因吧？比如现场条件限制，泵送混凝土输送困难，不得不加大水灰比，初凝前的一次、二次振捣均不能保证混凝土的质量。但是这个时候应该在事前有专门的考虑和方案。

| 辛颜 | 位置：辽宁 | 专业：施工 | 第15楼 | 2005-7-20　21:14 |

个人以为，在终凝前进行下一层混凝土的浇筑对于混凝土的强度是没有影响到的，当然要对终凝前的混凝土进行一下处理，如在混凝土终凝前用钢丝刷拉毛表面水泥膜层处理水平施工缝，再溜扫冲洗干净，这样可加强上下层混凝土的连接，提高抗剪能力，节省凿毛施工缝的人工。

| 拐子马 | 位置：广西 | 专业：施工 | 第16楼 | 2005-7-20　22:43 |

《混凝土结构工程施工质量验收规范》7.4.4有规定："混凝土运输、浇筑及间隙的全部时

间不应超过混凝土初凝时间。"

这是主控项目，要求全数检查，其重要性可想而知。

不能满足这一要求的，必须按施工缝处理，这是规范的要求。

辛颜所说的施工缝处理方法严格说是不符合要求的。正确的方法是等混凝土终凝以后，且混凝土强度达到1.2MPa以上。凿毛是必须的，这里的人工不能省的。

大多数情况下，上层混凝土浇筑必须在下层混凝土初凝前完成，这是混凝土施工方案的重要编制原则。混凝土的输送量必须满足这一要求（必须留施工缝的除外），这是施工前要重点考虑的。不能满足这一要求时，或者加大产量，或者调整配合比，加缓凝剂，延长混凝土初凝时间，这些都是常见的措施。

ZhxL0006	位置：新疆	专业：施工	第17楼	2005-7-21　4:27

好。但为防止泵送混凝土出现明显裂缝，现在基本上都采用终凝前再多拉振一遍。另"1.2N/mm^2（1.2MPa）是指允许在其上继续施工的强度，时间由试验确定。"《施工手册》上说的是通过实验来确定，而实际施工时都根据经验靠观察颜色、时间来判断，基本上用大拇指使劲按没有明显痕迹就达到了。

liwbseu	位置：江苏	专业：结构	第19楼	2005-7-21　9:19

二位斑竹都没错，对于二次振捣，确有两种理解，一种是在混凝土初凝前进行，另一种是在初凝后终凝前进行，而后一种主要用于大体积混凝土施工中。很多文章对于二次振捣都讲得很模糊，如"对混凝土进行二次振捣。这种二次振捣能排除混凝土因泌水在粗骨料、水平钢筋下部产生的水分和空隙，提高混凝土和钢筋的握裹力，防止因混凝土沉落而出现的裂缝，增加混凝土的密度，减少内部微裂缝，提高混凝土的抗压强度，可以在一定程度上防止温度裂缝的产生。但关键要注意掌握两次振捣的间歇，一般为1.5~2h，否则会破坏混凝土内部结构，使其质量降低"。

但这篇文章确实是初凝后的二次振捣：《北京富国海底世界综合防水施工技术》（作者为骆宁）。

"防水混凝土浇筑二次振捣。

本工程所有泵送防水混凝土浇筑全部采用二次振捣。当混凝土入模经过第1次振捣，待其坍落度消失并开始初凝时，再进行第2次振捣。若慢慢拔出振动棒混凝土能够均匀闭合，而不会留下孔洞，此时进行二次振捣最为合适。考虑到冬期施工水分损失较慢，经试验这一时间定在第1次振捣后3h左右。"

2.2.18　讨论主题：高强度等级混凝土的施工注意事项。

原帖地址：http://bbs3.zhulong.com/forum/detail451561_1.html

朝歌2008	位置：浙江	专业：施工	第1楼	2004-8-17　23:08

即将开工的工程，设计明确将采用C60混凝土，请问高强度等级混凝土的施工注意事项有哪些？尤其是养护问题？是否能提供此方面的一些专业资料的信息。

tuotian	位置：浙江	专业：结构	第2楼	2004-8-24　7:28

我给你两个混凝土的基本物理性能，或许对你施工时能起到作用。强度越高，混凝土变形

能力越差，即塑性越差；混凝土抗拉强度和抗压强度比值随抗压强度的提高而下降；裂缝控制在整个施工过程中是一项重要、艰难的工作。

| xrgszjw65 | 位置：重庆 | 专业：施工 | 第3楼 | 2004-8-17 23:08 |

第一，配合比设计时应考虑混凝土凝结时间和和易性要求，适当增加抗裂的外加剂。

第二，缩短搅拌到浇筑之间的时间差。

第三，加强混凝土表面抹面工作，不应少于两遍，掌握好抹面时间，可以有效控制裂缝产生。

第四，对梁柱等体积较大的构件应尽早拆除侧模（很重要）。

第五，养护最好用草袋，勤浇水降温（晚上也不例外）。

| mycpc | 位置：广东 | 专业：结构 | 第4楼 | 2004-8-29 3:21 |

以下是我近几年总结的，也不知是否正确，请批评：

1. 其实高强混凝土最关键是在于原材料的控制，相信你的C60一定采用商品混凝土，要求搅拌站最好是有同类经验，能去考察才放心。
2. 控制混凝土合理的缓凝剂，高强混凝土水泥掺量高，水化速度快，要掺加缓凝剂的。
3. 降低坍落度，坍落度太大会导致裂缝。
4. 模板尽量采用木模，因其透气性好，避免混凝土表面气泡。
5. 养护要及时！棉布、塑料布均可，前提是洒水及时。

看看我们的C60混凝土，刚刚拆模，正在裹塑料布（图2.6）。

图2.6

| LSS5526 | 位置：全国 | 专业：结构 | 第9楼 | 2004-8-29　20:14 |

现在关于高强混凝土的文章很多，就筑龙里也能找到。

选择好的商混搅拌站极其重要，混凝土质量的好坏很大因素取决于它了。而且和搅拌站最好能签定一份详尽的技术合同。很多内容多费点心都能找到，不过石粉含量对高强混凝土的强度影响也很大，这一点请楼主注意。要求搅拌站尽量降低外加剂用量，对于气泡控制很重要。要求搅拌站控制坍落度损失速度。如果搅拌站离工地不是太远，应该要求搅拌站延长每盘搅拌时间。

对于 mycpc 所说的采用木模的建议我觉得很有必要，特别是如果采用大钢模的话，高强混凝土浇筑后的气泡明显多于大木模，没法比，而且不是加强振捣能解决的。

曾听质监站的人说过，某工地由于养护问题，C60 柱裂缝较多，于是取芯试验，结果比设计强度差了 4、5 个强度等级。而 mycpc 所说的养护方法的确可取。

还有就是梁柱接头处浇筑加强控制，一是保证质量，二是防止高强混凝土流到梁板上过多，造成颜色深浅差异，影响外观。

2.2.19　讨论主题：在拆模时，如何确定混凝土是否已达到规定强度？

原帖地址：http://bbs3.zhulong.com/forum/detail1390802_1.html

| sl104 | 位置：辽宁 | 专业：结构 | 第1楼 | 2005-6-14　13:10 |

请问，在拆模时，如何确定混凝土是否已达到规定强度？

| cbings | 位置：浙江 | 专业：施工 | 第2楼 | 2005-6-14　13:22 |

完全准确的方法，只能是有损或无损检测，否则只能做预测。按混凝土设计强度等级和当地当时的温度、湿度，可以估计混凝土强度。

《施工手册》上有一张在不同气温条件下，混凝土强度随龄期发展的曲线图。根据此图查出混凝土强度达到规范规定的要求（如设计强度等级的 70%），则监理一般也会认可的。

当然你也可以做同条件养护或标准养护试件，到计划拆模时间拿去试压一下，如合格则拆模。从程序上说更加严格，只是现场做起来不太方便。

| 拉撒路 | 位置：浙江 | 专业：地产 | 第3楼 | 2005-6-14　13:23 |

现在的规范中主要还是看混凝土的同条件养护试块的强度来判断混凝土是否达到规定强度。

| hycmj | 位置：浙江 | 专业：施工 | 第4楼 | 2005-6-14　13:40 |

规范中确实像 3 楼说的那样，实际上还是凭经验。以前都没有同条件养护试块的要求，就是根据《施工手册》上的曲线图进行拆模。有些工地，虽然做了同条件养护试块，但试块的真实性如何呢？施工现场最清楚了。

| mandychen | 位置：广东 | 专业：施工 | 第5楼 | 2005-6-14　13:45 |

1. 混凝土的同条件养护试块的强度。
2. 用回弹仪，在拆模前回弹推算（香港的业主比较喜欢用此方式）。

3. 按经验的统计数据推算。

| 建筑星星 | 位置：浙江 | 专业：施工 | 第6楼 | 2005-6-14 18:37 |

侧模先拆后，可以回弹，做到自己心中有底。
再对比曲线图，这叫结合实际。

| 龙云 | 位置：河北 | 专业：施工 | 第9楼 | 2005-6-14 21:03 |

我们都是用同条件养护试块，放在现场和实体一起养护，没什么难做的呀，这样也最准确，其他的方法都是有偏差的！！

| fzfzfz1968 | 位置：浙江 | 专业：安装 | 第10楼 | 2005-6-14 21:22 |

这个问题以前也有人问过，从规范上讲对于不同位置的模板有相应的规定，对于一般的侧模我们的经验是混凝土初凝后至少温度×时间＞120℃·h。式中温度为室外温度，单位为（℃），时间单位为（h）。

| zq04075 | 位置：天津 | 专业：施工 | 第12楼 | 2005-6-17 9:49 |

拆除底模时应该根据同条件养护试块强度，其他部位可根据经验。

2.2.20　讨论主题：盛夏框架柱的养护方法。

原帖地址：http://bbs3.zhulong.com/forum/detail1392173_1.html

| lxg1338 | 位置：山东 | 专业：施工 | 第1楼 | 2005-6-14 17:56 |

我们这里一般是柱子拆模后用塑料薄膜包裹，各位有什么更好的养护框架柱的方法，请不吝赐教。谢谢！

| mingong | 位置：河北 | 专业：施工 | 第2楼 | 2005-6-14 18:01 |

包裹薄膜比较好，也可以喷养护液（表面硬化剂）。

| Tangxiaowei | 位置：辽宁 | 专业：施工 | 第3楼 | 2005-6-14 18:02 |

柱模板拆完后进行浇水，水浇完后即时包裹塑料薄膜，定时从柱顶进行浇水。这样做效果已不错了！不过要注意保护好塑料薄膜，在裹的时候要裹密实！用胶带裹好。

| 梦幻唐朝 | 位置：山东 | 专业：施工 | 第4楼 | 2005-6-14 19:39 |

我刚干完的工程就是涂刷的养护剂，但要掌握涂刷的时间！

| 龙云 | 位置：河北 | 专业：施工 | 第5楼 | 2005-6-14 20:29 |

基本上也就楼上所说的这些方法！不过感觉还是进行浇水包裹塑料薄膜比较保险些。

| fzfzfz1968 | 位置：浙江 | 专业：安装 | 第6楼 | 2005-6-15 6:07 |

据网上介绍，现在有一种新型保湿养护膜，与传统的养护材料相比，该养护膜吸水速度快，保水时间在7~28d，膜内温度比外界温度高6~20℃，使用该膜养护的混凝土，其3d、7d的强度保持率在100%以上，有效保水率高于90%，养护期内节水达20~30倍，不过没有使用过。

| fzfzfz1968 | 位置：浙江 | 专业：安装 | 第7楼 | 2005-6-15 6:14 |

我们在做100m烟囱时，是使用的养护剂，养护剂涂敷于混凝土表面，能形成一层连续的不透水薄膜，使混凝土表面与空气隔绝，防止水分蒸发，使混凝土利用自身的水分最大限度地完成水化作用，从而达到加强养护的目的。这种养护剂不受日晒雨淋的影响，不稀不稠，很短时间就形成一层膜，粘结力好像比较强。

| 流浪者0102 | 位置：山西 | 专业：结构 | 第8楼 | 2005-6-15 7:28 |

用养护液对混凝土上强度会有一些影响，最好还是浇水，用塑料薄膜包裹，再用塑料胶带粘牢。

| szh3027 | 位置：河北 | 专业：监理 | 第5楼 | 2005-6-15 11:35 |

我觉得竖向构件的养护是一个问题，现在应用最多的就是养护液和塑料薄膜包裹了，养护液是最省事的了，塑料薄膜包裹容易破掉，也可以在构件的顶部挂麻袋片，在麻袋片上浇水，可以很好的保证水分的不蒸发。

2.2.21 讨论主题：混凝土养护时间。

原帖地址：http://bbs3.zhulong.com/forum/detail1395203_1.html

| 树皮1803 | 位置：广东 | 专业：地产 | 第1楼 | 2005-6-15 11:29 |

本人在汕头，现场监理人员要求我在做对广东省省统一表里的混凝土养护记录时的日期是不少于14d（累计温度要达到600℃时），如写7d的话说是不合规范，请问各位高手，规范不是写明如水泥是普硅只要7d的养护吗？

| dyshor | 位置：重庆 | 专业：施工 | 第2楼 | 2005-6-15 11:45 |

我们工地是要求养护时间不少于7d，不知道你们的现场监理人员如此要求的依据是什么？

| ysjdgv | 位置：广东 | 专业：施工 | 第4楼 | 2005-6-15 12:30 |

楼主请看：
《混凝土结构工程施工质量验收规范》附录D 结构实体检验用同条件养护试件强度检验D.0.3规定："同条件自然养护试件的等效养护龄期及相应的试件强度代表值，宜根据当地的气温和养护条件，按下列规定确定：

1. 等效养护龄期可取按日平均温度逐日累计达到600℃·d时所对应的龄期，0℃及以下的龄期不计入；等效养护龄期不应小于14d，也不宜大于60d。

2. 同条件养护试件的强度代表值应根据强度试验结果按现行国家标准《混凝土强度检验评定标准》（GBJ 107—87）的规定确定后，乘折算系数取用；折算系数宜取为1.10，也可根据当地的试验统计结果作适当调整。

所以你们监理这样要求是根据这个来的。

| 亲亲 mami | 位置：北京 | 专业：施工 | 第 5 楼 | 2005-6-15 14:10 |

结构实体检验的同条件养护试件的等效养护龄期（不应小于 14d）这与结构实体的养护时间是两个不同的概念。

| ysjdgv | 位置：广东 | 专业：施工 | 第 6 楼 | 2005-6-15 14:27 |

《混凝土结构工程施工质量验收规范》第 7.4.7 条规定：混凝土浇筑完毕后，应按施工技术方案及时采取有效的养护措施，并应符合下列规定：

1. 应在浇筑完毕后的 12h 以内对混凝土加以覆盖并保湿养护。
2. 混凝土浇水养护的时间：对采用硅酸盐水泥、普通硅酸盐水泥或矿渣硅酸盐水泥拌制的混凝土，不得少于 7d；对掺用缓凝型外加剂或有抗渗要求的混凝土，不得少于 14d。

请楼主看看你们的混凝土配合比是否掺用缓凝型外加剂或有抗渗要求？

| 树皮 1803 | 位置：广东 | 专业：地产 | 第 7 楼 | 2005-6-16 11:08 |

多谢各位了，监理人员对规范不了解还要强制施工方按他们的意思做，我们是普通的配合比，并没掺外加剂，没抗渗要求。

2.2.22 讨论主题：关于混凝土水灰比的猜疑。

原帖地址：http://bbs3.zhulong.com/forum/detail1415025_1.html

| mingong | 位置：河北 | 专业：施工 | 第 1 楼 | 2005-6-19 6:52 |

在现场碰到一个问题：C60 混凝土柱浇筑完成后，浇水、包裹塑料薄膜养护、放置同条件试块，标养试块和同条件试块均比较高，但回弹检测却达不到设计标准，抽芯比对，结果比回弹值高，但仍略低于设计值，远低于同条件试块值，（以上试验均为自行了解情况作的比对，应该不含人为因素），现在，百思不得其解，怀疑会不会因为过分控制水灰比，导致高强度等级混凝土在水化阶段水分不够引起的强度偏低。理由：同条件试块值高，是因为体积小，养护的水分容易渗入，而柱体积大，水分不容易渗入，高强度等级混凝土水泥凝结快，水泥用量大，凝结需要的水分多。有没有这种可能：水灰比过低导致混凝土凝结需要水分不够，影响强度？

现在混凝土坍落度有减水剂控制，用坍落度无法判定水的影响，不具备试验条件，不知道有没有哪位高手能指点迷津。

| mingong | 位置：河北 | 专业：施工 | 第 2 楼 | 2005-6-20 5:11 |

我是怀疑在高强度等级混凝土中，由于水泥用量大，凝结时产生的水化热大需要水也多，而控制水灰比一直是我们控制混凝土质量的手段，现在混凝土坍落度都是靠减水剂调节的，会不会因为水灰比偏小而导致高强度等级混凝土在凝结初期因为缺水而影响强度？

| jackieduan | 位置：陕西 | 专业：室内 | 第 3 楼 | 2005-6-20 6:11 |

高强度混凝土存在问题综合因素较多，水灰比可能会造成强度的某些问题，但回弹强度低的原因和混凝土表面构造是否有气孔等有很大关系，可以将表面进行打磨，看表层内是否有大量气孔存在，高强度混凝土施工时间存在问题较多，望各位高手不吝赐教。

| cbings | 位置：浙江 | 专业：施工 | 第4楼 | 2005-6-20 8:09 |

我想是否还可以考虑：试块振捣好，而实际墙体振捣条件有差异？

| mingong | 位置：河北 | 专业：施工 | 第5楼 | 2005-6-20 8:54 |

谢谢楼上两位提醒，这些问题我还是考虑到了的。

提出这个猜疑是自己大胆的胡思乱想而已，因为所有的资料都是一致认为水灰比越小对混凝土强度越有利，我这也是在想不出原因的情况下，借用"逆向思维"作的一个猜想，因为自己只是搞施工的，也无条件搞试验，才拿出来希望大家协助讨论的。

| dyshor | 位置：重庆 | 专业：施工 | 第6楼 | 2005-6-20 9:06 |

一般来说是不会出现水泥水化所需的水分不够的情况，我记得在一篇文献中看到过，水泥水化所需水量只有25%左右。现场施工高强混凝土水灰比也在0.35左右吧，所以应该不会是因为水分不够造成强度不足。

| dyshor | 位置：重庆 | 专业：施工 | 第6楼 | 2005-6-20 9:09 |

还有，回弹仪检测混凝土强度好像不适用于高强混凝土吧。我记得应该是不超过50MPa，现场强度不够，我想主要还是因为施工中布料不均或振捣质量与试件振捣水平有差别。
毕竟试件振捣质量一般是很容易保证的，而现场就不是那么回事了。

| 7894875wang | 位置：四川 | 专业：监理 | 第9楼 | 2005-6-20 14:31 |

朋友，首先标养的试块比正常养护的试块强度高15%，是比较常见的哦，再者，回弹值的误差比较大，因此比钻芯取样的值小于（或大于）是比较正常的，所以我想问问你，你的试块共取了几组？你考虑了试验误差没有？

| jhl6072673 | 位置：河北 | 专业：结构 | 第10楼 | 2005-6-20 15:51 |

对于高强混凝土，国内研究的实际上并不多，至于试验结果的差异性，我认为也有试验方面的原因，毕竟高强混凝土试件的强度规律与普通混凝土试件大不一样。

| lydzh | 位置：河南 | 专业：施工 | 第14楼 | 2005-6-21 18:11 |

回答楼主两个问题：①关于大构件小构件水分蒸发影响强度的理论不能成立。②我估计问题主要在回弹测强的偏差，因为回弹毕竟是表面硬度法，表面平整光洁，是否失水，以及回弹操作人员的经验和水平都直接影响回弹值。
另：混凝土试块的成型条件和养护条件都要优于结构实体。

| tangxiaowei | 位置：辽宁 | 专业：施工 | 第16楼 | 2005-6-21 21:56 |

高强混凝土在选材方面就与普通混凝土有区别，水泥的质量是关键，如果水泥没有问题就得从配合比和施工上找原因了。

首先我觉得水灰比只能是影响混凝土强度的一部分，出现的这种情况可能有以下几个原因吧：

1. 混凝土浇筑间隔时间过长。
2. 混凝土车在运输过程中加过水。（这只能说小范围混凝土强度达不到）
3. 水灰比失调。
4. 施工原因（振捣不密实）、养护不够。

| pmer | 位置：云南 | 专业：其他 | 第17楼 | 2005-6-22 13:03 |

如果让我猜，可能性1. 你们用钻芯制作的混凝土试块尺寸有问题；可能性2. 用试块破坏载荷换算混凝土强度时，换算不准；可能性3. 养护不当。

不太可能：你说的水化水问题。除非你们配合比设计有问题。

原因楼上朋友说很清楚了。水化所需要水分是很少的（25%～30%）。

除非养护很差，导致表面（浅层）水分大量散失，否则很难出现水分不足导致的水化不足。

回弹仪读数基本只能做参考。尤其对于高强度混凝土。

| cxl110110 | 位置：河北 | 专业：建筑 | 第20楼 | 2005-6-24 9:20 |

可能跟水灰比过小有关系，当水泥用量大，混凝土凝结快时，需要的水分多而水灰比过小影响了所需的水量。也不排除振捣质量不一造成这种情况。

| zhonghua1980 | 位置：广东 | 专业：施工 | 第22楼 | 2005-6-26 11:45 |

水不会过大的！混凝土的需水量是很少的！

至于说回弹不过关！如果是柱子，可以考虑是不是浇筑太长，水分上升，导致上面水灰比过大！而强度降低！

另外就是振捣问题！砂浆层过厚肯定导致强度过低！

看看到底差多少！混凝土的强度也有个离散值的啊！

千万别说施工一切都监控到位了！就我经验！这几乎是不可能的！从混凝土到施工方法到养护条件，谁敢说一切数据都在掌控中？

| cw139 | 位置：浙江 | 专业：施工 | 第23楼 | 2005-6-27 10:37 |

对于高强度混凝土，水灰比对强度是有关系的。

其次我还是有点怀疑你们施工中出现的一些缺陷，例如：布料均匀不？振捣到位没有？

养护是否及时，养护控制得好不好，特别是夏天。

至于回弹，有很多因素可能使其读数不准确，如表面气孔多，或表面有浮浆等。

| ehoron | 位置：新疆 | 专业：施工 | 第23楼 | 2005-6-27 13:24 |

1. 标养试块和同条件试块如确实具有代表性，则证明配合比设计能达到强度要求。这时

确实应该考虑大体积混凝土的水化热影响混凝土强度这个因素。

2. 回弹法不适用于高强度混凝土的强度推定。钻芯取样，应具有代表性。可楼主说钻芯取样，强度值仍达不到要求，则应考虑施工现场的施工水平，后期的养护情况等。

3. 一时没想起来，大家继续补充。

| 8381054 | 位置：山东 | 专业：施工 | 第26楼 | 2005-6-27 | 19:21 |

以我的看法混凝土可能是养护的问题，同条件试块体积下，在凝结的过程产生复杂的化学反应，混凝土柱在拆模后不应立即包裹塑料膜，应浇水养护1~2d，你可能是在拆模后立即包裹塑料膜造成混凝土在凝结过程中必须的条件水、空气缺乏。

| wuchangliu | 位置：湖南 | 专业：造价 | 第28楼 | 2005-7-2 | 17:59 |

我的观点是：高强度混凝土的强度不仅仅是水灰比决定，一般C30以下的混凝土强度主要取决于粘结于混凝土粗骨料间的水泥石的强度，这时混凝土的强度取决于水灰比以及水泥本身的强度。但是一般C40以上强度的混凝土，骨料本身的抗压强度也对混凝土的强度有很大影响，一般都要根据实验选定的粗骨料的种类，我怀疑你们做试件时的骨料的配合比肯定过关，骨料本身强度应该也满足要求。但是实际现场使用的时候，大量的混凝土可能就不一样了。

| fengman | 位置：山东 | 专业：室内 | 第29楼 | 2005-7-3 | 8:22 |

我有几点自己的看法：

1. 水化所需要水分是很少的（25%~30%），所以不可能是缺少水分导致的。
2. 问题可能在回弹测强存在偏差。回弹是表面硬度法，表面要求平整光洁，是否失水，仪器是否校正，都直接影响回弹值。
3. 标养试块在捣实等各方面肯定优于现场施工。

| tan980918 | 位置：北京 | 专业：结构 | 第42楼 | 2005-7-13 | 20:44 |

回弹检测强度只是粗测，环境影响因素比较大，我以前做过，要是混凝土浇筑质量不好，表面有孔隙误差特别大，还有就是混凝土表面的碳化对强度影响也是比较大的。都应当进行修正。但是修正又没有确切的公式去做，都是一些经验公式，所以误差大是正常的。

但是钻芯取样误差不应该很大，这些东西都已经比较成熟了。还是谨慎的好，现在施工质量应该得到重视了。

2.2.23　讨论主题：梁板混凝土强度等级不同如何施工。
原帖地址：http://bbs3.zhulong.com/forum/detail590515_1.html

| subao68 | 位置： | 专业：其他 | 第1楼 | 2004-11-1 | 23:14 |

本工程是梁板柱混凝土不同强度等级，和设计单位多次协商，设计单位死活不同意把混凝土强度等级统一，说是不管如何施工，非要这样要求，真是气死我们了。求救大家是如何施工的，有没有施工工艺标准？多谢大家指点！最好提供一些标准和施工方案！

| dhyycn | 位置：江苏 | 专业：监理 | 第2楼 | 2004-11-3 | 19:35 |

我也有和设计院谈过这事,原则是不会统一的,例如,高层比较多。小工程可以。我的工程就统一了,C20 和 C25 统一为 C25,希望高手出招,大家学学!说不定以后会用到的!

| gqf1518 | 位置:浙江 | 专业:监理 | 第 4 楼 | 2004-11-29 15:57 |

作为柱梁交接的核心部位,设计的要求是不过分的,一般在高层建筑施工的时候遇见的比较多,我现在是这样处理的:在柱梁交接部位的梁方向用密目钢丝网片进行分隔,混凝土施工时,先柱混凝土、后梁混凝土。不过一定要打起精神,不要把混凝土的配比弄错了!

再者,你要统一强度等级,主要是为了你的施工方便,在涉及到费用的时候,设计和业主单位的问题就出来了,慎重考虑吧!

| 石头甲 | 位置:湖南 | 专业:施工 | 第 8 楼 | 2004-11-29 18:04 |

如混凝土强度不是差太多的话在设计上统一强度等级还是比较好,从施工质量的保证和建筑的使用寿命上看,略微增加一点投资还是值得的,(一般板强度不宜超过 C30,其他看着办)江苏的省内操作规范看来相当先进,在最新学术论文上的资料居然也收入规范,看来江苏的建筑业是比湖南强多了。我在南京读的书,现在看看江苏,看看湖南,差一截啊,zj4j 朋友要是有空把江苏操作规程发个完整的,我也学习一下。

| maojingqing | 位置:北京 | 专业:结构 | 第 10 楼 | 2004-11-30 8:24 |

梁板与柱的强度等级不同是为了体现强柱弱梁的概念,非常常见。困难在于节点的处理。如果强度等级差 1 级,比如 C25 和 C30,可以随梁板一次浇筑。如果相差 1 个强度等级以上,就不能一起浇筑了。施工时麻烦,而且容易形成冷缝,留试块时还需单留一组。所以通常是调整一下。比如柱为 C30,梁板为 C20,则把梁板调成 C25。当然设计不同意就没办法了。这样的设计真叫人头疼。

| 建筑花子 | 位置:河北 | 专业:施工 | 第 15 楼 | 2004-12-1 17:24 |

设计者尽管有些书呆子、迂腐之嫌,但如果以对工程负责任的态度来对待的话,应该是能够理解设计者的执着坚持。作为工程建设的技术人员、管理人员来说,应该理解如果一栋楼的某一根柱子因强度等级低(与楼板同强度等级),那一旦该柱子受压破坏,试问该楼不就毁了吗?但是提高楼板的强度等级,对一个负责任的设计者来说,人为地增加了工程的造价,应该是一种浪费。对于这种情况,在设计者不同意调整混凝土的强度等级时,宜考虑按同品种、同强度等级的水泥配置两种强度等级的混凝土,这样就不会出现因水泥的品种、强度等级不同而引起水泥间的不利反应而降低混凝土的设计强度等级。这样就可以先浇筑低强度等级的混凝土(即先浇筑梁板混凝土),在梁柱接头处形成漏斗,再浇筑高强度等级的混凝土柱,这样既不会违背设计者的设计意图,又不至于增加自己的工程造价,也不用密目钢丝网隔离。省事吧。

| hunheren | 位置:辽宁 | 专业:施工 | 第 16 楼 | 2004-12-1 19:00 |

混凝土柱、梁、板设计强度等级不一致的问题,在具体的工程中非常常见,也是很正常的。没有必要一定要求设计单位给以统一,而且作为一个稍有责任感的设计人员来说,也不会

同意随意更改这样的设计。我们在处理这类情况时恰恰和楼上的说法相反，先浇筑设计强度等级高的混凝土，后浇筑设计强度等级低的混凝土，也不用加设钢板网，加设钢板网，一是提高了工程造价，二是对混凝土的结合也不起太好的作用。只要在施工中严格管理，这个问题很好解决，①各种强度等级的混凝土必须用相同品种和强度等级的水泥搅拌，②接槎留在强度等级较低的混凝土区域内，③必须在混凝土初凝之前完成接槎工作并做好振捣。

| 泥水匠 | 位置：其他 | 专业：其他 | 第 18 楼 | 2004-12-3 8:59 |

楼上各位的方法都不错。

但我认为在施工过程中如果采用塔吊施工，还有可行性。如果是用泵送混凝土，你怎么区分输送管里的是 C30 还是 C25，把高强度等级混凝土错浇捣在低强度部位，大不了还是成本提高，但把低强度等级混凝土错浇捣在高强度部位，岂不酿成重大质量事故，而且还不知道，有点可怕。在施工过程中又不能形成冷缝，总不能用两台输送泵分别输送不同等级的混凝土吧。

我做过一个方案，怎样都无法避免冷缝，为了不造成质量事故，只好自己花钱全部按高等级混凝土施工了。没办法，质量第一。

| 建筑花子 | 位置：河北 | 专业：施工 | 第 19 楼 | 2004-12-3 15:11 |

楼上的泥水匠说的可是施工的具体操作方面的可行性。即使如其所述，但在浇筑梁板混凝土时，低强度等级的混凝土毕竟是多数，高强度等级混凝土只是少许。故完全可以把两种强度等级的混凝土分开运输：如用泵送低强度等级的混凝土，高强度等级的混凝土用塔吊或提升机运输即可。如果楼板的刚度过大，就显得竖向刚度变小，这样不利于结构正常发挥其功能。

| mycpc | 位置：广东 | 专业：结构 | 第 20 楼 | 2004-12-3 18:44 |

其实这个争论由来已久！一直是施工单位头疼的问题，也是设计单位坚持原则的问题。我曾经历这样的工程，柱为 C30，梁为 C20，不过经过一番理论，设计同意把全部梁柱节点采用 C20，并采取加腋措施大大提高施工效率，保证了混凝土整体观感，无冷缝，我们先看看透视效果（图 2.7）。

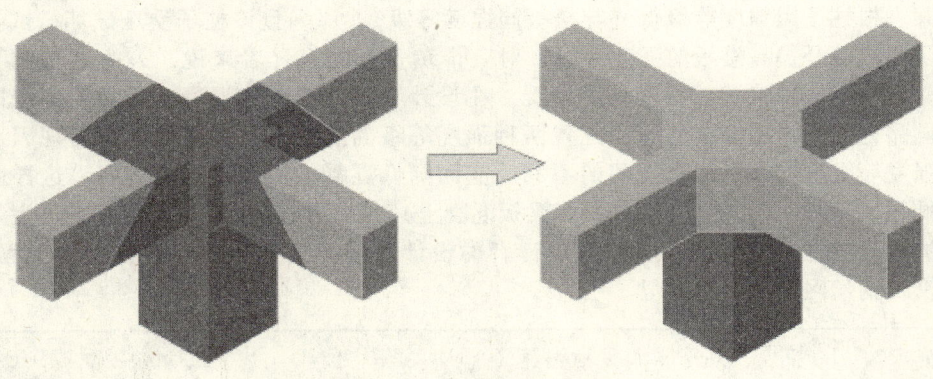

图 2.7

前一图为传统的（也是规范的）浇筑方式，后图为设计变更以后的。

| mycpc | 位置：广东 | 专业：结构 | 第 21 楼 | 2004-12-3 23:13 |

那么，问题是怎样使这样的设想成为可能。

1997 年 10 月，贵州工学院的舒传谦（估计是博士生论文）曾经撰写过一片文章在《建筑结构》发表，他通过大量的试验和数据证明，梁与板交叉的核心混凝土，该部分混凝土处于三项受压状态，加上钢筋约束作用，具有很高的表现强度，即使是采用 C20 的混凝土，它仍然可能表现出超过 C30 的强度。

理论依据是：

影响因素 1：混凝土原有的立方体抗压强度；

影响因素 2：上下段柱对节点混凝土的作用；

影响因素 3：相邻楼盖混凝土对节点混凝土的作用；

影响因素 4：水平钢筋及箍筋对混凝土的约束作用。

因此，该部分混凝土的表现强度等于各项之和！

舒传谦通过理论推演和试验数据修正，得到一组对于无梁楼盖的节点混凝土计算公式，通过该计算公式的验算，满足者可以采用低强度（同楼盖）。

这套成果在国家核心期刊发表，已经是可行的，但是，存在以下问题：

1. 他所研究的是楼盖与柱的节点，几乎完全处于三向受力状态（三面均有混凝土），而梁与柱的节点是不同的，节点部分上下段完全为柱所压迫，但水平方向只有一部分和梁接触。若采用舒传谦的计算公式，完全满足其受力模型。

2. 该理论完全属于实验室阶段，没有真正实践过。

针对这些，我在复兴医院工程经过认真研究，并与结构设计协商，将梁柱节点混凝土加大，在各角加腋，使核心混凝土接近于舒传谦的三向受力模式，并配置八边形箍筋，然后引入舒传谦的公式进行演算，结果 C20 的混凝土表现强度超过了 C30。因此，该部分混凝土采用 C20，如图 2.8 所示。

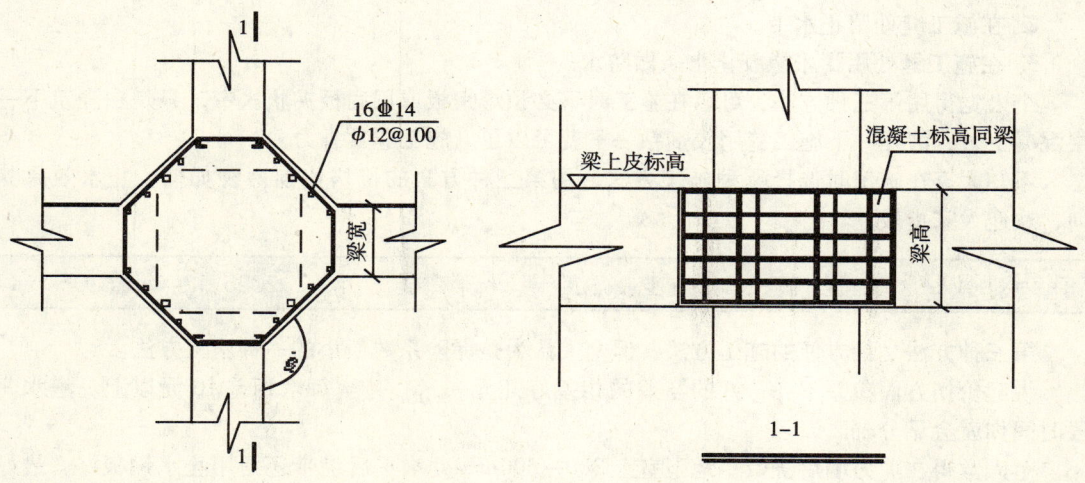

图 2.8

看看浇筑效果（图2.9）。

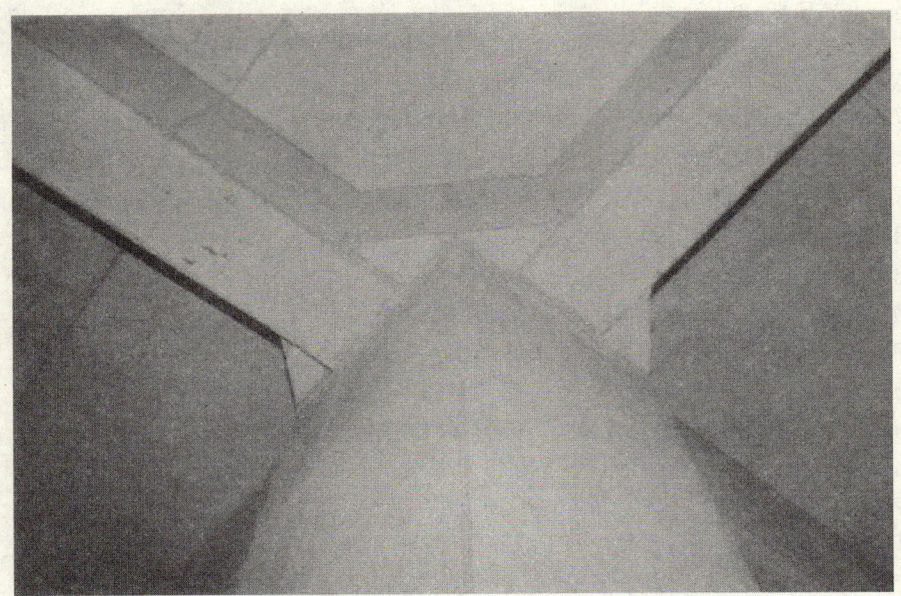

图2.9

2.2.24 讨论主题：防水混凝土施工缝的处理方法。
原帖地址：http：//bbs3.zhulong.com/forum/detail2583463_1.html

| 杨柳依依 | 位置：辽宁 | 专业：结构 | 第1楼 | 2005-12-4 18:55 |

看了一些资料，对于防水混凝土的施工缝的处理方法大致有三种：
1. 在施工缝处焊止水钢板。
2. 在施工缝处留止水带。
3. 在施工缝处用膨胀橡胶止水条做防水。

个人觉得用第三种方法，可以在施工时不必预焊钢板或用扁板夹止水带，只是在浇筑下一层混凝土时，清理一下施工缝用胶剂粘一下就可以了，施工非常省力。

不知大家在施工时选择哪种施工方法，用第三种方法的价格比前两种如何，止水效果如何，欢迎大家指教。

| TangXiaoWei | 位置：辽宁 | 专业：施工 | 第2楼 | 2005-12-4 20:05 |

第三种方法是最方便的施工方法，但个人认为是保险系数最小的一种施工方法。

说起价格方面参差不齐，好的与差的相差好几元一米，甚至每米相差10元以上。泡水一段时间你就会见分晓。

个人觉得在剪力墙后浇带，地下室上300~500mm处水平后浇带还是用止水钢板好，最好是3mm以上的钢板。

地下室通道处后浇带用止水胶带合理。

| 王卫东 | 位置：河南 | 专业：施工 | 第3楼 | 2005-12-4 21:29 |

止水钢板比较保险一些，止水条比较方便施工一些，不管使用哪一个材料，关键是要认真做。

| jiangyong | 位置：辽宁 | 专业：施工 | 第4楼 | 2005-12-4 21:32 |

建议采用第三种方法，在支模的时候，底板混凝土施工缝侧模可采用"凸"模板，直接将止水条位置留出来，不用另行剔凿，简单方便。

| racy008 | 位置：四川 | 专业：施工 | 第7楼 | 2005-12-5 9:43 |

止水条施工，我做过一个是预留槽安止水条的，这种照理论说应该效果不错，但预留槽不容易清理、麻烦。第二个做的是直接在混凝土平面上留钉子，然后安止水条，这样很方便，当然，理论上没第一种效果好，但我运气好，两种都没漏水。钢筋先绑扎，关模板前安止水条，最好3~4d内开始浇筑混凝土，遇到有雨的时候，要注意遮挡一下，尽量不让止水条接触水，万一止水条质量不过关，说的是7d，结果2~3d就膨胀了，那就完了。

| 鲇鱼 | 位置：北京 | 专业：施工 | 第8楼 | 2005-12-5 10:57 |

我认为膨胀止水条施工比较好，施工方便操作简单，我使用的BW止水条12.5元/m，比钢板便宜很多啊，效果也可以。但是要注意施工环境，雨、潮湿的天气可不要施工。

| wuhh | 位置：北京 | 专业：施工 | 第9楼 | 2005-12-5 11:21 |

这三种施工方法都碰到过，止水效果TangXiaoWei说的第一、第二种效果最佳，一般前两种都用在防水要求较高部位。个人以往施工部位：

第一种，在地下室基础底板与墙体导墙部位居多，地下室后浇带水平、竖向接槎部位。价格按钢筋市场价格加人工加工费150~220元/t。

第二种，在地下室与人防口结合处居多，也有在导墙、后浇带和其他水平、竖向施工缝处，价格不详。

第三种，使用比较普遍，均用在地下室墙体与顶板的水平施工缝，施工简单但实际质量难以保证。价格不一，相差悬殊。

| lonely_tree | 位置：上海 | 专业：结构 | 第10楼 | 2005-12-5 11:22 |

传统的钢板止水带，安装简便、遇钢筋处理方便、止水效果好；价格贵。

橡胶止水带，安装不及钢板、遇钢筋处理也不便、止水效果与安装固定方式和混凝土浇筑时的控制（不打卷）有关，价格比钢板便宜。

膨胀橡胶条是发展的方向，安装简单（水平施工缝不必凿毛，直接在光面上钉钉子固定两道胶条即可，垂直缝要凿去上表面的浮浆，最好开槽嵌入）；止水效果和膨胀速度直接相关。前些年，几个小时就完成膨胀是不行的，理论上是越长时间越好，但价格可能也要上去一些。8楼说的环境问题（混凝土面潮湿、不清洁）也会影响止水效果。

| pisces091 | 位置：福建 | 专业：室内 | 第11楼 | 2005-12-5 15:03 |

防水混凝土原则上不留或少留施工缝，底板混凝土应连续浇筑，不得留施工缝。避免设在墙板承受弯矩或剪力最大的部位。在混凝土墙板上留置的水平施工缝以设置止水钢板、埋设膨胀止水条或涂刷聚合物水泥浆料为宜。在混凝土浇筑前，用水将施工缝处冲洗干净，并保持湿润，铺上一层与混凝土灰砂比相同的水泥砂浆或水泥素浆。

个人觉得采用 B 型遇水膨胀橡胶条处理比较经济。

B 型遇水膨胀橡胶条的特点：

1. B 型遇水膨胀橡胶条的截面规格为 20mm×30mm，具有一定的弹性和极大的塑性，静水体积膨胀率一般为 300%～500%，且耐酸、耐碱、耐老化，高温 120℃ 不流淌，低温 -20℃ 不脆裂。

2. 遇水膨胀橡胶条遇水膨胀后即可填塞混凝土内部的孔隙和裂缝，从而达到止水的目的。

| zhang2272 | 位置：天津 | 专业：施工 | 第 13 楼 | 2005-12-5 17:24 |

至于选用哪种方法还要考虑以下几种情况：

1. 对于留缝不规则的最好使用止水胶带，但如果在地下水位以下最好使用止水钢板。
2. 止水胶条、止水胶带的制作过程对它的性能影响很大，使用前一定要作好检验工作。
3. 还有一种古老的方法，在施工缝处留置企口缝（凹、凸形），这种施工方案一般不再使用了，保险系数不高，但在抗渗防水要求不太严格的时候还是可以用的，它的造价低。

| hwa | 位置：广东 | 专业：结构 | 第 20 楼 | 2005-12-6 16:29 |

我们工地施工的综合管沟施工缝开始使用的是遇水膨胀止水条，后来我们向设计提建议，又改成镀锌钢板，伸缩缝用的是橡胶止水带，现在回填了，施工缝用的两种都不错，没漏水，但个人感觉钢板好用，操作简单，遇水膨胀止水条要开槽，又由于我们必须在第一次浇筑后安装，造成等第二次浇筑前已经遇水膨胀开了，橡胶止水带处则基本有漏水，原因工人安装时弄穿中间气孔而且浇筑混凝土时止水带未固定好导致止水带翼缘混凝土不密实。

| kissaliu | 位置：北京 | 专业：结构 | 第 21 楼 | 2005-12-6 20:05 |

地下防水工程施工，结构施工缝的防水做法要满足工程防水等级的要求，从效果上讲，我觉得止水钢板效果最好，但施工中操作困难，在墙柱等加强部位必须切割或取消钢筋；橡胶止水带在施工中容易造成破损且不太方便清理，所以我认为它不好用；膨胀止水条的止水效果还可以，但材质不易保证，进材料时应注意精挑细选。

2.2.25 讨论主题：如何控制混凝土板厚？

原帖地址：http://bbs3.zhulong.com/forum/detail735510_1.html

| 辛颜 | 位置：辽宁 | 专业：施工 | 第 1 楼 | 2004-12-29 22:04 |

在施工中我觉得控制比较困难的是混凝土的板厚，在我们目前的施工中普遍采用的是做个制子，随时向下扎，经测量控制，但是这种方法我认为也不太理想，各位网友有什么好的方法大家来讨论一下。

| zj4j | 位置：江苏 | 专业：施工 | 第 2 楼 | 2005-1-4 19:14 |

你这个问题提的很好，建议斑竹支持一下。

这个问题不深究，你这个方法是可以的，但严格意义上来讲，从方法上就难以保证平整度的要求，所以有必要讨论一下。我们过去是通过标高控制，但很麻烦，也不是很准确。

大家有更好的方法请指教。

| 无撩 | 位置：重庆 | 专业：施工 | 第 3 楼 | 2005-1-5　0:01 |

本人工地上是抄50线到柱筋上，浇筑混凝土时用广线拉两点到板面高差为50cm就可以控制一条线的标高，只要在钢筋上抄足够多的点，控制板面标高是没有问题的，板底标高就要看竹胶板安装的平整度和抄梁底标高时的控制了。

| yxfsailor | 位置：江苏 | 专业：电气 | 第 4 楼 | 2005-1-5　0:25 |

看是什么了，做道路的时候两边用槽钢做轨道，用振动板拉过去就很平了。不过先得固定槽钢轨道。屋里的话就得在平地面上布置很多的标志点，大约1000mm一个，不过每个标志点必须用水平仪标准高度尺寸，然后浇筑的时候用靠尺按照以前标志点刮平就行了，手艺好的工人做出来的误差不是很大。

| xule001 | 位置：浙江 | 专业：施工 | 第 6 楼 | 2005-1-5　13:33 |

浇筑时，板上做控制饼，柱上标控制线，板的侧模标控制线。另外，上向钢筋下铁马撑的高度要控制好，100mm板厚，做82mm高，120mm板厚做97mm高（100mm板厚，保护层为10mm，120mm板厚保护层为15mm，这里板筋按8mm设，如是10mm的板筋，相应再降2mm，即80mm和95mm）。

| 辛颜 | 位置：辽宁 | 专业：施工 | 第 7 楼 | 2005-1-5　19:26 |

谢谢各位网友的支持，我曾经想过这样一个方法，但是目前还没有机会去试一下，如果现浇的混凝土板宽度为12m左右，在板两端做一个铁马撑，高度为板厚，在马撑上两端挂铁线，并坠以重物，重物的重量要足以拉直铁线，经尽量减少铁线的挠度，如果宽度较大，也可在中间部位多做几个马撑，铁线可以5m左右一道以控制板厚及平整度，不知是否可行，希望大家给以指教。

| andgo1000 | 位置：浙江 | 专业：房产 | 第 10 楼 | 2005-1-5　20:45 |

一般是在柱子钢筋上用油漆打出50线，在不同的两个点之间挂线，用50线的比着量，控制板面的标高。板面标高控制了，板厚也就控制了。

| ntyubin | 位置：江苏 | 专业：施工 | 第 20 楼 | 2005-1-8　20:20 |

以上各位网友提出的方法都是可行的，常用的方法。不得不承认的一点是，至目前为止，还没有一种很可靠又简便易行的控制方法和工具。现行所有的方法是否准确，都必须归结为一点：就是管理人员，操作人员的责任心。只要仔细认真地做，以上几个方法都是可行的。而如果责任心不强，哪种方法都可能会有问题。

2.2.26 讨论主题：地下室外墙施工缝的留置。

原帖地址：http://bbs3.zhulong.com/forum/detail1458569_1.html

| tangxiaowei | 位置：辽宁 | 专业：施工 | 第1楼 | 2005-6-28 14:20 |

1. 在地下室外墙的施工中，施工缝的留置位置一般在底板上300～500mm，在施工缝的施工过程中应该注意哪些事项？
2. 施工缝的留置位置：地下室顶板下方是否可留置施工缝？如何处理？
3. 施工缝处止水材料的选择？
1）止水条（个人认为此种材料不能满足要求）；
2）止水钢板。

大家讨论一下！

| mingong | 位置：河北 | 专业：施工 | 第2楼 | 2005-6-28 14:45 |

1. 存在最多的问题是施工缝处理达不到要求：清理不干净；表面浮浆剔凿不到位。
2. 可以留置，处理方法相同，主要是：设置企口；剔凿清理干净；设止水条。
3. 施工缝处止水材料的选择？
1）止水条（个人认为此种材料不能满足要求）

止水条本身很好，问题出在材料真假和施工方法上：现在止水条价格相差好几倍，到底质量如何很难鉴定，有人用水泡那是不对的，最好的鉴定方法：用两小堆混凝土将止水条样品分别搁到其中间，按其承诺的缓涨时间打开看其有没有膨胀，没有证明属实，已经膨胀证明不对；另一组等到两天以后打开混凝土，如果止水条没有塞满混凝土空隙证明无效，如果其能塞满混凝土的所有孔隙，证明其有效。

止水条使用过程存在问题：随意放置，不有效固定，导致混凝土浇灌时移位；缓涨时间过短，在混凝土浇灌前浇水、接浆、遇雨等情况时提前膨胀；假冒产品。

2）止水钢板

也存在一个施工的问题，既要剔凿清理干净，还不能扰动；位置还要准确，不能偏向一边。

| szh3027 | 位置：河北 | 专业：监理 | 第4楼 | 2005-6-29 6:55 |

我也回答一下楼主的问题：

1. 地下室外墙筏板上的施工缝处理时，一定要注意凿毛、坐浆和模板支设时模板底部的加固（不要太紧，也不要太松，以防止此处混凝土面的错位）。
2. 顶板下部可以留置施工缝，处理和1一样。
3. 止水条现在在工程中常用，优点施工方便，止水效果也可以，缺点就是2楼说的，原材料的质量问题，不过此问题我建议，止水条购买的时候要买有规模厂家生产的，在使用前要进行复试的。止水钢板虽然止水效果好，但是施工难度要高。（止水条在施工的时候，一定要注意固定，可以用水泥钉将其固定，还要留设企口。止水钢板一般为3mm厚的钢板，300mm高。在高度方向的两端要向迎水面弯曲。止水效果好，但是固定要焊接，混凝土的凿毛施工难度大。

| sunnyman168 | 位置：北京 | 专业：其他 | 第7楼 | 2005-6-29 10:58 |

1. 如果设计中没有说明（而如果有说明的话一般也采用止水钢板），建议施工方案中该部位采用止水钢板。
2. 实际施工中止水条隐患太多了：一是材质的问题，二是工人操作的认真程度，三是成品保护很难保证。
3. 如果监理、业主认可你的方案的话，费用应由业主承担。
4. 本人施工的数十个工程在地下室施工中外墙竖向施工缝和你所述的部位均采用止水钢板施工，效果良好。
5. 地下室顶板下方当然可留置施工缝，这部分由于考虑施工的方便采用止水条。
6. 至于施工缝的处理的重要性，干我们这一行的人都知道。

2.2.27 讨论主题：为何混凝土裂缝越来越多？

原帖地址：http://bbs3.zhulong.com/forum/detail288986_1.html

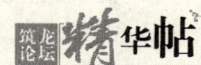

| changqi | 位置：广东 | 专业：施工 | 第1楼 | 2004-5-20 9:26 |

我在工地听老师傅说，以前的建筑混凝土很少看见裂缝，现在的建筑混凝土裂缝越来越多了，不知道是为什么？老师傅也说不清楚，只好到网上来请教。

| kgcs | 位置：浙江 | 专业：施工 | 第4楼 | 2004-5-20 9:56 |

目前混凝土裂缝增多的原因可归纳为下列几点：
1. 施工周期短，混凝土缺乏养护；
2. 各种外加剂的过多使用；
3. 使用商品混凝土，混凝土的坍落度比原先增加很多。

| changqi | 位置：广东 | 专业：施工 | 第5楼 | 2004-5-21 8:26 |

目前所用水泥好些是早强型的，早强水泥前期收缩量较大，也是混凝土裂缝越来越多的原因之一。

| wzp7804 | 位置：山东 | 专业：施工 | 第7楼 | 2004-5-21 18:26 |

我觉得主要原因有三点：
1. 现在的早强混凝土及高强混凝土越来越多，而这方面的养护要求也较以前提高。
2. 现在的工期越来越紧，这样就造成了要么养护不及时，要么过早承重。
3. 支撑体系拆除过早。

| xf68 | 位置：广东 | 专业：施工 | 第10楼 | 2004-5-26 19:24 |

从混凝土的整个生产过程来说，可能都有问题：水泥的生产过程和30年前比强度是否偏高，安定性的差异；砂（含泥量）石（风化的情况）的质量控制；配合比的变化（包括商品混凝土），养护的质量和时间等，都可能造成裂缝的出现。还有设计的问题，荷载的取值是否符合实际情况（套图的情况太多了）。

| daihongtu | 位置：吉林 | 专业：其他 | 第 14 楼 | 2004-6-7　14:32 |

1. 主要是由于混凝土浇筑时养护不当产生收缩。
2. 由于配筋率小。
3. 现在商品混凝土泵送应注意控制水灰比及骨料的选择。

| 1950zxq | 位置：四川 | 专业：施工 | 第 15 楼 | 2004-6-7　22:36 |

我在施工中遇到过这种现象，有以下几种原因，不知各位是否有同感：
1. 框架结构施工，如使用早强水泥，现浇梁板混凝土浇筑后，梁表面在脱模前养护困难，容易产生温度裂缝。
2. 混凝土过度振捣及水灰比过大，砂浆集中于混凝土表面，容易产生裂缝。
3. 混凝土浇筑后，养护不及时。
4. 混凝土浇筑后，即施加振动荷载或脱模过早。

| wjjgnn | 位置：山西 | 专业：结构 | 第 20 楼 | 2004-6-15　11:25 |

裂缝的原因确实很多，但是相比之下，以前的自拌混凝土粗骨料有多大呀，现在商品混凝土骨料因为便于运输和泵送，级配和以前差别太大了，这是个重要原因。
对混凝土裂缝，重点是预防而不是治理，要从事前进行控制。
从我们实际采取措施减少裂缝来看，好多裂缝是可以控制的。比如二次振捣、覆膜养护、晚拆模、避免施工荷载提前加载，降低温差等等。

| 躲雨 | 位置：浙江 | 专业：施工 | 第 25 楼 | 2004-6-15　11:25 |

增加一点：近年来为了追求结构的整体性、抗震性能和安全度，结构设计的伸缩性、柔性越来越差，且混凝土设计强度等级越来越高，构造圈梁、柱越来越多，导致混凝土构件尤其现浇混凝土楼板水平约束阻力增加，混凝土结构与墙体线膨胀系数差异增大，加上诸位分析的一些原因，在混凝土结构收缩和温度应力的辅助作用下，引起的混凝土裂缝越来越多。

| longeel | 位置：北京 | 专业：建筑 | 第 26 楼 | 2004-7-13　12:190 |

混凝土的裂缝主要集中在板梁类构件特别是楼板，竖向结构较少，所以我觉得不应该忽视以下几点：
1. 水平结构模板体系刚度不够，施工荷载过大。
2. 整体现浇楼板实际上没有温度缝。
3. 跟水泥的成分变化有很大关系，施工过分强调早强。大家知道后期强度高的水泥因为不易产生裂缝被广泛用在水坝施工上，如火山灰水泥等。
4. 养护不及时，导致内外温差较大。

| xwz7333 | 位置：浙江 | 专业：结构 | 第 27 楼 | 2004-7-13　20:38 |

1. 现在多数采用商品混凝土，外加剂多，坍落度大，所以收缩较大，裂缝就比较多。
2. 现浇结构对温度的反映比较敏感，以前多数采用预应力多孔板，收缩裂缝就要少很多。

3. 设计部分结构应力比较集中，也是造成裂缝形成的重要原因。

2.2.28 讨论主题：查查裂缝的根源究竟是什么？

原帖地址：http://bbs2.zhulong.com/forum/detail774890_1.html

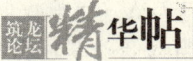

| xule001 | 位置：浙江 | 专业：施工 | 第1楼 | 2005-1-12 18:18 |

关于裂缝，好多文章讲到如何防治，可是工程还是经常性出现裂缝，如地下室底板面、顶板面常常有细裂缝，3到4个单元的现浇板也会出现通长的裂缝，室外广场的混凝土马路面出现龟裂缝，地下室混凝土墙，常常有裂缝，大小不等，也不规则，通常10cm到20cm长，到底问题出在哪，按说现在施工单位的施工经验和以往比有了质的飞跃，能做得更好，可毛病还是出现，我常常在想，商品混凝土是不是存在固有的问题，真是不得其解。

| 高阳建设 | 位置：山东 | 专业：结构 | 第5楼 | 2005-2-5 17:41 |

前年，我负责某小区开发的工程技术，工程交工之后，在楼板四角，还有板的中间都出现了许多的裂缝，甚至有些是通缝，后来我们公司总工办对这个问题的出现进行分析，大家有以下的观点：

1. 设计原因，设计虽然满足了结构要求，但对房间四角没有设置放射性钢筋，导致楼四角出现45°的裂缝。

2. 施工原因：

第一，所用的PVC穿线管，在浇筑混凝土时，被踩倒在地板钢筋上，位置下移，削弱了板的厚度；

第二，不同盘的混凝土配合比差异太大；

第三，养护不及时或养护的时间达不到要求；

第四，混凝土还未达到一定的强度就开始拆模板；

第五，混凝土还未达到一定的强度就受到较大的冲击荷载；

第六，混凝土的水灰比较大。

关键还是管理人员的意识不到位。

3. 技术原因：钢筋混凝土结构独有的缺陷，受温度、湿度的影响挺大。

| zhxl0006 | 位置：新疆 | 专业：施工 | 第9楼 | 2005-2-6 2:34 |

裂缝，尤其商品混凝土的，谈的不少了。高阳建设谈的很实际。论坛相关讨论资料见下帖：

商品混凝土裂缝问题 http://bbs.zhulong.com/forum/detail747808_1.html

【相关主题内容】这两三年我单位也开始大量采用泵送商品混凝土。泵送商品混凝土施工速度快、现场不再要大的材料堆场、噪声环保要求也满足了，质量也稳定，但浇筑后混凝土开裂问题一直令人头疼。论坛此类问题谈的也不多。将我们的一些做法抛出望大家提出可行的更好方法。

其容易裂缝原因除普通混凝土水泥水化收缩、水化热温度变形等原因外，泵送多了，粗骨料粒径减小，砂率提高，水灰比加大、坍落度加大等更是原因。当然，同普通混凝土一样，材料质量、混凝土配合比、振捣、养护不当、拆模早、振动受力、施工荷载作用、模板支撑系统等不好，钢筋密、灌注难、离析—混凝土不均，均易造成混凝土裂缝。

方法：

1. 同商品混凝土厂签合同时明确抗裂缝要求。具体有：使用普通硅酸盐水泥、水灰比小于 0.5、适当减少水泥用量、加大初凝时间 4h 以上（采用缓凝高效减水剂）减水防离析、适当降低砂率、现场坍落度控制在 12～15cm 等及其他质量、速度要求。
2. 对模板支撑系统严格演算检查，保证刚度，抗浇筑冲力。
3. 加强振捣，在混凝土初凝后、终凝前再用平板振一到二遍，表面不易看出裂缝了。
4. 尽量不留施工缝，梁、板一次浇筑完成。
5. 加强养护，一般用塑料膜终凝后覆盖，养护 14d 以上。
6. 防止过早上人操作、振动、提前加载，控制拆模时间。
7. 加混凝土膨胀剂要求高时，加钱。
8. 条件允许变更加构造抗裂筋——板面 $\phi 6$。

商品混凝土厂采用大量加粉煤灰的方法，据说可以减少水泥用量，并改善混凝土和易性，减少混凝土干缩，不知是否有用。

| 辛颜 | 位置：辽宁 | 专业：施工 | 第 10 楼 | 2005-2-6 8:30 |

我觉得裂缝产生的原因有如下几种原因：
1. 由外荷载（包括施工和使用阶段的静荷载，动荷载）引起的裂缝。
2. 由变形（包括温度，湿度变形，不均匀沉降等）引起的裂缝。
3. 由施工操作（如制作、脱模、养护、堆放、运输、吊装等）引起的裂缝。

| sxk9240 | 位置：山东 | 专业：施工 | 第 17 楼 | 2005-2-18 12:06 |

在施工现场工作了几年，经常遇到现浇板有开裂的现象。觉得现浇板最容易产生裂缝的有以下几个方面：
1. 养护不及时或养护不到位（尤其是夏天）。防治：及时洒水养护，自拌混凝土养护不少于 7d，商品混凝土不少于 14d。
2. 施工过程中，为了抢进度，混凝土强度没有达到要求，施工材料就堆放在楼面上，并且造成集中荷载。防治：等混凝土强度达到要求后，再上材料，并且避免材料集中堆放。
3. 水电线管的布置，削弱了混凝土板厚。防治：在没有负筋的现浇板内布置线管时，应该在线管的上部增加 HPB 235 级 $\phi 6$ 钢筋，间距 250mm，长度 500mm。
4. 施工过程中，板的负筋被踩踏，造成上下层钢筋之间的有效高度减少，影响板筋的受力。防治：适当增加马凳，在浇筑混凝土时，搭设施工跑道，严禁瓦工操作时站在钢筋上操作，并安排钢筋工值班。
5. 大跨度不规则的板拐角未设置放射筋。防治：设计人员设计时，增加放射钢筋。

| 虫儿飞~ | 位置：陕西 | 专业：施工 | 第 18 楼 | 2005-3-7 0:49 |

我非常赞同楼上的诸位大虾们的分析。

我遇到一个住宅楼工程，一共五个单元共六层，其中近乎一个单元楼梯有不同程度裂缝，裂缝位置处于第三踏步，也就是通常留置施工缝的三分之一梯段处。混凝土试块经有资质的检测单位检测其强度满足设计要求，合格后申请原位检测，结果合格。再经过人工动力荷载未发现裂缝有任何变化。按设计部门的分析，此处受力值最小，钢筋重新验算，满足荷载要求。什么原因？经几家共同研究一致认为：

1. 混凝土养护不到位。
2. 施工缝内杂物清理不干净（这点是经剔开裂缝处得知）。

2.2.29　讨论主题：一个墙体裂缝。

原帖地址：http://bbs3.zhulong.com/forum/detail3233885_1.html

| wzp7804 | 位置：山东 | 专业：施工 | 第1楼 | 2006-3-27　19:03 |

关于板的缝，我们见多了，墙体的裂缝，如果是垂直裂缝，会是什么原因造成的呢？

一种可能是沉降裂缝，还有什么可能呢，大家评一下，会不会是因为墙柱之间用钢丝网进行分隔而造成的裂缝呢？这是混凝土现浇墙，裂缝位置位于与墙体相交的柱边缘部分，柱与墙是同时浇筑的（图2.10）。

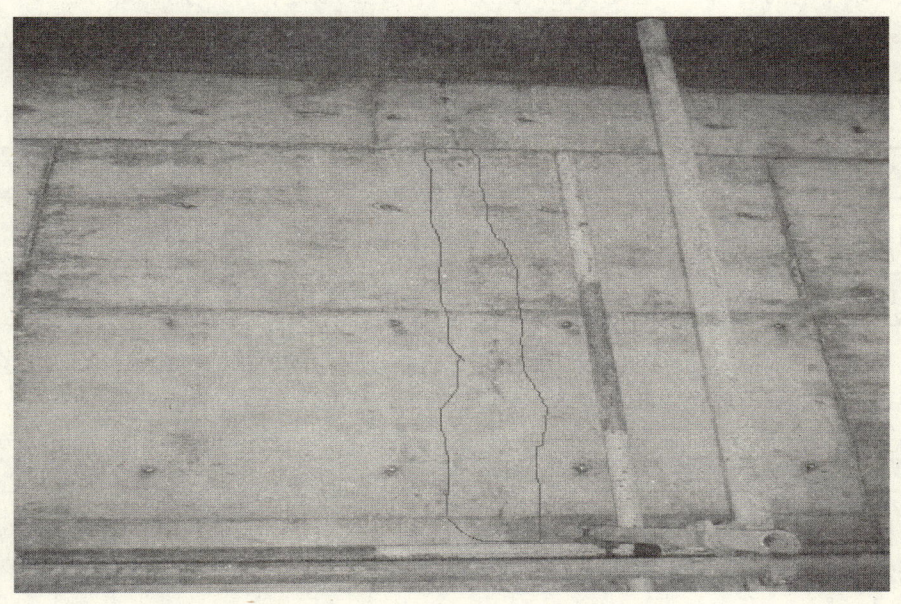

图2.10

| Mingong | 位置：河北 | 专业：施工 | 第9楼 | 2006-3-28　6:40 |

这种裂缝还是经常见到的，只是有时候不易发现而已，其特点是混凝土拆模时已经发生，后期不再扩展，缝很小，不细看几乎看不出来，竖直方向贯通，个人估计应该算混凝土收缩缝，但有时候10来米长的墙就可能发生，有时候30多米长的墙也不会发生。个人理解处理方法是先观测一段时间只要裂缝不继续扩展，仅将缝凿成八字缝用水泥砂浆抹就可以了，主要是封闭一下。

| wzp7804 | 位置：山东 | 专业：施工 | 第10楼 | 2006-3-28　11:48 |

我的处理意见如下：

先将裂缝位置凿成八字形，用丙酮硅胶填充，然后抹灰时将裂缝位置采用钢丝网铺设一层，主要为了防止抹灰后抹灰面产生裂缝。

| 淮南子 | 位置：河南 | 专业：施工 | 第 11 楼 | 2006-3-28　16:56 |

版主的解释很准确，不是施工缝，不是沉降缝，那就只有混凝土收缩裂缝了；不过混凝土墙体垂直裂缝一般常见的是沉降缝，常常在缝上粘贴玻璃条观测。不是沉降的原因、不是二次浇筑，这样规则的裂缝我还没见过。

至于补缝，只要不是地下室就相对简单了，你也可以什么都不加，只用水泥砂浆粉刷，每次控制粉刷厚度与间隔时间，多粉几次就行了，这么说的意思是较易处理，当然加钢丝网的效果好多了。

| qiandi88 | 位置：湖北 | 专业：施工 | 第 14 楼 | 2006-3-29　8:53 |

你这是地下室的墙面吧？这是典型的温度应力产生的裂缝，其产生的原因是：
1. 混凝土的水灰比过大。
2. 混凝土养护时间短，拆模过早。
处理的方法，可以采用 10 楼所说的方法。

| liuxianpo | 位置：广西 | 专业：结构 | 第 17 楼 | 2006-3-31　15:31 |

竖向裂缝一般情况下，很常见，非常难看，至今没有可行的处理的办法。

| 6768462 | 位置：浙江 | 专业：施工 | 第 18 楼 | 2006-4-3　20:03 |

我去年有个工地也是这样的情况，我们是出现在地下室的内部，竖向裂缝，有很多，且不规则，但裂缝都很小，也没做什么处理，就是粉刷的时候多加点界面剂而已。

| 微雨初澜 | 位置：浙江 | 专业：施工 | 第 24 楼 | 2006-4-5　16:39 |

这种墙体的裂缝分析有以下几种：
一类是楼主所说的沉降裂缝，不过这个可能性不大，沉降裂缝一般表现出来的也不是垂直裂缝；
二就是受拉应力影响而产生的裂缝，如是框架墙体则因为墙体和框架连接形成刚性，导致伸缩只好在墙体强度最弱处产生，这就会产生垂直裂缝；
三是在裂缝处有较强刚性材料或基面，和墙体材料之间因材质的不同而伸缩，最后产生裂缝；
四就是说在此处的施工质量有问题很可能形成了通缝。
治理方法（除沉降缝外）也很简单：
可考虑加分格条的办法，或在此处墙体内加钉钢板再粉刷，钢丝网的作用不大，很快就会再次开裂也可以考虑在基层加衬柔性材料再抹灰的办法，总之方法是很多，关键还要看是什么样的裂缝，裂缝的深度和长度以及可能造成的原因才能最后确定。

| sensen44 | 位置：江苏 | 专业：造价 | 第 26 楼 | 2006-4-7　12:28 |

我个人的意见认为：在裂缝处主要受剪力，裂缝产生的地方的确是应力集中处，而在此处缺少抗剪措施，所以产生了竖向裂缝。建议处理办法：

1. 观察裂缝伸展的情况,如果不继续伸展,可以参照第 10 楼的办法处理。
2. 如果继续发展则需要分析裂缝产生具体原因,如基础的不均匀沉降,还是在裂缝处加横向的抗剪钢筋法。

| wzp7804 | 位置:山东 | 专业:施工 | 第 27 楼 | 2006-4-8 19:20 |

个人认为:垂直裂缝不可怕,但对于墙体的 45°裂缝呢,这个可能就有点问题了,是否是沉降裂缝呢。

| bbssheep | 位置:广东 | 专业:施工 | 第 28 楼 | 2006-4-8 20:49 |

1. 设计没有暗梁。
2. 加膨胀剂的混凝土养护不当。

| wzp7804 | 位置:山东 | 专业:施工 | 第 29 楼 | 2006-4-9 13:03 |

回 28 楼,设计有暗梁,缝没有贯穿于梁,在梁下部就止住了,确实是加了膨胀剂的。

| 摸着石头过 | 位置:四川 | 专业:施工 | 第 31 楼 | 2006-4-10 22:40 |

我在云南一工地也遇到了墙体开裂的情况:水泥厂的地下运输通道,长 40m,宽 48m,墙厚 80cm,顶板 120cm,间隔 5m 一个 $3.6 \times 3.6/1.2 \times 1.2$ 的梯形料斗。墙体是双排筋,混凝土为 C30,坍落度 14~17cm,泵送混凝土。浇混凝土 10d 后拆模一看,发现在每个料斗处的墙体都有一道垂直裂缝,而且是贯穿墙体的。分析原因可能是混凝土的坍落度过大造成的。

| chaih | 位置:北京 | 专业:施工 | 第 32 楼 | 2006-4-12 16:11 |

我做过的工程也出现过,当时正好是评北京市"长城杯"金奖,集团很重视,找了不少专家分析,认为是混凝土的问题,可能是收缩造成的,与当时用的混凝土质量有关系,但不影响结构安全。

| binbinlu | 位置:浙江 | 专业:结构 | 第 31 楼 | 2006-4-12 17:44 |

本人遇到过此种情况,如楼主所言的轻微裂缝,一般应是混凝土受温度影响产生的收缩裂缝,主要原因应该是养护不到位或者混凝土配比或者外加剂问题,裂缝形式有竖直、水平和斜裂缝。如果比较严重的竖直裂缝或者斜裂缝就应该是不均匀沉降导致的。补救方法也是多种多样,得根据结构的重要等级、用途、有无防水要求等做决定。

【相关主题】混凝土浇筑出现裂缝。
原帖地址:http://bbs3.zhulong.com/forum/detail1497174_1.html

| CGS800917 | 位置:浙江 | 专业:结构 | 第 1 楼 | 2005-7-6 14:51 |

我单位在施工一座大楼地下室后,其外墙出现大面积裂缝。问题很严重,浇筑大概也就 7d 左右时间。我们也找不出原因,基础沉降可能性不大,因为地下室底板和顶板都没有出现裂缝现象,照片上有水是因为刚下过雨,我们用水枪喷过,可能已经是贯通缝了,而且整个地下室墙面都出现裂缝,不是个别的(图 2.11)。地下室四周我们还没有回填,和回填、地下水

方面也没有关系。

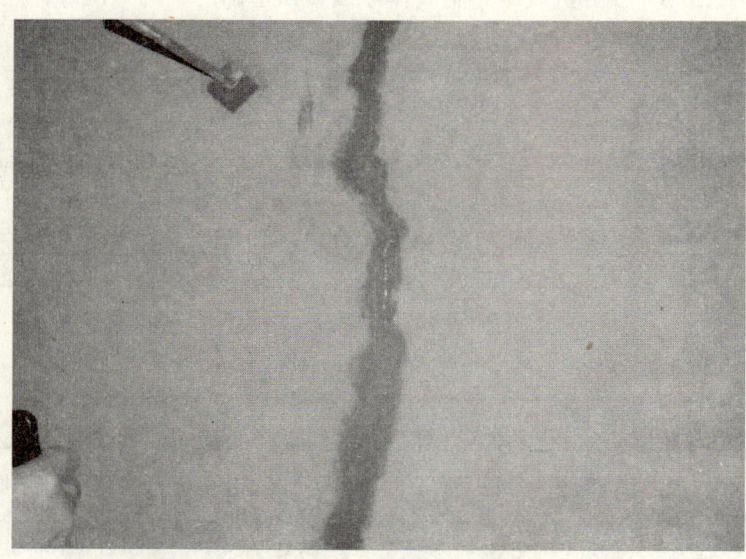

图 2.11

2.2.30 讨论主题：关于混凝土开裂的问题。
原帖地址：http：//bbs3.zhulong.com/forum/dispbbs.asp?
boardid=4010&rootid=3246303&p=1

zhangj0121	位置：天津	专业：结构	第 1 楼	2006-3-30　17:54

有个游泳池工程，刚打完底板混凝土，转天便发现有很多碎裂（图 2.12），不知道什么原因，请专家指点。底板厚度 200mm，Φ10 双排钢筋，混凝土强度等级 C20，现场搅拌，目前当地气温 1~15℃。

图 2.12　裂缝实际状况

| 阳春白雪6668 | 位置：浙江 | 专业：监理 | 第2楼 | 2006-3-30 18:49 |

看裂缝的形式，应属于混凝土坍落度过大，造成的收缩裂缝。
减少裂缝的措施：
1. 严格控制混凝土浇筑时的坍落度。
2. 钢筋的保护层要严格控制。
3. 要及时（掌握好时间）覆盖，因浇筑时气温是1～15℃，不太合适浇水，最好采用塑料薄膜覆盖。

| uglylei | 位置：江苏 | 专业：结构 | 第5楼 | 2006-3-30 19:19 |

从你的图片上来看，你的施工工艺掌握的不好，混凝土面收的过于随意，没有严格的执行混凝土的施工工艺，严格来讲，混凝土面最起码要收3次。看你的图片，纹路好像是第二遍时候收面的痕迹，我想这是最大的原因。

| zcc77 | 位置：江苏 | 专业：安装 | 第7楼 | 2006-3-31 07:59 |

你们施工的底板厚度才200mm，不算厚，C20混凝土，等级也不高。从裂缝来看，是收缩造成的。一般要求：收面时注意点，控制好水灰比，及时养护好，覆盖。这个部位有上层筋吗？有的话也要注意点，防止踩下去。

| zhangj0121 | 位置：天津 | 专业：结构 | 第8楼 | 2006-4-1 11:58 |

谢谢大家的积极讨论，主要是在打完混凝土后做了遍素灰，是不是素灰干缩引起的收缩裂缝？对结构和防水有影响吗？设计给的防水做法是外部一层SBS，池内3mm聚氨酯。

| 微雨初澜 | 位置：浙江 | 专业：施工 | 第10楼 | 2006-4-2 18:06 |

这是标准的收缩裂缝，原因是混凝土面上又覆盖一层水泥砂浆。水泥砂浆在凝固过程中，部分水分与水泥经化学反应产生胶状体，另一部分水分蒸发掉，使体积缩小而造成表面的收缩裂纹；这个问题的治理很简单，一是在终凝前使用三遍收光工艺；初凝前对水泥砂浆进行抹平，终凝前进行压光，以压3次为宜。要掌握压光的时间，早了压不实；晚了压不平，不出亮光，第一次压光在水泥初凝后3h（在25℃下），然后隔2h压光一次，最后一次压光在水泥终凝前1h。第二就是事后处理，常规的混凝土收缩裂缝，一般凿除厚度不超过3cm厚，然后把基层清理干净，沿裂缝方向铺设钢丝网，最后浇筑细石混凝土或H-40灌浆料再施工其面层，加强养护不少于7d。如果裂缝深度较浅（10mm内）可以剔凿开直接用灌浆料或堵漏王封堵即可。

| rui123 | 位置：广东 | 专业：市政 | 第11楼 | 2006-4-4 15:20 |

你撒了层素灰说明你混凝土坍落度太大，应该是收缩裂缝，没有什么大问题。
对底板影响不是很大，灌个浆什么的就可以了。

2.2.31 讨论主题：商品混凝土现浇楼面板不规则裂缝的成因及对策？
原帖地址：http://bbs3.zhulong.com/forum/detail39512_1.html

| linymo | 位置：江苏 | 专业：其他 | 第1楼 | 2002-10-23 18:31 |

商品混凝土现浇楼面板不规则裂缝的成因及对策？

| 逸风 | 位置：辽宁 | 专业：施工 | 第 2 楼 | 2005-3-31　10:53 |

现浇板裂缝的原因：

1. 环境方面：

（1）混凝土的收缩。众所周知，混凝土在硬化过程中，由于水分蒸发，体积逐渐缩小，产生收缩，而板的四周由于受到支座的约束不能自由伸展。当混凝土的收缩所引起板的约束应力超过一定程度时，必然引起现浇板的开裂。商品混凝土的水灰比一般又较大。

（2）温度裂缝。混凝土在硬化过程中，特别是在较高温度下要失水收缩，释放大量水化热，这时得不到及时的水分补充，现浇板受到支座的约束，势必产生温度应力而出现裂缝。另外，室内外温差变化较大，也要引起一定的裂缝。

2. 设计方面：

（1）设计板件厚度不够，导致开裂。钢筋混凝土构件的受力是由钢筋和混凝土共同承担的，板件过薄，板刚度势必减弱，板中受拉钢筋和受压混凝土应力增大以致出现"超载"现象，板因此开裂。

（2）设计中未充分估足装修荷载、使用荷载（即设计活荷载偏小），以致设计受力小于实际受力，板因此开裂。

（3）屋面板的温度应力不可忽视，尤其是无可靠保温隔热层的屋面板受温度影响较大，若设计中未加以考虑，板往往开裂。

（4）结构体型突变及未设置必要的伸缩缝。如果房屋长度过长，而又未考虑设置伸缩缝，当房屋的自由伸缩达到应设置伸缩缝要求的间距时，就要引起裂缝的产生。另外，平面布局凹凸、转角越多，这些地方由于应力集中形成薄弱部位，一受到混凝土收缩及温差变化易于产生裂缝。

3. 施工方面：

（1）板中正负受力钢筋之间有效高度不够，加重了板上层混凝土的受压应力，容易产生裂缝。

（2）支座处负筋下沉产生裂缝。在施工过程中由于施工工艺不当，致使支座处负筋下陷，保护层过大，固定支座变成塑性铰支座，使板上部沿梁支座处产生裂缝。

（3）施工单位为赶进度，在现浇混凝土未达到设计强度时即拆模，或板上施工堆载过重，也导致板开裂。

（4）混凝土实际强度等级低于设计强度等级，导致混凝土受压强度不够而开裂。

现浇板裂缝的预防：

现浇板出现裂缝，一方面影响结构使用安全和抗渗效果，另一方面影响外观。因此，应针对上述裂缝产生的原因，从以下几方面进行预防。

1. 认真审查工程结构设计图纸，复核板厚、钢筋。屋面板的配筋设计考虑温度应力的影响应适当放大。

2. 浇捣混凝土时，必须安排专门的护筋人员，以免上层负筋被踩压下沉。

3. 平面布置上尽量减少凹凸现象和设置必要的伸缩缝。

4. 严格控制板面负筋的保护层厚度。现浇板负筋一般放置在支座梁钢筋上面，与梁筋应绑扎在一起，另外，采用铁架子或混凝土垫块等措施来固定负筋的位置，保证在施工过程中板面钢筋不再下沉，从而可有效控制保护层，避免支座处因负筋下沉，保护层厚度变大而产生裂缝。

5. 在板角增加辐射筋。在板角四周增设辐射筋，使产生裂缝的应力作用方向与辐射筋相一致,能有效地抑制裂缝。

6. 加强现浇板浇捣后的养护。混凝土养护是整个施工过程中必不可少的一个环节,尤其在高温下施工,更应经常浇水养护,这样既可减少温度产生的裂缝,也可降低由于混凝土的收缩而产生的约束应力,有效控制裂缝。

7. 严禁在现浇混凝土未达到设计强度之前拆模,板上施工堆载应均匀分布,且避免过重。

8. 确保板件厚度及混凝土强度达到设计要求。

现浇板裂缝的处理方法:

现浇混凝土板开裂问题,应重在预防,补救乃是不得已之下策。下面介绍几种主要的裂缝处理方法:

1. 对于板上层裂缝,可用环氧树脂修补方法。具体操作步骤是:将缝表面凿出一个上宽2~3cm,深3~4cm的V形槽,用水冲刷干净,再用环氧树脂掺丙酮(稀释)、乙二胺(增加强度)、苯二甲基二丁脂(增加韧性),并与砂浆混合进行填补。各成分所占比例按有关技术资料确定。

2. 对板上层裂缝还可以用高压喷浆的方法修补。喷浆前应用高压水将缝冲刷干净。

3. 对于板上层裂缝较多的板,可用在板上表层覆盖钢丝网细石混凝土的方法修补。做法是:先将板上表面凿开,冲洗干净,然后布上一层钢丝网,再浇上一层厚4~5cm的细石混凝土(混凝土强度比板高),该覆盖层应锚固在四边支座上。

4. 板下层裂缝一般不影响结构安全,用环氧树脂修补法较适合。

2.2.32 讨论主题:楼板开裂(贯通裂缝)。

原帖地址:http://bbs3.zhulong.com/forum/detail2320280_1.html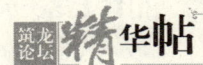

| daza27 | 位置:湖南 | 专业:施工 | 第1楼 | 2005-11-1 10:47 |

6+1层住宅楼,设计现浇混凝土楼板,砖混结构,现楼面板较设计薄10~30mm(原设计为板厚100mm,配筋 $\Phi 8@200$),出现不规则贯通裂缝。该怎样处理才行?

| whg5587 | 位置:四川 | 专业:施工 | 第2楼 | 2005-11-1 10:54 |

我认为由于楼板厚度变薄,承载力有所降低,若要处理可以在楼板下增加肋(小梁),以减少板的跨度。

| TangXiaoWei | 位置:辽宁 | 专业:施工 | 第3楼 | 2005-11-1 11:01 |

把整块板砸了,重新支模、浇筑混凝土吧。

| daza27 | 位置:湖南 | 专业:施工 | 第4楼 | 2005-11-1 11:09 |

回复 whg5587 在 2005-11-1 10:54 的发言:住户会有意见的。

采用参照叠合板的做法不知道行不行:就是凿掉砂浆地面,凿毛混凝土基层,铺钢丝网,再浇一层细石混凝土。

| daza27 | 位置:湖南 | 专业:施工 | 第5楼 | 2005-11-1 11:14 |

TangXiaoWei 在 2005-11-1 11:01 的发言:

工程量太大了,另外砸有可能会影响到墙体,钢筋也可能。如果砸掉后采用预应力空心板，在圈梁上做钢牛腿，不知道行不行？

| whg5587 | 位置：四川 | 专业：施工 | 第6楼 | 2005-11-1　11:18 |

再浇一层细石混凝土，我认为不妥：
第一，这样势必增加楼板荷载。
第二，原楼板的上部钢筋，由于截面的增加，改变了受力状况。

| 飞扬78156 | 位置：其他 | 专业：市政 | 第9楼 | 2005-11-1　11:47 |

原因：可能是拆模时间过早且板上增加了荷载，混凝土强度没有达到规定拆模强度值，混凝土不能和钢筋共同受力，这时增加荷载，钢筋受力弯距增加，将板拉裂。
处理：按4楼意见，不过短边方向要增加受力筋，端部要进入墙体6cm以上。增加钢牛腿太不美观了。

| hjx200 | 位置：江苏 | 专业：施工 | 第11楼 | 2005-11-1　11:01 |

对于发生这样的问题，我想都是干我们这一行都不想的事，对于板厚小了30mm和板的不规则裂缝都属于影响结构的质量问题。
但碰上这类问题我们要一分为二地解决，不能把一切否定。
我认为对于这个问题要这样处理：
1. 对于板的不规则裂缝这个问题在施工中比较常见，楼主可以到现场具体看看，对裂缝长度、裂缝宽度、裂缝数量、裂缝部位进行测量整理分析。如果裂缝长度、裂缝宽度都比较小，而裂缝数量不多，对结构的影响不是太大的，只要在裂缝处做一下防漏，防止板的钢筋生锈。
2. 对于板厚不够的情况，在结构设计中一般板都是按弹性理论计算，板薄了不能说明板的强度不能满足承载力，只能说明板在荷载作用下易产生振动和振动相对增大。具体承载力够与不够还得进一步的验算。
所以，我建议楼主做一次认真检查和请设计验算一下后，再做下一步的处理决定。

| 石头甲 | 位置：湖南 | 专业：施工 | 第12楼 | 2005-11-1　17:40 |

楼上意见值得商榷。板不是按弹性设计的，这是常识。
不规则裂缝与板厚不足不一定有必然联系。板厚不足导致的楼板强度不足，一般应该在塑性铰部位开裂，裂缝肯定是会有规则。不规则裂缝可能是混凝土自身收缩造成，不一定影响结构承载力。
10cm的板，少了3cm，承载力就少了一半，吓人啊。别人辛苦一辈子，买一套房子，还有质量隐患，良心何在。事后的结构验算只是掩人耳目的手段，目的是通过验收。可靠的检测是现场堆载试验，看裂缝发展情况。不行就加固吧！
板底粘碳纤维，板顶粘钢。

| wls223344 | 位置：河北 | 专业：其他 | 第13楼 | 2005-11-1　21:25 |

我感觉楼主没有说清楚。楼主在四楼说的意思好像是现在地面垫层已经做完了。如果这样，那裂缝就不一定是现浇板的问题了。是不是垫层在施工中出现了问题？你应该好好分析一下。
至于现浇板较设计薄10~30mm，我认为问题不会太大。因为你在浇筑时钢筋没有变形、

浇筑后又没有露钢筋、混凝土表面又没有开裂就不会有问题的。

如果是现浇板的问题，那就应该追究责任了。甲方、监理、施工方应该好好总结的。还有，你们是怎么通过主体验收的？解决办法是：考虑在现浇板上面再浇筑一层厚度为40mm的配筋$\Phi 6@200$的C30细石混凝土吧。随打随抹也算垫层好了。

| daza27 | 位置：湖南 | 专业：施工 | 第21楼 | 2005-12-27　20:52 |

经过进一步检查，不管板薄还是厚，后来均有裂缝出现，湖大专家鉴定结果：设计存在问题，房间布局不合理，但不影响使用。

2.2.33　讨论主题：这些裂缝到底怎么回事？

原帖地址：http：//bbs3.zhulong.com/forum/detail1537244_1.html

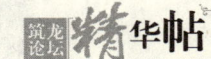

| baohan54511 | 位置：重庆 | 专业：岩土 | 第1楼 | 2005-7-12　23:39 |

目前施工的一栋13层的框架结构商住楼，住宅部分为3~13层，现框架部分已施工完，但住宅每层的固定的几根梁上均出现裂缝，裂缝位置在主梁上，范围为靠次梁边0.5m范围内，宽度为0.3~0.5mm，每根梁1~3条裂缝。裂缝形式主要为竖直裂缝，主要为无次梁的一侧，少数两侧，裂缝只存在于侧面，并没有贯通底部。在顶部两层有少量的斜裂缝。混凝土强度等级为C30，梁的拆模和养护时间足够。出现问题的梁的跨度为8.6m和12.7m，梁截面为200mm×550mm。主梁的下部配筋为两根$\phi 22$的钢筋，上部为两根$\phi 25$钢筋，端部加一根$\phi 25$钢筋。主次梁交接处有做加固处理。

现在想请教大家，梁上的裂缝到底是因为施工的问题，还是设计的问题。是否需要进行加固处理。处理的方法是否只有双面贴钢板加固。

| twm560825 | 位置：江苏 | 专业：其他 | 第3楼 | 2005-7-13　6:12 |

楼主的问题涉及到两个问题：

1. 设计问题。混凝土梁承受抗弯荷载的，截面下部钢筋应大于上部钢筋呀，你说的怎么正好相反呀，这可能要设计人员复核一下了。

2. 施工问题。首先按照工程施工监理规定，工程施工中发现结构图纸有怀疑的，要通知监理处理的呀，这个施工队没有做到；其次不要急于对梁进行加固，要对梁混凝土进行检测，看混凝土强度是否达到设计要求，再确定是否是施工中的问题，最后再进行加固处理。

3. 建议加固采用碳纤维，不要用钢板，这种加固既美观又方便，更能达到设计要求。

个人意见，仅供参考。

| 一年四季 | 位置：其他 | 专业：其他 | 第4楼 | 2005-7-13　7:01 |

我们曾经干过的一个高层，跟楼主说的梁裂缝情况很相像（从一层至十几层同一位置），可能还要严重一些（250mm×600mm梁），见图2.13所示，当时请了很多专家来工地对梁进行观查、研究，包括设计对该部位重新进行计算，均找不到问题所在。裂缝只是在拆模不久就出现了，经观察没有再继续发展。后确定在梁两侧各加一根14mm的钢筋，没有再出现裂缝现象。对已出现裂缝的梁请了一家有名的房屋加固公司进行了检测，没有发现贯通现象和其他不利于结构的问题，后又进行了封闭处理。

图 2.13

| baohan54511 | 位置：重庆 | 专业：岩土 | 第 6 楼 | 2005-7-13 19:20 |

下面我就各位提到的问题作一下补充，还请各位继续帮我分析一下：

1. 图纸在主次梁相交部位是设有加密箍筋的。

2. 截面上部钢筋的确是大于下部钢筋的，在这一点上，我们认为设计有他的要求，所以没有提出。

3. 我们已对混凝土强度做过测试，测试证明强度达到标准。

4. 一年四季朋友，住宅楼框架部分已施工完毕，如要加钢筋应该怎样加，不太可能吧。

以上是就各位的疑义提出说明，还望各位高手能继续帮忙分析一下。

| whq1220 | 位置：浙江 | 专业：施工 | 第 9 楼 | 2005-7-13 20:00 |

1. 一根 8.6m 和 12.7m 长的梁下部只配 2 根 22mm 的底筋，我本人觉得是小了点。

2. 裂缝只在次梁搁置的部位有，这应该不会是温度裂缝。我估计好像是这几根梁抗扭不够引起的。

3. 我不清楚楼主在施工上一层混凝土时是否已将下面一层的模板和支撑都拆除了没有，因为这样的荷载是非常大的，而且 8m 以上的梁拆模是要求混凝土强度达到 100%。不知是否注意了这些问题。

4. 至于说怎么处理，我想应该先查出原因以及裂缝的危害程度，由设计核定后出最合适的处理方案。

| k3027 | 位置：重庆 | 专业：施工 | 第 11 楼 | 2005-7-13 20:56 |

我来谈谈个人看法：

我认为的原因：次梁的挠度相对较大，下挠使主梁受扭，从而使主梁侧面受拉，而主梁抗扭钢筋不足产生裂缝。

分析来源：每层主梁，靠次梁边 0.5m 范围内，竖直裂缝，无次梁的一侧，只存在于侧面，并没有贯通底部、跨度、主次梁的截面配筋。

可以参照一年四季的处理方法处理。

只是本人一点拙见，不一定正确，希望能对楼主有点帮助。

| 风中沙 | 位置：四川 | 专业：施工 | 第22楼 | 2005-7-14　13:52 |

我个人观点觉得设计上的问题可能性大一些：

其一，作为这么大的跨度，按设计规范，梁高应取到跨度的 1/8～1/12 之间，8.6m 跨度若假设按净跨即 L_0=8m 来计，其高度应取 650mm 或 700mm，梁宽至少要取 250mm 吧，当然，这只是按普通框架来推论的。

其二，配筋可能有些问题，若该次梁没有在主梁端部负弯矩区，其底筋应该是大于面筋的。

其三，不知道是不是施工时漏放了钢筋，加密箍筋虽然放了，但扭筋和吊筋呢？

| yzb7712 | 位置：北京 | 专业：结构 | 第25楼 | 2005-7-15　10:34 |

我的分析：

1. 我觉得不会是温度裂缝，因为 200mm×550mm 的截面尺寸不大，混凝土的体积不是很大，一般不会出现温度裂缝。裂缝宽度已经超过允许宽度，最有可能是产生了应力集中或主梁的侧向扭矩超过限值。

2. 从设计角度讲，确实梁的截面有点偏小，应在 700mm 高左右合适，凭我施工经验来说，钢筋用量偏小，像这种节点部位箍筋肯定是要加密的，图纸如有抗震要求，应按规范加密箍筋或吊筋。与设计交涉一下，问有没有考虑施工荷载，小的设计院水平是有限的。

3. 从拆模时机来讲混凝土强度应达到 100% 甚至更高（一般试块强度都在 100% 以上），并在荷载较集中的部位拆模后要进行局部支护（从安全上考虑）。

4. 处理办法要结合裂缝产生的原因，必须先查出真正原因才能再加固，目前应用最多的加固方法主要有粘钢补强技术、碳纤维技术、高压注胶等要根据具体情况选定（当然效果好的费用也高）。

只是本人一点拙见，不一定正确，希望能对楼主有点帮助。

| king1201 | 位置：重庆 | 专业：监理 | 第68楼 | 2005-7-24　11:50 |

不敢说配筋是否足够，不知楼主有没有通知设计核算？如果拆模时间都能保证混凝土强度足够，实在没有办法就请重庆建科院检测。

2.2.34　讨论主题：楼面板奇怪的裂缝，谁知道成因？

原帖地址：http://bbs3.zhulong.com/forum/detail2014260_1.html

| 最大的麦子 | 位置：浙江 | 专业：结构 | 第1楼 | 2005-9-20　19:31 |

目前去一个二层厂房，厂房为 30m×40m，二层楼面板出现了裂缝，宽约 0.3～0.8mm 裂缝，形状为 1.5m×2.0m 的矩形，且挨个排列非常整齐，就像模板铺设的形状（从头至尾）（图 2.14）。该建筑的砌体亦开裂的非常厉害，高手们说说这种裂缝是怎么形成的啊？这个厂房是 2004 年建成的，板的配筋下均是 Φ8@150，上均是 Φ8@200。

| dakelove | 位置：贵州 | 专业：施工 | 第19楼 | 2005-9-22　16:48 |

可能是这条轴线的基础整体下陷，查看地质资料，是否有不明地质情况。

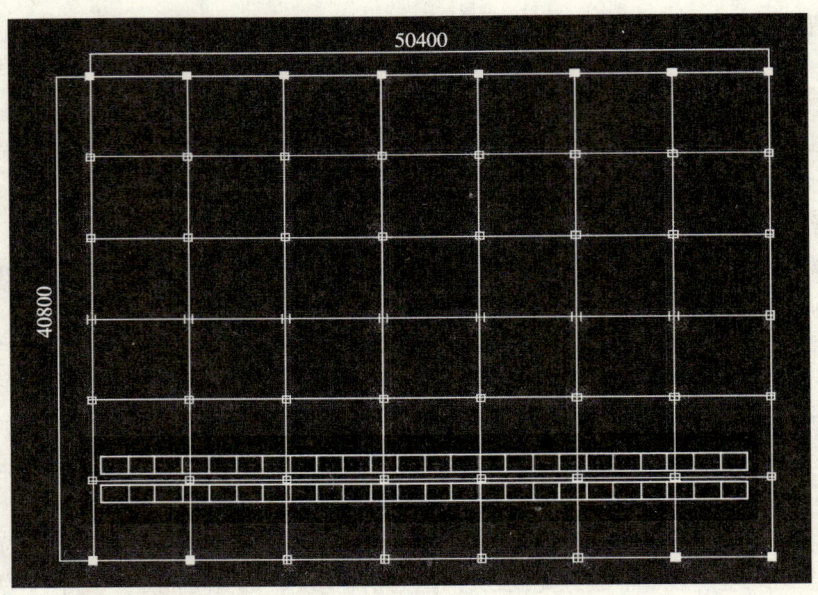

图 2.14

| tjcsy | 位置：四川 | 专业：施工 | 第 22 楼 | 2005-9-23 16:21 |

一般来说，如此整齐的裂缝贯通的话应该是混凝土收缩，但 2004 年的，就很可能是沉降或负弯矩钢筋位置的原因了。推荐钢筋位置。

| mingong | 位置：河北 | 专业：施工 | 第 28 楼 | 2005-9-25 17:15 |

楼主这个问题很特别，欢迎大家积极参与讨论，希望大家看清问题再发表意见，我之所以推荐 19 楼 dakelove 网友的分析，是因为这是一个系统性问题，所有问题都处在一条轴线上，这种情况一般很少是施工原因，施工缺陷一般是没有系统性、规律的，很零散的。在这个问题中，至于裂缝的规律是很奇怪，但建议大家思路不要被它迷惑，个人推测问题应该出在该轴线位置的设计和地基问题上的可能性较大。

希望楼主尽快找设计、勘探部门共同分析，同时，积极参与讨论，并能及时向大家通报有关情况。

| 最大的麦子 | 位置：浙江 | 专业：结构 | 第 68 楼 | 2005-11-24 15:12 |

汇报情况：目前沉降观测第一次数据出来了，沉降量较大，最大达到 3.7mm/月，但是柱下独立基础沉降量较接近，均在 3.0~3.7mm/月之间。

| 最大的麦子 | 位置：浙江 | 专业：结构 | 第 69 楼 | 2006-2-22 9:44 |

今天在这里把最后的鉴定结果公布一下。

该厂房为冬期施工，拆模过早，混凝土强度未达到规范要求就上了荷载是最大的原因，再加上柱下独立基础之间的梁被施工单位自行省去，基础不均匀沉降，产生了目前的情况。

2.3 模板工程

2.3.1 讨论主题：一起因拆模引发的争执。

原帖地址：http://bbs2.zhulong.com/forum/detail459887_1.html#

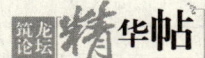

| 拐子马 | 位置：广西 | 专业：施工 | 第 1 楼 | 2004-8-12　12:37 |

前不久，我公司某工程项目的施工员和监理员因拆模引发了一起争执。

该工程是一栋多层框架结构的办公楼，因工程款不到位，进度十分缓慢，每月仅施工一到两层。在申请某层楼板的底模拆除时，施工员认为按同条件养护试件强度试验报告，混凝土强度已达到了100%，符合《混凝土结构工程施工质量验收规范》（GB 50204—2002）表 4.3.1 要求，可以拆除模板。但这一要求没有被监理员认可，理由是如拆除，当施工上一层楼板时，上层楼板自重、模板及支撑系统自重以及施工荷载，这些荷载的总重量要大于楼板的原设计荷载，那时将因超载而导致质量、安全事故。

这本来可以是一次纯技术性质的讨论，但是施工员以规范为依据，认为监理方无理取闹，故意刁难，而监理员则认为施工方置质量、安全于不顾，一味降低成本，想减少周转材料的一次性投入。由于以往成见较深，结果双方均有失控行为。

事情很快得到了处理。最后，双方达成一致意见，混凝土强度达到了100%，按《混凝土结构工程施工质量验收规范》（GB 50204—2002）表 4.3.1 要求，可以拆除模板。

事情是解决了，但最后的处理意见正确吗？现作一简要分析。

按图纸，该层楼板厚120mm，板跨 8.1m，层高 3.6m。经和设计方联系，结构设计时，标准层楼面活荷载取 $2kN/m^2$，板面、板底装饰层重 $0.8kN/m^2$。

据此分析，楼板除承受自重外，还可承受的设计荷载应为：

$$1.2 \times 0.8 + 1.4 \times 2 = 3.76 kN/m^2$$

该工程模板系统采用钢管支撑，模板为18mm 厚胶合板，按《混凝土结构工程施工质量验收规范》（GB 50204—2002），层高未超过4m，模板及支架自重标准值可取 $0.75kN/m^2$，施工人员及设备荷载标准值取 $1.0kN/m^2$，上层楼板新浇混凝土自重标准值取 $24 \times 0.12 = 2.88kN/m^2$，上层楼板钢筋自重标准值取 $1.1 \times 0.12 = 0.132kN/m^2$。按计算承载能力组合，总的施工荷载应为：

$$1.2 \times (0.75 + 2.88 + 0.132) + 1.4 \times 1.0 = 5.91kN/m^2 > 3.76kN/m^2$$

显然，不符合要求。如下层模板支撑不拆，则上层施工时总的施工荷载可由两层楼板共同承受，如平均分配，则 $5.91/2 = 2.96kN/m^2 < 3.76kN/m^2$，现在符合要求了。

但是，有几个问题依然存在：

1. 上层施工时总的施工荷载可由两层楼板共同承受，那两层楼板所承受的荷载是怎么分配的？各承受50%吗？恐怕没那么简单。

2. 对于进度慢的工程，很容易等混凝土强度达到100%，但进度快时，比如一个月施工4层或5层，又怎么办呢？

3. 在做模板设计时，目前主要的依据是《混凝土结构工程施工及验收规范》（GB 50204—92），尽管这本规范已废止，但因为新的《混凝土结构工程施工质量验收规范》（GB 50204—2002）并没有给出新的计算规则，大家仍遵循《混凝土结构工程施工及验收规范》（GB 50204—92）的要求，比如2003年9月出版的《建筑施工手册》（第四版）就是这样。那么，我们在做模板设计时，应该如何考虑这些问题呢？有没有可遵循的一般计算规定？

| Liufengvv | 位置：浙江 | 专业：结构 | 第2楼 | 2004-8-22 13:04 |

下面是我对模板拆除的一点想法，因为我没有施工经验，只从设计的角度考虑。

按照设计的荷载传递角度分析，完工后荷载传递是：板→梁→柱→基础。

在施工中模板未拆除时应该是这样的传递：

板→下层已经拆模的板（支撑钢管传递）→下层梁→下层柱→基础。

在设计时考虑的板面荷载只需要按建筑物功能考虑相应的板面荷载及恒载。施工荷载在正常施工条件下是不会超过设计所考虑的荷载的。因为设计时考虑的荷载分两部分：100mm厚楼板恒载是 4.0kN/m^2，活载从 2.0kN/m^2 到数 10kN/m^2，而且各有分项系数已经将其上荷载放大，所以实际上是安全的。

按照混凝土强度达到75%拆模，悬挑部位达到100%拆模是没有问题的。

| Mycpc | 位置：广东 | 专业：结构 | 第4楼 | 2004-8-22 18:36 |

1. 对于100%强度拆模问题，规范规定是对被拆模构件的本身满足规定要求，也就是说，此时拆模，自重及该层通常的活荷载基本不会对构件造成破坏。因为你的施工速度缓慢，本层楼板达到拆模条件，而上层混凝土尚未施工，你采用的详细计算是很科学的，然而其结果却反映本层楼板无法支撑那么大的均布荷载，最终执行规范拆模。毕竟上层楼板也不厚！

那么，如果上层楼板厚度500mm，或者上层是结构转换层1000mm厚，怎么办，还执行规范么？

我认为这件事要分开看待，即将拆模与上层施工时支撑问题看成两个问题：

1）先拆模，因为满足100%强度，构件自重及该层一般活荷不会对其造成破坏。

2）然后，到上层模板施工前，再在刚拆模楼层增加临时竖向支撑（支撑要牢固），将上部荷载向下层传递，这样实现了荷载分担！理论上讲这是必须的，这和下层强度100%没关系，而是考虑这么多荷载作用下，下层楼板是否能够承担。我们的兰华大厦工程时常有下层加固措施出现，甚至重量大时，一直传递到基础底板，每次都要进行支撑体系受力验算。

2. 每月施工4~5层，我们的施工习惯，同时保留的模板达3层，拆模时还要保留临时支撑约2层，用量很少，大约是正式支撑体系脚手架总重的10%。

而同时保留3层，是很浪费，可是没办法，强度未达到100%，不过现在北京有些模板厂家提供了一种新型的快拆体系，梁板模板设计时采用分条支撑，大面积的模板达到50%~75%就拆除，余下小条及相应支撑体系不动，100%强度后再拆除，下面我将逐一把我们设计的快拆体系图上传一下！

3. 很多施工计算的问题国内没有科学的、统一的依据。比如，大体积混凝土温度计算，目前只有施工手册的参考计算方法，没有规范，而不同的计算手册往往计算公式有别，我的办法是，参照一份手册计算，交由监理审核，并把目前规范状况与之讲清，他往往也没办法，只有执行。

哪位有不同看法请指正！

附件：

针对快拆体系的模板及支撑设计

图中根据模板的常规尺寸1220mm×2440mm进行设计（切边后1200mm×2400mm），保证整板不破料，若建筑实际尺寸允许，设计时，中间的深色晚拆区域可更窄（200mm为宜）。

小蓝圈为早拆支撑体系，小红圈为晚拆支撑体系。该图所设计的工程因楼板厚度大，所以，晚拆间距2900mm，若一般工程楼板较薄，应不大于1500mm，如图2.15~图2.18所示。

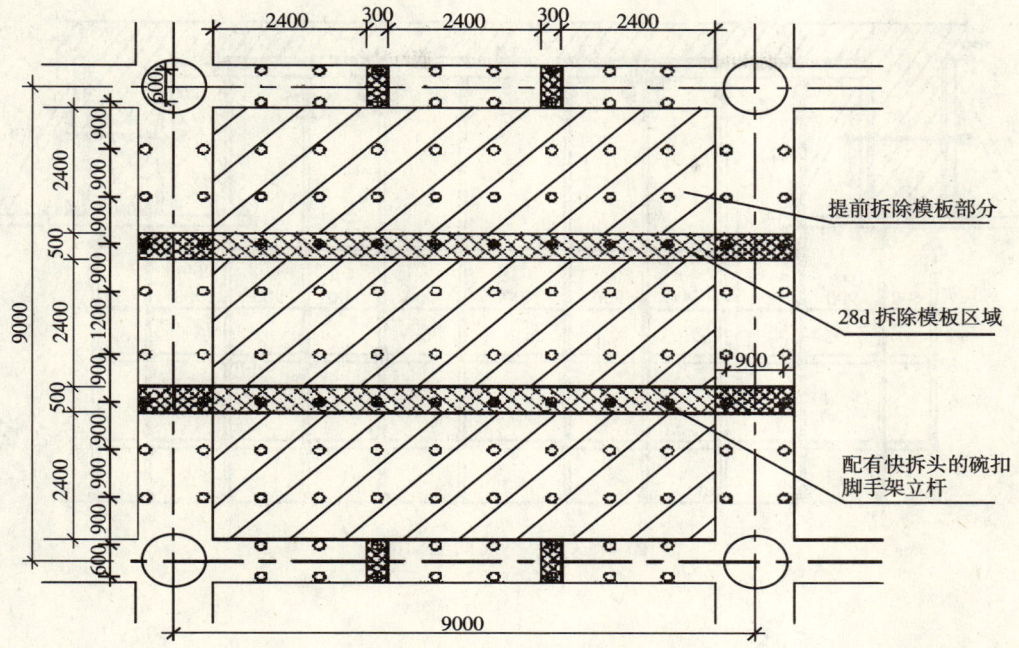

图 2.15　早拆前的平面图

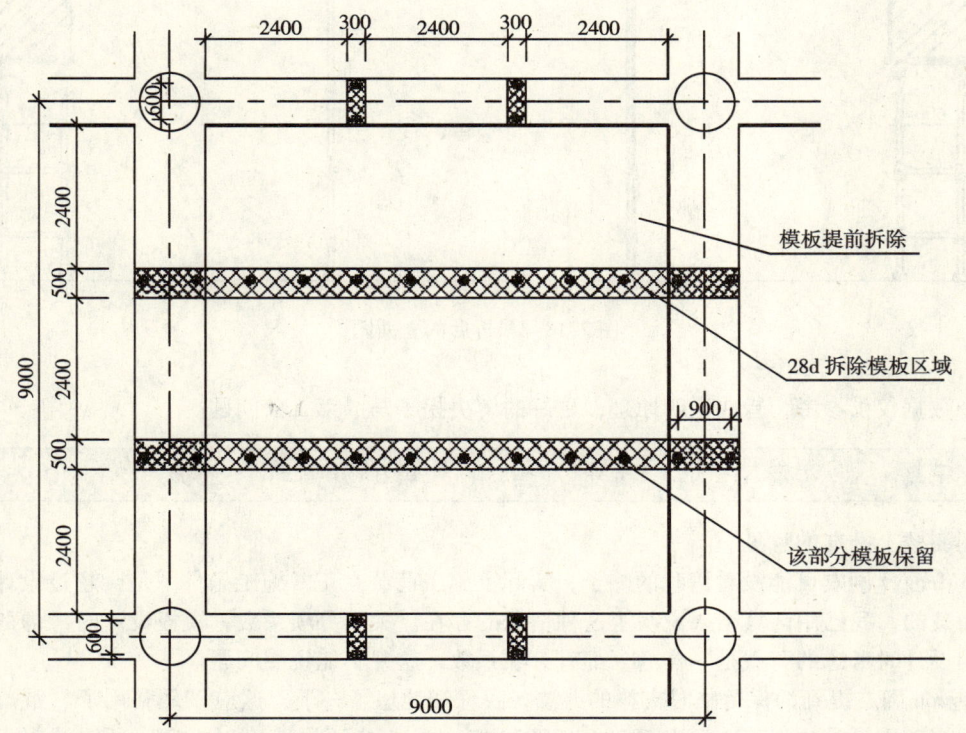

图 2.16　早拆后的平面图

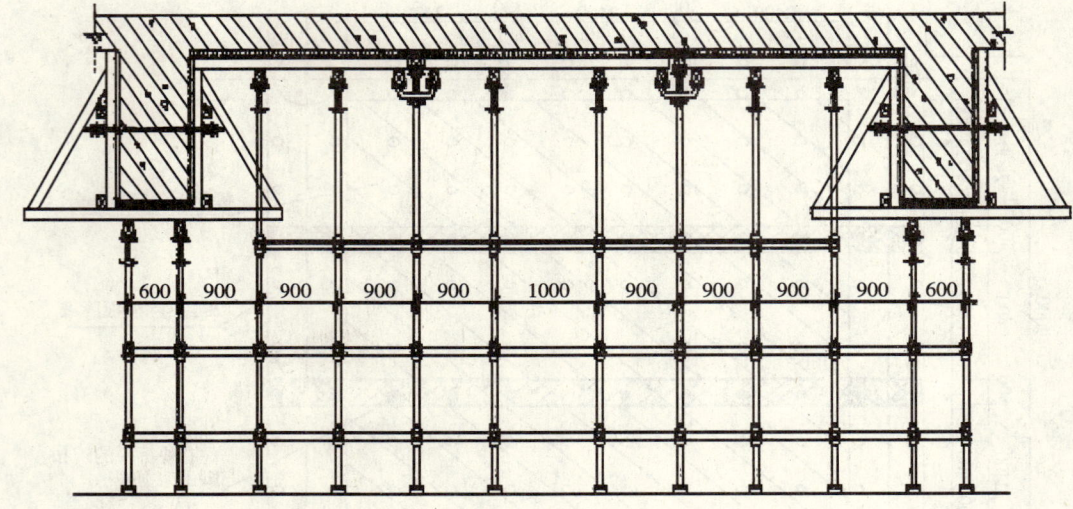

图 2.17 早拆前的立面图

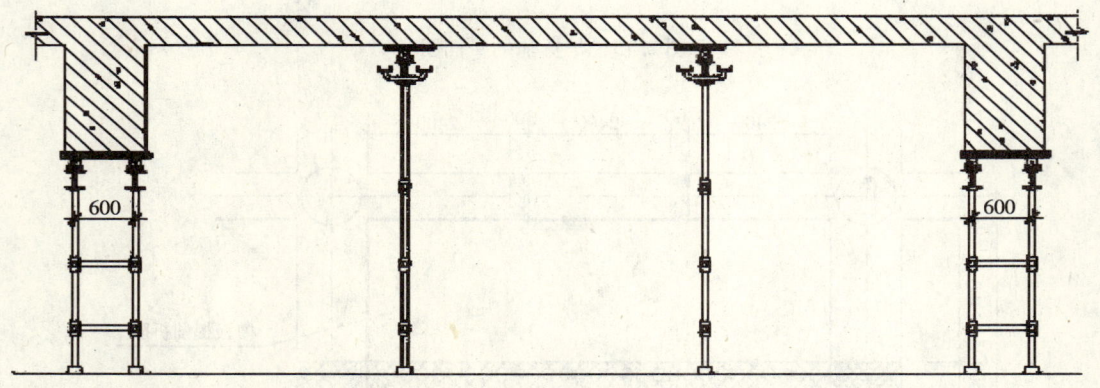

图 2.18 早拆后的立面图

图纸中数据仅供参考，旨在说明原理，更好的解决拐子马的第二条问题。

| 拐子马 | 位置：广西 | 专业：施工 | 第 8 楼 | 2004-8-23 10:25 |

  谢谢楼上网友的意见。
  Liufengvv 网友可能没看清我的帖子，实际上施工荷载在正常施工条件下是会超过设计所考虑的荷载的，我已用计算结果说明了这种情况的存在。关于分项系数，模板设计时考虑的荷载和结构设计时考虑的荷载是一样的，都有分项系数，这并不能说明问题。
  Mycpc 网友提到的保留临时支撑的办法，我仔细地想了一下，这应该是利用了《混凝土结构工程施工质量验收规范》（GB 50204—2002）表 4.3.1 中不同跨度对拆模时所需混凝土强度要求不同的规定。跨度超过 8m 的楼板，按规范要求应等混凝土强度达到 100%，要提前拆模只能保留临时支撑。当临时支撑间距在超过 2m 但不到 8m 时，混凝土强度达到 75% 时可以拆模。当临时支撑间距不超过2m时，混凝土强度达到50%时可以拆模。

仍以我前文提到的工程为例，现在我们假定该工程能按较快的进度施工，为提高周转材料的使用效率，我们保留临时支撑，临时支撑间距为2m，然后等混凝土强度达到50%时拆除大部分的模板。如图2.19所示。

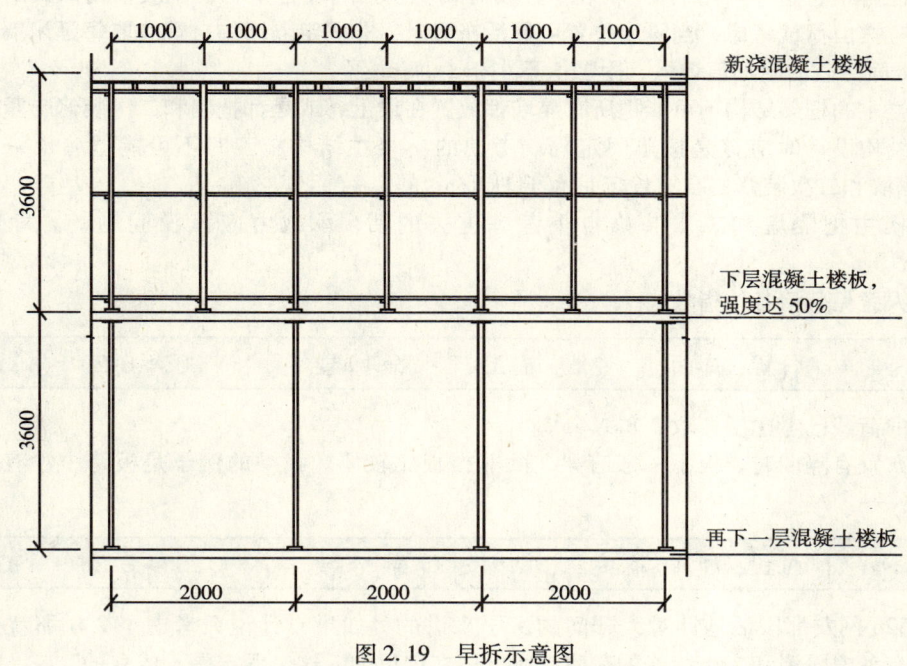

图2.19　早拆示意图

把自重考虑进去（前文未考虑），下层楼板达100%强度后，正常使用时可承受的设计荷载为：

$$1.2 \times (0.8 + 2.88 + 0.132) + 1.4 \times 2 = 7.37 \text{kN/m}^2$$

为方便讨论和比较，取1m板带后我们按三跨连续梁考虑，荷载为均布，跨度为8.1m，则最大弯矩为：

$$0.1 \times 7.37 \times 8.1 \times 8.1 = 48.35 \text{kN} \cdot \text{m}$$

保留临时支撑后，施工时总的荷载为：

$$1.2 \times (0.75 + 2.88 \times 2 + 0.132 \times 2) + 1.4 \times 1.0 = 9.53 \text{kN/m}^2$$

临时支撑间距为2m，取1m板带后仍按三跨连续梁考虑，荷载简化为均布，则最大弯矩为：

$$0.1 \times 9.53 \times 2 \times 2 = 3.81 \text{kN} \cdot \text{m}$$

比较两个弯矩值，可知保留临时支撑后，楼板承受的最大弯矩值会明显降低，仅相当于原来的3.81/48.35 = 7.88%，可见，下层楼板混凝土强度达到50%时拆除大部分的模板是可行的。

花了一个晚上的时间，总算把这个地方想清楚了。谢谢Mycpc网友的启发。

下一个问题是：下层楼板和再下一层楼板是怎么分配上面传下来的荷载的？各分配50%吗？还是下层楼板承受一小部分荷载，而再下一层楼板承受绝大部分荷载呢？

| LSS5526 | 位置：全国 | 专业：结构 | 第 9 楼 | 2004-8-23　10:47 |

按我的理解，其实结构设计时，标准层楼面活荷载为 2kN/m² 都是按照《建筑结构荷载规范》上民用建筑楼面均布荷载标准值的数值来取的，可是《建筑结构荷载规范》（GB 50009—2001）的注解中有这样一句话："本表中各项荷载不包括隔墙自重和二次装修荷载，对固定隔墙的自重应按恒荷载考虑，当隔墙位置可灵活布置时，非固定隔墙的自重应取每延米墙长重的 1/3 作为楼面活载的附加值计入，附加值不小于 1kN/m²。"

作为楼主的框架结构不可能把所有隔墙都放置在梁上，或是都把墙和二次装修自重考虑计算了的，结构设计时应该是按非固定隔墙考虑的（楼主结构施工时不可能把墙也一起砌了吧）。而隔墙和二次装修的自重肯定是大于 1kN/m² 的。

所以楼主把隔墙和二次装修自重考虑进去的话，承载力应该没问题的。肯定大于 5.91kN/m²。

仅个人意见，请各位指教。

| 拐子马 | 位置：广西 | 专业：施工 | 第 10 楼 | 2004-8-23　11:01 |

装修的荷载已考虑了，取 0.8kN/m²。

板上布置有隔墙时，板下一般有梁，除非楼板比较厚。我举的例子是板跨中没有布置隔墙的。

| Liufengvv | 位置：浙江 | 专业：结构 | 第 11 楼 | 2004-8-23　11:02 |

LSS5526 网友那段话是针对大开间的房子来讲的，如果设计说只考虑了 2.0 那就是 2.0，也就是没有考虑隔墙和二次装修的荷载，所以你在这里加入这个假定是不成立的。

| Mycpc | 位置：广东 | 专业：结构 | 第 12 楼 | 2004-8-23　11:05 |

我个人不成熟意见：

关于同时支撑多层时荷载的分配问题，可以说任何人难以下定论，相信就连实验室也难以得出其分配系数，施工中的很多计算为何有"安全系数"之说？一则，保留安全储备，再则，也是考虑施工过程中的不定因素。

那么，对于你所说的荷载分配，其影响因素太多：

1. 同时支撑层数的多少：层数越多，各层平均分担越少。

2. 各层混凝土强度上升值的即时情况：理论上讲，强度高者应该多承担，低强者会因微小的塑性变形而将荷载下传（然而这是个渐进的量变过程）。

3. 配筋情况：比如各层钢筋配筋不同，或者有预应力筋。

4. 拆模后的临时支撑：采用快拆体系的临时支撑对应力再分配影响小，因晚拆体系不动；采用边拆边重新支撑的，其应力再分配因素较大：若不预紧，则本层承担小，若预紧，可能本层承担比上层大。

因此，和设计不同，施工过程中的很多受力关系不能完全通过计算解决。而设计往往考虑最终结果。

我曾经和我公司一名教授级高工（北京滑模技术的首创人，国际饭店工程、外交部大厦工程总工）请教过关于脚手架计算，他告诉我，计算过程再严谨、可靠，也不能保证不出现安全事故，为施工安全考虑，构造比计算更重要（当然不是不计算）。比如脚手架的卸荷点构造措施、连墙点牢固程度、底脚及基础的稳固等等尤为重要（仅以脚手架为例）。

因此，我想没有太大必要深入研究施工荷载的分配，我们的措施就是，即使施工速度再慢，也保持三层同时支撑（强度满足则用临时支撑替换）。

LSS5526 从设计角度提供的这条线索倒也能说明一个问题，中国的设计，安全储备很大。

除了隔墙自重，我们的支撑系统传递下来的荷载是不是也应该按照恒荷取 1.2 的分项系数验算呢？因为其荷载分部均匀（基本间距 900mm），荷载值从上层传递一层楼板后，基本平均分散。

| LSS5526 | 位置：全国 | 专业：结构 | 第 15 楼 | 2004-8-23 11:45 |

其实现在的设计是很粗的，而业主的后期变更特别多，因此设计中的富裕量很大，有几个设计能预知业主们以后又想做什么了？而且你设计即使取的不是 2.0 而是 4.0，你敢对业主说吗？

毕竟业主不会重算你的设计，把系数放大点大概是多数设计人员的习惯吧？反正是业主出钱而自己可以睡的安稳。

我现在这个工程底板钢筋为 $\Phi 20$，业主只是一说："太大了！"，设计不用三个小时就改 $\Phi 16$ 了。还有不少就不说了，可以说业主和施工单位的要求总能得到满足。这靠的是什么？是设计无限放大的系数，真没有这些系数，估计打死你们也不敢改。

这些不用动脑的系数是让设计安心和方便了不少，可让业主和施工单位要多花不知道多少冤枉钱。

Mycpc 所提供的模板体系真的很好，十分感谢。不单是楼板支撑问题，包括后浇带也应该采用这种支撑，现在很多施工单位都是把后浇带支撑与其他大面支撑一起拆除，然后再重新支撑，如果在这个过程中后浇带部位发生变形即使再支撑也只是防止变形不再加剧而已。

好东西，值得学习。

| Mycpc | 位置：广东 | 专业：结构 | 第 17 楼 | 2004-8-23 12:22 |

谢谢，这套体系，在北京的一些工程曾经采用，很有推广价值，目前主要问题是，市场上所有脚手架租赁站都储备着大量的常规支撑体系，能够提供新体系的厂家少，且很多保守的施工单位不是很接受。

我们在机场航站楼工程投标中策划的这一方案。

| 拐子马 | 位置：广西 | 专业：施工 | 第 20 楼 | 2004-8-23 14:23 |

问题是，现在我们一般只保留两层支撑，进度慢的，有些只有一层支撑。还没有发现因此酿成重大质量、安全事故的。多配一层周转材料，意味着项目部一次性投入费用增加。一旦和钱挂钩，执行起来就很麻烦。要说服项目部，并不是那么容易的。

设计保守这种问题是没办法拿出来说的。编制公司的工艺标准时，不可能把这种因素考虑进去。说不准哪天碰上不保守的设计人员那就完蛋了。

在编制我们公司的工艺标准时，我们主要参考了《建筑施工模板图册》（潘鼐主编，中国建筑工业出版社，1993 年 7 月第一版）的附录一"模板工程施工操作规程"第 2.4.23 条的规定：

"多层楼板模板支柱的拆除，应按下列规定进行：

一、当上层楼板正在浇灌混凝土时，下层楼板的模板和支柱不得拆除。再下一层楼板的模板和支柱应视待浇混凝土楼层荷载和本楼层混凝土强度而定，如荷载很大，拆除应通过计算确定。

二、在拆除时，如发现混凝土有影响结构、安全、质量问题时，应暂停拆除，经过处理后，方可继续拆模。"

| Mycpc | 位置：广东 | 专业：结构 | 第 21 楼 | 2004-8-23 15:04 |

我的意思并不是增加一层模板的投入！而是增加部分临时支撑的投入！

你"工艺标准"中进行了规定，不过，这是很难定量处理的，也只能定性。

| LSS5526 | 位置：全国 | 专业：结构 | 第 22 楼 | 2004-8-23 15:26 |

Mycpc 说的对，施工过程中的很多受力关系不能完全通过计算解决的。而设计往往考虑最终结果。

刚才打电话问了设计院的同学，关于施工时支撑和结构怎样共同、分配受力，他说不太清楚，他问了设计院的其他几个人，也没有个明确说法。

让他给我一个答案，结果他说："拆吧！没关系，肯定垮不了（按上述情况），最多楼板出现裂缝而已！"

| 拐子马 | 位置：广西 | 专业：施工 | 第 23 楼 | 2004-8-23 16:18 |

肯定是不会垮的。因为从来没垮过。现在项目上这样的情况多了，一般都是两层支撑（下面没有临时支撑），很多只有一层支撑，也没出过事。

前些时候接触了一个转换层的支模，3m 高的梁，也就两层支撑，下面没有临时支撑，原方案是混凝土分两次浇，第一次先浇 1.8m 高，等到 50% 强度后再浇到顶。项目经理嫌麻烦，自作主张，一次就直接浇到顶了，也没出什么事。现在整天当经验到处讲。

胆大不一定是坏事，但应有理论依据。我现在就是想搞清楚，为什么没出事？下次再碰到这种事，还要不要开停工整改令？

| Mycpc | 位置：广东 | 专业：结构 | 第 24 楼 | 2004-8-23 16:48 |

有些时候，强行拆除支撑，再进行上层施工，可能不会出现坍塌（结构设计还是采用"正常使用极限状态"），但这样往往会出现楼板裂缝，若没有申请什么质量奖项倒也无妨。若如北京"长城杯"等结构质量奖项检查，楼板裂缝（哪怕是微裂缝）也多少影响验收结果。所以，支撑体系的使用，往往不是安全的要求，而是质量的要求。

所以，就你而言，下面项目的工作也可以分别对待。质量等级要求高，工程重要性高，则应严格。没有什么质量要求，合格即可。毕竟"严格"是要有经济投入的。

我们一般一座 3~5 万 m^2 的工程，若争取实现"长城杯"，则增加投入约 100 万元。

代价啊！

但是，真要是遇到有关安全的问题，比如脚手架、边坡支护等问题，则无论什么工程都应毫不含糊的严格。

在中国，法只是相对而言！执法人的言行，往往比法更关键。

| LSS5526 | 位置：全国 | 专业：结构 | 第 25 楼 | 2004-8-23 17:35 |

是啊！"长城杯"的确太贵！

不过如果投入一两百万元换来的是公司的信誉和业主的信赖，那样也值得。

刚到北京的项目就是做"长城杯"，两栋楼两个"长城杯"，投入了不少，再加上对业主优质的服务，现在换来 20 万 m^2 近十亿元的工程。所以该投入时就投入。

不过"长城杯"的确造人才、练队伍。我同学那个参加"长城杯"的项目，相对来说就随意了点。可惜啊，我还没被造成人才啊！哈哈！

| 石头甲 | 位置：湖南 | 专业：施工 | 第 27 楼 | 2004-8-24 17:51 |

施工规范给出了不同跨度构件拆模强度，但具体情况未详细说明。包括规范条文说明也是如此。这无疑给施工技术人员出了个难题。

我参与的异形柱框架结构施工，经历过混凝土未达 50% 就拆模而未产生质量问题（冬期时技术人员胡来，按时间估计混凝土强度过程产生错误，拆模后压试块，强度仅为设计强度的 49%）。

是不是规范太保守了？

拆模强度分析：

仅有一层支模架时，下层楼板承受荷载的时间实际很短，当上层混凝土强度增长时，下层楼板所受荷载立即减小，故拆模计算时楼层承受的荷载是临时荷载，作用时间很短，显然用永久荷载的分项系数验算是不合理的，建议荷载乘分项系数后再乘 0.9 予以折减（这是临时建筑的系数，但仍趋于保守，从个人想法上，恒载乘 1.05，活载乘 1.1 就足够了）。包括裂缝验算，都应该使用短期荷载分项系数才较合理。

混凝土强度、钢筋强度挖潜：混凝土和钢筋的计算强度与实际强度还是有很大的差距的，尤其是钢筋强度，对构件承载力影响较大，实际试验中钢筋强度超过设计强度 25% 以上（经常看试验报告的就知道）。

在新规范里，混凝土强度（立方抗压换算成强度）的经验公式中把混凝土强度降低以加大安全系数（较老规范而言）。这里面还有空间。

这些是不是可以利用还有待讨论。把这些利用起来大概可以获得 30% 左右的强度空间。

加上梁对板的约束作用可以进一步提高板的承载力。

我曾经听说某国外大公司在对我国结构的拆模强度验算中的结果为大部分构件 50% 就可以拆模，但我一直没找到这篇论文。希望有同仁一起探讨。

| 拐子马 | 位置：广西 | 专业：施工 | 第 28 楼 | 2004-8-24 21:57 |

规范未作规定并不是问题，企业可以自己规定，不管是分项系数还是计算方法。不过出了问题就要自己负责任了。

利用短期容许应力也是办法之一，但争议很大。

这方面一定有人做过大量的研究，但是在什么地方可以比较方便地查到有关的论文呢？现在的《建筑施工》、《建筑技术》等杂志，还不如《建筑工人》有看头。

| Oyxr | 位置：广东 | 专业：施工 | 第 30 楼 | 2004-8-25 18:01 |

如果这都不可以拆，真的没办法做了。只要有 7d 强度报告达到要求就可以拆了。

我们曾经施工过一个项目，C20 的楼板，5d 就拆了模板（没有任何报告），公司只有一层的周转模板，抢工期，当时每隔大概 1m 纵横向都加了顶撑。

| Wangtonglin | 位置：山东 | 专业：其他 | 第 33 楼 | 2004-10-18　1:04 |

模板设计计算依据，现在应该用设计规范。施工用的规范，是用来验收的，因此叫施工质量验收规范，强调的是结果，而不是施工过程。

2.3.2　讨论主题：关于模板拆除的几种说法，大家讨论一下。
原帖地址：http：//bbs3.zhulong.com/forum/detail463982_1.html

| zghuo | 位置：其他 | 专业：其他 | 第 1 楼 | 2004-8-24　20:18 |

以下说法的前提是楼层结构混凝土都符合规范允许拆模强度条件：
甲说：配二套模板，最好在浇灌上层结构层混凝土前拆除下层结构层模板；
乙说：配二套模板，最好是浇灌完上层结构层混凝土后拆除下层结构层模板；
丙说：配三套模板，浇灌完第三层结构层混凝土后拆除最下层模板。
下面是甲、乙、丙的拆模理由：
甲说：你们两种做法都有损伤结构因素，我的拆模原理是上层结构在浇灌混凝土过程中使其荷载逐步下传，使下层结构对上层传来的荷载逐渐消化受力，你们两种做法将对下层结构产生即时应力，容易使下层结构受伤。我做过几次试验，我的做法没有产生梁板裂缝现象，我也做过你们的这两种做法，但发现有个别梁板产生裂缝。
乙说：你的说法我不同意，我的做法比你安全，至少上层结构混凝土浇灌初凝后对自身能承受一部分的荷载。
丙说：你们的说法是天方夜谭，下层结构怎么能承受得了上层结构荷载和施工荷载呢？我的做法是二层结构承受上一层结构荷载和施工荷载。
网友们请你们评判一下，谁的做法好，也请你谈谈你的做法和说法。

| LUJIAQIANG | 位置：福建 | 专业：施工 | 第 3 楼 | 2004-8-24　21:21 |

我的工地一般都是浇灌完上层结构层混凝土后拆除下层结构层模板。

| xiaohe3 | 位置：北京 | 专业：施工 | 第 4 楼 | 2004-8-24　21:25 |

这是个问题，我们就是配三套到四套模板进行周转，这样也是为了保证工期和质量。

| gunyun | 位置：北京 | 专业：施工 | 第 6 楼 | 2004-8-24　22:48 |

应该准确说明是顶板模板，说法的前提是楼层结构混凝土都符合规范允许拆模强度条件。仅仅谈论拆模而不结合实际是没有意义的。看来真的是胡说不道，没人评说。
从施工时间上来说，根据实际情况，应该选用第三种情况。

| 三剑客 | 位置：河南 | 专业：施工 | 第 8 楼 | 2004-8-25　1:26 |

如果工期安排的合适的话，一般只要混凝土达到强度值后就可以拆除已经浇筑完的模板，

如果按甲、乙、丙三位说的，有的工程一层已经施工完一个月了，二层的板还没有浇筑，那一层的模板是不是就要继续等到二层浇完后再拆除呢。规范好像也没有强调，只是说强度达到一定值后可以拆除。

不过按一般的工程，只要配够二层的模板，就可以连续施工。

| 泥水将 | 位置：其他 | 专业：其他 | 第 12 楼 | 2004-8-26 7:40 |

其实要结合具体结构和强度发展来看。我一般是采用第二种。原因是第一种不敢，怕下层有裂缝，第三种也不敢，没那么多钱备周转料。但是第二种有一点我还没有认真验算过：浇捣上层混凝土后即拆除下层的模板和支撑，到底对上层结构产生多大的变形？会不会出现裂缝？不过这么多年来好像没出现过。

| mycpc | 位置：广东 | 专业：结构 | 第 19 楼 | 2004-8-28 17:56 |

类似的问题在拐子马的帖子中已经深入的争论过一段时间了：
　http：//bbs.zhulong.com/forum/detail459887_1.html
你所说的模板到底是顶板还是墙模板。
你所说的楼层结构图又在哪啊？

| zghuo | 位置：其他 | 专业：其他 | 第 21 楼 | 2004-8-28 21:22 |

回复 mycpc 专家：首先我要说的是在我发这个帖之前已经仔细地看过拐子马的帖子和网友们的精论，我这帖也因其而起，也由于我通过计算到实践，又从实践到计算反复了很多年，觉得少了我悟出来的一样"东西"，我也在帖中用四个字流露了出来。我是一个小小地方的也可说是小小专家，我和大专家们也探讨过我的"理论"，但也有部分不同意我的意见。在此也请贵专家理论、实践和心得一下啦。

对于我的楼层结构主要指的是梁、板，对墙、柱好像规范上对其拆模"强度"没多大的要求吧。

| mycpc | 位置：广东 | 专业：结构 | 第 22 楼 | 2004-8-29 17:15 |

在下不成熟意见：

阁下所提出的三个答案，没有哪个正确哪个错误之分。然而他却在一定意义上反映了：安全意识、经济意识、守法意识。

可以简单的概括为"经济性"和"安全性"的"竞争"。

一心（且急于）想赚钱的承包老板，一定选 A：采取最小的投入；

在最短时间内获得最大效益，也一心想赚钱但略微有些稳妥型，一定选 B：采取最小投入，尽可能获取最大效益；

国企建筑公司项目经理（未进行经济承包），一定选 C：盈利往往给自己带来的利益还不如优质奖项更实惠，何不稳扎稳打先把质量保证了再说！

而且，对于同一个人，在不同条件下选择也不会相同：比如：若在一个偏僻小城市（或监督力量薄弱地带），工期要求很紧（往往和经济赔偿挂钩），也许很多人会选择 A——冒险也值得；

若在一个偏僻小城市（或监督力量薄弱地带），工期不紧，也许很多人会选择 B——适可而止；

若在一大城市，工程质量要求高，安全监督检查严格，很多人会选择 C——千万别弄出什么乱子。

辩证的看待问题吧！

没有绝对的对与错！

| 天堂的阳光 | 位置：广东 | 专业：施工 | 第 38 楼 | 2004-8-30 8:29 |

我曾经在《建筑工人》杂志上看到过一篇这样的文章，文章里有计算，他的计算结论是上层的自重加上施工荷载会大于楼板的设计承载力，所以一定不能在浇筑上层混凝土前拆了下层支撑。

我现在也没有去算，记得当时我仔细看过他的计算，是对的。所以现在，只要是我管的工程绝对不允许甲情况的出现。

最宽松也是你拆了模板以后重新支撑，而且要等到上上层施工完再拆。

2.3.3 讨论主题：关于后浇带支撑的问题。

原帖地址：http://bbs3.zhulong.com/forum/detail2124494_1.html

| Mingong | 位置：河北 | 专业：施工 | 第 1 楼 | 2004-8-22 12:37 |

后浇带施工现在已经很普遍，网上有好多资料都是针对混凝土浇灌的，查阅过不少资料，对后浇带支撑没有找到具体的权威性的资料。实际施工中做法也是五花八门：有的直接不拆除模板、有的支撑做得很富余、有的做的很简单，甚至有的没做支撑、有的该部位混凝土已经断裂，并出现肉眼可见的变形。现在想请大家讨论一下：

1. 后浇带支撑是保持模板不拆除合理还是拆除模板后重新支撑合理？

2. 后浇带支撑设计时荷载如何取值比较合理（是不是按模板脚手架计算时每层累计取固定荷载、活荷载并加系数还是按其他办法取值，根据是什么）？

3. 结构验算时已浇筑混凝土是否作为承担一部分荷载参与计算？如果按其承担荷载计算，受力特征如何确定？

欢迎发表各种意见，也欢迎大家把现有方案拿出来与大家共享，好帖重奖。

| lichanglongl | 位置：湖南 | 专业：施工 | 第 2 楼 | 2005-10-5 19:20 |

1. 后浇带支撑是保持模板不拆除合理还是拆除模板后重新支撑合理？不合理！

2. 后浇带支撑设计时荷载如何取值比较合理（是不是按模板脚手架计算时每层累计取固定荷载、活荷载并加系数还是按其他办法取值，根据是什么）？不是。

3. 结构验算时已浇筑混凝土是否作为承担一部分荷载参与计算？如果按其承担荷载计算，受力特征如何确定？不是！单向受力，悬臂梁计算。

| wtywty0083 | 位置：浙江 | 专业：其他 | 第 3 楼 | 2005-10-5 20:51 |

我的看法是这样的：

1. 后浇带一般宽度是 800mm，虽然主筋不短，并有加强筋，但支撑拆除后，结构受力与原设计是不一样的，做为设计，无论是板还是梁，设计在这里都不会是按悬挑设计的，从后浇带的配筋可以看出来，当支撑拆除后，梁、板成为了悬挑结构，但其负支座处的负弯矩较真正的悬挑又稍小一点，因为梁板下钢筋能传递一部分内力。所以支撑不能拆除，且应保持原施工时的支撑才是合理的。

2. 作为后浇带支撑设计时荷载如何取值比较合理，我认为应各层取各层的荷载，而不应每层累计。这是因为在支撑支设时，要求各层支撑立杆应在对应位置上，这个是有明文规定的。荷载取值的方法，按荷载规范要求进行。

3. 已完成部分梁板结构验算时，如果混凝土强度已达到设计强度值，可以考虑其承担一部分荷载的能力，如果支撑拆除的话，受力特征我同意楼上的观点，按悬挑结构计算。如果支撑不拆除的话，那就是一端简支，一端固定了，这时不仅要计算负支座处的负弯矩是否大于设计值，而且还要验算悬臂点的挠度是否在允许范围之内，否则下次后浇带施工时，模板的支设是达不到规范要求的误差范围之内的。

| hjx200 | 位置：江苏 | 专业：施工 | 第 4 楼 | 2005-10-6 17:14 |

从我的角度认为后浇带支撑是保持模板不拆除较合理，在梁板支模时就适当考虑后浇带支模部位的模板便于其他部位模板拆模。

为什么我认为后浇带支撑是保持模板不拆除合理呢？因为大跨度结构梁板中，如果拆模此部位后浇带两边的梁板就处在悬挑构件的受力状态，对大跨度梁板来说就处于不利状态，可能结构因此而产生挠度变形或其他更不利状态。

后浇带支撑设计计算时荷载比较复杂，不能简单考虑结构固定荷载、施工荷载以及其他荷载及荷载系数。如果这样说法，这后浇带支撑就无法做了，大家考虑考虑，累计这么大的荷载，后浇带支撑需要多大刚度结构支撑系统才能满足支撑要求。

在后浇带部位拆模后两端的梁板变成悬挑状态后，它也能承受相当一部分荷载；梁板的配筋下筋是贯通的，在结构中它们还是处于受拉状态，它也能承受相当一部分荷载；在结构中后浇带混凝土强度达到拆模时，最少也有 80%，结构本身也能承受相当一部分荷载。所以在后浇带支撑中不能简单考虑荷载。

所以我认为在后浇带支撑中：①支模时，考虑不拆；②如果要拆，考虑先撑后拆。

对于支撑结构荷载计算，要认真考虑，计算时适当折减以上荷载，整个支撑系统最多不要超过原支模刚度就足够了。

一点意见欢迎各位网友给予指教。

| ZY2627 | 位置：陕西 | 专业：其他 | 第 6 楼 | 2005-10-6 21:44 |

后浇带支撑是拆除模板后重新支撑合理，因为存在其他施工方便问题。

后浇带支撑设计时荷载是按模板脚手架计算时每层累计取固定荷载、活荷载并加系数取值。

结构验算时已浇筑混凝土是作为承担一部分荷载参与计算，受力特征是简支梁的受力特征，因为受中部支撑。

| 为了生活 | 位置：其他 | 专业：其他 | 第 8 楼 | 2005-10-7 16:42 |

不能够同意 ZY2627 的意见，方便不能建立在影响结构安全的基础上。

1. 后浇带支撑是保持模板不拆除合理还是拆除模板后重新支撑合理？

不拆除合理，保证结构不会因为支撑体系的改变而发生变形，造成结构受力的变化，直至影响结构安全。

2. 后浇带支撑设计时荷载如何取值比较合理（是不是按模板脚手架计算时每层累计取固定荷载、活荷载并加系数还是按其他办法取值，根据是什么）？

不光考虑结构固定荷载、施工荷载、以及其他荷载及荷载系数。后浇带两侧结构在混凝土达到设计强度后成为悬臂结构，有相当的荷载。

| 天天施工队 | 位置：浙江 | 专业：施工 | 第 11 楼 | 2005-10-8　10:09 |

后浇带施工支撑是一个很复杂的问题，前两天我还与同事就这个问题进行了讨论，我的意见：

1. 后浇带支撑是保持模板不拆除合理还是拆除模板后重新支撑合理？两者比较应保持模板不拆除合理。但实际操作中，由于周转材料等原因，可能会选择拆除。建议采用混凝土临时支撑，这样的话，梁的受力情况会改变，应先咨询设计人员的认可，方可进行操作。

2. 后浇带支撑设计时荷载如何取值比较合理（是不是按模板脚手架计算时每层累计取固定荷载、活荷载并加系数还是按其他办法取值，根据是什么）？我认可第8楼的意见。

| xiabinghan | 位置：福建 | 专业：造价 | 第 13 楼 | 2005-10-8　12:02 |

后浇带模板不能拆后再装，如果拆了，整个框架就处于悬空状态，对结构安全造成比较严重的威胁。

| dakelove | 位置：贵州 | 专业：施工 | 第 21 楼 | 2005-10-9　16:09 |

关于后浇带的问题我也来说说，不过我是新手，有不对的地方请大家批评。

后浇带的留置一般不会是荷载很大处（或者是荷载分隔处），所以对结构不会产生很大的影响，在设计中，如果后浇带在梁板上的，钢筋均加密配置，如果拆模其自重也不会产生破坏，一般后浇带留置后都是拆模后再支模，是为了方便清理后浇带的渣子，钢筋除锈，在地下室安装止水条等工作，还有后浇带留置的时候要用木条或其他物品挡住混凝土，也需要拆模才能取出来。

| geyanyong | 位置：重庆 | 专业：施工 | 第 24 楼 | 2005-10-9　23:31 |

我个人认为首先做好施工方案，并得到设计单位的认可。应该根据结构形式进行结构计算，考虑到各个细节甚至支撑拆除的顺序。

根据本人所施工的经验谈点看法：

1. 支撑问题其实应与设计人员沟通，以便更快更准地掌握结构荷载及受力情况，合理地确定支撑形式和每层加设承受不同荷载的支撑。

2. 最低层支撑基础一定要能承受上部全部传下来的荷载并不能下沉。

3. 拆模一定要先从上部逐层完成。

4. 做好交底和保护，防止工人蛮干或破坏。

| zweide | 位置：上海 | 专业：施工 | 第 29 楼 | 2005-10-10　16:31 |

基本同意 21 楼 dakelove 的看法。

我在施工中遇到同样问题，我认为后浇带断开后不能简单的看作悬臂结构。而是中间没有混凝土的抗弯构件，所以在其上层模板拆除后就把下层后浇带的模板拆除了，结果两个月后公司领导检查就此事进行了批评，要求我赶紧支撑，虽然支撑了但其实都这么长时间了又有什么意义？

请大家讨论一下，到底怎么回事。事实上梁板没有什么变形裂缝。

| 依海听涛 | 位置：浙江 | 专业：施工 | 第 30 楼 | 2005-10-10 16:36 |

后浇带处模板及支撑拆还是不拆。我认为不能拆，在设计支撑体系时，还要考虑后浇带处的模板支撑体系与其他模板支撑体系分离，以便保证拆其他模板时不至于将后浇带处模板拆除。根据平时观察，发现大多数工地后浇带处模板及支撑是先拆后撑的，并且后撑的立杆间距也很大，有点应付检查的嫌疑。

| bangge | 位置：广西 | 专业：施工 | 第 36 楼 | 2005-10-13 |

我比较倾向拆除支撑。理由如下：

连续梁、板在支座处均有负弯矩和剪力，拆除支撑的后浇带两侧梁变成悬臂构件，支座处也有负弯矩和剪力，用结构力学知识简单计算一下：假设荷载为 q，梁跨度为 l。

则可以求得支座处弯矩：$M = ql^2/12$；剪力：$Q = ql/2$

又假设后浇带在跨中将梁断开，形成的悬臂梁跨度为 $l/2$，

则可以求得支座处弯矩：$M = ql^2/8$；剪力：$Q = ql/2$

所以，拆除后浇带支撑后的悬臂梁支座弯矩，不会超过原设计梁的支座弯矩 50%，剪力相同。因为设计考虑荷载包括墙体及装修的荷载，拆除后浇带支撑后的悬臂梁所受荷载仅为自重，虽未经计算，我认为两者支座弯矩的相差是较小的。再加上设计及材料方面的安全系数，弯矩的差值将更小，可以忽略不计。因此，可以拆除后浇带支撑。

此外，拆除后浇带支撑便于模板材料的周转，方便清除浮浆杂物。施工单位一般都比较愿意这样做。

当然，何时可以拆除后浇带支撑，如何拆除，应该慎重考虑，按规范要求制定施工方案，经监理及设计单位同意方可实施。

| beastyu | 位置：浙江 | 专业：施工 | 第 47 楼 | 2005-10-17 11:00 |

我认为后浇带模板拆除与不拆除均存在不可避免的缺陷：

模板拆除对结构安全会造成比较严重的威胁，但该缺陷可以由设计解决，如结构设计考虑模板拆除后结构安全及上部施工荷载，采取增加配筋的措施。

模板不拆除的话，假设后浇带设置层数有好几层，则对底部楼层的支撑体系是一个很大的考验，而且后浇部位的清理、材料周转也是很大的问题，因此施工单位在编制施工方案时很多都有意的避开了一些问题。

我认为，从解决问题的角度出发，适当的增加成本，由设计考虑模板拆除后结构安全及上部施工荷载，采取增加配筋的措施会更合理。

| lvyinzjy | 位置：福建 | 专业：施工 | 第 48 楼 | 2005-10-17 22:52 |

在后浇带的位置采用 150mmPVC 管做模板支撑,在结构梁板浇筑时在 PVC 管内浇筑同强度等级混凝土,形成构造柱,在后浇带浇筑完成后拆除即可,可以避免梁板裂缝。

| 拐子马 | 位置:广西 | 专业:施工 | 第 49 楼 | 2005-10-18 0:11 |

其实企业应有自己的企业标准。没有标准的就按规范,但是这些问题目前还存在争议,有关的规范已讨论很久了都没办法颁布。不光是后浇带,其实整个模板支撑系统计算都是有争议的。

| sunxc | 位置:江苏 | 专业:施工 | 第 61 楼 | 2005-10-24 17:34 |

不应拆除,拆除后混凝土结构跨中肯定存在变形,改变原有受力。
下面的后浇带顶板模板支撑示意图以供参考(图 2.20)。

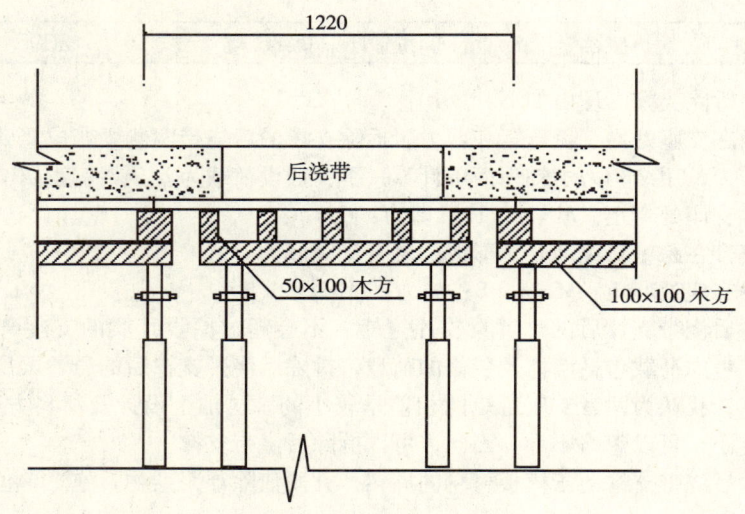

图 2.20 后浇带支撑示意图

| bay | 位置:浙江 | 专业:施工 | 第 68 楼 | 2005-10-28 11:16 |

后浇带处模板是否拆除应该考虑:①板跨;②后浇带留设位置;③混凝土强度;④钢筋配置;⑤留置时间;⑥周转材料或支撑体系等方面因素。原则上后浇带处板跨内支撑体系不应进行拆除法施工。

如采用拆除法(目前现场应用较广)主要采用 61 楼图示法进行施工。目的是为节省周转材料,同时应考虑 1 点、2 点、3 点、4 点、5 点、6 点中的支撑体系等方面因素,来决定支撑体系留置方法、留置面积(支撑部位)、拆除时间等工艺参数。最终应以保证后浇带混凝土处不出现裂缝等质量问题才是可行的。

2.3.4 讨论主题:后浇带模板拆除应具备的条件?

原帖地址:http://bbs3.zhulong.com/forum/detail2861746_1.html

| 亲亲 mami | 位置:北京 | 专业:施工 | 第 1 楼 | 2006-1-10 13:36 |

梁、板模板拆除应具备的条件？

1. 底板及其支架拆除的混凝土强度应符合设计要求；当设计无具体要求时，混凝土强度应符合表2.2规定。

底板拆除时的混凝土强度要求　　　　　　　　　　表2.2

构件类型	构件跨度（m）	达到设计的混凝土立方体抗压强度标准值的百分率（%）
板	≤2	≥50
	>2，≤8	≥75
	>8	≥100
梁、拱、壳	≤8	≥75
	>8	≥100
悬臂构件	—	≥100

2. 梁板的拆模强度，应根据同条件养护的标准尺寸试件的混凝土强度为准。
3. 冬期施工时要按照设计要求和冬施方案确定拆模时间。

墙柱模板拆除应具备的条件？

1. 在常温下，墙柱侧模应保证结构不变形，棱角完整的情况下拆除。
2. 冬施侧模拆除，要求混凝土强度达到1MPa可松动螺栓，待混凝土强度达到4MPa方可拆模；或者拆除模板后立即覆盖，待混凝土强度达到4MPa时拆除保温，严防低温下模板拆除过早，出现混凝土粘连。

后浇带模板拆除应具备的条件？

后浇带处混凝土不连续，较易出现安全和质量问题，故此部分模板拆除和支顶应在施工技术方案中明确规定（GB 50204—2002规定）。

对于后浇带模板拆除，规范规定很不明确，大家能否提供一些具体的指导性要求？

| 赤红热血 | 位置：浙江 | 专业：结构 | 第2楼 | 2006-1-10　13:50 |

后浇带的模板拆除时间应该是混凝土强度达到100%后方可拆除，而且高层建筑后浇带位置都是重叠的，在达到100%强度后也应该视情况定！最起码要保证最上面一层能有3层的支撑！

我觉得后浇带在未浇筑之前，相当于把原来的连续梁（板）结构变成了悬臂结构，该位置混凝土强度不达到100%，不能拆除模板。

| 拐子马 | 位置：广西 | 专业：施工 | 第3楼 | 2006-1-10　15:59 |

我们在现场一般是按普通梁、板结构的要求做，反正规范没说这个要求不适用于后浇带。

偶尔会碰到较真的监理，这时就把方案提交给设计院，让他们复核结构是否能满足施工要求，不行的就要求从设计上想办法，直到满足为止。

如果设计院说不关他们的事，就翻规范给他们看，《混凝土结构设计规范》有"对于现浇结构，必要时应进行施工阶段的验算"的要求。

赤红热血的说法不太妥当，后浇带处原来的连续梁（板）结构是变成了悬臂结构，但是你怎么知道按悬臂结构就一定不能满足要求？

"最起码要保证最上面一层能有3层的支撑"这个也是有争议的。

| 拐子马 | 位置：广西 | 专业：施工 | 第49楼 | 2005-10-18 0:11 |

其实企业应有自己的企业标准。没有标准的就按规范，但是，这些问题目前还存在争议，有关的规范已讨论很久了都没办法颁布。不光是后浇带，其实整个模板支撑系统计算都是有争议的。

2.3.5 讨论主题：地下室外墙1500mm厚，探讨一下施工方法。

原帖地址：http：//bbs3.zhulong.com/forum/detail1388343_1.html

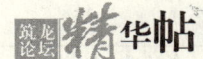

| tangxiaowei | 位置：辽宁 | 专业：施工 | 第1楼 | 2005-6-13 22:12 |

地下室外墙1500mm厚，探讨一下施工方法

1. 钢筋的施工工艺流程、注意事项。
2. 模板的选材及加固方案。
3. 混凝土浇筑方法：
1）温控措施；
2）施工流程；
3）振捣措施。

| szh3027 | 位置：河北 | 专业：其他 | 第9楼 | 2005-6-15 10:06 |

500mm厚的剪力墙就有三排钢筋，你那1500mm厚的剪力墙要有多少钢筋呢？不过再厚的墙，我觉得在钢筋施工中的施工工艺还是一样的，不过这么大的剪力墙在钢筋下料、绑扎等检验批中一定要注意尺寸，还有规范要求等，不然返工是很麻烦的。

模板和混凝土是一件大的事情，应该重点抓，这样的混凝土是大体积的混凝土，在浇筑的时候要控制它的温度裂缝，还有尽量用水化热低的混凝土，要和搅拌站联系好，最好在浇筑的时候，设计和甲方要"旁站"，哈哈，这是为了工程着想的。模板的安全稳定性要做好，总之，这个工程是一个大的工程，一定要有很好的方案措施的，要有甲方、设计、监理和施工单位共同论证的。

不知道这个剪力墙是干什么用的呢，他和柱子怎么连接呢，柱子的截面是不是2000mm×2000mm的呢，一定是芯柱了。

还有在浇筑施工中一定要有看钢筋和模板的人员，尤其是模板一定要牢固，免得前功尽弃。

| mingong | 位置：河北 | 专业：施工 | 第12楼 | 2005-6-15 18:52 |

对于剪力墙来说，1500mm厚度实在少见，钢筋施工难度不是主要的，关键是绑扎的顺序考虑好了，位置正确就行，模板主要是与高度有关，墙越高侧压力越大，但宽度到了1.5m以后难度是用支撑还是用螺栓的问题比较难处理，用螺栓拉的话还不能细，直径太小容易自身拉伸变形引起模板向外涨。关键浇灌混凝土时还是要控制好分层厚度，这对模板侧压力起到很关键的作用。

| 磐信a | 位置：广西 | 专业：施工 | 第49楼 | 2005-6-15 20:44 |

1. 合理布置钢筋

钢筋的弹性模量比混凝土的弹性模量大7~15倍，合理的钢筋配置可以起到减轻混凝土收缩的程度，在相同的配筋率下，应选用细筋密布的办法。

2. 合理留设伸缩缝

伸缩缝是为了防止结构因温度效应而设置的一种结构缝。我国现行的《混凝土结构设计规范》规定：现浇钢筋混凝土连续式结构处于室内或土中条件下的伸缩缝间距为55m，合理设置伸缩缝对大体型结构防止温度裂缝是非常有效的。

3. 后浇带

它是施工期间保留的临时性温度收缩变形缝，是一种特殊的施工缝。设计后浇带的目的是取代结构中永久性的伸缩缝。要求在浇捣后浇带之前，结构混凝土至少30%的收缩已完成。

4. 选用相应的水泥

混凝土内部实际最高温升，主要取决于水泥用量及水泥的品种。应优先选用水化热较低的水泥品种，如矿渣硅酸盐水泥。在符合设计的情况下，充分利用混凝土的后期强度，减少水泥的用量。地下室外墙施工时，考虑到矿渣水泥比普通硅酸盐水泥收缩量大25%，因此墙板采用普通硅酸盐水泥为好。

5. 骨料

目前泵送混凝土的碎石规格一般为5~25mm。根据试验，采用5~40mm石子比采用5~25mm石子，每立方米混凝土可减少用水量15kg左右，在相同水灰比情况下，水泥用量减少20kg左右，因此尽量选择大粒径粗骨料。

6. 砂

采用中、粗砂，细度模数必须控制在2.3以上，含泥量控制在2%以下。因为采用细度模数为2.8，比2.3的中砂每立方混凝土可减少水泥用量约30kg，减少水用量20~25kg，从而降低混凝土水化热和温差引起的收缩。泵送混凝土时，砂率应控制在38%~45%。

7. 使用粉煤灰等矿物质外掺料

由于粉煤灰颗粒呈球状，为中空结构，主要成分为SiO_2、Fe_2O_3、Al_2O_3、CaO、MgO，因此在混凝土中掺入粉煤灰对改善混凝土的和易性，替代水泥用量，降低水化热，减少收缩，提高抗裂性有着良好的效果。但应注意掺入粉煤灰后混凝土的早期强度较低，掺量应根据水泥的品种、不同的工程对象、施工工艺，通过试验确定。

8. 外加剂

为达到抗裂、防水的目的，在配制混凝土时，一般需要掺入减水剂、缓凝剂、微膨胀剂等。外加剂的质量对混凝土的影响非常大，有些微膨胀剂与其他外加剂一起使用可能产生副作用，因此在使用前应经试验确定。目前工程中应用的微膨胀剂品种较多，质量参差不齐，我们通过试验、比较，常用的微膨胀剂中UEA-H效果较好，水中养护14d、空气中养护28d的限制膨胀率分别为0.045%和0.011%，符合建材行业标准《建筑消石灰粉》（JC 478—92）水中14d大于0.04%和空气中28d小于0.02%要求，转入空气中的回落差，60d UEA-H为0.018%。

9. 控制混凝土浇筑温度

根据规范规定，对大体积混凝土的浇筑应合理分段分层进行，使混凝土温度均匀上升，浇前应在室外气温较低时进行，混凝土浇筑温度不宜超过28℃。夏季施工时，如果混凝土的入模温度过高，可用冷水作为搅拌用水，也可将粗骨料遮盖，防止日晒以降低温度。

混凝土浇筑以后，混凝土因水泥水化热升温而达到的最高温度主要是混凝土入模温度与水化热引起的。规范规定：温度控制在设计要求的范围内，当设计无具体要求时，温度升幅不宜超过 25 ℃。建议限制 $\Delta T = 30$ ℃，根据我们的体会，$\Delta T = 28$ ℃ 不会产生表面裂缝。对于浇筑厚度在 1.0~2.5m 的底板，实际最高温度一般发生在混凝土成型后的第 3 天。

10. 注意混凝土施工的操作程序

除在施工中应切实按照《混凝土结构工程施工质量验收规范》执行外，还应做好：1）控制好坍落度，混凝土为便于泵送，一般要求有较大的坍落度，一般搅拌站是通过外掺高效减水剂来解决。施工单位在定货时应在合同中提出所需混凝土的坍落度值。坍落度一般控制在 120 ± 20mm 为宜。2）泌水，商品混凝土在浇振过程中会发生大量的泌水，当混凝土大坡面的坡脚接近尽端模板时，可改变混凝土浇捣方向，即从尽端往回，与原料坡相交成一个集水坑，用软轴泵及时排除。3）商品混凝土的表面水泥浆较厚，在浇捣后要进行处理，一般先初步按设计标高用长刮尺刮平，然后在初凝前用滚筒碾压数遍，再进行二次抹面，提高混凝土表层密度，消除收缩裂缝。

11. 加强混凝土的养护

塑料薄膜覆盖或浇水草袋覆盖养护是高层建筑地下室底板防止产生裂缝的重要环节，目的是控制温差，防止产生表面裂缝，可充分发挥混凝土早期强度，使温度产生的应力 σ_{max} 小于抗拉强度 R_f，防止产生贯穿裂缝。另一方面，潮湿的环境可防止混凝土表面因脱水而产生的干缩裂缝，浇水养护不少于 14d。

12. 做好测温工作

底板混凝土测温工作是为了掌握大体积混凝土水化热的大小。通过调节措施来控制混凝土中心最高温度和表面温度之差不超过会产生裂缝的临界温度。

总之，地下室混凝土裂缝控制是一个综合性的课题，要通过设计、施工、材料优选等环节进行全面控制，才能减少裂缝的产生。采用了上述方法，经过了试验和工程实践，对底板大体积混凝土裂缝控制是行之有效的，但对墙面混凝土的开裂现象，还有待我们去继续研究。

cbings	位置：浙江	专业：施工	第 23 楼	2005-6-17 8:36

上传一个模板计算例子吧。另根据《施工手册》和《施工计算手册》，墙模板的侧压力跟墙厚度没有关系（我们也感到疑惑，但是反复查了上述两本书，确实如此，公式里没有墙厚度这个参数）。所以，我想墙厚度主要是对温控防裂影响比较大。温控防裂的计算比较复杂，跟墙的高度、长度、当地气温均有关系。主要是这些参数确定比较麻烦，一旦参数确定了，计算其实也就是套套公式。当然了，套公式计算出来的东西实际有没有用，或者说到底能不能防止裂缝？那又跟公式本身的合理性及参数选取、模型简化的合理性有关了。

附件：墙模板计算书（限于篇幅附件没有收录——编者著）。

szh3027	位置：广西	专业：施工	第 24 楼	2005-10-18 0:11

大家讨论的里面主要是钢筋的绑扎和模板的安装，其实混凝土的浇筑大家是不是疏忽了呢？这样的工程除了有钢筋绑扎和模板安装的方案还要有具体的混凝土浇筑保证措施的，混凝土属于大体积的浇筑。所以要制定严格的保证措施，如浇筑过程中混凝土内部温度裂缝的控制（即内部温度和外表温度差不大于25℃）、振捣等的控制。

模板在这个工程中起着重要的作用，顶板的模板主要是承受竖向力的作用，而墙模板是承受侧压力的，所以在模板的支设时，顶板要加密立杆的间距，横杆也要相应的加密，底部的垫木也要大一些，使脚手架的压强减小；而墙的模板除了竖向、横向杆件的增加加密外还要考虑斜杆的增加，避免涨模现象的发生。

钢筋还是我以前说的要严格按照施工图纸和规范施工，免得返工。

我就说一说大体积混凝土的温度裂缝的控制，我觉得温度裂缝是大体积的混凝土浇筑中最让人头疼的事情了，弄不好就要炸了重新浇筑，在大体积混凝土浇筑的时候，一定要有专人对混凝土的底部、中部、上部和表面的温度进行实测，做好记录，并进行分析，看是不是超过了规范上要求的不大于25℃；混凝土中的水泥要用水化热低的水泥。同时要和搅拌站联系好，要求搅拌站留人值班，以保证混凝土连续浇筑的供应能力；混凝土的缓凝时间要掌握好；浇筑的摊面不要拉得过长，以免混凝土在初凝前跟不上新混凝土浇筑，而形成冷缝；还有就是混凝土泵要有备用泵；混凝土浇筑完成后也要注意两点：①温度要继续测，直到稳定。②要加强养护。

还有就是注意一下，当温差大于25℃时，冬季要加麻袋片、彩条布等保温，夏季也是保温，使他们的温差降低。

| suiyuan1457 | 位置：山东 | 专业：其他 | 第29楼 | 2005-6-17　17:45 |

关于模板的施工方法，我知道，你们可以采用单侧墙体模板支架施工技术，这是我看过的一本资料，是上海卓良模板有限公司的技术。

工作原理：单侧支架为单面墙体模板的受力支撑系统，当墙体模板采用单侧支架后，模板无需再拉传墙螺栓。

单侧支架通过一个45°的高强受力螺栓，一端与地脚螺栓连接，另一端斜拉住单侧模板支架，因斜拉锚力F后分为垂直方向的力F_2和一个水平方向的F_1，其中垂直方向的力抵抗了支架的上浮力，水平力F_1则保证支架不会产生侧移。

单侧墙体模板支架施工技术：简单的说就是墙体只有一侧有模板，但是模板的侧压力是通过模板后侧的支架支撑，没有对拉螺栓的。这样的技术对超厚墙体、抗渗等级高、墙体外侧没有施工空间的墙体具有很高的推荐价值。下面是两张图片。一是技术图片（图2.21），一个是施工现场的图片（图2.22）。

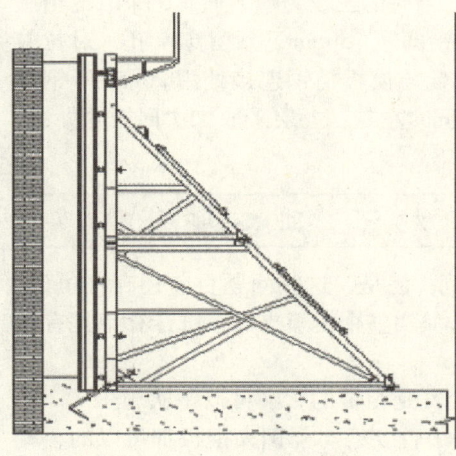

图2.21　单侧支模示意图

图2.22　单侧支模施工实例

| dogwing | 位置：上海 | 专业：施工 | 第40楼 | 2005-6-19 16:32 |

　　suiyuan1457说的单面支模和大模板的三角支撑差不多（图2.23），我们自己就设计过，针对难以穿对拉螺栓的巨型柱。不过用钢量很厉害，是没办法的办法，不提倡使用。

图2.23　单侧支模施工实例

| leewf1978 | 位置：山东 | 专业：施工 | 第46楼 | 2005-6-20 21:50 |

　　我施工过类似的外墙，厚度为1300mm，高4600mm。当时的工程为地下通廊，采取的措施为加工定型组合钢模，采用5mm的钢板，外为14mm槽钢间距750mm，预留穿墙孔，对拉螺栓为16mm圆钢间距750mm，竖向间距400～600mm，螺栓与模板槽钢连接处用20mm厚钢板垫片。混凝土浇筑采用汽车泵分层浇筑的办法，每次500mm左右，上层采取二次回振的办法，墙顶无裂缝。

| suiyuan1457 | 位置：山东 | 专业：施工 | 第49楼 | 2005-6-21 8:14 |

　　其实企业应有自己的企业标准。没有标准的就按规范，但是，这些问题目前还存在争议，有关的规范已讨论很久了都没办法颁布。不光是后浇带，其实整个模板支撑系统计算都是有争议的。

　　我认为可以采用单面模板体系是最经济实用的，人家又是租赁的，又可以一次施工7.3m。具体的方法为，在墙角预埋地锚，与地面成45°，模板采用竹胶板与全钢大模板都可以的，骨架间距80～90cm，可以一次成型。具体施工时注意的要点是地锚的预埋。至于安装应该是没有问题的，主要是面板的防倾覆。在支架的上端模板处可以设挂架方便浇筑混凝土，在支架的外侧加横杆（就是用架杆连接起来就行）。我认为采用这种方法的主要优点就是施工方便，有足够的稳定性，经济效果也不错。另外我要说的是，1500mm 的墙体立设的对拉螺栓能够拿出拉的可能性很少，更不用提从一头传向另一头。

考虑模板材料，我觉得有几方面的因素：1. 经济性，这也是重要的一点，如果模板使用很长时间仍有很高的剩余价值那岂不是更好；2. 强度、刚度是否能保证；3. 模板使用的耐久度，也就是说这样的模板能使用多长时间仍能保证混凝土的浇筑效果；4. 所选模板材料本身的缺点也是应考虑的重点。木模板表面不平整，吸水膨胀，混凝土效果不好；竹胶板价格高，达到混凝土的稍稍透气的要求，浇筑效果好，周转次数较多；多层木胶板（腹膜），浇筑效果一般，能周转的次数少，价格可以达到竹胶板的一半稍多一点；全钢大模板，表面不透气，如果控制好浇筑混凝土就可以减少气泡的产生，但价格高，周转次数多，剩余价值可以达到购买价值的 35% 左右（最少）。

2.3.6 讨论主题：竹胶板模板制作时的防水封边和提高周转率问题探讨。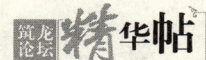

原帖地址：http://bbs3.zhulong.com/forum/detail779513_1.html

| 猎人 | 位置：山东 | 专业：施工 | 第1楼 | 2005-1-14 11:22 |

竹胶板成本极高，如何最大限度提高周转率，降低成本，成了施工企业的难题。而竹胶板边极易分层开裂。请教诸位：

1. 如何有效进行竹胶板防水封边？
2. 如何从其他方面提高周转率？

| zhxl0006 | 位置：新疆 | 专业：施工 | 第2楼 | 2005-1-14 12:52 |

以前有朋友针对这个问题造了个大板压边机，开了个加工厂，新板包铁皮边，老板裁毛边再包铁皮边，可提高周转率，不过生意不好，关了。

还是要买防水密实多层双面防水做的好的板，对操作工人加强要求，注意保护。

| 幽幽幽幽 | 位置：贵州 | 专业：施工 | 第6楼 | 2005-1-14 20:04 |

10mm 厚竹胶合板模板的质量判别可以用水煮法，开水煮 30min 以上，若无分层变形，可算合格。质量好的模板若使用得当，周转 8 次没有问题。但质量再好的竹胶合板模板若使用不当，周转 4 次就不行了。如何合理使用我有以下几点参考意见：

1. 柱梁模板尽量使用定型设计、定位使用。模板按设计尺寸加工好后，用木方或钢框固定在四边，可有效防止变形，同时也可有效保证构件尺寸。周转时不同楼层的同一部位构件使用同一块模板（事先在模板上编号），避免因构件尺寸差别发生切割、镶补模板的现象。

2. 由于楼板模板拆模时往往不好确定从哪个地方开始拆比较方便，遇到不负责任的工人就乱敲乱撬，很容易损伤模板降低周转率，可采取以下办法：板承台模支设时，可在板中部的适当位置单独铺一条 10cm 宽左右的竹胶合板模板，拆模时从这个位置开始拆，容易损坏的也只有这 10cm 宽的模板，两边的大模板就比较容易拆了。

3. 一定要教育工人爱惜模板，装拆模板不能野蛮施工，模板位置严格按方案计划放置，安装时严格检查刷隔离剂的工序。听以前的老工人讲有的工程用机油做隔离剂，拆模后刷一道还原剂，对混凝土基本上没有不良影响，颜色上也看不出。还原剂是什么没问清楚，好像是酸性还是碱性的什么物质。

关于防水封边的问题，我们这里常用的方法是：对于水平接缝，采用宽胶带纸贴缝；对于角缝，采用海绵条堵缝。

zhych110	位置：河北	专业：施工	第 7 楼	2005-1-14 20:07

竹胶板这种材料，本身就是损耗比较严重的。加上建筑物的各个构件的尺寸不尽相同。刚买回来前两次使用尽量用在大面积的地方，减小裁切率，尽量不裁切，但是难免进行裁切。我是搞电力建设的，使的模板几乎全是竹胶板，我们的模板使用周转率超不过8次，超过8次的已经无法保证混凝土质量了。

要想提高竹胶板的使用率，我感觉还是要从成品保护方面入手，拆模板时不能用撬棍硬撬，竹胶板不能从高空直接扔到地面上或其他构件上。

封边这种做法我感觉是不切合实际的，除非竹胶板只用在楼板上。

wzp7804	位置：山东	专业：施工	第 12 楼	2005-1-17 18:59

我觉得不如木胶板好用，因为竹胶板太容易开裂，边角太容易损坏，相对木胶合板来说要差点，我所见的大部分竹胶板用于平板部分。

zhych110	位置：河北	专业：施工	第 13 楼	2005-1-17 19:23

各种材料都有其独自的优点！

使用竹胶板，只要加固得当、施工规范，浇筑出来的混凝土要比木胶合板漂亮的很多。使用木胶合板，如果浇水过多，板面有起鼓变形的现象。我这里有一份以前的竹胶板模板施工措施，现在上传上来希望对大家有些帮助。

附件：
定州2×600MW机组工程
竹胶板模板施工技术措施
工程概况
本工程为国华定州发电厂一期2号机工程，属单机600MW燃煤机组，为了保证定电工程施工质量，确保优质工程夺取"鲁班奖"，主厂房工程模板均采用12mm厚覆膜竹胶板，承重由50mm×100mm的木方完成，模板在木工棚统一制作，用四轮车运输到施工现场组装支设，以提高混凝土外观质量及工艺水平。
作业范围及工期
本工程施工范围为2号机主厂房、炉后及A列外基础。
工期要求2001年8月19日~2001年11月20日
主要材料及施工机械
3.1 主要材料

12mm厚竹胶板	50mm×100mm 木方
钢钉	密封胶

3.2 主要施工机械

压刨	1 台	平刨	1 台
电锯	1 台	小型电锯	1 台
手提电锯	2 台		

手电钻　　　　2台 $\phi13 \sim \phi18$
手枪钻　　　　10台 $\phi6 \sim \phi10$
密齿合金刚锯片 $\phi300$　2片
四轮拖拉机　　　　　　1台

4. 模板制作施工方法及工艺

4.1 材料的选用

4.1.1 现在竹胶板拼装的组合大模板，运用于好多建筑施工企业，越来越被人们重视，因此各地各厂家纷纷上马生产，品种很多，质量差别很大，要选择质量较好的竹胶板，以取得好的效益。

4.1.2 木方的选用，根据工程情况和气候条件，应选用白松、樟松等质地轻且不易变形的木材为佳，可以提高模板的周转次数。

4.2 制作模板工作台的搭设

为了便于操作，在制作模板前首先要搭好与板型相试应的工作台，以达到板面平整便于操作的效果。

4.3 模板配制

由技术员根据施工图画好配模图，同专工审核签字后，木工根据配模图配模。

4.4 木方下料

所有木方要经过压刨、平刨、刨光尺寸一致，按照配模图下料，待用。

4.5 竹胶板裁板

对所进的竹胶板要分类，由于厚度不一样，为了保证所拼模板接缝的质量，对竹胶板的厚度要分类，选择厚度一致的模板，然后按照配模图划线裁板下料。

4.6 模板的组装

4.6.1 根据配模图要求尺寸在工作台上划出模板外边线，木方间距 250～300mm（根据模板部位定）用4吋钢钉钉成木框，竹胶板要用电钻打眼，间距 200mm，用3吋钢钉和木方钉牢。模板平面几何尺寸小于2mm，模板接缝小于1mm，并用密封胶堵严，拼完的模板要编号标注尺寸，分类码放。

4.6.2 模板木带应竖向布置，基础模板应上下布两根横带，要保证外侧木带与模板顺直，对拉螺栓眼要根据施工方案，间距布置要躲开木带位置。

4.6.3 模板接缝处要设两根木带，保证其接缝平整，用电钻打孔钉钉时，打孔深浅要一致，钉帽保证不凸不凹，以提高模板外观质量。

4.6.4 木工负责人对拼好的模板要进行严格的质量验收，按照配模图对模板几何尺寸、对角线、平整度接缝要认真验收，合格后方可使用。

4.7 模板的运输

拼好的模板要用四轮车运输到施工现场，面积小的模板装在车厢里，对面积大的模板要用专用架子车运输，装车时底部要垫平，码垛层数不超过5层，行驶速度不超过5km，对上下坡道时更要注意，木模板捆绑好保证上下坡道时人身安全。

5. 模板的现场组装及支设

5.1 模板运到施工现场要按配模图尺寸卸到指定地点，然后进行组装，模板下边一定要找平，模板接缝处要粘海绵条，海绵条距模板边要留5mm距离。转角处用4吋钢钉钉牢，模板组装前表面应清理擦洗干净。

5.2 承台、地梁、板墙、剪力墙、基础柱支模前应首先放好轴线和模板边线，水平控制线，经反复测量确保位置无误后开始安装模板。

5.3 模板的加固由架管对拉螺栓和柱箍共同完成，模板外侧设横向竖向架管，对拉螺栓按施工方案间距安装，柱子使用柱箍加固，应严格按施工方案间距执行，不能随意更改间距，承台螺栓采用 $\phi 12$，剪墙螺栓采用 $\phi 14$。

5.4 要对模板的垂直度平面几何尺寸进行找正，保证模板的垂直度小于3mm 以内，平面几何尺寸小于5mm。

5.5 有埋件孔洞的模板在模板上弹出孔洞埋件边线，用 $\phi 8$ 螺栓固定在模板上，既能保证埋件孔洞位置准确，又能保证埋件紧贴模板，拆模后埋件表面刷漆按设计编号喷字。

5.6 基础外侧要搭设脚手架，模板的支撑和加固与脚手架连成一个整体，增加了模板的稳定性。

5.7 对基础模板的加固，可在基础四周用短架管打入地下，间距不大于1.2m，在短架管上横一根水平架管，用于支撑四周基础模板，支撑架管角度不大于45°。

5.8 地梁剪力墙、基础柱、承台基础加固用 $\phi 12$ 对拉螺栓进行加固，地梁上下应设两层螺栓，水平间距900mm，剪力墙、板墙水平间距900mm，上下间距750mm，循环水泵坑、凝结水泵坑板墙对拉螺栓设止水环，纵横间距750mm。

5.9 模板组装完后，用 $\phi 48$ 的架管在垂直和水平方向用两层双架管加固，架管交叉处放置对拉螺栓，承台基础和地梁应用地锚支承，固定其位置。

5.10 为了防止板墙、梁、柱截面变小和向内倾斜，在模板内加钢筋顶棍，在钢筋顶棍两端焊短钢筋，防止加固时刺伤模板，影响混凝土外观质量。

6. 成品与半成品的保护

为了保证主厂房基础工程的外观工艺质量，必须重视成品保护。

6.1 进场的竹胶板要存放在木工棚内，下面垫 10cm×10cm 木方并覆盖，严禁暴晒变形。

6.2 进场的木方一定要是干燥的木方，上面覆盖塑料布，严禁雨淋受潮变形。

6.3 制作好的模板分类码放，下面垫 10cm×10cm 木方，上面覆盖帆布。

6.4 模板在运输过程，车速限制5km 内，捆绑牢固，防止路面不平颠簸，模板变形。

6.5 模板运到现场，存放到指定地点，下面垫 10cm×10cm 木方，上面覆盖帆布，防止日晒雨淋模板变形。

7. 模板的拆除与重复利用

7.1 模板拆除时，应先拆除支撑管，后拆加固管然后再拆模板，拆模时，先把四角固定钢钉起掉，然后用撬棍轻轻撬动模板边缘，严禁猛撬破坏混凝土棱角。

7.2 有对拉螺栓的模板，先拆对拉螺栓，然后把木方拆开，最后拆竹胶板，这样可以减少竹胶板损坏。

7.3 模板拆除后，全部运回木工棚，拆除木方、起掉钢钉、重新配制。

7.4 对重复利用的模板，对边角有缺陷的地方，应用电锯锯掉，对钉子眼、螺栓眼要堵严保证模板表面平整光滑。

7.5 为了保证模板重复利用次数，应在模板锯口处刷两道清漆，使水不易渗透模板内部，模板不变形。

8. 安全及文明施工措施

8.1 安全措施

8.1.1 健全安全生产责任制，具体工作落实到人。

8.1.2 在工程施工前，要进行书面安全施工交底，安全员签字。

8.1.3 施工人员作业前要经过安全教育和考试体检合格后方可上岗，进入施工现场必须正确佩戴安全帽。

8.1.4 施工人员要认真学习安全知识和各种规章制度，提高施工人员安全意识，杜绝一切不安全因素，消除一切和可能发生的事故隐患，确保作业人员施工安全。

8.1.5 所有机械设备要有专人负责专人使用，电锯及电刨操作人必须熟悉掌握机械性能，严格按照各项操作规程操作，定期保养，操作前必须检查电器设备是否良好，运转方向是否正确，作业完毕后，切断电源，清理机械四周。

8.1.6 手电钻操作人员上岗前首先要检查电线、开关是否漏电和机械性能是否良好，合格后方可使用。

8.1.7 施工中要做到三不伤害，即不伤害自己，不伤害别人，也不能被别人伤害。

8.1.8 非专业人员不准动用各种机械设备和电器设备。

8.1.9 非电工不能私拉乱接，电器设备出现故障，要找电工和专业人员检查处理。

8.2 文明施工措施

8.2.1 文明施工要做到工完料净场地清。

8.2.2 要保证施工道路畅通，各种材料码放整齐，要挂牌，写明规格型号。

8.2.3 木工棚内刨花锯末，下脚料坚持每天清理。

8.2.4 各种机械设备作业完后，要认真清理表面尘土、污垢，对机械进行保养。

8.2.5 对现场拆除的木方模板及时清理拉回木工棚。

8.2.6 遵守施工现场文明施工管理规定，争创文明工地。

| ygy0496 | 位置：山东 | 专业：施工 | 第 16 楼 | 2005-1-20 8:58 |

楼主提的这个问题很好，这也是我一直想讨论的问题。

封边的方法，施工手册中提到的，用油漆封边，即所有锯开的竹胶板锯口处用油漆涂刷密封，但实际施工时很难做到。

2.3.7 讨论主题：关于模板的起拱问题。

原帖地址：http://bbs3.zhulong.com/forum/detail2609410_1.html

| hawk00152 | 位置：浙江 | 专业：结构 | 第 1 楼 | 2005-12-7 18:48 |

混凝土结构验收规范上说，梁跨大于 4m 要起拱 1/1000 ~ 3/1000，一般木模取大值，钢模取小值，我们现在有一跨度达 32.4m 的大梁，如果按中间值起拱那么起拱也要达 6cm，我们的板厚为 12cm，如果这样此区域的板面标高岂不是远高于周围区域。

| hunheren | 位置：辽宁 | 专业：施工 | 第 2 楼 | 2005-12-7 19:18 |

一般是这样，你还是按照 12 cm 厚的混凝土板浇筑，混凝土浇筑之后，支撑系统会下沉，就不可能高那么多了。

| zxc73420 | 位置：四川 | 专业：施工 | 第 3 楼 | 2005-12-7 22:37 |

还是应该起拱：因为在你模板拆除后，大梁就会承受板面及自重的荷载而产生变形，这样，此区域的板面标高就不会远高于周围区域。

当然，应该不是 hunheren 版主说的"混凝土浇筑之后，支撑系统会下沉"，如果是那样，你这个模板支撑系统就已经出了问题了。

这样解释对不对？请大家批评指正。

| zjs1982 | 位置：河南 | 专业：施工 | 第4楼 | 2005-12-7 22:58 |

我认为应该正常起拱，把梁跨中处的板底模适当调高，保证板厚。

| ld9702 | 位置：河北 | 专业：施工 | 第12楼 | 2005-12-8 9:54 |

在浇筑混凝土的时候，由于本身的静荷载和振动造成的动荷载，有一定的沉降，但不明显。等拆模后一段时间就能有较大的沉降。我曾测量过10m的跨度，拆模后跨中的梁底标高比梁端头的底标高仅高1cm多。

| 赤红热血 | 位置：浙江 | 专业：结构 | 第13楼 | 2005-12-8 10:30 |

梁底模起拱有多方面的因素！

1. 是梁在浇筑混凝土时，会产生沉降，比如原有钢管（支撑架）未顶紧，浇筑混凝土后，荷载增加了近10倍，未顶紧的支撑架就会顶紧，产生沉降，另外，模板、支撑架的变形也是一个较大的因素（支撑架的弹性变形），这个影响因素比较大。

2. 是支撑架下面的梁拆除支模架后产生部分变形而产生的连锁反应。（下部有梁的情况下）

3. 拆模后的部分沉降，支撑架拆除，下部支撑的荷载一下去除后，梁受自重及上部支撑架传下的荷载（不指屋面板），产生变形。

4. 是结构完成后，加上装修荷载后产生的部分变形。

5. 拱形结构比平的或者凹陷的结构受力要好的多。

6. 建筑物使用过程中产生徐变影响。

变形与起拱是综合了以上各因素后定的，并不单单是一个因素，这样应该比较完善了吧。

| zeng7071 | 位置：福建 | 专业：施工 | 第14楼 | 2005-12-8 11:13 |

我觉得还是应该起拱，正如楼上所说的这是多方面的因素所形成的。但是我觉得楼上的还有一点没有说，那就是构件本身的挠度问题，大家知道不管是梁还是板，构件受力都会有产生一定的挠度，我想规范规定的要起拱首先也是要保证构件在下挠后不会有较大的弯曲变形。

| liketoyou | 位置：辽宁 | 专业：施工 | 第15楼 | 2005-12-8 11:18 |

你们这么大跨度不是钢结构的或者是预应力现浇楼板的吗？

我对现浇混凝土楼板作一个分析吧：

如果设计没有起拱的要求，一般按照规范的要求来起拱（一般为跨度的1/1000~3/1000）。但是如今是32.4m大跨度的，我建议应该根据以下几条来参考：

1. 按照1/1000~3/1000来算为3.24~9.72cm，起拱建议取中间值5~6cm就可以了，但是还应考虑以下几个方面。

2. 你们现场所采用的模板的支撑系统的立杆是满堂红脚手架支撑（可调节高度的），还是一般的木方支撑。

3. 支撑立柱的底部是不是硬地。如果是软地起拱还应更高，数值应该更大。

结合这三方面来综合考虑，我认为取 5~6cm 还是比较合适的。虽然表面看来起拱的区域结构标高会比其他板面的结构标高明显高出一部分，但是等你在浇筑混凝土的时候，慢慢的中间部分混凝土由于荷载的增加，根据构件的受弯作用来分析，模板会有所下挠，这样一来起拱区域的标高慢慢就与楼板周边的标高相差无几。最后整个楼面基本会保持在一个标高，偏差不大。

最后我给你一个示意图参考一下（图2.24）。

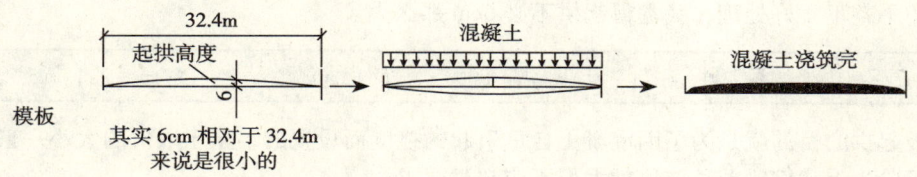

图 2.24　模板起拱示意图

| hjx200 | 位置：江苏 | 专业：施工 | 第 17 楼 | 2005-12-8　11:55 |

网友不必担心，板厚必须要保证，你看起来好像起拱了6cm，但模板和承重架在混凝土浇筑好后会有一定的下沉，而且拆模后，由于结构跨度较大，结构本身也有一定的挠度变形，所以结构的最终成活起拱高度也就剩2cm左右，对将来的地面做法不会构成影响。

| ntyubin | 位置：江苏 | 专业：施工 | 第 20 楼 | 2005-12-8　17:11 |

起拱 1/1000~3/1000，是规范的要求，不错。但说木模取大值，钢模取小值，规范正文部分没有。我认为，起拱大小应与跨度有关，而不是取决于采用木模还是钢模。跨度大时，可以取小值，跨度小时，则要取大值。

| mingong | 位置：河北 | 专业：施工 | 第 21 楼 | 2005-12-8　20:16 |

大家讨论的很热烈啊。看了一下大家好像疏忽了两个问题：

楼主说的是单根梁长30多米，另一个方向呢？如果你一个方向跨度很小，个人认为要综合考虑，不能只按这一根梁起拱，否则效果不会好，反而有些过高的感觉。

另一个问题是关于浇灌混凝土下沉的问题，个人认为与两个因素有关：模板下部的支撑点是在土上、混凝土基础上、楼板上？楼主没有说清；还有一个支模架子的高度，楼主也没说，如果支模架高度过大，必然会有沉陷，如果支模架不高沉降会很有限的，我们不能寄托在起高了以后等其沉降上，那样的话要方案干什么。

对于楼主说的起拱影响板厚问题，个人认为，起拱应该在梁内解决，即减少梁在跨中的高度，因为起拱对于梁的受力特征是相符的，而板与梁起拱没有必然的关系。个人观点，欢迎讨论。

| 辛颜 | 位置：辽宁 | 专业：施工 | 第 29 楼 | 2005-12-8　21:25 |

规范对于要求跨度大于4m的梁板要求起拱，是为了保证构件的形状与几何尺寸，他只是考虑了模板本身在荷载下的下垂，此起拱值当设计未给出时，不能考虑为当拆模后，梁在自重下的变形。

建议支模时，向设计咨询一下，由设计给出起拱值，此起拱值可由设计根据梁长、梁高、梁宽及混凝土强度计算得出。

如果不考虑设计因素，由自己定，我觉得此起拱值的确定，需要考虑下部支撑的支设位置是否可能存在下沉，支撑的间距及梁底模板的材料等问题。

如果模板支设较为理想，考虑板与梁相交处，若支模后梁在浇筑时不下沉那么多的话，此处的板的平整不太好处理，我觉得起拱不必6cm那么大。

沉鱼277	位置：浙江	专业：施工	第48楼	2005-12-11 0:56

模板起拱的目的就是为了因混凝土自重引起的挠度而设置的，至于取值的大小一般按梁长而定，经验告诉我们梁越长取值越大但不应超过要求。

hawk00152	位置：浙江	专业：结构	第1楼	2005-12-11 10:21

谢谢大家的帮助，我们已经于前天浇筑完毕，设计采用的是预应力和C50的混凝土，梁截面为500mm×1800mm。当时我们是起拱4cm。目前还在观测中。工程具体情况是我们是一大型商场5楼中庭的封顶，中庭面积有1500m^{2}左右，上面还有两层。支模架为扣件式和门式组合，从地下室顶面到梁底高度有23m，该区域地下室顶板下也做了相应的木支撑。

wdyfirst	位置：山东	专业：施工	第57楼	2005-12-12 19:15

梁跨大于4m要起拱1/1000～3/1000，这里的1/1000～3/1000是指整个梁的净跨度，我认为可以按中间值去起拱高度，起拱考虑的主要是两个方面的变形，一是浇筑混凝土时的下沉，这并不是说模板支撑系统做的不好，而是下沉变形是必然的；二是模板拆除后梁受压产生的变形及自重，该梁的跨度为32.4m，即使不变形，这么大的跨度，几公分的偏差也不是太明显的。

2.3.8 讨论主题：地下室顶板2100mm厚，探讨一下施工方法。

原帖地址：http://bbs3.zhulong.com/forum/detail1388381_1.html

tangxiaowei	位置：辽宁	专业：施工	第1楼	2005-6-13 22:19

地下室顶板2100mm厚，探讨一下施工方法，地下室净高为4500mm、6000mm。
1. 钢筋施工方法。
2. 模板的施工方法：特别是选材与支撑。
3. 混凝土的浇筑方法。

冯老五	位置：天津	专业：施工	第4楼	2005-6-14 8:01

1. 钢筋可以选择用钢管搭设成满堂脚手架，1500mm×1800mm应该可以了，当然立杆底部要与钢板或槽钢焊接。另外，也可以用型钢支撑，或用钢筋焊接A形马凳。
2. 脚手架的立杆的间距600mm×600mm，步距1200mm。我们现在施工的汽机运转层平台有3200mm厚，脚手架为400mm×400mm×1200mm。

3. 混凝土浇筑顺序不好说，主要是看现场平面布置，浇筑也就是斜面分层、一次成型。属于大体积混凝土，要注意养护测温。

| chi_qingli | 位置：黑龙江 | 专业：其他 | 第6楼 | 2005-6-14 9：18 |

你这板是转换层吧，我来说一点自己的看法，它的重点应该是：
1. 模板支撑的计算和设计。
2. 钢筋的制作和绑扎（包括连接）。
3. 对大体积混凝土配比和施工方案的确定（重点）。

类似的工程我在2002年施工过（负责了工程方案制定和实施），具体情况是1.8m厚板转换层，钢筋用量600t左右（具体数记不清了），混凝土体积3600m^3，工程总面积58000m^2。工程支撑采用的是厚壁钢管，模板采用竹模板，10cm×10cm、6cm×9cm木方，2.1m板的支撑重点是要提高整体刚度，防止出现支撑失稳问题，模板加固应和钢筋联系起来（我的方案就是把模板的加固和钢筋一起做的）。效果不错啊，不过浇筑混凝土时一定要考虑施工顺序对模板的影响。

| cbings | 位置：浙江 | 专业：施工 | 第8楼 | 2005-6-14 14：18 |

1. 钢筋的支撑比较重要，因为上下层之间距离比较大，可能得做钢筋支架。给你一份钢筋支架计算书做参考。
2. 由于板比较厚，根据《危险性较大工程安全专项施工方案编制及专家论证审查办法》，应编制专项施工方案，可采取这样的方法：下面3m用桁架，在各榀桁架间布置槽钢或工字钢，在工字钢上再布置扣件式钢管脚手架。完全用钢管脚手架行不行我没具体算过，给你一份脚手架计算书（板1.5m厚）做参考。
3. 混凝土浇筑还是老办法：优化配合比降低水泥用量掺粉煤灰减少水化热；预冷骨料降低混凝土入模温度；混凝土浇筑顺序保持一致避免贴补；加强表面保温延迟拆模时间。表面保温可采用塑料薄膜上覆盖几层草包等。另按规范可能得做测温控制。

上传一个计算书，附件：
模板支架计算书
模板支架的计算参照《建筑施工扣件式钢管脚手架安全技术规范》（JGJ 130—2001）。
模板支架搭设高度为2.0m，搭设尺寸为：立杆的横距 $b=0.40$m，如图2.25、图2.26所示。
立杆的纵距 $l=0.60$m，立杆的步距 $h=1.00$m。
采用的钢管类型为 $\Phi 48 \times 3.50$。

一、模板支撑木方的计算（图2.27）：
方木按照简支梁计算，方木的截面力学参数为：
本算例中，方木的截面惯性矩 I 和截面抵抗矩 W 分别为：
$$W = 5.000 \times 10.000 \times 10.000/6 = 83.33 \text{ cm}^3$$
$$I = 5.000 \times 10.000 \times 10.000 \times 10.000/12 = 416.67 \text{ cm}^4$$

1. 荷载的计算：
（1）钢筋混凝土板自重（kN/m）：
$$q_1 = 25.000 \times 0.200 \times 1.500 = 7.500 \text{ kN/m}$$
（2）模板的自重线荷载（kN/m）：
$$q_2 = 0.500 \times 0.200 = 0.100 \text{ kN/m}$$

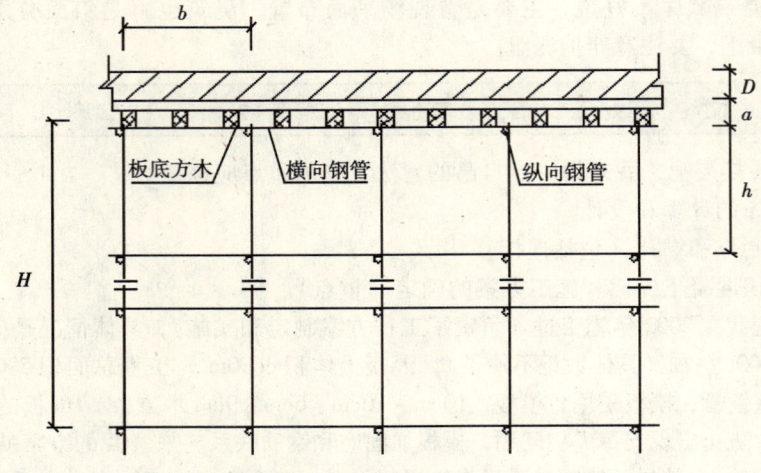

图 2.25　楼板支撑架立面简图

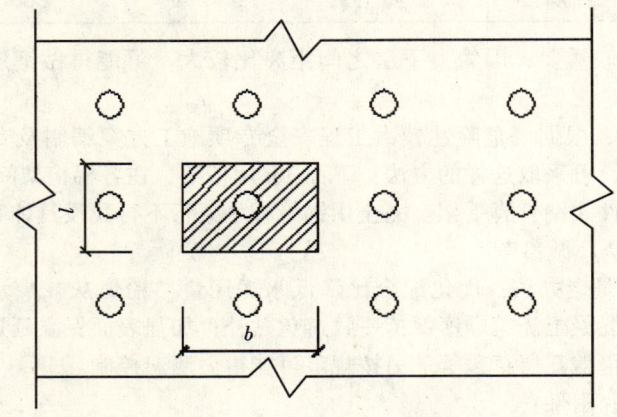

图 2.26　楼板支撑架荷载计算单元

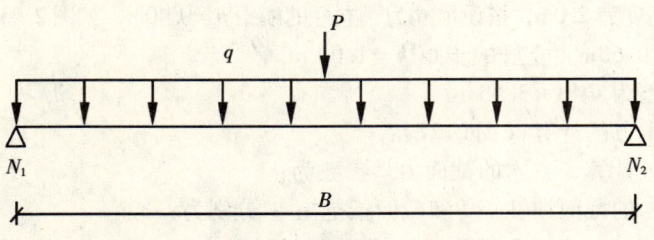

图 2.27　方木楞计算简图

（3）活荷载为施工荷载标准值与振捣混凝土时产生的荷载（kN）：

$$P_1 = (2.500 + 2.000) \times 0.600 \times 0.200 = 0.540 \text{ kN}$$

2. 强度计算：

最大弯矩考虑为静荷载与活荷载的计算值最不利分配的弯矩和，计算公式如下：

$$M_{\max} = \frac{Pl}{4} + \frac{ql^2}{8}$$

均布荷载　　$q = 1.2 \times (q_1 + q_2) = 1.2 \times (7.500 + 0.100) = 9.120$ kN/m；
集中荷载　　$P = 1.4 \times 0.540 = 0.756$ kN；
最大弯距　　$M = Pl/4 + ql^2/8 = 0.756 \times 0.600/4 + 9.120 \times 0.600^2/8 = 0.524$ kN；
最大支座力　$N = P/2 + ql/2 = 0.756/2 + 9.120 \times 0.600/2 = 3.114$ kN；
截面应力　　$\sigma = M/W = 0.524 \times 10^6/83333.33 = 6.286$ N/mm²；
方木的计算强度为 6.286N/mm²，小于 13.0 N/mm²，满足要求！

3. 抗剪计算：
最大剪力的计算公式如下：
$$Q = ql/2 + P/2$$

截面抗剪强度必须满足：
$$T = 3Q/2bh < [T]$$

其中最大剪力：$Q = 9.120 \times 0.600/2 + 0.756/2 = 3.114$ kN；
截面抗剪强度计算值 $T = 3 \times 3.114 \times 10^3/(2 \times 50.000 \times 100.000) = 0.934$ N/mm²；
截面抗剪强度设计值 $[T] = 1.300$ N/mm²；
方木的抗剪强度为 0.934N/mm²，小于 1.300N/mm² 满足要求！

4. 挠度计算：
最大弯矩考虑为静荷载与活荷载的计算值最不利分配的挠度和，计算公式如下：
$$V_{\max} = \frac{Pl^3}{48EI} + \frac{5ql^4}{384EI}$$

均布荷载　　$q = q_1 + q_2 = 7.600$ kN/m；
集中荷载　　$p = 0.540$ kN/m；
最大变形　　$V = 5 \times 7.600 \times 600.0^4/(384 \times 9500.000 \times 4166666.667)$
　　　　　　$+ 540.000 \times 600.0^3/(48 \times 9500.000 \times 4166666.7) = 0.385$ mm；
木方的最大挠度 0.385mm 小于 600.000/250，满足要求！

二、板底支撑钢管计算（图 2.28 ~ 图 2.31）：
支撑钢管按照集中荷载作用下的三跨连续梁计算；
集中荷载 P 取纵向板底支撑传递力，$P = 9.120 \times 0.600 + 0.756 = 6.228$ kN；

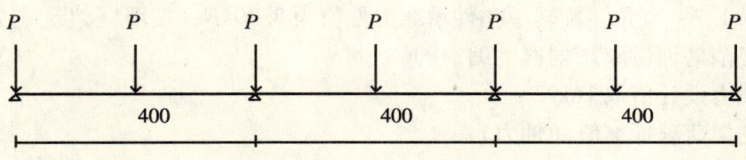

图 2.28　支撑钢管计算简图

最大弯矩 $M_{\max} = 0.436$ kN·m；
最大变形 $V_{\max} = 0.182$ mm；
最大支座力 $Q_{\max} = 13.391$ kN；
截面应力 $\sigma = 85.843$ N/mm²；

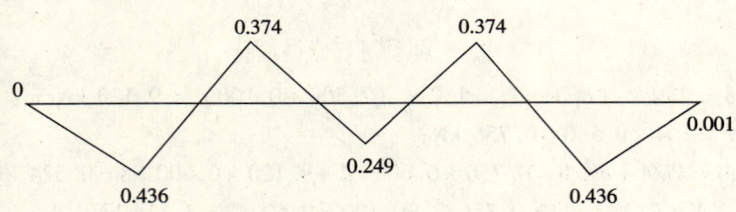

图 2.29 支撑钢管计算弯矩图（kN·m）

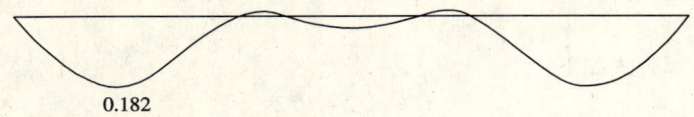

图 2.30 支撑钢管计算变形图（kN·m）

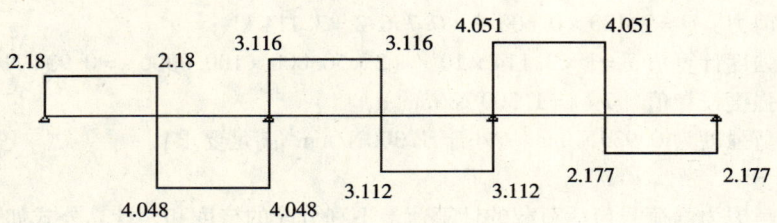

图 2.31 支撑钢管计算剪力图（kN）

支撑钢管的计算强度小于 205.000 N/mm²，满足要求！

支撑钢管的最大挠度小于 400.000/150 与 10 mm，满足要求！

三、扣件抗滑移的计算：

纵向或横向水平杆与立杆连接时，扣件的抗滑承载力按照下式计算（规范 5.2.5）：

$$R \leqslant R_c$$

式中 R_c——扣件抗滑承载力设计值，取 8.000 kN；

R——纵向或横向水平杆传给立杆的竖向作用力设计值。

计算中 R 取最大支座反力，$R = 13.391$ kN；

$R > 8$kN 且 $R < 16$ kN，所以单扣件抗滑承载力的设计计算不满足要求！建议采用双扣件！

按规范表 5.1.7，直角、旋转单扣件承载力取值为 8.00kN，按照《建筑施工扣件式钢管脚手架安全技术规范培训讲座》刘群主编，P96.

双扣件承载力设计值取 16kN。

四、模板支架荷载标准值（轴力）：

作用于模板支架的荷载包括静荷载、活荷载和风荷载。

1. 静荷载标准值包括以下内容：

（1）脚手架的自重（kN）：

$$N_{G1} = 0.149 \times 2.000 = 0.298 \text{ kN}$$

（2）模板的自重（kN）：

$$N_{G2} = 0.500 \times 0.600 \times 0.400 = 0.120 \text{ kN}$$

（3）钢筋混凝土楼板自重（kN）：

$$N_{G3} = 25.000 \times 1.500 \times 0.600 \times 0.400 = 9.000 \text{ kN}$$

经计算得到，静荷载标准值 $N_G = N_{G1} + N_{G2} + N_{G3} = 9.418$ kN

2. 活荷载为施工荷载标准值与振捣混凝土时产生的荷载。

经计算得到，活荷载标准值 $N_Q = (2.500 + 2.000) \times 0.400 \times 0.600 = 1.080$ kN；

3. 不考虑风荷载时，立杆的轴向压力设计值计算公式：

$$N = 1.2 N_G + 1.4 N_Q = 12.813 \text{ kN};$$

五、立杆的稳定性计算：

不考虑风荷载时，立杆的稳定性计算公式：

$$\sigma = \frac{N}{\varphi A} \leqslant [f]$$

式中 N——立杆的轴心压力设计值（kN）：$N = 12.813$ kN；

φ——轴心受压立杆的稳定系数，由长细比 L_o/i 查表得到；

i——计算立杆的截面回转半径（cm）：$i = 1.58$ cm；

A——立杆净截面面积（cm²）：$A = 4.89$ cm²；

W——立杆净截面模量（抵抗矩）（cm³）：$W = 5.08$ cm³；

σ——钢管立杆抗压强度计算值（N/mm²）；

$[f]$——钢管立杆抗压强度设计值：$[f] = 205.000$ N/mm²；

L_o——计算长度（m）。

如果完全参照《扣件式规范》，由公式（1）或式（2）计算

$$l_o = k_1 u h \tag{1}$$

$$l_o = (h + 2a) \tag{2}$$

式中 k_1——计算长度附加系数，取值为 1.243；

u——计算长度系数，参照《扣件式规范》表 5.3.3；$u = 1.700$；

a——立杆上端伸出顶层横杆中心线至模板支撑点的长度；$a = 0.100$ m；

公式（1）的计算结果：

立杆计算长度 $L_o = k_1 u h = 1.243 \times 1.700 \times 1.000 = 2.113$ m；

$$L_o/i = 2113.100 / 15.800 = 134.000;$$

由长细比 L_o/i 的结果查表得到轴心受压立杆的稳定系数 $\varphi = 0.376$；

钢管立杆受压强度计算值：$\sigma = 12813.360 / (0.376 \times 489.000) = 69.689$ N/mm²；

立杆稳定性计算 $\sigma = 69.689$，小于 $[f] = 205.000$ 满足要求！

公式（2）的计算结果：

立杆计算长度 $L_o = h + 2a = 1.000 + 2 \times 0.100 = 1.200$ m；

$$L_o/i = 1200.000 / 15.800 = 76.000;$$

由长细比 L_o/i 的结果查表得到轴心受压立杆的稳定系数 $\varphi = 0.744$；

钢管立杆受压强度计算值：$\sigma = 12813.360 / (0.744 \times 489.000) = 35.219$ N/mm²；

立杆稳定性计算 $\sigma = 35.219$，小于 $[f] = 205.000$ 满足要求！

六、楼板强度的计算：

1. 计算楼板强度说明

验算楼板强度时按照最不利考虑，楼板的跨度取 15.8m，楼板承受的荷载按照线均布考虑。

宽度范围内配筋 HRB335 级钢筋，配筋面积 $A_s = 1440$ mm²，$f_y = 300$ N/mm²。

板的截面尺寸为 $b \times h = 9400\text{mm} \times 1500\text{mm}$，截面有效高度 $h_0 = 1480\text{ mm}$。
按照楼板每 5d 浇筑一层，所以需要验算 5d、10d、15d…的。
承载能力是否满足荷载要求，其计算简图如图 2.32 所示。

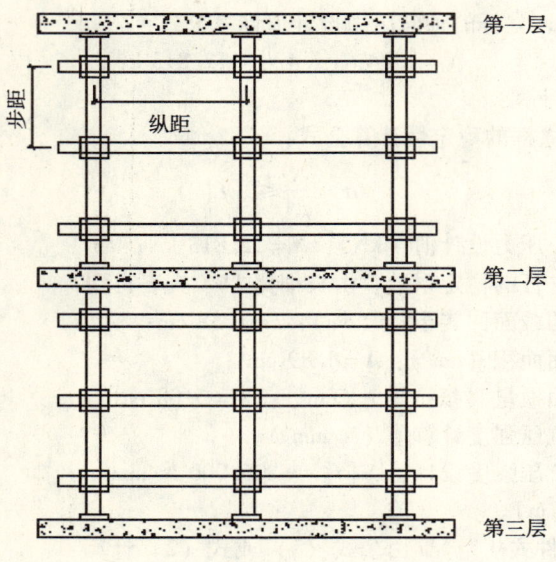

图 2.32

2. 计算楼板混凝土 5d 的强度是否满足承载力要求
楼板计算长边 15.8m，短边为 9.4 m；
楼板计算范围跨度内摆放 40×16 排脚手架，将其荷载转换为计算宽度内均布荷载。
第 2 层楼板所需承受的荷载为：
$$q = 2 \times 1.2 \times (0.500 + 25.000 \times 1.500)$$
$$+ 1 \times 1.2 \times (0.298 \times 40 \times 16/15.800/9.400)$$
$$+ 1.4 \times (2.500 + 2.000) = 99.040 \text{ kN/m}^2;$$
计算单元板带所承受均布荷载 $q = 15.800 \times 99.040 = 1564.831 \text{ kN/m}$；
板带所需承担的最大弯矩按照四边固接双向板计算：
$$M_{\max} = 0.0795 \times 1564.830 \times 9.400^2 = 10992.342 \text{ kN} \cdot \text{m};$$
验算楼板混凝土强度的平均气温为 25℃，查温度、龄期对混凝土强度影响曲线，得到 5d 后混凝土强度达到 48.3%，C45 混凝土强度近似等效为 21.730MPa。
混凝土弯曲抗压强度设计值为 $f_{cm} = 10.396 \text{N/mm}^2$；
则可以得到矩形截面相对受压区高度：
$$\xi = A_s \times f_y / (b \times h_0 \times f_{cm})$$
$$= 1440.000 \times 300.000 / (9400.000 \times 1480.000 \times 10.396) = 0.003$$
查表得到钢筋混凝土受弯构件正截面抗弯能力计算系数为：
$$\alpha_s = 0.003$$
此楼板所能承受的最大弯矩为：
$$M_1 = \alpha_s \times b \times h_0^2 \times f_{cm}$$

$$= 0.003 \times 9400.000 \times 1480.000^2 \times 10.396 \times 10^{-6} = 641.190 \text{ kN} \cdot \text{m};$$

结论:由于 $\sum M_i = 641.190 \leqslant M_{max} = 10992.342 \text{kN} \cdot \text{m}$

所以第5天以后的各层楼板强度和不足以承受以上楼层传递下来的荷载。

第2层以下的模板支撑必须保留。

3. 计算楼板混凝土10d的强度是否满足承载力要求

楼板计算长边15.8m,短边为9.4 m;

楼板计算范围跨度内摆放40×16排脚手架,将其荷载转换为计算宽度内均布荷载。

第3层楼板所需承受的荷载为:

$$q = 3 \times 1.2 \times (0.500 + 25.000 \times 1.500)$$
$$+ 2 \times 1.2 \times (0.298 \times 40 \times 16/15.800/9.400)$$
$$+ 1.4 \times (2.500 + 2.000) = 146.180 \text{ kN/m}^2;$$

计算单元板带所承受均布荷载 $q = 15.800 \times 146.180 = 2309.642 \text{ kN/m}$;

板带所需承担的最大弯矩按照四边固接双向板计算:

$$M_{max} = 0.0795 \times 2309.640 \times 9.400^2 = 16224.356 \text{ kN} \cdot \text{m};$$

验算楼板混凝土强度的平均气温为25℃,查温度、龄期对混凝土强度影响曲线,得到10d后混凝土强度达到69.100%,C45混凝土强度近似等效为31.100MPa。

混凝土弯曲抗压强度设计值为 $f_{cm} = 14.828 \text{N/mm}^2$;

则可以得到矩形截面相对受压区高度:

$$\xi = A_s \times f_y / (b \times h_o \times f_{cm})$$
$$= 1440.000 \times 300.000 / (9400.000 \times 1480.000 \times 14.828) = 0.002$$

查表得到钢筋混凝土受弯构件正截面抗弯能力计算系数为:

$$\alpha_s = 0.002$$

此楼板所能承受的最大弯矩为:

$$M_2 = \alpha_s \times b \times h_o^2 \times f_{cm} = 0.002 \times 9400.000 \times 1480.000^2 \times 14.828 \times 10^{-6} = 609.999 \text{ kN} \cdot \text{m};$$

结论:由于 $\sum M_i = 1251.190 \leqslant M_{max} = 16224.356 \text{kN} \cdot \text{m}$

所以第10天以后的各层楼板强度和不足以承受以上楼层传递下来的荷载。

第3层以下的模板支撑必须保留。

4. 计算楼板混凝土15d的强度是否满足承载力要求

楼板计算长边15.8m,短边为9.4 m;

楼板计算范围跨度内摆放40×16排脚手架,将其荷载转换为计算宽度内均布荷载。

第4层楼板所需承受的荷载为:

$$q = 4 \times 1.2 \times (0.500 + 25.000 \times 1.500)$$
$$+ 3 \times 1.2 \times (0.298 \times 40 \times 16/15.800/9.400)$$
$$+ 1.4 \times (2.500 + 2.000) = 193.320 \text{ kN/m}^2;$$

计算单元板带所承受均布荷载 $q = 15.800 \times 193.320 = 3054.453 \text{ kN/m}$;

板带所需承担的最大弯矩按照四边固接双向板计算:

$$M_{max} = 0.0795 \times 3054.450 \times 9.400^2 = 21456.369 \text{ kN} \cdot \text{m};$$

验算楼板混凝土强度的平均气温为25℃,查温度、龄期对混凝土强度影响曲线,得到15d后混凝土强度达到81.270%,C45混凝土强度近似等效为36.570MPa。

混凝土弯曲抗压强度设计值为 $f_{cm} = 17.454 \text{N/mm}^2$;

则可以得到矩形截面相对受压区高度:

$$\xi = A_s \times f_y / (b \times h_o \times f_{cm})$$
$$= 1440.000 \times 300.000 / (9400.000 \times 1480.000 \times 17.454) = 0.002$$

查表得到钢筋混凝土受弯构件正截面抗弯能力计算系数为：
$$\alpha_s = 0.002$$

此楼板所能承受的最大弯矩为：
$$M_3 = \alpha_s \times b \times h_o^2 \times f_{cm} = 0.002 \times 9400.000 \times 1480.000^2 \times 17.454 \times 10^{-6} = 718.029 \text{ kN·m};$$

结论：由于 $\sum M_i = 1969.218 \leq M_{max} = 21456.369$ kN·m

所以第 15d 以后的各层楼板强度和不足以承受以上楼层传递下来的荷载。

第 4 层以下的模板支撑必须保留。

5. 计算楼板混凝土 20d 的强度是否满足承载力要求

楼板计算长边 15.8m，短边 9.4 m；

楼板计算范围跨度内摆放 40×16 排脚手架，将其荷载转换为计算宽度内均布荷载。

第 5 层楼板所需承受的荷载为：
$$q = 5 \times 1.2 \times (0.500 + 25.000 \times 1.500)$$
$$+ 4 \times 1.2 \times (0.298 \times 40 \times 16/15.800/9.400)$$
$$+ 1.4 \times (2.500 + 2.000) = 240.460 \text{ kN/m}^2;$$

计算单元板带所承受均布荷载 $q = 15.800 \times 240.460 = 3799.264$ kN/m；

板带所需承担的最大弯矩按照四边固接双向板计算：
$$M_{max} = 0.0795 \times 3799.260 \times 9.400^2 = 26688.383 \text{ kN·m};$$

验算楼板混凝土强度的平均气温为 25℃，查温度、龄期对混凝土强度影响曲线，得到 20d 后混凝土强度达到 89.900%，C45 混凝土强度近似等效为 40.460MPa。

混凝土弯曲抗压强度设计值为 $f_{cm} = 19.284\text{N/mm}^2$；

则可以得到矩形截面相对受压区高度：
$$\xi = A_s \times f_y / (b \times h_o \times f_{cm})$$
$$= 1440.000 \times 300.000 / (9400.000 \times 1480.000 \times 19.284) = 0.002$$

查表得到钢筋混凝土受弯构件正截面抗弯能力计算系数为：
$$\alpha_s = 0.002$$

此楼板所能承受的最大弯矩为：
$$M_4 = \alpha_s \times b \times h_o^2 \times f_{cm} = 0.002 \times 9400.000 \times 1480.000^2 \times 19.284 \times 10^{-6} = 793.312 \text{ kN·m};$$

结论：由于 $\sum M_i = 2762.530 \leq M_{max} = 26688.383$ kN·m

所以第 20d 以后的各层楼板强度和不足以承受以上楼层传递下来的荷载。

第 5 层以下的模板支撑必须保留。

6. 计算楼板混凝土 25d 的强度是否满足承载力要求

楼板计算长边 15.8m，短边 9.4 m；

楼板计算范围跨度内摆放 40×16 排脚手架，将其荷载转换为计算宽度内均布荷载。

第 6 层楼板所需承受的荷载为：
$$q = 6 \times 1.2 \times (0.500 + 25.000 \times 1.500)$$
$$+ 5 \times 1.2 \times (0.298 \times 40 \times 16/15.800/9.400)$$
$$+ 1.4 \times (2.500 + 2.000) = 287.600 \text{ kN/m}^2;$$

计算单元板带所承受均布荷载 $q = 15.800 \times 287.600 = 4544.074$ kN/m；

板带所需承担的最大弯矩按照四边固接双向板计算

$$M_{max} = 0.0795 \times 4544.070 \times 9.400^2 = 31920.396 \text{ kN·m};$$

验算楼板混凝土强度的平均气温为25℃,查温度、龄期对混凝土强度影响曲线,得到25d后混凝土强度达到96.600%,C45混凝土强度近似等效为43.470MPa。

混凝土弯曲抗压强度设计值为 $f_{cm} = 20.488 \text{N/mm}^2$；

则可以得到矩形截面相对受压区高度：

$$\xi = A_s \times f_y / (b \times h_o \times f_{cm})$$
$$= 1440.000 \times 300.000 / (9400.000 \times 1480.000 \times 20.488) = 0.002$$

查表得到钢筋混凝土受弯构件正截面抗弯能力计算系数为：

$$\alpha_s = 0.002$$

此楼板所能承受的最大弯矩为：

$$M_5 = \alpha_s \times b \times h_o^2 \times f_{cm} = 0.002 \times 9400.000 \times 1480.000^2 \times 20.488 \times 10^{-6} = 842.842 \text{ kN·m};$$

结论：由于 $\sum M_i = 3605.372 \leq M_{max} = 31920.396 \text{ kN·m}$

所以第25天以后的各层楼板强度和不足以承受以上楼层传递下来的荷载。

第6层以下的模板支撑必须保留。

7. 计算楼板混凝土30d的强度是否满足承载力要求

楼板计算长边15.8m,短边为9.4m；

楼板计算范围跨度内摆放40×16排脚手架,将其荷载转换为计算宽度内均布荷载。

第7层楼板所需承受的荷载为：

$$q = 7 \times 1.2 \times (0.500 + 25.000 \times 1.500)$$
$$+ 6 \times 1.2 \times (0.298 \times 40 \times 16/15.800/9.400)$$
$$+ 1.4 \times (2.500 + 2.000) = 334.740 \text{ kN/m}^2;$$

计算单元板带所承受均布荷载 $q = 15.800 \times 334.740 = 5288.885 \text{ kN/m}$；

板带所需承担的最大弯矩按照四边固接双向板计算：

$$M_{max} = 0.0795 \times 5288.890 \times 9.400^2 = 37152.410 \text{ kN·m};$$

验算楼板混凝土强度的平均气温为25℃,查温度、龄期对混凝土强度影响曲线,得到30d后混凝土强度达到102.070%,C45混凝土强度近似等效为45.930MPa。

混凝土弯曲抗压强度设计值为 $f_{cm} = 21.472 \text{N/mm}^2$；

则可以得到矩形截面相对受压区高度：

$$\xi = A_s \times f_y / (b \times h_o \times f_{cm})$$
$$= 1440.000 \times 300.000 / (9400.000 \times 1480.000 \times 21.472) = 0.001$$

查表得到钢筋混凝土受弯构件正截面抗弯能力计算系数为：

$$\alpha_s = 0.001$$

此楼板所能承受的最大弯矩为：

$$M_6 = \alpha_s \times b \times h_o^2 \times f_{cm} = 0.001 \times 9400.000 \times 1480.000^2 \times 21.472 \times 10^{-6} = 441.882 \text{ kN·m};$$

结论：由于 $\sum M_i = 4047.254 \leq M_{max} = 37152.410 \text{ kN·m}$

所以第30天以后的各层楼板强度和不足以承受以上楼层传递下来的荷载。

第7层以下的模板支撑必须保留。

8. 计算楼板混凝土35d的强度是否满足承载力要求

楼板计算长边15.8m,短边为9.4m；

楼板计算范围跨度内摆放40×16排脚手架,将其荷载转换为计算宽度内均布荷载。

第8层楼板所需承受的荷载为：

$$q = 8 \times 1.2 \times (0.500 + 25.000 \times 1.500)$$
$$+ 7 \times 1.2 \times (0.298 \times 40 \times 16/15.800/9.400)$$
$$+ 1.4 \times (2.500 + 2.000) = 381.880 \text{ kN/m}^2;$$

计算单元板带所承受均布荷载 $q = 15.800 \times 381.880 = 6033.696$ kN/m;

板带所需承担的最大弯矩按照四边固接双向板计算:
$$M_{\max} = 0.0795 \times 6033.700 \times 9.400^2 = 42384.423 \text{ kN} \cdot \text{m};$$

验算楼板混凝土强度的平均气温为25℃，查温度、龄期对混凝土强度影响曲线，得到35d后混凝土强度达到106.700%，C45混凝土强度近似等效为48.010MPa。

混凝土弯曲抗压强度设计值为 $f_{\text{cm}} = 22.304 \text{N/mm}^2$;

则可以得到矩形截面相对受压区高度:
$$\xi = A_s \times f_y / (b \times h_o \times f_{\text{cm}})$$
$$= 1440.000 \times 300.000 / (9400.000 \times 1480.000 \times 22.304) = 0.001$$

查表得到钢筋混凝土受弯构件正截面抗弯能力计算系数为:
$$\alpha_s = 0.001$$

此楼板所能承受的最大弯矩为:
$$M_7 = \alpha_s \times b \times h_o^2 \times f_{\text{cm}} = 0.001 \times 9400.000 \times 1480.000^2 \times 22.304 \times 10^{-6} = 459.004 \text{ kN} \cdot \text{m};$$

结论：由于 $\sum M_i = 4506.259 \leqslant M_{\max} = 42384.423$

所以，第35天以后的各层楼板强度和不足以承受以上楼层传递下来的荷载。

第8层以下的模板支撑必须保留。

9. 计算楼板混凝土40d的强度是否满足承载力要求

楼板计算长边15.8m，短边为9.4 m;

楼板计算范围跨度内摆放 40×16 排脚手架，将其荷载转换为计算宽度内均布荷载。

第9层楼板所需承受的荷载为:
$$q = 9 \times 1.2 \times (0.500 + 25.000 \times 1.500)$$
$$+ 8 \times 1.2 \times (0.298 \times 40 \times 16/15.800/9.400)$$
$$+ 1.4 \times (2.500 + 2.000) = 429.020 \text{ kN/m}^2;$$

计算单元板带所承受均布荷载 $q = 15.800 \times 429.019 = 6778.507$ kN/m;

板带所需承担的最大弯矩按照四边固接双向板计算:
$$M_{\max} = 0.0795 \times 6778.510 \times 9.400^2 = 47616.437 \text{ kN} \cdot \text{m};$$

验算楼板混凝土强度的平均气温为25℃，查温度、龄期对混凝土强度影响曲线，得到40d后混凝土强度达到110.700%，C45混凝土强度近似等效为49.820MPa。

混凝土弯曲抗压强度设计值为 $f_{\text{cm}} = 23.028 \text{N/mm}^2$;

则可以得到矩形截面相对受压区高度:
$$\xi = A_s \times f_y / (b \times h_o \times f_{\text{cm}})$$
$$= 1440.000 \times 300.000 / (9400.000 \times 1480.000 \times 23.028) = 0.001$$

查表得到钢筋混凝土受弯构件正截面抗弯能力计算系数为:
$$\alpha_s = 0.001$$

此楼板所能承受的最大弯矩为:
$$M_8 = \alpha_s \times b \times h_o^2 \times f_{\text{cm}} = 0.001 \times 9400.000 \times 1480.000^2 \times 23.028 \times 10^{-6} = 473.904 \text{ kN} \cdot \text{m};$$

结论：由于 $\sum M_i = 4980.163 \leqslant M_{\max} = 47616.437$

所以，第40天以后的各层楼板强度和不足以承受以上楼层传递下来的荷载。

第 9 层以下的模板支撑必须保留。
10. 计算楼板混凝土 45d 的强度是否满足承载力要求
楼板计算长边 15.8m，短边为 9.4m；
楼板计算范围跨度内摆放 40×16 排脚手架，将其荷载转换为计算宽度内均布荷载。
第 10 层楼板所需承受的荷载为：

$$q = 10 \times 1.2 \times (0.500 + 25.000 \times 1.500) \\ + 9 \times 1.2 \times (0.298 \times 40 \times 16/15.800/9.400) \\ + 1.4 \times (2.500 + 2.000) = 476.160 \text{ kN/m}^2$$

计算单元板带所承受均布荷载 $q = 15.800 \times 476.159 = 7523.318$ kN/m；
板带所需承担的最大弯矩按照四边固接双向板计算：

$$M_{max} = 0.0795 \times 7523.320 \times 9.400^2 = 52848.450 \text{ kN} \cdot \text{m}$$

验算楼板混凝土强度的平均气温为 25℃，查温度、龄期对混凝土强度影响曲线，得到 45d 后混凝土强度达到 114.240%，C45 混凝土强度近似等效为 51.410MPa。
混凝土弯曲抗压强度设计值为 $f_{cm} = 23.720\text{N/mm}^2$；
则可以得到矩形截面相对受压区高度：

$$\xi = A_s \times f_y / (b \times h_o \times f_{cm}) \\ = 1440.000 \times 300.000 / (9400.000 \times 1480.000 \times 23.720) = 0.001$$

查表得到钢筋混凝土受弯构件正截面抗弯能力计算系数为：

$$\alpha_s = 0.001$$

此楼板所能承受的最大弯矩为：

$$M_9 = \alpha_s \times b \times h_o^2 \times f_{cm} = 0.001 \times 9400.000 \times 1480.000^2 \times 23.720 \times 10^{-6} = 488.145 \text{ kN} \cdot \text{m}$$

结论：由于 $\sum M_i = 5468.308 \leqslant M_{max} = 52848.450 \text{kN} \cdot \text{m}$
所以，第 45 天以后的各层楼板强度和不足以承受以上楼层传递下来的荷载。
第 10 层以下的模板支撑必须保留。
七、结论和建议：
单扣件抗滑承载力的设计计算不满足要求！建议采用双扣件或者减少立杆间距！

| tangxiaowei | 位置：辽宁 | 专业：施工 | 第 9 楼 | 2005-6-14 17:45 |

首先谢谢楼上网友提供的计算书，看过以后觉得不是很全面：第一，选材方面，板采用什么材料：是钢模板、竹胶板或者其他材料？厚度多少？这也是要计算的。第二，龙骨的材质，间距，这也是要计算的。第三，就是支模板没有详细的图例。

| xf68 | 位置：广东 | 专业：施工 | 第 11 楼 | 2005-6-14 23:55 |

我们在 1994 年施工一个 8m 高的梁，是分层浇筑的，等到下面的梁有一定强度后，再浇筑上面的混凝土。利用下面梁的强度，来支撑新混凝土的荷载。这个思路你可以用一下。

| cbings | 位置：浙江 | 专业：施工 | 第 31 楼 | 2005-6-16 10:08 |

楼主，模板计算和龙骨其实差不多，都是简化成连续梁。惟一的区别是荷载的计算，你用单位宽度模板上的荷载就可以了。
模板采用钢模板还是竹胶板，我想问题都不大。因为简化成连续梁后，实际上龙骨间距越

小，模板弯矩自然也就越小。所以模板的受力验算，实际上应该是通过龙骨乃至立杆间距的加密而得到满足的，而不是通过增加板厚或更换材料，因为在这方面选择的余地并不是很大。

龙骨我想还是用方木吧，普通的，或者截面再加大一点，同样是布置间距的问题。总不至于为了这样一个工程，专门定做龙骨，那样成本也太大了。

图例就比较麻烦了，得结合你的具体工程才行，我想还是按照自己想的画吧。

建议去软件版下载一个脚手架计算软件用用，我昨天还看到过。就不知能不能用。

| 拐子马 | 位置：广西 | 专业：施工 | 第 34 楼 | 2005-6-16 19:03 |

是整个顶板 2100mm 厚吗？还是只是其中的梁 2100mm 高？

转换层的模板和支撑计算一直是个难点，支撑本身的计算不复杂，麻烦的是下面的楼板的承载能力复核。

| dogwing | 位置：上海 | 专业：施工 | 第 36 楼 | 2005-6-16 20:44 |

我前一阵子刚做好一个巨型梁方案（8.7m 高，1.45m 宽，方案做好还没有实施），我觉得有类似的地方。这种工程还是尽量考虑利用脚手钢管支撑（专家评审的时候，专家提出用 609 钢管，但是我们认为成本上行不通，而且施工难度也增大，最后改变浇筑次数，变 3 次为 4 次，并设置支撑的连墙抗倾覆措施才通过），但考虑到工人实际操作，钢管的间距最小不能低于 350mm，我粗算一下你的计算荷载：钢筋混凝土顶板自重 $1.2 \times 2.1m \times 0.35m \times 0.35m \times 2.5t/m^3 = 0.772t$；模板和支撑体系自重 $1.2 \times 0.4t/m^2 \times 0.35m \times 0.35m = 0.059t$；施工荷载 $1.4 \times 0.2t/m^2 \times 0.35m \times 0.35m = 0.034t$，加起来是 $0.865t < 1.2t$（双扣件抗滑移承载力），我的取值不一定准确，但不会差太多，那么用扣件应该是可行的。

龙骨方面，可以用 10 号槽钢，脚手钢管应该直接顶住槽钢，否则水平钢管的挠度可能有问题。槽钢的放置也要注意，下层槽钢应开口向下，便于钢管顶住它，上层钢管是吃力的，应该开口向侧面，两层槽钢的交叉点应该与钢管立杆位置重合，这样下层槽钢就不吃力了。

模板就用一般的七夹板，考虑模板变形，可用双层。

另外，考虑支撑的整体稳定性，地下室在连墙拉结方面可能不好设置，是否考虑先浇墙板，再浇顶板，这样可在墙板上放置埋件，作为支撑的拉结。

| liwbseu | 位置：江苏 | 专业：结构 | 第 70 楼 | 2005-6-22 10:46 |

有关情况可以参考一下下面两篇文章，支撑计算并不复杂，只要荷载计算正确，应不会有什么问题，该工程支架验算是以扣件抗滑控制的（双扣件），钢筋支架按钢结构算即可，侧模板要注意侧向稳定性，应有可靠支撑（与工程周围环境有关）。混凝土浇筑采用斜面分层即可，不建议分两层浇筑（可利用下层板作上层板浇筑时的支撑），工期长，接面要处理，比较麻烦。

1. 转换结构施工钢管排架支模的几项关键技术　建筑技术　1999 年 08 期。
2. 冬夏季施工混凝土转换板温度裂缝的控制　施工技术　2001 年 11 期。

| szhxh2005 | 位置：广东 | 专业：造价 | 第 79 楼 | 2005-6-23 23:44 |

我出一个歪点子好不好？肯定没有人偿试过的。（个人大胆狂想）

先把剪力墙浇好后，土方回填，用土把整个地下室填满夯实（密实度达到 97%），用土来当模板的支撑，浇好后再把地下室的土挖出来。

| zcc77 | 位置：江苏 | 专业：其他 | 第81楼 | 2005-6-24 9:54 |

看了各位朋友的见解，很有启发，我提出一个施工方法：叠合板施工方法，分二次浇混凝土，可以解决问题。但要经过计算，特别是叠合面的计算。有位朋友也提出了这种施工方法。在模板支撑方面，采用我们工地上常见的脚手架钢管，可节约成本，但要求使用可调节长度的顶托，在结构计算时，轴心受压和偏心受压是两个不同的概念，承载能力差多了。这一点要注意。使用可调节长度顶托给施工还带来方便。

我公司在做转换层大梁时，有不少是用的叠合梁施工方法，该方法目前正申报江苏省级工法。我想厚板，也应可以使用。

| kingpeter | 位置：北京 | 专业：施工 | 第85楼 | 2005-6-25 21:00 |

大家总是围绕一个支撑来讨论，那就是钢材支撑，只有一个帖子，也就是szhxh2005网友说的回填土（太异想天开了，不过也很好的思路）跑出了大家的套路。这样的讨论最后就是一个问题。

我们展开这个问题，它最大的目的是要支撑住模板，但是哪儿说明支撑模板非要用钢管脚手架、钢梁、槽钢什么的了，我们可以去用预制混凝土柱，如高度大的话可以加中间支撑来避免混凝土柱失稳。

这种施工方法我在工程中已经验证过了，用起来十分好用，就是立柱比较麻烦一下，但是总起来说比脚手架搭起来要省工一些，并且还是比较经济的，在间距上也可以比脚手架稍微放宽一些。

用预制混凝土柱来做支撑的施工方案要比用钢架在造价上要节省一些，并且相应受压强度要高得多，只要能保证不失稳，也就是控制好预制柱的有效高细比。

| cw139 | 位置：浙江 | 专业：施工 | 第90楼 | 2005-6-27 10:21 |

回复 kingpeter 网友 2005-6-25 21:00 在85楼的发言：

这个思路很不错！只是这样的预制柱在经济上是否真的能起到节约成本的作用。楼主能否简单的做一个造价分析比较？这种预制柱好象是一次性，不能周转使用吧？这种方案特别是要注意预制柱的失稳问题？具体如何保证？有计算过程吗？

2.3.9　讨论主题：在模板施工中遇到的问题。

原帖地址：http://bbs3.zhulong.com/forum/detail1388381_1.html

| tangxiaowei | 位置：辽宁 | 专业：施工 | 第1楼 | 2005-2-16 19:08 |

大家好，希望在这里大家讨论一下以下几个问题：
避免剪力墙胀模的有效措施？
剪力墙模板垂直度的控制？
竹胶板拼缝处的处理方法？
梁侧模与平板模板交接处的处理方法？
大开间板的起拱方法？
平板标高的控制？
平板上预留洞模板采用哪种模板能够方便拆除并可以多次周转？
模板的拆模时间，如何控制？

剪力墙处二次补模的施工注意点？怎么让剪力墙两次浇筑混凝土成型处接缝达到最佳效果？

| 逸风 | 位置：辽宁 | 专业：施工 | 第12楼 | 2005-2-17　16:20 |

竹胶板拼缝处的处理方法？

模板的接缝我们采用的也是透明胶带，但是对于现在的大模板，不仅是下雨天不好粘，而且在夏天天气热的情况下，也容易脱落，有时还会夹在混凝土中，我们也采用过用油毡纸的方法，但是也不是很理想，目前在我们这还没有看到过太好的处理方法。我想过采用牛皮纸，但是始终没有机会实施，不知效果会怎么样？

平板上预留洞模板采用哪种模板能够方便拆除并可以多次周转？

因为通风道的尺寸、大小基本一致，我们在这方面主要采用的是钢模板，脱模容易，一次做好后可多次使用，这就要看这个工程洞口类型的多少了，少的话周转次数多，用钢模还比较经济，但是如果类型较多，而所需的周转次数少，还是用木模。

| 辛颜 | 位置：辽宁 | 专业：施工 | 第13楼 | 2005-2-17　17:30 |

1. 防止墙模板胀模的方法，在墙模板的后面备以木方，间距加密，同时使用对拉螺栓拉紧模板，当有几道墙模板时，模板之间以剪刀撑相互撑牢。在几道墙的顶部设置通长连接木方来定位，在浇筑混凝土时，严格控制混凝土的浇筑厚度，振捣时也要注意防止过振。

2. 在安装墙模板时，先安装一面的模板，安装一面模板时，先尽量安装一道墙的两边的模板，在墙筋底部按线设置定位钢筋，首先安装的两模板位置及垂直度要严格控制好。以此两块模板为基准。拉线安装一面的模板，此面模板安装无误后，以此为准可校正安装另一面的模板。

3. 在竹模板的接缝处的处理，我觉得除了用胶带粘贴外，是否可以用石膏或其他胶状物填塞。在处理柱头部位时，我们通常采用海棉条来防止漏浆，但是在梁与板相交处，我们并不经常采用。个别的缝隙较大时，也会这样处理。

4. 对于梁侧模与板之间的接缝处理，我认为如果模板比较规格的话，固定好了似乎不必进行刻意的处理。

5. 在模板上预留孔洞时，如果上下层都是通的，我觉得用木模板比较好处理，在配板时，可以先行考虑孔洞处的问题，再行配板。

6. 对于大开间的板起拱的问题，我还不曾遇到过，规范上要求，当板的跨度大于4m时需起拱，我理解得不太好，举个例子对于宽1m，长4m的板，我觉得不必起拱，对于宽5m，长6m的板，需要考虑哪个方向起拱大些，哪个方向起拱小些，如果这些问题解决了，在配板时，可以考虑板的铺设方向，支撑的选择等问题。

一点建议，抛砖引玉，希望有更好的方法上传交流。

| DOUNIWAN | 位置：山东 | 专业：市政 | 第26楼 | 2005-2-20　10:12 |

对于模板问题的讨论主要目的就是为了混凝土外观的质量，我的个人看法重点就是施工过程的控制，也就是精细程度。不管采用哪种做法，比如透明胶带纸如何才能粘贴的顺直、不起褶、不虚空；双面泡膜胶带如何在模板间镶贴均匀、不出现高低不平等，加强过程控制，提高操作层人员的精品意识应该是管理者的重点工作。以上似乎有点跑题，但是有感

而发。

在我们的工程中采用木胶合板,首先采用精密裁板机下料,以保证模板尺寸的精确。平台模板间使用双面泡膜胶带,一般不用透明胶带纸。梁板接头采用板模顶梁模而不使用任何粘贴材料。平台孔洞因电建工程种类数量繁多,采用木胶合板定制并用木楞中间加固,根据定位铁钉固定于平台模板上。柱脚及板墙根部的处理我们采用刨平的木方作底托,同时用双面泡膜胶带粘贴防止漏浆。

工地上有事,先暂讨论到此。

顺便发一张汽机基础柱模板的图片(图 2.33),可以提供一些参考。

图 2.33 基础施工

| ocean123453 | 位置:黑龙江 | 专业:施工 | 第 28 楼 | 2005-2-20 15:57 |

在模板的施工中的一点点总结:

1. 模板加工、安装

为保证混凝土工艺质量,模板配制工艺必须优良,模板选用 18mm 厚的 11 层双面覆膜胶合板,尺寸均为 1220mm×2440mm。模板表面贴 1mm 厚 PVC 板,PVC 板采用万能胶粘贴。

由于 11 层胶合板规格为 1220mm×2440mm,柱配模时模板竖向放置(即高为 2440mm),按照每个柱子四个面,每个面组合成一块大型模板的原则进行配模。在基础底板上,柱模板沿高度方向尺寸应减去 20mm 的水泥砂浆找平层;柱梁交界处模板并入梁模板,和梁模板组成一块大模板。配模在木工车间内进行。

PVC 板粘贴时,在模板表面用刷子均匀的涂刷一层万能胶,等 3～5min 后,胶水粘结性能较好时,再把按照尺寸裁好的 PVC 板按位置小心的贴在模板上。粘贴前,在模板上沿粘贴方向均匀平行放置 1500mm 左右长的小木条,防止 PVC 板放置时不小心偏位后无法移动。粘贴时,把小木条一根根拿掉,由一边慢慢向另一边抚平,防止出现空鼓现象。粘贴好以后,把木方垫在 PVC 板上用锤子敲击木方,使 PVC 板粘贴牢固。PVC 板表面的保护膜保留,等到现场安装时再撕掉。PVC 板拼接应平整。

PVC 板的粘贴应在施工棚内进行,防止现场灰尘影响粘贴质量。

模板以 48mm×60mm 木方作为加强肋。木方为水平布置,上下间距为 200mm,用 3 吋铁钉从模板正面钉入木方内，使模板与木方连接。钉子间距为 300mm×200mm。柱子长边模板和短边模板的横肋不能在同一标高处，应该交错 100mm，便于对拉螺栓的穿越、定位。模板配制时，铁钉处应先划线@300mm 均匀布置，保证其在一条水平直线上，铁钉从模板正面钉入木方内。钉帽与模板面平，不允许突出模板表面。

为保证吊装时大模板的整体稳定性和刚度，在横肋上安装 [8 固定。[8 竖向放置，槽钢数量、间距根据结构尺寸确定。[8 上应预先钻好 $\Phi14$ 的孔，用 $\Phi12×100$ 的螺栓将槽钢连接在模板横肋上，螺栓间距为 200mm，即每根横肋与槽钢的交叉处设一个螺栓固定。模板与模板组合时的接缝处贴一层 PE 胶条，PE 胶条应凹进模板面 1～2mm。

梁模板的配制按照每个面为一块大模板的原则进行配模。每个面的模板应选用厚度相同的模板，模板尽量采用整块配制，因表面要粘贴 PVC 板，所以对模板的拼缝没有要求，以节约材料为原则。模板与模板组合时的接缝处贴一层 PE 胶条，PE 胶条应凹进模板面 1～2mm。PVC 板沿梁的长向放置（即板长边平行于梁长边）。

侧模以 48mm×60mm 的木方为加强肋。木方为水平向布置，上下间距为 200mm，用 3 吋铁钉从模板正面钉入木方内，使模板与木方连接。钉子间距为 300mm×200mm。钉子和 PVC 板的施工要求同柱子模板。加强肋上垂直方向钻 $\Phi10@200×300$ 的孔，用于安装时固定支撑。两根梁在柱子范围内的接缝应和柱子模板上的 PVC 板的接缝上下一线。

模板水平运输采用平板车或汽车。在装车时，最底下的大型模板面应向上，叠放的模板表面与表面相触，以保护模板表面的 PVC 板，防止模板变形。

垂直运输采用塔吊吊装，将模板吊运到指定位置。吊运过程中要防止发生碰撞，损坏大型模板表面的 PVC 板，可在吊运时使用牵引绳。

2. 模板的安装

柱混凝土施工不留设门子洞或垃圾清理洞。混凝土直接由柱上口挂设串筒进行浇筑。在模板安装前，必须对柱底脚清理干净。

安装前，钢筋应全部调整结束，不应有偏位影响柱子模板安装的现象。在底部柱子支模位置，根据柱边位置线做好定位墩台。用水平仪抄平，再用 1:3 水泥砂浆找平，标高为结构标高 +20mm。在找平层上留设 3cm 宽的排水口一个，用于冲洗、下雨时的排水。

在安装底层模板前，在底口水泥砂浆找平层表面上的支模位置贴两层双面胶带，防止结合面漏浆。在安装上层模板时，也应该在结合处贴上一层双面胶带。在模板的转角位置同样也贴上双面胶带，保证模板转角位置结合密实。把 PVC 板的保护膜撕掉。

为保证梁、柱棱角美观，柱均在其四角加设圆弧木线条。在柱子短边的两块模板上的木线条位置（共 4 道），用刷子将万能胶均匀的涂刷在模板表面，溢出的胶水必须清除掉。然后用 1.2 吋的钉子把木线条钉牢在模板的转角处，与模板外边齐平。木线条上下要顺直，接缝应平整，整个木线条应用蜡满批。与梁接触位置如果为直角的，将木线条切成 45° 斜角；如果为 45°的，将木线条切成 67.5° 斜角。牛腿除上表面边角外，其余边角亦设置木线条，木线条选用硬度较大的木材。施工过程中注意保护，以利重复使用。

柱箍采用型钢桁架、工字钢，间距、规格视具体结构部位经计算确定。模板校正时，应先校正柱子的长边，再校正柱子的短边。模板校正可采用吊线锤的方法进行。最后用可调螺栓校正模板垂直度。

提个问题：大模板施工时，对拉螺杆的紧固件模板边上的都已紧到位，但发现中间部位有好多紧固件都是松的，紧紧了怕胀模率不一致，造成混凝土表面不平整，一般该如何控制？

| tangxiaowei | 位置：辽宁 | 专业：施工 | 第52楼 | 2005-2-21 | 13：04 |

xuedzf 说的情况到底是怎样的情况，中间部位螺杆紧固不到位，除非没有拧紧。又或者是不是模板的加工本身出现了问题，模板表面不平整，这种可能性也很小。

1. 模板之间有没有采用预制混凝土块或控制墙截面厚度的钢筋钢管之类的内撑。如果用了，所有的螺杆都应该全部紧固。拧紧过程还要掌握上松下紧，必要时下部还可以适当加双螺母。
2. 大钢模混凝土施工后，正常是不可能出现胀模的现象的。
3. 用螺杆保证墙体厚度：在螺杆两侧焊接钢筋挡子，距离为墙体厚度，这样螺杆就可以拧牢固。校正模板的过程中，中间增加一道向外拉的钢丝绳。

| twm560825 | 位置：江苏 | 专业：其他 | 第84楼 | 2005-2-25 | 16：12 |

看了大家的讨论，我也想说两句，我记得我们在国防工程施工中，为了控制混凝土表面质量，常常要做到以下几点：

1. 必须严格按施工程序，施工不得颠倒施工顺序，确保工序间的衔接。
2. 确保支模骨架的刚度，通过计算决定骨架用料的大小。
3. 模板要求有四度，一是平整度；二是成方度；三是四边的平直度；四是自身刚度。
4. 要求支模的质量。如剪力墙的厚度为300mm的话，其模板配置应控制在29~31mm之间，不得过大或过小，里面采用小木块临时支撑。
5. 在浇筑混凝土时应边浇边检查尺寸变化情况，发现稍有变化应立即调整。
6. 垂直度应在配模时控制，到了浇筑时也就不好控制了。

通过以上几点，实践证明我们的国防工程施工质量是一流的，不妨大家也试试。

| wxdking | 位置：上海 | 专业：施工 | 第148楼 | 2005-6-13 | 15：40 |

我认为应该考虑采用新型模板，对于柱、墙采用钢框竹胶板就比较好：
第一，因为模板的框是用小槽钢做的，拼起来比较平直，再用双面胶基本不漏浆。
第二，组装很方便拉结很牢固，不容易变形。
第三，周转次数多，尤其对于高层标准层多的就更合算了。
比如电梯井采用筒模如图2.34、图2.35所示。
剪力墙洞口采用如图2.36所示。
楼梯的预制钢模如图2.37所示。

| xtrjb | 位置：北京 | 专业：施工 | 第156楼 | 2005-7-21 | 18：48 |

我发几个模板施工图片供大家参考，如图2.38~图2.40所示。

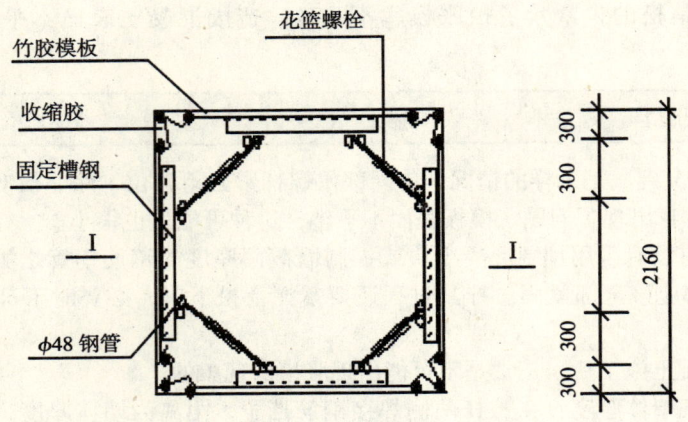

图 2.34 筒模支设示意图一

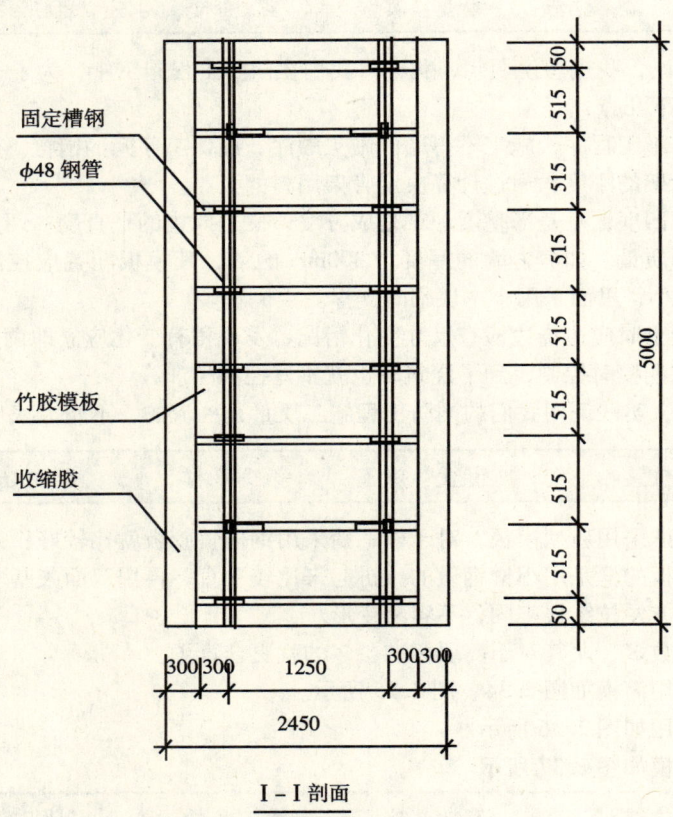

图 2.35 筒模支设示意图二

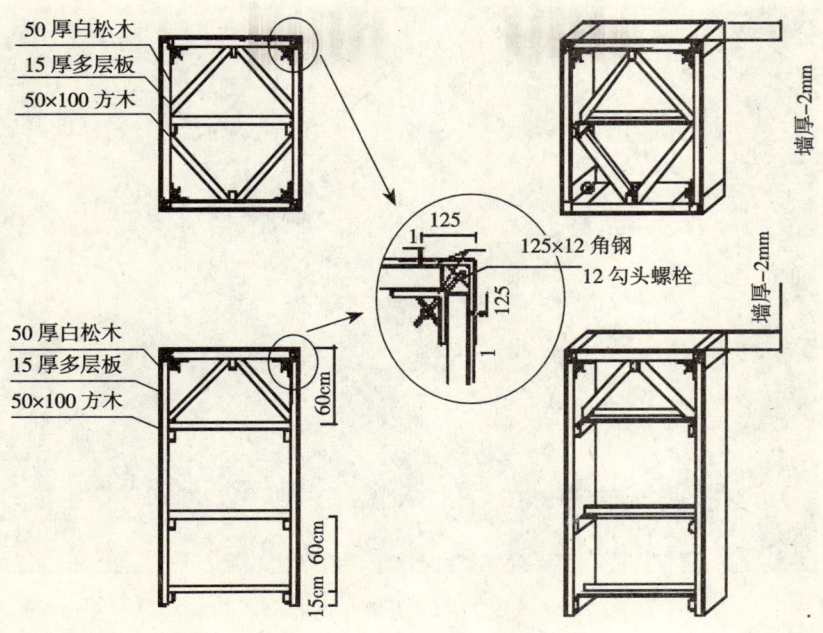

图 2.36 门窗洞口模板示意图

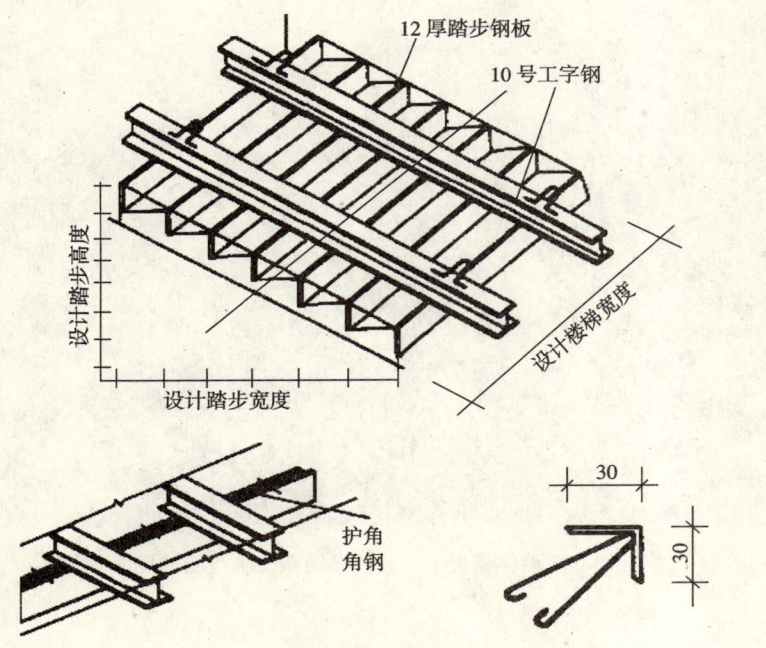

图 2.37 楼梯模板示意图

图 2.38 电梯井模板

图 2.39 墙体模板下,放置海绵条,防止墙体烂根

图 2.40　墙体模板下，放置海绵条，防止墙体烂根

第 3 章
装饰装修工程

3.1.1 讨论主题：地面砖施工中存在的问题及处理。

原帖地址：http://bbs3.zhulong.com/forum/detail1654110_1.html

| sunnyman168 | 位置：北京 | 专业：其他 | 第1楼 | 2005-8-1 23:14 |

地面砖是室内地面装修中最常见的材料之一，具有规格繁多、色泽鲜艳、施工方便、效果较好、价格较低、易清洗等优点。地面砖主要包括缸砖及各种陶瓷地面砖，在施工中如果不精心管理和操作，很容易发生一些质量问题，不仅直接影响其使用功能和观感效果，而且也会造成用户的恐惧心理。众多地面砖的施工实践证明，主要质量问题有：空鼓和脱落、裂缝、接缝不平和积水等。

希望大家参与讨论一下地面砖施工中存在的问题及处理方法。

| 明天3 | 位置：浙江 | 专业：结构 | 第2楼 | 2005-8-2 0:16 |

结合层上面撒干硬性水泥并洒适量清水是最简单也是很有效的方法！
此外，找平层要厚度均匀，水灰比恰当！

| 逸风 | 位置：辽宁 | 专业：施工 | 第3楼 | 2005-8-2 13:23 |

1. 地面砖的空鼓和脱落

虽然原因很多，但主要有如下几个方面：

（1）基层原因：铺贴地面砖的地面基层清理干净，表面不能有泥浆、浮灰、杂物、积水等隔离性物质；如果基层的强度低于 M15，表面酥松、起砂，施工前不进行浇水湿润，那么就很容易发生空鼓和脱落。基层质量要求一般不低于 M15，每处脱皮和起砂的累计面积不得超过 $0.5m^2$，平整度用 2m 靠尺检查时不大于 5mm；不得出现脱壳和酥松的质量问题。

（2）水泥砂浆质量原因：地面砖与基层粘结是否牢靠，水泥砂浆的质量是关键。水泥砂浆的配合比设计不当、搅拌中计量不准确、水泥砂浆成品质量不合格，在施工中铺压不紧密也是空鼓的原因。水泥砂浆应采用硅酸盐水泥或普通硅酸盐水泥，而且强度等级不低于 42.5MPa，其配比采用水泥:砂 =1:2，砂浆的稠度控制在 2.5～3.5mm 之间。

（3）地面砖铺前、铺后管理原因：铺前应对其尺寸、外观质量、表面色泽等进行预选，保证质量符合要求，然后将表面清理干净，放入水中浸泡 2～3h 取出晾干。铺后由于砂浆的凝结硬化，不仅需要一定的温度和湿度，而且不能过早的扰动，如过早的走动、推车、堆放重物，或其他工种在上面操作和振动，需及时浇水养护。

处理方法：用小木锤由内向外逐块敲击检查，发现松动、空鼓、破碎的地面砖，做好标记，逐块逐排将地面砖掀开，凿除原有结合层的砂浆，打扫清除干净，用水冲洗、晾干；刷一层聚合物水泥浆（108 胶:水:水泥 =1:4:10），停 30s 即可铺粘结水泥砂浆（水泥:砂 =1:2）。水泥砂浆搅拌均匀，稠度控制在 30mm 左右，按设计厚度刮平。将砖背面灰浆刮除，再刮一层胶粘剂，压实拍平即可。处理的地面砖要与周围的相平，四周接缝均匀，采用颜色相同的色浆灌缝，养护时间不得少于 7d。

2. 地面砖裂缝质量问题

原因有两种：建筑结构，材料收缩。由于楼面结构发生较大变形，地面砖会被拉裂。材料选择不当，收缩系数不一样，如有的地面结合层采用纯水泥浆，由于它们的温差收缩系数不一样，会引起起鼓、爆裂。

处理方法：

（1）如果是结构原因，首先要对结构进行加固处理，然后再处理地面砖。

（2）将起鼓、脱壳和裂缝的地面砖铲除或掀起，沿裂缝的找平层拉线，用混凝土切割机切缝，缝宽控制在 10～15mm 之间；将粉尘扫净，缝内灌柔性密封胶。

（3）掀起的地面用快口的扁凿子凿除水泥砂浆结合层，再用水冲洗扫刷干净，将添补的地面砖浸水洗去泥浆并晾干。结合层可以用干性水泥浆（水泥：砂 = 1：2）铺刮平整然后铺贴地面砖；也可采用 JC 建筑装饰胶粘剂。铺贴地面砖时要准确对缝，将地面砖的缝留在锯割的伸缩缝上，该条砖缝控制在 10mm 左右。

（4）铺贴中要确保地面砖的横平竖直、铺贴砂浆的饱满度、地面砖的标高和平整度，相临两块砖的高差不得大于 1mm；表面平整度用 2m 直尺检查不得大于 2mm；地面砖铺贴后应在 24h 内进行擦缝、勾缝；缝的深度宜为砖厚的 1/3；擦缝、勾缝应用同品种、同强度等级、同颜色的水泥，随做随清理砖地面上的水泥砂浆；做好后湿养护要在 7d 以上，并保护成品不被随意踩踏和振动。

3. 地面砖接缝质量差的问题

原因是：材料质量问题，施工操作不规范。地面砖的质量低劣，达不到现行产品标准，尤其是砖面的平整度和挠曲度超过规定。选择材料时一定要按照设计要求选择地面砖，应挑选平整度、几何尺寸、色泽花纹均符合标准的砖。铺贴操作不规范，结合层平整度差，密度小，而且不均匀，很容易使相临砖高差大于 1mm 或者一头宽一头窄，或结合层局部沉降而产生高差。施工要按程序进行，先将砖预排（色泽和花纹的调配），拉好纵、横向和水平的控制线，再按规范施工。

处理方法：同地面砖接缝处理方法一样。

4. 面层不平整、积水、倒泛水问题

原因是：

（1）施工管理水平低，铺贴时没有测好和拉好水平控制线。有时虽然拉好了，但在施工中不太注意，控制线时松时紧，造成平整度差。施工地面砖一定要按控制线先贴好纵、横向定位砖，再按控制线贴好其他地面砖。每铺完一个段落，用喷壶进行洒水，每隔 15s 左右将硬木平板放在地面砖上，用木锤敲击木板（全面打一遍）。同时用水平尺检查。

（2）地层地面的基层回填土不密实，局部产生沉陷，造成表面低洼积水。

（3）在铺贴前没有检查作业条件，如找平层平整度，排水坡度没有查明，就盲目铺贴，造成泛水。铺贴前一定要检查：找平层的强度、平整度、排水坡度是否符合设计要求，分隔缝中柔性防水材料要先灌好，地漏要预先安放于设计位置，使找平层上的水能顺利地流入地漏。

处理方法：同地面砖接缝处理方法一样。

| mingong | 位置：河北 | 专业：施工 | 第4楼 | 2005-8-2　14：19 |

对于地面砖施工存在的问题，大版主解答很全面，希望大家根据施工的实际情况，继续讨论，我感觉地面砖的边缘的零碎补缺也是值得注意的问题，如果整块砖不巧，有的补零补的不好也严重影响观感，特别是门口部位。

也欢迎楼主发表你的观点。

| sunnyman168 | 位置：北京 | 专业：其他 | 第6楼 | 2005-8-2　14：48 |

我来补充一点小常识:

地面砖施工前,材料的质量是非常关键的!我们可以通过比较简易的方法来判断:

1. 听声法。用手轻轻敲击地砖,若此砖发出噗噗的声音,那表明它的烧结度不够,质地比较差;若发出轻微的咚咚声,它的质地相对于前一块来讲就比较坚硬。

2. 目测法。将地砖置于平整的地面上,看其四边是否与平整面完全吻合,同时看地砖四个角是否均是直角,再将地砖置于同一品种及同一型号的地砖中观察其色差程度。

地面砖空鼓的原因多有以下几种:

1. 地面基层处理不净,或浇水湿润不够。
2. 垫层水泥砂浆铺设太厚或加水较多。
3. 瓷砖背面浮尘未除或用水浸润不够,造成粘结不实等。

预防的方法是:

1. 要求水泥浆结合层涂刷均匀,涂刷时间不能过长,以防风干结硬,造成面层和基层分离,导致起鼓。

2. 严格按配比拌制砂浆,不能任意加水,砂浆要用干硬性,一般厚度控制在2~3cm为宜。

3. 铺贴地面砖时,应清理背面浮尘,浇水湿润,保证其粘结良好。

4. 铺贴地面砖时,四角同时用力压,使其与砂浆平行接触,并高出拉线2~3cm,再用木锤或橡胶锤敲击,面部用水平尺找平。铺完一块后,向两侧或后退方向顺序铺贴。如发现有下陷现象,应将瓷砖掀起,用砂浆垫平后再铺。

zhonghua1980	位置:广东	专业:施工	第8楼	2005-8-2 15:42

说实话!砖是靠工人贴出来的!我们不可能时时刻刻盯着!

就我经历!一是墙砖泡水不够!有些工人,墙砖要泡2个小时!如果当天晚上不泡的话!8点上班!泡两小时10点!还有时间干活!所以说就偷懒!有时甚至泡十几分钟就拿出来贴!

二是贴的速度!如果工作很快!好像空的比较多!因为贴的砖和手法也有关系!快了肯定出问题!

三是砂浆的厚度!就我感觉,薄的比厚的容易空!

四是侥幸心理!一再叮嘱贴完以后要敲!结果没人敲!如果有责任心的话!到时间就敲!取下来也容易啊!

还有就是敲的问题!有一次敲空鼓!把整片墙的砖都敲花了!从此以后我再也不敢拿那锤子敲了!改用钢筋扫。

3.1.2 讨论主题:怎样保证外墙面砖的施工质量?

原帖地址:http://bbs3.zhulong.com/forum/detail1953006_1.html

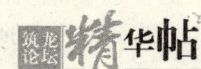

happyfww	位置:其他	专业:其他	第1楼	2005-9-12 12:39

怎样保证外墙面砖的施工质量?包括平整度、灰缝宽度、灰缝竖直以及开裂等,请大家踊跃发言。

sunnyman168	位置:北京	专业:其他	第2楼	2005-9-12 14:13

1. 外墙面砖嵌缝必须采用勾缝条抽压出浆至密实。
2. 外墙粉刷基层应采用人工凿毛或界面剂抹砂浆进行毛化处理,并应进行喷水养护。基层平

整度偏差超标时，应进行局部凿除（凿除时不得露出钢筋），再采用聚合物水泥砂浆进行修补。

3. 粘贴面砖的外墙面用防水砂浆刮糙时，门窗洞口四周墙面刮糙底层与糙面层必须位置错开。

| 大力神2005 | 位置：辽宁 | 专业：其他 | 第3楼 | 2005-9-12 20:15 |

几点拙见：
1. 关于平整度：首先要控制好基层的平整度，通过挂线检查，对突出的基层进行凿除，对凹陷的基层进行抹灰填补；在贴砖过程中，要用刮杠时时检查，发现不平及时调整。
2. 关于灰缝宽度和竖缝的平直：一般是按设计要求，挂通线，通过通线控制宽度；另外，要制作一些统一规格的楔子，放置于砖与砖之间，既能控制缝宽，又能保证贴好的面砖不能产生竖向滑移。
3. 关于开裂：首先面砖本身质量要合格；其次在镶贴前要对基层和面层进行充分的润湿，保证更好的结合；选择良好的水泥并控制好砂浆质量。

| pplu | 位置：北京 | 专业：施工 | 第5楼 | 2005-9-12 21:44 |

1. 平整度。如果为剪力墙结构，在做结构时必须对外墙大模板重点做好预检，要逐个拉线检查；如果为框架结构，柱子模板以及填充墙外立面平整度必须重点控制好。否则，剔凿和抹灰工程量极大，而且费工费料，有质量隐患。
2. 灰缝宽度和竖直度。施工队往往有好几个班组，施工前必须让大家先做个样板，各班组严格按照样板来。施工中应经常跟班，杜绝不交圈或为交圈而导致缝隙大小不均匀。
3. 开裂。首先要确保结构无问题。水泥应经复试合格，砂子为中砂，含泥量符合要求。每层抹灰不能太厚（抹灰厚度超过3.5cm，要加钢丝网），抹灰前基层要干净且湿润。粘贴面砖时用胶尽量用质量好的胶，配比符合要求。

| wtywty0083 | 位置：浙江 | 专业：监理 | 第8楼 | 2005-9-13 16:23 |

我们在施工时，从上到下吊一线锤，做好灰饼，这是找平的第一步。

糙体粉刷好以后，量出建筑物外立面每一个大面的长度和高度，依据施工用的面砖的尺寸，先计算出每一排面砖需用的数量和离缝宽度，再按此打点后弹出水平、竖向墨线（控制线），统一面砖厚度后，拉细线（就是放线用的尼龙线，但分成很细的几股），这样拉出的线很挺不易弯曲，而且容易拉直，两端拉紧，一般的天气下是不会受影响的。面砖的边跟着线走，这样贴出来的面砖线直、面平，很好看了。

至于说开裂，我想主要是因为面砖浸水不足，吸干水分后开裂的，受粉刷的糙底的影响开裂，那又是控制粉刷质量的话题了。

| hjx200 | 位置：江苏 | 专业：施工 | 第10楼 | 2005-9-15 13:31 |

我认为外墙面砖施工关键在于以下几点：
1. 外墙面砖施工基层处理一定要到位，这是关键的关键，要不然大面积空鼓麻烦就大了。
2. 根据砖的规格和结构尺寸认真排砖，在门窗洞口巧破砖。
3. 认真用经纬仪校正好阴阳角垂直线，用水准仪控制好每层的水平线，控制层与层之间的误差。

4. 工人操作时要根据策划好的排砖图认真分线排砖，贴砖墙面不要出现阴阳面砖。
5. 勾缝时灰缝不要太满，凹2mm为宜，灰缝内要平，要顺直压光。
6. 墙面要及时清理，养护。

| 闫伟005678 | 位置：山东 | 专业：施工 | 第18楼 | 2005-9-22 17:24 |

对于竖缝的平直最好还是用经纬仪、水准仪打好点以后，分段放好垂直和水平控制线，并且校正其方向，而后就可以大胆的按线施工了；

对于防止墙砖裂缝的问题，除了以上各位所讲的，还有一点要注意，那就是对贴砖用的砂浆严格按照配合比进行拌合，一味的增加水泥用量，加大强度等级，只会适得其反，对于质量稍差墙砖会被砂浆收缩时产生的拉应力破坏。

3.1.3 讨论主题：房间里的地板砖为什么破碎？

原帖地址：http://bbs3.zhulong.com/forum/detail2875480_1.html

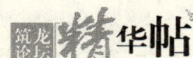

| shuangk_kk | 位置：山东 | 专业：造价 | 第1楼 | 2006-1-12 10:58 |

最近办公楼内有一间办公室的地板砖不知道怎么回事情，全部鼓起来了，就像房间缩小了把地板砖挤起来的一样；

在别的地方住宅楼和别墅也有类似的现象，有的地板砖都被挤的破碎跳了起来。

是不是房间收缩的原因？

| 楼19721007 | 位置：其他 | 专业：造价 | 第2楼 | 2006-1-12 11:12 |

楼板下沉；

地板砖没有留伸缩缝，热胀冷缩，温差大。

| shuangk_kk | 位置：山东 | 专业：造价 | 第3楼 | 2006-1-12 11:23 |

办公楼已经使用有7年多了（房间面积有20m^2左右），最近才发现的，其他有的竣工交付还没有使用，有的已经使用了。

| 十卦九不准 | 位置：山东 | 专业：结构 | 第5楼 | 2006-1-12 11:29 |

应该是地板砖之间的施工缝留的太小了吧？或者是下面的砂浆不是太好，我们单位建的住宅楼有几处也出现过这样的现象。

| mingong | 位置：河北 | 专业：施工 | 第5楼 | 2006-1-13 7:30 |

估计应该是暖气惹的祸，建议查查取暖方式有没有改变，暖气产生的热是向上的，在楼板下形成高温区域，很容易引起上一层地板砖膨胀拱起，一般小地砖特别明显，边长800mm以上的大地砖很少发生此类现象。铺贴时适当留缝隙也是不错的办法。

| hjx200 | 位置：江苏 | 专业：施工 | 第9楼 | 2006-1-14 12:25 |

对于这个问题楼上各位网友说得都有一定的道理，但引起面砖空鼓的原因有多方面的。具体我分析如下：

  1. 贴砖前地面基层处理不到位是面砖空鼓的隐患之一，但有可能在短时间之内表现不出来，时间长了就体现出来了。
  2. 贴砖找平层干硬砂浆太湿了，照我这么多年来的施工经验，这种现象可能引起将来面砖大面积空鼓。
  3. 贴砖时灰缝过小，对于当时贴砖来说灰缝越小越好看，但经过几个采暖期后，由于温度收缩原因导致面砖大面积空鼓的例子不少。
  4. 采用不合格水泥铺贴的面砖，将来也有可能形成空鼓。
  对于楼主的问题我发表了一点我个人意见，如有不当还请网友们多多指正！

| 394502154 | 位置：其他 | 专业：其他 | 第 11 楼 | 2006-1-14　15:43 |

  1. 昼夜温差大，地板砖收缩、膨胀温度内应力使地板砖产生裂缝。
  2. 贴砖时砖缝应大于 3mm 以上，靠墙边的砖缝应在 10mm 以上。
  3. 干贴法贴砖时砂浆配合比要严格按设计和规范要求施工，施工前基面刷两道纯水泥浆。
  4. 选用正规厂家的材料和正确的施工工艺施工也很重要。

| g0001 | 位置：天津 | 专业：施工 | 第 17 楼 | 2006-1-20　15:34 |

  对于地砖在使用过程中产生鼓起的问题，我的同事遇到过，经过调查将问题总结如下：
  1. 地板砖材料的热膨胀系数不能太大，要选择好的地板砖，以陶瓷的为好。
  2. 铺贴地板砖时要留出 5mm 左右的缝隙，特别是平面与立面交接处，要留的宽一些，一定不能紧挨墙体。
  3. 施工工艺符合要求，镶贴牢固，注意成品保护。
  目的：防止热膨胀引起空鼓。
  如果注意这个问题，就不会产生楼主所说问题。

| cxl110110 | 位置：河北 | 专业：建筑 | 第 18 楼 | 2006-1-20　15:51 |

  如果楼板是预制板的，楼板的板缝如果过大或处理不当，随着时间的推移加上温差、变形等因素也会造成上面的结果。

| 普工 | 位置：陕西 | 专业：施工 | 第 26 楼 | 2006-2-21　12:30 |

  地板砖破碎有两个原因：①垫层热胀冷缩变形拉裂破坏；②面层受热膨胀没有收缩空间，翘起破碎。

| 水掉锅头 | 位置：广西 | 专业：施工 | 第 30 楼 | 2006-2-23　11:43 |

  主要是温差引起的，冬夏季节温度变化大，面层与底层材质不一样，温度收缩率不一样，再加上地砖铺贴可能有空鼓现象，所以施工时在大面处应设置伸缩缝于隐蔽处，结合层强度等级不得过低，铺贴饱满。

3.1.4　讨论主题：外墙面砖上直接刷涂料，你觉得可行吗？
原帖地址：http://bbs3.zhulong.com/forum/detail2713355_1.html

| happyfww | 位置：其他 | 专业：其他 | 第 1 楼 | 2005-12-21　9:48 |

我们这里由于政府需要加强面子工程，所以将路边的外墙全部变成一种颜色，有的直接在外墙面砖上刷涂料，你觉得可行吗？质量有保证吗？请大家讨论。

| fox115 | 位置：浙江 | 专业：施工 | 第2楼 | 2005-12-21 9:56 |

这样的工程，我没有遇见过。

前段时间一个同学给一个乡政府做一个装修改造工程，有在外墙面砖直接刷涂料的项目，还叫我帮忙找几个方案。回头问问他。

不过我觉得，在外墙面砖上直接刷涂料的话，批底很重要，一定要保证平整度，还有批底材料与面砖的粘结性能是否可靠，涂刷涂料的厚度，薄的话会不会引起透底现象？

| swc19811104 | 位置：广东 | 专业：地产 | 第6楼 | 2005-12-21 12:19 |

涂料施工一般要刮底腻子的，在外墙砖上作涂料不要刮底腻子（由于面砖表面一般都比较光滑，时间一久腻子要脱落的），又节省成本。底漆一定要做的，用万能底漆作为面砖与涂料的结合层可保证有效的结合，防治面漆脱落。找涂料施工单位咨询一下，专业的涂料施工单位从技术上都能实现的。

| happyfww | 位置：其他 | 专业：其他 | 第10楼 | 2005-12-21 16:11 |

他们采用的是一种高粘结性的胶水，先刮腻子，再抹涂料，不过时间长了会不会脱落？

| louxianfeng | 位置：北京 | 专业：施工 | 第11楼 | 2005-12-22 1:17 |

我感觉可行性不是很大，即使材料如同他们所说质量过关，但请楼主注意施工人员的自身水平未必能过关，政绩工程往往都是一个定时炸弹，希望楼主三思。

| liuhs0011 | 位置：新疆 | 专业：结构 | 第14楼 | 2005-12-23 19:10 |

我认为首先要看看砖的材质，是高光的还是哑光的，可以直接喷漆处理，或者用玻纤布粘贴一层再刮腻子刷涂料。

| sunxinxian | 位置：山东 | 专业：结构 | 第18楼 | 2005-12-24 10:49 |

我们承建的青岛生命科学研究院工程的外墙和楼主说的类似，处理办法也类似，竣工至今已4年多了，效果挺好。青岛很多原来贴瓷砖的建筑都这样处理。

| dndtnt | 位置：广东 | 专业：市政 | 第21楼 | 2005-12-26 17:18 |

刷涂料、刮腻子必不可少的！要不外墙涂料刷得再好，时间一久都会裂开，掉落！关键是腻子与外墙面砖的结合！是否可以把面砖凿成毛面？

| 工蜂2004 | 位置：广西 | 专业：施工 | 第24楼 | 2005-12-26 19:39 |

这完全可以，因为我们公司就是做外墙涂料的，主要是要有好的界面处理剂，还要做好瓷砖面的清洁，具体的施工方法如下：

1. 清理基面

先把松动的瓷砖敲掉，用水泥砂浆找平，然后用草酸稀释后进行界面清洗，然后用清水再洗去草酸。

2. 打底腻子

在做腻子前用界面处理剂扫一遍，干后再上外墙专用腻子，先把瓷砖的缝隙填补平整，腻子的底层必须要粗点的，在腻子里也加入一定的添加剂，水：添加剂为 100：（5～6），然后再做第二道腻子找平，再上第三道。注意：在做第一道和第二道间不能打磨，要最后一道做完后再一次性打磨平整。因为瓷砖面的平整度不是很好，需要刮腻子比较厚，这样容易有腻子开裂的现象，可以在第一道腻子和第二道腻子间埋入防裂网（一种塑料的细网）防止腻子开裂，还要做好伸缩缝的处理。界面处理剂我用过日本的 SKK 涂料，还有就是澳大利亚得高的水泥砂浆添加剂，SKK 涂料的比较保险。

3. 上涂料

和一般的做法没什么两样。

3.1.5 讨论主题：关于卫生间墙地砖的精品工程做法的讨论。

原帖地址：http://bbs3.zhulong.com/forum/detail3127122_1.html

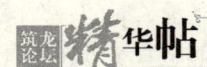

| hjx200 | 位置：江苏 | 专业：施工 | 第1楼 | 2006-3-3 16:53 |

在许多精品工程做法中，墙地砖都是对缝的，地漏、蹲便器、小便器、感验器都与地砖有相当的关系。

但现实施工时问题多多。

能否处理好相关问题对成品观感相当重要，请网友们发表发表相关意见！

| 普工 | 位置：陕西 | 专业：施工 | 第3楼 | 2006-3-5 18:47 |

卫生间墙地砖，在铺贴前先在四周5cm处弹线控制方正，然后根据瓷砖规格在纸上进行试排，要考虑对缝，卫生间门口考虑整砖，如果在角部出现小于半砖时应考虑用两个大于半砖的规格进行铺贴，卫生间地漏考虑留在地砖中部，或者加工和地砖同等规格地漏。在墙阴阳角处可以考虑加金属角条调整观感，如果地砖排起来不合适，还可以考虑调整墙的粉刷层厚度或者墙的位置。不知可否？请版主参阅。

| hjx200 | 位置：江苏 | 专业：施工 | 第4楼 | 2006-3-11 11:54 |

普工网友：

在卫生间内对于各方面的问题太多，比如说各种功能洁具的间距是否与砖的模数赶巧，房间的具体尺寸是否规格，等等！但网友这样考虑还是不太周全。

| glmluming | 位置：河北 | 专业：结构 | 第5楼 | 2006-3-12 8:33 |

卫生间施工前应进行深化设计，提前排列管道、卫生洁具、地砖的位置、尺寸，有矛盾、破活、影响美观的地方，与建设单位、设计单位沟通、协商，调整管道、洁具位置关系和尺寸，有必要时甚至调整墙体和结构尺寸，应能提高卫生间成品观感质量。

| mingong | 位置：河北 | 专业：施工 | 第6-14楼 | 2006-3-13 13:26 |

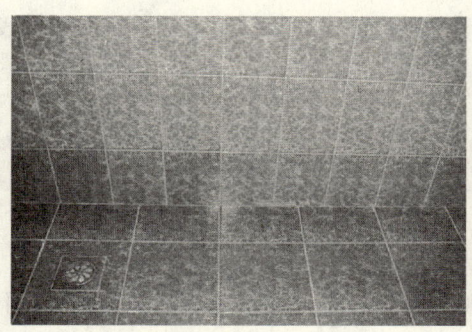 

图 3.1

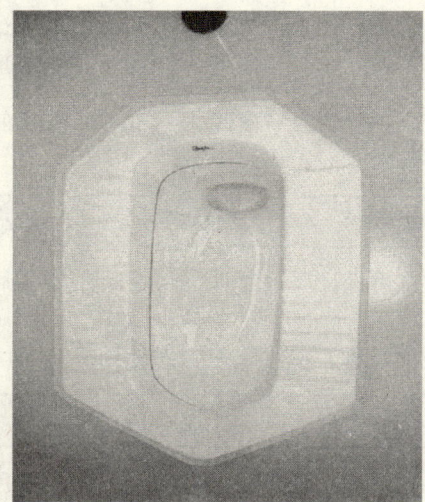 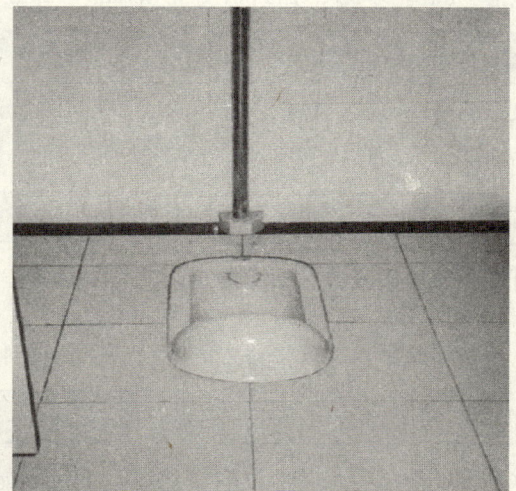

图 3.2

 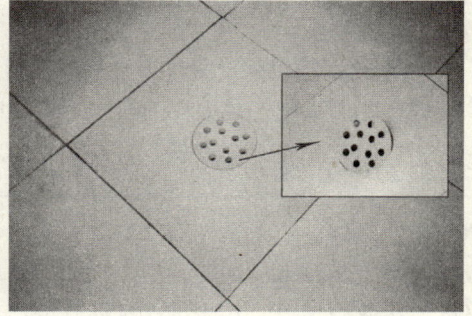

图 3.3

贴几个精品做法的图片供参考，如图 3.1~图 3.3 所示。

| huishou523 | 位置：北京 | 专业：施工 | 第 18 楼 | 2006-3-15　20:36 |

卫生间铺砖的确麻烦很多，我觉得应注意水暖件甩口的处理很重要，包括坡度、排砖、地漏处的砖如果不能赶到整砖，最好事先切好砖成圆弧，然后施工中拼成一个规则的圆会好看些。

| honghua1980 | 位置：广东 | 专业：施工 | 第 21 楼 | 2006-3-17　12:06 |

有些地漏不在最低处，水可能比较难排干净吧？
另外，在广东的一些习惯做法是瓷砖缝不能在坐便器中间（叫劈裂什么的）。
墙砖和地砖对缝比较难，最好的办法就是只对显眼的一边，另一边能对上则好，对不上也不影响效果！

3.1.6　讨论主题：压光的基层面上能直接贴面砖吗？

原帖地址：http://bbs3.zhulong.com/forum/detail299973_1.html

| 冰凉雨 | 位置：河南 | 专业：施工 | 第 1 楼 | 2004-5-25　21:19 |

外装修原定是涂料面层，所以粉刷面压光了，现业主让改为贴面砖，不知能否直接在压光面上贴面砖，请教这方面有经验的同行。若不能，请赐教如何操作。先谢过！

| 石头甲 | 位置：湖南 | 专业：施工 | 第 4 楼 | 2004-5-25　22:32 |

可以考虑使用瓷砖粘贴专用胶，就算在光面上贴也可保证质量，且可以避免许多水泥砂浆粘贴出现的质量通病，如空鼓、开裂、脱落等。
只是价格高了点，如果甲方的米米（我们这对钱的昵称）有多，可考虑使用。

| 涛涛 | 位置：河南 | 专业：施工 | 第 5 楼 | 2004-5-26　0:17 |

冰凉雨，是河南什么地方的，我的意见是不能在压光面上粘贴，并不是简单的凿毛就可以了：
1. 原来未变更前是涂料墙面，粉刷层的强度可能偏低，应该先查查施工日记，（因为涂料墙面对强度的要求不高，施工单位会节约这笔费用）改为面砖后粘贴面砖的水泥浆强度太高，会造成空鼓，脱落的。
2. 即使原粉刷层的强度很高，在凿毛的过程中也会振空部分基层的，建议用水泥和 108 胶制成水泥胶浆，用小扫把甩上成为有一定强度的毛化点，然后进行面砖施工。

| xayang_01369 | 位置：陕西 | 专业：施工 | 第 11 楼 | 2004-5-26　19:36 |

冰凉雨：你好。要在压光面（必须是 1:2.5 或是 1:3 水泥面）上贴面砖应该凿毛，除凿毛外还应该每平方米钉五个钢钉，用水泥和细砂加 108 胶制成水泥砂浆贴面砖。用别的胶不放心的，这种方法我施工过，几年了没发现脱落，我建议可以试试的，如果是小高层或者是高层还是不试的好。

| 涛涛 | 位置：河南 | 专业：施工 | 第 13 楼 | 2004-5-26　22:45 |

我对陕西的夏阳的回答有不同看法，钉钢钉、压光面的强度要求（1:2 或 1:2.5 的砂浆）我都同意，加强措施吗，多做一点还是保险系数大的。但是，粘贴面砖的水泥砂浆的强度切不可太高，不然的话，会拉空基层，造成脱落，具体做法可以掺入不大于水泥用量15%石灰膏，一是改善砂浆的和易性，二是可以防止面砖的结合层的强度过高。至于胶粘剂我没有用过，对石头甲的意见不敢发表意见。

| 陈yw | 位置：四川 | 专业：监理 | 第14楼 | 2004-5-27 12:33 |

可将压光面凿毛后，用瓷砖胶粘贴；凿毛时点要小而密，可防止基层空鼓。建议作涂料面时，基层不必压光，搓毛就行，可增加腻子与基层粘结力，防止涂料开裂、起翘。

| lgyzswx. | 位置：四川 | 专业：施工 | 第15楼 | 2004-5-27 16:15 |

建议在光面墙面凿毛后，先用素水泥浆刷一遍，在粘贴外墙砖时砂浆中掺108胶或其他专用胶外加剂，这三种方法相结合。但笔者并未处理过类似情况，强烈建议先通知设计单位，由设计单位提供更改方案，好处有：①设计单位最为专业，能够提出最科学的施工方案；②即使以后外墙砖发生脱落（原因由这次变更造成），也可以推卸责任。

| 王卫东 | 位置：河南 | 专业：施工 | 第16楼 | 2004-5-27 20:53 |

楼上说得够热闹的，认同涛涛说的第二个意见，其实没什么大不了的。按涛涛说的方法（甩浆、养护）处理后，粘贴瓷砖用的砂浆内应适当加一些白灰膏，参考比例为水泥:灰膏:细砂 = 1:0.15:1.5，另外，粘贴厚度以 5~8mm 为宜。

3.1.7 讨论主题：小女子请教大问题，老师傅请教。

原帖地址：http://bbs3.zhulong.com/forum/detail161846_1.html

| 午后的光 | 位置：北京 | 专业：其他 | 第1楼 | 2004-3-1 11:46 |

事情是这样的，我对小时候住的楼房里那种很亮的水泥地面情有独钟，想把新房子（毛坯）的地面做成那样，以为很容易，但是真正做起来，发现非常费劲。那是过时的工艺，现在的装修工人都不会做，设计师建议我用自流平，太贵了！

在坛子里潜心学习半天，发现只有水泥砂浆地面、水磨石的做法，但是没有我想要的那种，好像是叫水泥压光吧。

只有浮出来请教各位师傅了：

1. 那种地面应该怎样施工，用什么材料。有人说用水泥和粗砂，有人说要用水泥和云母，有人说水泥和石英粉，还有人说只要是水泥和砂就可以了。

2. 怎样能让地面更平滑，我住的是楼房，下面已经住人了，用水漫金山的方法，可能不行。机器打磨，装修公司好像没有，老妈说，以前的工人是用鹅卵石打磨，是真的吗？

3. 怎样不让地面开裂？有人建议我用108胶和水泥混在一起，有人建议我加水泥抗裂剂，哪种好，还是全用上。

恭请各位高手支招，感激不尽。

| james bond | 位置：湖南 | 专业：施工 | 第2楼 | 2004-3-1 12:35 |

这个问题太简单了，看来你是一个门外汉吧。解决这个问题的步骤如下：

1. 首先，看你的地板，基层如何？如果是已贴地砖，就要连地砖及水泥砂浆全部敲掉，并凿毛。
2. 其次，地板要湿润，要铺砂浆，砂浆强度等级要高。
3. 最后，等到快凝结之前，原浆压光，但要注意浇水保养。

午后的光	位置：北京	专业：其他	第3楼	2004-3-1 12:57

我问的都是像您这样的老师傅，回答的非常专业，但是我还是晕啊。砂浆要高强度等级是什么意思啊，不是水泥要高强度等级吗，高到什么程度算高呢？

具体怎么压光啊？

我是个文科生，化学都学的不多，我的装修队说他们没接过这样的活，不知道怎么做，您能不能给我说清楚一些呢，就当帮我扫盲。

感谢啊！

对了，我的房子地面是毛坯，就是那种坑坑洼洼的水泥地，但是已经干了半年了。

lwd3961	位置：	专业：其他	第5楼	2004-3-1 16:49

首先，基层的强度要好，不能低于面层强度。

其次，面层50～60mm厚、用C20细石混凝土、砂率大一点20%～25%，一定要原浆压光。

重要的是，原浆压光时火候掌握（终凝前20～30min）。

机器打蜡（蜡要少）使用一段时间就是那种很亮的水泥地面。

xf68	位置：广东	专业：施工	第10楼	2004-3-1 20:24

顺便告诉你一点装修结算的秘密，一定要拿尺去实量，不要人家报多少给多少，往往有15%的水分；还有一点，对你们外行来说就不容易，要会按照质量验收标准进行索赔，验收时，找一个像我这样的内行（搞质检的）去，如果和装修的事先有约定，又可以索赔大约10%。什么空鼓、排水之类的。

午后的光	位置：北京	专业：其他	第11楼	2004-3-3 9:59

呜，转了这么多论坛，在这里才终于找到了答案。

多谢了。多谢各位老师傅，我家没有好茶饭，一杯清茶待亲人。

我把各位的提示说给工头听，他说他明白了，看来我的水泥地面有希望了。

还有一些小问题，希望师傅们不吝指教。

1. 我家用32.5级的钻石水泥，工头说用这个就没问题，还说越好的水泥越容易裂。是吗？
2. 我听说为了防裂，水泥里还要加上108胶或水泥防裂剂，但各位师傅都没有提，有这个说法吗？
3. 用抹子能把地面抹多平啊，没有机械磨平的情况下，还有没有抹平的技术或窍门呢。

lwd3961	位置：	专业：其他	第13楼	2004-3-3 23:56

1. 越好的水泥越容易裂荒唐!
2. 108 胶或水泥防裂剂没用,只能增加粘结度。
3. 平整度:要用打巴除柱的方法,勤用硬靠尺来赶平。

| 王大六 | 位置:广西 | 专业:施工 | 第 14 楼 | 2004-3-4 0:41 |

隔行如隔山,建议你还是在身边找个懂行的熟人吧。

| 午后的光 | 位置:北京 | 专业:其他 | 第 16 楼 | 2004-3-5 1:01 |

为了这个地面,我几乎搜遍了所有水泥的页面。我敢说没有这个东西。焦点网的一个地板权威给的答案就是加水泥抗裂剂。

我已经发动了我身边所有能发动的人,连老妈都不放过,她是个会计,干了几十年的基建会计。到现在还坚持让我加石英粉在里面。

我还找了时尚家居的一个编辑,因为杂志上每期都有水泥地面的设计,但是答案是,每家和每家都不一样,大家按照自己的理解去做了这个地面,而且几乎都裂了(上杂志的时候还没有裂)。

我很奇怪为什么现在知道这个水泥地面做法的人这么少,但是我知道,很多人和我一样,想要简单一点,想要这个地面。

不知道有哪位好心的高手能把这个地面的详细工艺和注意事项,像工艺手册书里那样写出来,贴出来。那就真是一件大好的事情了。

我负责转贴,一定有很多像我一样的笨鸟在眼巴巴的等着呢。

| 19521 | 位置:山东 | 专业:结构 | 第 18 楼 | 2004-3-6 14:02 |

水泥地面开裂是肯定有的问题,水泥强度等级越高水泥自身的收缩越大。用 32.5 级的水泥就足够了,他说的有道理,我想切割开也没有什么必要,只要地面面积不大应该不会有太大问题的,胶也有点用处,你可以在基层涂水泥净浆混合 108 胶,能增加和基层的粘结力,对防止开裂还是有点用处的。最后我还是想说,水泥地面真是不好看!你怎么想做那样的地面呢!

| lzh999 | 位置: | 专业:其他 | 第 20 楼 | 2004-3-7 23:54 |

你说的那种地面主要是在收面时用 1:1 水泥细砂均匀撒在面层上后收光,必须多压几遍,让水泥浆在表面造一层壳。就是那种泛青的水泥色。

| 午后的光 | 位置:北京 | 专业:其他 | 第 21 楼 | 2004-3-8 9:15 |

这儿的人真好。

我就是要的那种淡淡的泛青的水泥地面,就是百安居什么的大超市的那种,等我家的地铺好了,我一定照照片发上来让大家看看,是大家的功劳啊。

| QUHONG | 位置:浙江 | 专业:施工 | 第 23 楼 | 2004-3-11 2:38 |

水泥强度等级高一点好,掺入量小一点,才会不裂,裂不裂主要看掺量而不是在于强度等级高不高,要想不裂,用膨胀水泥好了,但普硅 32.5 级水泥已经够用了。

| james bond | 位置：湖南 | 专业：施工 | 第 26 楼 | 2004-3-11　13:16 |

不知道你已经做了没？基层一定要湿润，做好后注意养护！这个能有效防止开裂。

3.1.8　讨论主题：清水混凝土表面处理措施。

原帖地址：http://bbs3.zhulong.com/forum/detail258284_1.html

| honestboy | 位置：广东 | 专业：结构 | 第 1 楼 | 2004-5-5　19:49 |

　　由于种种原因，清水混凝土表面总是不理想，想真正达到内实外光的效果真的不容易。表面处理显得很重要。拆模后及时有效的处理确实能避免不少麻烦，监理、甲方方面的！至少少写几个施工保证措施，那些东西是烦死人的！

| wzp7804 | 位置：山东 | 专业：施工 | 第 3 楼 | 2004-5-5　20:00 |

　　对于清水混凝土，我们这主要是通过以下几点：
　　第一，采用九层胶合板做模板，或者采用钢模面层再加一层钢板（后者造价较高，但效果相对来言好点）；
　　第二，板与板之间采用海绵条塞缝；
　　第三，拆模后，及时采用高强度砂浆修补，或者在达到强度后，用砂轮机磨光（而且根据重庆市评"三峡杯"的有关规定，小部分是允许打磨的）。

| xf68 | 位置：广东 | 专业：施工 | 第 4 楼 | 2004-5-6　1:10 |

　　你拆模后有什么问题？说说看。

| honestboy | 位置：广东 | 专业：结构 | 第 5 楼 | 2004-5-6　17:51 |

　　表面颜色不一致，关键是与其他建筑不一致，其他建筑颜色为灰白色，而我们这个构筑物呈现灰色，没有混凝土表面的那层白色。

| xf68 | 位置：广东 | 专业：施工 | 第 6 楼 | 2004-5-6　17:54 |

　　是不是模板表面的隔离剂的颜色问题，或者模板的颜色造成的？
　　如果你的混凝土的配合比、水泥的品种都是一样的，找一下这方面的原因。

| honestboy | 位置：广东 | 专业：结构 | 第 7 楼 | 2004-5-10　18:56 |

　　因为是新模板，所以没有刷隔离剂，我们分析原因之一为模板表面质量不稳定造成的。

| yksuming | 位置：上海 | 专业：其他 | 第 8 楼 | 2004-5-13　11:24 |

　　与水泥也有一定关系的，同时从现场施工配合比使用上看看，后台人员变换也许造成配料不稳！

| xf68 | 位置：广东 | 专业：施工 | 第 9 楼 | 2004-5-13　11:26 |

　　看看模板表面的平整度，拼缝处的平整度，表面的颜色，模板的刚度，有没有变形，

等等。

| 浪花子 | 位置：浙江 | 专业：施工 | 第10楼 | 2004-5-13 12:17 |

在施工前如果刷隔离剂的话，一定要刷均匀，不要留有气泡，否则很容易使成形混凝土表面有蜂窝、麻面，出现的话，在拆除模板后，混凝土看上去表面还有一点湿的时候用水泥和粉煤灰（要和混凝土使用的同一品牌）配成浆，具体配合比可以根据混凝土配合比多配几次，使颜色与混凝土差不多，来修补孔洞，然后用混凝土专用养护剂来养护，可以节省养护的人工，价格也不是很高，想做清水混凝土的人肯定能承受的了，养护剂刚喷上去的时候，泛白色很难看，不过过几天，混凝土表面看上去就又光又亮了。这是我的一点小意见，不对之处请多指教。还有混凝土配合比配制，外加剂选用等问题就不细说了。

| yorkbay | 位置：其他 | 专业：造价 | 第15楼 | 2004-7-2 23:37 |

我也见过同一天施工的混凝土颜色不一致的情况，前面网友们分析的有道理，我补充一点个人浅见：①模板刷不刷隔离剂颜色肯定不一样，楼主刷的隔离剂可能是浅色的。②模板颜色深浅原因造成拆模混凝土表面渗有模板颜色，模板如不很平整，光线下表现会明显些，采购的模板表面带有一层光洁胶合板的面层，涂过隔离剂后拆模的混凝土颜色就均匀些。③也要注意碎石粒径的变化及振捣原因，有些施工单位混凝土采用现场拌制，当大粒径石及模板周边振捣不均，水泥浆覆盖石子厚度不均时，大石子面水泥浆薄了，虽不露石子，细量平整度也不超标，但新拆模混凝土在光线下会显得深浅不一致，过几天后就基本均匀了。

| weidengchen | 位置：天津 | 专业：其他 | 第16楼 | 2004-7-4 21:43 |

有没有什么好的办法补救颜色不一的清水混凝土呢？比如什么涂料之类的。

| xf68 | 位置：广东 | 专业：施工 | 第18楼 | 2004-7-4 23:37 |

那就不是清水混凝土了，你刷了涂料，就是已经装修过的了。清水混凝土主要的功夫在模板上，要一次成型。

3.1.9 讨论主题：水磨石已出现空鼓，应该怎么补救？

原帖地址：http：//bbs3.zhulong.com/forum/detail404367_1.html

| mybest1 | 位置：广东 | 专业：施工 | 第1楼 | 2004-7-20 21:59 |

我一个朋友前几天刚刚接手一栋电信大楼，可在12层地面的水磨石约有300多个平方米出现了空鼓。请教各位专家，应该怎么处理这样的水磨石！

| zengc73 | 位置：湖北 | 专业：施工 | 第8楼 | 2004-7-28 15:42 |

将空鼓部位切割凿除，市场上找颜色相近的水磨石板块半成品，粘贴即可。

| ybgsq | 位置：四川 | 专业：施工 | 第9楼 | 2004-7-28 20:37 |

可以考虑用电锤打孔后，插上注浆头注浆，用环氧树脂修补，然后修饰好孔眼。

天圆地方	位置：广东	专业：其他	第 10 楼	2004-7-29 9:46

这种现象与情况在实际中很常见，但一般作为施工单位在验收前的做法是进行灌浆，等验收过后就不会去再理的了。

作为业主，除功能上需要，一般也不会太过关注这方面的缺陷，因为老板的办公室一定不是这种面料。

再者，水磨石工艺的造价十分低。

由于上述原因，所以真正能返工做好的案例并不多。

如果楼主真要对这几百平方米进行修补，可能修补的单价会比新的还要贵得多哦。

如果这几百平方米的空鼓是同一区域连起来的这倒好办些。建议方法如下：

为了保持原有色泽的统一性，做法将不对原水磨石进行全面铲除，按每 2～3m² 钻一个 5～8mm 直径的孔（最好根据原图案合理布孔，以免完工后影响美观性），孔深以钻穿水磨石和找平层为准（因为无法确定空壳是水磨石与找平层之间还是找平层与混凝土之间出现）。

接着将出现空壳的楼板从板底进行钻孔（以不钻穿水磨层为准，布孔应错出布置）。然后用高压水枪对钻孔进行清理，清理后埋入注浆管，进行压力注水对空壳层进行清洗（注意，压力不能太大，以免对没有空壳的造成影响）。直至楼板下的孔有水排出（这段时间可能会较长，渗通需要一定的时间，也和空壳度有关，如无水排出则注浆不可行）。有水排出后，就可准备下一步的粘结注浆了。在下一步注浆前一定要让水磨石、找平层、混凝土的含水率控制在自然状态（因为用水进行过清洗，马上注浆后，水分在自然蒸发后，同样会产生空壳）。注浆材料要选择流动性和活动性比水好的，以便对空间进行填充。但要注意材料凝固后的强度要控制好（不应高出混凝土强度等级太多），材料最好是没有膨胀系数的，在进行注浆时应逐孔注，以板下孔口有浆逸出为标准，将其封闭。注浆后，在浆液未达强度时禁止使用和人员走动。

你试试吧，建议还是买块地毯把地全盖起来更实际，做这东东太费时伤神了，一个工序出现问题就可能失败了，不值得一搏。

xwz7333	位置：浙江	专业：结构	第 13 楼	2004-7-29 22:18

将空鼓部分周边用切割机割槽，然后凿除空鼓部分，周边轮廓用切割机修边，使其平直、方正。然后用铜条镶边重做。这可能是最省的方法。

天圆地方	位置：广东	专业：其他	第 15 楼	2004-7-30 11:50

这方法是可以的，但是其后果可能是原来空壳的做好了，但周边的可能又空壳了。不能不考虑在磨面过程时对原有的振动和影响，最主要的是在颜色上一定与原来有较大的差异。

小雨点	位置：广东	专业：建筑	第 19 楼	2004-7-30 15:54

同意天圆地方的意见，不过有一些提醒：既然这么大面积出现空鼓，那么肯定是施工时出了问题，是面层在硬化过程中出现的，还是结合层薄弱引起的或基层未清理干净等？如此，就要考虑未空鼓处是否会继续？并且因上述原因修补过程也必然引起空鼓继续发展！故上策可能就是老老实实返工，不要偷鸡不成蚀把米！

| zghuo | 位置：其他 | 专业：其他 | 第21楼 | 2004-8-3 10:57 |

水磨石地面空鼓，一般都将其凿除重做，如果一个房间里局部空鼓，则把局部凿除进行重做，对于色差处理，如是彩色的，那么在石子浆调配时尽可能与原调色配比一致，然后在打蜡时，在蜡中加入该色料进行打蜡。

3.1.10 讨论主题：这样的墙体如何加固？
原帖地址：http：//bbs3.zhulong.com/forum/detail482532_1.html

| comf10929 | 位置：上海 | 专业：施工 | 第1楼 | 2004-9-3 13:02 |

我以前施工一个千人大会堂装修时候遇到的一个问题：按照裙楼装饰施工图的要求，放映室朝向舞台墙面上留置1500mm（宽）×640mm（高）距地2250mm的放映孔，在剔凿该留洞施工过程中，遇有二次结构陶粒墙体所留置的圈梁及构造柱，该圈梁距上部原结构梁底1000mm，要保证该区域陶粒墙体的稳定性，又要达到装饰施工图的要求，应采取什么样加固措施。

| wangqun2000 | 位置：北京 | 专业：其他 | 第5楼 | 2005-2-7 9:12 |

植筋＋灌浆料形成局部混凝土过梁＋壁柱结构，效果好、安全。

| tangxiaowei | 位置：辽宁 | 专业：施工 | 第6楼 | 2005-2-7 9:16 |

http：//bbs.zhulong.com/forum/detail855125_1.html
看看这个帖子，你的问题会迎刃而解！

3.1.11 讨论主题：求助梁墙阴角抹灰裂缝防治方法（500分答谢）。
原帖地址：http：//bbs3.zhulong.com/forum/detail739561_1.html

| xf68 | 位置：广东 | 专业：施工 | 第1楼 | 2004-12-31 15:48 |

我们的工地现在进入装修阶段，对于砖和混凝土交界处的抹灰裂缝防治一般采取挂钢丝网的措施，但是对于梁面和墙面不在同一平面上的情况，挂网的效果如何，我们没有积累足够的经验，希望大家提供操作性强的经验，给予帮助！准备500分答谢，好的措施给予信誉分奖励！

| heyixin | 位置：天津 | 专业：施工 | 第2楼 | 2004-12-31 16:02 |

1. 前期基层松动的最好铲除。
2. 同一平面挂网适用，阴角应增加固定点，防止脱落。
3. 梁能不加就不加，安全没有保证，且抹灰层要严格控制厚度。
4. 后期弥补轻微裂缝用牛皮纸带是首选，网格带少用。

| xf68 | 位置：广东 | 专业：施工 | 第3楼 | 2004-12-31 16:16 |

牛皮纸带是怎样的，能介绍的详细一点吗？谢谢，送50分。

| heyixin | 位置：天津 | 专业：施工 | 第 4 楼 | 2004-12-31　16:27 |

谢谢斑竹。
1. 牛皮纸带选择吸水适中的，这样既保证强度，又保证韧性，达到墙面相对持久抗裂。结构裂缝会延迟开裂，还有请注意：松动的腻子层一定要铲除，再贴绷带。
2. 总体涂刷前处理的基层厚度要控制，不然也是隐患。
3. 土建的结构裂缝不要忽视，最好做基层维修（经验）。

| heyixin | 位置：天津 | 专业：施工 | 第 5 楼 | 2004-12-31　16:30 |

空鼓的要铲啊，不然惨，维修费力！

| 紫云 | 位置：浙江 | 专业：施工 | 第 7 楼 | 2004-12-31　16:35 |

我也跟帖子！转贴一篇文章。
（一篇详细分析常见砌体裂缝的文章，限于篇幅未收录）。

| 无心山水 | 位置：四川 | 专业：施工 | 第 10 楼 | 2004-12-31　17:12 |

顶层窗洞上、下角出现的"八"或倒"八"裂缝；在纵墙的两端及山墙靠近圈梁下皮处，有规则分布的斜裂缝等，产生上述现象的原因主要有以下两方面：
1. 温差：混凝土的线性膨胀系数与砖砌体的线性膨胀系数相差较大，约为2.4倍，造成屋面板和圈梁的整体变形与砖砌体不一致，而出现裂缝。
2. 结构因素：从结构设计上只从屋面伸缩的间距上考虑，而没有防止裂缝的措施。
依据上述情况对这种质量通病应采取以下措施。
1）在顶层外墙与内纵墙的砖砌体施工中，在墙体拐角处和丁字口连接的部位，拉筋间距应由500mm加密到250mm且每端伸入墙体的长度不得少于1500mm。
2）在易产生裂缝的窗台下，设窗台过梁，其配筋不少于同层圈梁，混凝土强度不低于C20，同时在窗洞两侧设钢筋混凝土构造柱，与下层圈梁和同层圈梁连接，混凝土强度不低于C20。
3）屋面保温层施工应避免冬期、雨期施工。如在冬期施工应选用膨胀系数尽可能小的保温隔热材料。同时在保温隔热层中应设置排气通道。
4）女儿墙中的构造柱应加密，其间距不应超过3000mm，并和压顶连为一体。构造柱及压顶的最小断面不应低于180mm，配筋不小于4ϕ12，混凝土强度不小于C20。
5）底层窗洞口水平尺寸大于1000mm时，均应在该窗台下设一道钢筋混凝土过梁，其断面高度不低于180mm，混凝土强度不低于C20。钢筋不小于4ϕ12，且每端伸入墙体不少于500mm。距构造柱较近的部位伸入构造柱。
6）阳台栏板（砖砌）与主体或构造柱之间的连接，在施工中除留错槎外，应至少设三道拉结筋，每根伸入砖砌阳台栏板的长度不少于1000mm。

| 浪花子 | 位置：浙江 | 专业：施工 | 第 11 楼 | 2004-12-31　17:51 |

本人认为在做砌体的时候，顶部只预留5～10cm，不做斜砖，用膨胀细石混凝土捣实，这样的做法对梁边与砌体边不在同一平面时效果还是比较好的。对于竖向的阴角只有增加钢丝网

的固定点了吧。在有些地方可能质检站不同意这个办法，但我们做过的效果还是比较好的。

| xhg99 | 位置：浙江 | 专业：监理 | 第 12 楼 | 2005-1-1 8:25 |

1. 原因分析

1）板缝间的通长裂缝是由于在安装夹心板时只注意了它与地面、顶板及两端墙体的锚固和稳定，忽略了板与板之间的连接，只用细钢丝随便地在接缝处把相邻两块夹心板的钢丝网绑扎起来，没有形成一个整体。

2）夹心板与砖墙（或混凝土墙）连接处的阴角或阳角通长裂缝，则是由于夹心板与砖墙（或混凝土墙）这两种不同性质的材料不仅在抹灰层凝固、硬化过程中因吸水率和体积收缩率不同而造成开裂，而且还因它们的线膨胀系数不同，导致在正常使用阶段由于环境温度的变化而造成胀缩裂缝。

2. 防治措施

1）为了增加夹芯板块之间、夹芯板与墙及梁板之间的整体性和稳定性，我们采用在板缝两侧用 22 号细钢丝将宽度为 200mm、与该夹芯板外层的钢丝网架同质同径同间距的钢丝网带骑缝绑扎在夹芯板钢丝网架上，使之形成整体的方法；或先用 22 号细钢丝把相邻两块夹芯板板缝两侧的钢丝网架不间断地缝合在一起，等第一遍 1:3 水泥砂浆打底灰抹完（每侧 15~20mm 厚，以盖住钢丝网架为限）凝固硬化后，用 108 胶水泥浆（108 胶：水泥 =1:1）将宽度为 200mm 的玻璃纤维布粘贴在板缝处（两侧都粘），然后按常规作法再抹第二遍找平层（厚约 10mm）和面层（厚 8~10mm）。这样，夹芯板本身（含两侧钢丝网架共 50mm）加上两侧抹灰层，墙厚约 90mm，能确保其本身刚度和隔声、保温效果。夹芯板墙用于框架结构填充墙时，其最大长度以 3m 为宜；当大于 3m 时，应增加一根 L50mm×5mm 角钢（上下与梁板内的预埋铁件焊固），且沿其垂直方向在其两侧各焊一根水平向钢筋（$\phi 6@400mm$，钢筋长 300mm），用来夹持夹芯板；当墙高大于 3.5m 时，该角钢改为 L75mm×6mm，其上加焊的水平筋不变。

2）对于夹芯板墙与砖墙（混凝土墙）交接处的阴、阳角，我们也采用加铺钢丝网带的方法，只是把网带宽度改为 300mm，一边用 22 号细钢丝将网带绑扎在夹芯板外层钢丝网架上，另一边则用水泥钉按间距 100mm 将其固定在砖墙或混凝土墙上。

3）在钢丝网架聚苯乙烯夹芯板墙内暗敷管线时，管径不宜大于 25mm，管线、插座和开关盒的位置确定后，用钢丝钳剪断板面钢丝网即可将它们埋入，并用水泥钉和细钢丝将其固定，然后必须在管线外加盖宽度不小于 200mm 的钢丝网带（用细钢丝绑牢），以防在该处出现裂缝。

4）对于已经交付使用的夹芯板墙，若由于人为因素，如二次装修时的敲击、碰撞而引起板面或阴阳角处裂缝，可按裂缝大小和长短，用下列方法进行处理。

（1）如裂缝较窄（1mm 左右）且没有贯通，可将裂缝凿成深 5~10mm 的 V 形凹槽，扫净浮尘后洒水湿润，随即用 108 胶水泥浆嵌填凹槽，初凝后用 108 胶将宽为 50~100mm 的玻璃纤维布条粘贴在裂缝处；或用聚醋酸乙烯乳液（乳白胶）将宽 50~100mm 的医用绷带粘贴在裂缝处。最后再补刮腻子、补刷相应涂料。

（2）如缝宽大于 1mm 且又较长，则可将裂缝两侧 60~80mm 宽的面层用腻子刀刮去，扫净浮尘，洒水湿润，再用 108 胶水泥浆将宽 60~80mm 的玻璃纤维布带粘贴在裂缝处，八成干后用原面层砂浆抹面，干后补刷相应涂料即可。

用这种方法进行处理的新建和补修工程的夹芯板墙，经多年使用、观察，未出现过任何裂缝，可谓施工简便、质量可靠、价廉物美，深受业主、监理、质量监督等部门和用户的好评；设计单位还采纳并推荐了这种做法。

| 逸风 | 位置：辽宁 | 专业：施工 | 第 13 楼 | 2005-1-1 8:49 |

对于这种问题是一个通病，我们通常的做法是：

1. 必须做好基层的处理工作，基层表面凹凸不平的部位，事先要进行剔平或用1:3水泥砂浆补齐；表面的砂浆污垢等事先均应清除干净，并洒水润湿。

2. 对于不同基层材料相接处一种是铺设金属网，我们还有一种做法是粘贴玻璃丝网，即用1:1水泥砂浆掺10%108胶将大约10cm宽的玻璃丝网粘贴在相接处，粘贴牢固，再进行抹灰施工。

3. 对于墙梁相交处，我们也是用这种方法，但是对于墙施工时一定要保证最上皮斜砖的施工质量和砂浆的饱满度。

4. 注意抹灰的配合比，一定要适当。

我们以前都是这样做的，效果还不错。

| tangxiaowei | 位置：辽宁 | 专业：施工 | 第 14 楼 | 2005-1-1 16:30 |

也发表一下我的意见：

1. 砌墙要点

墙体与梁交接处的斜砖一定要在七天以后砌筑。

2. 抹灰条件

1）最好待墙体砌筑完七天以后抹灰。

2）基层要加强处理。

3. 抹灰要点

1）墙、梁交接，墙梁处于同一平面时，可以钉钢丝网后进行抹灰。实践效果明显！

2）墙、梁交接，墙梁不处于同一平面时，我们曾经试图用玻璃纤维网钉上，然后抹灰，有一定的效果，值得一试，但这不是最好的办法。

也试过，将梁处凿毛，然后甩界面剂，最后进行抹灰。效果也还可以。

希望施工时一定要认真、仔细。用一些专业技术好的工人进行施工。

| 柏鸥 | 位置：山东 | 专业：其他 | 第 16 楼 | 2005-1-1 21:43 |

1. 填充墙体充分干燥后再进行抹灰。

2. 阴角处衬细钢丝网后抹灰。

3. 分数次达到抹灰厚度。

| 柏鸥 | 位置：山东 | 专业：其他 | 第 17 楼 | 2005-1-1 21:44 |

1. 在多孔砖的轻质填充墙，在与混凝土柱、墙交接处最好使用页岩实心砖，可以保证竖缝密实。

2. 对拉结筋的位置要严格控制，一定要抄平后再植筋，以保证钢筋能满足模数而处于水平灰缝内，另处，钢筋水平间距要控制在15cm左右，以使其能均匀受力。

3. 在钉钢丝网时，要注意其与结构基体的搭接宽度，以每边不少于15cm为宜。另外，钢丝网要位于抹灰层的中间，以增强抗裂能力（当然也不一定要使用钢丝网，如果条件允许的话，也可以使用丝绸、的确良等）。

4. 砌体砌筑完后，一定要留后塞缝，以便砌体沉实。后塞缝施工宜使用整砖丁砌，要注意丁砌角度以45°为宜，并且要特别注意后塞缝的砂浆密实程度。

5. 在抹灰时，要严格按施工工艺标准操作。

希望我的答复能使你满意。

| kuiben0259 | 位置：广西 | 专业：施工 | 第25楼 | 2005-1-2 11:38 |

梁下后砌墙体最上一皮一定要等墙体砂浆收缩完全后才能砌筑，而且必须顶砌，平梁面的应该挂钢丝网，不平梁面的可以不挂，主要控制好抹灰就行了，柱墙交接处，我们一般是平柱面的挂钢丝网，不平柱面的一般都不挂，效果也很好！

| 闫伟005678 | 位置：山东 | 专业：施工 | 第33楼 | 2005-1-2 17:28 |

给合现场的施工经验，我认为有以下几点是应该注意的：

1. 梁底砌体预留后砌部分必须间隔1周后砌筑。
2. 砌筑完成后最好要间隔1周或1周以上的时间，再进行抹灰。
3. 抹灰前钉挂钢丝网，钢丝网的网格以10mm为宜，其宽度以能够与梁和墙各搭接100mm以上为宜，遇转角处增加钢钉固定。
4. 根据我们在框架结构工程中施工的经验，这样处理之后基本没有什么问题了，在刮腻子之前或之后如果发现个别位置有细微裂缝，可以用牛皮纸带或专用的那种纤维带贴一下，注意一定要用108胶或专用胶粘牢，然后补平就可以了。

| 如影随形 | 位置：北京 | 专业：造价 | 第43楼 | 2005-1-3 17:08 |

框架结构在砌体施工时到梁底部位应留一皮砖，等粉刷时再砌，并应45°斜砌，以防止墙体与混凝土结构产生裂缝。对于砌体结构与其顶部梁的衔接做法有多种，主要有以下三种：

其一，为上面所述——斜砌；

其二，做U形卡固定件固定墙顶；

其三，做砂浆配筋带连接。

但无论选取的做法如何，哪怕施工完全按照规范执行，都不能改变梁底阴角开裂的命运。因此，我们在保证砌体结构的施工质量的同时，应着眼于抹灰所用的材料与工艺。大家常用一些钢丝网或玻纤网，我则爱用一些老方法，在灰中加纸筋。问题是棚面的抹灰一定要保证质量，只要让棚面的抹灰不脱落，也是一种既经济，又有效的方法。

| jameshy | 位置： | 专业：其他 | 第47楼 | 2005-1-4 1:36 |

因为不知道你们工地的具体情况，我只好大概的谈谈我的想法了。一般来说，现在的框架结构多用空心砖砌筑填充墙体。墙体厚度为200mm，而梁的最小截面宽度至少在250mm。所以我们分内墙和外墙来分析。

一般外墙与柱梁外侧做平，也就是说外墙内侧梁与墙相差50mm。因为差得比较大，就算做好了也不会好看，我建议能做吊顶，尽量做吊顶。如果不做吊顶，而用挂网，最好做两层，即最里面贴一层，做一次粉刷层，待第一层基本干透后再挂一层网，再粉刷第二层。做第二层时，必须先检查第一次粉刷过的部位是否有空鼓现象，如有要先处理完再做。梁的粉刷最好用界面剂，减少空鼓产生。

内墙多与梁在同一轴线上，也就是说，梁的两侧与墙相差25mm。挂一层网就够了。如果是偏向一侧的，只要按上面说的外墙内侧的做法就可以了。

由于框架结构本身的特点：柱梁板承受主要荷载，墙体只起到围护的作用。结构在工作时会受到外力（使用荷载、风载、地震荷载等）、温度、结构自身应力等影响发生不同程度的变形。想让梁与墙体结合部位完全不产生裂缝是不可能的。上面的做法只是尽量将产生的裂缝分散、变小，在一般情况下用肉眼难以看出。所以说，出现了裂缝也不必过于担心，这种裂缝除了影响美观，不会对结构产生不良后果。当然，说这个话的前提是施工质量不存在问题。否则分析起原因，能扯一大堆。目前，对付这类裂缝的办法就是用钢丝网挂网。只要施工时认真一点，检查时负责一些，就不会出大问题。

mingong	位置：河北	专业：施工	第55楼	2005-1-5 6:18

关于框架或剪力墙结构工程中砌体工程裂缝的问题各种理论分析很多，资料也比较多，但实际施工中这个问题却还是久治不愈。其中最主要的原因我认为是工期短造成的，现在的工程开发商要求工期越短越好，施工单位往往也将压缩工期作为谈判筹码，从而导致工程工期过短，往往在砌体强度未上来、本身收缩未完成的情况下进行抹灰作业，使裂缝成为必然。因此，施工过程中一定要尽可能早一些进行填充墙砌筑施工。我们总结出一套办法，有一定效果，但也未达到根治的效果，规范中要求填充墙在砌筑完成7d后顶部用斜砌砖或木楔顶紧，其实，从实际施工经验看，间隔7d远远不够，我们采用的办法是，7d的时候用木楔顶紧，但木楔仍留出一定余量在抹灰前二次顶紧，效果比较理想。

gqf1518	位置：浙江	专业：监理	第56楼	2005-1-5 9:58

牛皮纸带是一种类似于纸质水泥袋材质的纸质带形材料，它的吸水率比较低，一般在使用前要用水浸泡一下，然后使用专用的粘贴腻子进行粘贴。根据其基底材料的不一样，腻子中可以掺加其他材料：白水泥（水泥墙面）、白胶（木质墙面）。

这是一位装饰监理工程师告诉我的。

无撩	位置：重庆	专业：施工	第68楼	2005-1-6 21:36

其实不同介质墙面开裂挂钢丝网也只是不得已的做法，最根本的还是填充墙砌体的选择，我们工地两个栋号一个用陶粒空心砖，一个用多孔页岩砖，结果用陶粒空心砖的不但梁下口开裂，就连墙面也纵横开裂，可想而知必须返工，而多孔页岩砖效果则比较好。还有施工工艺也比较重要，其实也是基本的，砌体从上向下做后塞缝要两三天后才填，填后塞缝时灰缝要饱满，还有就是严禁干砖上墙。就这些！

fanlibin	位置：江苏	专业：施工	第75楼	2005-1-8 12:15

本人在日本公司做，以下是日本人的经验：

对于砖墙与混凝土梁柱连接处且不在同一平面上的抹灰，日本人的做法是在阴角留缝，三年前我们公司的做法是15mm缝然后打硅胶，但这样成本实在太大，现在的做法是用塑料线条。而对于一些装修比较讲究的部位还是采用留缝打胶的做法。

| 张天2004 | 位置：湖南 | 专业：造价 | 第77楼 | 2005-1-8　15:47 |

此处的做法与砖墙同混凝土柱的交角贴钢丝网的做法一样。只不过柱上是直贴，梁上是横贴。原因主要有以下几点：

1. 温差：混凝土的线性膨胀系数与砖砌体的线性膨胀系数相差较大，约为2.4倍，造成屋面板和圈梁的整体变形与砖砌体不一致，而出现裂缝。

2. 结构因素：从结构设计上只从屋面伸缩的间距上考虑，而没有防止裂缝的措施。依据上述情况对这种质量通病应采取以下措施。

1）在顶层外墙与内纵墙的砖砌体施工中，在墙体拐角处和丁字口连接的部位，拉结筋间距应由500mm加密到250mm且每端伸入墙体的长度不得少于1500mm。

2）在易产生裂缝的窗台下，设窗台过梁，其配筋不少于同层圈梁，混凝土强度不低于C20，同时在窗洞两侧设钢筋混凝土构造柱与下层圈梁和同层圈梁连接，混凝土强度不低于C20。

3）屋面保温层施工应避免冬期、雨期施工。如在冬期施工应选用膨胀系数尽可能小的保温隔热材料。同时在保温隔热层中应设置排气通道。

4）女儿墙中的构造柱应加密，其间距不应超过3000mm，并和压顶连为一体。构造柱及压顶的最小断面不应低于180mm，配筋不小于4ϕ12，混凝土强度不小于C20。

5）底层窗洞口水平尺寸大于1000mm时，均应在该窗台下设一道钢筋混凝土过梁其断面高度不低于180mm，混凝土强度不低于C20。钢筋不小于4ϕ12，且每端伸入墙体不少于500mm，距构造柱较近的部位伸入构造柱。

6）阳台栏板（砖砌）与主体或构造柱之间的连接，在施工中除留错槎外，应至少设三道拉结筋，每根伸入砖砌阳台栏板的长度不少于1000mm。

| lvdonghua | 位置：天津 | 专业：建筑 | 第91楼 | 2005-1-9　14:27 |

看过以上朋友的资料后，我补充一点，将转角处的直角用自制的工具将其找成圆角，去掉应力集中，同时去掉了碰撞时的危险点。

这是发展趋势，更人性化的表现。

| 左_岸 | 位置：广东 | 专业：结构 | 第95楼 | 2005-1-9　18:29 |

这个问题不难解决：

1. 先从砌体工程质量着手：

1）当砌筑到梁底时，留18~20cm先不砌，待砌体砂浆收缩硬化约7d后，再在梁底砌斜顶砖（或配套砖）。斜顶砖60°左右角度，上砖前先铺浆，再推砖上顶。保证砂浆密实饱满；

2）当砌墙柱边砌体时，要保证拉结筋的长度、间距，抗震要求的弯折符合设计要求。拉结筋处的砂浆要饱满保证粘结力；还要和梁底一样保证混凝土与砌体之间砂浆的饱满度。

2. 再从批荡砂浆的粘结力着手。由于不同材料的线性膨胀率不同，所以混凝土和砌体交接部位容易由于这个原因产生裂缝。

1）混凝土表面掺108胶的水泥浆（注意，先湿润基面10h），注意：107胶是禁用产品。

2）在交接部位加18号钢丝网，固定@500×500。每边覆盖不小于150mm。

3）对砌体宽小于梁宽的小阴角，大的就不用再转折钢丝网了，不然钢丝网在阳角处容易漏网。小的可以折上来，但要注意固定。

　　4）对轻质砌体，在砂浆中掺杜拉纤维。钢丝网防大裂，纤维防微裂。

　　3. 对于砌体上的裂缝，比如线管位等，要保证砌体平整，防止砂浆厚薄不均，砂浆要求 80% 以上的饱满度等。

　　4. 对于顶两层的室内批荡，最好是满挂钢丝网。

　　本人从事设计 10 年、监理 10 年，这样处理的墙体基本避免开裂。

| 左_岸 | 位置：广东 | 专业：结构 | 第 96 楼 | 2005-1-9　18:43 |

　　我们原来也用过牛皮纸，但效果不太理想。

　　虽然不是空鼓，但由于是加砌混凝土砌块，墙面线管位置裂缝很头疼。

　　处理办法是：铲除扇灰层，在批荡裂缝处刨 10mm 左右深的 V 形槽，用石膏浆填塞平整；干固后，用补裂无纺布和建筑胶粘贴牢固，最后扇灰油漆。

　　这个办法效果很好。

| 5810 | 位置：北京 | 专业：设备 | 第 120 楼 | 2005-1-13　15:59 |

　　在北京地区顶棚是严禁抹灰的，主要考虑怕将来脱落伤人，一般我们支顶时使用竹胶板，浇筑完后顶棚是很光滑平整的。

　　阴角裂缝问题，在装修前我们在阴角部位贴两道抗剪网格布，这样就可以防止裂缝的发生。还有，在北京地区顶棚和梁是一起浇筑的，所以是不会产生裂缝的。

| stars900 | 位置：吉林 | 专业：建筑 | 第 131 楼 | 2005-1-14　12:46 |

　　告诉你个简单的方法，在阴角处用强力胶粘上一层纱布（一定要粘牢），等胶水干透后，再抹灰就可以了。

| songlintao | 位置：浙江 | 专业：施工 | 第 141 楼 | 2005-1-18　22:55 |

　　我认为只有在填充墙承重的情况下，墙与梁底才不会有裂缝，但这是不可能的。所以最好采用柔性连接。楼上说的如留缝打硅胶、嵌条都是好办法。本人施工用过的方法是：①墙沿高度分段砌；②上部墙斜砌；③粉刷时梁底留 3mm 缝；④刮腻子时用弹性腻子刮缝。注意：各工序间必须间隔一定的时间（看工期定），以便各项工作有一定的干燥、收缩时间。

| chinorea | 位置：广东 | 专业：其他 | 第 151 楼 | 2005-1-20　9:13 |

　　1. 前期基层松动的最好铲除。

　　2. 同一平面挂网子适用，阴角应增加固定点，防止脱落。

　　3. 梁能不加就不加，安全没有保证，且抹灰层要严格控制厚度。

　　4. 后期弥补轻微裂缝用牛皮纸带是首选，网格带少用。

　　实际操作就这样即可！

| baoer8888 | 位置：山东 | 专业：施工 | 第 164 楼 | 2005-1-23　23:10 |

　　我告诉大家一个不用再钉钢丝网的办法，因为用射钉枪容易伤人且速度慢，用万能胶粘一

种小钢片（钢片上伸出一根钢丝样的），市场上有卖的，和安装上用的包保温板用的那种小铁片一样，我是来广州后才发现的，以前在北方全部用的射钉枪，用万能胶粘贴同样可以达到效果，而且，省力省钱！今天第一次进入筑龙网，大家多多包涵，多多指教！

| hamas1977 | 位置：河北 | 专业：施工 | 第 195 楼 | 2005-1-29 13:30 |

据小弟了解和经历的方法主要有：

1. 传统的挂网法。现在又有挂尼龙网的，对基层的处理要求较严。前面的网友说了不少了，我再说就灌水了。呵呵！

2. 结构稳定法（利用建筑物自身的沉降到一定稳定的程度）。有一定的效果，但是需要时间，可以利用冬天放假的时间。

3. 弹性腻子处理法，（事后控制）用切割机顺裂缝开槽，宽度可以是锯片的宽度，不宜超过 5mm，深度可至主体，用弹性腻子分次填实，待稳定后刮腻子即可。此方法我在河北公安厅警卫局工地的办公楼工程中用过，效果不错。

| zplf | 位置：山东 | 专业：施工 | 第 206 楼 | 2005-1-31 14:23 |

一般梁墙交界处的裂缝会有以下几方面原因造成。

1. 填充墙体不能一次砌至框架梁底部，按操作规程要求，梁底的塞砖一般要在砌筑填充墙体一周后进行。这一点，对于赶工期的往往做不到，所以由于砌体的下沉。导致梁墙交界处开裂，这也是常见的质量通病之一。

2. 梁墙交界处、柱墙交界处应该要设置钢丝网或者是纤维布，如果没有，则此处由于砌体和混凝土结合处因两种不同材料收缩不同而产生开裂将是必然的。

3. 至于窗台下的裂缝，只要不是基础或者是框架梁的因素，则多半是砌体或是温度变形引起的（由于砌体在收缩或是温度变形时，容易在砌体的开洞处产生应力集中，所以此处往往比一般整片墙更容易开裂）。

至于说到如何处理，则首先要找出原因，如果是收缩引起的，则梁墙交界处可将粉刷层凿开，贴上钢丝网或是纤维布，然后重新粉刷就可以。对于窗台处的，可以采用高强度等级的水泥砂浆（有条件的可用环氧砂浆）灌缝，外贴钢丝网，然后做粉刷。总之，找到裂缝的原因是关键。

| lwq714 | 位置：江苏 | 专业：施工 | 第 320 楼 | 2005-3-22 8:33 |

其实斑竹的方法总是很简单，对于梁和墙不在一个平面上的砌体，关键在于控制砌体的施工。对于普通烧结砖砌体，控制每天砌砖高度不超过 1.8m 高，顶部斜砌砖塞紧即可。

对于加气混凝土或粉煤灰空心砌块来说，主要应控制好砌块的含水量，因为此类砌块都有较大的干缩，砌筑前 1~2d 浇水为宜，粉煤灰砌块在砌筑前表面喷水湿润 2cm 即可，粉煤灰空心砌块可不浇水，每天砌筑高度不超过 1.5m，顶部斜砌红砖要待砌体砌筑完毕 7d 以上，下部砌块砌体干燥后再砌。另外，抹灰前不宜过多浇水，表面喷水湿润，刷界面处理剂处理即可。

| 陈先生 | 位置：安徽 | 专业：施工 | 第 326 楼 | 2005-3-22 19:27 |

我认为主要的措施还是填充墙体的时候砌斜砖应等已经砌筑的墙体沉降稳定再施工，斜砖和框架梁之间的填充也是关键，里面要用细石混凝土填充，呈倒三角形，外层用水泥砂浆补

平，抹灰前检查有无裂缝，如果有把砂浆切除，再补一次，应该问题不大了。

3.1.12 讨论主题：不知道如何去除花岗石上的污斑？

原帖地址：http：//bbs3.zhulong.com/forum/detail1488025_1.html

| 新鑫 | 位置：天津 | 专业：建筑 | 第1楼 | 2005-7-4 13:42 |

本人遇到了个难题，请大家帮帮忙。

刚刚做完的外檐石材装饰线（白麻花岗石），立板及底板处出现了几处拳头大小的好像是水淹的深斑，长时间下不去，甲方非要处理不可。

本人怀疑是油斑，如果是，怎样去除？

| uglylei | 位置：江苏 | 专业：结构 | 第2楼 | 2005-7-4 20:18 |

用松香水擦洗一下看效果好不好！

| fzfzfz1968 | 位置：浙江 | 专业：设备 | 第4楼 | 2005-7-5 9:11 |

用花岗石除锈剂，它能恢复花岗石的本色，且不损害表面光泽度。

| sbynkk | 位置：江西 | 专业：暖通 | 第5楼 | 2005-7-5 9:42 |

用钻石碟去翻新就行啊。

| 新鑫 | 位置：天津 | 专业：建筑 | 第8楼 | 2005-7-5 13:40 |

感谢4楼的方法，我试验过，除锈剂清理石材很好的，不过这种"湿斑"清不下去的。

| sbynkk | 位置：江西 | 专业：暖通 | 第9楼 | 2005-7-5 21:10 |

市场上有去污剂卖，先用去污剂泡一个小时，再抛光就行了，如买不到就用盐酸也可以。

| 新鑫 | 位置：天津 | 专业：建筑 | 第10楼 | 2005-7-6 11:59 |

感谢SBYNKK的关注，盐酸去除水泥等污染是很管用的，不过这种油渍好像是不行的。

先用去污剂泡一个小时，也是不好实施的，因为污染位置是在房檐的立板和底板上，不过可以试试。

| 魔高一丈 | 位置：江苏 | 专业：施工 | 第13楼 | 2005-7-6 14:22 |

你讲的是大理石，特别是湿法作业的通病。

原因较多，不过有以下简易办法，大多数情况可清除"湿斑"。

先用清水冲干净表面，滤水吹干，然后用二甲苯清洗。清洗完毕后以大量清水冲净，风干后打蜡两遍。大多数的情况都可清洗干净，你可试试。

3.1.13 讨论主题：混凝土墙抹灰的讨论。

原帖地址：http：//bbs3.zhulong.com/forum/detail2591210_1.html

| 王卫东 | 位置：河南 | 专业：施工 | 第1楼 | 2005-12-5 19:03 |

前段时间交工一个工程，由于工期紧，当时考虑到在混凝土墙上抹灰第一耽误时间、第二就是怕空鼓，当时听别人建议由油漆工在混凝土墙上直接用水泥浆将墙面刮平，然后刷乳胶漆。谁知这样也还是空鼓，现在混凝土墙的抹灰真成了一个问题，尤其是竹胶模板墙面光滑，真得不好处理，看大家有什么好办法可以讨论一下。

| TangXiaoWei | 位置：辽宁 | 专业：施工 | 第 2 楼 | 2005-12-5　19:09 |

还是别抹灰了。不过表面处理不是用水泥浆。建议用石膏掺胶将局部表面找平后进行表面装饰。

| mingong | 位置：河北 | 专业：施工 | 第 5 楼 | 2005-12-5　19:21 |

可以直接用粉刷石膏找平，刮腻子，价格比较合理，质量也可靠。

| szh3027 | 位置：河北 | 专业：监理 | 第 11 楼 | 2005-12-5　19:40 |

在拆模后，水泥浆掺加建筑胶，撒到墙面上面，就是拉毛，然后再抹灰或者是抹水泥浆，这样就不容易空鼓了。一定要在砌体和混凝土墙面交接处钉上钢丝网。

| 王卫东 | 位置：河南 | 专业：施工 | 第 12 楼 | 2005-12-5　19:44 |

你说的就是甩浆，关键是甩浆需要间隔一定的时间，不然的话是不起作用的，如果气温偏低的话，工人是不愿意等的，如果气温偏高也需要养护。以前用的笨办法是用抛光机将混凝土墙磨毛，但面积大了就不好办了。

| wtywty0083 | 位置：浙江 | 专业：监理 | 第 14 楼 | 2005-12-5　20:23 |

我们这里是这样做的，包括顶棚也是这样：
1. 局部表面水泥砂浆找平。
2. 构件表面磨平（可以用手提式磨光机）。
3. 表面抹灰，我们的做法是白水泥（潮湿环境）或是大白粉（普通环境）里掺 SN 界面剂（各地可能不大一样，我们这里常用这个，其主要成分是水泥基的，所以与混凝土墙、顶面结合较好，粘结强度比水泥掺胶要高）。如果仅仅采用石膏掺胶找平或批底的话，在较为潮湿的房间或场合容易出现强度不高而引起开裂或是起皮现象。
4. 表面批刮一道腻子，砂纸打磨平。
5. 内墙涂料。
按这样子做，我们测算过，比常规的砂浆粉刷要便宜 3~4 元/m²。

| 弄斧儿 | 位置：湖北 | 专业：造价 | 第 20 楼 | 2005-12-6　12:52 |

14 楼的做法，我们也做过，应当是可取的。楼主说的那个问题，如果在水泥浆中掺 108 胶，此种做法应当不会空鼓，但楼主反映的情况是出现了问题，我想应当是水泥浆层太厚及下道工序进展太快的原因。下道工序若为刷乳胶漆及其腻子，应当等水泥浆层干燥后进行。

| hjx200 | 位置：江苏 | 专业：施工 | 第 21 楼 | 2005-12-6　12:55 |

对于这个问题我谈谈我的看法：

一、对于采用表面垂直度、平整度、阴阳角细部较好的混凝土结构墙体来说最好不要抹灰，好处和经济分析我就不说了，我想大家都是行家，都清楚。对于表面做法我提点建议：

1. 首先对墙体上的一些灰尘和污染物进行清理。
2. 对墙体的局部模板接缝、施工缝接槎进行打磨。
3. 用粉刷石膏对墙面上局部不平、偏差较大的地方进行找补。
4. 用石膏腻子进行刮第一遍腻子。
5. 继续进行第二道腻子及以下装饰施工。

二、对于表面垂直度、平整度、阴阳角细部不太好的混凝土结构墙体来说最好还是抹灰，抹灰对于混凝土墙来说易出现空鼓，主要原因就是基层处理问题，如果基层处理不好必空鼓无疑，对于这些我提如下意见：

1. 要认真对结构表面进行处理，适当可以用点碱液，以便很好地去除原结构施工时的隔离剂以及油污等，如果此表面处理不好可能是基层空鼓较大的隐患。
2. 对于结构混凝土墙做适当的提前浇水湿润。
3. 采用1:1的水泥TG胶甩浆（为提高毛面的较大颗粒，视具体情况掺加少量的中砂），完成后要注意保养，甩浆要有一定的坚硬度，如果甩浆面没有强度，起砂就又形成空鼓的一大隐患。
4. 抹灰要分层，先打底，严禁一遍成活（整个过程中要注意保养）。

一点建议，也没有讲得多细，如有不对的地方还请网友们多多指正！

| wuhh | 位置：北京 | 专业：施工 | 第23楼 | 2005-12-6 15:31 |

21楼的朋友方法最可取，让你先登一步了。

关键环节在混凝土表面先进行处理，即用火碱兑水按10%溶液对墙面进行滚刷后，用清水清洗。一可除去灰尘，二可对墙体隔离剂进行化学反应，减少油性，增加表面的附着力。

后步工作按hjx200斑竹的流程进行操作，98%不会空鼓。

另外，要是进行抹灰，一定要及时养护。这项工作也很重要。

| zhang2272 | 位置：天津 | 专业：施工 | 第31楼 | 2005-12-7 19:14 |

我们一般对光面混凝土墙面抹灰时，按照以下步骤施工：

1. 先把墙面用水浇湿润。
2. 用水泥浆在墙面上甩毛（要小笤帚沾浆向墙上甩），毛一定要甩均匀。
3. 等甩浆有一定强度的时候，一般要2~3d左右，再按照步骤进行抹灰施工。

这种施工方法我们公司使用了好几年了，一直没出现什么质量问题，你可以做道样板墙试一试！

| 王卫东 | 位置：河南 | 专业：施工 | 第33楼 | 2005-12-8 18:34 |

有没有一种界面剂能像涂料一样涂刷一遍就能行的，操作比较方便。甩浆是好，只是需要时间，并且还需要养护。在我们这里也是采用甩浆的方法，好像还没有别的好办法，有时候主体施工的时候要求混凝土内实外光，有利于创优质结构，直接刮腻子呢，难免平整度达不到。于是只好甩浆了，甩浆后的混凝土看上去很不好看，真是看着可惜！

| fatianyuan | 位置：北京 | 专业：其他 | 第 38 楼 | 2005-12-9　15:25 |

当然有啊！不过不叫界面剂。通常界面剂是用来解决附着力不强和防止外层溶剂性物质侵蚀底层基面的。这里用界面剂好像不太合适，但由于造价因素，所以采用的还是比较多的。

要解决抹灰层空鼓问题，首先要了解为什么会空鼓。空鼓的产生是因为腻子层的附着力不够强，而通常的腻子都是加胶的，其实胶会由于雨水、冷热、基层碱性物质的侵蚀氧化粉化，最后就大面积空鼓。上海亚士漆公司有一种叫 BF 基层处理调和 A 液的产品，本来是专门开发用于瓷砖旧墙翻新的。它不但提供超强的附着力，同时提供物理和化学两种微观的附着原理，一是材料带正电子和基层通常带负电子的永久性的结合，同时材料还可以和基层的碱性物质发生碱铰链反应，提供超强的附着力。A 液和水泥、石英砂，按一定比例混合可以提供上述的三大附着原理，比一般的腻子只有强粘着力要有优势得多，同时它也具有很好的抗水性能。如果按楼主说的只要一般的平整度，价格方面应该不是问题。因为在旧墙翻新上也经常采用。

| 王卫东 | 位置：河南 | 专业：施工 | 第 42 楼 | 2005-12-9　19:24 |

关键是有没有快的方法啊，以前有一个工程用的新钢模板，拆模后模板上的油漆都粘在了混凝土上，当时曾经用盐酸试图将混凝土表面腐蚀，但是不行，最后只好用磨光机抛光了。用建筑胶加水泥浆甩毛是一个好办法，关键是现在的工人都是小包工，没有那么大的耐心等。

| 王卫东 | 位置：河南 | 专业：施工 | 第 45 楼 | 2005-12-10　18:07 |

107 胶是不允许用了，好像是因为里面含有甲醛，现在改用 108 胶了。

| fatianyuan | 位置：北京 | 专业：其他 | 第 48 楼 | 2005-12-11　8:42 |

没有必要全部都用这种 BF 调和 A 液，只要将调好的材料抹 2mm 厚就可以了，以后再用普通的水泥砂浆达到整体厚度要求。如果刮 2mm 厚度的话，每平米价格大概是 4~6 元，不含水泥和石英砂的价钱（这很便宜啦！）！

3.1.14　讨论主题：外墙挤塑板（XPS）外保温加外墙面砖的可行性。

原帖地址：http://bbs3.zhulong.com/forum/detail2679189_1.html

| shimingjun | 位置：辽宁 | 专业：施工 | 第 1 楼 | 2005-12-16　13:02 |

今天听了中国建筑标准研究院的总工程师陆教授的演讲，他说外墙挤塑板（XPS）外保温加外墙面砖的做法经过耐候性的试验后，没有一个外墙砖是可靠的，听了以后感觉很惊讶。

希望参与过这种做法的朋友出来讨论一下，此种方案是否可行。

| 圈梁 | 位置：北京 | 专业：施工 | 第 2 楼 | 2005-12-16　17:56 |

个人认为不可行，点框法粘贴空鼓严重，这是有惨痛教训的。

可以将挤塑板掏几个喇叭口形的洞（外大里小）灌粘结石膏粘贴，试后效果不错，此法可否贴砖尚未尝试，50% 把握。

| mingong | 位置：河北 | 专业：施工 | 第 3 楼 | 2005-12-16　18:43 |

这个问题不用专家讲，干这一行的都知道，只是问题暂时没有显露出来，没有引起有关部门的重视而已。

贴砖工艺在20世纪末我们国家大量采用时国外早就不用了，因为其耐久性（抗冻融能力）问题，现在我们国家也已经注意到这个问题，使用量已经减少。

对于外保温来说，这个技术实质上并未成熟，不要说贴砖，就是抹灰现在也几乎无法避免裂缝的问题，只是顺应了政府节能要求，推广得极其普遍而已，目前使用中存在几个致命问题：

1. 市场竞争激烈，压价现象普遍严重，厂家通过减小密度和减小钢丝网直径的办法降低成本，导致其自身刚度、强度偏低、压缩系数增大。

2. 建设单位对施工压价，施工规范不完善，做法普遍不规范，主要表现在固定使用钢筋，大多没有按要求用塑料钉，冷桥普遍存在，外侧抹灰面的中间应该加一层200mm间距双向的钢筋网格，大多没有做到。

| wuhh | 位置：北京 | 专业：施工 | 第6楼 | 2005-12-17 12:24 |

外墙外保温加外墙面砖可行。在北方地区现已有很多这样的做法。

| bgj | 位置：四川 | 专业：施工 | 第11楼 | 2005-12-19 1:44 |

楼上说的都不错！我现在的施工项目正好遇见这个问题。我是做外墙氟碳喷涂的，前一工序是甲方要求做的挤塑板，缺陷在挤塑板完工就已出现，除3楼说的问题，还有平整度也很差，龟裂、起拱等都无法避免，现在甲方也不知所措。在四川，保温材料的强制实行，特别是对在冬期施工的外墙面，以后龟裂、起拱的现象肯定会更明显。

| lzzah | 位置：山东 | 专业：结构 | 第15楼 | 2005-12-19 20:17 |

我认为外保温加贴瓷砖耐久性肯定不行，过去只贴瓷砖也几乎无法避免瓷砖脱落问题。现在外保温加贴瓷砖的做法，过几年问题肯定不少。

| 一天到晚游泳 | 位置：北京 | 专业：结构 | 第21楼 | 2005-12-22 9:37 |

XPS外墙外保温做法应该说存在很大的争议，就更不用说再在外面贴面砖。

不过有没有成熟一点的外墙外保温贴面砖的工艺，比如说EPS板外贴面砖。对于这一点，有一些厂家是不提倡这么做的，也有不少厂家做了很多工程实例。

外墙外保温行业标准中对于此问题采取了回避的做法，是不是可以这么理解，由厂家和业主根据工程特点，做专项研究，采取可靠的技术方案和施工措施。

另外，目前流行的做法是：聚苯板外一般做抗碱玻纤网格布，不作钢丝网。

| zhoukunpeng | 位置：北京 | 专业：结构 | 第22楼 | 2005-12-23 10:47 |

我也同意大伙的说法，但是目前，高档一点的小区，做小高层或多层板楼，外墙刷涂料肯定是没有贴砖大气、上档次，开发商考虑的是市场效应，买主也看的是外观质量。从这一点说，就是矛盾的！

| qianjinguang | 位置：山东 | 专业：施工 | 第23楼 | 2005-12-23 14:39 |

聚苯板薄抹灰外墙外保温做法应尽量避免贴面砖或花岗石，一层或5m以下可采用加强处理：

1. 增加膨胀聚苯板的密度（如22～25kg/m³），或使用拉毛（刷界面剂）的XPS。
2. 增加膨胀聚苯板的粘结面积和锚固钉的使用数量。
3. 采用双层网格布对聚合物抹面砂浆进行加强。
4. 分层采用角钢托架。
5. 使用小型、轻型、薄型面砖。
6. 面砖的粘贴采用专用的柔性瓷砖胶粘剂和专用的勾缝剂。

| jindao520 | 位置：浙江 | 专业：地产 | 第24楼 | 2005-12-24 15:50 |

大家好，我们公司也准备进行外墙外保温施工并且必须粘贴面砖，经过多方考察，想用高压喷涂聚氨酯泡沫施工，下面是我对该产品的特点的介绍，不知道是否正确，请大家指正，并请有关了解该产品的网友发表意见，谢谢。

喷涂聚氨酯泡沫是国际上第三代保温产品，国际上欧美国家70%～80%采用硬泡聚氨酯材料，为江苏省建设系统新科技推广产品；建设部成立了聚氨酯节能应用推广工作组。它具有以下优点：

1. 良好的保温隔热性能：导热系数低于0.024W/（m·K），优于挤塑板的0.029W/(m·K)，聚苯板0.037W/（m·K）；同样的保温效果，挤塑板32mm，硬泡聚氨酯只需要25mm。
2. 优异的防水性能：因为采用现场高压无接缝连续喷涂，一般二到三层，所以就形成二到三层防水性能很好的防水层，特别是异形墙面、屋面和门窗洞口具有更优越的防水性能，还有就是它的延伸率可以达到13%，因此外墙、屋面抗裂性能较好；该产品经过水利部招标进行了安徽拂子岭水库大坝防水保温工程施工；这是挤塑板、聚苯板所没有的功能。
3. 抗风能力：因为是现场喷涂，该产品喷涂的泡沫对金属、建筑材料有很好的自粘性能；比板类用胶水粘贴的牢固性要大得多。
4. 施工方便、周期短：现场喷涂四人一天可以施工600～800m²墙面，在保温方面对粘贴花岗石施工特别方便，当花岗石每层固定后，即喷涂硬泡聚氨酯，甚至可以不需要钢骨架，久久公司已经申请该施工方案的国家专利。
5. 防火性能：可以达到国家阻燃标准B2级，燃烧中不会出现熔融物质滴落现象。
6. 可以粘贴面砖，并有粘贴面砖的施工规程（江苏省于2005年8月19日颁布的"江苏省工程建设推荐性技术规程"《聚氨酯硬泡体防水保温工程技术规程》5.3.6条）。
7. 价格也跟挤塑板基本差不多。

| 王卫东 | 位置：河南 | 专业：施工 | 第33楼 | 2006-11-28 22:55 |

对于外墙挤塑板加面砖的做法实在不敢认同，个人认为其危险性是很高的，经受不住时间的考验。只不过现在国家强制作外墙保温，所以各种产品、各种方法就出现了。可能出现下列问题：

1. 首先是固定问题。
2. 墙面龟裂（涂料严重一些，面砖轻一些）。
3. 外墙防水问题。
4. 平整度控制问题及抹灰厚度与粘结强度问题，混凝土墙面不一定会达到相应的平整度，就需要用抹灰来衬平整，而抹灰层与挤塑板是不粘结的，需要加界面砂浆，成本会提高，若施工中监管力度不够很容易出现问题。

5. 再就是大家讲的冻融问题，会带来安全隐患。

现在有一种聚苯颗粒砂浆工艺，个人认为还不错，就和抹灰一样作业，厚度在30mm内可以不加钢丝网，加一层玻纤布然后做涂料效果不错。厚度超过30mm就需要加钢网了，因为同抹灰一样，所以可以解决混凝土或砖墙面不平整的问题。在我们这里因为是强制要求，所以图纸上也就设计了，而定额上没有，所以处理起来五花八门，有的是建设单位直接定货，除材料价以外只给施工单位一个人工成本价，有的施工单位还得在此项上赔钱。再就是厚度也难保证，厚的部位也就20~30mm，有的砖墙有偏差的地方厚度就很难保证了。总而言之，大家都在糊弄政府啊，开发商也是不得已而为之，最终还是用户倒霉，掏的高价钱，空调费还是省不下来，呵呵！

| dtqjwjgb | 位置：黑龙江 | 专业：其他 | 第35楼 | 2006-11-29 9:32 |

这种技术现在在我们北方应该是要更成熟一点了：

1. 目前市场上的聚苯板做法大致分为两种，一种是钢丝网架聚苯板，就是聚苯板外面附带有钢丝网架的聚苯板，另一种是普通聚苯板，与墙体粘结后外挂玻纤网格布。现在第一种方法基本上已被我们（黑龙江）这里弃用。

2. 介绍一下目前我们这里（黑龙江）一些基本做法，现在市场上的聚苯板有企口的，这样不但有效防止了冷桥，而且还提高了外墙聚苯板的整体性。至于塑料锚固钉的使用，现在我们这里一般是在外墙贴瓷砖的情况下才会使用该种锚固钉，但是我们这里已经有了一种不成文的做法，现在的建筑一般二层以上都不会在聚苯板外贴瓷砖了，换言之我们也不赞成该种做法，至于原因，楼下已经说过了（抗冻融性太差）。而是在一层一般都会采用贴瓷砖的做法，原因是外墙是聚苯板的很容易造成破坏，这样可以提高外墙强度。

3. 如果说这种做法外墙刷涂料会很容易产生龟裂，其原因主要是外墙抹灰很容易产生龟裂，带钢丝网架的聚苯板之所以被弃用的原因主要在于此，而采用玻纤网格布的方法则在一定程度上防止了龟裂的产生。

| dtqjwjgb | 位置：黑龙江 | 专业：其他 | 第36楼 | 2006-11-29 9:32 |

补充一点，现在的施工工艺中有把苯板夹在墙体中间的，虽然这种做法很早就有过，不过最近两年又有了复苏的迹象，如果采用了此做法，以上的担心就不必了。

3.1.15 讨论主题：你们的墙面抹灰能控制在多厚？

原帖地址：http：//bbs3.zhulong.com/forum/detail2679311_1.html

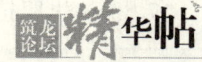

| shimingjun | 位置：辽宁 | 专业：施工 | 第1楼 | 2005-12-16 13:17 |

现在的工程墙体的垂直度和平整度如果控制不好，会造成后期的抹灰厚度严重增加，造成大量的材料浪费，加大了施工成本。请问大家施工时外墙和内墙的抹灰厚度都能控制在什么厚度内？是在规范允许范围内，还是超出了规范要求？在控制抹灰厚度方面，都有哪些好的措施？个人认为有如下几点需要注意：

以外墙砌筑墙体为例：

1. 首先是放线，必须确保墙体轴线及控制线的准确，如果采用传统的放线校验工具，最好进行多人复核（如果用激光铅锤仪，及激光水准仪能更精确些）。

2. 砌筑材料的外形尺寸必须符合要求。

3. 工人砌筑过程中外墙面的平整度及垂直度的良好控制，特别是框架结构砌筑材料和混凝土接缝处的平整度。

4. 抹灰平整及垂直控制。

个人观点提出，希望大家踊跃提出自己的观点，共同讨论此问题。

小弟先抛砖引玉了。

| ZzCcJj1 | 位置：重庆 | 专业：施工 | 第2楼 | 2005-12-16 13:41 |

1. 个人认为要从根本上解决这一问题，还是从主体结构施工阶段开始控制。

2. 重庆方面外墙装饰主要以外墙面砖为主，外墙抹灰经常是7cm、8cm，有的外墙垂直度控制不好可以达到十几厘米。

3. 理论上外墙垂直度偏差越小，抹灰厚度就越薄，只抹外墙面砖粘贴所需的抹灰厚度即可。

4. 建筑物外墙垂直度在结构施工阶段可采取以下措施：

1）在建筑物外墙阴、阳角及结构变化处从底到顶随楼层施工逐层往上传递；

2）在每一点处分别设 x、y 轴方向控制点，楼层混凝土浇筑、外墙模板拆除完后，用吊线锤从下一层往上引，并弹线。

| 圈梁 | 位置：北京 | 专业：施工 | 第5楼 | 2005-12-16 17:47 |

个人认为抹灰厚度主要靠二次结构尺寸控制，看二次结构时为抹灰留出多少量，特别是门窗洞孔口。如果个别地方超出5cm，就必须做增强措施，分遍抹，底灰加骨料，甚至加筋。

| 东东龙9 | 位置：湖北 | 专业：其他 | 第8楼 | 2005-12-16 21:38 |

ZzCcJj1 网友谈得已经比较透彻了啊，要控制抹灰厚度必须控制结构的轴线传递，整个外墙的轴线传递控制住了其外墙垂直度就会很好，就不必靠抹灰来使外立面垂直了。其实这个还是测量放线人员的细心认真问题，轴线传递是个很简单的技术活，要的就是认真细致！

| hjx200 | 位置：江苏 | 专业：施工 | 第10楼 | 2005-12-17 9:25 |

抹灰厚度的厚薄有时在抹灰中是没有办法控制的，主要决定在结构施工的垂直度、平整度和轴线位移情况。也就是说结构的质量直接影响了将来装修的抹灰厚度。

3.1.16 讨论主题：窗户角外面开细裂缝。

原帖地址：http://bbs3.zhulong.com/forum/detail3154570_1.html

| rassoul | 位置：浙江 | 专业：监理 | 第1楼 | 2006-3-9 14:35 |

昨天在工地现场发现一个问题，就是铝合金窗角外墙面出现细裂缝，有的是下窗角，有的是上窗角，问了下施工员说是通病，无法避免，也无法修复，返工后又会出现。现在我想问下，用什么处理措施能把这个细裂缝补上。这个细裂缝好像不是地基沉降裂缝。

注：本工程为大面积厂房，窗户面积大，基础为独立基础用地梁联系。

| szh3027 | 位置：河北 | 专业：监理 | 第2楼 | 2006-3-9 14:47 |

既然出现的是细微的裂缝，那么就不是结构的问题，我想可能是抹灰的时候，造成砂浆开裂，只要在开裂的地方加一些钢丝网，我想就没有什么问题了。

| mingong | 位置：河北 | 专业：施工 | 第3楼 | 2006-3-10 19:31 |

地基不均匀沉降引起的裂缝特征是下部比较严重上部较少，温度裂缝的特点是顶部较严重，一般沿女儿墙为水平较多，如果能排除上述原因，应该是干缩裂缝。对于干缩裂缝而言，窗口相对于墙面是应力集中点，很容易产生裂缝的位置，措施是，抹灰时沿窗周贴钢丝网，对于小型砌块砌体可增加构造柱，当窗口较大时，可在窗台部位设置钢筋混凝土带，砌筑和抹灰工程也要严格按规范要求施工。

| 英雄再现 | 位置：山东 | 专业：监理 | 第4楼 | 2006-3-10 22:01 |

要看裂缝的楼层位置，如3楼所说，普通砖混住宅如果在一楼的窗下角裂缝，一般是砖混结构的沉降造成，如果是顶层尤其是顶层两端则是温度缝，楼主所说的是大面积厂房，并且用"补"这个字，应该是这两种结构裂缝都出现了。

不过施工员说的话有点武断，即使是不好处理，但也不是必然出现。

是否处理要看结构形式及裂缝的严重程度再定。

3.1.17 讨论主题：厨房不设地漏行不行？

原帖地址：http：//bbs3.zhulong.com/forum/detail1878740_1.html

| 李子条 | 位置：河南 | 专业：其他 | 第1楼 | 2005-9-1 23:34 |

地漏要经常有水流入才能保持水封，否则就成了臭气筒；而现在新装修的厨房地面贴有瓷砖并做有厨柜，是很少有人会经常用水冲洗地面的。另外，厨房不设地漏，洗涤盆排水可以在楼板上本层内部解决，有助于避免产生邻里纠纷。

说说你的想法。

| qiaofei | 位置：安徽 | 专业：施工 | 第2楼 | 2005-9-1 23:44 |

这个想法不错呀，但是现在的地漏封闭也是不错的，我想这样也行呀——可以不设地漏，用水池下水管做下水道？

（不是搞这行的！！随便讲讲）

| zjy0902 | 位置：贵州 | 专业：室内 | 第3楼 | 2005-9-1 23:47 |

我现在遇到很多厨房都没设地漏，的确现在厨房不同于原来的厨房。

| 空白的回忆 | 位置：江苏 | 专业：建筑 | 第5楼 | 2005-9-2 12:29 |

我认为是不行的。厨房是个湿作业的地方，很容易有水聚集于地面，如果没有地漏的话就很难排出。有可能会越积越多呀。哈哈，是吗？

| 李子条 | 位置：河南 | 专业：其他 | 第 7 楼 | 2005-9-2 14:22 |

对于厨房，我想如果不进行地面冲洗的话，应该可以不设地漏吧！！

| 努力学习2008 | 位置：上海 | 专业：施工 | 第 9 楼 | 2005-9-2 20:48 |

设地漏的实用性不高，虽然在铺贴墙地砖时，还是要求湿铺，但是毕竟现在厨房间的地面湿作业几乎没有，装地漏的惟一好处是水管漏水时用。

| 李子条 | 位置：河南 | 专业：其他 | 第 12 楼 | 2005-9-4 10:35 |

那么是不是可以这样理解，地漏设置只是为了以防万一，以备跑水后的处理呢！

| lix_xu | 位置：上海 | 专业：室内 | 第 20 楼 | 2005-9-6 20:15 |

居家厨房是不需要设计地漏的，跑水是特殊又特殊的情况，公建厨房何止地漏，还有地沟呢！

| yzh121 | 位置：浙江 | 专业：室内 | 第 22 楼 | 2005-10-22 10:03 |

厨房设地漏，只有在特殊情况才有用，既影响美观，也不卫生。我认为没有这个必要。

| tzylove | 位置：北京 | 专业：室内 | 第 23 楼 | 2005-10-22 17:13 |

我也认为没必要，厨房毕竟和卫生间不同的，水不可能都溅到地面的，就算有，用墩布弄弄就是了。

| wblin161602 | 位置：浙江 | 专业：设备 | 第 31 楼 | 2006-1-18 8:04 |

《建筑给水排水设计规范》（GB 50015—2003）对地漏设置的规定：
4.5.7 厕所、盥洗室、卫生间及其他需要经常从地面排水的房间，应设置地漏。
4.5.8 地漏应设置在易溅水的器具附近地面的最低处。
4.5.9 带水封的地漏水封深度不得小于50mm。
4.5.10 地漏的选择应符合下列要求：
1. 应优先采用直通式地漏。
2. 卫生标准要求高或非经常使用地漏排水的场所，应设置密闭地漏。
3. 食堂、厨房和公共浴室等排水宜设置网框式地漏。
注意4.5.7条中"需要经常从地面排水的房间，应设置地漏"这句。好多设计院在设计中都取消了厨房地漏。

| hanbao1979 | 位置：江苏 | 专业：其他 | 第 32 楼 | 2006-1-18 9:27 |

31楼所说的那是土建（给水排水）规定，在装潢的过程中应该可以变通的。室内装修施工规范中也没有用过"一定"或者"必须"等肯定字眼。所以，我相信不放也是可以的。

| 舒凡 | 位置：浙江 | 专业：设备 | 第 34 楼 | 2006-2-10 16:32 |

哎！听了28楼的见解，本人也是深有体会，刚刚装修好一套房子，就因为当初说厨房设地漏为方便以后清理，因为台盆下水和地漏是同一根管道，就造成返水现象了，幸运的是不是很严重，最后只好和客户协商把地漏下水管堵掉，原地漏放置在原位做个假样！提起来真是汗颜啊。看样子，厨房还是没有地漏好，保险！就算是水管出现堵塞或者其他原因造成地面积水，处理方法还是有很多，厨房设地漏还是弊大于利！

3.1.18 讨论主题：装修问题多出在哪儿？

原帖地址：http://bbs3.zhulong.com/forum/detail1881171_1.html

hsh-华仔	位置：贵州	专业：室内	第1楼	2005-9-2 11:01

竣工后室内空气污染占投诉第一位。

随着生活水平的提高，消费者对于生活环境越来越重视，不仅在施工过程中对装修材料的环保指标越来越关注，而且在装修完工后要求权威部门对室内环境进行检测的也越来越多。据中国室内装饰协会施工委员会统计，全国投诉家装环保问题的，内容主要集中在室内环境的甲醛以及苯超标。

售后服务不到位占投诉第二位。

根据国家规定，目前国内家庭装修的保修期最少为两年，但装饰企业并不遵守，原因在于保修也要涉及成本，必然会影响装饰公司的利润，所以很多消费者投诉保修期内出现质量问题，装饰公司的售后服务不到位。一些装饰公司在外地注册，没有固定经营场所，出现问题很难与之取得联系。再有因厨卫防水层、改装暖气设备、改变阳台用途、电气布线不合规范、电线不穿管、在承重墙和楼板上打洞开槽等违规行为投诉较多。但这一问题主要集中在一些小公司以及"马路游击队"上，而那些规模较大的品牌企业做得较好。

对偷工减料的投诉占第三位。

尽管有人说家装行业的问题很多，但是从近年的统计来看，关于正规装修公司的投诉数量却一直在下降。据市建筑装饰协会家装委员会的统计来看，其中对装饰材料的投诉占18%。其中包括偷工减料、虚报工程量、使用假冒伪劣的装饰装修材料等。有消费者反映，合同里约定使用某种材料，但是在施工过程中施工方却偷换材料、用降低品质的办法取得额外的利润。

努力学习2008	位置：上海	专业：施工	第2楼	2005-9-2 20:51

竣工后室内空气污染最主要的原因是装修公司为了降低成本而使用非环保的板材所致。

风中废墟	位置：北京	专业：室内	第10楼	2005-9-2 11:01

我来说两句。只是我自己的想法：

我觉得室内空气污染有很多方面。虽然现在生活水平提高，消费者对于生活环境越来越重视。但是大多数的人的消费能力以及消费意识都还不够。嘴上说着要求环保。但是一涉及到金钱问题，大多数的人还是会把环保放第二位。因为毕竟相对环保的材料价格不菲。当然，材料商方面也有责任。

售后服务不到位，我觉得这也是人的消费意识问题。只看眼前的利益，少花一些钱。并没有想到以后会出现的种种情况。而公司方面，有的公司根本就没有核算售后服务的成本，恶性竞争。为了接单，设计免费，价格降低等，这些也是导致售后服务不及时的主要原因。

偷工减料。我觉得这也是恶性竞争的结果，为了接单，设计免费，价格压低，为了赚取更多利润，使一些公司想尽办法节省成本。"游击队"就更不用说了。

总的来说，问题的根本还是在装修市场不规范，而源头主要就是免费设计，免费设计的出现，使得设计水平降低，对从业人员的要求也降低，那么都在免费设计，只有少数公司以设计水平为竞争手法。大多数公司选择的是价格竞争。这样一来，所有的问题就出现了。我认为解决这个问题的根本还是我们老百姓的意识问题。意识没有达到，公司方面再怎么努力，也无济于事，即使有公司打出收费设计的旗号，也会被免费设计所挤跨。所以，我们要呼吁社会，正视收费设计。将心比心，公司没有利润，施工必会影响质量！这是肯定的！

我只想说，天下没有免费的午餐！

陈景	位置：江苏	专业：其他	第 14 楼	2005-9-5　15:36

我来说两句：
1. 空气污染可以和装潢公司订好合同，装修完毕，经专业机构检测合格才算真正完工。
2. 售后服务也可以在合同中明确，并留部分质量保证金。
3. 偷工减料就要自己时刻注意了，经常关心一下并请懂装修的朋友经常去看一下，我想这要好一点，请比较有名气的装潢公司应该也会好一点。

uraki	位置：上海	专业：室内	第 17 楼	2005-9-7　17:02

这会造成价格的波动，因为会有业主故意拖欠"保证金"的现象出现，工程方也会为了规避拿不到剩余保证款项的风险，而把基本费用抬高，所以要根本解决这种问题还要从立法上入手。

yaoshuai	位置：四川	专业：监理	第 49 楼	2005-10-5　22:47

我来说说我的体会：
1. 我用过的几种墙面漆来讲，做过室内环境检测，没有多大的问题。
2. 用过的家具漆中，没有问题的很少。
3. 价格和环保，我认为很多业主在装修前重视的是价格，在后期注重的是环保，这本身就是矛盾的。同样给装饰公司带来了一定的影响。
4. 我同意加强源头的治理，治根才是根本。国家应该出台更多的强制执行标准。
5. 另外，我认为，装修监理这个行业会很快的兴起的，成为装修的第三方出现。

瞧瞧去起	位置：江苏	专业：造价	第 61 楼	2005-10-27　13:27

呵呵，从另外一种角度考虑，施工时的质量意识也是我们不应该忽视的。环保、安全、合格的材料使用，正确的施工工艺和施工工序，都将对我们的成品产生巨大的影响。

也就是说，建设方不应该只从降低造价出发，而忽视材料质量；施工方也不应只考虑施工成本，而降低工程质量。

钧颖	位置：北京	专业：室内	第 63 楼	2005-10-29　16:06

其实就是行业规范不完善，我就在北京的一家很大的家装公司工作，还不是一样，总是赔客户钱，息事宁人嘛，应该说大的装饰公司投诉少，是因为他们有实力花钱把客户的投诉给买

下来，这叫家丑不可外扬。

| 佛缘 | 位置：江苏 | 专业：电气 | 第 93 楼 | 2005-11-9　10:01 |

我认为装修出现问题最多的是水。（1）卫生间下水管改动太多，把老的防水破坏。新的防水做不好。（2）东家改动多。上水做好，压力试压好后，再改动没有试压。

| duanxinglong | 位置：上海 | 专业：施工 | 第 95 楼 | 2005-11-11　22:07 |

我想说的是装修最大的问题可能还是出在设计人员身上，因为真正专业的设计人员不多，20 几岁的设计师没有实践，没有生活经验，设计的东西往往都是抄袭来的东西，没有什么水平。和生活的实际往往出现很大的偏差，对材料和施工又不懂！
而且现在的新材料、新家电层出不穷的。
没有 10 年以上的设计经历的人是出不来好作品的！

| hsh－华仔 | 位置：贵州 | 专业：室内 | 第 96 楼 | 2005-11-12　9:36 |

新人肯定没有经验，但他们更有活力，做出来的一些东西可能更有创意。

| haiquan105 | 位置：广东 | 专业：造价 | 第 114 楼 | 2005-11-28　12:15 |

主要还是在隐蔽工程，以及人人所担心的防水工程，如果防水处理得不好，会给日后带来极大的不便。至于甲醛等超标问题，其实很好解决，现在有种处理剂，刷下去就可以消除啦，对于以前人人所提倡的看他们的合格证书以及经营许可证等做法，其实不一定有效的，我认为。毕竟，既然人家想蒙你了，什么都做得出，假人民币都做得栩栩如生了，别说什么合格证！所以我支持大家使用甲醛消除剂！

| baonasha | 位置：浙江 | 专业：其他 | 第 116 楼 | 2005-12-1　13:54 |

新装修住宅内的甲醛来源主要是用于室内装饰的胶合板、中密度纤维板和刨花板等。室内装修还是简单一些好，装修得越豪华，甲醛污染可能越严重，因为污染有叠加效应。新装修房应常开门窗，让甲醛尽快挥发。此外，房间里还可放置一些吊兰等能吸收有害物质的花草。
室内空气检测费用多少？
一般来说一间房间检测费 1000 元，但无需间间房都检测，主要检测卧室。需要检测的用户事先登记预约，被测房间要预先关闭门窗一小时，检测人员应约上门携带仪器设备进行半小时的空气采样，检测结果 5 个工作日后出来。可找室内装饰质量监督检测站进行检测。

| dssou | 位置：辽宁 | 专业：建筑 | 第 124 楼 | 2005-12-6　14:57 |

其实这也不能全怪装修公司，现在的材料市场鱼龙混杂，而顾主想尽力压低价格。利润越来越小，形成了一个怪圈，应该把材料市场——装修市场——监理统一起来。

3.1.19 讨论主题：关于木门的问题。
原帖地址：http://bbs3.zhulong.com/forum/detail2244926_1.html

| 王八排队 | 位置：北京 | 专业：施工 | 第 1 楼 | 2005-10-21　14:14 |

1. 木门通常有下坠的问题，请问主要原因是什么？安装时有什么注意事项？
2. 木门上方大多有一个孔，起通风防潮作用，这个孔叫作什么？防潮孔？一般哪些木门需要做这个孔，还是所有的木门均要做。
3. 材料为刨花板，外层贴实木装饰条的木门该叫做什么木门？也能称作实木门吗？
谢谢了先！

| tzylove | 位置：北京 | 专业：室内 | 第2楼 | 2005-10-21 20:21 |

1. 下坠应该是合页的问题了。
2. 这就不知道了。通风？难道你们那门下口没有留空隙的？
第三个偶就不清楚了，什么时候去工地问问木工。

| 王八排队 | 位置：北京 | 专业：施工 | 第3楼 | 2005-10-21 23:42 |

下坠的问题很多门都会有，时间越长越容易出现。有什么预控的办法？或者说，检查的时候该检查哪些部分？
我说的那个门上面不是说门缝，而是在门的正上方的那个小窟窿。
还有三合板门和五合板门等，是指胶合板或纤维板的张数吗？三层胶合板叫三合板？五层叫五合板？

| xuwei82 | 位置：天津 | 专业：室内 | 第7楼 | 2005-10-22 17:50 |

1. 木门下坠是因为合页的原因，因为如果门太重而合页不够大，合页数量过少，门才存在下坠的现象，现在的门一般不会。
2. 在北方门上没有开孔，因为门一般有三种做法：①复合门及模压门都是里面为木龙骨，外面的胶合板，就是你上面说的三层或五层板。还有就是模压门是里面龙骨，外面塑料板。可以免漆。这个时候的龙骨都有开小口，是防止门变形。②用大芯板做的门。这个门没有孔。③实木门，是里面龙骨外面纯实木的材质，没有开孔。
3. 你说的那个叫复合门，不叫实木门。

| 王八排队 | 位置：北京 | 专业：施工 | 第9楼 | 2005-10-24 13:57 |

先谢谢你！不过我有点疑问。
第二条，关于内门上的孔问题。2000年我在北京做一个精装修工程，当时内门为模压门。在进行检查的时候，项目里一个老工程师专门去摸门的上檐，（更严格的监测方法应该是用镜子反光察看门上檐），但当时解释为什么留这个孔我忘记了。模压门只是说门的表面是机器模压而成，但里面一定是木龙骨吗？不会是其他的？比如机器压的刨花板？还有实木门的定义，我以前的理解，实木门应该是一整张实木板，难道说实木门里面也有木龙骨？

| cmx13579 | 位置：江西 | 专业：施工 | 第12楼 | 2005-10-27 10:53 |

1. 门下坠主要是合页安装和合页质量的问题。首先选择的合页规格要正确，质量没问题。我们一般一扇门安装三个合页，最上面一个距门上沿100mm。自攻螺钉一定要拧进去，有些工

人就直接锤进去，也容易松动造成下坠。
2. 门上的孔叫通气孔，为防止门扇变形，下面也有。

| 455874500 | 位置：陕西 | 专业：室内 | 第 13 楼 | 2005-10-27　14:14 |

实木门是一个广义的概念，不应该是你想象的，下坠我们这里的行语叫掉扇，是工艺问题，上面的孔是排气孔。

| wls223344 | 位置：河北 | 专业：其他 | 第 15 楼 | 2005-10-27　15:24 |

一、门的下沉主要是合页有问题，但不排除门的变形结果。
二、上面留孔，主要考虑：
1. 通风：因为在制作时需要胶，如果封闭，胶就不容易风干。
2. 变形：空气是随季节、天气变化而变化的。如果没有孔，门的里外的空气湿度和温度就不一样，会导致门的变形。
这个方法主要在制作空心门要留孔。
三、实木门是：实木龙骨，外包实木饰面的门。
三合板和五合板指的是一张板中胶合的层数。
三厘板和五厘板指的是一张板的厚度。

| xhg2390149 | 位置：新疆 | 专业：暖通 | 第 17 楼 | 2005-11-9　23:58 |

在建筑木门、木窗规范中就没有实木门这一说法。实木门应归属于镶板门中的一种，楼主所说的门应为夹板门。
模压门：也称空心门，中间以木龙骨为芯，双面贴以一次压花的三合板，再经过抛光打磨处理即成原木色的平板磨压门。
夹板门：中间为轻型骨架，两面贴胶合板、纤维板、模压板等薄板的门，一般为室内门。
望各位网友仔细体会这两个概念，不要混淆了。

| xuwei82 | 位置：天津 | 专业：室内 | 第 23 楼 | 2005-12-9　11:38 |

不好意思，楼上的朋友，现在才回答你的问题！现在我接触的门内部结构有两种做法，一是里面是木龙骨，二是里面是大芯板。实木和模压里面都是龙骨的！

3.1.20　讨论主题：石材踢脚线在施工中应该注意的问题？
原帖地址：http://bbs3.zhulong.com/forum/detail2594625_1.html

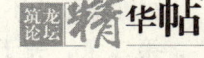

| 杨柳依依 | 位置：辽宁 | 专业：结构 | 第 1 楼 | 2005-12-6　7:14 |

石材踢脚线在施工中应该注意的问题有哪些？欢迎大家讨论，好帖有奖。

| pisces091 | 位置：福建 | 专业：室内 | 第 2 楼 | 2005-12-6　10:36 |

应该注意石材踢脚线厚度与门套线一致，否则应做倒坡处理。接缝应尽可能小，如有花色，应该注意纹理的延续性。

| lyl2004_75 | 位置：陕西 | 专业：施工 | 第 3 楼 | 2005-12-6　11:55 |

如果选用质地较为疏松的大理石，则不宜使用水泥砂浆粘贴工艺，容易出现渗浆、泛色等质量缺陷，最好选择挂贴。

| xhg2390149 | 位置：新疆 | 专业：暖通 | 第4楼 | 2005-12-6 20:39 |

1. 出墙面距离应不大于10mm。
2. 踢脚线上口最好不要倒边，因石材厚度偏差较大，倒的边不能保证在同一水平线上。我们曾经吃过这个亏。
3. 如果地面是地砖，石材踢脚线长度最好与地砖长度一致，保证地面砖缝与踢脚线缝对上，这样好看。
4. 石材如用水泥砂浆粘贴，背面应做防碱背涂处理。

| tzylove | 位置：北京 | 专业：室内 | 第5楼 | 2005-12-6 21:08 |

xhg2390149 终于找个机会批评你了。

出墙面距离应不大于10mm，哪里找这么薄的石材啊。

石材倒三角或者圆弧，那属于石材加工的工艺问题，一般加工的时候应该都是一致的，至于出现高低不一，那就是你基础不平整了。

通缝没必要的，石材在工艺上就要求对接缝进行处理，为什么还要和地砖通缝？那不是做企口，墙面上那样施工还可以，做踢脚线是不是难看了点？

第四条你是为了防止泛碱是吧？

| xhg2390149 | 位置：新疆 | 专业：暖通 | 第6楼 | 2005-12-6 23:37 |

1. 不是石材薄，而是抹灰时就应将踢脚线位置预留。抹灰厚度也得18mm呀。
2. 不是想出来，那是经验。石材加工厂不可能把不同厚度的板材挑出来，而是一股脑放在加工线上，一次加工出来。因石材厚度偏差缘故与机器接触面不一样，所以加工出来的倒边也是宽窄不一啊。

改天给你发几张俺做的工程石材踢脚线吧。呵呵。tlylove 你批我批不上。我搞技术的做事比较谨慎的。

| hanbao1979 | 位置：江苏 | 专业：其他 | 第7楼 | 2005-12-7 11:12 |

借这个话题问问大家地面石材铺设。怎么使石材不变色呢？用黑水泥肯定是要泛色的，但白水泥又不是很理想。

| xhg2390149 | 位置：新疆 | 专业：暖通 | 第8楼 | 2005-12-7 13:06 |

做防碱背涂处理呀。

| tzylove | 位置：北京 | 专业：室内 | 第9楼 | 2005-12-7 20:36 |

如果已经泛碱了，有专门的洗涤水的，忘记什么名字了，上次看石材工用的，不过就是氨水。

接着说 xhg2390149，石材厚度应该都差不了多少的，基本保证在2cm（室内用应该都是这样的，当然也有非标的），至于你说到的墙面抹灰，这个是我的疏忽，我是公装的，到现在做的工程，墙面几乎都是现浇或者土建方已经完成，不存在二次施工，基本上是刮腻子做涂料之类。

公司有专门的石材加工厂，这个基本上我要求什么样的就能做出什么样的，你说的石材倒边问题，是属于石材加工工艺问题，我去年做的一个工程，墙面就是石材，接缝处倒三角，大概400多米，加黑金沙的踢脚，也是倒三角，都没你说的问题。

可能是属于墙面抹灰的时候没控制好平整度？因为遇到墙面不平整的时候，刮腻子也会遇到这个问题。

| xhg2390149 | 位置：新疆 | 专业：暖通 | 第 10 楼 | 2005-12-7 21:01 |

Tzylove，我说的是踢脚线的水平上口呀，石材一等品厚度允许偏差可达 2mm，合格品还要大。

| chy1977 | 位置：重庆 | 专业：施工 | 第 12 楼 | 2005-12-8 13:29 |

石材踢脚可以先剔打掉墙上抹灰层，再铺贴，看起来不那么厚。我原来就做过。要想让业主很满意地面铺的石材，就最好做防碱处理，施工中注意色差就行了。

| tzylove | 位置：北京 | 专业：室内 | 第 13 楼 | 2005-12-8 20:44 |

其实关于厚度控制根本就不是问题。

踢脚一般是湿贴，倒三角是在光面上倒，你只要保证光面在一个平面上，石材厚薄的差距完全消化在砂浆粘结层上了；干挂也可以消化在连接件上，它的余地好像有1cm，基本上没什么问题的。

| xhg2390149 | 位置：新疆 | 专业：暖通 | 第 15 楼 | 2005-12-9 20:21 |

我说的不是进出墙面不好控制，而是石材本身允许有偏差，在上大型石材倒边机的时候，操作员不会把薄的石材后面垫上东西以保证和高的石材在同一个水平面上。在与石材刀头接触少的情况下，自然就小，铺贴上后，上口和进出墙面距离可以保证。但倒边下口和倒边的接头不在一个面上呀。这是教训后的领悟啊。

| tzylove | 位置：北京 | 专业：室内 | 第 16 楼 | 2005-12-9 20:42 |

明白你的意思了，你说的这种情况我还没遇到过。遇到了，如果量不大的话就现场修整一下了，如果量大的话就肯定需要返厂了，自己修整后，还要抛光，挺麻烦的，再说那小抛光机没有水抛有光泽，挺衰的，对光一看，特明显。

| xhg2390149 | 位置：新疆 | 专业：暖通 | 第 22 楼 | 2005-12-13 16:23 |

这一张就是地砖与墙砖对缝铺贴的照片（图3.4）：
1. 要控制好石材踢脚线加工精度，要达到地砖的 0.5mm 的偏差范围；
2. 工人水平要高，管理要到位；
3. 技术员排砖水平要高啊。

图 3.4

| tzylove | 位置：北京 | 专业：室内 | 第 27 楼 | 2005-12-16 22:19 |

20mm 厚还说不倒角，真是晕，我看倒 6~8mm 都没问题，遇到这样的，没有倒角就属于设计上的失误，前期如果没有考虑倒角，就不应该留这么多的。为什么这么怕倒角呢？那设计墙面 V 形缝你们就不能施工了？

我认为工艺上根本就没有什么难的。

| xhg2390149 | 位置：新疆 | 专业：暖通 | 第 28 楼 | 2005-12-16 22:56 |

墙面倒 V 形缝一般用瓷砖，而瓷砖的允许偏差较小，tzylove 你把你做的工程发上几张图让我看下。

| tzylove | 位置：北京 | 专业：室内 | 第 29 楼 | 2005-12-16 23:15 |

这两张图（图 3.5、图 3.6）都是前年的两个工程，去年做了个工程是石材墙面的，不过是 8mm 缝隙，外打密封胶，图片截了，如果需要，可以传你原版数码照片。

| zhugang6530 | 位置：北京 | 专业：施工 | 第 32 楼 | 2005-12-19 15:14 |

这个问题很简单，你只要对石材进行六面体防护处理即可，一般来说，浅色石材用白水泥铺贴，深色石材用黑水泥铺贴。

| zhugang6530 | 位置：北京 | 专业：施工 | 第 33 楼 | 2005-12-19 15:17 |

回复 xhg2390149 在 28 楼的发言：规范要求没有这么大的偏差，如果是达 2mm 那就是不合格品了，现在国产石材如果是大厂里出来的一等品基本没什么偏差，光泽度也可达到 85°以上。

| zhugang6530 | 位置：北京 | 专业：施工 | 第 34 楼 | 2005-12-19 15:24 |

图 3.5

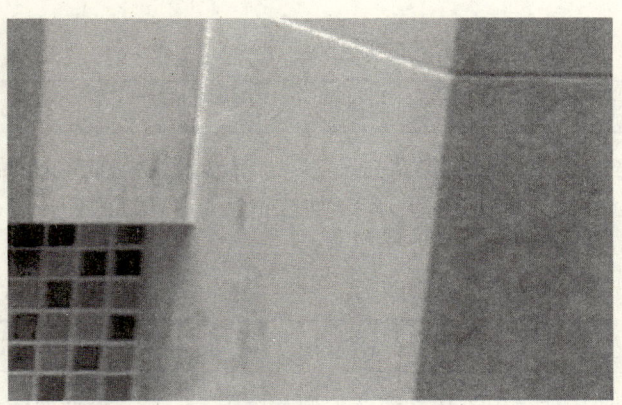

图 3.6

  现在石材踢脚线的通常做法有两种：一种是水泥砂浆粘贴，这种做法适用于砌体墙面；一种是胶粘，这种做法适用于轻质板墙面。

| zzk205 | 位置：北京 | 专业：施工 | 第 36 楼 | 2005-12-19　17:04 |

1. 楼梯间踢脚和踢踏面石材注意踏步间的尺寸偏差，尤其当楼梯数量较多时。
2. 楼梯踢脚也要注意左右对称的问题。
3. 有倒角的踢脚做阴阳角时注意立边的倒角和压缝美观问题。

  第一次来，很高兴。

| tzylove | 位置：北京 | 专业：室内 | 第 37 楼 | 2005-12-19　20:40 |

  对于标准规范太不熟悉了，汗，zhugang6530 朋友能否告诉下规范名称？好去读读。
  zzk205 朋友提到的三点都不错，是该注意，就第三点一般都是使用大理石胶调色后处理的，效果很好，基本看不出来的。

| zhugang6530 | 位置：北京 | 专业：施工 | 第38楼 | 2005-12-20 18:08 |

天然大理石、花岗石的技术等级、光泽度、外观质量要求应符合国家现行行业标准《天然大理石建筑板材》（JC 79—1992）、《天然花岗石建筑板材》（JC 205—1992）的规定。

3.1.21　讨论主题：室内装修出现的质量问题求教！

原帖地址：http://bbs3.zhulong.com/forum/detail2727556_1.html

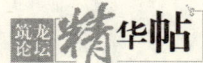

| moroker | 位置：湖北 | 专业：其他 | 第1楼 | 2005-12-22 23:00 |

今年8月，我们单位有个会议室装修，9月装修完毕，一直没有投入使用，12月初去看的时候，发现几处很严重的质量问题，拍了照片贴出来，请大家会诊一下，为什么会出现这样的问题？现在要重新修补，怎么做才能避免重复这样的工程质量问题？

人造大理石出现裂缝（图3.7），这个人造大理石柱子中间是空的，里面有薄木板，人造大理石就是外挂在薄木板上的。

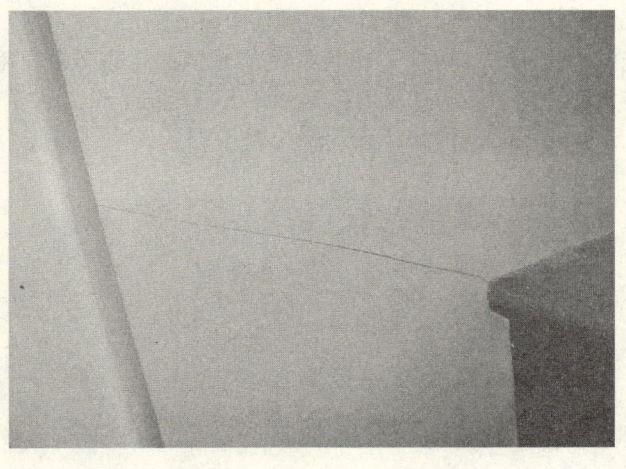

图3.7

| moroker | 位置：湖北 | 专业：其他 | 第2楼 | 2005-12-22 23:05 |

墙体出现裂缝（图3.8），在开关附近布置管线时，在混凝土墙上开槽，现在开槽的地方都出现裂缝。

| hanbao1979 | 位置：江苏 | 专业：其他 | 第3楼 | 2005-12-22 23:08 |

请说明人造大理石的大小，还有基层是木板吗？详细说明一下

如果基层没有问题的话，人造大理石是可以修补的（可以修补到看不出裂缝）。怕的是这个基础本来就有问题，那修补好了也没有用。

先给你置顶，大家讨论。

| moroker | 位置：湖北 | 专业：其他 | 第5楼 | 2005-12-22 23:15 |

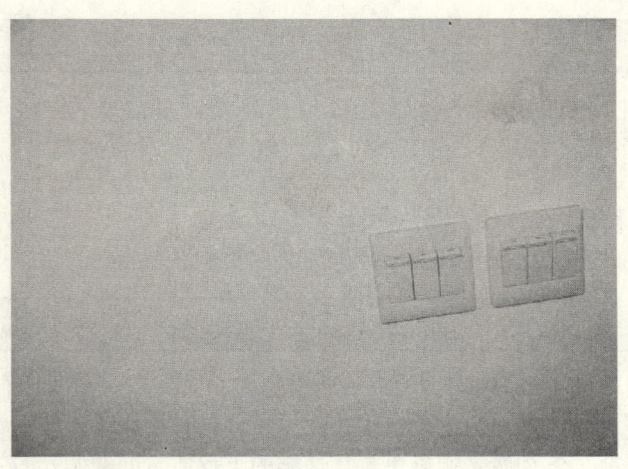

图 3.8

回复 3 楼：

人造大理石有 1.5m×1.5m 大小。里面的基层是木板。

今天我请一个老监理过来看了一下，他说，可能是因为木板收缩，和附近的桌子变形有关，使人造大理石受力而破坏。因为武汉地区这个冬天很冷很干燥。

人造大理石与人造大理石之间的胶严重开裂（图 3.9）。

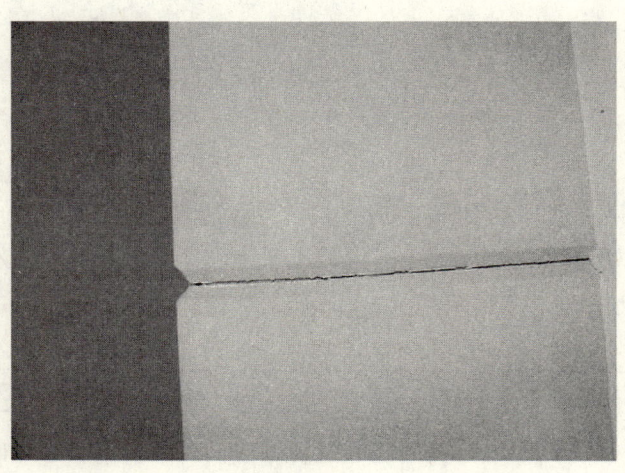

图 3.9

| tzylove | 位置：北京 | 专业：室内 | 第 6 楼 | 2005-12-22　23：15 |

人造大理石？挺好补的。不过最好能找一下原因，怎么裂了？

有可能是遭受撞击裂的，当然是估计，不知道具体情况，从图片看，图片右下角的那是桌子吗？石材在那里是切开的吧？那有可能是右下角桌子（暂时这么叫）没有和石材之间固定导致裂了。

我只是猜测，楼主最好能多提供点资料，那样大家想得可能详细些。

| moroker | 位置：湖北 | 专业：其他 | 第7楼 | 2005-12-22　23:18 |

回复楼上，这个会议室装修完一直没人去过，不可能出现撞击，钥匙在我手上。

图片右下脚是桌子，一排矮桌子。石材是沿着桌子面水平竖直切割的，人造大理石的色不好配，再调色，总会有一点点区别的。

木龙骨吊顶，顶面出现了裂缝（图3.10）。

图3.10

| tzylove | 位置：北京 | 专业：室内 | 第8楼 | 2005-12-22　23:18 |

开槽处裂纹，应该是电工在布线之后补砂浆的时候没有处理好，里面开裂了，涂料当然要裂的了。

| tzylove | 位置：北京 | 专业：室内 | 第9楼 | 2005-12-22　23:22 |

石膏板很可能是接头部位没有处理好，这样笔直的缝，应该是接缝部位了。

| moroker | 位置：湖北 | 专业：其他 | 第11楼 | 2005-12-22　23:27 |

地面铺复合地板，踢脚线连接处出现错缝。

谢谢楼上的各位。

| pandateng | 位置：辽宁 | 专业：造价 | 第12楼 | 2005-12-23　8:09 |

石膏板应该是接缝没处理好，没贴布（或牛皮纸）或者用的是劣质产品，根本不吃力造成断裂，踢脚线那里的问题可能原因比较多，首先施工时可能有问题，一开始就没干好，或者是地板收缩，挤压踢脚线。也不知对不对，还是大家一起讨论吧。

| zzk205 | 位置：北京 | 专业：施工 | 第13楼 | 2005-12-23　9:36 |

第一个问题可能是由于基层板干湿变形膨胀在缺陷处引起撕裂。也可能是木桌子受

潮变形上拱顶裂石材。建议在重做的时候换水泥压力板做基层。与桌子连接处离缝不要挨得过近！

墙面裂缝是剔凿过浅，修补没盖住套管或者是修补砂浆不密实、强度不够。剔开重做就可以。顶棚的石膏板接缝开裂是否因为石膏板间没有留伸缩缝，可留 8mm 缝隙用嵌缝石膏补齐，用白乳胶贴双层嵌缝带解决。

| pandateng | 位置：辽宁 | 专业：造价 | 第 14 楼 | 2005-12-23　11:32 |

个人感觉石材是因为桌子的问题受集中力而裂的。

| bing1985 | 位置：重庆 | 专业：建筑 | 第 15 楼 | 2005-12-23　11:44 |

石膏板应该留有 3mm 的收缩缝，再用牛皮纸或者布条和胶补，在面外就和其他的乳胶漆做法一样了。

| hanbao1979 | 位置：江苏 | 专业：其他 | 第 17 楼 | 2005-12-23　12:20 |

我刚上班。不好意思。

1. 回答 2 楼的问题：开槽处裂缝有一种可能是施工过程中线槽填缝用的是石膏，这样的情况是最容易裂缝的（如果这样操作肯定要裂缝），还有种可能是用纯水泥，这样的方式也比较容易裂缝，最好的办法是用水泥砂浆填补。这样裂缝的可能性会降低。

2. 回答 5 楼的问题。热胀冷缩是很正常的事情。人造大理石 1500mm×1500mm 块太大了；不行的。图上的问题是因为留的伸缩缝不够导致开裂（铺贴方式也有可能导致裂缝）。

3. 回答 7 楼的问题：顶面开裂的可能是平面顶棚面积太大，跨度太大了。一般在正常情况下要留伸缩缝的，该工程应该是没有留。还有做的时候可能是梅雨季节做的，收缩太大，石膏板也容易拉断。

4. 回答 11 楼的问题：没有办法解决，工人手艺太差，建议再教育。

| hanbao1979 | 位置：江苏 | 专业：其他 | 第 18 楼 | 2005-12-23　12:27 |

回复 13 楼 zzk205 网友：

我不太同意你的看法！现在问题是开裂不是起拱。你的处理方式只能限用于起拱。不要介意啊。我只是觉得这样的处理方式不是很合适，不要介意，有不对的地方指出来；大家讨论。

| moroker | 位置：湖北 | 专业：其他 | 第 19 楼 | 2005-12-23　12:29 |

谢谢各位斑竹、专家和网友的回复。

我已经对施工方提出了要求，对于每一处问题的处理，让他们写出具体的施工修补方案，我会尽快把施工修补方案贴上来，请筑龙网友审批，同意后，再让他们施工。

| hanbao1979 | 位置：江苏 | 专业：其他 | 第 20 楼 | 2005-12-23　12:47 |

下一步的工作尤其重要。希望能很快看到你的修补方案。合情合理的修补方案既可以解决现有问题也可以避免以后的再次返工。

| 麦豆湾 | 位置：北京 | 专业：室内 | 第22楼 | 2005-12-23 14:28 |

踢脚线的问题太严重，有损我们装修工人的形象。我怀疑施工工序有点矛盾；踢脚线上有白斑点。成品保护没做到！

在墙面抹灰（干）完成后，在不影响地面施工的前提下就可以按照施工要求给踢脚线安木龙骨了。然后等刮完腻子上了涂料后再装踢脚线！

现在只能把那块凹进去的拆了。先把龙骨找平，然后再安装踢脚线。在安装同时可以在两块板的对接处上点密封胶或强力胶！

| pandateng | 位置：辽宁 | 专业：造价 | 第26楼 | 2005-12-24 8:03 |

感觉那个房间不大，应该不至于这么严重，估计石膏板缝根本没贴布，直接刮的大白，接缝处按规定留伸缩缝，再贴上布，应该就没什么问题了。

| zhugang6530 | 位置：北京 | 专业：施工 | 第28楼 | 2005-12-25 12:58 |

鉴于楼主所提问题我认为：

1. 墙面人造大理石开裂是因基层含水率过高引起，主要是基层木龙骨的含水率过高，完工后放了半年又碰上冬天干燥使木材含水率减少，从而造成收缩引起变形，另外，如果基层板是多层胶合板那也有相当大的收缩，在安装的时候需开伸缩槽。

2. 木龙骨吊顶出现裂缝，其产生的原因和前者差不多，或者吊顶没有起拱，或者石膏板安装时没有错缝或者板与板间留缝不规范和补缝方法不正确。

3. 踢脚线错缝，这是施工工艺问题。

石膏板接缝我们现在的做法是嵌缝石膏，分两次补至比石膏板稍低1~2mm处，再贴50~80mm宽牛皮纸带或绷带。

| moroker | 位置：湖北 | 专业：其他 | 第34楼 | 2005-12-27 0:17 |

施工方今天将维修方案拿过来，如下：

1. 柱子人造大理石开裂。

原因分析：木芯板收缩导致开裂。

处理方案：左边柱子，将开裂的旧大理石切掉，换上新的大理石，争取颜色一致。中间柱子由于技术难度较大，用专用胶进行填补，不尽理想的话再进行拆换。

2. 顶棚局部开裂。

原因分析：在吊顶过程中，膏灰在未完全干燥的情况下，处理吊顶产生振动，出现裂缝；吊顶连接中存在固有缺点。

处理方案：清理干净石膏板吊顶中间连接的膏灰，重新填补膏灰，贴牛皮纸，上腻子、刷乳胶漆。

3. 墙体裂缝。

原因分析：建筑物的自然沉降；在水泥不完全干燥的情况下，进行了抹平。

处理方案：清除原水泥，切大细缝，填补水泥，上乳胶漆。

注意事项：用报纸保护地面及桌面。

回复21楼麦豆湾：

大理石不是粘上去的，是使用几个固定件固定在木芯板上，最后把固定构件磨平抹胶而成。

回复26楼 pandateng：

房间比较大，有9m×12m。

回复27楼——lxz850428：

会议室在14楼，是顶楼。

请大家帮我审审这个修补方案，或者重新修改，我会要求施工方按照筑龙网友的修改方案进行施工，谢谢大家！祝大家新年快乐、平平安安，快快乐乐，过好每一天。

黑与白■▃T	位置：广西	专业：室内	第35楼	2005-12-27 12:03

1. 人造大理石是被柜子拉裂的，刚装修完，柜子肯定还要变形的，最好把柜子和大理石粘在一起，因为石材的变形系数和木材的变形系数是不一样的。

2. 墙体开裂，是原来补线槽的地方开裂，裂了再补，再裂了还要再补。

3. 顶棚开裂，补缝咯。

4. 大理石柱子，好像是手工太差了吧？

xuwei82	位置：天津	专业：室内	第38楼	2005-12-29 17:14

回复34楼的朋友：

1. 人造石台面开裂的问题。

施工方给出的原因是正确的，应该是基层板材伸缩或变形引起的。解决方案不够彻底，如果是基层变形很严重的话，一定要重新做基层的。如果只是有一定的伸缩，那就建议更换人造石台面，对于台面我建议重新更换，原因是：石材本身也有一定的伸缩性，裂缝很大，最好要再接。

2. 顶棚的裂缝，施工方给出的原因以及解决方案都可以，可以那么执行。

3. 墙面的裂缝，施工方给出的原因是对的，解决方案还需要补充，就是要等抹灰干透，再进行下一道工序，批腻子，在批腻子之前最好再贴层布，这样可以更有保证。布的造价也不高！

李焕辰	位置：河北	专业：施工	第39楼	2005-12-30 23:02

我晕死，怪不得大家都说现在装修的是劫道的，不懂装懂，不处理好基层基础，什么问题也解决不了，装修不只是样子，首先要考虑实用、功能，才是美观，应用简约主义一句话，所有实用的都是美的。

第一，楼主，我看了你的照片，说明这可能是工程小，但是你找的队伍水平可不高。现在出了问题，是什么问题，除了装修问题还有别的问题吗？例如甲乙方关系。

第二，我看了看楼上的处理方法，都不彻底，特别是北京的麦豆湾，一瓶子不满半瓶子咣当，你的主意并不到位，不能要奖励的。

建议楼主，首先对于吊顶，我看照片是从造型的位置开裂的，说明副龙骨和石膏板布板方式有问题，这样布板以后还要裂，在造型拐角处必须整板套割，然后再按照楼上各位的方法用腻子、绷带等解决即可，不处理石膏板接缝位置，回头一定还要裂。

其次，是墙面问题，看看苏中建设集团干的活，所有线管部位必须加钢丝网抹灰，可是楼上的没有哪位说到这些，只是说解决批腻子的问题，这样永远解决不了，真是羞煞我了。

会议室吊顶，本来就不应该使用木龙骨，就应该使用轻钢龙骨的，木龙骨变形太严重，现在市面上的木龙骨，基本上不控制含水率的，再加上现在木工做活，都是拿气钉钉，钢钉、木螺钉都已经过时了。对于吊顶，建议你看看我刚才在本版另一个问题里面防止石膏板开裂里面回复的帖子内容，里面好多是引用装协专家的。

tzylove	位置：北京	专业：室内	第 41 楼	2005-12-30　23:24

苏中建设的装饰工程真的没见过，李焕辰朋友能否发些施工图片欣赏下，至于"所有线管部位必须加钢丝网抹灰"，我认为没必要，我们一般使用网格布。

李焕辰	位置：河北	专业：施工	第 42 楼	2005-12-30　23:28

网格布不顶用，我说的是苏中的土建，有些时候，咱们装饰队伍有必要向土建学习的，毕竟土建时间长，比较正规。

tzylove	位置：北京	专业：室内	第 43 楼	2005-12-30　23:44

土建工程质量说真的也不怎么样，我装修过几个鲁班奖工程，真正在细节上还是不如说的那么好，他们都是大面上做的很好。

一般室内墙面都是做涂料，土建交房后，装修的基本上不会在墙面上抹灰的，都是涂饰，除非贴砖，如果是贴砖也就不可能出现楼主这些问题了，使用钢丝网当然比网格布张力要好，但是我觉得浪费了。

moroker	位置：湖北	专业：其他	第 44 楼	2006-1-1　10:58

回复 39 楼李焕辰：
您所说的"整板套割"是什么意思？是不是在转角处沿板边切割一个矩形框？
另外：
1. 该工程的管线不是很多，我想建议施工方采用钢丝网。
2. 施工队已经开始维修了，他们在维修吊顶的时候，只在出现裂缝处把原来出现问题的地方刮开重新做了。如果按照李焕辰同学的方法，还要再切割吧？
3. 施工方在做管线沟槽的时候，并没有使用抹水泥砂浆找平，而是使用石膏抹平的，我对此表示强烈反对。他们的理由：由于管线开槽太浅，扣除管线本身的直径，没有足够的尺寸抹水泥砂浆。扣除管线直径，距离内墙外表面，大概只有4mm的距离吧。

李焕辰	位置：河北	专业：施工	第 45 楼	2006-1-1　11:30

管线埋的太浅，正常应该是外留2cm吧，具体数字我记不清了。
整板套割就是把拐角处的板切割成L形。
所附照片上的纸面石膏板是隔墙照片（图3.11），手头现在没有顶面的照片，你可以看到，一面试套割完的，另一面工人马上就要套割了。
也就是说布板的错误，你基本上不能解决根本问题。
因为在造型拐角处，大部分施工单位是直接横竖对板，这样拐角处的通缝根本解决不了，

图 3.11

因为那个位置都是悬挑，应力变化大，所以要让石膏板对缝位置让开拐角部位，一般不少于 200mm，建议到 400mm，这样就解决了问题。

另外，如果说你的石膏板吊顶，在其他平面部位接缝都裂，就是施工技术问题了，明白吗？这些我就不多说了。

| 李焕辰 | 位置：河北 | 专业：施工 | 第 47 楼 | 2006-1-1 17:12 |

中午着急，刚才看了看图片，感到看不清，所以我就使用画图软件简单的标注了一下，现在传给大家（图 3.12）。

图 3.12

图中红线部位不允许有石膏板对接缝，这个部位最容易出现裂缝；
绿色框内是对接缝；
黄线是另一面墙需要套割掉的石膏板。
这样做费板，但是不出现裂缝。

| moroker | 位置：湖北 | 专业：其他 | 第 48 楼 | 2006-1-1 18:37 |

谢谢楼上的李焕辰同学：
1. 我们只谈技术不谈其他的，有些事情不是我们能够控制的。
2. 很感谢你的图文。该会议室是吊顶石膏板出现裂缝，不是隔墙，吊顶拐角处是如图 3.13 所示。

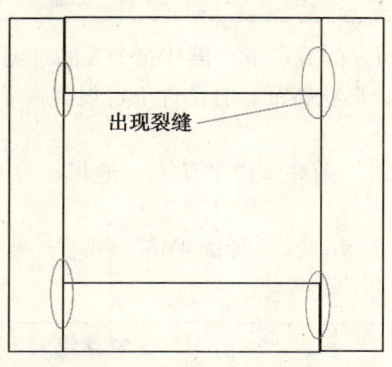

图 3.13　吊顶平面草图

| 李焕辰 | 位置：河北 | 专业：施工 | 第 49 楼 | 2006-1-1 22:06 |

我晕死。
我说了，我手头现在没有做吊顶，而且这种套割石膏板的施工方法在我公司早用了好多年了，所以一般不认为是问题，也就没有保留照片，昨天我去的工地正施工着轻钢龙骨隔墙，所以就赶快拍了一张照片给你，这吊顶和隔墙的石膏板开裂部位的原因是相同的，我说的套割就是解决你的开裂部位的这个地方不能为了省板而使用对接，必须把石膏板整板裁割掉成 L 形、C 形，割成我的图片那样。
为什么我说上述各位朋友没有解决根本问题，就是说布板错误，你可以再仔细看看图。

3.1.22　讨论主题：石膏板吊顶如何施工才能保持长久不开裂？

原帖地址：http：//bbs3.zhulong.com/forum/detail2754433_1.html

| 杨柳依依 | 位置：辽宁 | 专业：结构 | 第 1 楼 | 2005-12-26 20:09 |

轻钢龙骨石膏板隔墙以及天花轻钢龙骨石膏板吊顶容易开裂是困扰装饰施工的一个长期问题，大家说说如何施工才能保持长久不开裂？

| tzylove | 位置：北京 | 专业：室内 | 第 2 楼 | 2005-12-26 21:05 |

我做过的基本上都是不上人的，主副龙骨间距不要太大了，吊筋和龙骨连接要牢固，石膏板和龙骨固定的螺钉间距要控制好。吊顶开裂比较多的是在石膏板接缝处，接缝不允许悬空的，需加横龙骨，接缝口先补遍腻子，再贴网格布、牛皮纸什么的。
石膏板、龙骨质量也是重点，一般我们用的都是龙牌的，差点的石膏板拧螺钉的时候就容易拧炸石膏板。再就是石膏板在横向上不能有通缝。

大家讨论一下，这个议题比较好的，石膏板开裂比较常见的。

| pandateng | 位置：辽宁 | 专业：造价 | 第5楼 | 2005-12-28 11:46 |

个人感觉这个问题更大程度上是这种工艺本身的问题，石膏板的收缩是不可避免的。我们的工程也都严格按照流程作的，可是还是会开裂，还是多用矿棉板吧。

| wuhh | 位置：北京 | 专业：施工 | 第7楼 | 2005-12-28 12:52 |

在二楼斑竹的意见和其他网友的观点下，再补充个人的意见，还请大家多多指教。
1. 看看墙体和房间的大小，形状特征，有条件下可设置伸缩缝（缝用铝合金条嵌套），以减少其他部位的开裂。
2. 检修孔不易留设在迎风口，做好室内的防潮、通风，可减少由于天气气候引起的伸缩开裂。
3. 施工工艺上要注意按规程操作，龙骨的规格、间距，板材质量、板缝缝隙，吊杆固定等等细小环节要重视。

| lhj743 | 位置：广东 | 专业：结构 | 第9楼 | 2005-12-30 14:26 |

本人亲身经历！除了楼上各位介绍的外！
还有就是：
上石膏板前最好不要有太多窗户和门洞口打开，在雨季容易风吹、受潮而变形！
我们工地由于先上石膏板，窗户安装前已经换了多次石膏板，损耗极大！

| 李焕辰 | 位置：河北 | 专业：施工 | 第10楼 | 2005-12-30 21:54 |

轻钢龙骨石膏板吊顶是装饰工程中运用较为广泛的一种装饰工艺。但在实际装修工程中，纸面石膏板接缝处开裂和吊顶变形问题的存在也很普遍，一般从设计、选材和施工工艺等方面对石膏板接缝开裂进行防治。

一、石膏板接缝开裂的主要原因
1. 嵌缝工艺是接缝处理成败的直接因素
轻钢龙骨石膏板吊顶处于多种受力状态，因此，纸面石膏板的纵横接缝处相应受到各种应力的影响，这就要求板之间应适当留缝，嵌缝材料自身有足够的强度和粘结力，还要有合理的接缝施工工艺和较高的操作技能，以抗衡拉应力，避免裂缝的产生。
2. 纸面石膏板的强度对变形的影响
纸面石膏板的构造是以石膏芯子与护面纸牢固地粘合在一起的板材，护面纸起到承受拉力和加固的作用，护面纸层对板材质量好坏有很大的影响，纸面粘贴不牢的板材是不能使用的。面纸纵横两向纤维的强度与弹性不一，纵向比横向大些，纵向的抗弯和抗变形能力也强些。纸面石膏板具有较强的抗湿性，纸面层可延长板吸入水的时间，但并不能阻止吸水。在安装施工过程中，由于较长时间或连续受潮浸湿，纸面石膏板的强度会降低。因此，潮湿的板材绝不能施工安装。
3. 不按工序及不文明施工的
常见当嵌缝工序完成后，甚至涂料涂刷完毕后，吊顶上的水、电、风等安装隐蔽作业尚未完成，安装人员踩在龙骨架上或把已固定的板撬动，都会造成接缝开裂，甚至使板面变形。

4. 寒冷季节

施工场地不设保温设施，冷凝水被石膏板吸收。当供暖后，室内湿度依然超标，加剧了石膏板受潮成为开裂变形的诱因。

二、避免变形和裂缝的施工要点

1. 施工环境

要创造良好的施工环境，按照国家有关法规程序进行施工，施工时不得将石膏板堆放在潮湿不通风的地方。相关湿作业未完成前，避免安装纸面石膏板。室内低于5℃时，不宜做吊顶补缝施工。

2. 安装轻钢龙骨架

施工时必须严格按图和规范施工，不得随意加大龙骨、吊筋的间距。安装好的骨架一定要处于无应力状态（自重影响除外），施工完后，必须进行中间验收，对查出的问题认真落实并整改后才能进行安装纸面石膏板的工序。吊顶安装时，必须按规定起拱，同时避免吊点受力不均现象。覆面龙骨底边必须处于同一平面，决不能用底面挠曲的材料。需要接长龙骨时，插接部位不能安排在一条直线位置上，要合理错位。遇到建筑"三缝"处，主副龙骨应全部断开，两部分自成系统，随"三缝"处留缝，留缝处用其他材料装饰。

3. 安装纸面石膏板

铺设方向，横向与纵向固定。

纸面石膏板的强度性能与变形是依方向而定的，板纵向的各项性能要比横向优越，因此吊顶时不允许将石膏板的纵向与覆面龙骨平行，应与龙骨垂直，这是防止变形和接缝开裂的重要措施。

板安装和连接固定：

纸面石膏板必须在无应力状态下进行安装，要防止强行就位。安装吊顶板时用木支撑临时支撑，并使板与骨架压紧，待螺钉固定完才可撤消支撑。安装固定板时，从板中间向四边固定，不得多点同时作业。固定完一张后，再顺序安装固定另一张。板与轻钢龙骨的连接采用高强自攻螺钉固定，不能先钻孔后固定，要采用自攻枪垂直地一次打入紧固，螺钉头表面埋入石膏板纸面约0.5mm。

4. 纸面石膏板接口处理

1）接缝处理

板接口处需装横撑龙骨，不允许接口处板"悬空"。吊顶横向接缝不能在同一直线上，应错位设缝。纸面石膏板安装时四周需离缝，板与四周墙边离缝约5mm，面纸包封的板边间距约3~5mm，切割板边间距约3~5 mm。纸面石膏板的接缝需用专门的方法进行处理，接缝处理得好，能使整个结构成为一体，板缝不明显。

2）板边处理

面纸包封的板纵向边是无需处理的，切割的板边应在嵌缝前做修边处理，比如可以在板安装之前，木工将正面纸板上口轻轻倒角，避免油工割边操作，留缝宽窄做到一致。

3）嵌缝工序

建筑装饰装修吊顶处于多种应力状态，因此纸面石膏板的纵横接缝处相应受到各种应力的影响，这就要求板之间应适当留缝，嵌缝材料自身有足够的强度和粘结力，还要有合理的接缝施工工艺和较高的操作技能，以抵消拉应力，避免裂缝的产生。选择嵌缝材料：嵌缝材料包括接缝带和嵌缝腻子。接缝带有良好的自粘结能力和强度，在板接缝处起加强筋的作用。嵌缝腻子不但要有很好的强度、粘结性，而且还要有一定的韧性和好的施工性能。如果达不到以上要求,不可避免地要产生裂缝。每种嵌缝腻子都有自己特殊的工艺,了解和掌握嵌缝腻子的使用方法是正确进行嵌缝处理的前提。所有接缝处理工序尽量迟一点进行,让其他工序都完成后再实施。在嵌缝施工时要避免穿堂风,采暖宜逐步提高温度,避免冷热温差过大,否则该部位的接缝很容易产生裂缝。嵌缝施工需精心施工,对工人操作技能有较高的要求。

当然,最重要的还有一点,那就是要合理布置石膏板,纸面石膏板最容易开裂的位置是造型顶的内角"对接角"延伸处,这里不能对接,必须套割,可以有效地解决开裂问题。

| 寒星点点 | 位置:河北 | 专业:施工 | 第16楼 | 2006-1-2 22:41 |

造型顶石膏板对接缝布板不正确,极有可能开裂,引用一下图片(图3.14)。

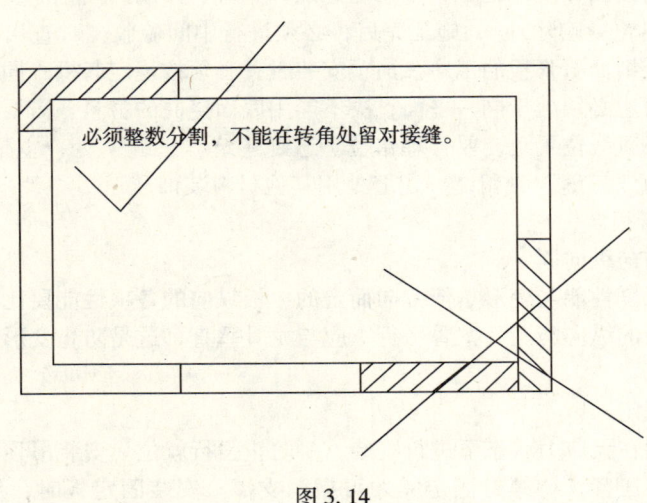

图 3.14

| siyan_wang | 位置:吉林 | 专业:施工 | 第19楼 | 2006-1-6 15:35 |

在装饰装修中石膏板是主要用料,多为造型和隔墙使用。

造型使用应注意石膏板的厚度及卡式龙骨的强度,龙骨的强度直接影响到石膏板是否会产生裂缝;还应该注意石膏板的厚度和保管情况,现在在市面上的石膏板有部分是内部受潮(受潮情况不严重),使用时看不到的,但时间长了就产生了裂痕。

隔墙应注意室内的湿度差,湿度经常变换也是产生裂痕的主要原因,这是我在刚刚做完的工程中发现的,请各位大哥PP,小弟先谢了。

| friendpengyu | 位置:湖南 | 专业:室内 | 第20楼 | 2006-1-6 20:29 |

我在石膏板下面封了一层九厘板,在上面封石膏板,接缝和九厘板的要错开,接缝先用网格子带粘贴好,再把经典防开裂胶刮进去,上面再用的确良布贴一层,效果特好,两年内保证不开裂。

| 寒星点点 | 位置:河北 | 专业:施工 | 第21楼 | 2006-1-6 21:29 |

变形系数不一样,钢木混用,按此方法,如果造价允许,建议你还不如直接上双层石膏板

错开缝呢。

3.1.23 讨论主题：装饰施工中弧形隔墙及顶棚怎么放线放的准？

原帖地址：http://bbs3.zhulong.com/forum/detail890306_1.html

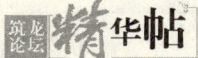

| 漂亮男孩 | 位置：浙江 | 专业：施工 | 第1楼 | 2005-2-23 21:51 |

在装饰施工中弧形隔墙及顶棚怎么放线放的准确？请教各位装修高手。

| 大人物 | 位置：广东 | 专业：暖通 | 第2楼 | 2005-2-24 3:30 |

放线大家都有一套，大家多来说说！
我们现在经常是使用计算机辅助放线，准确度比较高！

| shiyunfei | 位置：江苏 | 专业：造价 | 第4楼 | 2005-2-24 13:40 |

隔墙不规则的，一般我是定几个点后，用五厘板弯曲放线。吊顶不规则的，一般我是在地面放好线后，用线锤往上引。大家看看管用否。

| bingyan520 | 位置：福建 | 专业：室内 | 第9楼 | 2005-3-2 7:41 |

我手下的工人，都是手工操作。
像楼主说的这种情况，我一般是先在地面上用一条绳子，一头绑上一根粉笔，来充当圆规。在地上放好线后，用线锤往吊顶上引，至于隔墙嘛，就按地上放的样子做就可以啦！

| hsh-华仔 | 位置：贵州 | 专业：室内 | 第11楼 | 2005-3-3 17:32 |

大家讨论一下这张图（图3.15）怎么放线更好？

图 3.15

| 漂亮男孩 | 位置：浙江 | 专业：施工 | 第13楼 | 2005-3-3 19:57 |

我的放线方法是现根据图纸在CAD上算出圆弧的圆心点，在现场用木龙骨接在一起当作圆规，在夹板画出弧度然后切割，然后将圆弧联系在一起，根据图纸的尺寸固定在地面上。

| peiwen | 位置：山西 | 专业：施工 | 第 17 楼 | 2005-3-5 15:49 |

这就看你施工图作的咋样，弧度半径都有，最简单的就是手工在地面放大样。记住搞个水平面，最简单的就是透明水管找个平，不水平你的放样也不准。施工图不行，你就是再请教高手也白搭，复杂情况量好现场补作施工图，按图施工最关键。华仔，你也一样，别拿效果图搞施工，最终吃亏在自己。

你们不信问问楼主有施工图吗？没有施工图你们就是神仙也放不好他的线。

| peiwen | 位置：山西 | 专业：施工 | 第 18 楼 | 2005-3-5 16:18 |

我给你们发个难度帖，我是被那个东东吓跑的。异型楼梯栏杆（图3.16、图3.17），甲方还不让断开，让我设计施工图，施工就交不了圈。就是把原定位搞丢了，不过你们试试，好找。

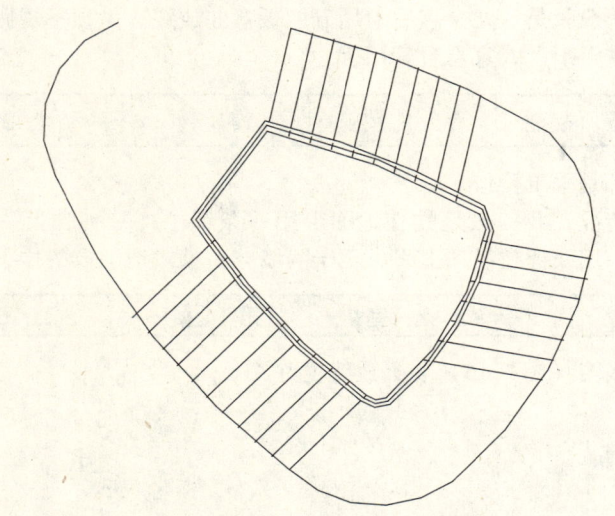

图 3.16

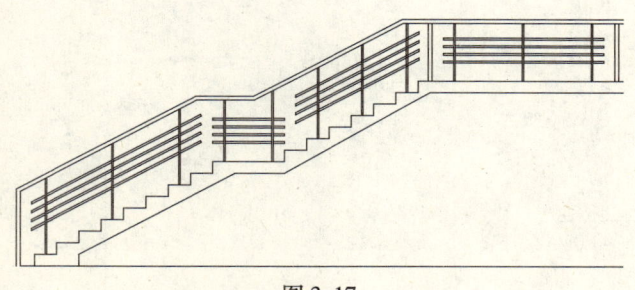

图 3.17

| peiwen | 位置：山西 | 专业：施工 | 第 25 楼 | 2005-3-6 22:17 |

实际装饰装修施工中如何进行异型手工精确放样：
漂亮男孩提到的问题准确说是装饰装修的异型放样。

随着建筑设计的不断深化，人们已不满足于方正规矩的造型，尤其在装饰装修业中，多边形套弧形，多圆相切，多圆相接，及以实物放大或缩小的内外轮廓为造型等的装饰设计愈来愈多的开始应用。我个人把它们统称异型。装饰装修业同时也就面临着如何进行异型精确放样。作为精确放样的工具计算机辅助放线应该是最为精确的方式。但实际工作中由于条件所限，并不是所有装饰公司都能采用，我介绍几种手工精确放样。

在介绍前必须告诫大家，由于装饰装修制图规范的不健全，各地装饰装修图纸不规范，尤其家装图纸。所以在拿到有异型造型设计图纸时，切记审图。审图的关键在于找圆形、圆弧、多边形的定位坐标、尺寸。同时装饰装修现场由于各种情况会造成尺寸偏差，有条件的应根据现场尺寸作补充施工设计。实际上，任何一个再复杂的图形在设计中都是按不同大小的圆或多边形在不同坐标点下相切相交得来的。不过还有一种就是以实物放大或缩小的内外轮廓为造型的，它的复杂程度就高了。

第一种方法就是采用尺规、墨斗、线锤等简单工具进行放样，它适用于图纸尺寸及坐标明确，图形复杂程度较低，在室内或有足够空间进行放样的。不过切记带把曲线尺，在交点处用曲线尺顺滑各节点。放样精确程度较低，为保证精度，你们所提到的线绳规最好别用，用木方等刚性材料规圆比较精确。放样场地最好找个水平面，这样放样精度会有所提高。

第二种方法投影法：准确叫灯光投影法，它是利用光学原理进行放样，前提必须利用计算机打印比例图形，按图形精确做好比例样模（或幻灯片），同时比例样模不能透光，在放样场地作出实样框，即100%图形框。利用灯光投影或幻灯机投影，它常用于精度要求不高，图形复杂程度高的放样和施工条件特殊等情况，例如文字、图形的放样。描样后最好用曲线尺顺滑各节点。

第三种方法比例放大尺法：它是我国最古老的精确放样法，我没找到它的图，不过见过制图仪的都应该知道，好像现在市场上还卖，我建议搞装饰装修的最好买一把。只要你的施工图是按比例出的，你用它的一端按你的图形描样，另一端就会给出一个按你所调比例放大的图形，它也可自制。它也常用于精度要求不高，图形复杂程度高的放样，例如文字、图形的放样。而且比投影法精度要高，描样后最好也用曲线尺顺滑各节点。

综上所述，我建议在室内或有足够空间进行放样的，最好采用第一种，退而求次第三种，少用第二种。只要用心仔细，以上的各种方法都能放出令人满意的效果，切记事在人为！

| ebin－351 | 位置：北京 | 专业：施工 | 第32楼 | 2005-3-8 1:15 |

我个人认为还是先用CAD放样，然后分割，现场根据分割图放样。

3.1.24 讨论主题：【征求】收口范例及相关图片。

原帖地址：http://bbs3.zhulong.com/forum/detail1021201_1.html

| 大人物 | 广东 | 专业：暖通 | 第1楼 | 2005-4-1 14:49 |

收口，这个词相信是装饰行业施工人员很注重的名词！很久以前我就有这个想法，去集中网友的力量收集尽可能多的范例及相关的图片！直到cgqian转帖的《浅谈装修施工收口工艺》再度给翻了出来，我就决定要尽早发一个这样的帖子，希望大家有力出力，做个有心人，一起丰富本帖！

先介绍一下cgqian转帖的一篇文章《浅谈装修施工收口工艺》大家有兴趣可以查看。

http：//bbs.zhulong.com/forum/detail514453_1.html

| cgqian | 广东 | 专业：施工 | 第 4 楼 | 2005-4-1 15:11 |

地毯施工收口等问题：

如何防止地毯四周不平整：采用地毯地面的住户，地毯铺好后，房间四周有毛刺，收口不整齐，转角处不平整，是常见的质量问题。造成这些问题的原因，主要是：

1. 裁割地毯时，刀不锋利，二刀以上重复裁割，边缘产生一些短的绒毛，铺设时，嵌不进刺毛条内侧。

2. 刺毛条靠墙太近，地毯边缘嵌不进，造成地毯边缘外露，或刺毛条离墙过远，地毯铺设后有空隙，造成收口后边缘不整齐。

3. 嵌地毯周边时马虎，造成部分边缘外露。

4. 转角处刺毛条铺针不平整或离墙太近，地毯角都未割，造成地毯转角处凸起，不平整。

要防止这些问题，在地毯铺设时，必须做到：

1. 裁割地毯应用锋利的刀，一刀割开，避免重复裁割。

2. 铺针刺毛条时，应根据地毯厚度，确定离墙距离，使地毯铺设后与墙面接缝严密。

3. 铺设转角处地毯时，应在地毯角部割一刀，便于地毯边缘嵌入刺毛条内侧，避免因地毯角部折叠产生高低不平。

4. 地毯铺设后，对周边进行检查，对一些毛刺不顺直处应进行修边整理。

如何防止地毯铺贴后发生起拱现象：

地毯铺设不平整，有起拱现象，不仅影响了居室的美观，而且影响了住户的使用。这一问题的产生，主要是因为：

1. 铺设时两边用力不均或用力快慢不一致，使地毯摊开过程中方向偏移，地毯出现局部皱折。

2. 地毯铺设时未绷紧，或烫地毯时未绷紧。

3. 地毯受潮后出现胀缩，造成地毯皱折。

要防止地毯铺贴发生起拱，必须做到：

1. 应根据房间情况标出基准线，铺设时将地毯沿线摊开，两边用力时速度均匀，不得用脚踢开。

2. 铺设时应将地毯绷紧，烫平后再固定在刺毛条上。

3. 铺设后、平时使用时应避免地毯受潮。

如何防止地毯铺贴后接缝明显：

地毯铺好后，如果接缝很明显，将影响到整个房间的美观，造成这一问题的原因主要是：

1. 地毯裁割时，尺寸偏差或不顺直，接缝处出现稀缝。

2. 烫地毯时，未将接缝烫平。

3. 地面不平，板块地毯铺设时，出现稀缝。

要防止这一质量问题，在施工时必须做到：

1. 应根据房间尺寸裁割，尺寸不得偏小或偏大。

2. 两块地毯拼接时，应用直尺控制裁割顺直，或采用上下搭接裁割，以保证接缝吻合。

3. 烫地毯时，在接缝处应绷紧拼缝，严密后烫平。

4. 铺地毯前，应将地坪处理平整后，才铺设地毯。

| cgqian | 广东 | 专业：施工 | 第 5-12 楼 | 2005-4-1 15:14 |

中国银行网点标准化墙面、隔墙、门及装修收口（图3.18～图3.25）等。

图3.18

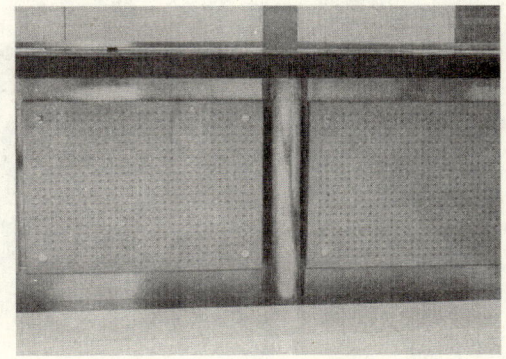

图3.19

图3.20

图3.21

图3.22

图3.23

图 3.24

图 3.25

说明：

该工程是为制定《北京中国银行网点标准化设计手册》所作的首次方案实施尝试，其完成效果较充分地体现了标准化设计的预期目标。

此次网点标准化设计针对现行各中行网点建设所存在的问题提出的较全面的改善和解决方案，方案提出了四个主要概念，即"便于统一采购、增加合理性、实现网点形象统一、提高装修效果并体现其科学性和经济性"。其中，"便于统一采购"的含义是：改变传统网点装修施工方式，强调场外加工场内安装的先进施工理念，此理念亦可体现在其他配套设施，如家具、标识等方面，均可研发设计出标准化"产品"，进行集中统一生产，采购和安装，这在本次样板工程的尝试中已证明了此概念是一个全新的创造性的设计概念。例如柜台使用统一规格尺寸，利用其重复性制作成标准化单元，在单元之间制作标准连接体，此标准单元可在场外集中统一生产并可运用到各个网点建设之中，此类作法也体现在此次的墙面、隔墙、门及装修收口等范围，以此达到材质、做法、结构件、照明等的统一生产安装标准化。

| xxl19781005 | 位置：天津 | 专业：施工 | 第 16－17 楼 | 2005-4-4　9:29 |

　　终于能发上来了，这是我们给中行天津分行某分理处做的，绝对原创！其中包括墙面瓷砖的收口、1.8m 隔断墙壁布的收口、中行统一规定的铝塑护墙板的收口（图3.26、图3.27）等。

图 3.26

图 3.27

| 686993 | 位置：福建 | 专业：其他 | 第22楼 | 2005-4-7　21:31 |

我也来跟收口范例及相关图片（图3.28～图3.39）。

图3.28

图3.29

图3.30

图3.31

图3.32

图3.33

图 3.34

图 3.35

图 3.36

图 3.37

图 3.38

图 3.39

| cgqian | 广东 | 专业：施工 | 第 43 楼 | 2005-4-9 11:52 |

幕墙工程收口处理：

所说的收口，指幕墙本身的一些部位的处理，使之能对幕墙的结构进行遮挡。有进幕墙在建筑物的洞口、两种材料交接处的衔接处理。例如，建筑物女儿墙的压顶、窗台板、窗下墙等部位，都存在如何处理的问题。

1. 最后一根立柱侧面的收口

该节点采用 1.5mm 厚铝合金板，将幕墙骨架全部包住。这样，从侧面看，只是一条通长的铝合金板。铝板的色彩应同幕墙骨架立柱外露部分。考虑到两种不同材料的线膨胀系数的不同，在饰面铝板与立柱及墙的相接处用密封胶处理。

2. 横档（水平杆件）与结构相交部位收口

铝合金横档宜离开结构一段距离，因为铝合金横档固定在立柱上，离开一定距离便于横档的布置。上、下横档与结构之间的间隙，一般不用填缝材料，只在外侧注一道防水密封胶。

节点在横档与水平结构面的接触处，外侧安上一条铝合金披水板，起封盖与防水的双重作用。

3. 女儿墙

用通长的铝合金板，固定在横档上。这样既解决了幕墙上端收口的问题，同时也解决了女儿墙压顶的收口处理。在横档与铝合金板相交处，用密封胶做封闭处理。压顶部位的铝合金板，用不锈钢螺钉固定在型钢骨架上。

4. 幕墙与主体结构之间缝隙收口

幕墙与主体结构的墙面之间，一般宜留出一段距离。这个空隙不论是从使用、还是防水的角度出发，均应采取适当的措施。特别是防火方面，因幕墙与结构之间有空隙，而且还是上、下悬穿，一旦失火，将成为烟火的通道。因此，此部分必须作妥善处理。

先用一条 L 型镀锌铁皮，固定在幕墙的横档上，然后在铁皮上铺放防火材料。目前常用的防火材料有矿棉（岩棉）、超细玻璃棉等。铺放的高度应根据建筑物的防火等级，结合防火材料的耐火性能，经过计算后确定。防火材料要铺放均匀、整齐，不得漏铺。

5. 幕墙顶部收口

用一条铝合金板，罩在幕墙上端的收口部位。防止在压顶板接口处有渗水现象，在压顶板的下面加铺一层防水层。有些玻璃幕墙的水平部位压顶，虽然在成型的铝合金板上有形状差异，但在构造上大多数是双道防水线。所用的防水层一般应具有较好的抗拉性能，目前用得较多的是三元乙丙橡胶防水带。铝合金压顶板可以侧向固定在骨架上，也可在水平面上用螺钉固定。但要注意，螺钉头部位用密封胶密封，防止雨水在此部位渗透。

3.1.25 讨论主题：家装工程如何做好试压及隐蔽工程的质检？

原帖地址：http://bbs3.zhulong.com/forum/detail1126582_1.html

| zjy0902 | 位置：贵州 | 专业：室内 | 第 1 楼 | 2005-4-23 9:28 |

装修时，人们往往比较注意墙面、顶面、地面等外在的美观和质量，而忽略了水、电和厕浴间的防水这几个不易被人注意的环节，可这几个环节如果处理得不好，将直接影响到您的居

室安全，给您的生活造成许多不便。

现在很多公司的工程外包，由施工队伍承包工程，公司的一个整体体系管理质量脱节，管件预埋后未做相应的试压，给水管道及附件连接严密，卫生间防水也未做相应的淋水试验，就开始下一步工程，最后施工完毕，发现漏水，对成品装饰进行破坏整改。

大家一起讨论，在这方面有什么心得，又是如何控制施工质量的。

hsh－华仔	位置：贵州	专业：室内	第2楼	2005-4-23　9:45

或许我们的做法恰恰相反，就是在墙面、顶面、地面做了一点手脚，但是水电这一块我们是做得非常注意的，主要是水这一块，现在接头处都用热熔管，所以也不怕有漏水现象，我们给业主的承诺是除非水压太高从水管的中间爆破，不然 10～20 年绝对没有问题。也会有一时不够细的问题，比如上星期在一工地就被水淹了，原因是业主买的堵头质量太差，因为晚上用水的人少，水压过高，把堵头冲破了，不过还好没有什么损失，更没有淹到楼下已经装修好的部位。

雅木	位置：四川	专业：施工	第19楼	2005-5-1　9:00

家装的防水一般都是在原有的基础上做二次防水，由于排了暗管、换了坐便器，所以地面和墙面一般都需要进行找平。家装的防水由于各种原因做卷材的很少，一般都采用氯丁胶乳沥青或 SBS 和玻纤布做二布三油或者直接用防水剂兑水泥做防水层。然而卫生间的防水一般要求墙面要做到 1.8m 高，二布三油做这么高有一定的施工难度。所以，我通常采用墙面用防水剂，地面采用二布三油。这样做出来的防水效果很好。防水做好后通常要关水 48h，以检验是否达到要求。

雅木	位置：四川	专业：施工	第24楼	2005-5-1　13:31

我认为最好的是二布三油做地面，防水剂兑水泥做墙面效果比较好，而且价格也不贵。现在的氯丁胶乳沥青大概 18 元一桶，人工费是 2.5 元/m^2，做个二布三油大概的成本是 8～10 元左右。防水剂大桶的 90 元一桶，人工费 2 元/m^2，成本大概 6 元左右，你可以根据你公司的情况做出防水的报价，不过要考虑，做防水层之前一定要做一遍 1:3 的水泥砂浆找平层。

雅木	位置：四川	专业：施工	第34楼	2005-5-8　11:33

卫生间的管道由于是暗排，所以管道不管是走墙面还是地面都可以。现在用的管道多数是 PP－R 管，管的接头是采用热熔的，使管道成为一个整体，除非人为破坏或管道自身老化，一般不会漏水。现在最好不要采用铝塑管，因为铝塑管的接头是靠机械结合的，若结合的不好在接头上漏水很麻烦，还有漏水经常出现在下水管与地面结合处，在下水管下地的地方，做防水时应特别注意，多做几次也无妨。

686993	位置：福建	专业：其他	第37楼	2005-5-8　20:31

电路铺设后应作以下工作：

1. 试运行时所有照明灯具均应开启，连续试运行时间内应无故障。

2. 民用住宅照明系统通电连续试运行时间应为 8h。
3. 公用建筑照明系统通电连续试运行时间应为 24h。
4. 填写电气照明系统全负荷试运行情况，见检验（电）表 5.3.1-2，试运行情况每 2h 记录 1 次，试运行过程所出现的质量问题或故障以及排除结果应有记录。

| 雅木 | 位置：四川 | 专业：施工 | 第 40 楼 | 2005-5-9 10:14 |

按照规范来说，布线以后应该对线路进行检测，通常的方法是用万用表对所有线路检测一遍，不过好像这个程序很多工人都没做。

电路是个很重要的事，首先电线必须是质量过关的线，穿线管用 PVC 绝缘管，管壁厚要达到 80 丝以上。电线用单股铜芯线，一般照明用 1.5mm² 的，普通插座用 2.5mm² 的，空调（大 3P 以下）用 4mm² 的，线路每组线单独穿管，强电不允许共管，强电与弱电要分开，最好间隔 30cm 以上。线路不能有死弯，也就是转角的时候不能用弯头，要用弹簧来冷弯。电线在管内不能有接头，接线只能在线盒里接。线的接头应该用锡焊，也可以缠绕，缠绕 5 圈以上。

| sunshenyang | 位置：江苏 | 专业：造价 | 第 64 楼 | 2005-5-28 10:12 |

我觉得还是要企业自己把关，一方面树立信誉、对用户负责；另一方面实施起来也容易一些。我们公司虽然是小装饰公司但也特别注意这些，我们依据家庭装饰规范标准把常见隐蔽工程项目、技术要求、允许误差等状况列成表格提供给业主，让业主心中有数，同时我们自己也规定隐蔽工程验收单，这些需要双方签字的，给业主真真切切的知情权和监督权。

3.1.26　讨论主题：（讨论）内墙腻子的选择和施工。
原帖地址：http://bbs3.zhulong.com/forum/detail1348244_1.html

| liuguo_79 | 位置：河南 | 专业：监理 | 第 1 楼 | 2005-6-6 20:23 |

我觉得如果用耐擦洗的内墙涂料，就应当选择耐水腻子。它不用掺白乳胶和熟胶粉等，施工方便且环保。我曾经用过北京产"兴×"牌的五合一耐水腻子，效果不错，施工完腻子后，表面强度高不易被磕碰坏，而且特耐水（曾经有局部没批刮好，工人返工，用水浸了半天都无济于事，最后还是用铲子慢慢铲掉的）。但是，我最近用的北京"×巢"牌的强度就不行，表面强度不高，而且不是很耐水。

| liuguo_79 | 位置：河南 | 专业：监理 | 第 8 楼 | 2005-6-8 12:04 |

我认为首先是工具的选择。批灰刀要选用长刀，大约 25cm 长。如果短了就不能得到较好的平整度。其次是工人的批灰力度要均匀，才能保证厚薄一致。最后就是每次批完一层，就用 100~200W 工具灯贴墙照射检查一遍，以备下一层做好基础。

| ywlno001 | 位置：陕西 | 专业：施工 | 第 11 楼 | 2005-6-9 14:59 |

河南的老兄认为：如果用耐擦洗的内墙涂料，就应选择耐水腻子。我建议选用纳米磁漆。

该漆打底、成膜一次完成。不需另外刷乳胶漆。我做过试验，水泡1.5h不裂不软不变黄，特耐擦洗！也很便宜！强烈建议各位试试看！

| yhj7910 | 位置：山西 | 专业：监理 | 第25楼 | 2005-6-14 18:48 |

内墙墙面现在从环保与质量方面考虑最好选用墙衬，这是现在惟一达到国家标准要求的内墙腻子。普通821腻子已经被建设部明令叫停，当然，还有人在用。但不够环保而且易裂，返修率高，不过墙衬的材料费较高些。

| liuguo_79 | 位置：河南 | 专业：监理 | 第32楼 | 2005-6-18 15:24 |

依照自己总结的经验，外墙裂缝有以下三种：

1. 外墙面普遍性龟裂缝。这种缝主要是由于外墙抹灰层自身裂缝，造成外墙涂料表面裂开，出现龟裂缝，特别是时间一长，龟裂缝由于进了灰尘和水就特别明显，非常难看。而抹灰层龟裂是由于水泥砂浆级配不合适、水泥用量过大、砂粒径过小、水灰比大、抹灰层一次抹的过厚、基层湿润不够、后期养护不到位等原因造成。解决的办法除注意以上因素外，还可以在水泥砂浆中掺入抗裂功能的外加剂，以及使用具有抗裂功能的外墙涂料等就可解决。但是由于这种裂缝只会影响近处观感效果，对结构和防水没有影响，所以工程实践中很少注意。

2. 女儿墙、房角处裂缝。这种裂缝是由于房顶防水层失效、女儿墙压顶失效造成水分浸入外墙体，在北方地区进入冬季时，由于冻胀将抹灰层胀裂出现裂缝。这种裂缝常分布在女儿墙顶部至根部以及房屋大角处，而且会随时间逐渐发展。这种裂缝会造成抹灰脱落和影响外墙的防水功能。所以在主体施工时，一定要严格按照设计图纸或标准图集的做法施工女儿墙压顶。防水施工时要认真，特别注意天沟、檐口以及雨水口部位，必须加做附加层防水。

3. 房屋转角、高低错层、变形缝附近裂缝。这些缝是由基础不均匀沉降造成的，一般呈竖向通缝，有时甚至穿透整个墙砌体，破坏性强，对整个建筑安全以及观感都产生影响。所以基础施工前必须严格按照地质勘察报告做好地基施工，及时发现异常情况进行处理。基础施工时必须严格按照设计图纸和规范施工。

| cgqian | 位置：广东 | 专业：施工 | 第33楼 | 2005-6-20 10:44 |

会"吃"有害物质的腻子。

刚刚获得2005年欧洲建材展览会创新大奖，由麦克斯特集团最新研制出的一种性能优异的空气净化腻子在北京上市。这种腻子所含的有效成分光触媒在光催化效应中产生作用，在自然光线和室内光线照射下，将挥发性有机物成分和异味迅速降解，转化成无害的物质，有效清除室内污染物和异味，把这些物质转化成二氧化碳和水蒸气。对甲醛、乙醛、丁醇、苯、氨等有机物均有很好的净化功能。这种腻子特别适合卧室、儿童房涂刷，可以根据房间大小确定使用量。涂刷的工序和一般腻子一样，不用再涂刷墙漆。市场售价为每平方米50～80元，北京各大建材超市有售。

| liuguo_79 | 位置：河南 | 专业：监理 | 第43楼 | 2005-6-30 15:38 |

内墙腻子施工的几个常见问题：

1. 阴阳角不顺直，线条不清晰。实际施工中，内墙施工质量的好坏，往往体现在阴阳角的处理上。但是这些部位却又是施工的死角和薄弱部位，所以在该部位施工时一定要注意施工的方法与工具的选择。我认为现代施工工艺水平的好坏不仅与工人素质相关，而且与施工工具的选择越来越密切相关。所以在阴阳角施工时，一定要使用专用的批刮工具和打磨工具。而实际中，很多工人都是很随意的用普通批刀施工，结果造成以上问题。

2. 内墙漆面不光滑，有条状纹路。这个问题先抛开涂刷涂料的施工因素不说，实际施工时与基层腻子的施工也有很大关系。因为实际施工时，特别是当选用了耐水腻子后，由于这种腻子表面强度高，打磨时费力，工人往往会选用粗砂纸打磨，这样会很省力，但是这时腻子表面会有很多细小条纹，严重的影响了观感效果。所以涂刷墙漆之前一定要仔细检查基层质量。应在实际打磨后用工作灯照一下检查检查，以不出现纹路为准。我选择先用 300 号砂纸粗磨，再用水砂纸细磨。

3.1.27　讨论主题：100mm 柱面伸缩缝如何装饰？

原帖地址：http://bbs3.zhulong.com/forum/detail1645045_1.html

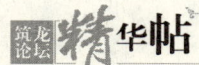

| zjy0902 | 位置：贵州 | 专业：室内 | 第 1 楼 | 2005-7-31　17:29 |

讨论两个问题：

1. 现在施工一个会议室，柱面中部为 100mm 宽的伸缩缝（图 3.40），大家讨论一下，在装饰处理上，如何处理，以后不会因为伸缩将装饰面破坏。

在这方面大家是否有好的办法在遇到过这种问题时，大家谈谈，如何处理更好。

图 3.40

2. 临玻璃面有一个柱子（图 3.41），由于太靠近玻璃，无法将手完全伸入，抹灰清光也无法施工，木作也无法打冲击电锤，大家认为应如何处理？

| 魔女格格 | 位置：吉林 | 专业：室内 | 第 4 楼 | 2005-7-31　17:57 |

图 3.41

不知道楼主的柱子是怎么包的啊？我想我会把缝隙的地方放灯带啊，然后在上方放有机灯片，用造型把灯片显露出来，这样就可以把缝隙填平，也合理的运用上了啊。不知道我说的你明白没有啊？我的愚见，楼主想想合理不合理？

| 魔女格格 | 位置：吉林 | 专业：室内 | 第5楼 | 2005-7-31 | 18:00 |

要是我，我就直接把玻璃从墙做到柱子上，只是玻璃出了个拐角，不可能不漂亮的，也可以在这个拐角里做些装饰，也许它也会成为那个空间的亮点之一呢。

这样也方便打扫卫生了，不是吗？楼主有什么好的看法？

| mingong | 位置：河北 | 专业：施工 | 第6楼 | 2005-7-31 | 18:07 |

看你照片上好像底下楼板没有缝，如果是地下室，应该是防震缝，就可以不考虑，直接用装饰面层封掉。因为防震缝主要是把结构分开就行了，面层关系不大。

我也不懂装饰，随便瞎说说，防震缝的特点只是地震的时候起消解结构应力的作用，因此平时不会有太多变形，装饰没有太多影响。而其他缝要考虑平时变形，按规定图集处理一般装饰效果受影响，因此装饰处理时只要坚持"活缝"也就行了，也就是可以做假面层。初看是整体装饰，实际上面层只与一面的柱是固定的，与另一边的柱不固定，这样发生沉降或伸缩变形时装饰面层就不会撕裂。

可以把靠近柱子的一侧装饰面，加工成成品，内侧龙骨加密，在防震缝位置的龙骨上绑扎钢丝（尽量长些），安装时，把钢丝从防震缝穿到柱子的对侧紧固好，最后在施工另外三侧。施工时尽量使拐角连接牢靠。

| lxj9803 | 位置：浙江 | 专业：施工 | 第30楼 | 2005-8-19 | 12:21 |

个人建议此处尽量不要做抹灰之类的与两柱直接贴接施工，因为结构轻微的变形就很容易导致面层开裂。可以考虑采用干挂或外包施工，两柱间采用柔性连接，使用点色彩或材料变化交接就可以处理了（个人意见，不妥之处请指正）。

| zjy0902 | 位置：贵州 | 专业：室内 | 第34楼 | 2005-8-29 19:38 |

最后施工的时候居然能够用手伸过去，只是施工难度大些，最后用铝塑板来包的。
最后的效果（图3.42）。

图 3.42

3.1.28 讨论主题：木基层的防火防潮疑问！

原帖地址：http://bbs3.zhulong.com/forum/detail1652950_1.html

| zhonghua1980 | 位置：广东 | 专业：施工 | 第1楼 | 2005-8-1 19:59 |

木龙骨要做防火、防潮大家都知道！
但像柜子、护墙板应该说也要防火的！但这是要刷油漆的！刷不了！
还有像铝塑板的木基层，贴大理石的木基层！这些要不要做防火、防潮处理？怎么做？
还有假如是木夹板的顶棚，要不要刷防火？先刷防火再刷光油再批腻子！要不要啊？大家讨论一下！

| 烟雨残石 | 位置：广东 | 专业：施工 | 第4楼 | 2005-8-4 12:01 |

《建筑装饰装修工程施工质量验收规范》中已经有明确规定。
主要有这几条：
1. 建筑装饰装修工程所使用的材料，应按设计要求进行防火防腐和防虫处理。
2. 建筑装饰装修工程应在基体或基层的质量验收合格后施工。对既有建筑进行装饰装修前，应对基层进行处理并达到规范的要求。
3. 木龙骨应做防火防腐处理。
4. 吊顶工程的木吊杆、木龙骨和木饰面板必须进行防火处理，并应符合有关设计防火规范的规定。

供参考。

| limeng2133 | 位置：广东 | 专业：施工 | 第7楼 | 2005-8-5　20:30 |

我们项目的做法是：在有潮气的部位及与墙体有接触的部位做防腐处理后再做防火处理，其他情况只做防火处理，饰面除外。

| lh2008 | 位置：辽宁 | 专业：施工 | 第9楼 | 2005-8-8　21:13 |

我们的工程木龙骨都在施工前做防火防腐处理，铝塑板木基层做防火防腐处理，木夹板的顶棚根据防火等级要求涂刷防火漆；另外，设计要求浸泡，现场往往不能实现，故一般刷三到五遍防火漆或防腐漆。

| zhugang6530 | 位置：北京 | 专业：施工 | 第12楼 | 2005-8-10　15:34 |

室内装修工程施工图纸的设计说明里一般都有规定，木龙骨及木基层板做三遍防火涂料，做木基层的墙面刷防腐油。如饰面层为铝塑板的木基层与铝塑板粘贴面可不做防火处理。饰面材料如果有要求做防火处理的需对饰面板做防火漆浸泡处理，达到B1级防火标准，而且需有检测报告。

| 花生豆 | 位置：浙江 | 专业：其他 | 第24楼 | 2005-12-28　19:28 |

我基本上同意第六楼的意见：

1. 木基层只要是靠着墙面的都不用做防火处理，接触地面的要做防腐处理。

2. 不靠墙面的木基层一般做防火处理；注意，在现场施工时，施工单位经常漏涂防火层或者防火层厚度达不到要求。

3. 面层（贴墙纸、木饰面）不能做防火处理。

4. 贴大理石的基层、做台盆的基层要做防腐处理。

5. 贴铝塑板的木基层，与铝塑板接触面因为要涂胶不能刷防火涂料，而背面要刷防火涂料。

这是我做过一个五星级酒店装修的心得！

另：游泳池、浴池吊顶用的铝塑板的木基层是做防火还是防腐？请大家讨论讨论！

3.1.29　讨论主题：卫生间木门套如何防止发霉？

原帖地址：http://bbs3.zhulong.com/forum/detail2195400_1.html

| chenye1217 | 位置：广西 | 专业：监理 | 第1楼 | 2005-10-14　22:19 |

卫生间木门套如何防止发霉？

现在施工中的酒店客房卫生间，由于设计为实木门套，根据以往施工经验，门套使用一年后，会有发霉现象，影响使用，降低了美观。

求助有相关施工经验的朋友提供解决的方法。

| 胜利11人 | 位置：福建 | 专业：施工 | 第2楼 | 2005-10-14　23:03 |

首先做门套基层时不要到底,离地 2~3cm 为宜,还有靠近地面的部分要泡或刷防腐油,我一般刷 300mm 高。这样一般就没问题了,当然在施工中注意成品保护也是很重要的。

| 80146471 | 位置:海南 | 专业:造价 | 第 10 楼 | 2006-3-4 21:39 |

一般门套线条是刷了漆的,已经有了防水作用,水是不会从表面进去的,是从线条边沿进入线条内部而发霉腐烂。所以卫生间门套线条防止进水是关键,我们常用的方法是在线条下部分 300mm 用胶封住边线及下底,这样水进入不了线条也就起到了防水的效果。此方法如有不妥之处请请教。

3.1.30 讨论主题:请问,墙面瓷砖断裂是怎么回事?
原帖地址:http://bbs3.zhulong.com/forum/detail2284101_1.html

| 爱爱因思念 | 位置:海南 | 专业:施工 | 第 1 楼 | 2005-10-26 22:47 |

墙砖在镶贴了半年后,出现了局部中部断裂的情况(图 3.43),这是怎么回事,能给分析一下吗。

图 3.43

| 大人物 | 位置:广东 | 专业:暖通 | 第 2 楼 | 2005-10-26 23:54 |

看情形,瓷砖都在同一处破裂,会不会这个位置刚好是剪力墙与砖墙结合位置?

| zhugang6530 | 位置：北京 | 专业：施工 | 第6楼 | 2005-10-27　0:47 |

　　墙砖开裂无非就是两种原因，一个是墙砖本身质量问题，一个是原结构墙体出现不均匀沉降而开裂。看了楼主的照片应该是原结构存在的质量问题从而引起墙面砖开裂，如果楼主拿不定是什么原因，我建议把有裂缝的砖取下一块，看看里面的结构有没有出现裂缝。

| manbuzhe0537 | 位置：山东 | 专业：监理 | 第9楼 | 2005-10-27　13:11 |

　　是不是环境温度经常变化（浴室间或有浴霸），瓷砖间留缝过小，瓷砖因膨胀相互挤压开裂。另外，瓷砖与基层水泥的膨胀系数也不尽相同，在环境温度经常变化的情况下也容易损伤瓷砖。

| 大人物 | 位置：广东 | 专业：暖通 | 第10楼 | 2005-10-27　18:05 |

　　我估计不是这个原因，因为裂纹是规则的，都在一个竖向位置！楼上所说的情况裂纹应该是不规则的！

| llyuying | 位置：黑龙江 | 专业：室内 | 第11楼 | 2005-10-27　19:35 |

　　墙面的瓷砖断裂有的时候是贴瓷砖的时候水泥和砂浆的比例大了也会裂。尤其有的瓦工为了省事用素灰贴瓷砖，问题会更严重。

| mlcs | 位置：北京 | 专业：室内 | 第12楼 | 2005-10-27　22:27 |

　　从楼主提供的照片上来看，十有八九是因为结构问题，与墙砖没有多大关系，我曾经遇到过砂烟道、管井、轻质隔墙上墙砖拉裂的现象，尤其是刚刚盖好的新楼，从照片上看，裂纹跳过下面一块砖后继续开裂，分析原因是因为那块墙砖空鼓，所以才没有被拉裂。

| 家520 | 位置：湖北 | 专业：其他 | 第13楼 | 2005-10-27　22:48 |

　　我认为是墙体的结构问题。不均匀沉降出现的裂纹是高处的裂纹比下面的大，但是从楼主发的照片上看应该不是不均匀沉降引起的墙砖裂纹。

| 爱爱因思念 | 位置：海南 | 专业：施工 | 第16楼 | 2005-10-28　18:41 |

　　谢谢大家的回复，总结以上的回复，我本人认为应该是墙体结构的问题，因为断裂的纵向位置确实在同一条直线上，那位朋友说的很好，拿开一块看一下，是不是砖墙也出现了裂痕，这样问题就一清二楚了。让我们都来支持这个网站吧，你能学到新的知识。

3.1.31　讨论主题：内墙批灰中的一个盲点。

原帖地址：http：//bbs3.zhulong.com/forum/detail2361574_1.html

| xpdarcher | 位置：广东 | 专业：设备 | 第1楼 | 2005-11-7　2:06 |

　　我是一个刚入行的新手，对于装修中的很多问题都搞不明白。现在在一个酒店工地里，正在做样板房。标准房的顶棚不复杂，保留水泥板顶棚，只在边上做了两个叠级，用来安装筒灯。洗手间用轻质龙骨石膏板。油漆刚刚开始，我便遇到了很多问题弄不明白。

1. 顶棚、板墙。这个属于内墙的施工工程，当中的工艺按我的理解是：

用砂纸把建筑滚子磨掉，然后上第一遍腻子灰（我们用的腻子灰是包装好的用水做溶剂，不用另调的，这样的材料好吗？还是现场调配的好呢？），干了以后用砂纸磨光，重复三遍后就上两遍乳胶漆，完成。

然而我听到的另一道工艺是：

①上石膏粉（是用水做溶剂的吧？）；②上界面剂；③腻子；④乳胶漆。

2. 洗手间轻质龙骨石膏板顶棚。这个不是防水的石膏板顶棚，以后要用防水乳胶漆。我见油漆工用石膏粉填缝，然后涂上白乳胶，把湿了水的牛皮纸做防裂绷带贴到缝上。跟着下来一直到完成的工艺是怎么样的呢？请指教。

3. 安装筒灯叠级。把它也归到顶棚这里，因为到时候做出来的效果跟墙面是一样的。然而叠级是夹板来做的。我见油漆工第一步也先用石膏粉填缝加牛皮纸。第二天，就大面积的给夹板刮上石膏粉。现场管理人就问他们为什么不先在叠级上加光油再刮石膏粉。到底是应该怎样做呢？我真的摸不着头脑，为什么要加光油呢？为什么在夹板上批石膏粉而不批腻子呢？

这点工艺都不懂，唉！在现场提出问题都心虚。心里没底啊！请高手指教！拜谢过了！

| zhugang6530 | 位置：北京 | 专业：施工 | 第2楼 | 2005-11-7 9:39 |

一般来说，不吊顶的水泥平顶，第一种方法是先用手持磨光机对其混凝土表面进行处理，然后在腻子粉中加入胶水和水一起拌合成腻子，在顶棚四周与墙面交接的阴角处弹出墨线，控制阴角顺直，然后大面积腻两遍腻子再进行找磨，第三遍腻子其实是局部找补，对局部不平整的地方补腻子，最后在找补部位再打一遍砂纸；最后上涂料。第二种方法就是先在混凝土面层上刮一道粉刷石膏，起找平作用，然后刮腻子、刷涂料。

叠级造型选用夹板来制作的话，在补完板缝后必须用清漆对夹板做封底处理。

| ihappy76 | 位置：北京 | 专业：施工 | 第3楼 | 2005-11-7 19:43 |

1. 成品腻子和现场调配的腻子我都使用过。现在工厂化的腻子质量很好，价格也比较理想，没必要再现场调配腻子了。

2. 用粉刷石膏找平是个很好的方法，施工速度快，找平效果好。但找平最好不要太厚，控制在1cm内比较适宜。

3. 卫生间吊顶（相对湿度大于70%）时必须用防水石膏板，只用防水乳胶漆不符合规范要求。

| xpdarcher | 位置：广东 | 专业：设备 | 第4楼 | 2005-11-7 20:32 |

这是我昨天晚上快要睡觉的时候找到的，关于腻子的解释，挺详细的，请DX评评。

传统腻子、水性腻子和熟胶灰的区别：

1. 传统腻子——107或801建筑胶水和双飞粉；2002年7月起已被国家强制禁用。

优点：完成后表面硬度最大；成本最低（2.5~3.5元）。

缺点：甲醛等有害残留物质最多；易分层剥离，不宜刮太厚；易霉易潮。

2. 水性腻子——水性腻子粉和水；2002年在国内逐渐开始使用。

优点：完成后表面硬度稍次；成本经济（5~6.5元）；防霉抗潮性较好，快干；有害残留物质有较大减少。

缺点：未能有效解决分层剥离的现象，不宜刮太厚；属于传统腻子的简单升级产品；阴雨天不宜采购。

3. 熟胶灰——熟胶粉加水和双飞粉和白乳胶；改革开放后从国外引进，欧美至今在用。

优点：有害残留物质最少（达到欧洲环境指标要求）；防霉抗潮性良好；防裂性能最佳，无分层剥离现象，适宜修补凹凸不平的表面，施工性能最好。

缺点：完成后表面硬度稍次，需乳胶漆罩面才能达到最佳效果；干透时间长；成本最大（10～15 元）。

提示：

1. 熟胶灰完成后需留一定时间干透，方可涂刷乳胶漆。
2. 警惕 JS 为降低成本，工人为赶时间在熟胶灰中添加 107 或 801 胶水。
3. 熟胶灰中加些胶水可适当提高腻子干后的硬度，便于打磨；但建议用白乳胶代替。如确实要降低成本，可考虑添加 108 胶水，但绝不应添加 107 或 801 胶水。
4. 胶水环保与否的辨别：可直观地用鼻子闻一下，是否有刺激性气味。

| rgl008 | 位置： | 专业：其他 | 第 6 楼 | 2005-11-9　17:03 |

叠级夹板面刷光油和批石膏粉主要原因有：
1. 夹板面刷光油防止批石膏粉时水渗入夹板使夹板膨胀和木色翻底。
2. 防止使用以后涂料容易变色。
3. 批石膏粉主要是光油面与石膏粉黏性比较好不会脱落。

| xpdarcher | 位置：广东 | 专业：设备 | 第 8 楼 | 2005-11-9　22:00 |

听大侠一讲，钝脑开窍了。谢谢！果然有道理。但我又想到一个问题：就按你第一点，光油的作用是防水，那么，如果没有批光油，当石膏的水分渗入木板后，过一段时间，会不会出现空鼓脱落？我觉得在潮湿的地方应该容易发生这种现象。请指点。

| gege0076 | 位置：北京 | 专业：施工 | 第 9 楼 | 2005-11-9　22:57 |

南方的空气湿度是很大的，但是木夹板在生产过程中经过热压，含水率低，在一段时间后会吸收空气中的水分，膨胀变形、发黄，所以批清油是必要的，最好两面都批，反面用防水油也可以（经济些嘛），正面一定要批清油，因为清油干燥后成膜有助于腻子对附着物的抓牢。

我在工地的做法是，用木夹板做叠级后再钉一层石膏板，这样施工快（清油的干燥速度很慢），做乳胶漆的基层稳定，保险系数大。

以上是本人拙见，望大家指正！

第 4 章
钢 结 构

4.1.1 讨论主题：大型钢结构吊车梁制作问题。

原帖地址：http://bbs3.zhulong.com/forum/detail3236204_1.html

| 他山之石 | 位置：北京 | 专业：施工 | 第1楼 | 2006-3-28 12:03 |

我有一项工程，大型的钢吊车梁，梁高 3.5～4m，长度 36m。目前市场上的板材很难采购到超宽的板材，基本上都是 12m×2.2m 的板，请教各位大侠，在吊车梁的横向上（长度方向）可否进行拼板，如何拼？纵向如何拼接？有什么规范要求吗？

| malixa | 位置：北京 | 专业：施工 | 第5楼 | 2006-3-29 15:27 |

在吊车梁的横向上（长度方向）可以进行拼板。拼板方法与工艺：
1. 对需要拼接的板端进行找方找正。两头焊接引弧板。
2. 对需要拼接的板端（包括引弧板）进行坡口的制作。坡口尺寸根据板厚的不同，制作要求也不同，见有关规定。
3. 埋弧焊接。
4. 切去引弧板。
5. 由于是对接焊缝，则需要保证是一级焊缝的质量，所以必须进行 100% 的超声波焊缝探伤。
6. 对不合格的焊缝段用气刨切去。
7. 重新焊接。
8. 再用超声波焊缝探伤。必要时用 X 射线照相进行检测。

| 他山之石 | 位置：北京 | 专业：施工 | 第6楼 | 2006-3-29 22:20 |

谢谢 malixa 的回复，但是最好说说接板对于位置的要求，比如说接板的长度、接在什么位置上、错开的位置等等。

| cxmling | 位置：广东 | 专业：安装 | 第8楼 | 2006-4-1 11:16 |

在吊车梁的横向上（长度方向）可否进行拼板，如何拼？纵向如何拼接？

回答：吊车梁横向、纵向可以拼接，在《钢结构工程施工质量验收规范》（GB50205—2001）中 8.2.1 有规定，焊接 H 型钢的翼缘板拼接缝和腹板拼接缝的间距不应小于 200mm。翼缘板拼接宽度不应小于 2 倍板宽，腹板拼接宽度不应小于 300mm，长度不应小于 600mm。

| malixa | 位置：北京 | 专业：施工 | 第10楼 | 2006-4-2 9:07 |

上下翼缘接板在梁的长度位置。要遵守梁的弯矩图规律。如：简支梁集中力或均布载荷的弯矩图跨中最大，所以接头尽量布置在支座附近。上下翼缘接口要相互错开，错开至少 200mm。

如果焊缝焊接质量不容易保证，则可采用 45°斜接的方式，用对接焊缝连接。

| 他山之石 | 位置：北京 | 专业：施工 | 第11楼 | 2006-4-2 13:26 |

"45°斜接",是什么意思?

| aijer | 位置:山东 | 专业:施工 | 第12楼 | 2006-4-2 13:49 |

malixa 网友说的45°斜接是这样的(图4.1)。

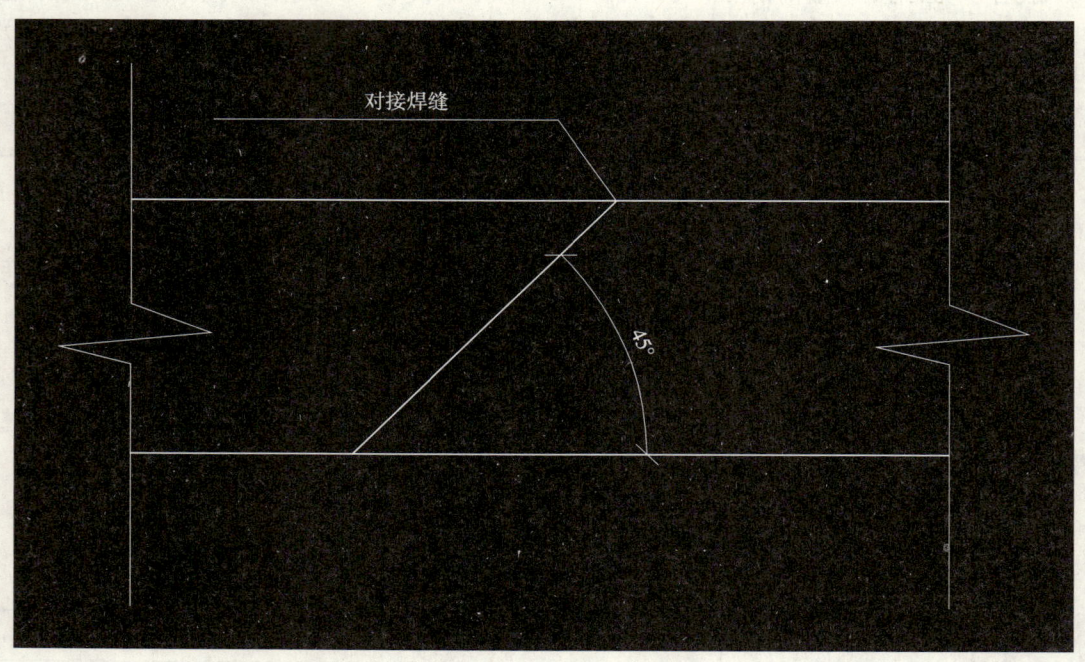

图 4.1

| malixa | 位置:北京 | 专业:施工 | 第9楼 | 2006-4-4 5:56 |

腹板端头采用45°斜接,就是焊缝与腹板纵向之间形成45°夹角。采用此方法焊缝长度是腹板高度的1.414倍,焊缝所承受的应力减少,所以一般小型的钢结构公司采用手工焊接时多采用此方法,如:建筑机械制造厂、挂车制造厂等。

4.1.2 讨论主题:H型钢等强连接。

原帖地址:http://bbs3.zhulong.com/forum/detail2520522_1.html

| tangchengyu | 位置:河北 | 专业:施工 | 第1楼 | 2005-11-27 18:16 |

施工中经常用到H型钢钢梁、钢柱,原材料长度不足时的连接、接头形式不易查到。求助有经验的前辈:

1. H型钢等强连接的接头形式有哪些?

2. 从何本规范、图集中可以查到标准接头形式及要求(需要H型钢,不要工字钢)。

3. 焊接H型钢腹板原材料宽度不满足,型钢需要的高度可否拼接,(可否做平缝)拼接形式如何?

| 李子条 | 位置：河南 | 专业：其他 | 第2楼 | 2005-11-28 8:27 |

1. H 型钢等强连接的接头形式，应该是对接、对接搭备板。

2. 这个问题我以前也问过，但是没有最后的结果。现有的标准规范、图集只有工字钢、槽钢、角钢的接头形式。

3. 腹板高度方向应该不能拼接吧，可以在长度方向拼接。

| yaoguobin | 位置：湖北 | 专业：结构 | 第5楼 | 2005-12-3 15:06 |

1. H 型钢等强连接的接头形式有：全焊接、混合连接、悬臂螺栓连接、悬臂混合连接、端板连接等。

2. 焊接 H 型钢腹板原材料宽度不足型钢需要的高度可否拼接，（可否做平缝）拼接形式如何？可以拼接！必须满足构造要求，接缝必须错开大于200mm；焊缝必须要做超声波检测。

3. 有关接头的形式见图 4.2～图 4.6 所示。

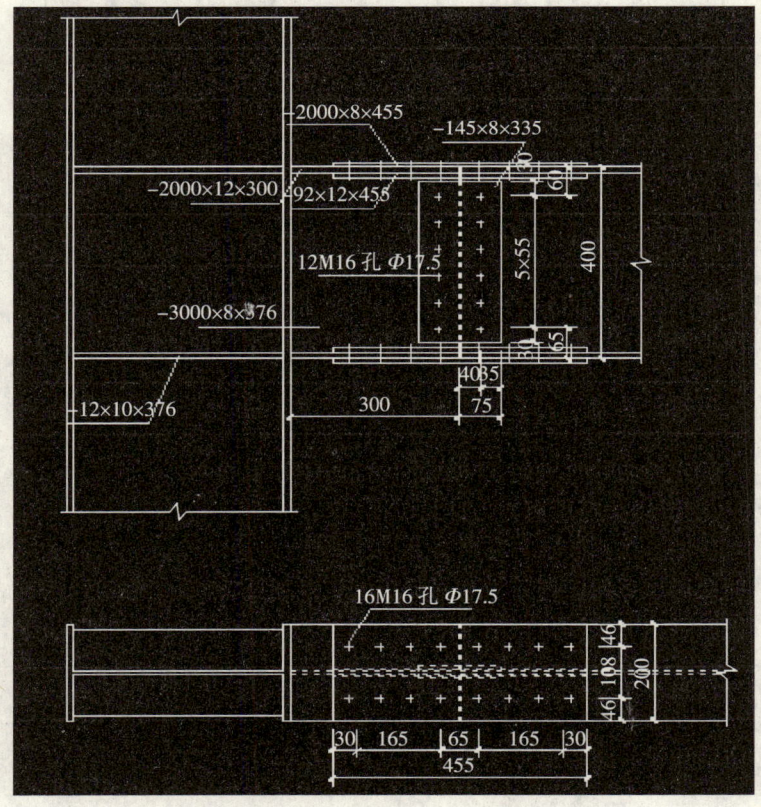

图 4.2 悬臂螺栓连接

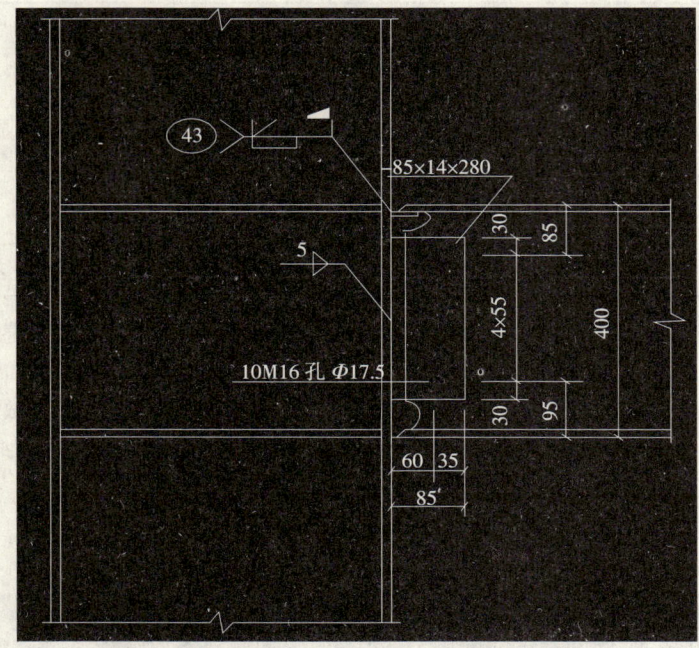

图 4.3 混合连接

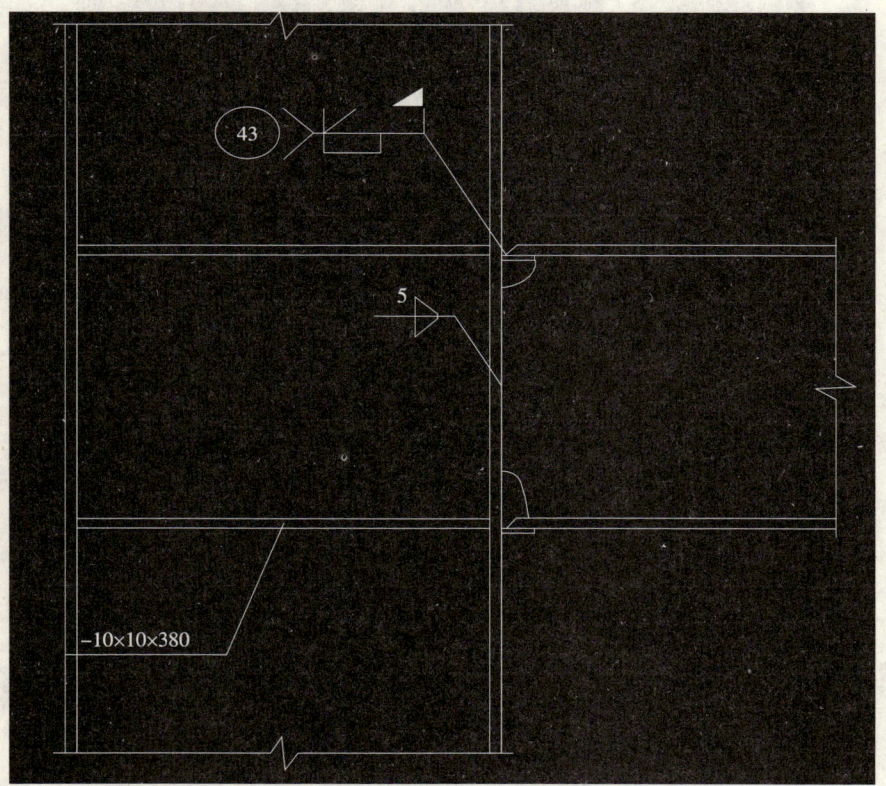

图 4.4 全焊接

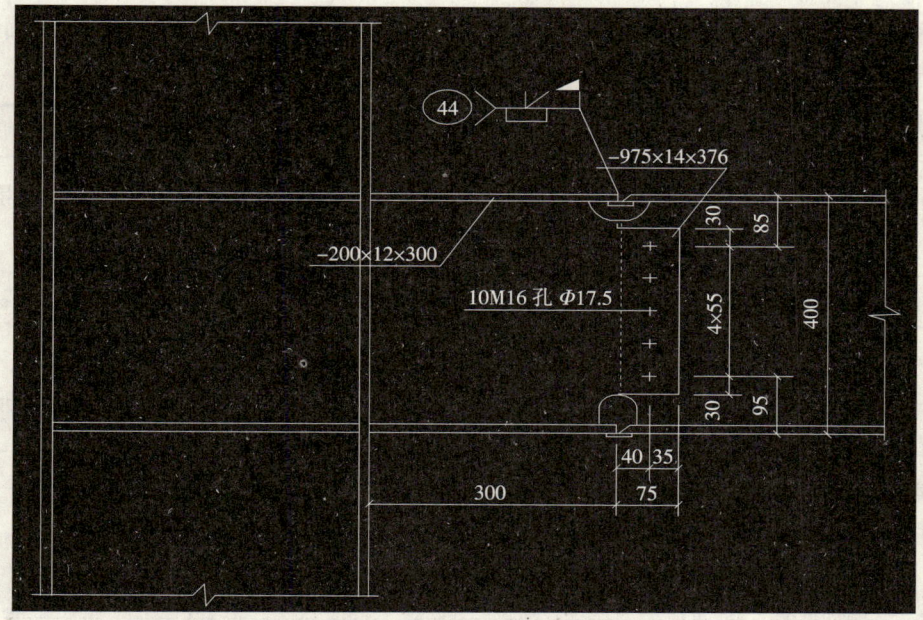

图 4.5 悬臂混合连接

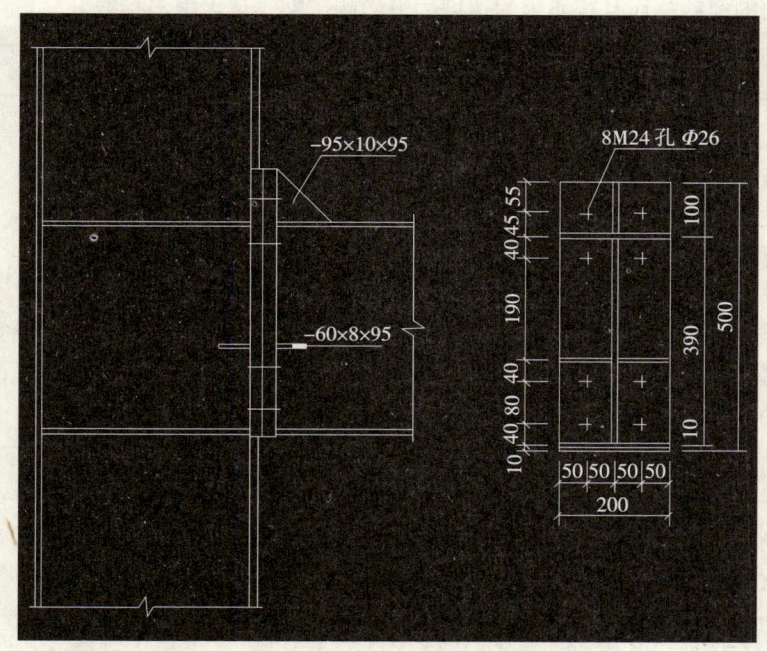

图 4.6 端板连接

4.1.3 讨论主题：钢梁吊装方案。
原帖地址：http://bbs3.zhulong.com/forum/detail3226085_1.html

| jsntjhb | 位置：江苏 | 专业：施工 | 第1楼 | 2006-3-25 | 17:04 |

一钢结构门式钢架厂房，跨度60m，设置有中间柱，所有的钢柱底板均在二楼层面上，有哪位大侠能够支招的，给一个吊装的方法，既省钱又快捷的。

| aijer | 位置：山东 | 专业：结构 | 第2楼 | 2006-3-25 21:12 |

楼主的这个工程可能需要大型吊车了，如果中间柱是摇摆柱，一台吊车还不行，得需要3台吊车。

| 配合比 | 位置：其他 | 专业：其他 | 第3楼 | 2006-3-25 21:28 |

现场条件许可可选择双机招吊，不行则只好空中对接。总之要因地因时制宜。

| 303859113 | 位置：广东 | 专业：施工 | 第4楼 | 2006-3-25 22:44 |

如果用大吊车还不行或者说经济不行的话可以先吊到屋面上啊，在楼面上做个架子啊，如果允许用叉车的话也可以做啊！这种我们做得多了，当然，没有用吊车做起来方便。

| jsntjhb | 位置：江苏 | 专业：施工 | 第5楼 | 2006-3-28 8:49 |

现在只可以从一边站位，我算了一下，用75t的都有点够呛，我想用搭简易架子，用卷扬机，但没这方面的经验，而且担心因为速度太慢影响工期，请大家多指教。

| rotoma0616 | 位置：辽宁 | 专业：其他 | 第6楼 | 2006-3-28 14:15 |

楼主只给出了个跨度尺寸，为什么不给高度尺寸呢？
你那二楼有多高？厂房柱子有多高？
现场的条件是什么样的？
吊车站位怎么最合理？
构件有多重？
等等因素，太多了，我看如果构件不是很重的话，没必要用大吨位吊车，毕竟吨位越大台班越贵，不行就自己立两桅杆进行吊装，虽然工期是慢了点，但是你看看在总体上与用大吨位的吊车来比是不是省钱。

| jsntjhb | 位置：江苏 | 专业：施工 | 第7楼 | 2006-3-28 18:25 |

柱底板标高6.5m，钢柱高6m，我也想用桅杆吊装，只是没有这方面成熟的工艺，所以请教一下各位大侠，有没有比较快捷的方法。

| malixa | 位置：北京 | 专业：施工 | 第8楼 | 2006-3-29 15:52 |

我教你一招。我多次使用过，很有效！
不用任何吊车就可以完成在二楼处进行60m的门架吊装。
1. 先立柱子。用三角架加捯链进行吊装。注意：对三角架必须计算。计算单杆的压杆稳定性长细比与稳定应力。对单杆底部进行处理，保证对楼板、墙体、圈梁无伤害。
2. 将上部3段屋架梁就位摆放，用人字拔杆进行吊装到二楼。对此作相应的压杆稳定性、缆风绳、地锚压重抗滑移的计算与设计。

3. 用架子铁管搭设多个活动承重架（活动起重架，下面有小轮）。计算该架子在侧面进行捯链吊装屋架梁时倾翻稳定性和压杆稳定性及承载能力。

4. 实际操作。调整在实际中反映出来的问题。现场进行快速的力学计算，确保安全。

4.1.4 讨论主题：如何彻底解决钢结构渗漏问题？

原帖地址：http://bbs3.zhulong.com/forum/detail3203127_1.html

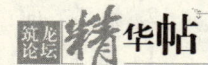

| yaoszhu | 位置：江苏 | 专业：安装 | 第1楼 | 2006-3-20 9:23 |

钢结构屋面渗漏是一个困扰所有钢结构施工单位的问题，我个人认为应该从源头下手：

1. 设计设备排气烟道尽量在墙面上，屋面尽少开孔洞。
2. 屋面尽量用隐藏式屋面板。
3. 节点处处理多设置一些造型上的防渗措施，材料补救是次要的。

各位高手也来讲讲你们好的方法。

| ade6472433 | 位置：山东 | 专业：施工 | 第5楼 | 2006-3-25 9:30 |

漏雨一般情况：

1. 板型不合理。
2. 檩条规格太小。
3. 堵头没加。
4. 坡度太小。
5. 没有止水胶条。
6. 密封胶打得质量不好。
7. 使用不当，比如大风天不关窗。
8. 施工质量问题，导致后期使用时变形太大。
9. 屋面板搭接长度不够，或者防水措施没做好。
10. 梁的挠度太大，符合规范要求，但是不符合使用要求，没有与彩钢板同时考虑。
11. 天沟太小导致反水倒灌，或者落水管间距不够或者管径太小。

结合大家的看法和实际施工经验教训，我简单的总结了一下：

1. 设计方面：钢结构厂从经济方面考虑，设计时有可能偷工减料，减少用钢量，只考虑满足强度问题，对稳定性、刚度、变形大小等考虑太少，所以对钢结构厂进行二次设计的工程要进行严格审图，主要方面如下：

1）屋面坡度太小，钢结构屋面坡度范围 1/20～1/6，允许情况下尽可能大些。

2）屋面板、墙板选型不合理，屋面板尽量选用隐藏式固定（铆钉不外露），彩钢板要保证刚度要求。

3）屋面及墙面檩条规格不合适，应根据柱距、彩钢板规格设计，柱距大于6m檩条应加支撑，必须保证刚度和变形要求。

4）梁的挠度太大，符合规范要求，但是不符合使用要求，没有与彩钢板规格同时考虑，保证变形小于允许范围。

5）甲方无要求尽量选用外天沟，天沟大小合适防止反水倒灌，落水管间距、管径满足要求，天沟上应设置溢水口防止堵塞时雨水倒灌。

6) 门窗部位檩条要保证刚度和挠度要求，减少变形导致渗漏。

7) 钢结构整体稳定性和刚度考虑太少，铰接多刚性连接少，使用过程中随荷载变化变形较大导致渗漏。

2. 施工方面：

1) 屋面板搭接：搭接工艺要符合要求（根据板型要求不一），彩板纵向尽量避免搭接，否则搭接长度足够（坡度大于1/10时不小于200mm，坡度小于1/10时不小于250mm，墙板搭接不小于120mm），3块板以上交界点进行处理，减小搭接厚度过大产生的间隙，搭接处加两道密封条并固定，铆钉固定时不能造成板太大变形，铆钉处要打胶密封，屋脊板要保证搭接宽度（大于200mm），屋脊板与面板要加堵头和止水胶条，堵头尺寸要和板型相符，再就是施工时避免因踩踏导致搭接处板边变形，否则要进行密封处理，严重的要换板。

2) 檩条安装：C/Z型钢开口方向正确，以免积水，螺栓孔应开可调长孔（防止强安变形），檩条安装标高要准确，螺栓要紧牢固。

3) 梁柱安装：要从结构减少变形方面控制渗漏问题，做好吊装方案，梁较长时应采用铁扁担吊装，减少梁柱安装挠度变形，梁柱安装完毕应立即找正并加以固定，防止产生水平侧向力导致后期使用时变形太大，梁柱安装当天要形成稳定框架，否则应采取措施固定，防止大风突袭倒塌和变形，另外要注意梁柱高强度螺栓连接问题，规范要求很严格，施工时却不重视，螺栓施工次序分初拧、复拧（必要时增加）、终拧，从中间向两边、四周对称进行，终拧扭矩经试验确定。

4) 门窗安装：门窗多布置在墙面檩条上，檩条框架尺寸位置要准确，刚度要保证，门窗和泛水件制作要根据实际窗口尺寸制作，以免安装完造成檩条变形，另外窗侧口和窗上下口交接处泛水件建议制作专门转角件，减少窗角泛水连接渗漏，安装完毕周边接口缝隙用密封胶封闭，密封胶要饱满、密实。

5) 内排水天沟檐口：自有落水和外天沟漏雨问题不大，主要是内天沟排水檐口，天沟钢板应密焊连接，屋面板挑出檐口不少于50mm，并作滴水处理，避免爬水，天沟与屋面板之间锯齿间隙应用堵头和止水条封闭。

6) 对于密封材料要进行严格控制，要有出厂合格证、工艺规定和技术性能，并现场测试粘结性，施工时注意避开雨天和早晚彩钢板有露水时段。

7) 安装放线在任何工程中都是前提条件，钢结构施工时大多比较重视主体结构测量放线，却忽视屋面板和墙板安装排板时的放线，屋面板和墙板安装与纵轴线不垂直，导致檐口线、屋脊线、门窗洞口线和转角线等水平度和垂直度不符合要求，造成排水不流畅，各节点收边泛水件与彩钢板配合不紧密、间隙过大造成渗漏。

4.1.5 讨论主题：用槽钢做钢支架。

原帖地址：http://bbs3.zhulong.com/forum/detail3076365_1.html

siyu6152	位置：江苏	专业：结构	第1楼	2006-2-20 15:52

请问当用槽钢做设备钢支架时，强度有足够的保证（应力比很小）但是稳定性和长细比确远不能达到要求。请问可以只保证强度满足的情况下而不考虑稳定和长细比吗？（支架不是太大，设备总重16t）。

| sundegang | 位置：广东 | 专业：结构 | 第 2 楼 | 2006-2-21 8:55 |

楼上的兄弟，我们做结构设计的都知道，钢结构构件要保证强度、刚度和稳定性，这是结构设计必须满足的承载力极限状态要求。

槽钢做设备支架，可以通过设置缀条的方法，将支架做成一个大的格构式构件来考虑，要保证构件的整体稳定，同时还要保证各个肢构件的稳定和长细比要求。

当支架不太高的时候，采用槽钢是可行的，当支架比较高的时候，建议你采用 H 型钢作支架的腿。

| siyu6152 | 位置：江苏 | 专业：结构 | 第 3 楼 | 2006-2-21 9:48 |

谢谢这个我也知道，可是刚到这个单位，竟有人对我说以前他们这都是这样做的。所以才有这么一个疑问的。今天早上我已经用 H 型钢做支架的腿了。

| pipy8106 | 位置：广东 | 专业：结构 | 第 4 楼 | 2006-2-21 16:49 |

楼上的兄弟：我去过几个工地，那些轻一点的罐体也全部是用槽钢做的。包括设计院的在内。都是用两个槽钢焊在一起，中间加一个钢板附焊在上面，我们公司也是这样做的，事实证明道理也是可行的。只有大一点的立柱是用 H 型钢做的。

| siyu6152 | 位置：江苏 | 专业：结构 | 第 5 楼 | 2006-2-23 14:53 |

可是我现在做一个高度为 5m 的小钢平台支架，用槽钢在软件上计算时发现槽钢的规格会很大，而且它的稳定性更不好控制，有时槽钢截面已经很大了，稳定还是不行，请问有过设计用槽钢做支架的朋友有何高见？是不是有更好的建模方法呢？（我是在高层模块上建模的）

| malixa | 位置：北京 | 专业：施工 | 第 9 楼 | 2006-2-24 17:25 |

你的设计思路就是错误的！槽钢作压杆是不合适的！当轴向力通过槽钢的形心轴线时，其误区和迷糊人的地方就是：压杆不偏心。实际是错误的！槽钢有个弯心。在靠腹板附近，形心外腹板方向，当轴向力通过槽钢的形心轴线时不在弯心处，有约束扭转作用力，不单单是压杆稳定的问题了。约束扭转作用力要用到双力距和扇形惯性矩的概念，所以槽钢用作支腿结构是不合适的，材料浪费很大。

| siyu6152 | 位置：江苏 | 专业：结构 | 第 10 楼 | 2006-2-27 10:59 |

谢谢 malixa 的精彩回复，很有说服力。可是我们这以前的确有用槽钢做支腿的工程先例，而且有的还是设计院出的施工图，槽钢用的也不大，这个我该怎么向同事交待呢？

| malixa | 位置：北京 | 专业：施工 | 第 11 楼 | 2006-3-4 18:21 |

不要被设计院的大帽子吓着。设计院出的图和计算，在工程实践中经常被证明不是完全正确的。因为设计院的人也是由大学里学习出来的，和我们没有什么两样。他们出错也是很正常的事情。我们不也经常出错吗？就是大学里的教授也不是完全正确的，也不是在本专业里什么都会，什么都正确。在建筑工程施工中，修改图纸与设计是很正常的事情，所以你如实的将槽

钢的力学性能向同事讲清楚。如果不理解,那就是他的专业技能水平还不够。实际上关键是你自己的技术水平如何?你自己认识不清,是不能很好的去做别人的工作,如果你是一个专业技能很高的人,做别人的思想工作会不困难的。

| aijer | 位置:山东 | 专业:结构 | 第12楼 | 2006-3-4 21:18 |

我搞施工多年,关于工程设计方面的问题,有一个比较值得思考的问题,设计院出的图多数都要变更的。原因在哪?我觉得首先是施工方面考虑的不多。

| siyu6152 | 位置:江苏 | 专业:结构 | 第13楼 | 2006-3-6 15:37 |

现在我已经说服公司的老同事用 H 型钢了。可是这个小支架有个钢柱和钢梁斜交焊接的,以前的都是直角的连接,这样的做法不知道各位同仁有何高见呢(现在这个斜接点的施工图不太好设计)?

4.1.6 讨论主题:钢结构焊缝重量如何计算?

原帖地址:http://bbs3.zhulong.com/forum/detail3074460_1.html

| liuliu_2005 | 位置:天津 | 专业:施工 | 第1楼 | 2006-2-20 8:33 |

各位朋友我想了解一下焊缝重量在钢结构中所占的比重,如何计算,在不同坡口形式,不同板厚的结构中重量应该是不同的,有没有一个比较平均的比例?

| 配合比 | 位置:其他 | 专业:其他 | 第2楼 | 2006-2-20 8:36 |

结构焊缝重量,按经验值约为1%~1.5%,作为钢结构成品构件来讲,焊缝重量,就是金属填充部分的增加量,不难计算,但较繁锁。

| 风中游侠 | 位置:天津 | 专业:结构 | 第6楼 | 2006-2-20 12:41 |

我们以前做热镀锌钢管结构时,连镀锌加焊缝一共才0.7%。如果是普通钢结构的话也就是千分之几吧。

| 配合比 | 位置:其他 | 专业:其他 | 第7楼 | 2006-2-20 16:28 |

现场焊缝一般是达不到1%以上,顶多近似1%的总重。而钢结构在厂内制作时,若焊缝厚度、焊脚高度达到设计要求,其焊缝增重就是在构件总重量的1%~1.5%左右。

| sundegang | 位置:广东 | 专业:结构 | 第8楼 | 2006-2-21 9:29 |

按照建筑工程量清单计价规范,钢结构不扣除孔重,不计焊缝重量的。

| rotoma0616 | 位置:辽宁 | 专业:其他 | 第9楼 | 2006-2-22 7:52 |

sundegang 专家说的对啊,做报价是不包含焊缝重量的。我们做的行标损耗6%完全含的住焊缝的重量的,况且现在的钢结构公司把损耗已经降到更低了,可以忽略。但是大型钢结构的现场焊接量很大,焊缝的重量就不能不考虑了。

所以应该区别看待。

4.1.7 讨论主题：压型钢板屋面存在问题及解决方法。

原帖地址：http://bbs3.zhulong.com/forum/detail1974705_1.html

| JINGYINGZU98 | 位置：山东 | 专业：暖通 | 第1楼 | 2005-9-15 8:36 |

希望各位网友把自己所遇到的问题说一下，另外如果您有好的方案也请发表一下。

| zhang6356 | 位置：福建 | 专业：造价 | 第2楼 | 2005-9-15 13:45 |

目前在国内，暗扣式彩板屋面大部分均采用760型（角驰Ⅲ型），当然取用该板型有多种原因，该板型有优点的同时也有缺点。本人只说说该板型如在台风影响地区的安装注意事项：

1. 安装前应了解台风可能登陆的方向，为此应保证板安装时逆风安装。
2. 安装前应拉线检查檩条表面平齐度，保证檩条表面不出现高低。该工序是为了使760板的支座均能与板型完好扣合。
3. 端跨内板均要求明钉加固（防水方法可参照采光板防水方式）。
4. 当板长大于16m（经验要值），最好于板中侧接处加一钉。
5. 板头尾钉是不可少的。板的锁口一定要到位。
6. 完工前要全屋面检查每片板是否扣合完好，如有松扣应加强。

| 雅克金 | 位置：浙江 | 专业：结构 | 第3楼 | 2005-9-15 17:50 |

楼上所列的台风区安扣板的安装注意事项，值得我们参考，但说"目前在国内，暗扣式彩板屋面大部分均采用760型（角驰Ⅲ型）"，这一点，我不赞同，其实国内有很多种暗扣式彩板，不同厂家会选用不同的板型。我常用的是HV–203，HV–470等。

我这里有一些屋面板受台风侵袭后的照片，它显示了屋面板固定的薄弱环节。我先发几张（图4.7~图4.9）。

图4.7

图 4.8

图 4.9

| 配合比 | 位置：其他 | 专业：其他 | 第 10 楼 | 2005-9-15 19:34 |

二楼朋友所述内容可能是教科书上提及不多，实际却常常遇到的安装细节，因而作为施工

人员能通过该帖了解一些安装中注意的常识，对提高围护安装质量，延长围护使用期限有较大帮助。再辅之以雅克金网友的图片佐证，更显其实用价值与意义。

| rotoma0616 | 位置：辽宁 | 专业：其他 | 第 11 楼 | 2005-9-16 12:01 |

对，我公司常用的屋面板型就是 HV-210B 的，效果很好，只要把屋面所有搭接的地方注意处理好，就不会有漏的情况。安装板的过程中，抬板不能总踩一个地方，容易把板踩坏。

雅克金朋友发的屋面板是什么型的？支架的角度不是很大啊，能起到真正固定板的作用吗？

| 随心7106 | 位置：江苏 | 专业：结构 | 第 14 楼 | 2005-9-19 14:49 |

这个话题不错，我也已经历了十多年彩板制造、安装，在此过程中也确实发现了一些问题，现提一些，望大家指正：

1. 屋面彩板超过 5m 长最好不要用聚苯保温平板做屋面板，特别是夏季安装，施工中常有发现由于板材安装前正反面彩板温差太大造成板材起拱，安装中断裂脱胶现象，有的面板材质脆性大的甚至会造成破裂啊，今后使用过程中也可能发生类似问题。

2. 屋面上大都为结构防水，不能随便打胶，施工完毕需清理掉遗留杂物，特别是彩板搭接缝隙内的杂物，否则很可能造成渗漏，因为曾经遇到过搭接缝部分被堵，雨水顺坡爬入搭接缝的情况（主要对明钉板）。

3. 现在屋面采光板大都是机制树脂板，无法咬合，只能明钉固定，或压条固定，树脂板打钉后也是渗漏隐患，所以树脂板固定处一定要用压板或垫板，最好自带止水垫，固定要注意松紧适宜，千万不能将树脂板固定太紧出现张裂，也不能松，今后风吸力下会振动破裂啊，有条件最好在固定钉处再用树脂玻璃布现场做防水啊。

暂时就提这么多，希望大家指正啊，其他有大部分常规问题及安装中控制项目，相信大家都有经验啊。

| zhenzb | 位置：河北 | 专业：建筑 | 第 15 楼 | 2005-9-19 17:30 |

我想咨询一下：屋面压型钢板安装中固定是不是采用的自攻螺栓？其间距为多少？是否越密越好？

| zzj-zhijun | 位置：天津 | 专业：结构 | 第 16 楼 | 2005-9-19 22:09 |

一般采用隐藏式的，钉子多了反而会渗水，屋面尽量不要有明钉。

| 雅克金 | 位置：浙江 | 专业：结构 | 第 17 楼 | 2005-9-20 17:28 |

回复 11 楼 rotoma0616：是 HV-470，正常风情况下节点是可靠的。

| 随心7106 | 位置：江苏 | 专业：结构 | 第 20 楼 | 2005-9-21 11:54 |

楼上朋友说的现在一般采用隐钉式屋面彩板，话是没错的，防水好，但是隐钉暗扣式屋面彩板经济性能略差，现在仍有一大部分建设单位在小跨度建筑中选用明钉式彩板啊；明钉式彩板如果螺钉施工精细，辅以严格检验验收，在单坡板长小于 15m 时防水一般还是可以保证

的——明钉固定一般采用 M5.5~6.3 自攻螺钉，配合专用彩板橡胶防水衬垫，固定间距为沿坡向每檩，沿波向隔波设，并且不大于 350mm，固定于波峰，螺钉固定要松紧适宜，钉头涂胶并设防水帽。

况且在隐钉式彩板未推广以前，明钉式彩板还是有许多成功事例的啊，另外明钉式彩板较大部分隐钉式而言，在抗风能力上优越，固定可靠，但需注意屋面檩条壁厚不宜小于 2mm，否则粗牙自攻钉固定可靠程度就不好了。

隐钉式彩板除单波彩板以外，多波彩板由于机台加工波形与扣件加工的误差，往往中波扣件形同虚设（边波咬合要好一些），就给该类板材的抗风能力带来隐患，我公司在 V-760 板材安装过程中就常根据实际情况在板面局部辅助设置波峰明钉以增强其抗风可靠度，另外在边波咬合扣件处除机械咬合外另外辅以手工咬合加固，收到了较好的效果啊，另外还需于彩板材质及厚度上予以重视。

| zhang6356 | 位置：福建 | 专业：造价 | 第 22 楼 | 2005-9-21　12:04 |

查看了 4 到 8 楼遭受台风袭击的图片。可以得出如下结论：
1. 该项目是大型场馆的屋面，且为开敞式。为此设计及施工时必须采取防负压的构造措施。造成该事件是措施未完全到位所致。
2. 我也发几个该板型的大样（图 4.10），相信大家应能明白为什么该屋面会被掀掉。
顺便说一下，该屋面材料应是铝锰板吧，风吹下连支座（蹄马）都变形了，可惜。

| paipai | 位置：山东 | 专业：施工 | 第 31 楼 | 2005-9-23　20:35 |

我认为 zhang6356 网友上面几种板型的支座样式有问题，本身锁口屋面真正的名称叫直缝 360°锁口屋面，上面的剖面图，只是夹压式的，没有 360°锁边，因此这种施工方法必然难以抵抗风的掀力，支座样式应是一个钩，而不是一个卡口，上面的支座宽度也不够，稳定性差，这种支座很难抵抗风的掀力和来自彩板反面的风推力。

| 铁锈 | 位置：安徽 | 专业：结构 | 第 32 楼 | 2005-9-25　21:18 |

对于屋面板不在山墙内的，即悬挑出去一些的，要注意板材的封边，我一般都沿着边缘做一个 25mm×3mm 小角钢与板连接，相当于压边，这样不容易被风撕裂，通过工程实践，效果还蛮不错的。

| yaoguobin | 位置：湖北 | 专业：结构 | 第 35 楼 | 2005-10-6　6:48 |

附件：金属面聚苯乙烯夹芯板（JC689—1998）。

| 程建勇 | 位置：湖北 | 专业：安装 | 第 36 楼 | 2005-10-11　15:43 |

以下是我们在压型钢板施工时经常会遇到的一些问题及解决办法，请各位专家点评一下看看对我们版块有没有一些帮助，谢谢！
1. 相邻两块压型钢板对接时错口：首先第一跨内的板必须铺好，保证所有的板铺设方向一致，一跨内调校一次，每一块板在固定时应用夹钳与相邻的板校准后方可点焊。
2. 压型钢板与钢梁面贴合不紧密：首先是清除梁面的杂物，遇到有焊疤的地方用磨光机磨

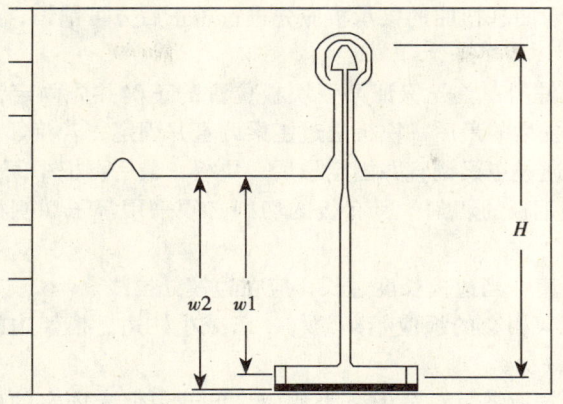

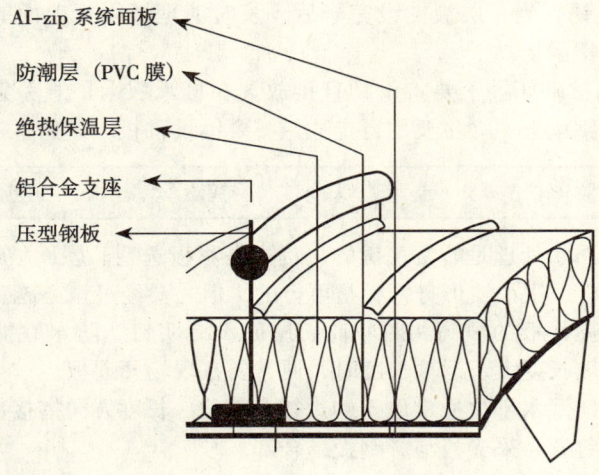

- AI-zip 系统面板
- 防潮层（PVC 膜）
- 绝热保温层
- 铝合金支座
- 压型钢板

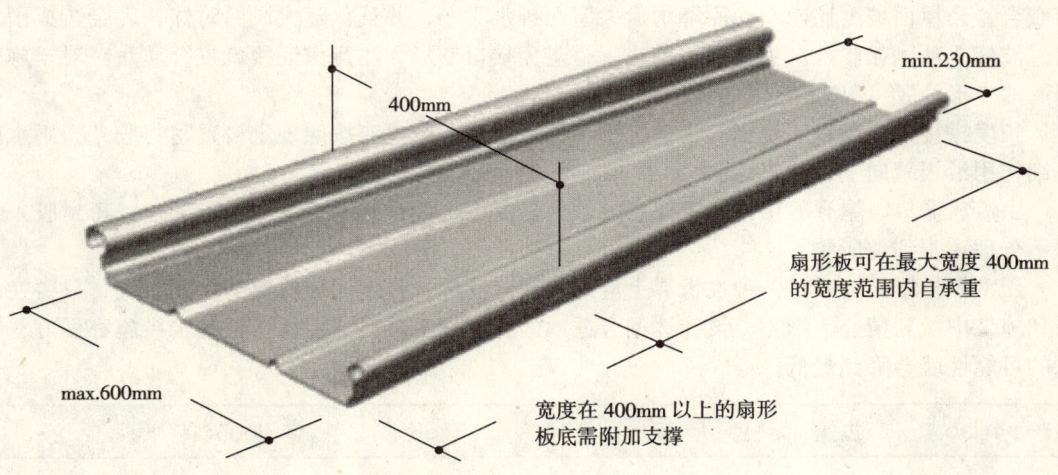

扇形板可在最大宽度 400mm 的宽度范围内自承重

宽度在 400mm 以上的扇形板底需附加支撑

图 4.10

平后方可铺板，对于有弯曲和扭曲的楼承板应先进行矫正后方可铺设，必要时还应适当增加焊点的数量。

3. 铺设压型钢板时铺斜：首先保证第一块板位置的正确并先固定，接着把一跨内的板全部铺开，然后把最靠近主梁的最后一块板通过主梁调直并固定，若相邻的板已铺好，先固定靠近已铺好的一端，然后通过主梁调直并固定最后一块板，最后再把中间的板逐块调直固定。

4. 柱边、洞口压型钢板的切割：所有板的切割必须采用等子切割机割除，禁止用氧－乙炔割枪割除。

5. 压型钢板边模不直：当边模长度过长，应在边模处拉线。

6. 漏浆：与柱、桁架相交的板应精确放样，以减小柱边、桁架边的缝隙，对于缝隙过大的地方，应用胶带密封。

7. 开包的压型钢板摆放散乱：每天下班前应将已开包但未固定的散板捆绑固定。对于切割下来的边角料，应及时清理回收干净。

8. 压型钢板面生锈：当一层板铺设完毕后，及时清理楼承板上面的铁等杂物，避免划伤板面，以防雨后锈蚀楼承板。

9. 压型钢板成品被破坏：不要将重物直接放置在楼承板上，避免集中荷载，若要放置一定要将受力点支撑在钢梁上。在主要的行走通道，要铺设跳板，避免直接在楼承板上行走。

| sundegang | 位置：广东 | 专业：结构 | 第37楼 | 2005-10-14 10:38 |

压型钢板屋面的防水处理是非常关键的，首先是彩板选型。屋面坡度在10%以上的时候，单坡长度不大于20m，采用小波形打钉板是可行的，但是要经过精心施工。

隐藏式、暗扣式屋面板的波高相对较高，屋面没有明钉，防水性能好，最小坡度可以到2%~3%，但是当单坡长度大于运输长度时，通常要在现场开通板。

压型钢板屋面系统漏水部位通常位于侧边扣合部位，长度方向搭接部位，山墙、檐口、屋脊等接口位置，以及钉孔、采光板与彩钢板结合部。

侧边扣合位置渗水主要因为施工时咬合不紧密，施工时踩踏变形等原因造成两块板不能紧密咬合，当屋面坡度比较小，而降雨量大屋面排水不畅，并且伴随大风的时候，就会造成雨水漫过波峰，从侧扣渗入。主要预防措施就是避免接口变形，注意保证接口咬合质量。对于施工引起的变形位置可以采用防水胶密封。

长度搭接部位渗水主要因为搭接长度不够，搭接部位没有按照规定设置密封胶条，雨水因毛细作用沿板缝向上，造成渗水。

山墙、檐口、屋脊等接口位置渗水的原因是泛水板设计不合理，施工不到位，密封胶条设置不合理、不到位所致。

压型钢板屋面体系是一种在世界上应用比较广泛的，技术比较成熟的屋面系统，只要在设计和施工中做到精心、细心，设计选型合适，施工不偷工减料，把每一道防水措施都做好，漏水的可能性就会降到最低。

| zyhjiao | 位置：河北 | 专业：结构 | 第38楼 | 2005-10-14 12:27 |

压型钢板屋面漏水一直是个不好解决的问题，个人认为主要原因是施工原因，其次是设计：
1. 钉子的过钻最容易产生，施工人员应该注意（图4.11）。
2. 钉子位移也应该注意（图4.12）。

图 4.11

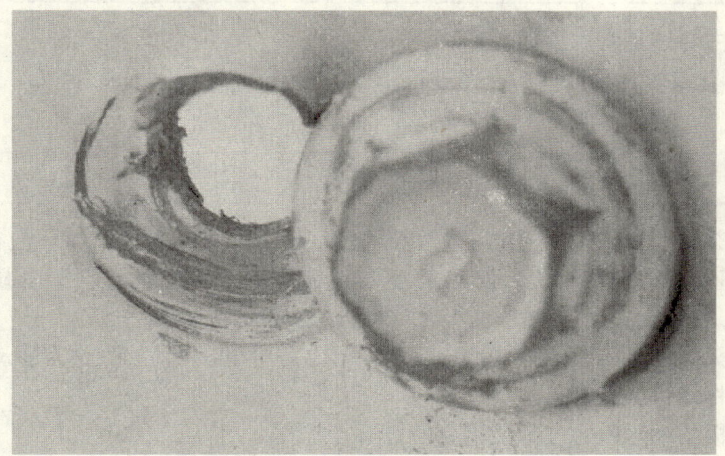

图 4.12

图 4.13

第 4 章 钢结构

3. 设计的时候还应该避免出屋面位置的处理：如图 4.13 所示，雨水不能顺利排除，必定是漏水的隐患。

cctv3123	位置：北京	专业：建筑	第 42 楼	2005-10-23 18:42

屋面漏水的有一个重要问题就是有时施工人员素质参差不齐，有时用自攻钉打偏了，就会漏出一个洞，有的不用胶，直接用钉帽一盖，日后准漏雨，而且还不好查出来。

另外，我想说的是，彩钢板屋面施工过程中，在施工时用自攻钉钻出的细小铁屑，应及时清理，因为铁屑很小，遇雨或潮气就会生锈，从而腐蚀屋面的防腐层，在现实中有时过一段时间到屋面检修时，就可以看到很明显的锈迹，虽然不至于立即导致屋面防腐层的破坏，但是这种影响不可小视。

王子华	位置：河南	专业：暖通	第 43 楼	2005-10-27 21:03

我觉得现在主要还是有两个问题：
1. 业主为了省钱而对设计方的方案进行私自的修改，使得彩板强度降低，造成问题；
2. 施工方采用一些劣质的材料蒙蔽建设方而造成问题。

781103031	位置：浙江	专业：结构	第 54 楼	2005-11-6 0:06

看了以上这么多朋友的讨论，感觉基本上把围护的技术要点都讲到了，但很多时候出现施工质量问题，并不是我们不明白，而是很多人心存侥幸，得过且过。所以技术和意识缺一不可。

有个问题很头痛：金属板的热胀冷缩，强大的温差可以使屋面板的螺钉孔越来越大，致使铆钉脱落，甚至将螺钉剪断。

我遇到过这样的漏水问题，只能重新补钉再打胶。

怎么预防这种问题呢？在所有螺钉上都涂上胶吗？

rotoma0616	位置：辽宁	专业：其他	第 57 楼	2005-11-25 14:20

我看这种情况，采取的办法应该是有的，我自己就想让钉子进行一场改革，在板上打上新式自攻钉后，可以允许在一定范围内进行滑动，这样就解决了热胀冷缩的问题，可是现在还没有这种钉子啊！等待发明中，呵呵。

jingyingzu98	位置：山东	专业：暖通	第 58 楼	2005-11-25 18:37

很有创意的想法，不过钉子的改革可不容易啊，能滑动的钉子，又要降低成本，困难不小啊。

无忧雨	位置：辽宁	专业：市政	第 61 楼	2005-12-1 21:12

第一次来，这里有不少真知灼见啊！我是一名施工人员，进入这个行业一年多，看到大家各抒己见我也想发表一下不成熟的看法：

我们这里雨水较少屋面板多使用 820 型彩钢板，虽然是明钉但处理仔细了基本不会渗漏的。

1. 自攻钉最好打在波峰上。

2. 自攻钉松紧适中，防水垫千万不能撕破，更不可以在波峰上打出凹坑。

3. 每个钉头都要涂抹密封胶，扣紧防水帽。防水帽若扣不严，密封胶接触空气会膨胀挤掉防水帽。

4. 结构上要符合"上铁压下铁"的基本原则，使流水畅通无阻。

| jfm010 | 位置：山东 | 专业：暖通 | 第63楼 | 2005-12-5 11:53 |

谢谢上面各位同仁的办法，确实学到了很多知识。下面是我们单位施工屋面有漏水（图4.14～图4.16），也请各位指导一下。

图 4.14

图 4.15

图 4.16

| aijer | 位置:山东 | 专业:结构 | 第 66 楼 | 2005-12-5 14:07 |

第一个图片是屋脊包边处理。我看是不是屋面坡度太小了,而且屋脊板太小,下边没有折弯。这样做就增加了漏水的机率。我们单位都是这样做的(图4.17):

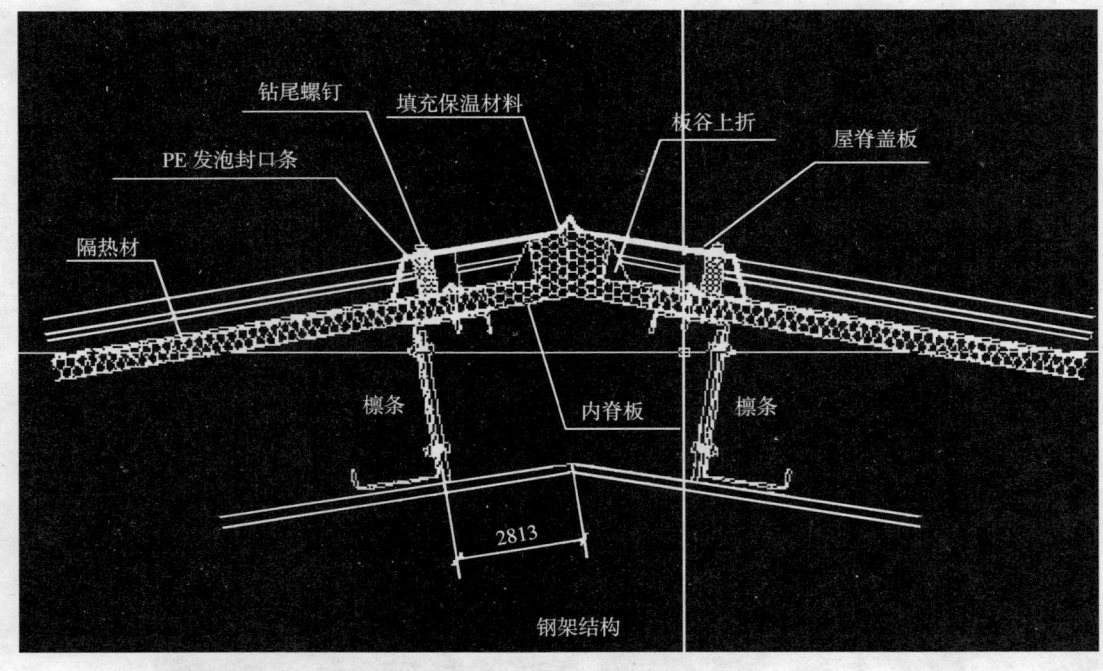

图 4.17

第二个是砖砌女儿墙内天沟收边问题,不知道您的做法。我们单位有个土办法,可行(图4.18):

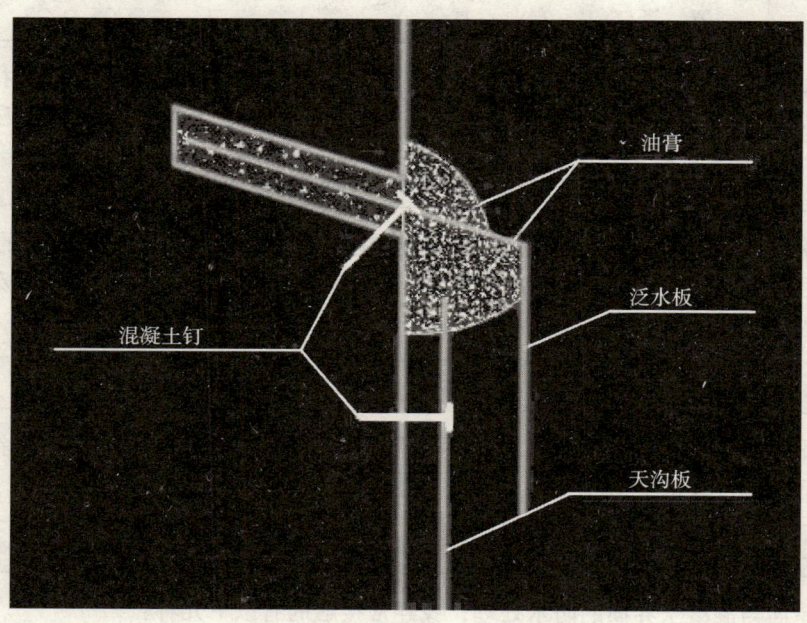

图 4.18

第三个是不是天窗窗下与屋面板连接处的问题?这种做法一般不会漏水的(图4.19):

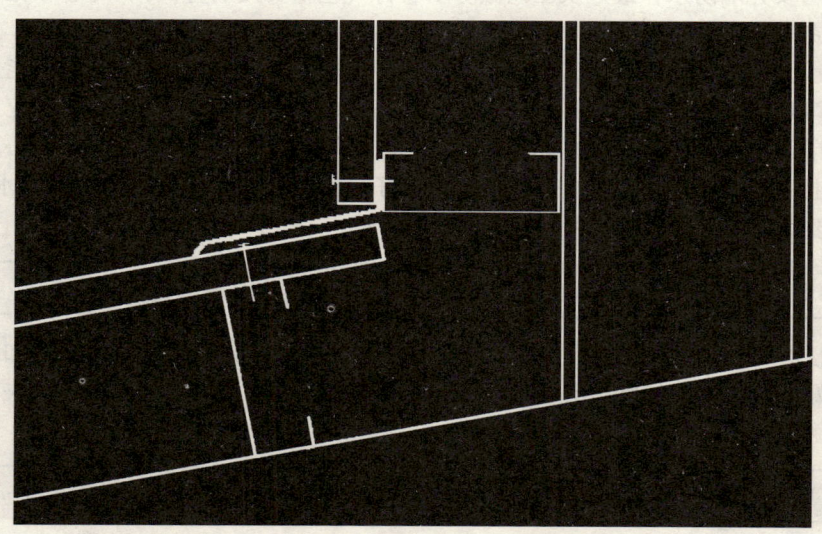

图 4.19

4.1.8 讨论主题：钢结构与混凝土界面的防水处理。

原帖地址：http://bbs3.zhulong.com/forum/detail2037118_1.html

楼杰	位置：浙江	专业：其他	第1楼	2005-9-23 13:55

钢结构屋盖施工中，时常遇到钢结构与混凝土的交接面的处理，由于两种材料的性质不同，经过一段时间后，很容易出现渗水、漏水的情况，如何解决界面上的防水问题？

qqltf	位置：广东	专业：其他	第4楼	2005-9-23 16:31

难题。钢结构屋面的渗水、漏水是行业性的难题，钢结构与混凝土的交接面的处理，由于两种材料的性质不同，处理起来更加麻烦。建议下面用防水胶片，上面再用泛水板。如有更好的方法，请大家讨论交流。

aijer	位置：山东	专业：结构	第5楼	2005-9-24 9:32

我们常用的做法一般是加泛水板、粘贴柔性防水卷材，柔性防水卷材可以消除基材收缩产生的裂缝，造价低，效果不错。

随心7106	位置：江苏	专业：结构	第6楼	2005-9-24 15:15

钢结构屋面与混凝土界面的防水处理，我经常接触的有以下几种：
1. 混凝土界面上挑出滴水檐50mm，在滴水下做泛水板与钢屋面成构造防水。
2. 混凝土界面上留槽50～80mm深，泛水板做45°斜角边50mm伸入槽中，防腐木砖塞入固定后外粉刷，泛水与混凝土墙面及钢屋面形成构造防水。
3. 如为与女儿墙防水，最好从压顶做防水卷材（包括女儿墙背面），与彩板泛水搭接，泛水与钢屋面成构造防水。
总之，彩板泛水与混凝土墙间需用构造防水或以柔性材料连接，靠打胶是不能长久的。
当然，其他还有采用专用防水材料的防水方法，如渗耐公司的系列产品，可应用于屋面接缝、开孔、穿管等各种防水，但价格不菲啊，当然所有一切防水，都要建立于精心施工，严格检验的基础上，并且彩板泛水接缝一定要先处理好，施工完毕清理屋面特别是泛水缝边杂物，构造防水需要疏通，一点阻塞就可能造成漫水渗漏哦。

rotoma0616	位置：辽宁	专业：其他	第9楼	2005-9-30 13:29

我想六楼的朋友已经说的很具体了，主要解决的问题就是如何在混凝土面上加上扣件，其他的问题就好办多了；但如果靠山墙时，最好让波峰赶到混凝土山墙处，打胶坚决不赞同，只能短时间内解决问题。

天使不会飞	位置：山东	专业：结构	第10楼	2005-10-11 19:02

我来发个雨篷泛水做法（图4.20）。
再发个窗户的泛水做法（图4.21）。

SZEJGJG	位置：江苏	专业：结构	第14楼	2005-10-13 9:28

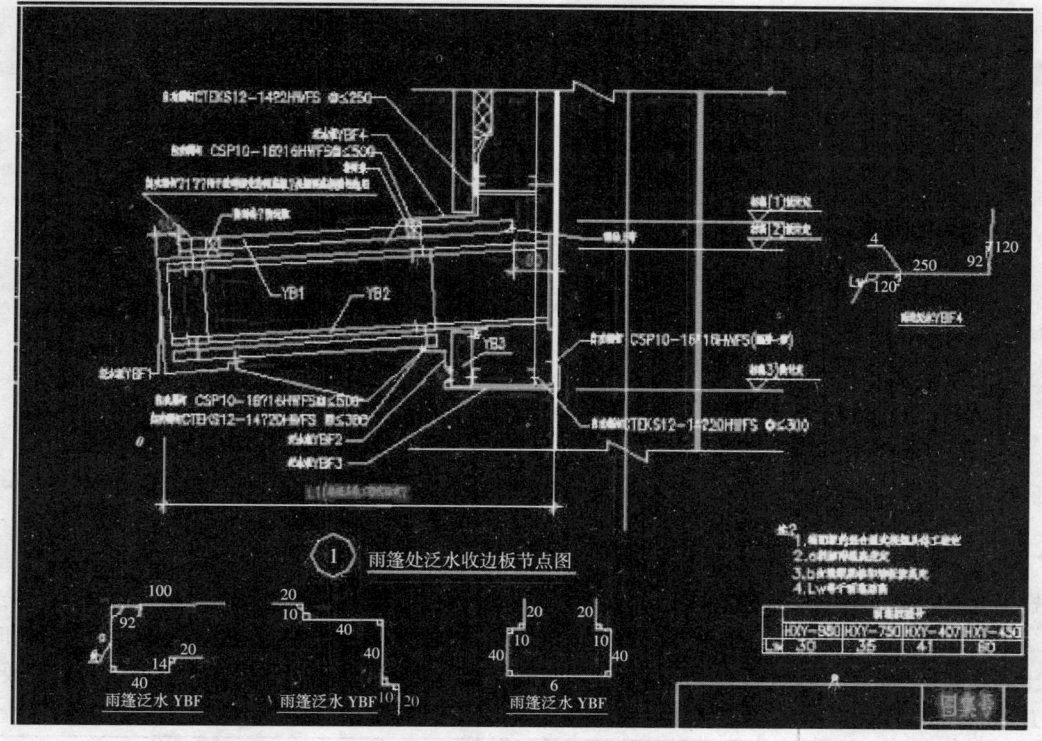

图 4.20

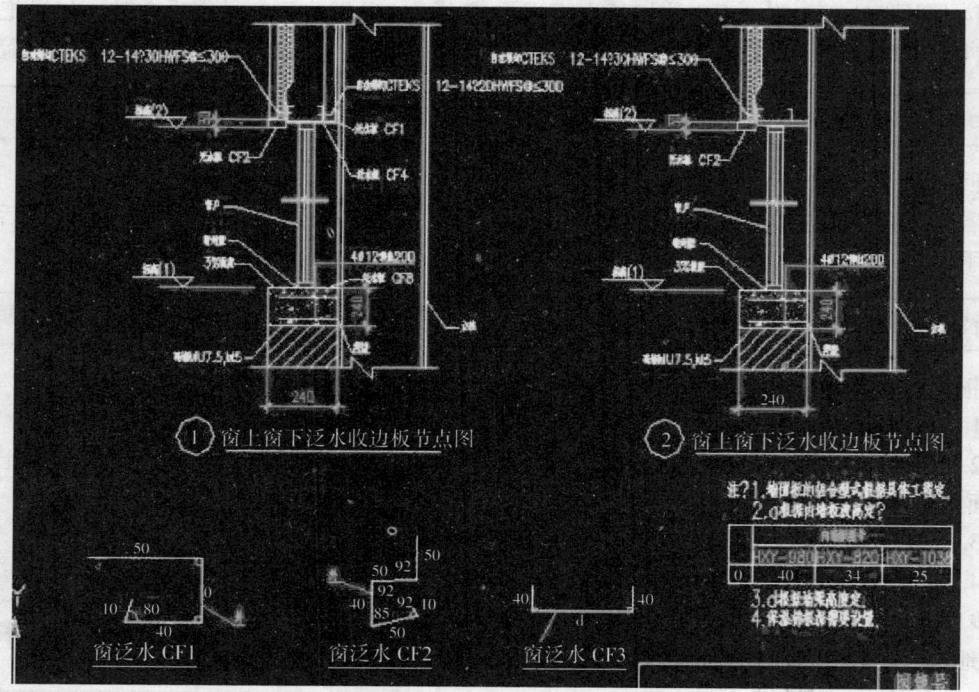

图 4.21

图 4.22

我想我发个图片大家能看的清楚一点（图 4.22）。就是墙面开槽以后，泛水板安装完毕，在粉刷的时候没有处理好。后来经过再次处理以后，就不再渗漏了。其实不是说节点不好，只是在施工过程中，人员的素质，现场的条件等等使得不能达到我们预想的情况。像这种节点，钢材和混凝土的收缩是不同的，而且后粉刷的混凝土和旧的混凝土之间产生裂缝也是正常的。我想在混凝土女儿墙不高的情况下，尽量返工重做。如果不好这么做，还是多粉刷两次，多打点油膏的好。

| zouzhiqi | 位置：山东 | 专业：安装 | 第 15 楼 | 2005-10-22 13:03 |

14 楼的做法不正确，不应该把泛水板埋在槽内，这种做法很容易产生空鼓，如果把槽开在折件上部 5cm 处，把柔性卷材埋在槽内，卷材与折件搭接 10～15cm 就不会出现这种情况。

| rotoma0616 | 位置：辽宁 | 专业：其他 | 第 19 楼 | 2005-11-8 8:01 |

回复 15 楼 zouzhiqi：
看来还会造成这样的后果，前段时间刚做了个工程就是采用 14 楼的做法，看来以后得注意一下了。

| feng19740826 | 位置：浙江 | 专业：施工 | 第 20 楼 | 2005-11-9 20:44 |

钢天沟主要是：
1. 在混凝土面上预留一条与天沟同长的凹缝规格为 60mm 宽×40mm 高。
2. 在施工的时候要把天沟的折边塞进凹缝中，然后用水泥砂浆或高强度等级混凝土灌注（里面掺防水剂）。
3. 混凝土与钢天沟连接处做一道 SBS 或 APP 防水卷材。
4. 这种做法可以保证 20 年内不渗水。

4.1.9 讨论主题：请分析一个门式刚架倒塌的施工原因。

原帖地址：http：//bbs3.zhulong.com/forum/detail2609977_1.html

| yaoguobin | 位置：湖北 | 专业：结构 | 第 1 楼 | 2005-12-7 20:16 |

请分析一个门式刚架倒塌的施工原因：

那个工程是一个单跨52m门式刚架，檐高9000mm，柱距6500mm。吊装采用的是两台25t吊车同时起吊，空中对接。

吊装过程基本还算顺利，因纵向两端地方狭窄，地面不好锚固，故从中间跨开始起吊的。两天吊完主刚架，共9榀。

中间第一跨的缆风绳一直都没有撤掉，墙梁全部上完，柱间支撑全部上完（采用的是圆钢），系杆全部上完（采用的是圆管），檩条上了2/3，隅撑没有上，屋面水平支撑没有上（设计的也是圆钢支撑），屋面板墙面板都还没有上，垂直度和水平度也没有矫正（因为赶工期，而且吊车的租赁费也挺高），但缆风绳一直都没有撤。这时离第一榀刚架吊装完已经过了大约54h，离最后一榀吊完已经过了大约有36h了，晚间，在大约3s的时间内，整个厂房倒掉了，幸亏没有伤到人。倒塌的现状是这样的：其中一侧所有的钢柱朝一个方向全部倒在了地上（还有墙梁），朝内侧与轴线呈一定夹角，地脚螺栓贴着基础顶面被切断（或者说是扭断，断口有拉伸缩小的迹象），地脚螺栓采用的是$\Phi24$，Q235的，每个柱有四个；另一侧的钢柱朝另外一个方向斜倾，由于梁的缘故，没有倒在地上，地脚螺栓有的被切断，有的被从基础中拔出；梁已被扭曲，呈拉伸的S状。

vanadies	位置：天津	专业：结构	第2楼	2005-12-7 22:13

我觉得主要这个安装过程有些个不太合适的地方：

1. 安装顺序不太对：首先安装应该靠近山墙有柱间支撑的两榀刚架开始，刚架安完后必须进行校正；然后安装这两榀刚架之间的檩条、支撑、隅撑等，并检查垂直度；接着应以这两榀刚架为起点，向房屋另一端安装其他刚架。

2. 整体倒塌有可能有两个原因：

（1）屋面支撑没有安装，刚架纵向难以形成共同受力，纵向刚度不足，导致整体基本沿着纵向倒塌；

（2）隅撑没有安装，在荷载作用下柱的内翼缘失稳，导致破坏。

妥否请专家指正。顺便问一下，当晚是否刮大风呀？

yaoguobin	位置：湖北	专业：结构	第3楼	2005-12-8 5:59

vanadies网友分析的好，当天晚上没有刮大风，请继续分析。

rotoma0616	位置：辽宁	专业：其他	第4楼	2005-12-8 8:45

从中间跨开始起吊的。两天吊完主刚架，共9榀。这时离第一榀刚架吊装完已经过了大约54h，离最后一榀吊完已经过了大约有36h了。

时间有冲突啊！呵呵！

我想问一下，中间对接的时候，边柱地脚螺栓是否已经拧紧？螺栓都剪断了，内部应力好大啊。

yaoguobin	位置：湖北	专业：结构	第5楼	2005-12-8 8:49

时间是对的！

中间对接的时候，边柱地脚螺栓已经拧紧，但是没有到位。

| ljsongxiaohe | 位置：辽宁 | 专业：其他 | 第6楼 | 2005-12-8 8:53 |

单跨52m门式刚架做铰接柱脚不是很合适吧，有一点想问一下：柱子安装时有没有柱脚垫板，柱脚垫板的设置方法是否得当？

下图（图4.23）工程像楼主说的那样已形成空间刚度单元，而且看不到梁上有过多的施工荷载。

图4.23

| yclxam | 位置：湖北 | 专业：施工 | 第12楼 | 2005-12-16 15:04 |

我认为有以下几方面的原因：

1. 柱脚铰接、刚接都可以，包括柱、梁截面都与这次事故关系不大，因为这要看设计选型和计算模型了，钢结构出问题绝大多数都是平面外支撑失稳造成的，平面内杆件强度屈服造成的破坏很少很少发生。

2. 根据楼主所述，柱间支撑为圆钢，这样说不完整吧？应该是柱间圆钢和上部水平杆件共同组成的；刚架未校正，怎么能安装檩条、支撑？这样装法只能说是连接上了，最多挂了个安装螺栓，是不能发挥其作用的。

3. 楼主说设了缆风绳，是的，这样装必须设缆风绳，但我认为这样大的跨度厂房，正确设置起来是不便于施工的，试想一下，就是一根独立的铰接柱，缆风设置好了，是怎么也不会倒的，还记得上海港桁吊安装坍塌造成在场的教授、博士等人员伤亡事故吗？就是大意的拿掉一根缆风绳造成的，楼主在这方面仔细分析分析吧。

未见详细施工方案，乱说了，见谅。

| 雅克金 | 位置：浙江 | 专业：结构 | 第14楼 | 2005-12-16 21:33 |

楼主能否再增加一些信息：
1. 门架的截面变化是怎样的，能否上传立面图？
2. 门架的起坡角度是多少？
3. 安装时，跨中的安装垂直误差是多少？

| yaoguobin | 位置：湖北 | 专业：结构 | 第 15 楼 | 2005-12-17　5:46 |

门式刚架梁柱都是变截面的，已经验算过了，截面没有问题；
门式刚架的坡度 1∶15；
跨中误差垂直度：因为没有固定结束，所以没有实测。

| jsntjhb | 位置：江苏 | 专业：施工 | 第 18 楼 | 2005-12-17　17:08 |

从楼主描述看，我觉得表面上看不出太大的问题，从中间吊只要加缆风绳我觉得没有什么问题，只是楼主说所有的系杆安装结束了，我以前碰到一个工程，系杆的尺寸统一的出现了正偏差，一开始没感觉到什么，累积起来就大了，很自然就会因为钢梁的重力作用产生侧向拉力，楼主所说的钢梁跨度也不小，容易造成失稳。

| yaoguobin | 位置：湖北 | 专业：结构 | 第 19 楼 | 2005-12-18　5:34 |

jsntjhb 网友说的钢梁跨度只是其中的一个方面，但是系杆的尺寸没有问题。

| 雅克金 | 位置：浙江 | 专业：结构 | 第 22 楼 | 2005-12-19　18:42 |

从现在的情况来看，它是失稳造成结构破坏的可能性比较大。微小的扰动导致结构的大变形，从而结构发生破坏。
破坏的部位可能是：
梁柱节点附近，此处梁的截面很高，下翼缘受压，一般我们设计的时候会在此处设隅撑，明显这个工程还没有来得及设。

| 过路客 | 位置：湖北 | 专业：安装 | 第 23 楼 | 2005-12-19　22:52 |

我的想法是：
1. 锚栓是 24 的是否小了点。
2. 不知是刚接还是铰接？最好是刚接 6 个锚栓连接。
3. SC 没到位，是致命的。
4. YC 是关系到大梁失稳的又一关键。
5. 风缆的拉法是否合理，对拉，最少两根。
6. 锚栓的基础浇灌是否达标？
7. 锚栓没丝扣的杆到基础面是否过高？

| hlj19268691 | 位置：山东 | 专业：结构 | 第 26 楼 | 2005-12-24　11:02 |

1. 挠度是不是过大，造成钢梁下挠。
2. 钢结构加工精度不高，出现正偏差且很大。

3. 安装钢架没有校正，顺序不合理。
4. 钢结构原材料有问题，用的不是标准中板，而是开平板。

| ccc2003 | 位置：河北 | 专业：结构 | 第 27 楼 | 2005-12-24　20:22 |

　　门刚结构柱脚板与基础顶面之间一般有 50mm 后浇层，请问柱脚是否用垫铁？
　　从所述内容来看，吊装虽然不是特别合理，但是我认为还不至于造成整体倒塌，我感觉好像是锚栓失稳造成的。新《门规》中允许采用螺母调节柱脚标高，但是柱脚用螺母调节完毕后如果不及时安装垫铁，很容易造成锚栓失稳而导致失稳。

4.1.10　讨论主题：关于焊接 H 型钢的火焰校正方法——侧弯、扭曲等。

原帖地址：http://bbs3.zhulong.com/forum/detail2040616_1.html

| 金属加工 | 位置：四川 | 专业：施工 | 第 1 楼 | 2005-9-23　20:03 |

　　我们是搞电建的，我负责的是钢结构制作部分。土建部分的加工量就有 5000t，问题较多的就是焊接 H 型钢的制作，其中因焊接引起的变形对施工影响较大，如火焰切割下料引起的侧弯，因焊接引起的翼缘板角变形，因焊接顺序不当造成的扭曲变形等。H 型钢侧弯的校正相对比较简单，一般采用三角形法或直线法，现场工人经过总结，采用了分段局部直线校法，简单实用，效果很好。至于 T 型焊缝焊接引起的角变形，我们有校直机，还是比较方便。现在最棘手的就是扭曲变形的问题，我们单位焊接采用小车自动埋弧焊，因焊接顺序无法调整，所以引起扭曲变形。
　　发这个帖子是希望大家就制作中的变形校正方法，特别是火焰校正方面指教一下。

| ponywen | 位置：北京 | 专业：施工 | 第 5 楼 | 2005-9-24　8:44 |

　　火焰校正一般有三种方法；点、线、三角。
　　扭曲变形的问题是比较普遍的焊接引起的问题，建议焊接之前对钢板进行平整，很多施工前对部分钢板进行捶击以达到平整，最好对焊接的方式进行改进，火焰校正切记不可反复进行。

| rotoma0616 | 位置：辽宁 | 专业：其他 | 第 6 楼 | 2005-9-24　16:39 |

　　车间用的是龙门市自动埋弧焊，跟你用小车焊接差不多，但焊接时候要注意焊接顺序的，如图 4.24 所示。

| 金属加工 | 位置：四川 | 专业：施工 | 第 8 楼 | 2005-9-30　1:22 |

　　1234 的焊接顺序还是知道的，但小车焊无法反向走车焊啊，比方说焊缝 2 和 4，就是一个从左向右，一个从右向左的，我觉得这个是产生扭曲变形的主要原因吧？
　　规格 H500×500×25×30，T 形缝全熔透，超声波 2 级探伤，双面坡口，至少要焊两道啊！出个主意，如何尽量减少扭曲变形，再就是产生扭曲变形后的处理方法。

| 2931012 | 位置：广西 | 专业：规划 | 第 17 楼 | 2005-10-24　14:51 |

　　我们用的方法最简单也最有效。楼上说的是扭曲，我们一般看 H 型钢扭曲的程度，先

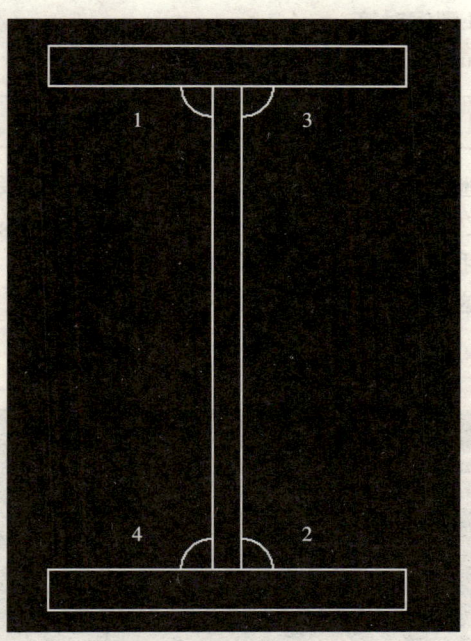

图 4.24

在 H 型钢的两头夹上重物,翘的那一头再在翼缘每隔 500mm 的距离用火烧通长,宽度 50mm 左右。

| guojishi | 位置:山东 | 专业:结构 | 第 18 楼 | 2005-10-24 16:22 |

应该采取预防和机械火焰校正结合的办法来尽力减小变形的影响。

| 金属加工 | 位置:四川 | 专业:施工 | 第 19 楼 | 2005-11-29 21:50 |

火焰校正,斜线 45°校正法,对扭曲的处理很有效,我们正在实践中!但对火焊工的技术水平要求较高。

大家知道,钢材受热后会产生膨胀,热影响区域内温度较高的位置膨胀会多一些,温度低的区域膨胀少,会对温度高的位置的金属产生挤压,阻止膨胀,冷却后受热区域就会整体产生收缩。

火焰校正的原理实际上是利用钢材加热冷却后的收缩力,来抵消焊接产生的应力。操作时特别需要注意加热的温度、长度、位置,需要根据变形的大小、位置来确定。

火焰校正的温度一般应控制在 600~750℃ 左右,过热金属的内部晶体结构会产生变化,影响结构性能!加热后切忌水淋,应让其自由冷却!同一位置也不宜重复加热。

焊接 H 型钢翼缘的侧弯主要是切割时两侧切割端面受热不一致,及焊接时个别位置受热不均引起的。校正时可对翼缘凸的一方进行加热,根据弯曲的程度选择几个加热点为宜。我们采取的是分段直线加热,效果不错。我正在做总结,做完可以跟大家讨论一下。

至于扭曲变形的原因较复杂,主要是因为 T 形焊缝的焊接方向不一致,两端引起的角变形方向相反引起的。校正的难度较大,方法有待讨论,也在总结中。

4.1.11　讨论主题：热轧 H 型钢对接。

原帖地址：http://bbs3.zhulong.com/forum/detail2128216_1.html

| aijer | 位置：山东 | 专业：结构 | 第 1 楼 | 2005-10-6　9:50 |

　　《钢结构工程施工质量验收》规范（GB50205—2001）中的焊接 H 型钢对接焊缝有这样的要求：翼缘板或腹板接缝应错开 200mm 以上。对于热轧 H 型钢的对接无规定，我们公司加工车间常采用 45°斜角对接，我发现有些资料上说明可以直接对接。

　　不知其他规范有没有这方面的规定，直接对接是否符合规定要求，请教各位大侠（图 4.25）。

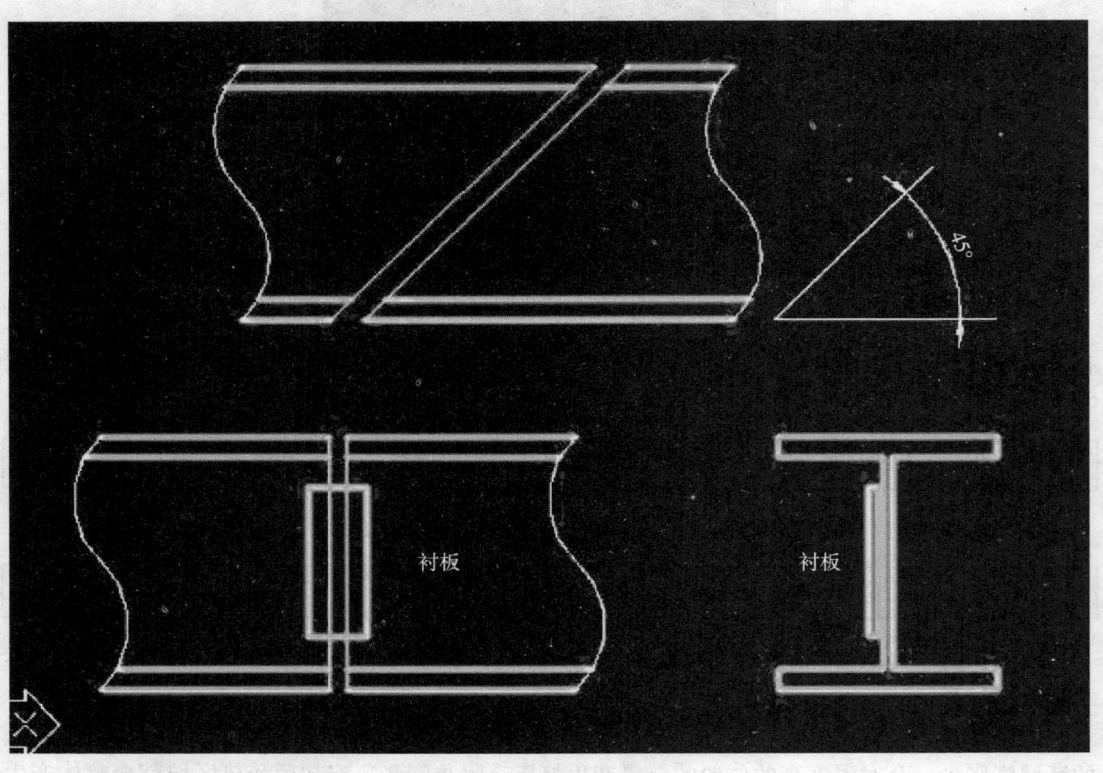

图 4.25

| sundegang | 位置：广东 | 专业：结构 | 第 3 楼 | 2005-10-14　9:20 |

　　钢结构焊接技术规程中对热轧 H 型钢柱的现场安装允许直接对接，但是对钢梁没有说明。个人认为从受力角度来看，作为受弯构件，避开弯矩最大处，完全可以对接，但是要注意翼缘与腹板交接部位要机械开槽，保证翼缘对接焊缝全熔透，焊缝质量等级达到二级。

　　我目前的一个项目，经与监理、设计等讨论后，就采用此种连接方式，可以减少很多料头损耗。

　　但是应该注意两点：

1. 一条梁最多只能对接一次。
2. 对接部位避开弯矩最大的地方。

| aijer | 位置：山东 | 专业：结构 | 第4楼 | 2005-10-14 9:29 |

谢谢 sundegang 的解答！为我解决了一个难题。我也认为钢柱采用这个方法对接应该没问题，它是垂直受力，水平力小。钢梁应该尽量不采用对接。

| 随心7106 | 位置：江苏 | 专业：结构 | 第5楼 | 2005-10-14 10:57 |

对于这个问题，我认为要好好商榷一下，钢结构验收与设计规范有明确要求要错开对接焊缝（往往设计也有此要求），理论上讲3楼的说法是有道理的，但考虑结构实际受力与理论情况的差异，那么对较小弯矩处的判别就不是确定的，因此从受力来讲，钢梁柱的任何部位都要求按规范设计要求等强连接是必要的。另外4楼的理解也存在误解，钢柱受力在刚接框架中常规应该也以弯矩为主，因此要求截面等强对接和梁的要求是一样的，此处等强的概念是指接头处的截面特性及耐受力程度应优于或等于设计截面，我公司常用的热轧 H 型钢对接接头如图 4.26（一），有时也允许平缝对接，但用材并不省多少，并且外观不好，因此不常采用，如图 4.26（二）。

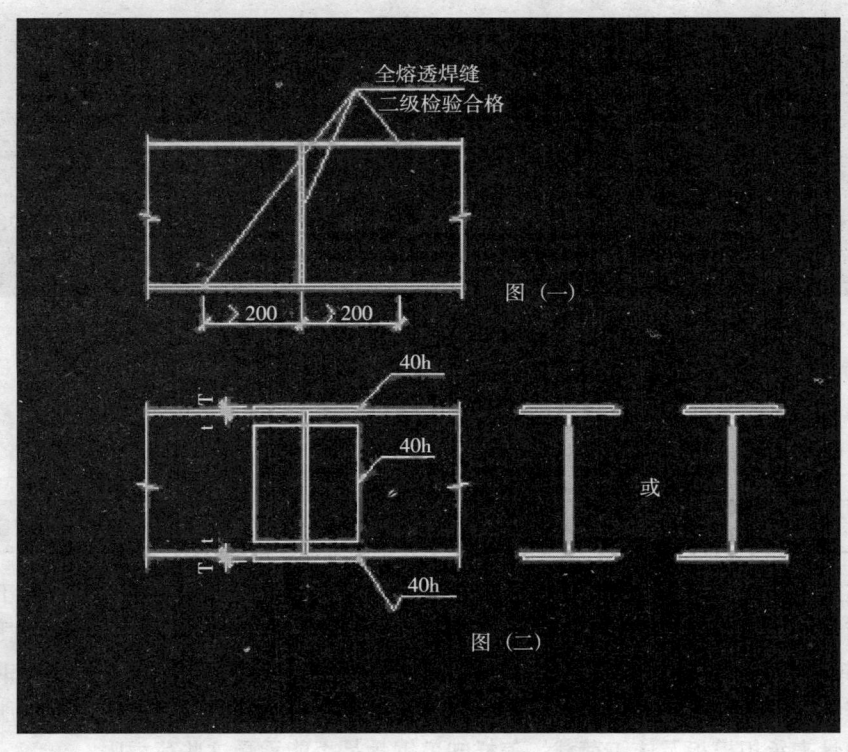

图 4.26

| 配合比 | 位置：其他 | 专业：其他 | 第6楼 | 2005-10-14 11:02 |

可参考：《HGT21610—1996；热轧普通型钢标准节点通用图（焊接连接）》。

| sundegang | 位置：广东 | 专业：结构 | 第10楼 | 2005-10-15 16:48 |

8楼的图一的连接方式适用于焊接H型钢，对于热轧H型钢，不知贵公司是否用机械加工工艺处理腹板与翼缘板之间的圆角？铣掉的话腹板和翼缘之间会缺一大块，用焊缝填满吗？

对于热轧H型钢梁来说，直接对接当然不是最好的连接方式，但是只要不是直接承受动力荷载的主梁还是可以采用的。如果直接承受动力荷载，最好不要接长。

还有一种连接方式见图4.27。

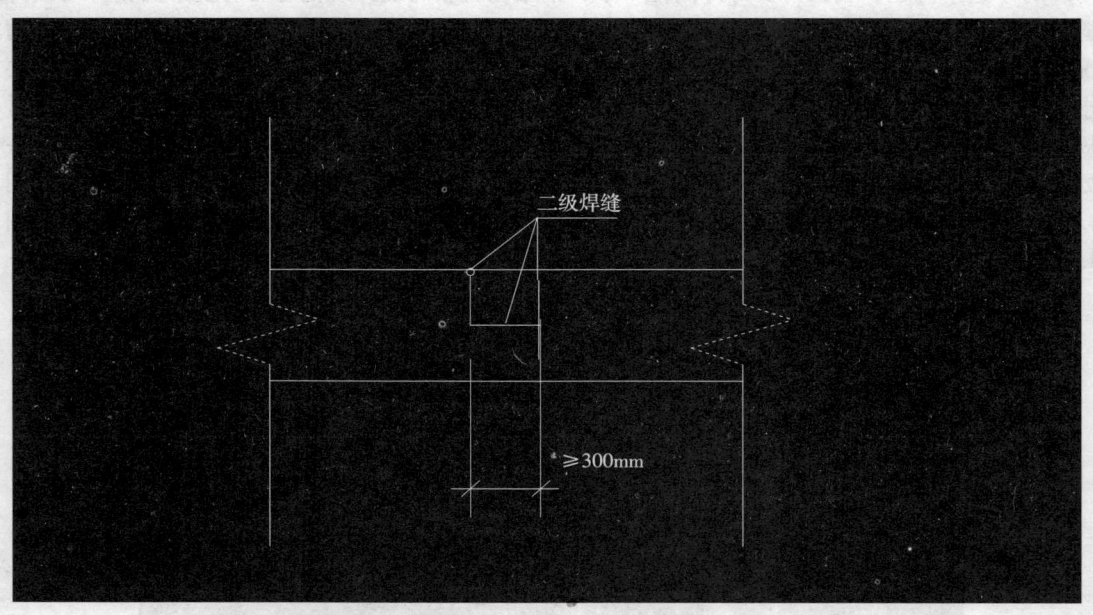

图4.27

4.1.12 讨论主题：哪位高手施工过型钢混凝土结构？

原帖地址：http://bbs3.zhulong.com/forum/detail3154725_1.html

| zhsj0219 | 位置： | 专业：其他 | 第1楼 | 2006-3-9 15:05 |

哪位施工过型钢混凝土结构，就是钢筋混凝土梁柱内有型钢骨架的那种，我的工程两个塔楼在距地面约50m的高空通过型钢混凝土结构相连，跨度20多米，主梁是两根500mm×1900mm的钢骨梁，上面还分布8根次梁，也是钢骨梁。光是钢结构就好了，这样钢结构安装后还得支模绑钢筋浇混凝土，支模架子非得从下面搭起来吗，是不是太笨了，按手册上说可以用中间的钢骨来承担模板及施工荷载，怎样知道钢骨是否能承受这些荷载呢？

| huangyikui | 位置： | 专业：其他 | 第2楼 | 2006-3-9 22:12 |

可以考虑用钢骨来承受模板，但该方案得经过验算，不然的话，监理是一定不会同意的。

为了减少麻烦，建议还是请设计方进行验算。

| Mingong | 位置：河北 | 专业：施工 | 第3楼 | 2006-3-10 1:57 |

哥们是哪里的？我们刚完成的一个项目形式跟你类似，高度略高一些，但连体部位采用的是钢结构桁架，最底层用的是压型钢板组合楼板，没有搭设脚手架，采用的是钢结构地面组装整体提升就位的方法，你这个是组合结构，不太适宜。应该跟设计共同协商借用一些桥梁施工的技术可能更切合一些。

提个不一定恰当的建议：先施工主楼结构，再将钢梁提升就位，在钢梁下吊脚手架作为支模的支架，钢梁承载力不够可以通过上部的塔楼进行卸载，当然要核算一下成本不能比搭脚手架高，强度验算可以由设计协助完成，或钢结构专业施工单位完成，这不是问题。

| wky888 | 位置：福建 | 专业：施工 | 第7楼 | 2006-3-11 22:35 |

本人也曾经遇到此类情况，首先计算钢梁能否承受混凝土荷载和施工荷载，如能承受再计算钢梁承受荷载时产生的挠度，再加上设计起拱值，最后根据计算的起拱值开始预制、安装钢梁。倾倒混凝土时应注意减轻大的振动，防止混凝土初凝时产生松动开裂。

| zhsj0219 | 位置： | 专业：其他 | 第8楼 | 2006-3-13 14:12 |

感谢大家对本帖的关注，建议都不错，不过我认为这个架子是必须要搭的，即使不作为支模架子，防护和操作也是需要的，没有架子实在太不安全了，也许只是我个人的习惯。

| mycpc | 位置：广东 | 专业：结构 | 第12楼 | 2006-3-21 0:48 |

不知道你的劲性梁具体设计要求：

1. 如果要求必须与主体结构同步施工，则可选择从两边主体结构下几层斜撑（向上），这在《建筑技术》和《施工技术》上有很多斜撑脚手架的彩图广告；相比从地面直接撑起来成本会低些。

2. 如果劲性梁可以后施工，可以如mingong所说，主体结构高于钢梁几层之后，通过上部卸荷吊架子来实现。

直接用劲性梁承担模板这种做法可行性不大，因为会对钢梁造成施工荷载的挠度，待混凝土终凝后，影响钢梁受力并可能有不可恢复的永久挠度。

| zhsj0219 | 位置： | 专业：其他 | 第18楼 | 2006-4-2 16:05 |

现在基本确定了大方案，不用钢管满堂红架子支撑了，在钢联体的下一层搭设一个钢平台，想用门式刚架，正在设计，不过这个钢平台也只是承担安装钢结构的荷载，最多承担楼板的施工荷载，钢骨梁的施工荷载还打算用钢骨来承担，也正在让设计院的验算一下。方案定了再向大家通报。

4.1.13 讨论主题：俺遇到了怪事！钢管焊接遇到剩磁怎么办？

原帖地址：http://bbs3.zhulong.com/forum/detail3127753_1.html

| lfwll_75 | 位置：江苏 | 专业：安装 | 第1楼 | 2006-3-3 19:49 |

前几天俺从钢材市场采购一批钢管，可是前天打好坡口要焊接的时候，竟然发现管口有磁性，焊丝一靠近就被吸上了！搞的我脑袋当时就迷糊了。有哪位告诉我该咋办？

| yuanchaos | 位置：山东 | 专业：结构 | 第3楼 | 2006-3-3 20:32 |

我认为可以通过加热消除钢管的磁性（图4.28）。

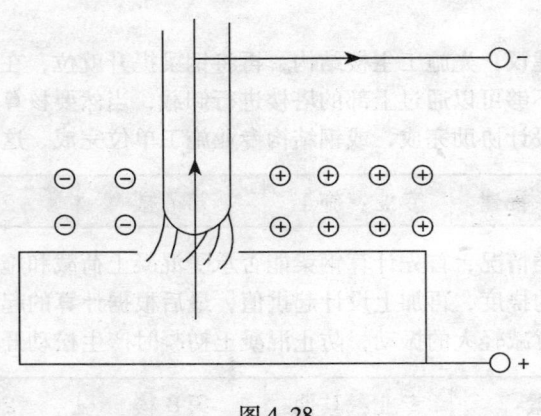

图4.28

| 天津通宇 | 位置：其他 | 专业：其他 | 第4楼 | 2006-3-4 15:56 |

打磨后的坡口都是有磁性的，这是因为坡口表面的残余应力造成的，不过不是非常大，可以吸附粉末状的铁磁材料。吸附焊丝我还没有注意过。

有一种可能是这批材料存放在大的磁体附近，将它磁化了。如果采用TIG焊，可能影响不是很大。

对于yuan chaos的说法加热是可以消除钢管的磁性，不过从理论上来讲，要超过居里点（大约是765℃）以后才能够消除，不是非常容易实现。

| 浮尘 | 位置：其他 | 专业：安装 | 第6楼 | 2006-3-4 17:19 |

我们也曾遇到过这类问题，解决的方法是用直流焊机电缆线缠绕在焊口一侧，以抵消管口剩磁。这种方法既简单又经济。

| sundoudou1 | 位置：山东 | 专业：其他 | 第7楼 | 2006-5-7 10:57 |

钢管有磁性很正常，但是磁性大的能吸焊丝就有点问题了！一般钢管和钢板都或多或少有点磁性，即使和强磁性材料接触过，剩磁也不大！有这么几方面的原因可能形成这个现象：
1. 钢管加热后急冷，表面生成大量的四氧化三铁，内部出现马氏体组织。
2. 管子被冷拔等加工过，有较大的加工硬化现象。
3. 加工后使用吊装的工具是强磁性磁铁吸盘。
4. 管子自身生产质量有问题。
5. 焊丝有磁性。

解决办法：

1. 先检查管子的质量证明书有无问题。
2. 可以做取样理化分析（检查硬度、金相组织、化学成分等）。
3. 如果以上都合格，可以用消磁手段。三个方法消磁：一是施加反磁场如前面叫浮尘的网友所说；二是敲打，从一定高度摔打管子；三是加热。

| ttdk | 位置：天津 | 专业：建筑 | 第9楼 | 2006-5-9 10:55 |

建议楼主到以下网址看看，应该有所帮助：

【相关主题】钢管带磁性，怎么办？
http://bbs3.zhulong.com/forum/detail3300077_1.html。

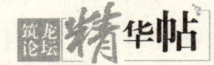

| linweiguo007 | 位置：浙江 | 专业：建筑 | 第1楼 | 2006-4-11 22:07 |

我现在碰到一个奇怪的问题，我负责的燃气管道工程，管道对接时用手工电弧焊，焊接时发生严重偏弧。经检查发现材质为20号，$\Phi 159mm \times 6mm$ 的无缝钢管带磁性了，请各路高手能告诉我如何对钢管消磁，钢管带磁性是否为质量问题，其产生原因。

| liushengzhi | 位置：新疆 | 专业：安装 | 第3楼 | 2006-4-15 0:33 |

我也碰到过类似的情况，当时就把焊接把线缠绕在所要焊接的焊缝两边，多缠几道。这样偏吹的现象就好的多了。再就是注意地线的搭接位置不要离焊口太远，这样情况也会好很多。

| 黎明雨 | 位置：山东 | 专业：其他 | 第4楼 | 2006-4-15 21:03 |

焊接时发生严重偏弧，其中一个是因为剩磁的影响。

工件在以下情况都会有意或无意地被不同程度地磁化，产生剩磁。如磁粉检测时对工件进行磁化，工件被磨削、电弧焊接、低频加热、与强磁体（如机床的磁铁吸盘）接触或滞留在强磁场附近，以及当工件长轴与地磁场方向一致并受到冲击或振动被地磁场磁化等。铁磁性材料和工件一旦磁化，即使除去外加磁场后，某些磁畴仍保持新的取向而不回复到原来的随机取向，于是该材料就保留了剩磁，剩磁的大小与材料的磁特性、材料的最近磁化史、施加的磁场强度、磁化方向和工件的几何形状等因素有关。

在不退磁时，纵向磁化由于在工件的两端产生磁极，所以纵向磁化较周向磁化产生的剩磁有更大的危害性。而周向磁化（如对圆钢棒磁化），磁路完全封闭在工件中，不产生漏磁场，但是在工件内部的剩磁周向磁化要比纵向磁化大。这可以从周向磁化过的工件上开一个纵向的深槽中测量剩磁来证实，但用测剩磁仪器测出工件表面的剩磁确很小。

工件上保留剩磁，会对工件进一步的加工和使用造成很大的影响，例如：
1. 工件上的剩磁，会影响装在工件附近的磁罗盘和仪表的精度和正常使用；
2. 工件上的剩磁，会吸附铁屑和磁粉，在继续加工时影响工件表面的粗糙度和刀具寿命；
3. 工件上的剩磁，会给清除磁粉带来困难；
4. 工件上的剩磁，会使电弧焊过程电弧偏吹，焊位偏离；
5. 油路系统的剩磁，会吸附铁屑和磁粉，影响供油系统畅通；
6. 滚珠轴承上的剩磁，会吸附铁屑和磁粉，造成滚珠轴承磨损；

7. 电镀钢件上的剩磁，会使电镀电流偏离期望流通的区域，影响电镀质量；
8. 当工件需要多次磁化时，上一次磁化会给下一次磁化带来不良影响。

由于上述影响，故应该对工件进行退磁。退磁就是将工件内的剩磁减小到不影响使用程度的工序。但有些工件上虽然有剩磁，并不影响进一步加工和使用，就可以不退磁，例如：

1. 工件磁粉检测后若下道工序是热处理，还要将工件加热至700℃以上的热处理（即被加热到居里点温度以上）；
2. 工件是低剩磁高磁导率材料，如用低碳钢焊接的承压设备工件和机车的汽缸体；
3. 工件有剩磁不影响使用；
4. 工件将处于强磁场附近；
5. 工件将受电磁铁夹持；
6. 交流电两次磁化工序之间；
7. 直流电两次磁化，后道磁化用更大的磁场强度。

退磁的原理：

退磁是将工件置于交变磁场中，产生磁滞回线，当交变磁场的幅值逐渐递减时，磁滞回线的轨迹也越来越小，当磁场强度降为零时，使工件中残留的剩磁 B_r 接近于零。退磁时电流与磁场的方向和大小的变化必须"换向衰减同时进行"。

退磁方法和退磁设备

1. 交流电退磁

（1）通过法

对于中小型工件的批量退磁，最好把工件放在装有轨道和拖板的退磁机上退磁，退磁时，将工件放在拖板上置于线圈前30cm处，线圈通电时，将工件沿着轨道缓慢地从线圈中通过并远离线圈至少1m以外处断电。

对于不能放在退磁机上退磁的重型或大型工件，也可以将线圈套在工件上，通电时缓慢地将线圈通过并远离工件至少1m以外处断电。

（2）衰减法

由于交流电的方向不断的换向，故可用自动衰减退磁器或调压器逐渐降低电流为零进行退磁，如将工件放在线圈内、夹在探伤机的两磁化夹头之间、或用支杆触头接触工件后将电流递减到零进行退磁。

对于大型承压设备的焊缝，也可用交流电磁轭退磁。将电磁轭两极跨接在焊缝两侧，接通电源，让电磁轭沿焊缝缓慢移动，当远离焊缝1m以外再断电，进行退磁。

2. 直流电退磁

直流电磁化过的工件用直流电退磁，可采用直流换向衰减或超低频电流自动退磁。

（1）直流换向衰减退磁

通过不断改变直流电（包括三相全波整流电）的方向，同时使通过工件的电流递减到零进行退磁。电流衰减的次数应尽可能多（一般要求30次以上），每次衰减的电流幅度应尽可能小，如果衰减的幅度太大，则达不到退磁目的。

（2）超低频电流自动退磁

超低频通常指频率为0.5~10Hz，可用于对三相全波整流电磁化的工件进行退磁。

3. 加热工件退磁

通过加热提高工件温度至居里点以上，是最有效的退磁方法，但这种方法不经济，也不实用。

| bcef_2000 | 位置：云南 | 专业：给排 | 第5楼 | 2006-4-21　21:27 |

我刚用的20G管子磁性也比较大，可以把焊丝吸在上面，我用的办法是找个磁性大的正极和负极的磁铁各一块，放在焊口附近的管子上，基本上可以焊，但是焊完以后磁性还是有。

| ttdk | 位置：天津 | 专业：建筑 | 第6楼 | 2006-4-26　11:48 |

佩服大家的水平，不过我是搞施工的，由于施工现场好多条件的限制，有时候处理起来比较难，很难有理想的处理条件，所以最简单的才是最方便的。我在一线干过多年，有个最简单的方法，不过说出来请大家不要笑话，因为没什么水平，不过最实用：那就是用锤子或是榔头在管端有力敲击，保证有效。不过一定注意不要把管子敲击变形就好了。供大家参考，并请大家批评指正。

| xjwlyangbin | 位置：新疆 | 专业：安装 | 第8楼 | 2006-5-6　11:15 |

给"物理消磁，在焊口附近绕线圈，通电消磁"加一个图片更能说明问题（图4.29）。

图 4.29

| 独孤磊 | 位置：安徽 | 专业：安装 | 第18楼 | 2006-5-13　10:00 |

上面诸位所说的物理消磁的线圈，如果磁性不是太大的话，可以用操作工的电焊把线直接在管口缠绕几圈作为消磁线圈，磁性很大时需用漆包线制作线圈（配以整流器），使用时线圈需调换套入钢管的方向实验，且有一定消磁时间，不能急。

第 5 章
防水与保温

5.1.1 讨论主题：水泥多孔砖外墙体如何做好墙体防水？

原帖地址：http://bbs3.zhulong.com/forum/dispbbs.asp?rootid=1963330&p=1

| wtywty 0083 | 位置：浙江 | 专业：监理 | 第1楼 | 2005-9-13 16:44 |

我们施工的一个住宅小区，施工单位开发并承建，原设计为黏土多孔砖，后因施工单位自己建了一个水泥多孔砖厂，经施工与设计联系，墙体改为水泥多孔砖。从以往的经验来看，这种砖做为外墙材料使用不大适合，因为南方地区多雨水。从竣工后不到一年时间，这个问题果然出现，而且较多。所以想请教一下同行们，这种墙体如何能做好外防水，外墙为普通外墙涂料。

| scllm | 位置：浙江 | 专业：施工 | 第3楼 | 2005-9-13 17:08 |

多孔砖做外墙是可以的，但是在第一层的窗台以下部位，应该用实心黏土砖，或者应该做好防水工程。

| happyfww | 位置：其他 | 专业：其他 | 第4楼 | 2005-9-13 17:10 |

我认为外墙渗水与砖的材质没有多大关系，关键是防水没做好，譬如外墙的基层没有用水泥砂浆粉刷而直接采用混合砂浆造成渗水，如果外墙要做防水，和其他外墙做防水没多大区别。

| zyg259259 | 位置：黑龙江 | 专业：结构 | 第5楼 | 2005-9-13 21:15 |

同意 happyfww 的看法，在外墙表面基层做防水砂浆，同时将勒脚做到第一层窗台以下，可以考虑设一散水，基层之上再贴面砖，黏土多孔砖、水泥多孔砖均可放在第一层，不知是否可行。

| wtywty0083 | 位置：浙江 | 专业：监理 | 第6楼 | 2005-9-13 23:03 |

但是做为水泥多孔砖，它的吸水率和膨胀率与普通的黏土多孔砖是有较大区别的，如果按常规的做法，就难避免这种现象的发生，小区的外粉就是按常规做的水泥砂浆粉刷，这里面是不是有必然的联系，我一直没找到有力的理论来说明这一点，所以我也不敢下结论了。因为现在水泥多孔砖在我们这还是个新生事物，有关的测试资料我也没见到过（送到监理手上的是已经加工过的，谁敢信），不知有没有朋友有这方面的资料。

| luqiab | 位置：浙江 | 专业：其他 | 第3楼 | 2005-9-14 11:26 |

按国家规范烧结砖和水泥砖在强度、尺寸性能上没有多大的差别，比如，浙江省在《混凝土多孔砖技术规程里》就有规定3.1.7 混凝土多孔砖的线干燥收缩率不应大于0.045%，3.1.8条对相对含水率也有规定。但现在的混凝土砖在实际施工中的质量就不是太好了，往往强度低，收缩率大，变形大等情况较多。加上在粉刷工程中的施工问题，造成渗水。这里想提另一个问题，就是砖的检测问题：规范中没有对不合格的砖复试进行规定，造成砖可以一直复试到合格为止，不像钢筋复试不合格就要退场，这也是现场砖的实际质量较差的原因之一。关于防水的话我想首先你的基层要合格可靠，包括砌块、砂浆、砌筑质量等，其次是砂浆面层要有一

定的强度梯度，各层间的强度不能相差太大，还有就是掺加专用的砂浆纤维。

| hjx200 | 位置：江苏 | 专业：施工 | 第 10 楼 | 2005-9-14　12:35 |

我想说的是，这种砌筑材料用于外墙砌筑应该是可以的。但具体说外墙防潮不防潮不能就认为是水泥多孔砖的问题，我的分析有三点意见供大家参考。

1. 就是原材料问题，有没有送检，是否合格，是否达到设计要求。
2. 作为外墙抹灰，有没有偷工减料的现象，抹灰是否用的水泥砂浆，有没有认真打底，按照正常的施工经验，如果抹灰偷工减料没有认真打底，采用一遍成活，下雨是有可能返潮的。
3. 外墙的防水涂料质量是否可靠。

| wtywty0083 | 位置：浙江 | 专业：监理 | 第 12 楼 | 2005-9-14　13:09 |

工程的情况是这样：

原设计黏土多孔砖为 MU7.5，M5 混合砂浆砌筑，改为水泥多孔砖后，砌体的抗压强度要求设计院出联系单进行更改（因为从设计图纸看，设计好像是采用 PKPM 框架形式，但梁的高度和配筋又较常规纯框架梁小，他们的解释是框混结构）。从现场取样看，第一、二批是达到要求的，后来因工期紧，砖出厂的时间缩短，有个别批次达不到设计要求。经我们到生产车间观察，砖内黄砂的清石粉含量大概在 30% 左右（这是否有关系？）。为保证工程进度，施工单位从其他厂家进了一批货（经试验合格），以推迟自产砌块的进场时间。后再抽样又合格，我们认定其合格。

| 439609869 | 位置：四川 | 专业：施工 | 第 14 楼 | 2005-9-15　13:56 |

所谓框混是不是指"半框架"结构？也就是每套住宅的分隔墙采用承重墙体，套内不设置墙体，而采用框架梁承重？我施工过这种结构，应该说不错啊！不论是承重体系还是使用功能都能满足要求，重要的是造价也较框架结构低一点。关于外墙砖体选择问题，其实楼主说的外墙不宜使用空心砖的说法我个人认为是可以理解的，筑龙论坛上也谈论很多这方面的东西了。毕竟，空心砖本身没有任何防水的性能，反而还会引导雨水在孔洞中流动，遇到稍有薄弱的地方就发生渗漏。也就是说，表面看是在这个地方的墙体发生了渗漏，而事实上，可能是相距很远的地方的外墙发生了渗漏，你怎么去处理阿？而如果采用实心砖体的话。上述问题就能大大减少了。况且，实心砖体本身就具有一定的防水性能。我经历过，用 120mm 的砖砌水池（高 1m），仅内侧抹水泥砂浆，装水后不渗漏。哪位可以告诉我，谁用空心砖砌的水池达到过这个效果啊？关于外墙的防渗漏问题，因为无论你如何施工，抹灰面毕竟都是要开裂的（考虑到气候及温度的变化的影响、砂浆自身收缩的因素，还有最重要的就是时间的推移），如果外墙使用的是涂料（就算是防水涂料），几年之后，还是会发生外墙渗水的现象吧。

| nini1971 | 位置：浙江 | 专业：其他 | 第 15 楼 | 2005-9-16　8:49 |

1. 水泥砖的质量，进场水泥砖的质量一般都可以从外观上看出来比如棱角，颜色，重量；
2. 水泥砖上墙的龄期；
3. 砌筑方法，节点处理；
4. 上墙、抹灰不浇水。

| liangcha2004 | 位置：广西 | 专业：施工 | 第 19 楼 | 2005-9-16　23:53 |

　　我认为用水泥砖做外墙材料是不如实心砖好，不过如果施工中处理好了也可以保证外墙不渗漏。我分析外墙漏水的原因可能有以下几点：
　　1. 水泥砖龄期不够，造成墙体强度降低，使用一段时间后墙体就会开裂。
　　2. 水泥砖在砌筑前被雨水或施工养护用水淋湿，造成含水率超标，即降低砖的强度也使得以后由于水汽蒸发造成抹灰层开裂。
　　3. 水泥砖砌筑外墙时第一皮砖未灌孔或灌孔不密实，也可能灌孔混凝土的强度不够。
　　4. 拉结筋未做 90°直钩或未埋在砂浆内，又或者拉结筋长度不够。
　　5. 顶上斜砌的顶砖施工时间太早，墙体收缩后在与梁底接触的地方会出现裂缝，顶砖宜在抹灰前一周砌筑。
　　6. 外墙抹灰未掺抗裂纤维或微膨胀剂。
　　7. 砖墙与混凝土相接的地方未钉钢丝网处理。
　　8. 外墙超厚未处理，造成超厚部位开裂。

| 我的网址 | 位置：江苏 | 专业：施工 | 第 20 楼 | 2005-9-17　9:16 |

　　住宅区是多层建筑，水泥多孔砖砌筑承重墙、非承重墙，最高层次不能超过六层。外墙使用该材料是没有问题的。具体砌筑墙体渗水我认为有以下几个方面：
　　1. 使用的水泥多孔砖的各种技术指标，是否达到国家建材要求。
　　2. 在砌筑过程中，灰缝不饱满，特别是竖向灰缝不实。
　　3. 抹灰前对基层没有进行严密的甩浆，有透底现象。
　　4. 没有按照施工要求，抹灰面是三遍成活，有可能是一、二遍成活。

5.1.2　讨论主题：你家屋面渗漏了怎么办？

原帖地址：http://bbs3.zhulong.com/forum/detail2064085_1.html

| sunnyman168 | 位置：北京 | 专业：其他 | 第 1 楼 | 2005-9-26　23:13 |

　　一旦进入了雨季，就会有各式各样的工程出现房屋渗漏的问题，面对这个头疼的问题，你是否感到了束手无策呢，惟一解决的办法，就是用防水材料进行筑漏。而筑漏的成功与否关键决定施工质量。大家讨论一下堵漏施工时应注意哪些问题呢？房屋防漏工序施工时应注意什么？

| hjx200 | 位置：江苏 | 专业：施工 | 第 4 楼 | 2005-9-27　12:08 |

　　我觉得渗漏问题是一个头痛的老问题，也是一个好说不好做的问题。但也不是绝对就不可以做好，往往遇到这些问题在修补中总是治标不治本。我认为要做到以下几点：
　　1. 在防水施工中要有相当的意识，要把它作为一个大的隐患，怎么做谁都知道，关键要认真把好关；
　　2. 在做其他设备工程施工时要注意成品保护，不是说不是我的活我就不管；
　　3. 防水隐蔽前要认真检查各个角落有无损坏，并及时修复，并在隐蔽过程中注意保护；
　　4. 如发现存在问题要找出问题的根源认真修复，不能草草了之治表不治本。

| wang lin808 | 位置：天津 | 专业：施工 | 第6楼 | 2005-9-27 22:24 |

我觉得要从以下几方面把关：
1. 请专业防水队伍施工是保证质量的前题。
2. 认真做好隐蔽验收，蓄水试验。
3. 材料的检验也是一个关键环节。
4. 施工完后的成品保护也不容忽视。

| szh3027 | 位置：河北 | 专业：监理 | 第8楼 | 2005-9-27 23:01 |

首先找到漏水的地方，将漏水的地方的防水材料做好标记，然后再作一次防水就可以了，现在大部分都是这种方法，不过现在的楼房好像都有维修的，最可怕的漏水是地下室漏水，这样不太好修补，还有就是用环氧树脂修补了。修补的时候要注意严格按照防水规范施工，还有就是基层一定要干燥。建议大家买房的时候不要买顶楼，很麻烦的。

| 二少年 | 位置：山东 | 专业：监理 | 第10楼 | 2005-9-29 22:17 |

屋面漏水的原因真是五花八门。我们今年维修的工程太阳能的原因竟占到80%。现在的住宅楼屋顶大多是坡屋面，且有阁楼的居多，住户普遍都要安装太阳能，太阳能支架在坡屋面上只能用膨胀螺栓固定，固定时破坏防水层，雨水顺螺栓流进保温层，造成渗漏。在天气好、基层不湿的条件下，将螺栓四周剔出深、宽5cm的槽，用聚氨酯防水涂料修补，凝固后在螺栓周围15cm范围内做防水砂浆，厚度以将螺栓头埋在砂浆以下2~3cm为准。经过维修，大部分效果还不错。

| sunnyman168 | 位置：北京 | 专业：其他 | 第20楼 | 2005-10-3 9:05 |

房屋漏雨有以下几方面的原因：
一是防水设计不合理；
二是防水材料的选择不当；
三是施工队不够专业；
四是普通老百姓自己在维护房屋的时候没有相关的专业知识，容易留下一些漏洞；
五是假冒伪劣的防水产品冲击市场、防水价格层层剥离、防水工程暗箱操作、不正当的社会关系等等，都是造成渗漏的原因。

| hlzzl | 位置：广东 | 专业：造价 | 第21楼 | 2005-10-4 0:57 |

sunnyman168说的第四点我觉得最实在，对于专业人员来讲，堵漏并不难，现在难的就是老百姓不知道专业知识，所以出现漏洞。对于砖墙的点漏和线漏我没有办法，但对于混凝土墙体可以采取暗敷埋管的方式引渗漏水。

| zcxj | 位置：新疆 | 专业：结构 | 第22楼 | 2005-10-4 11:12 |

如果是已经漏了，那就首先找到漏水的地方，将漏水的地方的防水材料做好标记，然后再作一次防水就可以了，现在大部分都是这种方法，不过现在的楼房好像都有维修的。修补的时

候要注意严格按照防水规范施工，还有就是基层一定要干燥。

| 菜鸟甲 | 位置：广东 | 专业：结构 | 第23楼 | 2005-10-4 16:43 |

sunnyman168 斑竹说的几点原因不敢苟同。

首先，防水设计不合理。何谓合理，何谓不合理？从设计院出来的图纸，无论是建施、结施、水施、电施都有其理论依据或者相关规范。但是落实到实际施工当中，又有多少可行性或者合理性？这些都是靠现场施工人员根据具体施工情况而定的。所以说防水设计不合理有以点带面之嫌；

第二，防水材料的选择不当。大家都知道，所有的防水材料选择，都是要按照施工图纸要求，选择正规厂家的合格产品，施工前必须送检。所以鄙人不认为有防水材料选择不当这一说，最多也就是部分施工单位为获取利益，掺杂使假、偷工减料，造成防水工程质量不合格；

第三，施工队不够专业。专业这个词似乎太过严重了，大家都知道，现在的具体施工人员基本上都是农民工，要求农民工具备很好的专业知识，似乎是笑谈。这样就要求施工技术人员有相当的敬业精神，认真负责的指导施工；

第四，普通老百姓没有专业知识。要求每个人都具备专业知识，未免太过于强求，所以就要求我们的物业从业人员本着对业主负责的态度，从自己的专业出发，对业主维护房屋进行专业指导；

第五点说的是从业人员的职业道德问题了，就不发表意见了！

| cxl110110 | 位置：河北 | 专业：建筑 | 第24楼 | 2005-10-4 16:58 |

补充一点，屋面排水口处的雨水箅子不要被杂物堵上，尤其在冬春季节，屋面融化的雪水和其他如太阳能中水管破裂等情况流出的水，如不能及时排掉造成雨水口处大量积水，由于昼夜温差，造成冻融的恶性循环，拉裂屋面的防水层，这也是造成屋面渗漏的一个不容忽视的地方。

| sxyjc | 位置：辽宁 | 专业：施工 | 第32楼 | 2005-10-8 11:29 |

屋面渗漏的问题是现代建筑屋面结构面临的问题，渗漏产生的原因主要有：

1. 现在采用的保温屋面的保温层有一定的含水率，抢工期造成铺垫层、找平层没有干透。防水层长时间在潮湿的保温层下面捂着，使防水层很快失效。

2. 主体施工质量差，找平层灰号低，水很容易渗到保温层中，使保温层总处于潮湿状态。

如果进行维修应从两种情况分别对待：平屋面、坡屋面。

我公司根据近几年的维修经验认为针对平屋面的维修不应该采用膜状的防水材料修补，而应该用防水涂料维修，我公司长年用贝瑟兰防水涂料，效果非常好，返修率极低。但施工工艺很主要，通常讲，三分材料，七分施工。

| sunnyman168 | 位置：北京 | 专业：其他 | 第29楼 | 2005-10-9 20:28 |

施工时应注意以下几个问题：

施工基面必须清理。认真检查原渗漏屋面的防水层，对已开裂和起泡的防水层要彻底清除掉，对防水层上的灰尘要彻底清除干净。如用聚氨酯类防水涂料施工的话，也可先用溶剂在旧基面上涂刷一遍，这样既清除了灰尘又可增加粘结牢度。

施工屋面必须干燥。屋面的水分不蒸发掉，会将新的防水层顶起，防水效果立即失效。因此，雨天不宜施工，要等到太阳将水分晒干后方能施工，不然水分蒸发不掉。

卷材与屋面要紧密粘合在一起。卷材之间有一定宽度的搭接，这样才能形成一张完整的防水层。为保证墙角与屋面三面交接处粘结服贴，最好同时再刷上防水涂料，做到双重保险。

防水涂料须达到规定用量。粉刷量一般在每平方米2kg左右，注意厚度均匀，最低厚度要在1.2mm以上，这样才有足够的强度。

5.1.3 讨论主题：建筑外墙保温技术的利与弊。

原帖地址：http://bbs3.zhulong.com/forum/dispbbs.asp?rootid=1654312&p=1

| sunnyman168 | 位置：北京 | 专业：其他 | 第1楼 | 2005-8-1 23：56 |

外墙保温技术已成为我国一项重要的建筑节能技术。目前，在建筑中常使用的外墙保温主要有内保温、外保温、内外混合保温等方法，然而，在不同的保温方法施工过程中，也出现了各种各样的质量问题。希望大家把这方面工程施工的经验得失拿出来探讨一下。

呵呵，请北方的网友来探讨一下保温问题，南方的网友来探讨一下隔热问题。

1. 外墙内保温就是外墙的内侧使用苯板、保温砂浆等保温材料，从而使建筑达到保温节能作用的施工方法。该施工方法具有施工方便，对建筑外墙垂直度要求不高，施工进度快等优点。

2. 内外混合保温，是在施工中外保温施工操作方便的部位采用外保温，外保温施工操作不方便的部位作内保温，从而对建筑保温的施工方法。

3. 外墙外保温，是将保温隔热体系置于外墙外侧，使建筑达到保温的施工方法。由于外保温是将保温隔热体系置于外墙外侧，从而使主体结构所受温差作用大幅度下降，温度变形减小，对结构墙体起到保护作用并可有效阻断冷（热）桥，有利于结构寿命的延长。因此从有利于结构稳定性方面来说，外保温隔热具有明显的优势，在可选择的情况下应首选外保温隔热。

| mingong | 位置：河北 | 专业：施工 | 第3楼 | 2005-8-2 14：24 |

外墙外保温的抹灰层裂缝问题也是当今的实际施工过程中让人挥之不去的阴影。希望大家积极参与讨论：

各自有哪些优缺点？

如何解决存在的问题（有什么好的做法）？

| czm-023 | 位置：浙江 | 专业：施工 | 第6楼 | 2005-8-3 21：56 |

楼上的朋友说话好不饶人，我们现在杭州的这个小区用了聚苯颗粒外墙保温技术，外面还贴面砖。现在工程快完了，总的感觉还不错。施工中遇到了不少的问题呢。

1. 现在杭州的外墙保温的材料、保温性能的实验室检测还不完善，没有自己的标准，用的都是北方的或者是材料厂家的标准，甲方和总包方处于被动。

2. 外墙抗裂砂浆，特别是第二层找平不太容易（面砖就直接贴在上面），费工费时。基本只有开始才能达到规范的要求。一句话：麻烦。

3. 墙面没有办法确定是否空鼓。

4. 外墙的勾缝剂发白（用稀释的盐酸洗的），没有办法处理，现在在描缝。

还有很多问题，都解决了。但是很麻烦，对总包方不利。

| ggggtghaps | 位置：河北 | 专业：结构 | 第9楼 | 2005-8-4 12:55 |

应当说外墙外保温在北方的城市用得比较多一些，一般的高层建筑采用全剪力墙的工程都会有外墙外保温，外墙外保温比较于内保温在施工质量与施工方便上来说好了许多，但是外墙外保温还是存在一些不可避免的问题。

第一，外墙外保温的安装是在模板安装之前进行，在安装的时候会对施工现场造成一些污染，而这一些白色污染是比较不易于清理的污染。

第二，保温材料可以在作业面以外进行下料，但是由于现在市场上的这种保温材料尺寸不是太正规，也就是说不方，在拼装时，会产生比较大的接缝，而这些接缝的地方就是比较容易漏浆的地方。

第三，现在的保温材料都不是太规范，有许多材料厂家都是参照标准的下限进行制作，表现在这些方面，A 聚苯板的密度不够，B 聚苯板的锚固钢丝长度不够，C 锚固钢丝网的焊接质量不够，D 聚苯板本身的厚度不够。

第四，由于聚苯板的钢丝网背面钢丝与聚苯板之间有1cm宽的缝隙，只有在混凝土施工完毕后，用混凝土的侧压力才可以将这1cm缝隙去除，如果是在浇筑混凝土时，由于聚苯板的安装不好，混凝土先进入了聚苯板外侧，那1cm的缝隙就压不出去了，这样就会将混凝土墙厚度减小了1cm。

第五，由于第四条原因，当到了墙体最上方时，由于混凝土基本上没有了侧压力，所以在这里的墙厚度每一次都会少1cm或者更多。

第六，外墙外保温是依靠背面的钢丝网与之装修时的水泥砂浆相接合后，才可以保证砂浆不会脱落，如果是出现了第四条的现象，砂浆就容易出现空鼓、脱落的现象。

第七，由于外墙外保温材料与外墙面的装饰材料的比重相差很多，受热变形系数不一样，产生的收缩也不一样，这也是近几年来高层施工不易采用外墙面砖的问题。

许多的问题都还有待于我们去解决，去发现。对于这种新材料新工艺来说，我们只是才刚刚开始。

| bay | 位置：浙江 | 专业：其他 | 第10楼 | 2005-8-5 11:11 |

现在南方的建筑都有保温设计，主要是采用保温砂浆的做法（应用于外墙）。也有聚苯板的，应用于内墙，还在推广应用阶段，不是很普遍。说实在的，冬天南方冷多了。

| fuqian4733 | 位置：山东 | 专业：地产 | 第11楼 | 2005-8-5 19:16 |

czm-023，能不能说一下你们是怎么做的？我们的工程外墙保温还贴文化石，我真怕文化石到时掉下来，希望指教！谢谢。

| jordan84cn | 位置：江苏 | 专业：建筑 | 第13楼 | 2005-8-5 20:10 |

保温砂浆的强度要和原来打底的砂浆强度一致，过低或过高的话会引起墙面裂缝。

| zyliangcq | 位置：江苏 | 专业：施工 | 第14楼 | 2005-8-6 11:25 |

外墙的勾缝剂发白主要原因是材料问题，在温差变化及湿度变化时容易氧化，本人现在正在完成一个景观墙的工程，因为涉及水流（有小瀑布），本人打算用德国的立可邦产品，请大家指点。

| jasmine_guan | 位置：四川 | 专业：造价 | 第17楼 | 2005-8-6 15:41 |

现在设计都执行新的节能规范了，好像从去年开始的吧。
不知是不是全国范围的，四川是在执行了。外墙保温都在做啊，不是保温砂浆，是聚苯泡沫板？是比较麻烦。

| hahzlyh | 位置：江苏 | 专业：其他 | 第19楼 | 2005-8-7 7:31 |

我想请教各位，目前做冷库保温墙用什么做保温材料最经济，又能达到保温效果？

| sunnyman168 | 位置：北京 | 专业：其他 | 第20楼 | 2005-8-7 8:54 |

回复17楼：德国的立可邦产品比较好，我以前也用过。
回复19楼：请你把结构形式告之，我可以向你推荐一种保温技术，最经济的可能就是发泡聚氨酯了，但效果可能差一点，你也可以采用聚氨酯（PU）冷库板或者聚苯乙烯（泡沫/EPS）冷库板直接拼装。

| sunjuwei | 位置：辽宁 | 专业：施工 | 第21楼 | 2005-8-7 23:07 |

我现在遇到一个工程是用带钢丝网的聚苯板外保温，上面贴外墙面砖，请问大家怎么干？
材料有专业的吗？工程是不是很麻烦？有规范和图集吗？
大家谈的好像都是剪力墙类，要是砌空心砖墙，墙与柱交接部位加不加玻纤网布？保温板下还用抹灰吗？

| ly_ddh | 位置：辽宁 | 专业：水利 | 第25楼 | 2005-8-7 23:49 |

外墙保温施工中，如果质量控制的不好，很多裂缝的存在给建筑的使用造成了很多不便，最大的问题就是下雨时渗漏进来后，由于外保温材料的阻隔，潮气散发不出去，从而向内散发，这样使建筑内部出现很多新问题。
如，墙体长毛等。
对于住宅来说，不管你对结构是否有利，反正是不利于人们的居住了，实际上，新材料新技术反而起到了喧宾夺主的作用。
用这些技术的时候要谨慎再谨慎。

| 边缘构件 | 位置：北京 | 专业：结构 | 第26楼 | 2005-8-8 9:59 |

下面是我公司关于外墙外保温体系的优选案例，希望对各位有参考价值！
北方地区节能墙体优选案例：
虽然我们外墙外保温体系的应用中已经取得了一定的成功经验，但是，我们更加清醒地认识到，我们对于节能墙体的各种实现方式并未完全了解，EPS外墙外保温体系也绝非节能墙体发展的最高境界，随着对节能墙体的研究逐步深入，计算更明确、工艺更简单、性能更优越的节能墙体作法一定会层出不穷。我们目前所取得的成功，只能说在探索之路上刚刚迈出了门槛而已，必须始终保持谦虚、开放的心态，积极关注节能墙体的最新成果，并随时做好进一步创新的心理准备。

附件：略

| 64er | 位置：北京 | 专业：施工 | 第27楼 | 2005-8-8 14:32 |

我个人认为，所有用搅拌抹灰形式的外保温材料都是不行的，如聚苯颗粒、海豹石、珍珠岩等，因为所有轻质材料在搅拌时都会漂在上面，根本无法搅拌均匀。而所有外墙外侧粘贴聚苯板的方法，由于苯板与墙间存在空气层，一旦开裂不能解决墙面渗水问题。而在随大模施工现浇在一起的带钢丝网的舒乐板类的工法，无法彻底解决混凝土墙体保护层问题。外墙内保温无法解决梁板处的冷桥问题。因此目前好像没有真正过关的外保温技术。

| zhongweik | 位置：江苏 | 专业：地产 | 第29楼 | 2005-8-8 16:56 |

这个专题正是我们单位下一步要做的，感谢26楼的文件，对我很有用。但我还有很多疑问，希望各位朋友能将自己的心得与大家分享。

保温效果如何评定？内墙内保温是否有成功案例（长三角地区）？

| yzg19800908 | 位置：吉林 | 专业：其他 | 第31楼 | 2005-8-8 20:01 |

论节能效果还是以外保温为佳。其能源在结构内部流动，能长久些，消耗能源不是很大，而内保温升降温速度很快但是流失也快，所以做节能墙体还是外保温好一些，外保温材料现行以EPS和XPS保温板为主，其原材料都是聚苯乙烯，但生产工艺不同，EPS保温板是高温高压发泡，俗称聚苯板。XPS保温板是连续挤出不断发泡，俗称挤塑板。

EPS长见的系统施工质量很难稳定，弊端较多，全球惟一能使EPS达到最稳定的效果要属美国专威特，他生产的柔性系统专门配合EPS板基本把EPS系统的弊端很全面的控制住了，而且施工后的质量相当的稳定。但就是想达到现在国家要求的三步节能65%～75%得加厚不少，其粘面砖部位很不稳定。

XPS板全球以陶氏化学和欧文斯克宁两大生产厂家产品最为突出，其导热系数、吸水率、尺寸安定性都优于国家标准。XPS的导热系数是EPS的1.5倍，所以保温性能是同样厚度EPS的1.5倍，各性能指标也优于EPS很多，所以在全国广泛推用。

但在施工后也存在很大弊端，最主要的就是因其压强在250～350kPa之间，所以很难打磨，外墙平整度控制不了，再就是XPS不透气，在施工中如果板缝处理不好的话，很容易在板缝处出现冷桥现象，所以现在XPS保温系统一直也存在很大弊端。

| zyliangcq | 位置：江苏 | 专业：地产 | 第33楼 | 2005-8-8 21:55 |

yzg19800908："XPS的导热系数是EPS的1.5倍，所以保温性能是同样厚度EPS的1.5倍"，我觉得你好像犯了常识性错误。

据我的认识，EPS和XPS都是发泡产品，存在着孔隙率问题，请问孔隙率对保温性的影响是否有相应的参数？

| sunnyman168 | 位置：北京 | 专业：其他 | 第35楼 | 2005-8-8 22:14 |

转一篇文章：（限于篇幅原文略）

外墙保温技术及节能材料

王家瑛　刘劲松　张爱华

天津大学建工学院土木系建材实验室 300072

摘要：本文就当前我国常用的外墙保温技术及节能材料加以论述。在大力推广外墙保温技术的同时，要加强新型节能材料的开发和利用，从而使建筑节能真正得以实施。

关键词：建筑节能，外墙保温技术，节能材料

| yzg19800908 | 位置：吉林 | 专业：施工 | 第37楼 | 2005-8-9　18:29 |

回复 zyliangcq 网友：

呵呵，也许是我年轻识浅，但具我所知：

XPS 的导热系数国家标准是 0.028W/（m·K）；

EPS 的导热系数国家标准是 0.042W/（m·K）；

塑料制品的材料保温性能，主要就是取决于其导热系数的大小，你可以找一些专业人士咨询咨询。

因其生产工艺不同，其保温性能主要取决于透气性大小，透气性小自然保温性能就好。所以表观密度不同 EPS 最多也就能做到 $26kg/m^3$，压强在 100kPa 左右。国内生产厂家 XPS 最低也得做到 $40kg/m^3$，压强在 150～500kPa。

密度大的自然孔隙就小，所以保温性能就相应的好一些。

| tanglin07 | 位置：江苏 | 专业：造价 | 第41楼 | 2005-8-9　23:24 |

外墙保温砂浆现在存在一个比较严重的问题，就是我使用传统的检测方法根本无法判断是不是空鼓，用锤子敲击出来的声音都是一样的，而若施工时存在空鼓现象，仅仅依靠外面一道网格布来固定，使之不脱落是不大现实的；因此探讨出新的检测方法非常重要。

| qianjinguang | 位置：山东 | 专业：施工 | 第42楼 | 2005-8-10　10:02 |

yzg19800908 认识有误：

XPS 是采用挤塑方法生产的，其泡孔为闭孔结构，强度高，保温效果好；

EPS 是采用模塑方法生产的，其泡孔为开孔结构，强度低，保温较 XPS 差。

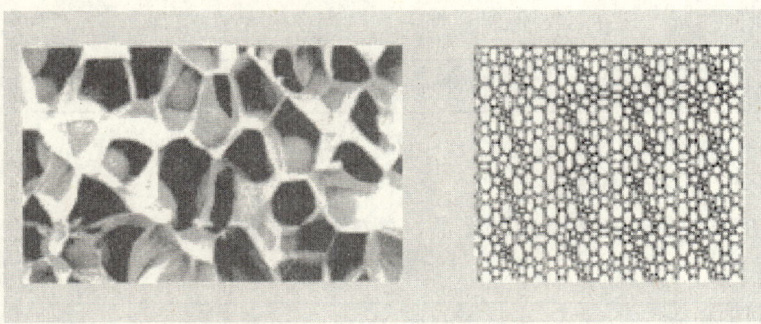

图 5.1　XPS、EPS 分子结构图比较

导热系数越大，我可以相比较认定为热的良导体，保温性能就越差（图5.1）。

| yzg19800908 | 位置：吉林 | 专业：施工 | 第44楼 | 2005-8-10 19:52 |

呵呵，见笑了。
上面你所说的是它的生产工艺和它材料本身的物理性能，我上面所说的透气性就是指在其材料物理性能基础上所能达到的效果。
XPS 其泡孔是蜂窝状闭孔式结构，孔隙率当然小，所以其透气性小些；
EPS 其泡孔为开孔结构，孔隙率当然大，所以其透气性稍大些。请多指教！

| xjhnx | 位置：新疆 | 专业：施工 | 第47楼 | 2005-8-11 19:21 |

外墙外保温，现在一般不抹灰，在聚苯板上刷涂胶粘剂，贴中碱玻纤布，面层刮涂专用柔性腻子，表面刷抗裂度好的涂料，不会出现裂缝。苯板表面抹灰或镶贴面砖，耐久性差，时间长了有使用的安全隐患。

| YFDCNKHGM | 位置：北京 | 专业：其他 | 第48楼 | 2005-8-15 12:35 |

外墙保温，最好在苯板外层再挂一层细目钢丝网，与墙体固定，再在钢丝网上挂抹水泥砂浆贴面砖，既可固定苯板又可防止裂纹。

| 王彦亮 | 位置：北京 | 专业：施工 | 第49楼 | 2005-8-15 16:13 |

外墙外保温好啊。不但能保温，还能保护墙体。

| soprema | 位置：北京 | 专业：其他 | 第50楼 | 2005-8-15 16:33 |

据说台风和连续降雨，使很多墙体出现渗水现象。不知各位在进行保温设计和施工时，有没有考虑防水措施？是怎么解决这个问题的？

| gao | 位置：其他 | 专业：施工 | 第52楼 | 2005-8-18 14:19 |

外墙在北方地区做保温是很普遍的做法，但是对于裂缝的问题真是找不出好办法，有人在试着用弹性涂料来解决表面裂缝问题，但也不知谁生产的比较好。

| zyliangcq | 位置：江苏 | 专业：施工 | 第54楼 | 2005-8-21 21:39 |

wwg20041016 的建议不错，隔热问题我觉得不光是墙体材料的事，窗户也很重要，窗户往往是在夏天产生温室效应，而在冬天又会导致室内的散热，所以隔热玻璃也应是保温考虑的一部分。

| sunnyman168 | 位置：北京 | 专业：其他 | 第55楼 | 2005-8-21 22:48 |

再转贴几篇关于外保温的文章。
（原文略）
当前建筑外墙的趋势是向外保温方向发展，尤其寒冷和严寒地区，在外保温贴面砖涉及安全问题应十分慎重。而建设部即将出台的外保温行业标准以及北京2002年出台的四种外保温地方标准中均没有在外保温直接贴面砖的法规，因此，从这些文件中可以看出，它们对保温层上贴面砖持慎重态度，由此可见：

1. 外墙外保温原则上不得直接在保温层上粘贴面砖，事实上不管粘面砖的胶多好，保温材料强度多高，检验结果证明，一般保温材料均不可能符合国家行标的粘结强度标准，如测试聚苯板的抗拉强度仅为0.1MPa，干密度为30kg/m³的发泡聚氨酯或挤塑聚苯板最高也不会超过0.3MPa左右。

2. 如果要在外保温墙贴面砖目前专一的做法即北京地方标准《外墙外保温技术规程》（DBJ/J01—66—2002），即现浇混凝土模板内置带钢丝网架的外保温体系，其所以能贴面砖，是由于采取了一种特殊的构造做法，其原则是在保温板的外侧设置了与保温层结合良好、有一定厚度、有较高渗度的配筋水泥砂浆，加强层是由强度为M10的抗裂砂浆，内配40mm×40mm低碳冷拔钢丝网，并与穿过保温板的2.5镀锌钢丝相点焊，而这一砂浆加强层通过斜丝和附加锚固筋与主体结构（钢筋混凝土墙）相连接，面砖的重量由加强层来承担，保温层不参与受力工作。

大量实践证明这一体系面砖的平均粘结强度均在0.65MPa以上，所以只要粘贴面砖的，质量良好，加强层有足够的强度，在这种外保温体系中允许粘贴面砖是有根据的。在其他一些外保温体系中，也在探索贴面砖的可能性，基本上都遵循这一原则，当然加强层的用材除配筋水泥砂浆外，也可采用其他加强材料，如"面砖-聚氨酯一体化保温板"的加强层采用的是高密度聚氨酯。

3. 为安全起见，在工程完工后，在面砖墙面上一定要进行粘结强度检验，根据中华人民共和国行业标准《建筑工程饰面砖粘结强度检验标准》（JGJ110—97），其平均粘结强度应不小于0.4~0.6MPa，这一标准不适用于面砖直接粘在保温层的粘结强度检验标准，在本标准的第2.6条对"粘结强度"的界定是："饰面层与粘结层界面，粘结层自身、粘结层与找平层界面，找平层自身，找平层与基体墙面上相对面积上所承重的粘结力。"是面对粘结层-找平层-基体墙之间的关系，其中没有保温层。而有网体系则完全不同，如将加强层作为找平层（实际上它的强度由于配筋而大大高于一般找平层），而它与基体墙的"粘结"是靠每平方米200根2.5mm的钢丝和每平方米3根φ6拉结筋，与保温层的强度毫无关系，所以采用行标来检验有网体系的粘结强度，只要检验面砖-粘结层-加强层三者之间强度。

4. 如果在某些特殊部位非要在保温层上粘贴面砖，如建筑物的首层墙面有抗撞击要求，则在北京地方标准DBJ/T01—66—2002无网体系中作出了规定，允许局部粘贴面砖，其高度限制距室外地面6m处，且在保温层表面应被复两层耐碱网格布，当然这是两年以前制定的措施，从当今的技术角度审视完全可以采取更可靠的其他措施，同时在实践中也很少采用这一措施，一般在这一部位均采用有网体系。

综上所述可以得出如下结论：

1. 至今还没有允许在保温层上直接粘贴面砖的有关法规或标准。

2. 在外保温体系中允许贴面砖的只有北京地方标准DBJ/T01—66—2002中有网体系一种，它的受力情况与在保温层上贴面砖完全不同，而是采取了一种特殊的构造措施。

3. 国家行标中对面砖的粘结强度检验标准，仅适用于在实体墙的找平层上贴面砖的做法或与此相似的做法，不适用于在保温层上直接贴面砖的做法，因此，这种做法既无国家和地方标准可以遵循，也无任何检验标准。

4. 某些个别体系之所以允许直接在保温层上贴面砖，是有条件的、局部的，并且一定要采取某些构造措施。

但当前在不少建筑物上既无切实可靠的措施，又无试验数据和科学根据，置国家及地方标准于不顾，无限制地在保温层上直接粘贴面砖，甚至还用于高层建筑，这不能不说是对安全的一大隐患，近来还流行一种误导，说什么贴在高强挤塑聚苯板上没有问题。的确挤塑聚苯板是一种优良的高强高效保温材料，它用于上人屋面，倒置屋面地下室墙保护层，永冻地带高速公路和机场跑道都有十分成功的经验，但用于外墙外保温既便是涂料饰面，至今还未曾见到过系统的试验报告和鉴定文件，以及与之相配套的粘结砂浆、抹面砂浆、办面剂等的材料试验报告。即使有报告也得有大量工程实践来验证，以往工程中的教训的确不少，因为任何实践都应以科学为根据，我们不反对对任何新体系的探索，我们也期待能研究出真的可以在挤塑聚苯板上贴面砖的新体系，但截至目前还没有看到有这方面的科研成果，这一课题需要研究的项目不少，如粘结面的处理，界面剂和胶结料与普通聚苯板均有差异，据有关权威检验部门检测结果证明（既便在表面加了一层玻纤网格布），这种做法也是不可靠的，虽然挤塑聚苯板有较高的强度，但试验结果证明其抗拉强度的离散性很大，所以要想实现这一梦想，要讲科学，因为它是一个系统工程，采用何种性能的板材？表面如何处理？采用何种界面材料？应用何种加强面层和涂料等都是值得研究的问题，套用其他保温材料的做法而忽略自身的特点肯定要为此付出代价，不少工程实践已得到验证。鉴于目前的这种倾向即直接挤塑聚苯板（或其他保温层）上贴面砖的做法，尤其在中、高层建筑中，危险性更大，是关乎人民生命财产安全的大是大非问题，加之目前挤塑聚苯板的市场还不太规范，价格之间的差距令人瞠目，质量如何可想而知，因此，笼统的无条件和无前提的说这种材料外可贴面砖，甚至推荐这种做法，值得人们高度警觉。因此，我们郑重的向有关部门呼吁，凡正在如此设计的设计部门或正在施工的工地应停止这一做法，对已建成的建筑应进行排查，并会同有关专家研究切实可行的补救措施，以防患于未然。

| js3721 | 位置：江苏 | 专业：其他 | 第 64 楼 | 2005-8-22 19:48 |

外墙保温面层的防裂砂浆很重要，不能抹厚，要相当的平，保温层也要平，如果不平，保温层与防裂层产生收缩的应力不一致就产生裂缝。

| 孙兆祥 | 位置：其他 | 专业：其他 | 第 65 楼 | 2005-8-22 21:35 |

大家谈的都很中恳。不过我觉得弊端还是不少。比如说外墙砖做拉拔试验恐怕就做不住了。

| 如雁随风 | 位置：山东 | 专业：监理 | 第 66 楼 | 2005-8-23 11:35 |

像我们鲁西北的建筑也面临一个外墙保温的问题，不过现在用的不是很多，毕竟我们这里冬天供暖很好，但这是大势所趋。看到以上的讨论，收益匪浅，谢谢大家。

| benpipi | 位置：北京 | 专业：结构 | 第 67 楼 | 2005-8-23 15:29 |

我在北京地区，北京的外墙保温规范比较完备，就是在复试内容的执行上存在较多的看法，任何一个小工程按照北京市的地方标准进行复试，将达到10000元人民币左右，这笔试验费用比较庞大，而且试验周期比较长，长达一个月。请采用 EPS 板抗裂砂浆施工的朋友们给予在时间安排上的重视。

另外，也可以采用外墙保温的多种形式来解决实际问题，比如说，外墙窗口以上部位采用50mm厚自熄型、立方米容重20kg的聚苯乙烯泡沫塑料板为保温芯材，应用聚合物粘结砂浆实施粘贴保温芯材，并安装锚固钉进行固定，用柔性聚合物面层砂浆，内衬抗碱涂塑网格布，构成柔性抗裂面层，实现对保温层的功能性保护；窗口以下部位30mm厚立方米容重20kg的聚苯乙烯泡沫塑料板为保温芯材，应用聚合物粘结砂浆实施粘贴保温芯材，并安装锚固钉进行固定，面层为挂钢丝网架抹20mm厚1:2.5水泥砂浆。在两种面层之间的保温接缝处设黑色塑料分格条。不但可以解决首层墙体的碰撞问题，又解决了上部墙面的美观问题。

| kika | 位置：天津 | 专业：建筑 | 第68楼 | 2005-8-23 16:48 |

　　大家的建议都很好，对我很有帮助，我本人对EPS和XPS的工程都有过实践经验，感觉EPS的开裂情况要普遍好于XPS，因为XPS在选用的时候大家陷入一个误区，并不是XPS压缩强度越大越好，150kPa足以满足墙体施工要求，强度大了反而使其刚性增加，加大了墙体开裂的几率。

　　现在在国内，挤塑板质量良莠不齐，一等产品为欧文斯科宁、陶氏化学等进口品牌，二等产品是台资的一些品牌，如乐福、嘉康等，三等产品是一些民营企业的产品如华美、飙鑫等。我在工程实际应用过很多品牌的产品，感觉还是进口品牌质量有保证，台资其次，国产产品价格虽然低下，但是大多使用二次料与回收料，加入大量的外加填充剂，成本下来了，但是品质却难以保证，以欧文斯科宁为例，他们的聚苯乙烯树脂颗粒采用的是南京扬子巴斯福（BASF）、三星化学，上海赛科等公司的产品，从质量上有一定的保证，大家在工程使用上也可以放心，据说可耐福保温材料（中国）有限公司已经成立并在天津大港建厂并生产XPS板材和保温棉，这样国内高端洋品牌又多了一个选择，对大家来说是件好事儿。

| 小烦－绍兴 | 位置：浙江 | 专业：施工 | 第73楼 | 2005-8-28 17:35 |

回复第6楼 czm-023：

　　也不是说话不饶人，外墙用贴面砖是可以保护保温砂浆，但因为保温砂浆本来就是软基层，不管上面有没有加网格布，空鼓是一定会存在的，相同的年限，保温砂浆的外墙砖就会剥落。你试想一下，夹心饼干，原理是一样的，现在很多住宅是外墙做涂料的，在我考察的工程中，是没有一个不裂的。

　　因为保温砂浆本来就要开裂，而且有空鼓，再加上水渗到保温砂浆中，因为气温的不同变化，结晶，再膨胀，结晶再膨胀，马上就会老化，这是聚苯乙烯的硬伤。

　　当然用挤塑板XPS（板厚根据寒冷等级和地方图纸的热阻计算就行）会好一点，但成本会高的一塌糊涂，想现在房地产开发这么累，谁受得了呀，现在能节省的一定要节省。

　　国家却把这种不成熟的垃圾硬性用上，连图集出得都不标准，有些图集我相信连热阻值，导热系数都不会有。

　　再加上一句，业主不是开发商，他是未来的住户，他们是真正的业主，质量对他们来说是最重要的，不是眼前没事就好了，可是要住很久，有些是一辈子呀。

　　为了节省成本，控制质量，服务真正的业主，国家不应该用这种环保材料，因为我国的保暖系数比国外的高三倍，这是不正常的。

| jrzhangliang | 位置：上海 | 专业：监理 | 第76楼 | 2005-8-29 12:20 |

上海地区普遍采用胶水或 L 型固定件来固定保温板，板厚一般为 30mm，再施工纤维布，再是一层砂浆，最后施工涂料或面砖。应该来说效果不错，当然缺点也有，就是胶水质量非常关键，还有平整度控制比较难，导致涂料施工需批腻子多遍。

| wjqtlgc | 位置：新疆 | 专业：施工 | 第 78 楼 | 2005-8-29 19:32 |

新疆地区普遍使用 EPS 膨胀聚苯板，施工的关键是主体工程的墙体垂直度和平整度要符合验收标准，使用的胶粘剂、底层防护层的质量要达到足够的强度。聚苯乙烯泡沫板的密度不能少于 $18kg/m^3$，否则会造成膨胀聚苯板从墙体上脱落。耐碱玻纤网格布是防止板缝开裂的主要措施，外加柔性腻子，可避免墙体开裂。对于不平整的墙体可用不同厚度的聚苯板来找平处理。

| hjx200 | 位置：江苏 | 专业：施工 | 第 83 楼 | 2005-8-30 21:51 |

就先贴聚苯板外墙保温我提几点意见请网友指点：

聚苯板的钢丝网背面，钢丝与聚苯板之间有 1cm 宽的缝隙，留的用途我认为是为将来与外墙抹灰有效连接用的，但混凝土浇灌完毕后，混凝土的侧压力将这 1cm 缝隙去除，影响了抹灰的有效连接。混凝土进入了聚苯板外侧，在抹灰前要处理干净，否则会影响抹灰质量。聚苯板保温外墙不宜做水泥砂浆光面，由于水泥砂浆与聚苯板的膨胀系数相差太大，时间长了温度裂缝太多；做外墙面砖比较好，这样裂缝就不明显，目测也看不出来。

| cys369 | 位置：山东 | 专业：设备 | 第 89 楼 | 2005-9-6 21:22 |

版主你好，本主题的回复我已经读了三遍，但还不了解的是，在冷库施工中使用聚氨酯发泡保温和挤塑板保温的工艺有何不同，和使用后的效果以及成本的大小？

| sunnyman168 | 位置：北京 | 专业：其他 | 第 91 楼 | 2005-9-6 21:38 |

后者效果肯定比前者好很多，而且是新工艺，不过成本相对高一点。

前者属于发泡保温材料一般采用喷涂施工工艺。

后者是以聚苯乙烯树脂为原料，经由特殊工艺连续挤出发泡成型的硬质板材，其内部为独立的密闭式气泡结构，是一种具有高抗压、不吸水、防潮、不透气、轻质、耐腐蚀、使用寿命长、导热系数低等优异性能的环保型保温材料。

发泡保温材料使用几年后易产生老化，随之导致吸水，造成性能下降。而挤塑板因具有优异的防腐蚀、防老化性、保温性，在高水蒸气压力下，仍能保持其优异性能，使用寿命可达到 30～40 年。

挤塑板，导热系数为 $0.028W/(m \cdot K)$，具有高热阻、低线性膨胀率的特性。其导热系数远远低于其他的保温材料，如 EPS 板、发泡聚氨酯、保温砂浆、水泥珍珠岩等。同时由于本材料具有稳定的化学结构和物理结构，确保本材料保温性能的持久和稳定，因此本材料为目前世界上最优秀的建筑绝热材料之一。

| zzfok | 位置：湖北 | 专业：施工 | 第 93 楼 | 2005-9-7 18:05 |

EPS 板相对于 EPS 板在墙面上是属于"刚性"板，受温度变形率远大于 EPS 板，所以面

层砂浆开裂通常在板缝之间，因为板面光滑而抗变形差，所以要用 8~12 个锚固钉来抵抗变形，EPS 板适用于地下室和屋面，还有室内地面的保温。EPS 板最大的问题就是耐久性，长时间强度会降低，国外基本是采用 35kg 以上的 EPS 板，国内就要少得多，通常在 18~25kg，所以耐久性不太好！但就问题而言，采用正规厂家的柔性体系问题相对其他的 XPS 体系和聚苯颗粒保温体系问题要少得多。国内大多数聚苯颗粒体系采用的是刚性，因为价格因素，不论是抹面砂浆还是聚苯颗粒砂浆都是如此，面层多是采用镀锌钢丝（热镀锌），复合普通砂浆加抗裂纤维的体系，以刚性面去抵抗外界的温度应力，因为镀锌钢丝的作用一般在两年左右问题有但是不太大，而长时间温度应力会导致镀锌层松动，而钢丝在碱性环境里完全腐蚀掉只需要约 4 年时间，当面层被破坏以后里层的抗水性和强度都很差，所以以后的问题会比较大。

| jiangqh110 | 位置：宁夏 | 专业：监理 | 第 101 楼 | 2005-9-9 13:39 |

外墙保温在国内发展仅仅 10 余年，其作用与安全性能还未能充分体现，就目前而言，常用外保温体系约 4~5 种，但大多数体系均不推荐外贴面砖（国家标准也不推荐），由于房地产经营者处于售楼需要，增加卖点，故而各地方陆续出台了地方标准，允许外立面面砖施工，各个地方出台的保温体系支撑标准各异，均处于试验阶段，保温板设计安全使用寿命 15 年，加上外贴砖呢？值得令人怀疑。就本人而言，目前接触的约三年前所施工的项目，均不同程度出现了问题，最严重的是第 10 层外墙面鼓包，不堪设想，告诫同仁，如非必要，尽量不要在外保温层上贴面砖。

| 长啸书生 | 位置：山东 | 专业：建筑 | 第 105 楼 | 2005-9-12 18:48 |

在正常使用和正常维护的条件下，外墙外保温工程的使用年限不应少于 25 年。而我国的保温工程真正实施也只有 10 年的时间，大部分的做法没经过实践检验，而是套用外国的经验，有很多不适合我国国情。面砖就是我国的国情，涂料墙面大部分的效果不好，不是说用涂料墙面不好，而是选用的时候就用低劣的产品，造成了破败的外观，面砖经过多年的发展，外观效果已经相当好了，现在为了保温而放弃面砖，是不有点可惜了。到现在我没找到一个不错的砌块可以用面砖做法（保温）。

保温工程是一个系统工程，单靠一个单一的企业是无法解决的，作为外墙外保温，其实是多个工种的结合，主体结构的施工企业，保温材料的生产企业，外饰面材料的生产企业，只有互相结合，才能产生完美的结合。

试设想一下，如果面砖像壁纸一样可以贴到保温材料上，岂不是两全其美的事，但需要解决保温材料的刚性和面砖与保温材料伸缩系数不同的问题，这就需要企业的合作。

当然，这只是假想，不过我们不能坐在这儿怨天尤人，总得想办法解决不是。

| qinshoulei | 位置：山东 | 专业：设备 | 第 108 楼 | 2005-9-13 15:23 |

现在全国墙体保温的方式很多，墙体外贴聚苯板的做法是最普及的。应该说保温效果也不错。虽然一直未能完全克服墙面开裂的问题，但经过几年的实际应用，相对说工艺已经比较成熟了。再者如果完全采用比较好的保温材料，按照正规施工工艺操作，也能达到比较好的效果。不过大多数开发商还是以节约成本为原则，将价格压的很低。这就是说，现在墙体保温的问题，也不完全是技术问题，还得能舍得花钱。

| yzg19800908 | 位置：吉林 | 专业：其他 | 第109楼 | 2005-9-13　15:35 |

回复68楼：

XPS保温板用于外墙，压强最低也得达到150kPa，200~300kPa为佳，如果压强小于150kPa，在1~2层处如被重物碰撞很容易变形或面层砂浆龟裂脱落，压强大于300kPa也不好，施工时很难控制住外墙表面平整度，显影现象比较严重。

回复52楼：

建议您看看美国专威特产品，它的外墙外保温柔性系统和它生产的弹性涂料在全球最具有权威性，不过就是价钱稍高一点。

| kika | 位置：天津 | 专业：建筑 | 第112楼 | 2005-9-14　14:04 |

我们公司在欧洲出的外墙板产品都是100kPa，100kPa的强度与EPS25kg的等同。

| azlong1121 | 位置：江苏 | 专业：监理 | 第113楼 | 2005-9-14　22:37 |

我们江苏长三角洲地区做外墙保温，完全是因为国家的强制性要求。近几年才开始推广，主要是聚苯颗粒保温砂浆，实际作用并不是很大，我感觉还是装双层玻璃的保温效果要远远大于做外墙保温。

| kika | 位置：天津 | 专业：建筑 | 第114楼 | 2005-9-15　9:26 |

窗体有窗体的传热系数规范，墙体有墙体的传热系数规范，是建筑节能的两个方面，不可以划等号的。

| CCW788568 | 位置：江苏 | 专业：施工 | 第116楼 | 2005-9-15　19:18 |

承蒙建筑施工大斑竹厚爱，说两句，如说得不对请大家多多指导。

我接触过的是外墙外保温，也曾出现过裂缝的情况，但是在总结和积累中有了很大的改善：

第1要对保温材料的生产情况进行了解，对材料的功能及利与弊进行比较，选择比较好的保温材料。

第2在外墙抹灰的时候要注意基层的清理与处理工作，要做细。

第3抹灰使用的砂浆要及时拌制。

第4分割缝要严密防水。

第5装饰面要养护到位。

不知说得对与不对，还请大家多多指教。

| yzg19800908 | 位置：吉林 | 专业：其他 | 第117楼 | 2005-9-16　14:16 |

回复112楼：

是在欧洲或一些发达国家，如美国、德国很少有用XPS挤塑板，基本上都用的是EPS，EPS表观密度小，压强最高也就是150kPa左右，100kPa是很正常的。

| ycgaohong | 位置：其他 | 专业：其他 | 第118楼 | 2005-9-16　16:50 |

高层建筑采用外墙外保温需要注意哪些方面的问题？

外墙外保温是一项先进的外墙节能技术。但外保温系统位于建筑物的外表面，直接面向室外大气环境。除系统的性能应承受室外多种不利因素的作用和满足外墙的保温隔热要求外，其可靠性、完全性和耐久性尤为重要。在高层建筑中使用，需特别注意下列问题：

1. 系统与基层墙体应有可靠的固定：高层建筑承受风荷载较大，而且墙体部分会产生很大负风压（吸力）。因此，保温层应与基层有可靠的粘结，采用保温板的，还应有机械锚固的辅助措施。

2. 系统的防火性能应符合国家有关法律规定：现在用于高层建筑的外保温材料较多采用阻燃型聚苯板，这类材料具有可燃性，用于高层建筑外墙应采取防火构造措施，如设置防火隔离带等。

3. 外饰面层应采用涂料（或彩色砂浆）：系统中的保温层多为轻质多孔材料，剪力强度较低，所以饰面层不宜采用面砖，如粘贴面砖必须要有可靠的措施，以防止面砖脱落伤人。

4. 系统的耐久性能应满足要求：在正常使用和维护条件下，外墙外保温工程的使用年限应不少于25年。

外墙内保温也是一种可以应用的外墙节能技术，但其保温层位于外墙内侧，在使用中应注意下列问题：

1. 应尽可能采用导热系数小的高效保温材料，以减少保温层的厚度，少占室内使用面。

2. 保温系统的防火性能应符合国家有关法规规定，采用不燃或难燃材料，如矿棉板（毡）、玻璃棉板以及保温砂浆等。如采用泡沫塑料类材料，其燃烧性能应达到B1级，并取得消防部门认可。

3. 应采用不对室内环境产生污染的材料。这是为不影响室内环境质量、不损害人体健康的需要，包括不含有放射性物质和其他室内污染物等。

4. 保温层表面应有护面层，以提高面层的强度和硬度。但不得直接用硬质砂浆（水泥砂浆、混合砂浆）抹灰，以防开裂。

5. 有保温层的墙面上需要悬挂重物时，其挂钩的埋件必须固定在墙体基层内。

| bbndd | 位置：山东 | 专业：施工 | 第122楼 | 2005-9-20 21:36 |

我们为山东西部地区，外墙保温开始推行，我个人认为存在以下问题：
1. 效果没有设计那么理想。
2. 施工过程中质量控制达不到规程要求。
3. 空鼓，非常不利于外墙贴瓦，存在高空坠物的可能。

| tnctnc | 位置：广东 | 专业：施工 | 第123楼 | 2005-9-21 10:37 |

建筑外墙保温也可以用幕墙，比如说金属幕墙与玻璃幕墙等进行保温，有规范要求，现在技术水平也比较高，施工也不麻烦，保温效果比较好，最主要是外墙看起来漂亮，使建筑上了一个档次呀。缺点就是贵了一点。

| happyfww | 位置：其他 | 专业：其他 | 第125楼 | 2005-9-21 17:16 |

回复122楼：
你的担心不无道理，的确存在那些问题，但可以克服的。

回复 123 楼：
是呀，好是好，就是太贵了，是奢侈品呀。

| dongzhi | 位置：吉林 | 专业：设备 | 第 129 楼 | 2005-9-22 17:17 |

外墙保温应从材料和施工工艺上解决存在的问题：
1. 北方（东北）主要采用聚乙烯苯板粘贴；粘贴材料采用聚合物砂浆、网格布；
2. 外保温要注意细部节点的处理，否则会产生冷桥现象；
3. 外保温针对不同墙体的厚度采用材料也不同；
4. 外饰面采用什么材料对苯板的要求也不一样；如外墙是采用釉面砖、涂料等。

| qdgdyx | 位置：山东 | 专业：市政 | 第 135 楼 | 2005-9-25 18:51 |

根据我的施工经验，内保温的效果较差，而且不能阻断热桥反应，内墙面在冬季经常出现冷凝水，对建筑结构没有好处，外保温现在主要的问题是材料的问题，经常出现墙面效果不好，容易渗漏等问题，期待出现好的外保温材料。

| ninibaba | 位置：浙江 | 专业：结构 | 第 137 楼 | 2005-9-26 16:49 |

我所经历的一个工程正打算用内保温，因为没有做过，大家心理都没有底，不知道在应用过程中应该注意哪些问题。所采用的标准是浙江省标准——居住建筑节能设计标准，第 28 页。具体做法由内到外分别为：
1. 混合砂浆面 10mm 厚（护面）；
2. 聚合物保温砂浆 30mm 厚（保温隔热）；
3. KP1 型烧结多孔砖墙 240mm（结构并保温）；
4. 水泥砂浆 20mm，按施工图配比（护墙体）；
5. 饰面按施工图要求（装饰美观）。
如此设计，会产生怎样的不利因素？

| sunnyman168 | 位置：北京 | 专业：其他 | 第 136 楼 | 2005-9-27 23:22 |

回复 ninibaba：
关于外保温存在墙体开裂的问题，我们可以通过在外保温材料及施工方法等方面的改进，使之达到规定的施工质量。具体方法如下：
1. 建筑的外保温应该是整个建筑全部的外保温。上面我们曾讲过，由于不完全外保温使得建筑的女儿墙、雨篷等构件出现裂缝，因此，为避免裂缝的产生，我们应该对建筑进行全面的保温，包括女儿墙、雨篷等构件，具体做法可参照华北标准 88JZ13。
外墙外保温开裂的主要原因是因为保温材料与外装饰材料的线膨胀系数不同产生的，我们预防裂缝的原理是通过减小建筑结构外保温材料同外装饰找平砂浆、外饰面等材料的线膨胀系数比，使材料之间产生逐层渐变，柔性释放应力，以起到预防裂缝的作用。
2. 保温材料的选择：
1) 现施工的建筑中，保温材料的使用以挤密苯板、聚苯板、聚苯颗粒保温材料为主。挤密苯板具有密度大、导热系数小等优点，它的导热系数为 0.029W/（m·K），而抗裂砂浆的导热系数为 0.93W/（m·K），两种材料的导热系数相差 32 倍，而聚苯板的导热系数为 0.042W/

（m·K），同抗裂砂浆相差22倍，因此挤密苯板与聚苯板相比，抗裂能力弱于聚苯板。以聚苯颗粒为主要原料的保温隔热材料由胶粉材料和胶粉聚苯颗粒做成，胶粉材料作为聚苯颗粒的粘结材料一般采用熟石灰粉—粉煤灰—硅粉—水泥为主要成分的无机胶凝体系，该类材料的导热系数一般为0.06W/（m·K），与抗裂砂浆相比相差16倍。该种材料与挤密苯板和聚苯板相比，导热系数要小得多，因而能够缓解热量在抗裂层的积聚，使体系受温度骤然变化产生的热负荷和应力得到较快释放，提高抗裂的耐久性。

2）增强网的选择：

玻纤网格布作为抗裂保护层的关键是增强材料的抗拉强度，一方面它能有效地增加保护层的拉伸强度；另一方面由于能有效分散应力，将原本可以产生的宽裂缝分散成许多较细裂缝，从而形成抗裂作用。由于保温层的外保护开裂砂浆为碱性，玻纤网格布的长期耐碱性对抗裂缝就具有了决定性的意义。从耐久性上分析，高耐碱纤维网格布要比无碱网格布和中碱网格布的耐久性好得多，至少能够满足25年的使用要求，因此，在增强网的选择上，建议使用高耐碱的网格布。

3）保护层材料的选择：

由于水泥砂浆的强度高、收缩大、柔韧性变形不够，直接作用在保温层外面，耐候性差，而引起开裂。为解决这一问题，必须采用专用的抗裂砂浆并辅以合理的增强网，并在砂浆中加入适量的纤维，抗裂砂浆的压折比小于3。如外饰面为面砖，在水泥抗裂砂浆中也可以加入钢丝网片，钢丝网片孔距不宜过小，也不宜过大，面砖的短边应至少覆盖在两个以上网孔上，钢丝网应采用防腐好的热镀锌钢丝网。

4）无空腔构造提高体系的稳定性：

在采用聚苯板作外保温的设计中，保温层主要承受的是重力和风压，由于聚苯板强度的限制，使保温层开裂，甚至脱落。为了提高保温板的强度，应尽可能提高粘结面积，采用无空腔，以满足抗风压破坏的要求。

| wjj | 位置： | 专业：其他 | 第141楼 | 2005-9-30 0:31 |

我现在施工的是轻钢结构的景观建筑，用的是硅酸钙板墙，内包保温棉隔热棉，觉得效果倒是还可以。

| jsg2005 | 位置：江苏 | 专业：施工 | 第142楼 | 2005-9-30 11:14 |

目前建筑物门窗的保温效果普遍比外墙差很多，请问门窗不能很好保温，外墙再好又奈何？保温效果是不是要大打折扣？好比热水瓶不盖瓶塞，保温效果会如何？

| 西建 | 位置：山东 | 专业：施工 | 第143楼 | 2005-9-30 17:13 |

在呼市的一高校宿舍楼，保温措施是在墙内加了很厚的一层干植被，顶棚内也是干竹子，这是栋老房子，不知道当时为什么采用这么笨拙的办法，万一着火，即一发不可收拾，哪位前辈给解释一下？

| ytz03 | 位置：北京 | 专业：结构 | 第144楼 | 2005-10-3 5:05 |

现在的技术飞速发展，已经有的研究人员开始考虑地热的利用了。尤其是地下室，可通过一定的设备将地热引到易利用的面层，这对保温的要求就淡化了。相信不久的将来，这种技术

就会推广。我们等着这一天吧！

| dongy | 位置：北京 | 专业：其他 | 第 155 楼 | 2005-10-6　11:27 |

  外墙外保温外挂石材是目前比较难解决的问题，我在一系列的工程中做了一些方案，从实际效果上看，经受了考验，比较成功，不同的系统采取的措施也不同，另外在中国建筑研究院物理所做的耐候试验的结果也非常的理想，如果有需要，可以联系。

  现在所有的保温体系中外墙外保温是最合理的应用体系，在国内比较成熟的系统有欧文斯科宁 XPS 惠围系统，有 EPS 的专威特等，但从使用效果和市场占有率上，XPS 体系在国内比较有优势，因为外墙外保温在国内的起步晚，各方面的技术不是很成熟，无论是设计还是施工都存在问题，目前国外的外墙外保温技术是欧洲最领先，但欧洲标准只提性能标准，不提具体系统，欧洲应用 EPS 比较多，但是国外的 EPS 性能要远远超过国内的，国外一般的抗压强度在 $100\sim150\mathrm{kPa}$，表观密度在 $25\mathrm{kg}$ 左右，所以国内的 EPS 都存在一些问题，XPS 在国内起步更晚，但有后来居上的感觉。

  但是目前大多数 XPS 的抗压强度太高，韧性非常差，不适合外墙的温度及结构变形，所以在设计上要注意 XPS 的选择，应在 $150\sim200\mathrm{kPa}$ 左右。

  现在外墙外保温的工程较多，其中主要问题集中在面层上，①面层开裂较普遍；②面砖容易脱落；③外墙观感较差；④墙体渗水。

  南方地区：长三角地区属于夏热冬冷地区，更应该采取外墙外保温，但该区域使用的材料比较杂，应用 XPS 刚刚起步，现在有一个趋势，北方已经被逐步淘汰的系统向南方转移。

  在这里不说外墙外保温的优点了，因为这已经是共识了，这里有我写的关于外保温粘贴面砖的论文，注，该系统已经通过中国建筑研究院物理所的耐候试验——中国最权威机构。

  附件略。

  回复 kevinzyb 网友：

  宁夏的地方规范是比较落后的做法，现在做外保温粘面砖，已经很少设计聚苯板，因为聚苯板的抗压强度过低，另外混合砂浆找平不好，应采用 1:3 水泥砂浆找平。

  回复 jindao520 网友：

  我建议换个保温系统，另外施工方案我做过几个，比较成功，文件比较大，如果要，可以联系。

  回复 1 楼：

  基本同意朋友说法，但对建筑外墙的垂直及平整要求还是高的，特别粘面砖的项目，因为板材外保温比较成功的均是薄抹灰系统，调整垂直及平整的能力非常差，现在国内的外墙外保温项目的观感普遍较差，原因基本在此。

  回复 czm-023 网友：

  其实有些材料供应商的标准是非常高的，要高于国标，但是国内外墙外保温的准入制度太低。

  回复 jordan84cn 网友：

  保温砂浆已经不适合外墙外保温了，北京已经禁止使用，如果达到节能 50% 的标准就不应使用，此种只是骗人。

  回复 ZY0594226 网友：

  已经应用非常普遍了，但是西安等地方还是做内保温，主要是经济原因。

回复 dongy 网友：

你说的"目前建筑物门窗的保温效果普遍比外墙差很多，请问门窗不能很好保温，外墙再好又奈何？保温效果是不是要大打折扣？好比热水瓶不盖瓶塞，保温效果会如何？"有一定道理，外墙散热占建筑的 30%～40%，外墙在 40% 左右，另外是屋面，国家要求夏热冬冷地区及寒冷地区都必须节能 50% 以上，北京及天津已经要求 65% 以上，外墙是非常关键的，你说的原因产生主要责任在甲方和总包，主要是因成本考虑的。

你说的"看到各位专家的帖子，收益非浅，请教各位专家一点问题，我公司（房产公司）准备进行外保温，并粘贴瓷砖，是小高层。请问用什么材料比较好，在保温的前提下，又能粘贴瓷砖，有什么成熟的施工方案吗？杭州有哪家房产公司采用此方案呢，我也可以借鉴一下呀，谢谢各位。"我建议采用欧文斯科宁的外墙外保温，是国内最具权威的外墙外保温公司，现在成功的粘面砖项目最高是 110m，是国内最高的。

外墙外保温的质量保证应从三方入手：

1. 设计上，北方地区包括东北、华北（属于寒冷地区，应选择保温板，以 XPS 为主）。

2. 材料的选择，一定要选择有成功经验及较有影响成功案例的公司，另外一定要看是否通过中国建筑研究院物理所的耐候试验（非常非常重要）。

3. 施工，现在出现问题主要在几方面，原因是因为过于追求成本；另外一些厂家的材料本身不过关；施工时未按要求施工。

回复 55 楼 sunnyman168 版主：读罢先生所写，觉得有一定道理，而且也带着自己强烈的个人色彩，关于挤塑板的论述我认为更是孤陋寡闻；玻纤网粘面砖出现过问题，XPS 的系统也出现过问题，但原因与你所说大相径庭。诚然，外墙外保温在国内只属于刚刚起步的阶段，但是成功的系统需要大量的实践与试验，并不是靠文章写出来的，你说 XPS 没有相关系统的试验，现在外墙外保温市场鱼龙混杂，最主要原因是所有专家都缺少实际的参考经验，相关部门也无法制定出国家标准，所以现在门槛非常的低，投资个小厂生产几张保温板就敢叫挤塑板，随意拉来所谓的聚合物砂浆和网格布就敢叫系统，真是笑话之至，产生问题也就不奇怪了。

至于你所说没有见到相关系统试验报告，请问先生您是做什么的，干嘛非要你看，如果你是做此行业的人，那您一定知道中国建筑研究院物理所了，上海建筑研究院了，不知道他们所做的试验报告算不算权威，在中国算不算数；而且成功的案例就更不胜枚举了，100m 以上的粘面砖也有；所以请考察后再下结论，难道中国那些设计 XPS 粘面砖的设计师是呆子吗？请不要随便下结论，如果有不同观点，请联系。

| sunnyman168 | 位置：北京 | 专业：其他 | 第 168 楼 | 2005-10-7 20:05 |

欢迎 dongy 新网友发表不同观点，给你发重奖了。

现在国家对高层建筑不提倡直接粘贴面砖，而鼓励采用干挂工艺，其中的原因想必你也知道，两个字：安全！

至于国内几家有名的挤塑板厂家和外保温厂家本人曾有幸参观过，而国外的外墙外保温工艺本人也参加过产品和工艺推广会。欧文斯科宁的外墙外保温系统我参观过亚运村一个体育馆的项目，至于具体效果只有等时间来检验。

| mengman68 | 位置：山东 | 专业：施工 | 第 169 楼 | 2005-10-8 16:11 |

我们是在石家庄，这个地方冬天的温度一般在 -15℃ 左右，而夏天最高气温超过 40℃，应

该说温差比较大，我们开发的项目一期工程为5栋多层，外墙面为饰面砖，二期工程为两栋小高层，为了和一期工程效果协调，同时提高住宅档次，公司决定仍然采用饰面砖。

因为小高层结构为框剪结构，外保温，考虑到温差大，对外保温墙体采用面砖不是很合适，同时，外保温墙体外贴面砖技术不是很成熟，已经发生多起面砖脱落伤人毁物的情况，为此，我们专门给公司打报告，说明利弊，后来公司采用了我们的方案，我个人认为，外保温墙体采用外贴面砖应该十分慎重对待。

| dongy | 位置：北京 | 专业：其他 | 第 170 楼 | 2005-10-8 22:53 |

回复 168 楼：

谢谢了，小弟在此赔罪了。

安全是一切的前提，整个业界是不提倡高层粘面砖的，无论做保温与否，但所有的系统与形式都是相对的，建筑业要安全。

国内外墙外保温知名的几家本人也都研究过，国内比较知名有代表性的外墙外保温项目也基本了解，我想我们大家都需要一种真正的学术批判精神，而不是互相攻击。

外墙外保温项目的问题主要在两方面：一、材料问题。二、施工原因。

想写的太多了，有时间我们可以多多交流，我在北京（刚才写了很多，但忘了登录，没成功，很可惜）。

| 332919730 | 位置：重庆 | 专业：地产 | 第 177 楼 | 2005-10-11 8:44 |

大家考虑过这个问题吗？外墙保温的好坏与建筑物寿命的问题吗？我感觉现有的做法，没有满足一般设计的使用年限的要求。如果建筑物要使用 50 年，那现有的保温材料，根本无法达到或经济上无法接受，那当建筑用到 25～35 年的时候，必然出现质量问题，那时建筑物就成了能耗大户。

| dongy | 位置：北京 | 专业：其他 | 第 179 楼 | 2005-10-11 16:26 |

回复 177 楼：

我觉得你的理解存在误区，外墙保温只是一个维护结构，没有必要和建筑寿命一样，另一方面，外墙保温系统的保质期是 25 年，但不等于 25 年就完全没节能的效果了。

就如同你买一件裘皮大衣，你肯定不会想着会穿它一辈子，这从长期的经济回报率来分析是合理的。

空调建筑不管是南方与北方皆应采取外墙外保温措施，相应的屋面与楼地面也应采取保温措施，另外在设计的时候应注意窗墙比，玻璃尽量采用中空的，虽然短期投资会增加一些，但从长期的经济回报指数分析还是非常经济的。

集中供热建筑也应采取外墙外保温措施，其中很重要一点，对取暖费的计量应施行分户计量，促进居民的节能意识。

几种材料的应用情况：

保温砂浆——在华北地区基本被淘汰，如果用，只是在楼梯间的外墙内侧，做次要保温。

EPS——目前还是用量最大的外墙外保温材料，最主要的因素是发展较早，国内的经济承受能力有关。

ZL 胶粉——做为有胶粉类的保温材料，有其独特的一面。

XPS——借鉴了国外的技术，但应用在外墙外保温上，国内的相关人士做出的贡献是非常大的。

现在也成了国内的主流。

| 孤星狼 | 位置：陕西 | 专业：市政 | 第195楼 | 2005-10-18 10:19 |

我也谈谈感受：（基本与六楼相似）我作为甲方，首先在选材上就吃不准，不敢用小厂的，大厂又比较贵，好歹效益不错，倒不是很计较。原先设计是内保温，考虑到室内空间和保温效果改为外保温，一开始想法很简单，但后面却是给我们带来麻烦，先是外面贴砖，从施工单位讲就不愿干，说是内有保温，难免空鼓害怕整体脱落。后来做拉拔试验，在瓷砖的胶粘剂没有达到要求时，保温板已经拉坏，在网上查还是多数人不愿用外墙外保温外贴瓷砖。大家都吃不准就最后取消了瓷砖改为外墙涂料。很是郁闷！

外墙外保温在施工上与外架，窗口的包口，基底的修整（我们用大模板，不粉底）等各个工种打架，相互配合难度大。

保温材料的检验也惹了很多事，我们周围没有说是，只有北京和成都有检验机构，费用高，搞得我们监理因拿不到合格复试报告而停工，我们工期又不允许停，就调解都用了很长时间。

| wls223344 | 位置：河北 | 专业：其他 | 第201楼 | 2005-10-18 17:24 |

外墙外保温是一项先进的外墙节能技术。但外保温系统位于建筑物的外表面，直接面向大气环境。除系统性能应承受室外多种不利因素的作用和满足外墙的保温隔热要求外，其可靠性、安全性和耐久性尤为重要。在高层建筑中使用，需要特别注意下列问题：

一是系统与基层墙体应有可靠的固定。高层建筑应承受风荷载较大，而且墙体部分会产生很大负风压（吸力）。因此，保温层应与基层（无机材料）有可靠的粘结，尤其是采用（有机材料）保温板，一定要注意这个环节。而由无机材料构成的保温层，如伊通建筑保温系统，与各种基层墙体（无机的混凝土、各类墙体材料等）具有良好的匹配性和相容性；同时受到风荷载作用下不会变形、剥落，具有高度的安全性和可靠性。

二是系统的防火性能应符合国家有关法律规定。现在用于高层建筑的外保温较多采用阻燃性聚苯板，这类材料具有可燃性，用于高层建筑外墙应采取防火构造措施，如设置防火隔离带等。相对这类有机保温材料，伊通保温系统具有极好的防火性和燃烧性，不会产生有毒气体。根据国家有关机构检测：伊通保温块耐火极限可达两个小时以上。

三是外饰面层应采用涂料（或彩色砂浆）。系统中的保温层多为轻质多孔材料、剪力强度较低，所以饰面层不宜采用面砖。如粘贴面砖必须要有可靠的措施，以防止面砖脱落伤人。而伊通保温系统表面有保护层进行加固，具有高强度和优良的抗冲击性能。

四是系统的耐久性能应满足要求。在正常使用和维护条件下，外墙外保温工程的使用年限应不少于25年。伊通保温系统主材均为无机硅酸盐材料，具有优良的抗老化性，寿命和混凝土无机材料相当，是其他保温材料所不能比拟的。

| adoman | 位置：北京 | 专业：其他 | 第205楼 | 2005-10-20 21:04 |

1. 聚苯板薄抹灰系统的面层开裂和腻子关系很大，建议使用质量较好的柔性腻子。

2. 德国在十几年前做过外保温系统粘贴瓷砖的耐久性试验，结果发现瓷砖接缝处的吸水量明显高于憎水性涂料，长期冻融循环后可能发生结构失稳，因此对外保温贴砖有很多规定以避免事故。

3. 面层不一定要贴瓷砖，可以采用柔性面砖，重量仅 $4\sim6kg/m^2$。

4. 聚苯板使用前要经过至少 6 周的陈放，因为新生产的聚苯板有较大的收缩，6 周后趋于稳定。

5. 国外 EPS 占 70% 左右，但是并不能说明 EPS 比 XPS 系统好。

6. 插丝板在耐久性试验时钢丝有不同程度的锈蚀现象，其安全性有待进一步试验。

7. 行业标准关于外墙外保温的准入门槛较低，但是行业标准的制定是为了推动行业的发展，如果要求太高会适得其反，确实能满足行标要求的系统质量应该不会有太大问题。

beijingdazui	位置：北京	专业：施工	第208楼	2005-10-22 22:28

弊端：

1. 外墙内保温做法，占用建筑有效的使用面积，同时对小业主入住后的装修有影响。

2. 内外混合保温做法虽然利用的内保和外保的施工便利，但容易使建筑保温不交圈，影响内外装修效果，而且成本上也没有优势。

3. 外墙外保温主要是对外装修的影响，尤其是对外墙贴面砖的影响很大。

现有的保温施工做法施工质量不易控制（尤其是高层），对装修影响大，耗费人工多。

发展方向是高效保温材料的应用，如保温节能砌块、保温混凝土、保温涂料等。

zzfok	位置：湖北	专业：施工	第209楼	2005-10-24 16:41

有幸接触了颗粒\EPS\XPS 虽然几种保温体系，总的来讲还是选择 EPS 保温体系。

大家所熟识的欧文斯科宁外墙外保温系统的问题所在：

1. 抹面砂浆在柔性砂浆里面靠刚性走（因为 XPS 板以半刚性为主抗应力变形小，所以砂浆便宜而板贵——外保温板不外露）。

2. 外墙粘砖根本就是用刚性胶粘剂（出厂价 1500 元/t）执行标准是 JC/T547—94，并未有柔性的压折比指标。

3. 因为外墙贴砖，要固定 8~12 个锚固钉，穿过基层找平层墙体基层并没有要求加强（例如界面处理剂一类产品），长时间温度变形受力导致最薄弱的孔之间裂纹连起来，而分成小块的砂浆，一旦基层粘结不牢固可想而知。

颗粒保温的问题所在：

现在颗粒保温在湖北做得比较多，原因是价格便宜，粘砖只 40 元/m^2。

1. 没有按照国家标准执行\国家标准是 JG158—2004，如果一旦严格按照标准来做颗粒砂浆在成本方面的优势根本就不存在了。

2. 标准要求外墙做砖 8mm 抗裂砂浆，约 14kg/m^2，柔性指标压折比小于 3，现在的厂家全部达不到，检验方法为等做了抗裂砂浆后 7 天用水湿润墙面就可以看见裂纹了！

3. 在室外做个样品如果淋过雨后，所谓镀锌钢丝网在抗裂砂浆里面约 1 个月内可以看到反锈。

4. 基本上颗粒砂浆强度根本达不到要求，只有抗裂砂浆不防水才可能慢慢使颗粒砂浆里面的矿渣发挥后期增强的作用。

5. 几乎所有厂家均在抗裂砂浆上面做文章，用普通砂浆加纤维来冒充。

EPS 板体系存在的问题：

1. EPS 板的存放期不够，正常 42d，也看厂家，如果蒸汽发泡生产的温度高（好像约在 250°左右）的话存放时间可以缩短到 25d 左右，存放时间不够上墙将会导致变形没有完全完成，以后对裂缝的产生不好控制。

2. 板的重量是否达到要求涂料 18kg、砖 25kg，很多在这上面偷工减料。

3. 板的厚度，不应小于 3cm，湖北为了节约很多做 2cm 厚的，主要是板的生产过程导致板不均匀，太薄容易有少量板强度差，影响质量。

4. 抗裂砂浆的检验方法也是在做好以后 7d 用水湿润墙面就是否可以看见裂纹为检验的依据，好的厂家就不会有裂纹存在。

5. 玻纤网是否是中碱涂塑和耐碱的，克重达到要求没有？

6. 粘砖应该用柔性胶粘剂和柔性勾缝材料，选用面砖应为 45mm×95mm 的小。

三种体系都存在的最大问题：

高层建议不要粘砖，防火的问题是三种体系都存在的！即使在窗口等部位设置防火带也没有办法防止火烧起来掉砖的问题，所以高层最好不要粘砖。

wxjzmf	位置：天津	专业：施工	第 225 楼	2005-10-29 21:23

1. 建筑外墙保温的优点主要是能节能。

2. 缺点：防水问题不易解决，现在采用外墙贴挤塑板的做法很多，外墙挤塑板的做法是在外墙抹好底子灰后粘贴，挤塑板贴好后，要在挤塑板上打锚栓，锚栓一般一平米五六个，这些锚栓都要打透原来的抹灰底层，从而降低了原来抹灰层的防水功能，再加上挤塑板外面仅仅是 4～5mm 厚的抗裂砂浆，效果不是很好。

lcj730404	位置：上海	专业：施工	第 253 楼	2005-11-15 21:44

北方也有把保温层（苯板）夹心砌，这样可以保证外墙的粉刷不出现裂缝。

kika	位置：天津	专业：建筑	第 254 楼	2005-11-15 23:50

保温砌块看似施工方便，但是它存在着很多不足，首先就是砌块肋部容易产生冷热桥，其次随着夹心部分泡沫聚苯板吸水率高，随着建筑物使用年限的增加，夹心层会有一个老化衰变的过程，时间长了，自行萎缩剥离脱落，造成建筑物上下保温系数不同，尤其是高层建筑物更甚。在实际施工中不推荐使用。

jindao520	位置：浙江	专业：地产	第 261 楼	2005-11-23 11:53

因为我司开发的房子将进行外墙保温，这是我给公司的报告，请大家提出意见：

一、根据建设部《关于新建居住严格执行节能设计标准的通知》（建科［2005］55 号）；浙江省建设厅、浙江省发展和改革委员会、浙江省经济贸易委员会、浙江省财政厅联合发出的关于《居住建筑节能设计标准》（建设发［2004］107 号）的通知；及相关法律、法规要求，我司建设的居住房必须进行保温节能设计；

二、现在节能设计在我国基本就是两种：一是外墙内保温；二是外墙外保温。其优缺点分别是：

1. 外墙内保温：外墙内保温施工，是在外墙结构的内部加做保温层。内保温施工速度快，操作方便灵活，可以保证施工进度。内保温应用时间较长，技术成熟，施工技术及检验标准是比较完善的。在2001年外墙保温施工中约有90%以上的工程应用内保温技术。

但内保温会多占用使用面积，"冷桥"、"热桥"问题不易解决，容易引起开裂，还会影响施工速度，影响居民的二次装修，且内墙悬挂和固定物件也容易破坏内保温结构。因此内保温在技术上的不合理性，将逐步被外保温所替代。

2. 外墙外保温：外保温是目前大力推广的一种建筑保温节能技术。外保温与内保温相比，技术合理，有其明显的优越性，使用同样规格、同样尺寸和性能的保温材料，外保温比内保温的效果好。外保温技术不仅适用于新建的结构工程，也适用于旧楼改造，适用于范围广，技术含量高；外保温包在主体结构的外侧，能够保护主体结构，延长建筑物的寿命；有效减少了建筑结构的热桥，增加建筑的有效空间；同时消除了冷凝，提高了居住的舒适度。

但是，我司是外保温加粘贴面砖，面砖饰面破坏通常有空鼓脱落、渗水等弊病，面砖掉落现象通常是成片发生，往往发生在墙面边缘和顶层建筑女儿墙沿屋面板的底部以及墙面中间大面积空鼓部位。这是因为保温隔热体系受温度影响在发生胀缩时，产生的累加变形应力将边缘部分面层面砖挤掉或中间部分挤成空鼓，特别是当面砖粘结砂浆为刚性不能有效释放温度应力时，这种现象发生更加普遍。当面砖粘结砂浆强度较高时，在基层为黏土砖时，面砖与粘结砂浆同时脱落，破坏层发生在黏土砖基层。

墙体饰面砖层出现脱落和开裂主要原因有：①温度：不同季节，白天黑夜，墙体内外由于温差的变化，饰面砖会受到温度应力的影响，在饰面层会产生局部应力集中饰面层开裂引起面砖脱落，也有相邻面砖局部挤压变形引起面砖脱落。②反复冻融循环，造成面砖粘结层破坏，引起面砖脱落。③组合荷载、地基不均匀沉降等外力作用，引起墙体变形错位，造成墙体严重开裂，面砖脱落。

以上这些问题应该从面砖饰面外保温构造设计上认真加以考虑的。目前在外保温隔热外饰面粘贴面砖的做法主要有胶粉聚苯颗粒外墙外保温隔热体系和钢丝网架聚苯板外墙外保温隔热体系，也有直接在玻纤网布复合抹面砂浆的无网聚苯板外保温外饰面粘贴面砖的。从构造设计上看，直接在玻纤网布复合抹面砂浆的无网聚苯板外保温外饰面粘贴面砖是不合理的，应加以限制。原因如下：

①从受力状况看，应用于外保温的聚苯板通常采用点粘法，粘结面积30%，而聚苯板本身具有受力变形性，必然会发生徐变，短期或许不会发生严重事故，但长期的变形将导致受力的失衡从而引发开裂甚至脱落。整个面砖层是粘贴在抹面砂浆复合玻纤网形成的抗裂层上，而与基层没有任何连接，面砖荷载不能传到结构上，存在面砖层及抗裂层整体脱落的危险。

②从抗风压性上看，粘贴聚苯板外保温体系存在空腔，抗风压尤其是抗负风压的性能差，北京某小区已发生过大风刮落聚苯板事件。如果再在其上粘贴面砖饰面层则整个保温体系的安全性将无法保障。

③从防火性上看，体系本身就存在整体连通的空气层，火灾时很快形成"引火风道"使火灾迅速蔓延。聚苯板外墙外保温体系在高温辐射下很快收缩、熔结，在明火状态下发生燃烧，也就是说在火灾发生时（有明火或较高的热辐射），聚苯板外墙外保温体系将很快遭到破坏。从这个意义上说在聚苯板外保温体系面层粘贴面砖的做法是非常危险的，火灾状态下，聚苯板在受热后严重变形，使面砖饰面层丧失依托，引起面砖层整体脱落造成人员伤害，这种教训在国外已有发生。

如果要在外保温贴面砖目前以专一的做法即北京地方标准《外墙外保温技术规程》（DBJ/

J01—66—2002），即现浇混凝土模板内置带钢丝网架的外保温体系，其所以能贴面砖，是由于采取了一种特殊的构造做法，其原则是在保温板的外侧设置了与保温层结合良好、有一定厚度、有较高渗度的配筋水泥砂浆，加强层是由强度为 M10 的抗裂砂浆，内配低碳冷拔钢丝，并与穿过保温板的 2.5 镀锌钢丝相点焊，而这一砂浆加强层通过斜丝和附加锚固筋与主体结构（钢筋混凝土墙）相连接，面砖的重量由加强层来承担，保温层不参与受力工作。大量实践证明这一体系面砖的平均粘结强度均在 0.65MPa 以上，所以只要粘贴面砖的，质量良好，加强层有足够的强度，在这种外保温体系中允许粘贴面砖是有根据的。在其他一些外保温体系中，也在探索贴面砖的可能性，基本上都遵循这一原则，当然加强层的用材除配筋水泥砂浆外，也可采用其他加强材料，如"面砖-聚氨酯一体化保温板"的加强层采用的是高密度聚氨酯。

综上所述可以得出如下结论：

1. 至今还没有允许在保温层上直接粘贴面砖的有关法规或标准。

2. 在外保温体系中允许贴面砖的只有北京地方标准 DBJ/T01—66—2002 中有网体系一种，它的受力情况与在保温层上贴面砖完全不同，而是采取了一种特殊的构造措施；

三、我司选择保温体系需要克服的技术

1. 外墙内保温体系：主要克服保温层开裂、结露发霉等问题，其中开裂问题昨天根据建设厅科技处徐副处长介绍（下个星期我已经约好和徐处见面，就外墙保温向他请教我国及浙江保温的现状，新材料、新技术的应用及根据我司情况请他提出一些建议等问题），有一种新的材料可以控制内墙保温开裂。

2. 外墙外保温体系：首先是安全问题，外保温应该选择成熟的技术，如选择有钢丝网架的保温体系，系统的防火性能应符合国家有关法律规定：现在用于高层建筑的外保温材料较多采用阻燃型聚苯板，这类材料具有可燃性，用于高层建筑外墙应采取防火构造措施，如设置防火隔离带等。（据介绍杭州现在也有高层进行外保温粘贴面砖，但效果还需要时间检验）

其次是防止开裂、渗水等问题，星期天我们到上海万科集团朗润园（该项目 15 万 m²，采用欧文斯科宁外墙外保温加粘贴瓷砖，上海市观摩工程，已经基本施工完毕，现在进行清理收尾等工作了，他们对保温厂家及原材料的筛选应该比较慎重，管理也比较严格，仅监理费就有 400 万左右，每平方米达 27 元，详见考察报告）考察时，他们介绍该项目存在渗水现象，因此，这也是必须解决的问题。

因此，我认为，无论是采取哪种保温方案，都应该经过考核论证，有具体措施解决因保温而产生的弊病，不因保温而增加以后投诉，以提高我司住房的品质。同时，我个人认为北方这方面的经验应该比南方多，因为北方很早进行保温施工，有比较多的成功经验和施工方法，南方保温施工的时间较短，以上仅个人意见，供公司领导参考。

| ging007 | 位置：湖北 | 专业：施工 | 第 282 楼 | 2007-4-30 0:24 |

我认为现在的建筑节能，既要做到节能，也要做到节约，还要有一定的耐久性。但从当前的工程实践看，有许多的民用工程在外墙节能中的材料、设计、施工都是盲目执行。如采用外墙聚苯板保温的墙体，有采用空心砖的，也有采用加气混凝土砌块的。当采用空心砖的，外墙打锚栓就会有问题，当采用加气混凝土砌块的，则对于保温层的开裂控制难度较大，现在工程中最大要紧的是，采用外墙建筑节能，其建筑造价要增加，每平米约 100 元，尤其是高层，如

果外墙保温层的使用寿命不能保证 20 年，那么在建筑物以后的使用中的维修费用将会更高，假定一栋房子使用 50 年，而外墙保温要中途维修 2~3 次，则每平米将要考虑 200~300 元的维修费。但是最要命的是，由于当前的设计、施工（包括材料、以及工程验收检测）都存在问题，所以外墙的保温效果的真实寿命会很短！到时，将会有很多的房屋的外墙保温出现开裂、起壳、门窗与墙体保温层之间出现空隙漏风渗水的现象。而这一点，正是当前要引起我们高度重视的。

5.1.4 讨论主题：靠卫生间墙上做衣柜，怎么样处理防潮问题？

原帖地址：http：//bbs3.zhulong.com/forum/detail699356_1.html

| 啤酒瓶子33 | 位置：黑龙江 | 专业：室内 | 第1楼 | 2004-12-16 1:17 |

小弟正做一家装，因为卧室空间有限，想把衣柜做在主卫的整面墙上，中间是主卫门，但不知道衣柜后面用不用做防潮处理，如果用的话用什么材料和工艺呢？

请大家谈一下自己做过的例子，也让大家学习一下，谢谢。

| tzylove | 位置：北京 | 专业：室内 | 第3楼 | 2004-12-16 15:05 |

卫生间的木制作最好都做防腐防潮处理。

不知道你其他三面墙是否做了防水处理，如果做了，那就直接跟通就是了，你的柜子是活动的吗？一般是柔性防水或刚性防水，像家装用楼上说的防水砂浆的做法要方便简洁。卫生间做大面积的柜子，建议木制作做好防腐处理，要不以后你就够烦的了，都变形了。

| 手语言 | 位置：广西 | 专业：市政 | 第4楼 | 2004-12-16 16:08 |

整面墙凿掉批灰，淋水后用加 3% 防水剂的砂浆重新批灰，双面。特别注意底部接缝处。地面排水坡度也要做好。

| 啤酒瓶子33 | 位置：黑龙江 | 专业：室内 | 第6楼 | 2004-12-16 18:58 |

可能是我说的不够细，不是在卫生间里，在主卧室里，靠主卫墙做柜，把主卫门也包进去，柜体紧挨墙面。

| 金文丰 | 位置：浙江 | 专业：室内 | 第7楼 | 2004-12-16 20:27 |

卫生间两面刷防水胶。柜后贴防潮布。这样应该没什么问题。

| tzylove | 位置：北京 | 专业：室内 | 第8楼 | 2004-12-16 22:44 |

只要是你卫生间的墙面做了防水处理就行了，柜子背面不用做防水、腐、潮处理的。一般就是怕你卫生间没有做防水处理，时间长了水渗透到墙里，对柜子有影响，其他的倒没什么。

| shiyunfei | 位置：江苏 | 专业：造假 | 第9楼 | 2004-12-17 11:10 |

这种情况我碰到多次，我认为关键在卫生间。1 整面墙做防水，特别是地面和墙交界

的地方。2 那面墙最好不要做水管，如一定要做，则先把槽开大一些，做完防水后再排水管（这可是我在实际施工中钱的教训啊）。柜子背后我认为不用做防水了，除非甲方有钱。

| 读时记秒 | 位置：黑龙江 | 专业：室内 | 第 10 楼 | 2004-12-17 11:39 |

注意：
地面与墙面交接处基层一定要清理好在做防水，以免贴砖是为了整体效果破坏了防水层。

| gugu7654321 | 位置：北京 | 专业：其他 | 第 13 楼 | 2004-12-18 13:41 |

一般来说卫生间防水开发商只会做地面及上返墙 20～30cm，墙面防水基本没做的。
建议：
1. 在不破坏并保护加强原防水层的基础上，最好卫生间内墙面做一遍防水，可用防水剂兑水泥砂浆、聚氨酯防水涂料、沥青等。
2. 卫生间门及门套一定要做防水封闭，即油漆要做细。
3. 最好在柜子的背面满涂 1～2 遍油漆（聚氨酯、硝基、醇酸均可）。
如此，应该没什么问题了。剩下就是柜子的设计问题了。

| 赵敏 | 位置：山东 | 专业：室内 | 第 14 楼 | 2004-12-18 17:03 |

回复 6 楼：不妨试试这种办法：
1. 在卫生间内墙瓷砖上涂刷透明防水剂两道。
2. 沿墙面铺钉一层细木工板条龙骨（注意：龙骨三面刷两道防腐涂料，衣柜后背板背面刷两道清漆）制成夹层，防止衣柜后板直接靠墙，造成吸潮。
3. 卫生间门套口双面、地坎周围用密封胶封闭。
做到这三点应该问题不大。

| liu-haitian | 位置：河北 | 专业：室内 | 第 15 楼 | 2004-12-18 19:44 |

首先卫生间那面墙的防水一定要做好，卧室做柜子的那面墙也要做好防水，柜子背面最好也刷一层清漆，这样是最保险的。

| Franklin | 位置：广东 | 专业：施工 | 第 16 楼 | 2004-12-19 0:37 |

以前做过几次都是衣柜底没有做防水的，一直也没有问题：
1. 控制好卫生间的管道开槽处的防水加强处理；
2. 做好靠衣柜卫生间内墙体的防水处理；
3. 衣柜底板尽量用木枋底，预留空气流通孔，保证与墙接触部分空隙透气性能。

| yxfsailor | 位置：江苏 | 专业：电气 | 第 17 楼 | 2004-12-19 1:10 |

卫生间贴瓷砖前一定要做防水，开的水管槽内，要先做防水在埋管子，且管子进行试压后埋入，以免以后管子出问题，反面就无所谓了。

| 王卫东 | 位置：河南 | 专业：施工 | 第 18 楼 | 2004-12-19　13:00 |

看后感觉大家都说得比较复杂，其实我觉得没有那么复杂，毕竟家庭卫生间里也不是说潮水多厉害，衣柜后面就做一下简单的防水或叫防潮就可以了，最简单的办法就是靠墙加一道土产卖得厚一点的塑料纸，外面在加一层泡沫塑料就可以了，然后正常做柜子应该可以的，保证没问题。

| shiyunfei | 位置：江苏 | 专业：造价 | 第 21 楼 | 2004-12-21　11:34 |

回复 18 楼王卫东：实在不同意你的观点，一旦渗水遭殃的不止柜子，还有地板及楼下的住户。在这方面我有过钱的教训，当时水管我还打过压，凿开以后发现是 PPR 内丝弯头坏了（水电工上水嘴过猛）柜子、地板及楼下住户的墙面都潮了。假如当时我在水管外的槽内做了防水，那最多损失的就几块墙砖了，水火无情大家一定要把跟水、电有关的项目放到重中之重。

| jameshy | 位置： | 专业：其他 | 第 28 楼 | 2004-12-23　0:49 |

楼主好像只是想在卧室与卫生间的墙上做一个衣柜吧，因为卫生间的门与卧室相通，所以门也要考虑防水、防潮的问题。我建议首先卫生间的墙面一定要做防水处理，刷防水涂料也好，刷沥青也行，只要施工质量有保证都可以达到防水防潮的效果，另外就是卧室这一面的墙面了，我基本同意王卫东先生的意见，因为卫生间的防水做好了，就不会有太多的水渗过来了，卧室一侧只需做一般的防潮处理就 OK 了。需要注意的问题就是：在做衣柜的时候，固定木框不要打太深的孔，以免破坏另一侧的防水层。

| aa2008 | 位置：浙江 | 专业：建筑 | 第 30 楼 | 2004-12-24　8:31 |

用油漆，因为油漆本身具有防潮作用，但要注意边角的处理。

| zzy-zff | 位置：北京 | 专业：施工 | 第 31 楼 | 2004-12-25　1:41 |

我认为，你大可放心，没事的，你卫生间那面墙要粘墙砖，主卧这道墙你没有什么好担心的，刮两边防水腻子就解决了，因为你厕所那道墙肯定做防水了一般高在 1.8m，基本不会渗过来的。

| haiquan105 | 位置：广东 | 专业：造价 | 第 32 楼 | 2004-12-25　20:43 |

那可是一件大事啊，这个地方的防水千万不能马虎，否则以后柜会起霉的，那个时候就麻烦了。

下面是一种保守的做法：

基层清理完毕后，刷一道水泥浆，然后贴防水卷材，再钉上钢丝网，最后再刷一道水泥砂浆。经过这几道做法，你以后就放心使用啦。

| 95429298 | 位置：甘肃 | 专业：路桥 | 第 33 楼 | 2004-12-27　19:08 |

我觉得只做防水砂浆不行的，后面应当全部用铝塑板，一般面积不大，用铝塑板加工后绝

对防水的，而且价格又不高（这可是百年大计啊，牺牲一下了）。

| zcwyc | 位置：四川 | 专业：施工 | 第 34 楼 | 2004-12-29 13:25 |

我觉得用铝塑板太浪费了。以前我遇到过这种情况，而且还要埋管子在里面。最后我用的轻钢龙骨加防潮石膏板，造价在 60 元/m²。这样做可以把水管和线管都可以埋在里面。防潮石膏板的伸缩跟卷材差不多，又不容易拉裂跟起层。

| zhqy | 位置：吉林 | 专业：其他 | 第 40 楼 | 2005-6-7 20:12 |

在卫生间内墙做防渗处理，现在市面上有一种防水材料——高分子，用高分子专用胶和水泥，将高分子粘贴在墙及地面上，在高分子面层刷水泥浆后，抹 1∶3 水泥砂浆，抹平后贴瓷砖。

| wlh1971 | 位置：浙江 | 专业：建筑 | 第 49 楼 | 2005-6-14 11:27 |

厕所内墙面原粉刷铲除，粉 1∶3 水泥砂浆，刮两遍聚氨酯防水，第二遍后撒上绿豆沙，粉 1∶3 水泥砂浆 1cm 厚，保证不会漏了。

| 沙漠荷花 | 位置：上海 | 专业：施工 | 第 59 楼 | 2005-8-26 8:49 |

我看了你们的帖子，其实我公司的标准做法是卫生间地面整做，淋浴处防水做到顶，其他部位上泛 30cm 就行了，其他部位就不再作放水处理，主卧衣柜不用再处理，一直以来没有事。

5.1.5 讨论主题：地下防水工程防水效果的检查手段？

原帖地址：http：//bbs3.zhulong.com/forum/dispbbs.asp？rootid=1889491&p=1

| 亲亲 mami | 位置：北京 | 专业：施工 | 第 1 楼 | 2005-9-3 13:32 |

《地下防水工程质量验收规范》（GB50208—2002）提出在地下防水工程验收，要做渗漏水调查与量测：

3.0.10 地下防水工程应按工程设计的防水等级标准进行验收。地下防水工程渗漏水调查与量测方法应按本规范附录 C 执行。

C.0.1 渗漏水调查

1. 地下防水工程质量验收时，施工单位必须提供地下工程"背水内表面的结构工程展开图"。

2. 房屋建筑地下室只调查围护结构内墙和底板。

3. 施工单位必须在"背水内表面的结构工程展开图"上详细标示：

1）在工程自检时发现的裂缝，并标明位置、宽度、长度和渗漏水现象；

2）经修补、堵漏的渗漏水部位；

3）防水等级标准容许的渗漏水现象位置。

4. 地下防水工程验收时，经检查、核对标示好的"背水内表面的结构工程展开图"必须纳入竣工验收资料。

但是规范对于防水效果检查的具体检查方式和时间没有提出要求，我曾经做过一次讨论，大家众说纷纭，结果我还是"晕"。现再做一次调查，希望能得到一个较为一致和满意的答案。

请各位选择后阐述理由，好帖献花重奖！
以下为投票内容：
1. *回填之前检查，采用淋水或雨期观察检查　　　　　票数：4
2. *回填之前检查，采用外泡浸水检查　　　　　　　　票数：4
3. *回填之后，地下水恢复后观察检查　　　　　　　　票数：18
4. *回填前、回填后、单位工程验收前均要检查　　　　票数：10
5. *这种检查无法起到实际作用（规范规定有问题）　　票数：2
6. *其他检查方式　　　　　　　　　　　　　　　　　票数：1

| hunheren | 位置：辽宁 | 专业：施工 | 第2楼 | 2005-9-3　14:26 |

应该在土方回填之前检查，采用淋水或雨期观察检查等方法。回填之后，地下水恢复后还要进行观察检查。

| mingong | 位置：河北 | 专业：施工 | 第3楼 | 2005-9-5　17:48 |

我在想楼主这个问题确实不错，大家应该踊跃投票才对，怎么会没人投票呢？大家说说当地是怎么做的？

其实规范这个规定，我有点儿不同看法，首先它不分地区统一要求有点儿牵强，再一个，雨后或淋水检查，得多大程度才能达到检验出漏不漏水的程度？灌水试验是不现实的，比如我们这里地下水位很低（好几十米）灌水是不可能的，主体施工阶段下雨把地下室墙淋湿也是很难的，毕竟不是屋面和地上的外墙，而且，对于地下防水来说，问题往往不在做得怎样，关键在于后期填土和外管网施工时的保护，所以我们这里还是以观察检查为主。另一方面，记得原先规范是不允许有水浸泡基坑的，现在找不到依据，但我觉得，这个试水有用但要根据各地的情况定。

| lijianzhu | 位置：其他 | 专业：结构 | 第4楼 | 2005-9-6　15:56 |

回填之后、抹灰、刮白前进行，因为回填前混凝土本身裂纹延展可能没有最终完成，上部自重荷载没有完全加上，由于设计或施工原因引起的局部应力集中没有显现出来（如地下通风、采光井、人防洞口等部位），回填或大型设备安装（如几百吨的大型吊车吊装）对侧墙产生的局部挤压都可能引起墙体裂纹的延展。

按规范要求画图标识应该是在回填之后，如果防水之前真发现有裂纹应该记录并处理，并入回填之后的延展图中。

| hjx200 | 位置：其他 | 专业：结构 | 第5楼 | 2005-9-8　12:30 |

亲亲 mami 斑竹，民用建筑基础底板防水做好后，如果像北方地区地下水位较低漏不漏水看不出来，如果在防水上面放水检验，能检验出什么？地下室外墙防水做好后，在外面灌水检验是不是泡槽？会不会引起结构不均匀沉降？影响不影响结构？

我认为地下防水主要检验原材料是否合格，基层处理是否到位，如果是卷材防水要检查搭接是否够、接缝是否严密、起不起鼓、成品保护到不到位，如果是涂膜防水要检查涂膜厚度是不是达到要求、厚度是不是均匀、有没有气泡、涂刷的遍数是不是达到设计要求、成品保护到不到位。

| ronaldolc | 位置：江苏 | 专业：施工 | 第7楼 | 2005-9-19 8:21 |

记得兰州有个省优的工程，因为出于湿陷性黄土地区，工程做得很好，但一年多以后工程倾斜裂缝，后来分析原因是，业主绿化浇水引起地基沉降造成的，最后官司一直打到最高人民法院。在西北地区湿陷性黄土层有的达到几十米深，而它最敏感的就是水，如果按照规范要求试水恐怕真的风险太大，而且西北地区很少下雨，人家缺的就是水，不知道规范是如何考虑的？

各地有不同的处理方法，对于地下水位本身就很高的地区来说，试水很重要，也必要，一般确实要慎重，但好像全国统一尺度有点儿不现实。

| 逸风 | 位置：辽宁 | 专业：施工 | 第8楼 | 2005-9-22 21:13 |

说一下自己的看法：

对于这个问题，我认为根据地域性或基础形式的不同检验方法也是不同的，我们这里对于这种主要是过程控制，因为地下水位低不可能靠这个检验，而用淋水的方法也不现实。

对于一些项目就象7楼所说的那种，控制水进入基础还有难度呢，怎么可能用淋水的方法检验呢，另外对于撼沙基础这样的，不可能采用淋水试验的。

最重要的还是过程控制，只有把过程的各个环节控制好了才是最关键的，还有回填前监理、施工、建设单位的检查一定要认真、细致。即使一些地区能进行上述的试验，出现问题后，处理也是很难的。

| 二少年 | 位置：山东 | 专业：其他 | 第10楼 | 2005-9-29 21:52 |

地下工程防水效果应该是和工程防水等级相对应的，比如：规范规定二级防水"不允许漏水，结构表面可允许有少量湿迹。工业与民用建筑：总湿迹面积不应大于总防水面积的1/1000；任意100m² 防水面积湿迹不超过1处，单个湿迹最大面积不大于 0.1m²。"

我认为：

1. 回填之前应检查，主要检查施工缝、阴角、管道等节点防水的施工质量，在雨期可进行观察检查，但不宜淋水检查。

2. 不同意。

3. 同意。这是最重要的，因为停止降水、地下水恢复后，是建筑物正常使用的环境状态，水存在压力，很多漏水是这时候发生的，这是检验勘察、设计、施工质量的一个关键阶段。

效果是否达到要求，应以防水等级所对应的要求为标准。

| 呆瓜 | 位置：北京 | 专业：施工 | 第18楼 | 2005-11-3 9:59 |

是否漏水一定要等到地下水位上来以后才能确定。在防水施工中真正管用的还是自防水，卷材防水没保证，局部淋水不具备水压力，如果卷材防水和自防水漏水点不同的话就不会显现出来，只有待回填后水位上涨，地下水透过卷材防水并在其内扩散，这样自防水的漏水点才会显现出来。现在施工中要防止漏水的话必须严格控制导墙的浇筑质量，必须密实，且止水条效果不好，最好还是止水钢板。剪力墙浇筑时一定要把砂浆振捣开，一般地下室漏水处为导墙处及螺栓处，尤其注意外墙不要使用钢筋棍作为顶模筋。

| 辛颜 | 位置：辽宁 | 专业：施工 | 第 19 楼 | 2005-12-30 21:48 |

不知试验部位能不能也出一种试验仪器或设备，如混凝土强度的检测用回弹仪一样。在现场选出几点来用仪器测混凝土的抗渗等级（仅是想法，不知是否有）。至于各种检测方法，我觉得虽然能检测出是否哪里有漏点，但是不能体现出混凝土的抗渗等级。

5.1.6 讨论主题：房屋严重返潮渗漏，无法确定原因，请求指点！

原帖地址：http://bbs3.zhulong.com/forum/dispbbs.asp?rootid=1562071&p=1

| netea | 位置：吉林 | 专业：施工 | 第 1 楼 | 2005-7-17 13:41 |

新买的房子在一楼，（小区南高北低，房子地处坡度中间），连日下雨（今年雨水特别多）。

6月26日发现房子几乎所有房间踢脚线都有不同程度的水印（内外房间都有，房子不把边，没有山墙），有些严重的地方酥软掉皮，靠近窗户的局部墙面有发霉剥落现象（窗户没有漏水）。一楼以上楼层也都有类似现象，但主要集中在窗户下踢脚线，内墙少见。

7月4日，工程部的人看现场，认为不是地下返潮，而是解释为：第一，踢脚线水痕不是因为地下防潮层没做好导致返潮，理由是已经做了防潮，而且室内地面比室外地面高500~600mm。第二，踢脚线水痕可能是因为地热跑水或者地热跑水后在地下造成积水，返到墙根。第三，或者不是因为地热跑水而是工人拧开地热阀门接水干活没有关严导致跑水，返到墙根。第四，部分上下水管漏水。总之，不可能出现地下返潮；即使地下返潮，也很难处理，而且没有必要为预防以后出现像这样一场二十年一遇的大雨做处理（今年长春的雨水在进入6月份后特别多）。他们说要做地热打压，并观察。

7月7日，打压结果是地热没有漏点。销售解释为水渍是由于有一次发生了比较严重的水管跑水。

7月8日，工程师说要地面刨开，取两个点看地下有没有湿。他用铁凿把地热水泥地面沿墙根刨开一处，此处苯板和锡箔是干的，地下也是干的，排除了地热跑水和地热层积水、工人打开地热阀门取水导致地热积水的原因。工程师又继续把墙根的踢脚线往里凿，发现墙里面的泥和红砖是湿的。

7月9日，因前一晚和当天连下大雨，我们再去观察房子。发现前两天雨小、雨停期间逐渐变干的水痕又变深，湿度增加，严重的墙皮酥软，能容易地搓掉。这说明开发商在出现渗水后做的外墙防水砂浆无效，渗漏不是由于外墙渗漏。

7月10日，工程师把其他的水痕处地面凿开三处，看到SQ卷材没有上返到墙面，而是有两处距离墙边10多厘米，一处正抵墙边，地下和墙踢脚线都是湿的。工程师认为这就是造成踢脚线渗水的原因。他说是工人做防水卷材没有做到位，或者是倒水泥时拉断了卷材。他提出的补救措施是把墙边地面刨开，重做卷材。我们提出：踢脚线返潮是不是仅仅因为卷材没有做到位？墙基的返潮处理一定没有问题吗？工程师认为墙基的返潮没有办法检测，只能是按他提出的方案先重做卷材，然后用消防车模拟大雨冲水，看看有没有新的返潮现象来判断。后来他又把墙体往里凿了一点，高度20cm左右，看到踢脚线下部的土是湿的，但踢脚线上部的土和红砖部分是干的，他认为这样可以排除墙基返潮的可能性了。

最后开发商对这一现象作出这样的解释：原因很复杂，很难判断。有这样几个可能的原因：第一，地热漏了；第二，水管漏了；第三，工人偷地热阀门导致地热跑水；第四，工人干活图方便用地热阀门接水导致漏水；第五，外墙打眼装铁栏杆导致渗水；第六，卷材没有上返墙面。

提出的解决方案是：第一，沿墙刨开地面10cm左右，重做卷材；第二，外面墙基外立面下挖做防水；第三，做散水坡。

我们也就这个问题请教了一些网友和朋友。

网上的朋友主要认为是基础防潮层没做好，建议我们退掉

http：//www.abbs.com.cn/bbs/post/view?bid=29&id=6315755&sty=1

http：//bbs.roomage.com/post/view?bid=48&id=1817265&sty=1&tpg=2&age=30&ppg=2

一些外地搞建筑的朋友因为没有看到现场不好判断，但也建议退房。另外外地朋友看到劈开砖墙面凹凸不平，说这个工程做得很糙。

我们的担心是，有没有可能墙基防潮层没做好（这个房子的墙基和墙体结构是宽50cm的毛石基础、宽24cm的地梁、之上是墙体），如果是这样，是没有办法补救的，以后毛细渗透会越来越严重。有没有什么科学的办法和检测机构可以检验墙基防潮层问题，或者对这一现象作出研究和解释？非常希望得到专家的意见。

请求大家指点，谢谢！

平面图中红线处是大致的水痕和湿渍位置（图5.2~图5.11）。

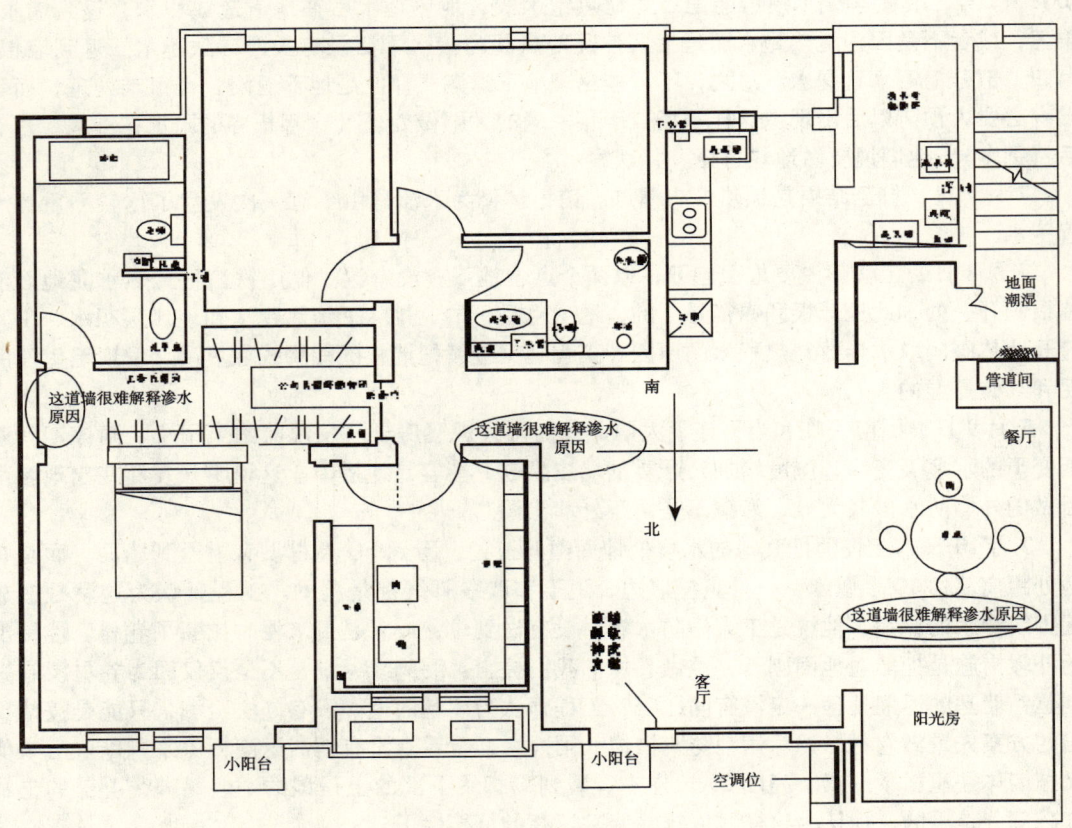

图5.2

图 5.3　餐厅墙

图 5.4　管道间

图 5.5　厨房墙

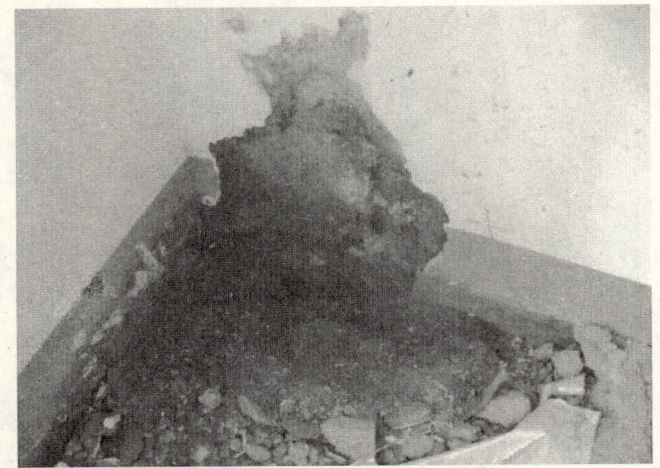

图 5.6 客厅—墙角刨开

整面墙酥软起皮

图 5.7 客厅墙

图 5.8

图 5.9　卧室

图 5.10　阳光房

图 5.11　外墙后做的防水砂浆

| 逸风 | 位置：辽宁 | 专业：施工 | 第 37 楼 | 2005-7-17 20:45 |

看了上面的图片和楼主的说明，发表自己的一些看法：

1. 外墙面渗水应是其中的一个原因，因为一楼到顶楼南北向窗户底下的踢脚线一带都有不同程度的返潮，这说明楼体的墙体在砌体和装饰都有施工问题！

2. 室外没做排水坡，而外墙的防水又没做好，这也应是一个原因。

3. 按楼主所说，防潮层以下是湿的，以上部分是干的说明防潮层的问题不大！可能局部做的有问题！

但是室内墙体也有这种现象就真的有点复杂了，按楼主所说室内地面底下是干的，这样唯有墙体是湿的，总感觉不应该有这种情况！

这户房子是什么时间交工的？框架还是砖混结构？在交工后有没有出现过自来水和采暖大面积漏水的现象？看室内墙体的状态不单是返潮而造成的了，而像是大面积遭水浸泡后的结果！如是地下的那点潮气后果不会这样严重，如果因为潮气而造成现在这个状态，那这户房子的抹灰施工就太差了！

自己的一点看法，这个问题很有讨论的价值，希望大家多多参与。

| netea | 位置：吉林 | 专业：其他 | 第 38 楼 | 2005-7-17 21:31 |

谢谢版主！

到目前为止工程师说他们也没有搞清楚确切的原因。

1. 外墙面他们用的是劈开砖，他们自己说这个砖的吸水率较高，另外他们做外墙面赶工期了。这个楼是去年动工，6～8月因缺钱全面停工，9月主体建成。

2. 没做排水坡他们解释为当时是考虑外观，所以直接把草皮铺到墙沿。外墙他们没有做防水。

3. 是踢脚线部分红砖和砂浆层是湿的，踢脚线以上的是干的，有的朋友告诉我们如果是毛细渗透，它也有一个渗透的过程，而且也有一定高度限制，另外就是红砖和砂浆本身具有一定的防水性。

4. 室内墙体有的湿痕很高，达到 50～60cm，的确像是跑水痕迹。

5. 这个房子是砖混结构。主体可能是去年9月建成，里面的其他室内抹灰工程我们四月份买房时已经做好，只剩下开关、煤气、水管等没装。

6. 赶工期的一个原因他们解释为为了保证去年冬天试暖气。

7. 我们最担心的是地下墙基的防潮层没做好，因为据说这种情况无法补救，而且会越来越严重，向上渗透，危及墙体和结构强度。

8. 一直到6月3日我们拍的照片都显示没有出现踢脚线水痕。但工程说有过大面积跑水和管道渗漏，具体时间他们没有说。

| ZhxL0006 | 位置：新疆 | 专业：施工 | 第 40 楼 | 2005-7-17 22:57 |

帖子都看了，基本同意逸风的看法"如是地下的那点潮气后果不会这样严重"，应该有其他水源。以前我处理过地下室因为竖向防潮层没有做好，下大雨地下室墙面漏水，一层墙也没有如此；另外，以前也举过的例子，施工过的楼地下水位很高且饱和，只简单做了水平防水砂浆（加防水粉）防潮层，六楼油漆都变色了，但抹灰也没有如此。

有可能是有坎的外墙惹的祸；另外查楼上管道尤其是雨水管了嘛？特别是如果有管道井，水可水平延灰缝走的。

另外，水在无冻融循环时对砖砌体的影响很小的。

netea	位置：吉林	专业：其他	第41楼	2005-7-18 0:22

回复40楼ZhxL0006：

谢谢！

通风道工程说原来顶楼上的雨披不合理，导致雨水灌进来，后来重新换了。

管道井需要查什么？

mingong	位置：河北	专业：施工	第42楼	2005-7-18 5:13

房子渗漏是最头痛的问题，不了解具体情况更难说清，很赞同逸风、ZhxL0006两位版主的观点，只是有几个疑问：下雨时内墙部分也更严重一些吗？还是外墙与内墙不同时出现？雨水管是怎么走的？全在外墙吗？卫生间有出屋面的通风管道或排风井吗？只有一张外墙照片，好像灰缝里有水渍，下大雨之后外墙同时干还是局部先干？有没有出现"发霉"现象？查管道井也是查有没有水呀。

我感觉，与下雨有关肯定与外墙有关，楼主说外墙作了防水砂浆处理没作用，但外墙渗漏如ZhxL0006版主所说，未必就是窗台渗漏，其他地方也有可能的，而且，室外没有散水坡，这也是个问题。

毛石基础，还有混凝土圈梁，防潮层影响应该不是最大（圈梁应该做到地面下的），赞同逸风版主说法，墙身返潮应该很有限，更多是其他地方的。

别的住户和别的楼情况一样吗？

twm560825	位置：江苏	专业：其他	第43楼	2005-7-18 6:34

用了十多分钟看了楼主的帖子，感到想与楼主说几句，新房屋渗漏如此严重，确实是件头痛的事，从图片上看，这个房子住在里面是很不舒服的，根据这种情况，提几点看法：

1. 该房屋存在严重的施工质量问题，楼主在进住以前必须处理好渗漏的问题，否则以后很难处理，住房不是一天两天就不住了，时间一长对人身体会产生严重影响的；

2. 如果楼主是买的商品房的话，请速与开发商取得联系，要求退房或修复；

3. 如果是单位分的房子（现在很少有的），要求单位给予修理，修好后要有一年时间的检验，特别是经过雨水季节的检验，才能证明是修好了；

4. 如果决定自己来修复的话，建议：

一是对地坪的修理。地坪主要是返潮，而返潮的原因主要是地下潮气通过混凝土或砂浆的毛细孔向室内渗透，我对这个问题做过试验，把这个经验在这儿无私的奉献给你，让你再做一次试验，如果成功的话，请回个话。做法是：将原地坪冲洗干净，干燥后用拖把沾素水泥浆在上面刷三道以上，每刷一道后停下来让它干燥后再刷，最好在素水泥浆中掺入避水浆，目的是用这种水泥浆堵塞混凝土或砂浆的毛细孔，防止潮气上渗。等素水泥浆干燥后，用混凝土或砂浆在上面做地坪，最好也掺一些避水浆，效果会更好，如果是混凝土的话，厚度不少于100mm，如果是砂浆的话，厚度不少于50mm，达到强度后再做一层素水泥浆的面层并压光，在保证质量的前提下，这种做法是很有效的，这是我实践得出来的经验成果。

二是墙面渗漏。看你的图片上墙面渗漏可能有两种情况，一是墙体防潮层没做或没做好，地下潮气顺墙上返，这种情况处理起来是相当困难的事，因为不可能将墙重做防水，只能在内墙面作防水砂浆粉刷，粉刷高度不低于1500mm，超过返潮的高度；二是外墙渗漏，这个问题处理不难，就是铲除外墙的粉刷，重新做防水砂浆粉刷就可以了，但要注意质量，不可粉刷后开裂，那还会继续渗漏的；在外墙的墙跟部最好能做出泄水渠道，让其自然泄水，保持墙体的干燥。

　　三是楼面渗漏。虽然在你的图片上没有看到有这个现象，但作为这种质量的房屋，我估计以后还会出现的，楼面通常采用现浇混凝土或预制板的多，如果是现浇楼面，在楼上没有装修之前，你必须与楼上住户取得联系，让他在装修时，千万做一下防水层，否则你要受渗漏之苦的；如果是预制板楼盖（厨房厕所现在很少有），就更要做防水层了，特别是预制板的拼板缝，要凿开后分三次用细石混凝土浇筑成型，再用防水砂浆粉刷，以防万一。

　　四是对结构检查。这种房屋的质量令人担忧，你在处理做装修之前，建议你对房屋结构作一次体检，防止结构问题遗留在里面，最好请正规的检测单位做一次全面检测。

　　啰嗦了半天，目的只有一个，希望楼主能处理好这种有严重施工质量问题的房屋，让自己住在里面有舒服感，好了，以上仅是个人看法，仅供参考。

netea	位置：吉林	专业：其他	第44楼	2005-7-18　9:42

　　谢谢mingong！

　　下雨时内墙部分也是严重一些吗？

　　有部分内墙严重一些。即餐厅和管道井之间的内墙、阳光房与客厅之间的内墙、玄关的内墙更严重，主卫和主卧之间的内墙出现新的湿渍。

　　还是外墙与内墙不同时出现？

　　外墙的室内踢脚线处在发现渗漏后，开发商对外墙突出来的坎（坎不限于窗户之下）做了防水砂浆，但之后下雨湿痕还是有扩散，更严重了。

　　雨水管是怎么走的？全在外墙吗？

　　是走外墙，南北向的雨水管都是直接排到草地上。

　　卫生间有出屋面的通风管道或排风井吗？

　　有。

　　只有一张外墙照片，好像灰缝里有水渍，下大雨之后外墙同时干还是局部先干？有没有出现"发霉"现象？

　　我们没有摸外墙的干还是湿，也没有检查外墙有没有发霉。

　　查管道井也是查有没有水呀。

　　管道井没有积水。

　　我感觉，与下雨有关肯定与外墙有关，楼主说外墙作了防水砂浆处理没作用，但外墙渗漏如ZhxL0006版主所说，未必就是窗台渗漏，其他地方也有可能的，而且，室外没有散水坡，这也是个问题。

　　是的。

　　毛石基础，还有混凝土圈梁，防潮层影响应该不是最大（圈梁应该做到地面下的），赞同逸风版主说法，墙身返潮应该很有限，更多是其他地方的。

防潮层好像还有油毡纸。我们不懂，是其他的业主告诉我们说看到地下有类似油毡纸的东西。

别的住户和别的楼情况一样吗？

整个小区渗漏厉害。有的是屋面墙面渗漏，大多是踢脚线一带渗漏，我们的情况属于比较严重但还不是最严重的。

netea	位置：吉林	专业：其他	第 45 楼	2005-7-18 9:57

谢谢 twm560825！

我们只是一般的业主（商品房），对土建不懂，所以请教各位专家，不知道能否请本地的专业机构来做鉴定，应该请什么部门来鉴定？

楼面也出现渗漏。有一天清洁工在楼上打扫卫生，我们看到客厅和次卧顶棚上出现好几处水迹。

图 5.2 中有三面墙的踢脚线很难解释渗水原因，已用蓝圈标出来（图 5.2）。

因为房子不把山墙，且这几面墙也不与水管、外墙面、通风道连接。

ZhxL0006	位置：新疆	专业：施工	第 47 楼	2005-7-18 12:38

楼主应该到楼上住户家也查查，有可能他家自来水、暖气等漏水。另有埋墙自来水或热水管道吗？

netea	位置：吉林	专业：其他	第 48 楼	2005-7-18 12:50

回复 ZhxL0006：

好的。

自来水管是走暗管埋墙里的，另外采暖是地热采暖。

mingong	位置：河北	专业：施工	第 49 楼	2005-7-18 13:19

楼主，看来这个问题不是一个简单的问题，你得好好与开发商进行一次沟通（最好找个律师），也不是打官司，必须跟他讲明你的怀疑和想法，不是一个简单的防潮层的问题，我怀疑可能是外墙、屋面、出屋面口等有多处地方漏水，漏水以后顺着墙内的暗管线什么的下来到每层楼板以上部位（踢脚线）出来，（猜想楼板部位应该有圈梁的，正好圈梁挡住水往下走容易出来）一般抹灰以后也有挡水作用，水在墙体内是哪儿能走往哪走的，有时候是很难想像的。

这种事情作为施工单位来说应该给与相当的重视了，施加点儿压力给他们吧。你自己根本不可能修复。

仅是猜测而已。

twm560825	位置：江苏	专业：其他	第 50 楼	2005-7-18 20:05

netea 楼主，你是吉林人吧，你可以到吉林市房屋安全鉴定办公室，请他们帮你做个安全、质量全面鉴定检测，并分析渗漏水的原因，这对他们来说不是难事，只要到过现场，你这个问题不是难题，不过就是找出原因来，你仍然要找开发商处理的，你自己要有一个思想准备，究竟是退房还是维修，维修又是如何赔偿你的损失等，都要有一个准心啊。

| 精品建筑 | 位置：山东 | 专业：地产 | 第 51 楼 | 2005-7-18　20:56 |

看了这么多网友的回复感觉，说的都有道理，自己的分析：
1. 应该是大面积跑水造成的。原因：1）可能是管道井在装水管时试压跑水；2）大家注意没有厨房里洗菜池水管出水印成半圆形？有可能有人打开丝堵放过水！3）内墙面踢脚怎么会有水印？
2. 外墙周围有可能渗水：1）砖墙吸水较高，抹灰也不会起太大的作用；2）距离绿化地太近没有散水台，造成雨水直接在地上地下与墙面接触，时间长了必会向里渗透！3）水应该是水平向内走，然后向上漫，才会出现照片所说问题。
3. 内墙只有在室内跑水时才会出现这样的问题，如果说内墙的水是从外墙渗进来的话，也就是说不会有地下土是干的了。
4. 你应该是做的地暖是不是等于你的地热，应该底下有防潮的油毡或像你说的 SQ（防水），这样的话，即使表面有水也不会大面积渗入房心土内，而会渗入一小部分，也就是说有一部分土是湿的。
5. 综上所述，你的问题应该是室内跑过水，但外墙为保险起见还是挖开后整个基础重新做防水，然后隐蔽。

| netea | 位置：吉林 | 专业：其他 | 第 52 楼 | 2005-7-19　12:25 |

谢谢各位的热情解答！
昨天去了吉林省建筑科学研究设计院的结构二所，它是专门做房屋质量鉴定的。他们建议由开发商来请，然后他们调施工图、到现场勘验、作分析后给出结论。今天开发商已经联系了他们，明天一起去现场。

| hunheren | 位置：辽宁 | 专业：施工 | 第 53 楼 | 2005-7-19　22:15 |

本人认为：
1. 防潮层做的不合格，导致地下水上返。但是这种可能性不大。
2. 本人怀疑是窗台处渗漏，造成雨水沿墙下流，致使踢脚线处返潮。

| yunfengzhang | 位置：河北 | 专业：施工 | 第 54 楼 | 2005-7-19　23:38 |

楼主担心的是毛石基础上的防潮层没做好，地下水通过毛细渗透上升到墙体，每次问工程师要么就说不可能，要么就说原因很复杂。
其实你的担心我觉得是可以这样假定理解的，类似的情况我也接触过，我的方法是：
1. 了解你们所在位置的地下水位。
2. 如果 1 不可能造成影响的话，可以考虑动用水利勘探的探测仪进行地下水源浅层探测。
3. 必要的话可以测一下沉降观测点。
我上次遇到的是地下管线漏水导致的返潮。

| 439609869 | 位置：辽宁 | 专业：施工 | 第 55 楼 | 2005-7-20　12:56 |

看来楼主说的问题和大家的议论，我认为：
1. 踢脚线处渗水（因为绝大多数渗水都在踢脚线部位或者其上部），经开槽检查后，防潮

层上部墙体是干燥的，下部墙体是湿的，说明渗水与防潮层无关。

2. 根据楼主提供的图片及相片，渗水几乎遍及所有外墙，局部内墙也出现渗水，而且不仅仅是底楼，以上楼层也都有这种现象，这说明了什么？——我认为，出现此种情况，应该是外墙渗水即雨水从外墙渗入。

3. 楼主的一副相片表示开发商曾经将外窗台贴了面砖，但渗水仍然照旧。根据以往经验，外墙渗水的路径应该是窗台处，即窗台上下沿窗体与墙体接口处。请楼主检查一下该部位。

4. 雨水从窗台渗入后，沿墙体内孔洞（现在墙体应该是使用空心砖吧？）渗至与楼板交接处，然后上泛至踢脚线处渗出墙面使水渍可见。

5. 内墙（即你百思不得其解的渗水部位）应该是上述雨水沿砖孔洞渗流过去的吧。

谨建议楼主对窗台处进行检查，另外，不知你那现在是否还在下雨，如果现在还下的话，你试试将所有窗台用结构密封胶处理后再观察是否还有渗水现象？

| netea | 位置：吉林 | 专业：其他 | 第56楼 | 2005-7-20 19:29 |

今早和开发商、检测中心的工程师一起去现场。

检测中心的工程师要求开发商提供设计图和施工图，但开发商说没有找到我们所在楼的，只提供了比我们地势高的前一栋楼的设计图。

检测中心的工程师主要做了这几件事：第一，观察地形，用卷尺测量楼室内地面和室外地面高度差为600mm。第二，敲开楼外部基部两块面砖，直到看到里面的保温的苯板，想看地梁的位置，但没看到（开发商让他进屋去凿，说里面凿看更明显，后来好像也没凿）。第三，在室内已经凿开的地面处清理取出两小片SQ卷材，用直角尺测量一处SQ卷材距离墙体的尺寸。第四，查图纸与地面防潮防水的资料只查到在"采暖工程说明"处有一句话"首层地面需设防水层"，此外无任何相关工艺材料说明。

检测中心的工程师说要回去查一查关于SQ卷材的铺贴标准。过两三天给出检测结论。

| 龙源建筑 | 位置：江苏 | 专业：施工 | 第58楼 | 2005-7-22 21:40 |

按网友提供的资料我提出如上意见：

一、外墙包括楼上的窗台渗水应是由于以下几点原因引起的

1. 外窗台没有按要求做泛水，应里外高差在3cm以上。按图5.12所示是平的高差不到1cm。

2. 窗框与墙体没有用发泡剂封堵，如果在窗框与墙体凿开你会发现之间的砂浆或没有或很松散。

3. 内外侧的抹灰层与窗框交接处应用密封胶封堵，可照片显示没有。

二、内外墙踢脚线外的返潮我想是以下问题引起的

1. 施工时的大面积跑的水全部积在楼地下的土层里，现天热水汽上升。由于地面有防潮所以只有从墙根踢脚线处渗出。

2. 由于本楼建设在坡地上。可能由于楼地处位置地下水位较高，或下雨时地下水升高，沿坡而下使得整个楼下土层中含水增大，引起上述1的同样道理引起返潮。

三、施工中存在如下问题

1. 地面防潮层应满铺，并在墙根处向上泛至墙体防潮层10cm以上。

2. 卷材防水应在上面做2~3cm砂浆后再做混凝土地面，因为直接做混凝土地面，混凝土

中的碎石会破坏卷材。

3. 应先做地面后抹墙面，或先抹墙面，踢脚线等地面做好后再抹。

4. 墙体防潮层按图所示应为地梁，按要求地梁底面标高应为室内地面向下 6cm，但不知是施工还是设计原因没有这样做。按业主提供的资料我甚至怀疑他根本没有做地梁或防潮层。

四、开发商存在如下问题

1. 开发商说本楼的图纸都找不到，我想是不可能的，要么开发商本身就是一个不正规的单位，要么他心中有鬼不敢拿原图，因为他没有按图施工。作为一个正规的开发商楼的资料，甚至是施工的资料都应是完整。要是以后结构或其他的问题，他怎么处理？

2. 同一个小区的另外图纸说明要求首层做防水，那么说明设计上已经考虑到本楼的地下水问题。也印证了前面提出的地下水问题。

3. 我上面已说过按结构的设计要求，不论砖混框架室内地面下 6cm 处要么有地梁要么有防潮层但图所示没有，业主还专门提到了地梁，但却没有看到。基于以上的情况我甚至怀疑他根本没有做地梁或防潮层，应是偷工减料。

4. 按室外挖出保温的苯板来看，楼的设计地下外墙应有防水的。因为地下的苯板不可能是用来保温的而应是用来保护地下外墙的防水防潮层的，（地下要什么保温？）而地下有没有做防水或防潮，我不知，业主可再看一下告诉我，如没有他肯定在偷工减料。

5. 室外不做散水我想也是开发商偷工减料，设计是不会这样做的，因为他不符合国家现行的规范要求，审图是不会通过，设计也不会连这点基本知识都不懂。

6. 开发商在业主室外窗台下加抹的防潮层是没有用处的，如地下外墙没有做防潮，做法也是沿外墙挖开至基础底，从底开始抹防水砂浆，抹至室外地面上 60cm。

以上只是我的拙见，请各网友多指正。

netea	位置：吉林	专业：其他	第 59 楼	2005-7-23　18:41

我们最担心的还是毛石基础上的墙基防潮层没做好。

因为开发商现在将要采取的做散水和室内地面重做 SQ 防水卷材（沿墙抛开 10cm 左右重做卷材）只能起到保护地基和解决地面防潮的漏点的作用，对墙基防潮层没有什么作用。

补充几个问题：

1. 开发商解释原来没有做散水是为了好看，把草地直接铺到墙边。

2. 地下有保温层是因为房子做的是地热，在地暖工程说明里有提到这一点。但根据监测中心的人说实际用的地下保温苯板没有达到设计图上的苯板密度要求。

请问各位专家，开发商没有严格按照设计图施工，应该承担什么责任，业主有什么权利？

龙源建筑	位置：江苏	专业：施工	第 63 楼	2005-7-24　15:06

一、按施工图所示所有的墙体自室内地面下 6cm 处均有地圈梁，建筑施工中一般均把此梁兼作为防潮层用，不另设其他防潮措施。业主所提供的所有照片中只有两幅是打开地面的但从中无法确定是否此梁，业主自行查看一下，特别是渗水严重的内墙位置。

二、如果没有地梁不但涉及防潮问题、而是严重的结构安全使用问题。

三、开发商现在重新做室外散水，说明它原来确实没有按图施工，现重做散水如不在室外墙面上做防水层，或增设室外排水管网还是没有用的，因为散水只能把雨排出墙根，而不是排走，散水至多 1m 宽，水还会从散水下的土层返流回外墙，从外墙施工时留设的模板洞流入室内土层中。

四、如开发商没有按设计图施工，能补救的全部修复，凡涉及结构安全及影响主要功能使用的且无法修复的，业主可退房，并向开发商索取双倍购房款的赔偿。

| netea | 位置：吉林 | 专业：其他 | 第64楼 | 2005-7-26　23:06 |

鉴定结论出来了。买房子是大事，真心感谢各位网友在我们遇到困难和迷惑的时候给与的热心指点！我们明天去检测中心询问处理方案。

检测鉴定报告

一、基本概况：

_____楼为_____砖混结构住宅楼，毛石基础。其中____住户（一层）年初按揭购房后，在六月末一次看房时，发现该套房屋室内踢脚线处墙体表面出现潮湿现象。为查清原因，制定切实可行的处理方案，建设方委托我中心，对该房屋出现的问题进行鉴定。

二、现状调查：

根据现场勘查情况及住户提供实地资料，照片显示，墙体潮湿部位主要出现在位于南北外墙沿室内踢脚处。室内纵横墙多为局部不连续出现，墙体潮湿平均高度自地面算起为200mm左右。外墙潮湿程度相对内墙较重，入户小厅地面比室内较重。从已凿开踢脚墙面可见砖砌体干湿界面明显，潮湿程度下重上轻。

从刨开三处地面SQ防水层的质量看，防水层端部距离面存在20～150mm的间隙，依据设计要求，一层地面应做防水处理，但上述的防水做法存在明显缺陷。

三、原因分析：

该小区地势南高北低，高差较大，____楼位于该小区相对低洼区域，5～6月份本地区超正常强度降雨，易造成雨水渗透到室内地面以下回填土中，通过地面防水层的间隙和地梁上皮砖砌体接触面反映出地面和墙体潮湿现象。

| todaywuxin | 位置：辽宁 | 专业：造价 | 第67楼 | 2005-7-27　23:52 |

看了检测报告，我觉得还是没有找到问题的根本原因。因为各楼层都有此现象出现。我以前处理过类似问题，原因都是外墙问题。有时顶楼女儿墙构造柱振捣不密实，造成的渗漏，在二层才反映出来。我个人认为，此楼的问题非常严重，有可能构造柱普遍振捣不实，造成雨水沿暗管流下，遇圈梁横向流动造成这种现象。最好退房。

| 439609869 | 位置：四川 | 专业：施工 | 第69楼 | 2005-7-30　19:20 |

咋我说的大家都不理睬啊？

想想，既然2、3、4、5、6楼都存在墙体渗漏的现象，我想至少应该不是单纯的基础防潮层的问题啊？

| netea | 位置：江苏 | 专业：施工 | 第72楼 | 2005-8-2　10:04 |

开发商告诉我们的维修方案是沿墙刨开15cm左右，重新将SQ卷材搭接上墙至60～70cm。我们咨询了检测中心的方案是：

1. 刨开全部地面重做，而不是局部刨开。
2. 用SBS卷材而不是SQ卷材。

3. 将地热的保温苯板换成设计图上规定的密度为 25kg/m³ 的苯板。这个方案是为了更彻底地解决问题。

开发商不同意我们的方案。理由是：

1. 没必要全部刨开，局部做就可以达到要求。

2. SQ 卷材也有很多优点，比如不要求基层很平整，不要求基层很干燥，而且长春星宇集团用过很多年了。SBS 卷材只是市场占有率更高而已，没必要用 SBS。

3. 现有的苯板经过一冬天的供暖能够达到国家要求的温度，没必要用密度更高的苯板防止热量散失。设计图上要求的数值是设计者要避免承担责任，设计中要求的数值往往大于实际需要的数值标准，是一种设计浪费。

大家认为开发商的辩解有道理吗？

感谢各位朋友，我已经给你们献花了。

现在的情况是把地面全部刨开重新做防水和地热。

| 逸风 | 位置：辽宁 | 专业：施工 | 第 74 楼 | 2005-8-12　10:23 |

1. 如果设计是全部做 SQ 防水卷材，施工没有做全应全部地面重做，但是如果现在已经按设计施工了，经检测能满足使用要求，可以不必全部重做，但是一定要处理好接槎位置。

2. 对于 SQ 和 SBS 只要检测都能过关，采用哪种效果应是一样的。

3. 对于第三个问题，开发商的说法没有道理，对于苯板属于私自改变设计，影响使用功能，应按设计施工。

5.1.7　讨论主题：为什么天沟老是会裂开啊？

原帖地址：http://bbs3.zhulong.com/forum/dispbbs.asp?rootid=3225784&p=1

| desmondng | 位置：上海 | 专业：规划 | 第 1 楼 | 2006-3-25　16:03 |

工程所在地为江苏，为厂房工程，前一两个月浇的天沟怎么和原屋面（下有防水及保温层、保护层）老是裂开呢？总是结合不好啊。

大伙看看图片（图 5.12），该如何修补呢？

图 5.12

| 杨柳依依 | 位置：辽宁 | 专业：结构 | 第63楼 | 2006-3-25 16:53 |

哥哥，你这种问题我也遇到过，跟你情况差不多，后来公司总工说是我们的做法不对，让我们看《屋面工程技术规范》（GB50345—2004），注意不是屋面验收规范：

7.4.1 普通细石混凝土和补偿收缩混凝土防水层，分格缝的宽度宜为5~30mm，分格缝内应嵌填密封材料，上部应设置保护层（图5.13）。

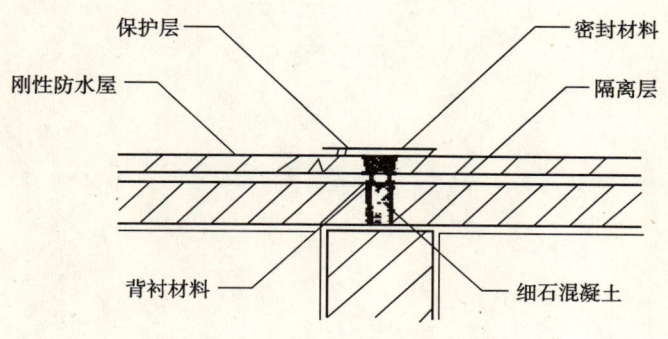

图 5.13 屋面分格缝

7.4.2 刚性防水层与山墙、女儿墙交接处，应留宽度为30mm的缝隙，并应用密材材料嵌填；泛水处应铺设卷材或涂膜附加层。卷材或涂膜的收头处理，应符合本规范第5.4.3条和第6.4.3条的规定。

第 6 章
安装工程

6.1.1 讨论主题：大家怎么理解"三布四涂"。

原帖地址：http：//bbs3.zhulong.com/forum/detail2243638_1.html

| sunjian20004 | 位置：河北 | 专业：施工 | 第 1 楼 | 2005-10-21　11:41 |

大家对安装工程中的保温工程中"三布四涂"做法是怎么理解的？是刷一层油贴一层布（最终做到三布四涂），还是刷四层油贴一层布（最终做到三布四涂），还是其他的啊？

| lj_kkm_99 | 位置：广东 | 专业：安装 | 第 2 楼 | 2005-10-23　8:06 |

应该是这样的：第一步：底油一遍；第二步：面漆一遍；第三步：贴一层布；第四步：再刷面漆一遍；第五步：再贴一层布；第六步：再刷面漆一遍；第七步：再贴一层布；第八步：再刷面漆一遍。

这就是：三布四涂的施工顺序，请供参考！

| sunjian20004 | 位置：河北 | 专业：施工 | 第 3 楼 | 2005-10-23　10:23 |

请教 2 楼；安装定额中"管道刷油、沥青漆第一遍"和"管道刷油、沥青漆第一遍"该怎么理解啊？在"三布四涂"的施工中又该怎么套用啊？

| dihuijie | 位置：河北 | 专业：安装 | 第 4 楼 | 2005-10-23　16:26 |

多套几遍呗。这个也有底漆、面漆之说？不明白！要是 2 楼说的对的话，那就分底漆、面漆进行套定额。

| wolfe0007 | 位置：吉林 | 专业：安装 | 第 5 楼 | 2005-11-15　20:19 |

"三布四涂"通常只在地下管道工程中出现，二楼说的方法是正确的。但至于是不是分底漆和面漆就不太清楚了，在通常情况下只涂沥青漆，没有别的什么油漆了。

| jane8510 | 位置：北京 | 专业：暖通 | 第 6 楼 | 2005-11-16　11:12 |

沥青漆不分底漆和面漆，但环氧煤沥青漆就分底漆和面漆了。套定额的时候要进行材料调差，因为沥青漆和环氧煤沥青漆价格差很多。

| zhuangtingty | 位置：陕西 | 专业：暖通 | 第 7 楼 | 2005-11-16　11:31 |

在埋地管道施工中，对钢管先进行除锈，涂防锈漆一遍；然后进行三布四油防腐，作法为：沥青漆一遍、贴一层布，再涂沥青漆一遍、贴一层布，再涂沥青漆一遍、贴一层布，最后再涂沥青漆一遍。

6.1.2 讨论主题：设备垫铁的意义。

原帖地址：http：//bbs3.zhulong.com/forum/detail2498556_1.html

| jingyingzu98 | 位置：山东 | 专业：暖通 | 第 1 楼 | 2005-11-24　20:01 |

设备垫铁都有什么作用？

设备垫铁点焊的意义？
设备垫铁不点焊会出现什么症状？
请高手讨论一下？

| wolfe0007 | 位置：吉林 | 专业：安装 | 第2楼 | 2005-11-24 22:32 |

  1. 设备垫铁的作用：设备垫铁是设备安装过程中用来调正、调平的工具。可以弥补设备制造误差和基础偏差，使设备安装满足规范中关于水平度、垂直度、标高等技术条件的要求。使设备满足正常使用的要求。
  2. 垫铁点焊的意义：因为垫铁通常是由两块斜垫铁，二到三块平垫铁共同构成的，其高度通常在30mm至50mm之间不等。垫铁层与层之间的贴紧程度不同（可以通过塞尺测量得知），点焊后则可使多层垫铁之间形成一个整体。相对增加垫铁组的稳定性。
  3. 垫铁不点焊会出现什么症状：如果垫铁不点焊固定，在短期内不会有明显的症状发生，但是经过长时间转动或振动之后，垫铁与垫铁之间则会发生撺动（特别是两块斜垫铁之间），破坏二次灌浆层，甚至破坏基础混凝土，而基础混凝土一旦破裂，则整个基础的强度必然受到影响。一旦基础被破坏，则设备的安危就可想而知了。

| jingyingzu98 | 位置：山东 | 专业：暖通 | 第3楼 | 2005-11-25 13:01 |

  wolfe0007 网友的发言很精彩，就是第3点的分析略显不足，大家认为，不点焊都会出现什么症状呢？

| jzyinhai | 位置：河北 | 专业：安装 | 第4楼 | 2005-11-25 13:03 |

  如果两块斜铁之间发生撺动，点焊会起到固定的作用吗？点焊的力度会有这么大吗？

| jingyingzu98 | 位置：山东 | 专业：暖通 | 第5楼 | 2005-11-25 13:11 |

  对于撺动点焊是会起到作用的，点焊的点是有要求的，它就像钉子一样。

| 冰临城下 | 位置：河南 | 专业：造价 | 第6楼 | 2005-11-25 13:19 |

  1. 设备垫铁组是设备安装过程中用来调平的工具。可以弥补设备制造误差和基础偏差，使设备安装满足施工规范的要求，满足正常使用的要求。
  2. 垫铁组点焊的意义：因为垫铁组通常是由两块斜垫铁，一到三块平垫铁共同构成的。其高度通常在35~100mm（国家规范）之间不等。垫铁层与层之间的接触面积不同（可以通过塞尺测量得知），点焊后则可使多层垫铁之间形成一个整体。相对增加垫铁组的稳定性，防止垫铁组之间发生相对位移。
  3. 如果垫铁不点焊固定，在一个相对短期内不会有较大的症状发生，但是经过长时间转动之后，垫铁与垫铁之间则会发生相对位移（特别是两块斜垫铁之间），破坏设备的正常运转水平度，产生振动，从而使设备内部的零部件磨损加快，寿命减低。

| turbine | 位置：上海 | 专业：其他 | 第7楼 | 2005-11-25 13:48 |

  设备、垫铁安装调整完毕，用0.25kg手锤对垫铁组逐组敲击听声检查，应坚实无松动。

经检验合格后，每组垫铁的各块垫铁间相互点焊牢固。一般点焊三个面，然后进行二次灌浆。会起到固定的作用的。

| jingyingzu98 | 位置：山东 | 专业：暖通 | 第 8 楼 | 2005-11-25 18:55 |

6楼的说法挺准确的，垫铁如果不点焊的话，不用很长的时间，1个月左右就会产生斜垫铁的滑动，进而使得二次灌浆层破坏，设备就会形成上下颤动，特别是在启动的时候特别明显，时间一长对地脚螺栓的强度就是个很大的考验了。

| jingyingzu98 | 位置：山东 | 专业：暖通 | 第 9 楼 | 2005-11-25 19:39 |

垫铁是设备安装中，非常重要也是最容易被忽视的东西，特别是第一个平垫铁的放置，70%的接触面积是很多小型设备垫铁所达不到的，也是最容易出问题的。

| 庞6 | 位置：吉林 | 专业：建筑 | 第 10 楼 | 2006-01-13 11:56 |

承受负荷的垫铁组，应使用成对斜垫铁，调平后灌浆前用定位焊焊牢，钩头成对斜垫铁能用灌浆层固定牢固的可不焊。

承受重负荷或有较强连续振动的设备宜使用平垫铁。

| gang96180 | 位置：湖南 | 专业：施工 | 第 11 楼 | 2006-01-13 16:15 |

垫铁满焊是否强度更好？

| turbine | 位置：上海 | 专业：其他 | 第 13 楼 | 2005-03-05 15:44 |

gang96180 网友垫铁不需要满焊，满焊容易引起变形。

| g_joshua | 位置：广东 | 专业：结构 | 第 14 楼 | 2005-03-05 20:35 |

同意2楼的看法，但是个人觉得垫铁不点焊，造成的结果应该是影响二次灌浆层，导致灌浆层开裂，灌浆层与基础之间的结合变差，但是基础的强度应该不会受到影响。

| turbine | 位置：上海 | 专业：其他 | 第 15 楼 | 2005-03-06 08:44 |

灌浆层开裂，灌浆层与基础之间的结合变差。会直接导致转动设备在运行上振动大。

6.1.3　讨论主题：铸铁管破裂维修。

原帖地址：http://bbs3.zhulong.com/forum/detail237610_1.html

| colinjian22 | 位置：广东 | 专业：安装 | 第 1 楼 | 2004-04-22 22:14 |

各位铸铁管破裂用什么方法修最快？
毕业新生请多指教。

| wescom168 | 位置：北京 | 专业：电气 | 第 2 楼 | 2004-04-23 09:52 |

自来水公司有套袖，按口径买两个，把破损的管子锯断，找一节口径相同的管子两头用套

袖连接。

| hhgy1111 | 位置：重庆 | 专业：电气 | 第 3 楼 | 2004-04-23　09:55 |

将破裂的铸铁管换下，再换新的上去。因为铸铁管不能焊接，只能这样。楼上兄弟说的我没有试过，不知道行不行，也可以按他的方法试一下。

| wescom168 | 位置：北京 | 专业：电气 | 第 4 楼 | 2004-04-23　10:51 |

我说的这种方法可以带水作业，给水管道有时主节门关不严，你就无法打口啊？这是自来水公司的抢修方法。

| 大人物 | 位置：广东 | 专业：暖通 | 第 5 楼 | 2004-04-24　11:20 |

wescom168 说的是指多用柔性活接头吧？

| jian892 | 位置：北京 | 专业：室内 | 第 6 楼 | 2004-04-24　11:38 |

铸铁也可以焊接啊，有铸铁焊条啊！
铸铁焊条的使用说明。
铸铁是含碳量大于 2% 的铁碳合金。
目前国内可以提供十种以上的铸铁电焊条，可按不同的铸铁材料，不同的切削加工要求以及焊补件的重要程度分别选用。
由于铸铁的含碳量高，组织不均匀，塑性低，所以属于焊接性不良的材料。在焊接过程中极易产生白口、裂纹和气孔等缺陷，因此铸铁焊补对焊工技术熟练程度要求也较高，铸铁焊补大体可分预热焊和冷态焊两种。
为了保证焊接效果，建议采用下列焊接措施，供铸铁焊接和焊补时参考。
1. 首先清除焊接部位的油泥、砂、水、锈等污物，并视缺陷类型，开坡口，打止裂孔及熔池造型等准备措施。
2. 对于热焊件，先将焊件预热至 500～600℃ 左右，选用适当电流，可连续施焊，使焊接过程中始终保持预热温度，焊后趁红热状态覆盖以石棉粉或其他保温材料，达到缓慢冷却，有利于石墨析出。
3. 对于冷焊工件，为避免母材熔化过多，减少白口层，则在施焊中，尽量采用小电流，短弧，窄焊道，短焊道，（每段焊道长度一般不超过 50mm）并施焊后锤击焊缝以松弛应力防止开裂，待温度降至 60℃ 以下时再焊下一道。
4. 收弧时注意填满弧坑，以防止弧坑口裂纹。

| zyidong | 位置：河北 | 专业：安装 | 第 8 楼 | 2004-04-25　02:41 |

如果管道带压，则不能使用楼上的办法，可使用抱箍进行封堵。

| qiaoshi | 位置：北京 | 专业：其他 | 第 10 楼 | 2004-04-29　19:18 |

铸铁管道破裂后采取焊接的方法固然可行，但目前该项技术一般的焊工做不好，而且我想破裂的地方一般均在水中，实际操作比较困难。我有一个土方法，可以解燃眉之急，说一下大

家讨论讨论：使用比破裂的铸铁管道外径大两号的焊接钢管将破裂处套上（形成管中管），然后在铸铁管和焊接钢管之间打上一定比例的油麻，油麻的两端采用1:9干灰打口（注意：水泥要高强度等级的，最好是42.5级水泥），如果捻口密实的话，一般情况下是没有问题的，楼上的各位可以试试该种方法。旁门左道，仅供参考。

| HXJ813 | 位置：北京 | 专业：安装 | 第11楼 | 2004-04-30 21:47 |

以上各位工程师说的太麻烦了，可以用台湾出的塑钢土，A+B两种材料混合后，抹在裂缝处（小裂缝可用）30min后，即可补住了，6kg以下压力操作没有问题，我们公司经常使用，效果不错，中国山西好像也出，但不耐压。

资料在网上可以查到。塑钢土，有好多种，适应不同管道。

| haha2222 | 位置：河北 | 专业：给排 | 第14楼 | 2004-05-23 14:44 |

铸铁管道焊接是没有用的，因为强度低，维修施工一般都是带水作业，根本保证不了质量，焊也是白焊。旧管道直径不规范，成品套袖往往不合适。可以采用加钢套管的方式，楼上说的基本可行，但压力超过10kg，用灰口就不行了，油麻外灌铅，铅的宽度视管道大小而定，一般为1.5~3.5cm。套管内径与铸铁管外径间隙为1.5~2.5cm为好，铅熔化后在2min内灌入，否则就凝固了。灌铅时油麻应把水封住，套管间隙中不能有水，因为铅遇水四溅，易造成烫伤。铅灌好后用塞刀将铅打实，5min后就可送水。我用此办法维修了几百处管道迸裂了，无一漏水返工，大家可以放心一试。

6.1.4 讨论主题："如何解决预埋管件后防止漏水问题？"

原帖地址：http://bbs3.zhulong.com/forum/detail1610243_1.html

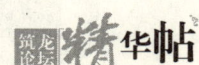

| 时间112112 | 位置：福建 | 专业：施工 | 第1楼 | 2005-07-25 23:20 |

现在在施工中要预埋排污管、排水管等，大多用PVC管材，表面都很光滑，预埋后在施工中，特别是装修的时候会对楼板产生振动，PVC管材表面与混凝土粘结性不好，很有可能会脱层，这样在以后交房的保修期内最容易有漏水现象的产生，修理起来是最头疼的，请教斑竹如何解决。

| mingong | 位置：河北 | 专业：施工 | 第2楼 | 2005-07-26 06:33 |

你说的预埋排污管、排水管等一般是穿楼板或墙的呀，怎么会埋呢？估计还是你套管没认真做好吧，给水排水验收规范对此有很明确的要求，从我的经验，问题都出在套管上，套管要用钢管做好一些。规范是在给水排水里，可实际施工时做得不好，土建不知道，一旦渗漏不在管里面，安装的就不管都说是土建的事儿。造成了验收时安装专业不管这一块，土建管不了这一块，只能自认倒霉。

| 时间112112 | 位置：福建 | 专业：施工 | 第3楼 | 2005-07-26 21:07 |

噢，我的施工经验还不是很好，工地上出现有漏水的事不知是何原因，版主的意思是在套管上注意些，最好用钢管吗？可是我很少看到有钢管与PVC管连接，钢管与PVC管连接效果好吗？

| bay | 位置：浙江 | 专业：其他 | 第3楼 | 2005-07-27 08:56 |

看来你连防水大套管是什么还都不清楚，我给你画个图就明白了（图6.1）。

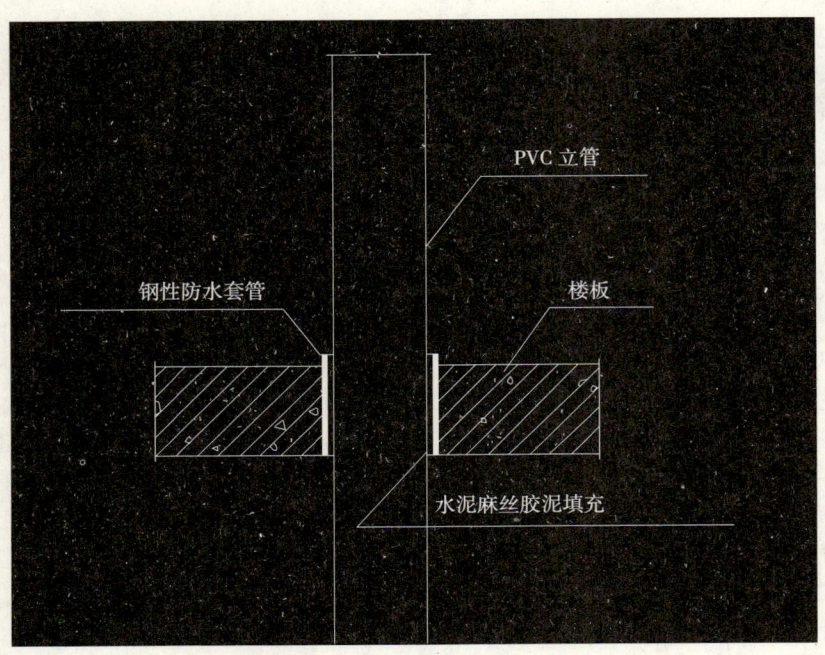

图6.1

防水套管都有止水环。在装饰施工时做个锥体，一来把钢套管露出板面部分盖掉，还起到一定的防水效果（图6.2）。

图6.2

| waqingwa | 位置：北京 | 专业：建筑 | 第6楼 | 2005-07-27 11:50 |

预埋管件后漏水主要是与管件连接处混凝土不密实或混凝土养护不到位产生裂缝等原因造成的。

| 冯老五 | 位置：天津 | 专业：施工 | 第7楼 | 2005-07-28 10:55 |

是否可以采用膨胀塑料管，我施工的冷却塔的配水管都是预埋这种。

| 明天3 | 位置：浙江 | 专业：结构 | 第8楼 | 2005-07-29 22:18 |

这个是施工现场的做法！！看一下就明白了（图6.3）！

图 6.3

6.1.5　讨论主题：关于不锈钢复合层焊接产生黑色影像的问题。
原帖地址：http：//bbs3.zhulong.com/forum/detail2222590_1.html

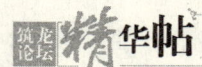

| xjwa | 位置：上海 | 专业：安装 | 第1楼 | 2005-10-18 20:08 |

朋友单位制造一不锈钢复合板容器，在焊完基层与过渡层后的射线检测中发现底片上沿复合层坡口有许多45°方向的黑色线性影像（长为10～15mm）延伸到母材区，不知是何原因？是否为焊接缺陷？如何消除？听说曾有人研究后发表文章介绍说产生这种影像没问题，但目前找不到该文章了，急请大师给予指教！

| 天津通宇 | 位置：其他 | 专业：其他 | 第2楼 | 2005-10-19 09:36 |

有没有对射线检测评片比较专业的网友啊？过来谈谈。

| xjwa | 位置：上海 | 专业：安装 | 第3楼 | 2005-10-20 12:26 |

下面的图片就是不锈钢复合板上的黑色影像（图6.4）。好像不是焊接的原因，应该是材料复合过程中产生的，对容器的安全运行是否有不良影响？应如何处理呢？

怎么没有专家光临指导呀，好失望哦。

图 6.4

有朋友持有如下观点，不知专家们是否赞同？

江苏北海封头厂用爆炸焊不锈复合钢板制造的压力容器的封头。封头成型后进行封头拼接焊缝拍片。在其底片上看到，焊缝外母材区域内有许多黑色条纹状显示，类似于裂纹。厂方认为这是一种"波状"显示，是爆炸焊工艺造成的一种"缺欠"，不是缺陷。

也有这样的观点："如果是碳钢和不锈钢复合板，可以肯定存在局部的结合不良，真正良好的结合是不应该有波纹状显示的。但"未结合"目前是用超声波来定义的，可以根据超声波来确定。底片只能说明结合状态不良好，不能说是未结合。底片中的条纹应该是界面波纹状的夹渣物或空隙，当然不排除可能存在裂纹。"

还有朋友是这样认为的：对于这类影像，见得少的可能不知道，但常和复合材料打交道的就不足为奇了。不同的材料相互结合，如：不锈钢＋碳钢，不锈钢＋不锈钢，钛材＋碳钢，钛材＋不锈钢等等，都会产生不同程度的结合纹路，有色金属尤其明显，其实这只是个受力的影响而产生的现象，常规处理都可以不作为缺陷进行返修。见图 6.5 所示。

在底片上看到的只是一部分，如果不认可的话，那么整张复合板也许都会不合格。

图 6.5

在同一批板中，并非每张板都在射线底片上产生波浪条纹的。而且在同一条焊缝上也出现只在某一端有几张底片出现这样的条纹，而在后续的其他底片中不再出现条纹（透照工艺条件相同）。

底片上发现产生了这样条纹，肯定是在有条纹处的复合界面存在空隙或夹杂物，这样密集产生的条纹（空隙或夹杂物）是否仍可判为合格？

| jjjjj78901 | 位置：上海 | 专业：结构 | 第 9 楼 | 2005-10-21 21:41 |

这种条纹在爆炸复合中是正常的，没有就说明复合的有问题了。没有问题。

| xjwa | 位置：上海 | 专业：安装 | 第 10 楼 | 2005-10-21 22:43 |

jjjjj78901 网友指的是第 4 楼的条纹还是第 7 楼的条纹？个人认为第 7 楼的条纹属于正常（前提是复合界面上粘合良好），而第 4 楼的条纹则是由于存在空隙才会在射线底片上显示出条纹，空隙越大则条纹的黑度越大，越宽。

第 4 楼图片中焊缝是已焊满的（并没有留下第 7 楼那样的"坡口"和复合层剥离后的基层表面），且焊缝两侧的母材是一样的材料，但显示却不同！母材使用前曾按 JB4733 进行超声波检测，都是合格的。

6.1.6 讨论主题：关于不锈钢焊接！304SS 该如何选用焊条？

原帖地址：http://bbs3.zhulong.com/forum/detail2917450_1.html

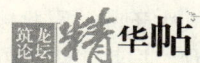

| 金属加工 | 位置：四川 | 专业：施工 | 第 1 楼 | 2006-01-18 11:39 |

我们需要安装部分不锈钢管道，材质为 304SS。

请教各位大侠：304SS 为何种材质？主要成分？相对 GB 该如何表示？是否为 0Cr18Ni9？焊接该采用何种焊条？焊接工艺该如何定？

| prank | 位置：其他 | 专业：其他 | 第 2 楼 | 2006-01-18 23:34 |

根据这个看看有没有什么提示（表 6.1），自己再找找！

表 6.1

	C	Si	Mn	P	S	Cr	Ni	Fe
开裂波纹管基材	0.054	0.55	1.01	0.0035	0.0030	17.98	8.07	余量
304SS（A151）	≤0.08	≤1.0	≤2.0	≤0.0035	≤0.0030	18.00~20.00	8.00~10.50	余量
0Cr19Ni9（GB1220—92）	≤0.08	≤1.0	≤2.0	≤0.0035	≤0.0030	18.00~20.00	8.00~10.50	余量

| suoja | 位置：浙江 | 专业：地产 | 第 3 楼 | 2006-01-19 13:36 |

304 为不锈钢牌号与成分 1Cr18Ni9 相近，SS 为 stain steel（不锈钢）的简称。最相配的焊丝应为 ER308 型的焊丝，最相配的焊条应为 A102 型的焊条，A132 也可以。

| czlw365 | 位置：河北 | 专业：安装 | 第 6 楼 | 2006-02-28 11:02 |

304SS 就相当于 0Cr19Ni9，焊条用 A102、A107 均可。A302 是它和碳素钢相焊时用的，同种钢焊接时不要用。

6.1.7 讨论主题：如何在大应力作用下进行返修工艺？

原帖地址：http://bbs3.zhulong.com/forum/detail2384043_1.html

| lhl101 | 位置：江苏 | 专业：市政 | 第1楼 | 2005-11-09 13:44 |

如何在大应力作用下进行返修？封头 SUS304 10mm，金相组织存在奥氏体+部分马氏体。

| wanghuii | 位置：山东 | 专业：其他 | 第3楼 | 2005-11-09 21:07 |

楼主应把情况再介绍得详细些。是什么样的大应力作用？是内应力还是外应力？是制造过程中由于强行组对等造成的，还是在运行过程中造成的？

我曾干过一些 SUS304，这是 18—8 系列的奥氏体不锈钢，金相组织是奥氏体加少量铁素体，该钢不具有淬硬倾向，不应该有马氏体吧？是不是用错了焊材？如果是这样，含马氏体的部分应全部清除。就焊接性而言，SUS304 焊接并不忌讳大应力。在奥氏体不锈钢薄板（≤10mm）焊接中常采用水冷法，在减小焊接变形的同时也造成较大内应力的后果，综合考虑利大于弊。因此楼主如果能排除马氏体的影响，那么返修工艺很简单，选择正确的焊材，不需预、后热。焊条可采用 A102（美标 E308—16）施焊。

| prank | 位置：其他 | 专业：其他 | 第4楼 | 2005-11-09 23:12 |

楼上说的有道理。

10mm 的封头、热压？冷压？旋压？

304 主要怕晶间腐蚀和热裂纹。

楼主的东西新鲜！愿闻其详！

| lhl101 | 位置：江苏 | 专业：市政 | 第5楼 | 2005-11-10 9:23 |

是旋压应力和旋压相变引起的母材和焊接接头裂纹。返修质量不稳定啊。经常返修多次。

| prank | 位置：其他 | 专业：其他 | 第6楼 | 2005-11-10 10:15 |

含碳量是多少？

能把金相图贴上来吗？

返修时浇过水么？

筒体是什么材质？焊材？

找过封头厂家吗？为什么断定是冷作残余应力的缘故？

| lhl101 | 位置：江苏 | 专业：市政 | 第7楼 | 2005-11-10 18:50 |

产生导磁性了。返修气刨时感觉裂开的。本来以为韧性很好，不需特殊措施，可越焊越裂。

| prank | 位置：其他 | 专业：其他 | 第8楼 | 2005-11-10 20:58 |

奥氏体不锈钢封头旋压成型后，部分奥氏体组织因冷变形转化为马氏体，与材料中残留的部分α组织共同导致封头呈磁性，需采用热处理等方法解决。

还有镍当量，也要核算！

常识所知，不锈钢材料宜用冷成形。但是奥氏体不锈钢是没有磁性，经过冷加工的奥氏体不锈钢却会产生或强或弱的磁性，特别是对封头、弯管、深冲件等加工程度较大的产品。这是因为常用的奥氏体不锈钢的基本组织大多为亚稳奥氏体，因此被称为亚稳定奥氏体不锈钢。当亚稳定奥氏体不锈钢冷成形时，部分奥氏体会发生马氏体转变，并与原奥氏体保持共格，以切变方式在极短时间内发生的无扩散相变，称为致生马氏体相变或形变诱导马氏体相变；不锈钢中马氏体一般有体心立方结构的α'马氏体和密集六方结构的ε马氏体两种形态，其中α'马氏体具有磁性，ε马氏体无磁性，但只有镍铬含量较高时，才产生ε马氏体。因此常用不锈钢中的部分组织由奥氏体转变为马氏体时，就会产生磁性。奥氏体的稳定性由其化学成分决定，加工引起的马氏体化还与加工的激烈程度有关。

但是《压力容器安全技术监察规程》规定：

第 72 条　钢制压力容器及其受压元件应按 GB150 的有关规定进行焊后热处理。采用其他消除应力的方法取代焊后热处理，应按本规程第 7 条规定办理批准手续。采用电渣焊接的铁素体类材料或焊接线能量较大的立焊焊接的压力容器受压元件，应在焊后进行细化晶粒的正火处理。常温下盛装混合液化石油气的压力容器（储存容器或移动式压力容器罐体）应进行焊后热处理。旋压封头应在旋压后进行消除应力处理（采用奥氏体不锈钢材料的旋压封存头除外）。

厂家可能钻空子。

最好不要用碳弧气刨，用砂轮磨光机清除裂纹。

着色探伤检查过吗？

| lhl101 | 位置：江苏 | 专业：市政 | 第 11 楼 | 2005-11-11　07:52 |

没有着色检查。也没做消应力处理。

| prank | 位置：其他 | 专业：其他 | 第 12 楼 | 2005-11-11　17:42 |

引用 11 楼回复。

你们应该已经解决这个问题。

说说吧。

你公司好像在开展高压管网和容器业务，还干长输和球罐么？

| lhl101 | 位置：江苏 | 专业：市政 | 第 13 楼 | 2005-11-12　12:31 |

引用 12 楼回复。

要求封头厂改进旋压工艺吧。跟变形度有关，减小一次下压量。

| jsntjhb | 位置：江苏 | 专业：施工 | 第 14 楼 | 2005-11-13　17:28 |

大应力情况下返修，返修次数太多肯定容易产生裂纹，在下以为焊材上最好采用超低碳的例如 E308L。大应力情况下尽量不要用水冷法，水冷主要是防止变形用的，而如果返修次数过多时，就要注意控制层间的温度不要太低了。另外不锈钢的清根或者焊缝清除，当然不能用碳弧气刨了，如果构件较大也只能采用大直径的磨光机了。焊接时要注意有一定的厚度，不能再

采用小直径，窄道焊了，厚度较大的构件层与层之间要能着色检查也行。

这是本人的些许意见，不对之处多多指教。

6.1.8 讨论主题：大型储罐底板怎样的焊接工艺才能最好的控制变形？

原帖地址：http://bbs3.zhulong.com/forum/detail2407435_1.html

| hl19812000 | 位置：河南 | 专业：安装 | 第1楼 | 2005-11-12 09:55 |

大型储罐的底板焊接变形是让人非常头疼的事情，不合理的焊接工艺或不当的焊接方法都会造成底板严重的变形，各位同仁有何高见，才能把罐底板的变形降到最低，一般罐底中腹板在8mm，边缘板10mm，整个采用带垫板对接，采用丁字形排板。

| yttx | 位置：山东 | 专业：其他 | 第2楼 | 2005-11-13 12:06 |

我这边也碰到过这种情况，采用先跳焊再连续施焊，但效果也不是很好。可以采取消除热应力的技术措施来消除应变。

| lj_kkm_99 | 位置：广东 | 专业：安装 | 第3楼 | 2005-11-14 10:27 |

我也正在干储罐，连接方式也是如此，有效做法如下：
1. 先短焊缝后长焊缝；
2. 打底焊必须是小电流、低电压、小直径焊条；
3. 投入焊工不能太多，一道长缝两名焊工为宜，从中心到边缘分段退焊；
4. 长缝焊接时必须安装防变形背杠，局部加防变形板；
5. 所以如此底板组焊施工不能抢进度，只能保证质量。

上述方法仅供参考！

| hl19812000 | 位置：河南 | 专业：安装 | 第5楼 | 2005-11-14 11:10 |

多谢各位，我想短焊缝可以投入较多数量的电焊工，纵焊缝采用隔缝顺焊退焊法应该差不多吧。

| lj_kkm_99 | 位置：广东 | 专业：安装 | 第7楼 | 2005-11-14 16:37 |

一般3万m^3以上的储罐采用自动焊的。

| 心情61 | 位置：陕西 | 专业：其他 | 第9楼 | 2005-11-14 17:14 |

引用3楼回复。

焊条直径也可以是$\phi 4.0$的用逆变机，电流400~600A之间，只要焊工技术过硬，焊工人数为10人左右即可。

| wolfe0007 | 位置：吉林 | 专业：安装 | 第10楼 | 2005-11-15 20:03 |

焊接底板的时候主要考虑的就是应力释放问题。先焊短缝，后焊长缝，采用分段退焊的方法是常用的作法。但焊接变形是不可避免的，只要焊接时的工艺条件控制好了，达到标准要求是完全可以做到的。

| hl19812000 | 位置：河南 | 专业：安装 | 第 14 楼 | 2005-11-16 11:52 |

最常用的方法不一定是最实用的方法，6 楼的同仁说得好，可不可以尝试用自动焊进行底板的焊接，如果行那么我想它的焊接顺序可能要求会更高吧！哪位有过这样的经验不妨给大家说说。

6.1.9 讨论主题：各种管道施工中，焊接与防腐哪个更重要？

原帖地址：http://bbs3.zhulong.com/forum/detail1012106_1.html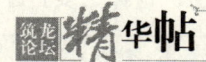

| prank | 位置：其他 | 专业：其他 | 第 1 楼 | 2005-03-30 14:34 |

各种管道施工中，焊接与防腐哪个更重要？

| wdy9688 | 位置：安徽 | 专业：给排 | 第 2 楼 | 2005-03-30 14:49 |

这要看你站在哪个立场上来看这个问题。如果是埋地管道或是在有防腐要求的地方，哪能说防腐不重要？但是不管是什么管道焊接，如果焊得不好，连水压试验都做不了，还怎么防腐呢？所以我觉得在一般情况下。焊接比防腐重要。

| turbine | 位置：上海 | 专业：其他 | 第 5 楼 | 2005-03-30 17:30 |

焊接与防腐哪个更重要？在工程中焊接与防腐是两个不同的施工步骤，都是质量控制的关键，是相辅相成的。如果焊得不好，连水压试验都做不了，还怎么防腐呢？防腐不好，什么管道也会腐蚀，影响使用寿命！所以谈不上哪个更重要，都很重要！

| hucunshan | 位置：安徽 | 专业：给排 | 第 9 楼 | 2005-04-02 15:20 |

对于建设单位来说焊接和防腐同等重要，焊接不过关的话管道根本没法投入正常使用，防腐不好管道使用寿命没法得到保障，尤其是地下管道。

对于施工单位来说焊接质量显得比防腐要重要，焊接不过关，难看在眼前。而防腐就不一样，就是不防腐的管道也不会立马烂穿。当然，从职业道德和维护企业信誉的角度，两者都要做好。

6.1.10 讨论主题：套管是否属于预留预埋？

原帖地址：http://bbs3.zhulong.com/forum/detail1390677_1.html

| 关润 | 位置：北京 | 专业：电气 | 第 1 楼 | 2005-06-14 12:30 |

室内套管安装一般都是先预留洞口，然后在安装管道时套上套管，然后堵洞，对套管及管道之间的缝隙进行填料。我想请问，套管是否属于预留，因为定额上套管只有一个定额子目，这些内容是否应由一个公司来完成（因为留洞一般都是总包负责）。

| jingyingzu98 | 位置：山东 | 专业：暖通 | 第 2 楼 | 2005-06-14 17:38 |

大哥，我郑重的告诉你：套管属于预埋工程，应该由土建施工单位来完成。

| xiaogongr | 位置：北京 | 专业：电气 | 第 3 楼 | 2005-06-15 15:46 |

套管应该属于预埋工程。

| zjgjiao | 位置：江苏 | 专业：给排 | 第4楼 | 2005-06-16 09:15 |

单根管道的预留洞应由施工单位来完成。对于管道井应由土建单位完成。一般是照图纸施工，这样的安排才能更好地保证施工质量。

| liuhai998yy | 位置：其他 | 专业：监理 | 第5楼 | 2005-06-19 22:51 |

不知你说的套管是用在哪方面（水电暖通）？

在我们房建施工中，套管预留预埋是由安装单位完成的。

至于先预留洞还是预埋套管要看情况。相对而言预埋套管比预留洞在补洞时做防水要求低一点。预留洞比预埋套管在上下管道的垂直度上容易把握。

| air207 | 位置：浙江 | 专业：暖通 | 第6楼 | 2005-06-20 06:19 |

首先套管安装应该属于预埋工程。其次对于安装工程来说，套管应由安装单位来施工，只有这样才能保证管道安装的质量，而且大多数结构图纸中只表示影响结构安全的大的留洞（孔），一般的过板孔洞是在安装图纸上的，必须由安装单位实施！

6.1.11 讨论主题：金属软管安装一般是在什么情况才用？

原帖地址：http://bbs3.zhulong.com/forum/detail1781031_1.html

| deng1631010 | 位置：广东 | 专业：造价 | 第1楼 | 2005-08-19 22:28 |

在电气安装中金属软管一般在什么情况才用啊？比如说在龙骨顶棚中安装电线时，是否要用到金属软管？

| zxw121234 | 位置：湖南 | 专业：造价 | 第3楼 | 2005-08-20 11:02 |

此处的金属软管主要是指电气施工中在管线与设备连接的时候，通常用金属软管，就是说，管线与设备间连接不能用硬管（如钢管、PVC管）硬连，而是用金属软管和设备连接，金属软管内继续穿线。设备比如说水泵、风机盘管等。

| yangjingyu26 | 位置：陕西 | 专业：电气 | 第4楼 | 2005-08-22 17:07 |

还有像消火栓箱内的报警按钮的连接也经常用到，总体而言，我还是同意楼上的意见，主要是用于与设备的连接，便于拆卸，也可以起到保护的作用。

| 54cyy | 位置：江苏 | 专业：造价 | 第5楼 | 2005-08-23 12:32 |

电气工程中，连接灯具、器具、设备、箱体以及管子过伸缩缝处等情况下均会使用金属软管连接。实际施工时，根据图纸及规范要求进行。

| yangjingyu26 | 位置：陕西 | 专业：电气 | 第4楼 | 2005-11-01 10:16 |

还有吊顶装灯，以及各类弱电设备的时候都有用到金属软管。

| xfl588 | 位置：四川 | 专业：结构 | 第6楼 | 2005-11-01　14:02 |

此处的金属软管主要是指电气施工中在管线与设备连接的时候，通常用金属软管，就是说，管线与设备间连接不能用硬管（如钢管、PVC 管）硬连，而是用金属软管和设备连接，金属软管内继续穿线。设备比如说水泵、风机盘管等．还有像消火栓箱内的报警按钮的连接也经常用到，总体而言，我还是同意楼上的意见，主要是用于与设备的连接，便于拆卸，也可以起到保护的作用。以及各类弱电设备的时候都有用到金属软管。

6.1.12 讨论主题：毛坯房预留安装套管是否有价值？

原帖地址：http://bbs3.zhulong.com/forum/detail291119_1.html

| hhgy1111 | 位置：重庆 | 专业：电气 | 第1楼 | 2005-04-21　10:16 |

现在许多地方的商品房都是毛坯房，电气只配到用户配电箱，其余室内的线管，灯具都不敷设。考虑到用户装修时埋设管线就需要穿过梁，如果叫用户打穿梁，那是很困难的。实际设计和施工时就会要求施工单位在预计管线要穿过梁的部位埋设套管。但在进行工程回访时，发现许多用户都没有利用这些套管。

就上述的套管我想提几个问题：
1. 是否有必要埋设？
2. 埋设后，用户只做简单装修，那就留下孔洞，很难看？
3. 埋设的套管要几个？直径多大？
4. 该在哪些部位埋设？

| 安全同志 | 位置：江苏 | 专业：施工 | 第2楼 | 2004-05-21　18:19 |

用户不懂，应该有必要留。

| zfeng971 | 位置：浙江 | 专业：电气 | 第3楼 | 2004-05-25　16:29 |

应留。我认为至少要留 2×（25～50）。紧靠墙、底板。

| liuxing3951 | 位置：天津 | 专业：其他 | 第5楼 | 2004-05-27　19:36 |

这的确是一个普遍存在的问题，有的用户确实是不知道，有的则是图装修省事，不想利用。可我们不能因为用户不利用，而在施工时省掉，看似省事，但留下的隐患很大！

| wei710711 | 位置：福建 | 专业：其他 | 第6楼 | 2004-06-12　16:49 |

我觉得应该要留，也是有必要留的，至于目前很多用户没有将那些预埋管利用起来，我想大部分还是他们不懂吧，相信以后在建筑逐渐进一步规范后，他们会利用起来！

| sohaixing | 位置：青海 | 专业：施工 | 第7楼 | 2004-06-12　18:27 |

必须要留。住户装修这方面是个盲点啊。

| 大人物 | 位置：广东 | 专业：暖通 | 第8楼 | 2004-06-14　11:06 |

留肯定要留，最好是将一些资料移交物业管理处，由物业管理配合装修施工进行预埋管的利用，如果单靠业主与装修施工单位配合肯定麻烦！再说了，如果是毛坯房的话没装修之前施工单位肯定能够看到，看到了不会傻到不去想怎么利用吧？其实最重要的是预埋管的位置放在何处？因为一间房子的装修一百个人设计一百个人不同，多预埋几根管才是上策，不要的话就将洞口两边封起来就行了嘛！

| hhxx110 | 位置：湖南 | 专业：电气 | 第9楼 | 2004-09-28　20:04 |

要留，就像消防设施一样，我们可能一辈子都不会使用它，但还是必须设置。线管不预留，用户装修时就会有大量的打凿，这在结构安全方面是不允许的。所以我认为要留。

| yiyijun0008 | 位置：湖南 | 专业：安装 | 第10楼 | 2005-02-15　20:36 |

同意，我也认为这是有必要的，问题不在于留不留，而是留在什么位置！

| 冰凉雨 | 位置：河南 | 专业：施工 | 第11楼 | 2005-02-15　21:28 |

应该留于墙、顶三面角处，一般做角线装修时便可以覆盖。

6.1.13　讨论主题：碳素结构钢、低合金钢钨极氩弧焊产生气孔的原因。

原帖地址：http://bbs3.zhulong.com/forum/detail1747744_1.html

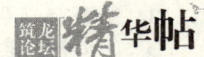

| 浮尘 | 位置：其他 | 专业：安装 | 第1楼 | 2005-08-15　20:28 |

通过对管道、容器的无损检测结果进行统计，发现出现机率最高的缺陷为气孔。
设备：直流焊机（可控硅、逆变）母材：Ⅰ、Ⅱ材料；焊材：H08A、H08MnA。
敬请专家点评。

| qdicc | 位置：山东 | 专业：安装 | 第3楼 | 2005-08-18　13:33 |

我个人认为，气孔产生的原因，与氩气的流速与流量是否稳定有关，当气流处于滞流状态时肯定要比湍流状态时要好。
另外，周围环境是否有风，也会减弱氩气的保护作用，导致气孔缺陷的出现机率升高。
这只是我个人的看法，还望专家指正。

| wzyk150 | 位置：河北 | 专业：安装 | 第4楼 | 2005-08-18　17:24 |

影响因素很多，常见的主要有氩气纯度、风（包括外界的风和穿堂风）、焊材的清理等。

| wanghuii | 位置：山东 | 专业：其他 | 第5楼 | 2005-08-19　13:04 |

同意4楼意见，补充两点：母材的清理、焊接规范的使用也直接影响气孔的产生。气孔（及其他缺陷）产生的原因应结合具体工况具体分析，泛泛而谈很繁杂。

| 浮尘 | 位置：其他 | 专业：安装 | 第1楼 | 2005-08-19　14:16 |

谢谢各位的参与。我们也做了一些工作，如改善气体保护、清理坡口等但效果不明显的问

题比较普遍。我认为关键可能在电源的特性、电弧的搅拌作用、填充金属中微量金属的抗气孔能力等，哪位大侠有这方面的资料。

图 6.6

| qdicc | 位置：山东 | 专业：安装 | 第 3 楼 | 2005-09-02　23:30 |

最近在一工程中就遇到了气孔偏多的问题（图 6.6），经过与焊接人员一起分析与试验，得出以下结论。

出现位置：经现场检查统计，大部分气孔出现在焊接接头的引弧处。

原因分析：原因是焊接供气管过长；标准配置的供气管为 7m，我们为了工程需要改为 30m；在按下控制开关开始焊接时，供气开关打开送气，同时通电引弧，由于供气管过长供气有所滞后，在引弧部位不能同步达到最佳流量，导致保护不佳，从而在引弧部位产生气孔。

解决办法：

1. 在坡口外引弧，让缺陷远离焊缝，焊接结束后打磨消除。
2. 将供气开关始终处于敞开状态，以牺牲氩气来保证焊缝质量。

效果：经过探伤检验，气孔发生率明显降低，焊缝合格率提高。

我们并非专业人士，以上只是凭经验和感觉作出的判断，不见得科学合理，在这里作为案例提供给大家，还望有关专家批评指正。

| prank | 位置：其他 | 专业：其他 | 第 10 楼 | 2005-09-29　20:06 |

引用 9 楼回复。

既然破坏了设备原标准设置，那就弥补，加一个手动控制阀来完成这个提前量。

第 7 章
检 验 与 试 验

7.1.1 讨论主题：这样的钢筋是否合格？结构质量验收能否通过？

原帖地址：http://bbs3.zhulong.com/forum/detail1040537_1.html

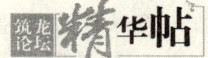

| 拐子马 | 位置：广西 | 专业：施工 | 第1楼 | 2005-4-5 22:00 |

公司最近有个项目交不出去，原因出在钢筋上。

钢筋进场时按规范要求做了力学性能检验，符合要求。有产品合格证、出厂检验报告、进场复验报告。

交工前核查资料时发现钢材生产厂家未取得当年（钢筋采购期间）的生产许可证。生产厂家是家大厂，钢筋采购期间之前、之后的年份都有生产许可证，唯独我们这个项目采购钢筋的那一年没有取得生产许可证（原因不详）。

被查出问题后，设计院认定我公司采用的钢筋不合格。为此，对梁筋做了抽检，质量符合要求。由于柱筋未抽检（柱筋不敢抽），设计院现认为柱筋质量无法认定，不同意按合格工程备案。现在僵住了。

不知道有没有人遇到过这种问题，最后是怎么解决的？

| frs天ir | 位置：广东 | 专业：施工 | 第2楼 | 2005-4-5 22:38 |

在《建筑工程施工质量验收统一标准》（GB50300—2001）中有这样的一段：

5.0.6 当建筑工程质量不符合要求时，应按下列规定进行处理：

1）经返工重做或更换器具、设备的检验批，应重新进行验收。

2）经有资质的检测单位检测鉴定能够达到设计要求的检验批，应予以验收。

3）经有资质的检测单位检测鉴定达不到设计要求、但经原设计单位核算认可能够满足结构安全和使用功能的检验批，可予以验收。

4）经返工或加固处理的分项、分部工程，虽然改变外形尺寸但仍能满足安全使用要求，可按技术处理方案和协商文件进行验收。

说明：5.0.6 本条给出了当质量不符合要求时的处理办法。一般情况下，不合格现象在最基层的验收单位–检验批时就应发现并及时处理，否则将影响后续检验批和相关的分项工程、分部工程的验收。因此所有质量隐患必须尽快消灭在萌芽状态，这也是本标准以强化验收促进过程控制原则的体现。非正常情况的处理分以下四种情况：

第一种情况（略）

第二种情况（略）

第三种情况（略）

第四种情况，更为严重的缺陷或者超过检验批的更大范围内的缺陷，可能影响结构的安全性和使用功能。若经法定检测单位检测鉴定以后认为达不到规范标准的相应要求，即不能满足最低限度的完全储备和使用功能，则必须按一定的技术方案进行加固处理，使之能保证其满足安全使用的基本要求。这样会造成一些永久性的缺陷，如改变结构外形尺寸，影响一些次要的使用功能等。为了避免社会财富更大的损失，在不影响安全和主要使用功能条件下可按处理技术方案和协商文件进行验收，责任方应承担经济责任，但不能作为轻视质量而回避责任的一种出路，这是应该特别注意的。

| 拐子马 | 位置：广西 | 专业：施工 | 第4楼 | 2005-4-5 22:59 |

经有资质的检测单位检测鉴定能够达到设计要求的检验批，应予以验收。

问题是现在钢筋在进场时已按规范要求做了力学性能检验，有进场复验报告，现在没有任何理由怀疑检测单位的检测报告有问题，还需要再一次检测吗？

规范要求的产品合格证、出厂检验报告我们是有的。规范并没有要求提供生产许可证，所以我们以前买钢筋谁也没有去核查过厂家这种资料。

| byxh1975 | 位置：北京 | 专业：施工 | 第6楼 | 2005-4-5 23:51 |

以下仅供楼主参考：

我觉得你们根本就不该做检测，检测也不一定有用，而应让供应厂家做工作。我不太熟悉那些质量的法律法规，但手头的一些似乎能解决你的问题：

无证生产的产品并不是不合格产品，根据1989年的《查处无生产许可证产品的实施细则》，可以这样处理：

第十八条 对查处过程中查封的无证产品，需经检测单位检测判定，产品质量不合格者，凡违反国家有关安全、卫生、环境保护和计量等法规要求的产品（已出售者要追踪处理）或没有使用价值的产品，均由当地技术监督部门或生产许可证归口管理部门组织就地销毁。有部分使用价值的产品，按国发〔1983〕153号文件精神，低于其成本定价销售。其中属于国家定价和国家指定价的，由业务主管部门核定分等级降价的处理价格，并报物价部门备案后，方可降价销售；属于市场调节价的，由企业自行降价处理，并标明"处理品"字样，在指定的销售地点销售。

第十六条 生产无证产品的企业，其产品经过检测单位检测，产品质量尚属合格的，亦应按本细则第十三、第十四条进行处罚。停产整顿后，发证部门应允许其提出取证申请。

应该还有其他法律法规，如《工业产品生产许可证试行条例》、《严禁生产和销售无证产品的规定》。

故可以让那供应厂商想办法（肯定有办法），只要他找权威部门（第九条 无证产品的质量检测单位，为全国许可证办公室批准的或委托省、市技术监督部门认可的检测单位，其他检测单位的检测结果无效，企业不得随意送检）证明是合格的，设计、监理、监督站都无话可说。

当然现在文件规定比较乱，如对玻璃幕墙，无证的一律不得通过验收，但钢筋尚无此规律，且那个企业又比较特殊。

故解铃还须系铃人。根据索赔链，你公司也应找供应商索赔，自己一分钱都不掏。

此外，按GB50300—2001中6.0.6规定，对验收有不同意见时，可请质量监督或建委等部门协调处理解决（类似仲裁）。处理认可了设计也就无话可说。

不过，你们跟设计的关系似乎僵了点，呵呵。

| 拐子马 | 位置：广西 | 专业：施工 | 第7楼 | 2005-4-6 0:22 |

找厂家解决的可能性不大。现在材料市场非常混乱，我们的钢筋不是从厂家直接购买的，两年前的经销商已经找不到了，我们无法证明我们的钢筋确实是该厂的产品。手上的产品合格证、出厂检验报告是经销商提供的，但我们实在不敢保证其真实性。我承认我们的管理确实有问题，但有些事是大家都知道的，只是大家都睁只眼、闭只眼而已。

质监站的态度是明确的，对现在的市场情况表示理解，但没有生产许可证，则产品合格证、出厂检验报告均不能成为符合要求的验收资料，双控是国家的规定，在这个问题上不可能为我们公司开先例，否则以后大家都不提供产品合格证、出厂检验报告，质监站怎么办？

设计院已出了补强加固方案，因为认定钢筋不合格，新的方案完全没有考虑原有钢筋的作用。这样的方案我们是无法接受的。补强加固的那一点钱不是问题，但实施这样的方案，将说明我们的质量有问题，这样一来，因此而造成的工期延误等一系列的索赔问题就很复杂了。

我们和设计院的关系并不僵，只是碰上了固执的设计人员，他担心签字后出问题负责任。我们主要是得罪了甲方代表。我们的项目经理此前在帮他搞住房装修时未能全部满足他的各种要求。这些事情是甲方代表捅出来的。不过他也没想到事情会闹成这样，竟然会导致工程交不出去。现在他已不想追究这事了，可惜晚了，这已经不是他说了算了。

独来读网	位置：其他	专业：其他	第9楼	2005-4-6 0:40

法一：建议最大力气找经销商，不可能说没就没，这类产品的销售许可证不是谁都能经销的，百年大计啊，可通过工商部门等去查，也可通过那家大厂反查，否则，当不合格产品太可惜。当然，还要对这些成本和加固之后的各种费用、无形损失作经济分析。

法二：由于情况比较复杂，除非在这里能碰到有类似经验的网友，建议找律师咨询，他们法律稔熟，可能有好办法。

风中沙	位置：四川	专业：施工	第10楼	2005-4-6 1:06

依我看，还是人际关系方面的问题，其实现在只要提供两证就行了，但现在事情搞的这么僵，我想肯定是有些人有什么想法，至于生产许可证，我们这边还没有听说过的，建议楼主从人际关系上下点功夫（若可行的话），该怎么打点就怎么打点，大事化小，小事化了。遇上这些神，也没什么可讲的。

xhg99	位置：浙江	专业：其他	第11楼	2005-4-6 9:03

根据ISO9000质量体系的要求，不管是自行采购还是甲供，物资采购都应是合格分供方。如何确定合格分供方大家应该是知道的，生产厂家连生产许可证都没有，那不是成了伪劣产品了？施工单位是要负主要责任的，钢筋不是从厂家直接购买的，查厂家他不承认这批钢材是他们生产的，是冒牌的你如何是好？施工单位管理混乱，信息不灵，其实可以做一批资料瞒天过海的，可现在不太可行了。

因为事情搞大了，人人都知道这件事，没法隐瞒，也没人肯放你一码，所以问题很复杂！现在只有看业主的态度了。做了的事情不能索源，出了的事故不能开脱，那是自己要倒霉的了。

亲亲mami	位置：北京	专业：施工	第12楼	2005-4-6 12:45

出了这样的问题，深表同情。我认为极有可能是供应商提供了与实际钢筋不相符的质量证明文件，但现在好像都无法追溯了。

还是来总结点经验、教训吧：

1. 一定要审查材料供应商是否是合法注册的经销商，毕竟跑得了和尚，跑不了庙；

2. 钢材进场，项目物资部门要审查钢材上的钢牌是否齐全，且钢牌号是否与厂家的质量证明书上的"炉批号"相一致，从源头上杜绝供应商提供假资料。在北京地区，创优工程基本上能做到；

3. 一定要做进场取样复试（包括见证试验）合格后方可使用，否则施工单位就更加被动了。

| 拐子马 | 位置：广西 | 专业：施工 | 第13楼 | 2005-4-6 13:23 |

这是一家大厂，原来是国有企业，由于经营方面的问题，一度处于破产边缘。我们采购钢筋的那段时期，该厂的生产许可证正好到期。由于被收购和改制，该厂有一段时间在手续方面处于空白，一直到2003年12月，才重新取得生产许可证。在未取得生产许可证的那半年时间里，一直没有停止生产和销售，政府主管部门也没有管。

合格供应商我们是每年审一次材料，由于没有取得生产许可证的时间只有大半年，我们没能发现问题。

从验收规范的制定原则来说，非正常验收是允许的，主要有四种方式：返工更换、检测鉴定、设计复核、加固处理。对本来可以挽回的损失非要以报废、拆毁作为处理手段，这不一定是真正的重视质量，不过是种形式主义而已。

进场取样复试（包括见证试验）我们是做了的，也符合要求，即使现在再一次检测，我相信结论也还是一样的，这种情况下，设计复核、加固处理、返工更换、检测鉴定我们认为都是没有必要的。

生产许可证的缺失，有其客观原因。发生这种情况时，我觉得应以检测结论为准，不能因此拒绝验收。

| xhg99 | 位置：浙江 | 专业：其他 | 第15楼 | 2005-4-6 14:36 |

也许钢筋都是合格的，一不要重新检验，二不要进行补强加固，但问题是合理不等于合法！我看应该做做业主的工作，换个口气和他协商，因为进场复检都是合格的，看他肯不肯放你一码。不要再坚持"生产许可证的缺失，有其客观原因。发生这种情况时，我觉得应以检测结论为准，不能因此拒绝验收。"

如果我是业主，生产许可证的缺失从法律上讲，说明厂家不具备生产合格产品的能力！进场复检严格说是控制产品质量的波动，即是否保证产品的合格率，而不是你代替厂家进行产品的质量全检！我完全可以拒绝验收的。

| 拐子马 | 位置：广西 | 专业：施工 | 第17楼 | 2005-4-7 0:20 |

业主现在是没有问题的，质监站也同意验收。目前问题出在设计院，设计院院长和总工我们都找了，他们也觉得这不是大事，可以验收。问题是具体负责的设计人员不同意，人家当着我们的面把院长、总工顶了回去："你同意你签字吧。"我们也不是不做"工作"，人家不吃这一套。牛！我最敬重的就是这种人了。他的底线是观察使用，两年后再备案。可是这种做法质监站又不同意，不通过验收绝对不能投入使用，否则是违法的。

太晕了，难道就没有什么好一点的办法处理了吗？

| xhg99 | 位置：浙江 | 专业：其他 | 第18楼 | 2005-4-7 6:38 |

要么设计院总工签字同意，否则只有业主让步接受工程，真是教训啊！

| 风中沙 | 位置：四川 | 专业：施工 | 第19楼 | 2005-4-7 18:11 |

首先明确各单位的责职，你设计人员你只管设计就行了，你的设计没有问题，施工单位是按图施工，没有更改图纸，所有的更改都是按程序来更改的就行了。材料的质量有质监站、监理公司把关，就是按见证取样制度，也轮不到你设计院来吧？现在材料检验合格，说明材料没有问题，说穿了，这个材料的事情根本就不关你设计上的事情吧？而且本来就不是什么大事情，他这是狗拿耗子，从中作梗。

若他真要一个什么生产许可证的话，那就找厂家沟通一下，看能不能开一张证明什么的，证明在那段期间，由于厂家处于改制期间，因人为的因素没有更换。当然，这也是没有办法的办法。

| yorkbay | 位置：其他 | 专业：造价 | 第20楼 | 2005-4-7 18:29 |

"若他真要一个什么生产许可证的话，那就找厂家沟通一下，看能不能开一张证明什么的，证明在那段期间，由于厂家处于改制期间，因人为的因素没有更换。当然，这也是没得办法的办法。"对钻进牛角中出不来的人只好用这样办法了。该不会这栋楼设计时就不安全，借机加固一下吧？

要不让业主承诺，设计想测哪个构件，我们就测哪个，如果有什么损失（甚至炸楼）我们都干，但如果测出结果符合要求，所有损失由建设单位承担（看建设单位、设计院会让某些人为所欲为？）

拐大侠顶住，给他们施压，看看谁先趴下！

前面几个网友也都说了，生产许可证是政府政策问题，让厂家给个说明就行。出厂合格证、复试合格证都有，监理、施工、建设单位都签过字了，质量本来就没有什么大问题，他鸡蛋里挑骨头，好像全世界只有这个设计人员命值钱。他把大家一齐扔进厕所里去了！

凭什么加固，加固又是怎么计算出来的？钢筋有问题，那么基础都有问题！我要是施工单位坚决不同意加固，有问题直接炸楼好了，企业要有信誉，不明不白的加什么固？炸呀，让他站出来，炸给他看，没有问题就让他倾家荡产。

| asunlit | 位置：广西 | 专业：其他 | 第23楼 | 2005-4-8 1:22 |

现行验收规范没有规定资料中应有钢筋厂家生产许可证，我想解决的办法有：一、找到生产厂家，就没有生产许可证的问题进行说明；二、想办法对柱筋进行抽样（当然要进行加固了），注意费用和责任的划分；三、对建筑进行加荷试验，观测变形和沉降，也要注意费用和责任划分；四、对设计人员进行公共活动（不是指非法活动），使其明白图纸及规范是怎样约定的。

| xhg99 | 位置：浙江 | 专业：其他 | 第24楼 | 2005-4-8 6:38 |

回复第19楼。谁说材料合格？材料合格的话不是大家在作弄施工单位了吗？施工单位可以上法院告了，谁吃得消开这种国际玩笑？再说材料变更要不要通过设计院的？没设计院同意施工单位可以自行改变材料的？笑话！

回复第20楼。没有生产许可证至少说明厂家已经停产了，一吨钢材都不生产，你工地哪来的如此多的钢材呢？开什么证明给你？你要他死啊？复试合格证都有，监理、施工、建设单位都签过字了都没用！皮不存，毛也不存了，我已经建议了请设计院总工帮忙，业主让步接收工程，我看大家讨论到现在除了牢骚满腹也没更好的主意了。

说一说没有生产许可证的后果：没有生产许可证——出厂证明书、试验报告单全无效（和假酒假烟一样，看上去全都有就是地下加工的！）——不能证明产品是合格的——你不全数检验就使用了（复检是随机抽检不是全检）——这下麻烦来了——想降级使用吗？——谁知道用的钢筋强度是多少？知道了也没这种事情了！——好端端的工程被那个甲方代表搞翻成了烫手的货色了——甲方代表躲在一边看你们狗咬狗——事情没办好，冤家对头结了不少——以拐子马为首的施工单位成了"250"、"13点"了。

| 逸风 | 位置：辽宁 | 专业：施工 | 第27楼 | 2005-4-8 8:45 |

我认为这就是甲代的责任，钢筋出厂合格证及复试都有，而且都认为是合格的，这说明钢筋的质量是没有问题的。而作为一个设计者没必要总去说这些。可以找当地的质量监督部门进行确认。认定合格他也就说不出什么了。

| zhangguolong | 位置：浙江 | 专业：施工 | 第30楼 | 2005-4-8 9:46 |

现在的问题不是什么权威不权威的问题，我感觉在这方面应该学学"本田"公司的公关学，在轿车出现车祸而使该轿车断成两截，还可以无声无息，还可以把质量问题推的一干二净，在这里面是什么？这就是银弹发挥了作用，是公关的作用。建筑施工企业应该在公关及企业的保密性多下下工夫，我还有点怀疑你的钢材厂家没有施工许可证是如何知道的？我想你也不可能去查吧！问题已经出现，现在能够补救的就靠你的公关能力，该怎么还是怎么？至于什么质监站监测合格，那是一句空话，我不合格的钢材拿去照样可以监测出合格的钢材，现在的人际关系复杂的很啊！

| cexovj | 位置：其他 | 专业：其他 | 第32楼 | 2005-4-8 10:22 |

现在事情已经见光了，还是用正大光明的方法吧。现在惟一的办法就是业主花几万钱请质监站主持进行专家论证。当然如果施工单位替业主出的话，可能进展会更一快。

7.1.2 讨论主题：房屋建筑工程中重要材料复验周期以及工程试验的周期要求？

原帖地址：http://bbs3.zhulong.com/forum/detail2590108_1.html

| 亲亲mami | 位置：北京 | 专业：施工 | 第1楼 | 2005-12-5 16:40 |

1. 混凝土结构工程：钢材、水泥、砂与石、混凝土用外加剂、防水涂料、防水卷材、砖与砌块的复验周期？
2. 预应力工程：预应力筋、锚具/夹具的复验周期？
3. 钢结构工程：钢材、高强螺栓、焊接材料的复验周期？
4. 装修工程：门窗（三性）、人造木板（甲醛）、石材（放射性）、安全玻璃（安全性）、幕墙（三性）、幕墙结构胶（相容性）的复验周期？
5. 施工试验：土工击实、回填土干密度、钢筋焊（连）接、混凝土抗渗、饰面砖粘结的试验周期？

说明："复验周期"是指从材料取样送检到试验部门出具试验结果所需要经历的时间。

| fox115 | 位置：浙江 | 专业：施工 | 第4楼 | 2005-12-5　17:26 |

如楼主所说，除了一些特定的项目的试件需要经过一定的养护周期外，这些试验项目报告的出具大部分都是取决于试验检测单位及你需要得到报告的时间。基本上混凝土结构工程中的钢材、水泥、砂石、砖与砌块、钢筋焊接等还是能够比较及时的。装饰工程中的一些材料试验，周期会长一点。

| mingong | 位置：河北 | 专业：施工 | 第5楼 | 2005-12-5　19:10 |

一般仅做力学检验的较快，当天即可出报告，如：钢材、预应力筋、锚具/夹具、钢材、高强螺栓、焊接材料、钢筋焊（连）接等。

有些有规定时限比较长的，如水泥 28d（快测 1d）。

有的操作比较麻烦的，需要检测人员安排时间的，一般等几天即可，如砂与石、土工击实、回填土干密度、防水卷材等。

还有需要排队的（检测单位往往只有一套工具而且检测操作本身需要时间比较多，需要等待的），时间不确定，如混凝土抗渗、门窗（三性）、人造木板（甲醛）、石材（放射性）、安全玻璃（安全性）、幕墙（三性）、幕墙结构胶（相容性）等。

还有需要制作、养护才能检测的，也需要等待较长时间，如砖与砌块、饰面砖粘结、防水涂料等。

凭个人印象说说，未必准确，欢迎指正。

| zw天128 | 位置：浙江 | 专业：结构 | 第6楼 | 2005-12-5　19:42 |

力学检验较快，当场就可知道结果。但是如果要拿报告的话就要晚一点了，因为打报告需要时间（人家不可能一天到晚都在打报告）。

| mingong | 位置：河北 | 专业：施工 | 第7楼 | 2005-12-5　19:54 |

回复第6楼网友，那是你们跟他签订合同时没有约定好，我们一般签约时就要求这类报告要当天出具。

| 123binger | 位置：河北 | 专业：施工 | 第8楼 | 2005-12-6　17:23 |

外加剂一般28d，如果需要的话可以做56d的，不过应有7d的早期报告。

| 凝固的音乐O | 位置：河南 | 专业：施工 | 第9楼 | 2005-12-7　17:45 |

回楼主，以下是我们这里的一些复试周期，仅供参考。这要看你所使用的那个试验室工作人员的效率有多高，工作量多不多，不过我想也不会和下边的时间相差太多的。

钢材 3d；水泥 4d 可出 3d 报告，30d 可出 28d 结果；砂、石 3d；砖与砌块 4d；焊接材料 3d。

土工击实 5d；回填土干密度 2d；钢筋焊（连）接 3d。

| 逸风 | 位置：辽宁 | 专业：施工 | 第10楼 | 2005-12-9　19:24 |

1. 混凝土结构工程：钢材、水泥、砂与石、混凝土用外加剂、防水涂料、防水卷材、砖与砌块的复验周期？

钢材我们这里一般是当天知道结果，而报告一般要三天左右，这个和试验单位的合同约定，还有一个关系的问题，如果好还可以提前；水泥 28d；砂石也是 3d 左右；防水卷材 5d 左右；砖与砌块在 15d 左右。

2. 钢结构工程：钢材、高强螺栓、焊接材料的复验周期？

上面的这些应在 10d 左右。

3. 施工试验：土工击实、回填土干密度、钢筋焊（连）接、混凝土抗渗、饰面砖粘结的试验周期？

土工一般在 5d 左右；回填土一般 3d；焊接试验一般当天出结果，3d 出报告；抗渗、饰面砖粘结应在 15d 左右。

| qiaohui | 位置：河北 | 专业：施工 | 第 11 楼 | 2005-12-10 19:40 |

试验周期问题除了必须要等的以外，别的要看试验室的效率了。水泥可以先拿 3d 或者 7d 的试验报告，配合比也一样的。其他的像钢筋、砂、石当天都能出具啊！！！

| 倾城之敏 | 位置：江苏 | 专业：结构 | 第 13 楼 | 2005-12-14 9:15 |

楼主所说的问题没有强制性标准，都是各个试验室（或检测中心）自己定的。如今检测市场已放开，以后这也将作为一服务项引起更多的关注。

| 亲亲 mami | 位置：北京 | 专业：施工 | 第 14 楼 | 2005-12-14 9:24 |

我在施工单位，项目目前对试验工作的管理力度普遍较差，经常发生试验漏项或检测滞后等问题，所以想了解一些基本的东西并可供项目参考。

这是我总结的，不当之处请多多指正：

1. 混凝土结构工程：钢材、水泥、砂与石、混凝土用外加剂、防水涂料、防水卷材、砖与砌块的复验周期？

答：钢材、砂与石、掺合料 3d 左右；水泥快测 1d，常规 28d；混凝土用外加剂 28d 左右；防水涂料、防水卷材 7d 左右；砖（砌块）7d 左右。

2. 预应力工程：预应力筋、锚具/夹具的力学性能复验周期？

答：1~3d。

3. 钢结构工程：钢材力学性能、高强螺栓力学性能和摩擦面抗滑移系数、焊接材料的复验周期？

答：1~3d。

4. 装修工程：门窗（三性）、人造木板（甲醛）、石材（放射性）、安全玻璃（安全性）、幕墙（三性）、幕墙结构胶（相容性）的复验周期？

答：暂无相关经验参数。

5. 施工试验：土工击实、回填土干密度、钢筋焊（连）接、混凝土抗渗、饰面砖粘结的试验周期？

答：土工击实 3~7d；回填土干密度 3d；钢筋焊（连）接力学性能 1~3d；混凝土抗渗 28d 左右；饰面砖粘结强度 28d 左右。

| 倾城之敏 | 位置：江苏 | 专业：结构 | 第15楼 | 2005-12-14　10:08 |

诚如 mingong 所说，除检测净时间外，还有必须的检测准备时间，如卷材涂料类检测之前，送检试样应在试验环境条件下放置 12h～7d 不等（某些种类放置时间具体见规范），这样的话，防水涂料、防水卷材 7d 左右的试验周期就短了，而且有些种类的涂料检测制样之后，试验之前需要养护 7d 或 28d，这种时间肯定要计算进试验周期的。

这种"送检试样在试验环境条件下放置规定时间"在现在的计量认证当中已经作为一个参考指标了。

| mingong | 位置：河北 | 专业：施工 | 第16楼 | 2005-12-14　11:23 |

主要还是取决于试验方法，力学性能试验是最简单的，几分钟就完成，剩下的就是试验室服务和程序怎么走了。

土工试验比较麻烦，试验室一般会做击实试验的人还不多，还需要烘箱，一次送多了就得等。混凝土抗渗也是，按理养护 28d 就可以做，我等的最长等了 20d，就因为试验室设备不够。砖试验需要用水泥浆制作并养护后才能做，时间看养护多久了。饰面砖粘结强度也是如此。

对于装修工程中门窗（三性）、人造木板（甲醛）、石材（放射性）、安全玻璃（安全性）、幕墙（三性）、幕墙结构胶（相容性）的复验周期，这类检测好多地方试验室做不了，原先有的一个省就一两家机构能做，有的还要到首都做，现在随着强制性要求，各地在逐步增加设备，所以时间不好确定。原先门窗"三性"检测河北省就一家能做，刚开始强制检测的时候，试验室院里堆满了全省各地排队的门窗，现在就好了，一般地市级检测机构都能做，所以时间就短多了。

7.1.3　讨论主题：掺加早强剂、防冻剂对混凝土强度造成的不良影响？

原帖地址：http://bbs3.zhulong.com/forum/detail2368064_1.html

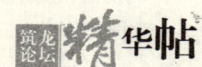

| 逸风 | 位置：辽宁 | 专业：施工 | 第1楼 | 2005-11-7　19:00 |

1. 目前对于北方地区马上进入冬期施工了，大家讨论一下，对于冬期施工的外加剂，特别是早强剂和防冻剂，哪种系列的比较适用，哪种对工程质量最能保证？

2. 早强防冻剂对于水泥的早期和后期强度会有影响吗？

3. 有和水泥产生不良反应的早强防冻剂吗？

| 赤红热血 | 位置：浙江 | 专业：结构 | 第2楼 | 2005-11-7　20:22 |

从理论上来讲，早强剂和防冻剂均不会影响混凝土的整体强度（最终强度），早强剂最主要是让混凝土强度在短期内有较高水平的增长，为施工需要而采用的（比如赶工期，让混凝土早期强度大，可以用早强剂）。而防冻剂呢，最主要是为了防止混凝土冻坏（表面离析或者混凝土表层剥落等现象）和保护混凝土而用的，通常在环境温度 5℃ 以下使用，并不跟强度有关系。你用的早强剂和防冻剂质量好的话应该没什么问题的吧。

| Mingong | 位置：河北 | 专业：施工 | 第4楼 | 2005-11-8　7:48 |

是药三分毒，影响肯定是有的，与早强剂本身的品种质量有关，还与其与水泥的相容性有关，《混凝土防冻剂》（JC475—2004）规定防冻剂混凝土规定最终的抗压强度比要通过 7＋56

天达到100%才算合格。

| 亲亲mami | 位置：北京 | 专业：施工 | 第5楼 | 2005-11-8 9:30 |

这个问题好专业呀，我只能从非专业的角度谈谈自己的看法。
1. 在北京绝大多数工程都使用商品混凝土，通常选择信誉良好，工程经验丰富的混凝土供应单位；外加剂应选择在建设行政主管部门认证、备案的产品。在这种条件下，混凝土的质量是可以得到保证的（出现问题也只是少数）。
2. 好像往往是现场搅拌的混凝土质量经常出问题（我知道的有混凝土很难初凝，强度增长缓慢，还有很多我不知道的），究其原因也是多方面的：没有选择可靠的外加剂产品；不严格按照试验室的配合比操作；计量不准确；外加剂的掺加用量及方法未遵从产品使用要求；早强、抗冻型外加剂未在使用前进行对比试验等等，这其中人为因素占主导。

所以说选择可靠的产品，加强各个环节的管理与控制，才可能将风险降低到最小程度。

| 闫伟005678 | 位置：山东 | 专业：施工 | 第6楼 | 2005-11-8 9:50 |

早强剂、防冻剂一般规定必须控制掺用量，通常都在水泥用量的3%～5%以内，过量的话，对强度会有影响的。同时，在更换水泥或早强防冻剂厂家、品种、牌号前，一定注意与水泥的相容性，并做试验。避免由此产生质量缺陷。

| hjx200 | 位置：江苏 | 专业：施工 | 第7楼 | 2005-11-9 12:42 |

一般情况下早强防冻剂对于水泥的早期和后期强度不会有多大影响。但外加剂掺量要适当，搅拌要均匀，否则就难说了。

| yaoliyong | 位置：北京 | 专业：施工 | 第8楼 | 2005-11-9 19:56 |

我感觉早强防冻剂实际的工作原理是一样的，好品牌的外加剂从理论上来讲应该不会有多大影响，主要不良影响是对混凝土与钢筋的握裹力以及钢筋的锈蚀。

| 从容 | 位置： | 专业：其他 | 第10楼 | 2005-11-9 21:25 |

我接触过的外加剂不少，早强剂真正质量好的话，应该能使混凝土的强度提前达到设计强度。防冻剂主要以防冻为主，但我了解正品和个体产品的价格相差很大（能差到接近10倍的价格），这是问题的关键，正规厂家的产品如果依据说明书的配比使用效果通常很好，包括早强剂，防冻剂、膨胀剂、减水剂等外加剂。

另外，目前我建议使用一种早强防冻剂或者早强减水剂，经过我使用效果很好！一般3天就能达到设计要求强度的80%以上！

| yanglan1230 | 位置：湖北 | 专业：岩土 | 第14楼 | 2005-11-11 11:31 |

外加剂对混凝土强度是有影响的，我们这里有试验为证，早期强度有提高，但到了后期（28d）反而有下降的趋势。冬期施工首先应加强结构保温措施，如果一定要加外加剂的话必须通过试验来确定参数，不同的地方有不同的情况，不能够按他人的经验去套用。

| yxf251 | 位置：湖南 | 专业：施工 | 第 16 楼 | 2005-11-11 14:35 |

这里有个好资料，希望对大家有帮助。

冬期施工目前在北方地区很普遍，而混凝土是冬期施工中的一项较大的项目，在混凝土的冬期施工方法中，掺外加剂的方法由于其方便和实用性，得到了普遍推广和应用，这里仅对冬期施工中混凝土外加剂的选用提出几点看法。

1. 混凝土的冻害以及产生的条件

为了便于了解外加剂，更合理、有效地选用外加剂，有必要先了解一下混凝土的冻害以及产生的条件。

1.1　混凝土的冻害分为三种情况

第一种，新鲜混凝土受冻，即混凝土终凝前遭受冻结，这种情况下只要化冻后在终凝前再重新振捣密实，加强养护，不要使混凝土重新受冻，混凝土不会受损害；第二种，混凝土早期受冻，即混凝土养护期间受冻，这种情况主要是施工过程中由于施工方法及施工技术不当造成，这会导致混凝土一系列物理力学性能降低达不到设计要求，影响工程应用，降低耐久性，影响结构使用；第三种，混凝土受害，即混凝土结构使用期受冻，主要是考核结构耐久性使用年限，为设计服务。所以这里讨论的混凝土冻害主要指第二种情况，即混凝土养护期间受冻。

1.2　混凝土冻害产生的机理及条件

混凝土是一种多孔材料，当温度降低时，毛细孔隙内的自由水开始结冰，并逐渐向内部发展，水结冰后由于体积膨胀，将内部未冻水封闭并沿毛细管压向内部，压力增加到超过混凝土抗拉强度时，就会把毛细孔胀破，产生微裂纹。裂纹不断发展增多，使混凝土内部发生破坏。

可见，混凝土冻害需要三个条件，温度、水和混凝土内部结构的孔隙状况。

2. 防冻剂的分类

根据防冻剂的作用机理，防冻剂可分为两类：第一类防冻剂主要起降低冰点作用，如氯化钠、亚硝酸钠及尿素等，它们的最低共溶点很低，有利于初期养护阶段不受冻害；第二类防冻剂有很低的共溶温度，可以在低温情况下与水泥发生水化反应，如碳酸钾、氯化钙、硝酸钙等。

3. 防冻剂的选用

3.1　防冻剂的选用原则

冬期施工混凝土应优先选用综合蓄热法，对原材料进行加热，并采取覆盖保护措施。如果经热工计算仍不能达到要求，要考虑掺加外加剂。

因防冻剂对混凝土的耐久性有影响，掺外加剂时，在满足初期养护温度可以达到抗冻临界强度的前提下，尽量减少掺量。

不同温度下选用的掺量配方可参照以下几点：

（1）当日最低气温不低于 $-5℃$ 时，混凝土的养护采用一层塑料薄膜 + 二层草袋，使用早强型减水剂即可，不必使用有防冻组分的防冻剂。（因为根据实验表明，自然条件下混凝土养护时，一层塑料薄膜 + 二层草袋覆盖后，混凝土的温度可以比外界提高 $5℃$ 左右。）

（2）当日最低气温低于 $-10℃$ 时，混凝土的养护采用一层塑料薄膜 + 二层草袋，使用设计温度为 $-5℃$ 的防冻剂即可。

（3）当日最低气温低于 $-15℃$ 时，混凝土的养护采用一层塑料薄膜 + 二层草袋，使用设计温度为 $-10℃$ 的防冻剂即可。

（4）当日最低气温低于-20℃时，混凝土的养护采用一层塑料薄膜+二层草袋，使用设计温度为-15℃的防冻剂即可。

3.2 防冻剂选用方法

首先应满足结构本身的要求。如在高湿度、高温度环境中使用的结构，与酸、碱等侵蚀性介质相接触的结构，以及预应力混凝土结构等，不适合掺氯盐类防冻剂，或必须掺加阻锈剂，同时其最大掺量不得超出最大掺量限值的规定。对饰面有要求的结构还应考虑有些防冻剂会析盐等。

防冻剂的选用还必须根据环境温度来决定。因不同的防冻剂适用的温度范围不同，或防冻剂中所需的各种组分比例不同或者人经济方面考虑相同的环境下某种防冻剂比其他更适合等，这些因素都需要考虑。

防冻剂中有的有缓凝作用，或早强效果，防冻剂的选用还应考虑工期的要求。

不同的防冻剂对混凝土所用材料的要求也不相同。例如，在掺有氯、钾离子的防冻剂混凝土中，不得采用活性骨料或在骨料中混有这类物质的材料；水泥应优先选用铝酸三钙含量不超过10%，硅酸三钙含量不超过45%的普通硅酸盐水泥，水泥强度等级不低于32.5级等。

不同的防冻剂对养护方法的要求也不相同。例如，冬期施工规程规定，采用非加热养护法施工所选用的外加剂，宜优先选用含引气成分的外加剂；掺氯盐类防冻剂时，不宜采用蒸汽养护，采用蒸汽养护混凝土时，不宜掺用引气剂或引气减少剂等。

在可能满足温度方面要求的情况下，掺量不得超过最大限值的规定。

| dyzhxl | 位置：浙江 | 专业：施工 | 第18楼 | 2005-11-11　15:23 |

早强剂、防冻剂的使用对混凝土强度影响应该说是很小的，早强剂是为了提高早期混凝土强度，以便赶工期，它对后期混凝土强度没有影响；防冻剂是为了在冬期施工混凝土使混凝土配比中减少用水量，从而使混凝土免受冻害。因此理论上讲正确选用的外加剂，保证其质量，应该是完全可以的。

| shidianqing | 位置：上海 | 专业：施工 | 第19楼 | 2005-11-12　19:14 |

早强剂是可以提高混凝土的早期强度，但是要注意一点，抗压强度虽达到了设计强度，可是混凝土的弹性模量却达不到正常施工28d的弹性模量，也就是说，此时混凝土在荷载作用下的变形后的恢复能力不如常规的好，所以加入早强剂的混凝土28d内，最好不要承受过大的荷载。

| sharpflamer | 位置：浙江 | 专业：施工 | 第21楼 | 2005-11-13　21:04 |

1. 采用早强剂时用量一定要控制好，如果是自拌混凝土要拌匀。我记得以前我们工地用过硫酸钠，此类盐过量使用与水泥发生置换反应，影响混凝土的最终强度。

2. 对于防冻剂要注意选择，冬天千万不要在0℃以下时拿木钙当防冻剂，否则混凝土达到施工强度需要很长时间。

如有错误，请指正！

| 微雨初澜 | 位置：浙江 | 专业：施工 | 第24楼 | 2005-11-15　11:26 |

早强防冻剂是个综合型的化学药剂，一般市场上出售的早强防冻剂适用于普通硅酸盐水

泥，对于火山灰、矿渣类的只能用早强剂。

早强防冻剂对混凝土初期强度基本无影响，而且强度增长速度极快，一般14d可以达到设计值的85%以上；只有在中期的时候有影响，但影响不大，一般在5%~10%之间，也即是在28~60d时，过了这段时间之后，强度后期增长没有影响。

| 枫杨 | 位置：江苏 | 专业：监理 | 第25楼 | 2005-11-15 13:50 |

一定要审查水泥或早强防冻剂厂家、品种、牌号，看清使用说明，送样到正规试验室做试验并试配，避免由此产生质量问题。

| mrlion413 | 位置：湖北 | 专业：施工 | 第25楼 | 2005-11-17 15:25 |

早强剂在施工中使用主要是出于天气原因和施工材料周转使用方面的考虑，就其效果来说，掺入早强剂混凝土在终凝后1~3d强度上升很快，基本能达到设计标准值的70%以上，但是其后期强度增长缓慢。在正常配合比混凝土掺入早强剂后实体强度7d、14d、28d相差很小，在标准养护条件下60d强度相对于28d强度而言基本没有增长，如果没有充分的试验作依据，在正常配合比条件下掺入早强剂有可能出现在用非统计法评定混凝土强度不合格的情况。在配合比设计时不能按照提高一个强度等级进行考虑。

虽然现在市面上早强剂的品种较多，但本人认为要慎用早强剂，必须使用时事先进行不同品牌水泥、减水剂、早强剂的适应性和综合性能试验。如果单单是为了节省施工费用，大可以通过调整水泥（不同水泥的强度富余系数不同，细度也不一样，磨的越细的水泥早期强度上升的越快）品种，如采用普通硅酸盐水泥等（水化热稍高，早期强度上升较快）；更改减水剂（但不同减水剂的性能通常有比较大的差异）。

至于防冻剂，在曾经采用过的工程中出现返碱现象，保护层较小的部位钢筋出现锈蚀，对结构的耐久性产生了比较大的影响。一般防冻剂工作原理是降低水的冰点，使得在低温施工存在可能。而常用的比较便宜的防冻剂通常含氯盐，如果在常年干旱地区，空气湿度很小的地区，返碱现象会比较少，对混凝土的耐久性影响不大。此外掺有防冻剂的混凝土强度上升缓慢，有可能14d都达不到拆模强度。

本人曾在北方地区冬季进行结构主体施工，当时采用物理保温办法（即混凝土压光后覆盖塑料薄膜，上面覆盖保温岩棉一层+薄膜+麻袋），效果比较好，而且成本不高，材料均可以重复利用。

| liyong321 | 位置：河南 | 专业：其他 | 第27楼 | 2005-11-17 16:10 |

早强剂提高混凝土的早期强度，根据文献其对于后期混凝土抗压强度的上升有一定的影响。

防冻剂，降低水冰点，增强在低温状态下的水化作用，其对后期强度的增长也有一定的抑制作用，还有就是掺量对其强度的增长有一最佳值，需做试验确定。

在冰冻情况下，只有混凝土的强度在冰冻之前达到临界强度以上才可以保证后期的强度增长，否则混凝土受冻破坏，后期强度难以增长。所以施工必须采用加热保温养护等措施。

材料上尽量选用硅酸盐水泥，如果实在不行也应该选用普通硅酸盐水泥，避免矿渣火山灰等水泥。

不要过分依赖防冻剂、早强剂的作用，很多产品鱼龙混杂，值得注意。还有一点是早强剂、减水剂、防冻剂等引入大量的碱含量，影响耐久性（潜在的碱骨料反应）；还有的含有一定量的氯离子，对钢筋锈蚀有一定的影响，必须引起注意！

以上一些浅知，欢迎交流指教！

| 累累123 | 位置：四川 | 专业：其他 | 第30楼 | 2005-11-18 12:33 |

其实，早强防冻外加剂对混凝土强度是有影响的，我们这用速凝剂，混凝土的早期强度很好，很快凝结，但是28d强度不是很好！

我看了很多网友说到早强剂和防冻剂能使混凝土强度很快达到设计强度，但是忽略了一个问题，就是混凝土配制的时候已经有一个保证系数，配制强度一般比设计强度高1.645~5MPa的，所以说能达到设计强度并不能说对混凝土强度没有影响！

有条件的试验室是可以做对比试验的，用相同的配合比，一组不掺外加剂，一组掺外加剂，分别测其1d、7d、28d、96d强度，这样就可以得出结论了！当然一两组试验是不能说明问题的，这需要大量的试验数据来说话才有说服力！

| gjj6066 | 位置：浙江 | 专业：施工 | 第36楼 | 2005-11-22 9:20 |

防冻剂及早强剂在使用过程中要严格控制用量，最好还是使用早强水泥，不要使用早强剂、防冻剂。本人认为，应根据防冻剂使用说明中的少量掺入为好，在浇筑完后及时用薄膜上加草包覆盖。

| wangbinfang | 位置：山东 | 专业：施工 | 第37楼 | 2005-11-22 13:03 |

早强剂，一种化学药剂，虽然能很快提高混凝土的早期强度，但是根据很多试验结果，混凝土的最终强度却比没有添加早强剂的混凝土强度高，所以，我认为在工程施工中，如不是特别需要，能不添加的就不添加。防冻剂在冬期施工时肯定要加的，防冻剂应该对混凝土强度没有多大影响，但应注意不同的防冻剂添加的量也不同，应根据说明书及配合比进行添加。

| jinzhentan | 位置：浙江 | 专业：地产 | 第39楼 | 2005-11-22 22:24 |

我曾从事过外加剂的检测，早强剂使早期强度有大幅度的增加，但其28d的强度并不会增加，甚至有可能降低。而防冻剂主要在混凝土内部产生微型气泡使混凝土在冰冻的环境下受到的体积膨胀得到缓解，这样混凝土的内部孔隙增多，强度会降低。

7.1.4 讨论主题：装饰装修工程使用的材料有哪些应做进场取样复试？

原帖地址：http://bbs3.zhulong.com/forum/detail822832_1.html

| 亲亲mami | 位置：北京 | 专业：施工 | 第1楼 | 2005-1-27 10:32 |

依据现行规范、标准应包括以下方面：

1. 抹灰及粘贴板材用水泥的凝结时间、安定性和抗压强度；
2. 室内用人造木板和饰面人造木板的甲醛含量；
3. 室内用天然花岗石放射性；
4. 外墙陶瓷面砖吸水率，寒冷地区外墙陶瓷面砖的抗冻性；
5. 后置埋件的拉拔（承载力）；

6. 建筑外（门）窗性能；
7. 防水材料；
8. 对材料质量有质疑，或由有关建设相关方（业主、监理、总包）提出复试要求的。

对幕墙工程材料：
1. 铝塑复合板的剥离强度；
2. 石材的弯曲强度；寒冷地区石材的耐冻融性；室内用花岗石的放射性；
3. 玻璃幕墙用结构胶的邵氏硬度、标准条件拉伸粘结强度、相容性试验；石材用结构胶的污染性；
4. 后置埋件的拉拔（承载力）；
5. 幕墙用安全玻璃安全性能（取得国家强制安全认证的可免做进场复试）。

| yyjjgg | 位置：北京 | 专业：给排 | 第5楼 | 2005-1-28　10:34 |

幕墙分为铝板幕墙、石材幕墙和玻璃幕墙，楼主基本上都说到了，不简单。但是，幕墙中还有钢结构（比如钢框架、钢桁架等），楼主好像没有说到。不知这些是否要做进场复试？

| cexovj | 位置：其他 | 专业：其他 | 第12楼 | 2005-2-3　18:53 |

其实根据我个人的经验，很多人不太重视的装饰用材料往往是难以达到合格标准的，比如镀锌龙骨的含锌量；板材的含水率；复合地板、保温隔热材料等。此外，物资生产、供应单位虽能提供产品的合格证，但谁能保证进场的材料就是他送检的材料呢！

理论上我认为装饰装修材料都要做检测，毕竟装修工程利润都高达20%～50%，可是有时候有些材料的检测我们本都做不了，有的能做但费用太高，有时业主又不支持。想总有一天厂家正规了，检测费用低了，那些劣质的装饰装修材料会越来越少吧！

| txejt | 位置：湖北 | 专业：结构 | 第13楼 | 2005-2-5　10:43 |

不是取得国家强制安全认证的材料全都可免做进场复试。根据现行规范，影响结构安全和使用功能的材料必须进行抽样复检。免检只是相关部门对生产厂家而言，当规定时间内的检查连续几次都符合要求后，可以把周期性检查延长，但并不能说可以直接用于工程。

| 亲亲mami | 位置：北京 | 专业：施工 | 第14楼 | 2005-2-5　11:07 |

请大家一定要区分两个重要的概念：
1. 材料的性能检验
这种检验通常是由材料生产厂家负责的，按照相关材料检验标准进行的所有物理/化学性能项目的检验。应该说目前绝大多数的建筑材料厂家都会定期做性能检测。
2. 材料的进场复试（验）
这种检验通常是使用方负责的，使用方对所购买的材料，在材料正式使用于工程前的一种抽样送检。应该说并不是所有的建筑材料都要做进场复验，而且复验是针对最为重要的物理/化学性能项目进行的。
我们现在所要讨论的重点是："材料的进场复验问题"，目前在此项管理工作还是比较乱的。希望大家都来总结发言。

| 吴海容 | 位置：福建 | 专业：施工 | 第 15 楼 | 2005-2-6 8:52 |

  还有一个关键内容：部分材料的防火性能和等级。因为装饰装修不仅仅指家装，还有工业厂房、歌舞厅、商场等营业场所的装修一般对材料的防火性能要求特高。
  对于进场复验问题，除按规范要求外，尚有部分材料，如果用量较小，经与监理、监督站共同验收有关资料，并取得同意后，可以不用复验（在我们这里有些情况是这样的）。

| 亲亲 mami | 位置：北京 | 专业：施工 | 第 17 楼 | 2005-2-6 9:22 |

  吴海容朋友提出的这项管理规定具有一定的灵活性和较强的实用性，在我们这里也的确有这样"不成文的规定"。
  可以说规范具有其权威性、统一性，但是如何赋予其"生命力"，使其更有效、更便捷、更经济的服务于我们的工作则是我们每一个执行者义不容辞的责任，所以我们只有多思考、多总结、多实践，在理解规范的真正意图的基础上加以灵活应用。

| liufeng321 | 位置：山东 | 专业：结构 | 第 18 楼 | 2005-2-7 16:41 |

  涂料、面砖、门窗、防水、湿作业用水泥、地面用地砖、垫层用钢材、混凝土试块、幕墙结构胶相容性试验、外墙饰面砖粘结强度要做进场复试，最后不要忘了装修工程完工后还应进行环境质量检测。

| fX19821982 | 位置：江苏 | 专业：施工 | 第 25 楼 | 2005-2-14 22:07 |

  的确在装修完成后应请检测单位人员检测，但在非重要部位的材料可以免去，以节省不必要的开支，现在的试验费也是相当贵的。

| yxfsailor | 位置：江苏 | 专业：电气 | 第 26 楼 | 2005-2-15 21:23 |

  国家强制安全认证只是判断材料是否合格的依据之一，像电器类如果没有国家强制安全认证就属于不合格产品了。除了必检的材料外监理对有疑问的材料有权利要求进行复检。
  当规范有强制要求时，投标报价都应该包含材料复试费用在内。原则上是由施工单位承担材料复试的费用，但现在很多施工单位都把这一费用让材料商来承担，按道理说材料复试合格是应该由施工单位来承担费用，材料复试不合格产生的费用应该由材料商承担。

| zhljboy | 位置：浙江 | 专业：施工 | 第 32 楼 | 2005-2-16 17:12 |

  每个地方都有不同的地方规定。我想特别是大理石干挂用的膨胀螺栓一定要做。

| cgqian | 位置：广东 | 专业：施工 | 第 43 楼 | 2005-3-2 8:48 |

  《建筑装饰装修工程质量验收规范》（GB50210—2001）中第 4 页明确规定：
  3.2.4 所有材料进场时应对品种、规格、外观和尺寸进行验收。材料包装应完好，应有产品合格证书、中文说明书及相关性能的检测报告；进口产品应按规定进行商品检验。
  3.2.5 进场后需要进行复验的材料种类及项目应符合本规范各章的规定。同一厂家生产的同一品种、同一类型的进场材料应至少抽取一组样品进行复验，当合同另有约定时应按合同执行。

3.2.6 当国家规定或合同约定应对材料进行见证检测时，或对材料的质量发生争议时，应进行见证检测。

楼主总结得相当全面！

7.1.5 讨论主题：混凝土结构工程中，留置混凝土标养试块的目的是什么？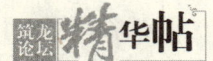

原帖地址：http://bbs3.zhulong.com/forum/detail3043540_1.html

| 杨柳依依 | 位置：辽宁 | 专业：结构 | 第1楼 | 2006-2-13 22:12 |

向大家请教一下，混凝土标养试块留置的目的是什么？
1. 是对混凝土施工水平的检验？是对混凝土强度的检验？还是对混凝土配合比的检验？
2. 试块的取样地点在搅拌机处还是在入模处？
3. 对于商品混凝土与自拌混凝土的标养试块的留置是否不同？
4. 商品混凝土的评定是否可以用厂家资料的标准差进行统计评定？

| Zj10006352 | 位置：河北 | 专业：施工 | 第2楼 | 2006-2-13 23:05 |

是对混凝土强度的检验，也是对混凝土配合比的检验。试块的强度报告还作为混凝土配合比、检验批的依据。

试块的取样地点通常是在搅拌机出口，由现场监理人员旁站见证，施工单位取样。

商品混凝土和自拌混凝土的试块制作按每 $100m^3$ 或一个台班制作一组，但由于自拌混凝土的生产效率不如商品混凝土的高，一个台班有时搅拌不了 $100m^3$，而超过一个台班时仍要再制作一组试块。

| 逸风 | 位置：辽宁 | 专业：施工 | 第3楼 | 2006-2-13 23:12 |

依依妹妹确实是善于思考问题，这个问题相信有很多人真的没有去认真的思考过！

作为标养试块，个人认为依依妹妹所提的三点皆有之。

之一，对于混凝土施工水平的检验，这里主要检验的是混凝土施工的一个稳定性，特别是搅拌水平的一个检验，因为混凝土的搅拌时间、水灰比、对于强度有很大的影响。

之二，是对混凝土强度的检验，虽然标养试块和现场的养护条件不一样，但是也可以作为强度检验的标准，虽然不知道国家制定标养检验是基于哪些原因，但是对于强度的检验是必然的，因为对于强度的检验也是对于混凝土施工水平和配合比的检验。

之三，是对混凝土配合比的检验，试验室所给出的配合比虽然在施工过程中还要进行调整，但是这个配合比确是施工的检验。虽然试验室在确定配合比的过程中搅拌方面、振捣方法、养护方法都有一些差异，只有相对的代表性，但现场如果工作到位，特别是在养护到位的情况下，应该说试块与试验室所给出的强度应不会有太大的差异。

试块的取样地点在搅拌机处还是在入模处？个人认为如果按正常来讲还是在入模处，因为，混凝土在运输的过程中可能会造成一定的差异，如离析等！但是这种情况出现还是少数，而在施工过程中做试块到入模处也非常的不方便，所以现在大家基本都是在搅拌处较多。另外，振捣方式对于试块也不可能像现场那样用振动棒来振捣，所以在搅拌机旁实际一些。

对于商品混凝土与自拌混凝土的标养试块的留置原则应是一致的，只要满足规范即可，不同的有可能只是量的问题，也就是楼上所提到的台班的问题。

评定应是分开的，施工方法和原料上都有所差异，不能在一起评定。

| 辛颜 | 位置：辽宁 | 专业：施工 | 第4楼 | 2006-2-14 8:47 |

试着回答一下。

对于标养试块的留置目的，我觉得主要是对混凝土强度的检验，而强度检验的本身已包括了施工水平的检验。

对于配合比的检验主要体现在开盘鉴定上。

对于取样的地点，规范上已经明确规定了在混凝土浇筑地点随机取样。在标准 GB50204—2002 中 7.4.1 条。此规定的目的是为了真实的反映混凝土的质量。

对于标养试块的留置原则，规范上针对的是自拌混凝土。结构混凝土的强度等级必须符合设计要求。用于检查结构构件混凝土强度的试件，应在混凝土的浇筑地点随机抽取。取样与试件留置应符合下列规定：

1. 每拌制 100 盘且不超过 $100m^3$ 的同配合比的混凝土，取样不得少于一次；此条如何体现在商品混凝土上？

2. 每工作班拌制的同一配合比的混凝土不足 100 盘时，取样不得少于一次；此条如何体现在商品混凝土上？

3. 当一次连续浇筑超过 $1000m^3$ 时，同一配合比的混凝土每 $200m^3$，取样不得少于一次；此条似乎可以体现在商品混凝土上。

4. 每一楼层、同一配合比的混凝土，取样不得少于一次；此条似乎自拌混凝土与商品混凝土同样适用。

针对以上的留置原则，未必可以体现商品混凝土的留置问题。

混凝土评定标准中规定，预拌混凝土应在预拌混凝土厂内按上述规定取样。混凝土运到施工现场后，尚应按本条的规定抽样检验。

对于评定的问题，我觉得楼主的意思是对于商品混凝土的评定可否用厂家的标准差进行评定，即采用统计方法，标准差已知的方法。对于此问题，我觉得不可以用商品混凝土厂家的标准差，毕竟它的试验值不能体现出施工现场对于它的监督，缺乏可信度。

对于小于 10 组的商品混凝土试块，我觉得应用非统计方法。有的网友发帖子也提到了这个问题，如用非统计方法，很难保证平均值大于 1.15 倍，对此我觉得混凝土的试配强度按规范规定应大于 1.15 倍的标准强度，如果施工质量水平较好的话，我觉得应该可以做到。

| 躲雨 | 位置：浙江 | 专业：施工 | 第7楼 | 2006-2-14 9:51 |

标养试块的留置目的，应该是对混凝土强度的检验或验收，但对混凝土强度的检验或验收一般只注重评定结果，我们还应该关注混凝土标准差的验收。混凝土标养试块评定合格只是单方面说明混凝土强度能满足设计要求，混凝土标准差一定程度上左右了评定结果，但混凝土标准差的大小更加反映了混凝土的施工质量水平和管理水平，有时混凝土评定结果合格是建立在施工管理混乱（试块强度值高，混凝土标准差高）的基础上的，而且不经济。我们这里曾经规定即使混凝土试块评定合格，混凝土标准差大于 6MPa 的，一般也不能评结构优质工程。

商品混凝土的评定，我也认为不能用厂家资料的标准差进行统计评定，不仅是可信度的问题，混凝土出厂到施工现场也有很多不确定的因素，混凝土试件的制作和养护与厂家是否一致，而厂家资料的标准差是根据前一检验期内同一品种混凝土试件（厂家制作）的强度数据，按某公式计算出的。每个检验期不超过三个月，不少于15组。

| mingong | 位置：河北 | 专业：施工 | 第10楼 | 2006-2-17 20:01 |

说点个人看法：

混凝土强度是个动态的概念：同一混凝土不同的取样方法、不同的养护方法环境、不同的试验方法得出的强度值是不同的，因此，标准强调一个"标准强度"，作为判断混凝土承载力的依据，设计和施工规范均以此为依据进行判定。标养试块的概念不只是"标养"，还应该包括标准取样方法、标准试验方法。我想这应该算必须留置标养试块的原因吧。

| fqzft | 位置：山东 | 专业：监理 | 第14楼 | 2006-2-20 16:21 |

我作为一名检测人员，我来说一下对混凝土标养试块的自己的一些看法：

第一，我认为标准养护试块是一个理论上应达到的数值，与同条件养护的混凝土试块强度有一定的差距，不如同条件的试块强度能真实的反映混凝土强度。

第二，在试块的制作上和选料上也会产生一些与实际混凝土强度不相一致的影响因素，这些影响因素有时对混凝土强度的影响会很大，如出现粗骨料粒径偏大、杂质、试模、人为因素等。

第三，在制作时有时会人为的增加水泥的用量或多使用粗骨料，以确保混凝土试块的强度，我在平时的调查中发现有60%以上的工地有这种情况，有些人员认为打试块就是应付工事，不能反映混凝土的真实情况。

因此，我赞成一些非破损（如回弹法评定混凝土抗压强度）或半破损（如钻芯取样法评定混凝土抗压强度）试验方法来进行混凝土强度测定。

| sss8311 | 位置：上海 | 专业：施工 | 第15楼 | 2006-2-21 16:15 |

关于这个问题，谈下个人看法（可能有点偏题了）：

在工地上师傅曾问过我，既然同养试块比较接近结构混凝土的实际状态，那么为什么还要留置标养试块？（所做试块都是考虑在严格按照规范的要求下进行的，不考虑现场小锅灶等实际情况）。我想知道这个问题答案对标养试块的作用也就清楚了。

我对标养试块的作用看法（从实际角度出发）：

1. 是对商混凝土（上海的全部用商混凝土了，不考虑自拌的情况）本身质量的鉴定。（如果结构最后抽检强度不合格，那么就可以找原因了，倘若标养试块合格，那么肯定是商混凝土生产厂家的质量问题了，我们公司的一个工地就发生过同类事情）。

2. 既然称作标养，也就是养护的标准是固定的，这样在全国范围内也有一个可比性了（毕竟，同养条件不好控制，可比性太差）。

以上个人看法，请大家提不同意见。

| jixiaofei | 位置：陕西 | 专业：施工 | 第19楼 | 2006-2-22 16:12 |

试块的强度在理想的情况下经过试压达到强度要求，就说明是施工符合设计和规范要求。

其实不管是商品混凝土站还是施工单位都在将来有话可说。如果一旦混凝土强度不够，发生质量问题，我们不管什么单位都将很难对其进行挽回。

| lujiaqiang | 位置：福建 | 专业：施工 | 第21楼 | 2006-2-23 22:18 |

标养试块留置的目的，不是对混凝土施工水平的检验，而是对混凝土产品质量的检验；而同条件试块留置的目的是多方面，如评定结构实体混凝土强度，能否拆模，能否张拉、能否吊装等。

| ptymx | 位置： | 专业：其他 | 第24楼 | 2006-2-27 14:15 |

标养试块主要是检验混凝土经过配料、搅拌、运输后的混凝土产品质量；同条件养护试块主要是检验合格的原材料（浇筑前的混凝土）经过振捣施工、养护后的实体质量，二者的功能划分十分明确。

| jpzhang78313 | 位置：上海 | 专业：监理 | 第25楼 | 2006-2-27 15:32 |

标养试块留置的目的，就是检测混凝土的强度。
　　要明确混凝土的来源，是来自混凝土搅拌站，还是自拌的？这点在很多地区已经有了强制性的规定，必须由有资质的混凝土搅拌站制作。
　　1. 也就是在同等条件下（按照规范规定的温度、湿度、养护时间），混凝土站所留的标养试块与现场所留的标养试块，有一个可比性。
　　2. 是否达到了设计要求的强度？
　　混凝土强度的影响因素很多，材料配合比；初凝时间、终凝时间；现场的时间控制、运输时间；环境温度、湿度；浇捣程度；现场送混凝土的设备等等。
　　然而试块的取样地点则要看怎样去理解了，如果需要检测建筑物的混凝土强度，一般宜在入模处；如果是为了与搅拌站的混凝土强度对比，则宜在搅拌机处。

| shxj700804 | 位置：江苏 | 专业：施工 | 第26楼 | 2006-3-1 15:50 |

　　从目前情况来看，混凝土标养试块的留置就是对施工水平的检验和混凝土强度的评定，对于配合比并无太大的意义。按照规范要求，混凝土检验批合格，混凝土分项工程即为合格。混凝土配合比只是一个依据，即使我们按照配合比要求施工，混凝土强度也不是百分之百的能达到要求，因为还有施工工艺等诸多因素影响，所以标养试块可以作为试验室配合比的一个检验，即开盘鉴定。
　　试块的取样地点，我认为两者都可以。规范要求是在入模处，从大多数施工现场来看，搅拌处和入模处两点距离不大，运输时间很短（商品混凝土除外），差异基本可以省略不计。
　　至于商品混凝土的评定我认为可以用厂家的资料。标准差直接反映混凝土的施工水平和工艺，还有稳定性。厂家生产的混凝土用厂家的资料也在情理之中，当然资料要真实。

| 筑筑新星 | 位置：贵州 | 专业：施工 | 第27楼 | 2006-3-1 16:42 |

　　不知道依依版主指的方法标准是否指的是混凝土统计评定的标准。
　　如果是，那么无论是在施工现场还是在商品混凝土厂家，都应该是国家执行现行的《混凝土强度检验评定标准》（GBJ107—87）或地方的标准，评定方法在该标准中有规定。

该标准规定：结构验收前，按单位工程、同品种、同强度等级的混凝土为同一验收批，参加评定的为标准养护的28d龄期试块。工程中所用的各品种、各强度等级的混凝土应分别进行统计评定。

| wfs | 位置：河南 | 专业：施工 | 第28楼 | 2006-3-2 11:32 |

作为标养试块，个人认为其主要目的是检验混凝土搅拌出来的质量，也是对配合比的一个检验。

试块的取样地点应在搅拌机处。对于商品混凝土与自拌混凝土的标养试块的留置原则应是一致的，只要满足规范即可。其评定一方面是为了检查质量，另一方面也体现了混凝土搅拌的质量管理水平，为今后的混凝土配合比设计提供参考。

而现场同条件养护试块留置的目的主要是检验现场结构构件的强度，一方面可以做为现场安装时强度的参考，另一方面也是对混凝土运输方式、养护方法的检验，因此其留置的位置应该在入模处，但对于自拌混凝土施工单位来说为方便使用，一般在搅拌机边留置也可，但养护必须与构件相同。

| hshjz | 位置：河北 | 专业：施工 | 第31楼 | 2006-3-4 17:06 |

规范上说试块是以标养为准，那标养试块就是评定混凝土强度的依据，但如果同一部位做一组标养，一组同条件试块。28d后如果标养合格，同条件试块不合格，那这个部位混凝土强度是合格呢还是不合格呢？再说了试验室出具的配合比强度要比设计强度高很多。做试块我觉得要在搅拌机处在监理监督下见证取样。关于评定不应该以厂家资料的标准差进行统计评定，要根据工程实际出来的混凝土强度进行评定。

| wej0597 | 位置：山东 | 专业：施工 | 第32楼 | 2006-3-5 11:08 |

1. 我认为主要目的是检验混凝土的强度，当然可以检验混凝土的施工水平（但只是一部分），因为混凝土的施工水平还需建筑实体，比如表面有没有蜂窝、麻面等现象，还有就是现场回弹、取芯等。对混凝土配合比的验证也需留置相应的标养试块，当然作为施工方我们也可以通过自己留置混凝土试块来验证试验单位出具的配合比。

2. 混凝土的取样地点在搅拌机处，并由监理见证。

| frsdir | 位置：广东 | 专业：施工 | 第36楼 | 2006-3-9 21:17 |

开始生产混凝土时应至少留置一组标准养护试件，作为验证配合比的依据。

用于检查结构构件混凝土强度的试件，应在混凝土的浇筑地点随机抽取。

对涉及混凝土结构安全的重要部位应进行结构实体检验。

对混凝土强度的检验，应以在混凝土浇筑地点制备并与结构实体同条件养护的试件强度为依据。

这些都是规范所规定的。

| 展飞王 | 位置：江西 | 专业：施工 | 第40楼 | 2006-3-11 2:13 |

1. 标准试块应该是在全套标准的情况下完成的，是评定它所代表的施工部位的混凝土强度是否满足设计要求，是评定混凝土强度合格与否的重要依据。同时也是检验混凝土生产单位的质量控制水平的依据，生产质量水平稳定，标准试块抗压强度的波动性就不会很大，离差系数就会很小。另外，标准试块抗压强度同时也是检验混凝土生产单位的混凝土配合比是否满足施工现场的需要，试块强度太高了，该配合比就不科学，不经济；试块强度太低了，就不能满足设计要求，总之，配合比应该做到既能保证结构部位满足设计要求，满足规范中所规定的混凝土强度统计评定要求，又要做到节约经济的原则。

2. 根据规范规定，试样的取样地点在混凝土入模处，这才是真正的标准试块。由监理见证。

3. 施工现场如用商品混凝土，不仅施工现场要在混凝土入模处取样，商品混凝土生产单位还要在混凝土出料处取样，以作比较。现场自拌混凝土只需要在混凝土入模处取样就行。无论如何，浇筑现场还要根据实际情况进行同条件试块的留置。

4. 施工现场标准取样试块强度统计评定，最好用施工现场的混凝土标准差进行统计评定，这样才能真正反映施工部位的混凝土强度统计评定结果。商品混凝土的标准差只能做为商品混凝土生产单位质量控制水平的评定之用。

以上是我个人的一点看法，望不当之处给予指正！

guwanyi	位置：新疆	专业：施工	第41楼	2006-3-12 11:09

对于标养试块的留置目的，主要是对混凝土强度的检验，而强度检验的本身已包括了施工水平的检验。

对于取样的地点，规范上已经明确用于检查结构构件混凝土强度的试件应在混凝土浇筑地点随机取样。对于标养试块的留置应执行GB50204—2002中7.4.1条规定，此规定的目的是为了真实反映混凝土的质量。

评定混凝土结构构件的混凝土强度，应采用标准试件的混凝土强度值，即按标准方法制作的边长150mm的立方体试件（试件应用钢模制作），在温度为20±3℃，相对湿度为90%以上环境或水中的标准条件下，养护至28d龄期，按标准试验方法测得的混凝土立方体抗压强度。

mjf352	位置：上海	专业：结构	第49楼	2006-3-17 17:40

主要是对于混凝土强度的检验。

我的一个老外朋友提出疑义，说标养条件和现场条件不同，即使标养试块到达要求，同条件试块未必达到要求（因为现场养护条件差于标养）。也就是说标养合格了，现场不一定合格。中国的混凝土标养检测方式，只是说明现场试块不至于太坏，不能验证现场结构一定合格。

城里的工匠	位置：广东	专业：监理	第52楼	2006-3-20 17:30

我认为留置混凝土试块是控制工程建设成本的措施之一。

先说说一个配合比到混凝土到强度反馈的小流程。混凝土正式生产前，应将进行原材料送检并做混凝土配合比试验，依据试验单位出具的配合比以及现场骨料（试验室是按干料配置）的含水率进行混凝土生产同时按规定留置混凝土试块。这流程如果控制得好，都是实事求是的态度对待的话，混凝土的配合比中水泥用量会比较合理。

但是出于工人操作因素及利润等影响，生产环节实际质量难以保证，制作试块也经常出现跟楼上某同志说的开开小灶什么的。而有类似经验的人还会发现，这次出来的配合比中材料用量如此，可是到现场制作试块反馈到试验室，强度只比设计强度高一点，有时甚至达不到混凝土的试配强度；因此到下次有别的施工单位来做配合比时，考虑到现场的生产没有试验室的条件，也没有试验室的水平，就在试配后调整加大水泥用量，调整后的配合比经过上述的一个过程后反馈到试验室，还是一样的结果，到再下次的时候，再加大水泥用量，如此反复……，结果我发现有一次C30混凝土，P.O42.5水泥单方用量达到了370kg，这对工程成本来说是提高了不少，造成了极大的材料浪费。

我曾做过严格的现场见证取样试验，标养28d后送质监站试压，试压的强度居然比设计强度等级高了五个等级（本来是C30的设计强度，试压结果是58.4MPa）。混凝土是一种按均质材料考虑的非均质材料，其强度的理论计算公式只是一个经验公式，是经过大量的数据统计后总结出来的。施工中严格按配合比下料制作混凝土，实事求是地制作试块，反馈到试验室的数据才是对该配合比的有效数据，试验室也才能根据试压的结果对原配合比进行调整。按发展规律来看，随着生产工艺水平的提高，材料只有越来越省，建筑的成本越来越低才对。而不应该出现上一段所述的恶性循环。

所以我考虑国家规范中对混凝土试块的制作和送检作出强制性规定，除了楼上各位陈述的目的以外，应该还包括了对建设工程成本控制、有效减少国家资源浪费的目的。

对于评定，当然不能以商品混凝土厂家的数据。

lolan	位置：	专业：其他	第61楼	2006-4-1 16:27

作为建筑质量监督机构的监督员，我想从质量责任的角度讨论一下这个问题：

1. 工地施工过程中，混凝土标准养护试件留置主要是对混凝土分项工程对应检验批的质量的评定；而2002版混凝土质量验收规范中规定的同条件养护试件是用做对（主体）混凝土结构质量的推定，属于主体实体检测的部分。

2. 混凝土标准养护试件的评定应当按分部工程分开（例如分成基础和主体），分别进行评定。

3. 最重要的是要理解标准养护试件留置的责任。提一个简单的问题，混凝土标准养护试件评定结果不合格和留置数量不足哪个后果更严重呢？

答案是后者更严重，可能很让大家意外。混凝土标准养护试件评定不合格，可以先根据验收规范的要求进行检测；如果检测结果依然不合格，可以找设计单位复核承载力是否符合要求；如果还不行还可以由设计提出方案进行加固。（大家可能认为，这还不麻烦！别着急，往下看）

混凝土标准养护试件如果留置数量达不到规范的要求，则违反了强制性条文，后果是先罚款，工程合同造价的2%~4%（几万到几十万甚至更多），然后改正（没法改，现留试件也是假的），只好进行检测；如果检测结果不合格，那么……；而且违反强制性条文的行为均要记入不良记录，包括施工单位和现场技术负责人！

所以，希望大家要从守法的高度看待自己的工作，用规范的规定约束自己的工作，从合同的角度履行自己的职责。

sudaijianzhu	位置：福建	专业：施工	第63楼	2006-4-4 1:02

混凝土标养试块的目的，针对自拌混凝土是对于混凝土质量水平的检验，主要是混凝土质量的稳定性的检验，搅拌水平的检验，混凝土配合比的检验；对混凝土强度的检验或验收一般只注重评定结果，我们还应该关注混凝土标准差的验收；试块的检验报告作为混凝土配合比检验批、混凝土施工检验批的附件。

试块的取样地点是在搅拌机旁由现场监理人员旁站见证，施工单位取样。

对于商品混凝土与自拌混凝土的标养试块的留置原则应是一致的，只要满足规范即可，不同的有可能只是量的问题，也就是楼上所提到的台班的问题，搅拌机不同量就不同。

商品混凝土的评定，不可以用厂家资料的标准差进行统计评定，因为厂家的评定不能代表施工现场的实际情况，它只是作为一个参考，混凝土出厂到施工现场也有很多不确定的因素，混凝土试件的制作和养护与厂家是否一致，而厂家资料的标准差是根据前一检验期内同一品种混凝土试件（厂家制作）的强度数据，按某公式计算出的。每个检验期不超过三个月，不少于15组。

| 无私 | 位置：北京 | 专业：结构 | 第71楼 | 2006-4-8 11:17 |

1. 混凝土试配时留置的标养试块是检验配合比用的，主要检验配合比以下几方面：

（1）是否满足混凝土工程结构设计或工程进度的强度要求；（2）是否满足混凝土工程施工的和易性要求；（3）是否保证混凝土自然环境及使用条件下的耐久性要求；（4）是否保证混凝土工程质量的前提下合理的使用材料，降低成本。

2. 施工现场留置的标养试块是对混凝土施工水平和强度的检验，同时也是对混凝土配合比和开盘鉴定的检验，检验混凝土是否满足图纸的设计要求，也是对工程本体质量的一种检验，所使用的配合比应进行开盘鉴定，其工作性应满足设计配合比要求，开始生产混凝土时应至少留置一组标养试块作为验证配合比和开盘鉴定的依据（商品混凝土）。

3. 商品混凝土用于验证配合比和开盘鉴定的混凝土取样地点应在搅拌机前取样，施工现场混凝土取样应在浇筑地点随机抽取，也就是必须在入模处随机抽取，防止混凝土拌合物样品与实际入模的混凝土拌合物有差异。

4. 商品混凝土与现场搅拌混凝土的标养试件留置大致相同，按每次混凝土浇筑数量及浇筑次数而定。

5. 对于商品混凝土的强度评定，施工现场必须以留置的标养试件的强度值作为评定标准，是对施工现场本体质量的检验，看是否满足图纸设计要求。混凝土生产厂家以开盘生产时留置的混凝土标养试件的强度值作为混凝土强度评定标准，只是对配合比和开盘鉴定的检验，商品混凝土生产厂家提供的资料不能成为竣工分项验收的标准及依据。

7.1.6 讨论主题：有关结构实体检验用同条件养护试件的一些疑问？

原帖地址：http://bbs3.zhulong.com/forum/detail1536505_1.html

| 辛颜 | 位置：辽宁 | 专业：施工 | 第1楼 | 2005-7-12 21:09 |

1. 根据混凝土结构工程施工质量验收规范的规定，结构实体检验用同条件养护试件所对应的结构构件或结构部位，应由监理（建设）、施工等各方共同选定。大家在施工中是否都根据此规定由监理与施工共同确定？

2. 上述混凝土结构工程施工质量验收规范上提出的规定是否适用于地基与基础工程？在施工中地基与基础部位的混凝土是否也要留置结构实体检验同条件试块？

3. 在结构实体检验用同条件试块养护过程中，等效养护龄期（依据平均温度的累积）是按什么来做的？如何确定日平均气温？

| szh3027 | 位置：河北 | 专业：监理 | 第4楼 | 2005-7-13 10:25 |

1. 施工单位编制结构实体检测方案，由监理审查确定。
2. 地基与基础部位的混凝土要做同条件试块，强度也要参与评定的。
3. 温度积累依据600℃·d控制，日平均气温依据与当地气象部门定制的最高温度和最低温度的平均值确定。

| 亲亲mami | 位置：北京 | 专业：施工 | 第5楼 | 2005-7-13 13:01 |

1. 楼主提出的这个规定，主要是针对"结构实体检验用混凝土同条件试块"提出的，而不适用于其他的同条件试块（如拆模、张拉、冬施、吊装等同条件试块）。结构实体检验用混凝土同条件试块留置原则是：
（1）确定结构（构件）的重要部位所在（注：由监理（建设）、施工等各方共同选定，在施工方案中予以明确）；
（2）对各强度等级混凝土，均应留置同条件试块；
（3）留置数量根据工程量和重要性确定，不宜少于10组，且不应少于3组。
其他种类的同条件试块（如拆模、张拉、冬施、吊装等）留置原则与上述原则是不同的，但目前还真没有形成一个统一的规则，大家可以探讨探讨。
2. 应该说目前建筑施工中提及的"地基与基础工程"包括±0.000以下的混凝土结构，还包括地基与桩基础。
（1）对于±0.000以下的混凝土结构，混凝土试块留置原则是与主体结构是一致的；
（2）而地基、桩基础的同条件混凝土试块留置原则还没有统一的定论。
大家不妨再继续讨论。
3. 按照现行《混凝土结构工程施工质量验收规范》（GB50204—2002）附录D中第D.0.3条规定，等效养护龄期可取按日平均温度逐日累计达到600℃·d时所对应的龄期，0℃及以下的龄期不计入；等效养护龄期不应小于14d，也不宜大于60d。同时，第D.0.4条：冬期施工、人工加热养护的结构构件，其同条件养护试件的等效龄期可按结构构件的实际养护条件，由监理（建设）、施工等各方根据本附录第D.0.2条的规定共同确定。
日平均气温：
（1）依据与当地气象部门定制的最高温度和最低温度的平均值确定；
（2）用工程现场的高低温度计测定最高温度和最低温度取平均值确定。

| fzfzfz1968 | 位置：浙江 | 专业：安装 | 第10楼 | 2005-7-13 23:22 |

1. 是的，监理与施工共同确定，但绝对针对个别重要部位。
2. 地基基础部位一般不做，有些基础根本就没办法达到同条件养护条件。
3. 日平均气温的确定通常有几种，没有固定的方法。

| cxj7946396 | 位置：江苏 | 专业：施工 | 第11楼 | 2005-7-14 9:11 |

1. 结构实体检验用同条件试块对应的留置部位必须与监理单位协商，根据部位重要性

确定。

2. 基础部分必须留置同条件试块，对工程规模小，施工进度快的工程，回填土时间小于28d（根据施工季节确定），除外露地圈梁留置外，其余部位不必留，这一点我市质监站有明确要求。

3. 温度累计，施工单位应有记录，根据当地天气预报和自备的温度计确定平均温度，并记录在施工日记中，最后通过温度累计（达到600℃·d）确定等效龄期。

| 心雨2008 | 位置：湖北 | 专业：施工 | 第15楼 | 2005-7-21 19:26 |

同条件养护试块的留置部位应事先由施工单位和监理单位共同确定，基础部位也应做同条件养护试块，日平均气温的确定我们是取早、晚8：00，晚上、下午2：00这四个时间对应温度的平均值。

| cxp123 | 位置：浙江 | 专业：施工 | 第16楼 | 2005-7-23 8:43 |

为了搞清同条件试块的规定，工地上是很头痛的事。我想首先要把规范的含义理解透，才更有说服力。以下为本人对规范的理解，不对之处，请大家多提意见。

1. 对混凝土结构工程中的所有混凝土强度等级，都应留置同条件养护试件，包括桩基、基础、主体、预制构件、楼地面、防水混凝土等，但在施工现场是不太可能的，所以就要由监理（建设）、施工等各方共同选定做同条件试块的结构构件或结构部位，不是每个部位都要做，且在开工前就得确定。也就是说在施工方案中应有同条件试块取样的计划和措施规定，在方案会审时一起审核；或者也可以单独编制同条件试块取样的计划，报监理（建设）审核。但作为施工单位，我的建议还是少取好，也就是说取3组就行了，这样对自己有利，因为多做不及格的机会越大，同时也可以节约试验费用和时间。养护、存放时候要注意保护，不要给人拿去做凳子什么的，也不要被人破坏。

根据对结构性能的影响及检验结果的代表性，规范规定了结构实体检验用同条件养护试件的留置方式和取样数量。同条件养护试件应由各方在混凝土浇筑入模处见证取样。同一强度等级的同条件养护试件的留置数量不宜少于10组，以构成按统计方法评定混凝土强度的基本条件；留置数量不应少于3组，是为了按非统计方法评定混凝土强度时，有足够的代表性。如果现场不做试块，也可根据合同的约定，采用非破损或局部破损的检测方法，按国家现行有关标准的规定进行。注意一定要有合同约定。

2. 规范规定在达到等效养护龄期时，方可对同条件养护试件进行强度试验，并给出了结构实体检验用同条件养护试件龄期的确定原则：同条件养护试件达到等效养护龄期时，其强度与标准养护条件下28d龄期的试件强度相等。

同条件养护混凝土试件与结构混凝土的组成成分、养护条件等相同，可较好地反映结构混凝土的强度。由于同条件养护的温度、湿度与标准养护条件存在差异，故等效养护龄期并不等于28d，具体龄期可由试验研究确定。

试验研究表明，通常条件下，当逐日累计养护温度达到600℃·d时，由于基本反映了养护温度对混凝土强度增长的影响，同条件养护试件强度与标准养护条件下28d龄期的试件强度之间有较好的对应关系。当气温为0℃及以下时，不考虑混凝土强度的增长，与此对应的养护时间不计入等效养护龄期。当养护龄期小于14d时，混凝土强度尚处于增长期；当养护龄期超过60d时，混凝土强度增长缓慢，故等效养护龄期的范围宜取为14~60d。在冬期施工条件下，或出于缩短养护期的需要，可对结构构件采取人工加热养护。此时等效养护龄期可根据结构构件的实际养护条件和当地实践经验（包括试验研究结果），由监理（建设）、施工等各方根据规范规定共同确定。

温度记录没有一个确切的规定，一般是日平均气温依据与当地气象部门定制的最高温度和最低温度的平均值确定为好，但如果一定要去记录，那记录时间我想最好是与监理（建设）商量一个时间（要有记录，作为执行依据）再执行。一般是现场测的准确性不怎么好，又要花大量的人力、时间，做得效果不一定好。总的一句话：还是怎么方便，就怎么做。

| linjl1999 | 位置：福建 | 专业：结构 | 第 20 楼 | 2005-7-26　21:05 |

从现在的规范来理解同条件试件还是比较重要的，是用来确定结构实体质量的所以要求得比较严格，但是留置数量比较不好掌握，建议大家还是多做好，因为根据评定要求 3 组的平均值不应低于强度标准的 115%，更容易出现统计评定不合格。

同条件试块对应平均温度取值，采用最高和最低平均值还是比较不科学的，我这里要求要至少记录 4 次。

| DUANJUNSUO | 位置：陕西 | 专业：施工 | 第 26 楼 | 2005-7-29　21:19 |

1. 答：从现行规范明示和暗示的规定来看，用于结构实体检测用的同条件试块应在累计达到 600℃·d 时试压。应当有监理工程师和施工单位共同确定留置部位。当然如果有必要，建设单位的人员也应当参加。

2. 答：地基与基础部位的混凝土也要做同条件试块，因为这一部分的混凝土施工也得按照《混凝土工程施工质量验收规范》执行。

3. 答：有两种途径：第一种，每天测出 0:00，8:00，14:00，20:00 的温度，取平均值；第二种，按地方天气预报气温计算当日平均气温。

| qinqianhhh | 位置：湖北 | 专业：施工 | 第 35 楼 | 2005-9-17　21:58 |

对于处于自然地面以下的基础混凝土，特别是桩基混凝土无法保证所留试块与实体一致性，因此我们一般没留桩基部分的同条件试块；对地基梁和承台混凝土要求留设同条件试块，放置在所浇筑的实体部位，温度按本地区日平均气温累计。

7.1.7　讨论主题：外加剂使用过程中最大的难点是什么？

原帖地址：http://bbs3.zhulong.com/forum/detail701669_1.html

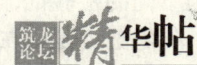

| hong371 | 位置：河南 | 专业：规划 | 第 1 楼 | 2004-12-16　22:41 |

1. 对于外加剂方面的知识了解太少。　　　　　　　　票数：1
2. 外加剂的品种太多，不好选择。　　　　　　　　　票数：1
3. 外加剂的质量良莠不齐，难以保证。　　　　　　　票数：10
4. 现场操作难度大，不容易计量。　　　　　　　　　票数：4

| jtbp | 位置：四川 | 专业：岩土 | 第 5 楼 | 2004-12-23　12:00 |

水泥外加剂的种类有一百多种，最常用的有减水剂、高效减水剂、早强剂、膨胀剂、引气

剂、防水剂、防冻剂、缓凝剂、速凝剂等。而由于这些外加剂的化学组分不同，即使是同一名称的产品表现出来的性质也不一定相同。

外加剂在我国的普遍运用还是近几年的事，外加剂的质量良莠不齐，难以保证，出现这种现象的原因是现在这个行业的平均利润还是比较高，而进入的门槛很低，许多小厂甚至几把铁铲一个搅拌机就可以生产了（当然是复配了）。而推销这种产品的常常把这些外加剂说得无所不能，完美无缺，更有甚者采用掺杂使假，更换包装等手段！所以在选用的时候一定要当心，尽量选大一点厂家的，有条件最好到厂里去看一下，看看厂家的硬件和检验设备。不要轻易相信说明书！！！我知道有许多的销售人员办个营业执照，照一些别的厂的照片，把说明书制作得非常精美，然后剩下的事情就是让各位上当受骗了。

| robinsweet | 位置：北京 | 专业：岩土 | 第10楼 | 2005-1-4　11:20 |

我知道的就是减水剂、膨胀剂，还有防冻剂，我经常接触灌浆料，那里面就使用这些外加剂。有时候要根据不同的使用环境和使用温度来添加。一般来说外加剂的质量问题不是很严重，主要是添加的比例不是很好掌握，产品销售人员也不是很清楚，要不我弄明白了我自己也去开一家灌浆料的厂家了。

| sfxsxm | 位置：湖南 | 专业：市政 | 第13楼 | 2005-1-11　21:33 |

与水泥的适应性问题，目前也是高性能混凝土的难点。不同厂家的水泥对外加剂的适应性是不同的，对水泥来说铝酸三钙对外加剂较敏感。

7.1.8　讨论主题：对于分项工程的检验批与隐蔽工程之间是否存在着某种关联？

原帖地址：http://bbs3.zhulong.com/forum/detail1773424_1.html

| 辛颜 | 位置：辽宁 | 专业：施工 | 第1楼 | 2005-8-18　21:15 |

先谈一下检验批的概念，检验批指按同一的生产条件或按规定的方式汇总起来供检验用的，由一定数量样本组成的检验体。检验批是工程验收中的最小单位。对于检验批的划分，多层及高层工程主体分部分项工程可按楼层或施工段来划分检验批，单层建筑工程中的分项工程可按变形缝等划分检验批，地基基础分部工程中的分项工程一般划分为一个检验批，有地下层的基础工程可按不同的地下层划分检验批，屋面分部工程中的分项工程，不同楼层屋面可划分为不同的检验批，对于工程量较少的分项工程可统一划为一个检验批。

隐蔽工程指在施工过程中，上一道工序完成后移交至下一道工序进行施工，并即将被下一道工序所掩盖，掩盖后其质量是否符合要求，不经破坏是无法进行复查的工程部位。

谈一下我个人的看法：根据这两种概念，我觉得检验批与隐蔽工程划分之间并不存在谁必须大于谁，或必须包含谁的概念。有些检验批是不必做隐蔽验收的；有些隐蔽工程是不必做检验批验收的；而对于某些分项工程，既要有检验批验收又要有隐蔽工程验收的，在这种情况下应做到检验批与隐蔽是相互对应的，即他们的大小是相等的。

不知大家对这个问题是如何看的，希望大家交流一下。

| 海拉尔人 | 位置：内蒙古 | 专业：施工 | 第3楼 | 2005-8-18　22:09 |

其实检验批检查的项目比隐蔽全。有检验批验收又对应有隐蔽验收的项目其实是重复的，只是表格的形式不同罢了（如钢筋），应该取消重复的内容。

| 雨菲菲 | 位置: | 专业: 其他 | 第6楼 | 2005-8-19 5:05 |

我认为:

1. 检验批记录与隐蔽记录是两个不同的概念，不存在谁包含谁，谁大于谁。在施工过程的检查验收程序上有个先后之分。

2. 不可能所有的检验批记录都与隐蔽记录对应，举几个简单的例子：地面的面层、屋面的面层、墙面的面层等需要有检验批记录，但并不需要有隐蔽记录。

| ZCY1ZCY107 | 位置: 广东 | 专业: 安装 | 第9楼 | 2005-8-19 10:41 |

检验批验收是基于每一个工序都要检验，而隐蔽验收只是有隐蔽工序需要检验，其他的工序不要隐蔽检验，也就是说检验批验收包含有隐蔽验收的内容，但并不是所有的检验批验收都包含隐蔽验收的内容。

| 高山流水 | 位置: 北京 | 专业: 施工 | 第18楼 | 2005-8-22 15:50 |

我觉得讨论已经有深度了，这个问题值得同行们认真讨论。

检验批验收是新的质量验收统一标准提出的新概念，一个分项工程可以划成多个检验批进行验收。这的确有利于及时纠正施工中出现的质量问题，符合施工中的实际情况，便于操作。

根据新的质量验收统一标准，质量验收是国家根据工程的结构安全、使用功能以及各专业重要性定出的主控项目、一般项目进行监督验收。

而隐蔽工程检查是施工单位按工法、工艺标准、操作规程，对基层操作者所负责的工序进行"质量评定"检查方法之一。

个人理解"质量评定"与"质量验收"是两个不同层次管理的需要，既分清了监督者的质量责任，又明确了施工方该负的质量责任。符合新的质量验收系列标准"验评分离、强化验收、完善手段、过程控制"方针。

根据以上阐述两种概念，隐蔽检查记录应该是检验批验收的一种追溯依据。例如：钢筋安装工程检验批验收时主控项目检查追溯的内容就应该是钢筋连接隐蔽记录，应该是对应的；而钢筋加工检验批质量验收时主控项目检查追溯的内容就应该是原材检验报告及钢筋加工记录。也就是说有些检验批验收是不必做隐蔽验收的，但只要是涉及隐蔽工程的，应在被下一道工序所掩盖之前做检验批验收。

| lijianzhu | 位置: 其他 | 专业: 结构 | 第22楼 | 2005-8-23 12:21 |

个人观点:

统一验收标准GB50300—2001中"验评分离、强化验收"表达的比较清楚，验收和评定是两个不同层次的管理需要而存在。有些交叉同时进行的应该评定在先，验收在后；对于非隐蔽项目就没有可比性了。在一般整个工程各专业中，评定的项次在数量上会多一些。

至于同时存在时隐蔽表格是否需要取消的问题，本人认为隐蔽表格和验收表格表达不同的可追溯性，优化表格减少重复劳动是应该提倡的。

根据每个工程的设计特点应该在施工前期由施工单位编制、监理把关进行隐蔽验收批及质量检验批的合理划分，使建设各方在施工过程中有纲（章）可循。

| 雪中来香 | 位置：安徽 | 专业：造价 | 第 35 楼 | 2005-8-28 10:56 |

我觉得检验批和隐蔽工程并不重复。

当然，检验批的检查中肯定已经检查了隐蔽工程的内容；隐蔽工程的内容也必须与检验批相对应。

可是，如果就造价方面来讲，隐蔽工程的内容如果涉及了设计变更的内容，隐检单可以作为此项工程已经实际发生的证据，影响竣工结算，但检验批就不能。

| venus_2001 | 位置：北京 | 专业：施工 | 第 44 楼 | 2005-9-3 8:05 |

综上所述：

1. 从定义上来看，隐蔽记录对涉及隐蔽工程的重要工序进行质量验收的记录，并不涉及所有的分项工程；而检验批记录是对每个分项工程分块进行检查验收的记录，在施工过程的检查、验收程序上有个先后之分。

2. 不是所有的检验批验收都做隐蔽记录，如地面的面层、屋面的面层等是不需要做隐蔽记录的。

| shijianf026 | 位置：北京 | 专业：施工 | 第 55 楼 | 2005-12-29 10:53 |

首先，感谢楼主提出了这么多有意义的论题，一番查阅，颇长见识。我认为，检验批和隐检是两个不同的概念，我们没有必要一定将两者放在一起。实际上，有些分项是只需做检验批而不需做隐检，比如主体结构中的现浇外观分项；而又有一些分项是要做隐检而不必做检验批的，比如铝合金门窗安装，我们需要对门窗副框的安装做隐检，而检验批却是检查门窗的安装质量。因此，在某种程度上讲，检验批是工程验收中的最小单位。

基本上，各个分项都应有检验批资料的形成，而隐蔽工程检查记录，主要是针对某些分项而言的，当做时则做，没必要时也可不做。

前面那么多楼，有很多人的看法是不对的，谈不上检验批和隐蔽谁比谁大，也谈不上谁比谁全，比如钢筋分项工程，我们的项目做钢筋隐蔽不单单要把钢筋的连接方式、分布情况、绑扎位置等要详细描述，甚至连横向还是纵向钢筋谁在上谁在下、保护层垫块如何布置等都要在隐蔽记录里讲明（这些是有必要的，有利于后期的施工试验），从这里可以看出，检验批验收记录和隐蔽记录都是各施工工序的施工质量的文字表述，都具有归档意义。要拿结构优质工程的话，我们就必须把这些基础资料做全做好。

7.1.9 讨论主题：水灰比对混凝土的强度有何影响？

原帖地址：http://bbs3.zhulong.com/forum/detail78724_1.html

| miao007 | 位置：广东 | 专业：监理 | 第 1 楼 | 2003-7-6 12:23 |

水灰比对混凝土的强度有何影响？

| 快乐如我 | 位置：江西 | 专业：施工 | 第 2 楼 | 2003-7-6 23:37 |

水泥用量越大，含水量越高，坍落度越大，收缩越大。一般高强混凝土比中低强度收缩大（水泥用量较少的中低强度等级混凝土，大部分收缩完成时间约一年；用量较多的高强度等级水泥混凝土约为二、三年或更长）。

| yshq | 位置：福建 | 专业：施工 | 第10楼 | 2003-7-12 0:47 |

　　水灰比越大，混凝土的孔隙率也就越大，混凝土质量减小、强度也减小；水灰比越小，混凝土中的水泥因水量不够，无法完全水化反应，等于减少了水泥在混凝土中的用量。

| 建筑王子 | 位置：山东 | 专业：施工 | 第20楼 | 2003-7-30 17:04 |

　　混凝土抗压强度与混凝土用水泥的强度成正比，按公式计算，当水灰比相等时，高强度等级水泥比低强度等级水泥配制出的混凝土抗压强度高许多。所以混凝土施工时切勿用错了水泥强度等级。另外，水灰比也与混凝土强度成正比，水灰比大，混凝土强度高；水灰比小，混凝土强度低，因此，当水灰比不变时，采用增加水泥用量来提高温凝土强度是错误的，此时只能增大混凝土和易性，增大混凝土的收缩和变形。

　　影响混凝土抗压强度的主要因素是水泥强度和水灰比，要控制好混凝土质量，最重要的是控制好水泥和混凝土的水灰比两个主要环节。此外，影响混凝土强度还有其他不可忽视的因素，粗骨料对混凝土强度也有一定影响，当骨料强度相等时，碎石表面比卵石表面粗糙，它与水泥砂浆的粘结性比卵石强，当水灰比相等或配合比相同时，两种材料配制的混凝土，碎石的混凝土强度比卵石强。因此我们一般对混凝土的粗骨料控制在3.2cm左右，细骨料品种对混凝土强度影响程度比粗骨料小，但砂的质量对混凝土质量也有一定的影响。因此，砂石质量必须符合混凝土各强度等级用砂石质量标准的要求。由于施工现场砂石质量变化相对较大，因此现场施工人员必须保证砂石的质量要求，并根据现场砂石含水率及时调整水灰比，以保证混凝土配合比，不能把实验配比与施工配比混为一谈。混凝土强度只有在温度、湿度条件下才能保证正常发展，应按施工规范的规定养护、气温高低对混凝土强度发展有一定的影响。冬季要保温防冻害，夏季要防暴晒脱水。现冬期施工一般采取综合蓄热法及蒸养法。

| poiuyt_118 | 位置： | 专业：其他 | 第31楼 | 2003-8-22 14:47 |

　　对于普通混凝土，水灰比与混凝土28d立方体抗压强度成反线性关系。水灰比过大，混凝土内部的孔隙增多，搅拌时混入空气增多，导致混凝土的强度和耐久性下降；水灰比过小，混凝土和易性好，搅拌困难，强度和耐久性更难保证。

　　对于强度超过60MPa的高强度混凝土，则不是线性关系。

7.1.10　讨论主题：如果混凝土的抗渗试块不合格要如何处理？

原帖地址：http://bbs3.zhulong.com/forum/detail364758_1.html

| 安吉奈 | 位置：福建 | 专业：施工 | 第1楼 | 2004-6-27 6:36 |

　　混凝土的抗压试块不合格可采用回弹法或抽芯法进一步检测，作为合格判定的依据。

　　如果混凝土的抗渗试块不合格，而试水试验又没有出现渗水、漏水现象，如何处理（比如屋面、水箱、地下室底板墙）呢？

| liude | 位置：北京 | 专业：施工 | 第4楼 | 2004-6-28 8:09 |

　　再取一组试块送试验单位测试，还不合格就要找有资质的检测部门对混凝土进行测试，包括强度和抗水性等。

| yyx1013 | 位置：北京 | 专业：施工 | 第5楼 | 2004-6-28 8:44 |

有可能是试块制作的不合格，并不一定代表工程实体防水质量不合格，找权威部门鉴定了。

| 亲亲mami | 位置：北京 | 专业：施工 | 第7楼 | 2006-5-24 11:10 |

如果现场取样的抗渗试块试验结果不合格，可以进行如下处理（正规途径）：

1. 根据实际试验结果，经原设计单位核对并确认满足使用功能的，可予以验收（让设计看看试水检查情况良好，他也好放心）；

2. 由设计单位出具技术处理方案，并经返修后满足安全使用要求的，可予以验收；

3. 如果留有备用的抗渗试块，不妨再送检试试看？

7.1.11　讨论主题：关于表示砌筑砂浆强度的代号 M 与 Mb。

原帖地址：http：//bbs3.zhulong.com/forum/detail454923_1.html

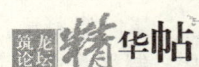

| 骄阳岁月 | 位置：浙江 | 专业：施工 | 第1楼 | 2004-8-19 17:50 |

这是图纸说明中的内容：

"7 墙体

7.1 除图上注明外，均采用 MU10 混凝土小型空心砌块。Mb5.0 混合砂浆砌筑，墙厚为 190mm。卫生间选用 MU10 机制标准砖，M5.0 混合砂浆砌筑，墙厚为 120mm。"

请教如下问题：

1. 以上是图纸总说明上的一段话，这里的砌筑砂浆强度代号有 Mb 与 M 之分，我就搞不懂了？

2. 主体结构以上采用混合砂浆，但我们这现在好像通用的是水泥砂浆，混合砂浆的石灰如果放多了，强度应该还不如水泥砂浆呀？

3. 还有就是同一楼层砌块类型的问题，为什么卫生间要标准砖呢，是防水需要吗？这样的话同一楼层的砌块原材就要送两样了（按规定的话），这样不就增加了试验费用？

| cexovj | 位置：其他 | 专业：其他 | 第6楼 | 2004-8-19 20:13 |

水泥砂浆因为强度高，所以容易开裂，所以才用混合砂浆抹灰。

卫生砖采用标准砖是为了防潮也为了固定牢靠。

| sdzcwjl | 位置：山东 | 专业：施工 | 第8楼 | 2004-8-24 16:54 |

Mb 是小型空心砌块专用砌筑砂浆强度的意思同 M，但是它的要求比普通砂浆稠度低，强度要求同 M。这个配比是专用的，必须试验室出具配比单。

| king1201 | 位置：重庆 | 专业：监理 | 第12楼 | 2004-9-4 17:22 |

卫生间考虑防水需要，所以采用标准砖，空心砌块防水防潮效果不好。

| 亲亲mami | 位置：北京 | 专业：施工 | 第21楼 | 2004-9-4 17:22 |

楼主提到"同一楼层的砌块原材就要送两样了（按规定的话），这样不就增加了试验费用？"这种说法是有问题的。

原材料进场检验的验收批划分不同于质量验收的检验批划分，以砌体工程为例：

砌体分项工程检验批的划分原则：

可根据同一楼层的施工缝或变形缝划分，基础部分可划分为一个检验批。

砖与砌块进场复验验收批的组批原则（举例）：

1.《烧结普通砖》（GB/T 5101—2003）：①每15万块为一验收批，不足15万块也按一批计；②每一验收批随机抽取试样一组（10块）。

2.《烧结多孔砖》（GB/T13544—2000）：①每5万块为一验收批，不足5万块也按一批计。②每一验收批随机抽取试样一组（10块）。

3.《普通混凝土小型空心砌块》（GB8239—1997）：①每1万块为一验收批，不足1万块也按一批计。②每批从尺寸偏差和外观质量检验合格的砖中，随机抽取抗压强度试验试样一组（5块）。

综上所述，砌块原材取样并非按照同一楼层取样（这样取样试验就太多了），只要进场（同品种、同规格等级、同厂家）砌块的实际数量不超过规范规定验收批的上限数量，按一验收批计。

7.1.12 讨论主题：用结构实体检验同条件试块（600℃·d）代替标养试块合理吗？

原帖地址：http://bbs3.zhulong.com/forum/detail1463288_1.html

8x	位置：安徽	专业：其他	第1楼	2005-6-29 13:54

2002版混凝土结构工程质量验收规范推行的结构实体检验同条件试块（等效龄期试块）想必在许多地方都施行了，但当等效龄期试块与对应的标准养护试块有一组强度很低，而另一组很高时，特别是等效龄期试块合格，而对应的标养试块不合格，怎么办？

所以我设想以早期拆模试块（≥7d）强度和等效龄期试块强度做为强度验收评定依据。这样可减少试验室在标养室方面的大量投资（标准室可缩小面积了）；也可在夏季提高施工进度（夏季有的等效龄期试块10多天即可达到设计强度100%以上了）；冬季也可减少标准养护的试块强度对现场混凝土实际强度的误导。

大家探讨一下是否合理呢？

mingong	位置：河北	专业：施工	第2楼	2005-6-30 17:44

看来你没有好好理解107标准中"标准强度"的含义，正因为混凝土强度随养护条件、养护时间、制作方法、试验方法、试验条件等方面不同得出的结果都会不同，而且其强度在28d以后还在增长，标准才强调一个"标准强度"，这个"标准强度"不只是一个"标养"的概念，而且包括"标准方法"（制作），"标准条件"（养护），取消标准养护试件只能使混凝土强度判定陷入混乱状况。没有一个标准强度的概念就无法用统一的尺度判定混凝土的强度等级，所以我理解的标准强度就像一个"尺子"，如同"参照物"，没有它就没法进行比照。

600℃·d混凝土同条件抗压试块是用来实体检测的，实体检测是新规范规定的检测手段。个人认为，是因为标准条件与现场养护条件差异很大，采用600℃·d混凝土同条件抗压试块是了解实际强度情况的一种手段。打个比方，现场混凝土28d并未达到设计值，但在90d的时候达到了强度，对构件安全来说应该满足要求，但按标准评判可能就不合格，这就是规范上提出的"经鉴定符合要求"的概念；如果实体检测相差过大，达不到要求，就要采取加固措施解决。

综上所述，我认为这两者并不矛盾，没有标准强度就无法准确判断混凝土的强度等级；没有实体检测就有可能实体强度偏离标准强度，导致标准强度的判断失效。

| 亲亲 mami | 位置：北京 | 专业：施工 | 第 7 楼 | 2005-7-1 13:49 |

我比较赞同 8x 楼主的观点：
1. 结构实体检验（达到等效养护龄期）同条件混凝土试件和标准养护混凝土试件都是用来检验混凝土强度是否合格、是否达到设计要求，从目的上讲具有一致性；
2. 同条件养护试件较之标准养护试件更具真实性，更符合工程实际情况；
3. 标准养护混凝土试件比较适合于理论科研研究，不太适合对工程实体质量的评价；
4. 项目对混凝土试件的采集、存放、送检的工作量很大，适当简化很有现实意义。
但是国家规范刚刚出台不久，再次修订恐怕还得过几年了。目前来讲没有替代的可能。

| 8x | 位置：安徽 | 专业：其他 | 第 12 楼 | 2005-7-3 11:56 |

我回去查了一下相关资料，以前大多数水泥都做 3d、7d、28d 强度，现在新标准的确有所简化。普通烧结砖以前物理性能做抗压和抗折强度，现在一般只做抗压强度了。随着新工艺和新材料的使用，许多老的试验方法简化了许多。在能源越来越紧缺的今天，用结构实体检验同条件（等效养护龄期）试块代替标养试块并不是不可取，它不仅减少了施工企业的劳动与资源，同时也减少了试验室的劳动与资源。

7.1.13 讨论主题：混凝土同条件养护试块留置是否有灵活性？还是有统一的原则？

原帖地址：http://bbs3.zhulong.com/forum/detail2492791_1.html

| 辛颜 | 位置：辽宁 | 专业：施工 | 第 1 楼 | 2005-11-23 22:40 |

关于同条件试块的留置要求，规范上只给出了同强度等级的混凝土，需要做不应小于 3 组同条件试块的要求，那么是否存在某些部位或当混凝土量小于一定的数值时，可以不做同条件试块的问题呢？

对于我们这个地区，监督站要求标养试块与同条件试块相对应，即只要有一组标养，就要做一组同条件试块，对于桩基础也需要做同条件试块，不知各位网友的所在地区是如何规定的？

| mingong | 位置：河北 | 专业：施工 | 第 5 楼 | 2005-11-23 22:57 |

个人认为楼主所在地区质监站的要求是无道理的，不符合规范本身要求，另一方面，规范对于同条件试块组数的限制并不是针对零星少量混凝土的（特殊情况），是针对批量混凝土的。

| 逸风 | 位置：辽宁 | 专业：施工 | 第 7 楼 | 2005-11-23 23:24 |

对于这个问题，我曾发过一个关于一桩做一组试块是否可行的主题帖讨论，也曾与监督站沟通过，但是监督站说是执行规范规定，最后没有办法，送试块的时候是用车拉的（太多了）。

对于楼主提出的问题，一些工程量特别小的部位，严格说来是要做标养和同条件试块，监督站完全可以这样要求，但是如果不做，其实最后也是个不了了之，这就是我们现在的工程质量验收、监督现状。而 mingong 版主所说的"不是针对零星少量混凝土的，是针对批量混凝土的"在规范中是没有明确规定的，个人认为如果按正常考虑，确实可以不做，假如一个楼层，只有几立方米不同强度等级的混凝土确实没有必要做，但现在大多数的政府机关部门就是本本主意，本本里确有这样的规定（并不考虑条文的适用性、可行性）。所以现在的施工技术人员真的很难作。我探讨的例子就说明了这一点，同样的搅拌方式，同样的振捣方式，为什么非得一根桩作一组试块呢？

| fox115 | 位置：浙江 | 专业：施工 | 第 10 楼 | 2005-11-24 9:07 |

同条件养护试块的留置部位应该根据工程的工程量、重要性与监理、设计、建设单位共同商定，在工程开始前要制定出相应的"结构实体检测方案"（包括钢筋保护层检测计划、板厚检测计划等）。通常情况下基础工程（不包括垫层）、主体结构的梁板柱等结构部位均需要留置同条件养护试块。

| 亲亲 mami | 位置：北京 | 专业：施工 | 第 12 楼 | 2005-11-24 11:27 |

标养试块的留置与同条件试块的留置原则是不同的，因为它们所要验证的目的各不相同。例如：

标准养护试块主要是验证结构强度是否符合设计要求以及混凝土质量水平的稳定性；

同条件试块是用来验证能否拆模、能否张拉、是否受冻、防冻剂混凝土质量、能否吊装的依据。

在我看来这种一对一的关系是根本不成立的。对于同条件试块的留置原则任何规范都没有一个明确的说法或完整的原则，我认为也是灵活的、有伸缩性的，项目应根据工程特点、重要部位、施工状况、季节条件、经济合理等方面制定同条件试块的留置原则。

当然这方面工作要做到大家普遍都能灵活掌控很难很难。在我们企业项目编制的施工试验方案中，这些问题可以得到一定的说明，但通常也不会十分到位，有时执行起来更是稀里糊涂。可以说这是项目试验检验工作中的一个薄弱点，只能尽力为之而已。

不同的施工部位和不同的施工季节，其试块留置数量和养护方式可参见表 7.1。

混凝土试件留置数量推荐表（组） 表 7.1

施工部位	常温季节	冬期施工期间应增加
垫层	$B \geq 1$；	$*DT \geq 2$；$N \geq 1$
底板	$B \geq 1$；	$*DT \geq 2$；$N \geq 1$
内墙	$B \geq 1$；$*ST \geq 1$	$*DT \geq 2$；$N \geq 1$
外墙	$B \geq 1$；$*T \geq 2$；$*ST \geq 1$	$*DT \geq 2$；$N \geq 1$

续表

施工部位	常温季节	冬期施工期间应增加
梁	$B \geq 1$; $T \geq 2$; *$ST \geq 1$	*$DT \geq 2$; $N \geq 1$
板	$B \geq 1$; $T \geq 2$;	*$DT \geq 2$; $N \geq 1$
柱	$B \geq 1$; *$ST \geq 1$	*$DT \geq 2$; $N \geq 1$

注：表中打*的为必要时留置试件，由技术负责人确定。

表中

　　B——标准养护28d强度试件。

　　T——同条件养护试件，供结构构件拆模、出池、吊装及施工期间临时负荷时确定混凝土强度用，一般龄期为1d~1个月左右。

　　ST——结构实体检验用同条件养护试件，属同条件养护试件，北京地区龄期为14d~4个月左右。按技术负责人制定的《结构实体检验用同条件养护试件留置计划表》留置。

　　DT——抗冻临界强度试件，属同条件养护试件，龄期较短，一般为1~5d。同一强度等级、同一覆盖方式、同一类型构件、同一大气温度段，一般可留置一批抗冻临界强度试块。

　　N——冬施同条件养护28d再转标准养护28d试件。

戴子	位置：福建	专业：其他	第24楼	2006-2-28 0:07

　　个人认为：没必要死搬规范，就算质监站要强究，桩基没有同条件试块就不验收了吗？桩基检测要以承载力为准，不是还有大、小应变吗？假若谁有怀疑，还可以要求钻芯取样啊，这样才是真正的同条件，但是费用谁出？标养一定得按要求做。讲一个真实的小故事：

　　我以前在某市一科研院地基室检测桩基础，一次一个工地的桩基础（大直径钻孔桩）通过静载试验，沉降量等各项指标均满足设计要求，可试块强度不合格，设计院就不同意验收，施工单位又委托科研院进行钻芯取样，检测结果——强度符合要求，可设计单位负责人就不同意验收，说科研院负责人弄虚作假。后来，施工单位急了，把设计单位领导和科研院领导叫在一起吃饭讨论，这两位领导是老同学，却一个不买一个的账，吵得脸红脖子粗，设计院坚持强度不合格，不予验收。科研院领导急了，我科研院不是国家机构啊，这不是我开的，我有这个资质，验收！宴会不欢而散，你猜后来怎么了？按合格验收！

　　试块强度不合格，施工单位可能偷工减料，监理也有责任，没监督到位啊，但也有可能是其他原因造成的，比如做试块方法、人员等因素。别的不行，试块还不好好做？当然，不是叫施工单位偷工减料，而是要试验员多用心，减少不必要的麻烦……

7.1.14 讨论主题：混凝土试块试验结果不合格怎么办？

原帖地址：http://bbs3.zhulong.com/forum/dispbbs.asp? rootid = 2001803&p = 4

ronaldolc	位置：江苏	专业：施工	第1楼	2005-9-19 8:24

　　我有个工程，基础、主体的标养混凝土试块报告中均有几组不合格，后经质监站回弹检测结果都达到设计要求。现在快竣工验收了，可不知在最后试块评定中，那几组不合格的试块报告可否由回弹报告来代替评定？恳请各位高人指点！

| luqiab | 位置：浙江 | 专业：其他 | 第 5 楼 | 2005-9-19　12:26 |

　　回弹检测的数据不能参加混凝土统计评定！回弹法检测是当试件与结构混凝土不一致，对试件结果有怀疑，试件数量不足时采用的，是验证性的，有时用于质量控制。由于精度较差，只能在规定的范围内使用，作为混凝土强度检验的辅助方法，《混凝土结构工程施工质量验收规范》（GB50204—2002）中7.1.4条规定：当混凝土试件强度评定不合格时可采用非破损或局部破损的检测方法，按国家现行有关标准的规定对结构构件中的混凝土强度进行推定，并作为处理的依据。
　　我们这里的做法是剔除回弹部分进行评定。

| wangqi-gui | 位置：浙江 | 专业：施工 | 第 6 楼 | 2005-9-19　12:31 |

　　温州这边遇到这样的情况通常是采用钻芯取样试验，钻芯取样试验合格以钻芯取样试验结果进行评定，不合格时按不合格项程序处理。

| SJZHJL | 位置：广东 | 专业：施工 | 第 13 楼 | 2005-9-20　9:51 |

　　汕头市的情况是这样的：
　　试块不合格，委托检测机构进行回弹，由回弹报告（当然必需是合格的）代替不合格试块参加检验批评定。如果回弹检测的数据不参加评定，那么检验批组数是不完整的，也无法进行数理统计或非数理统计评定。
　　另外当地还有一个规定，就是试块强度太大，超出设计强度许多时，因试块无代表性，也必需进行回弹检测。

| 亲亲mami | 位置：北京 | 专业：施工 | 第 15 楼 | 2005-9-20　12:10 |

　　1. 首先按照GBJ107—87规定的评定方法和原则去进行强度评定。如果只是个别试块强度不合格，但试验结果与抗压强度标准值（$f_{cu,k}$）相差不多，评定结果也应该是合格的。
　　2. 当按照GBJ107—87规定的评定方法和原则评定结果不合格时，可根据国家现行有关标准采用回弹法、超声回弹综合法、钻芯法、后装拔出法等推定结构的混凝土强度。可优先选择非破损检测方法，以减少检测工作量，必要时可辅以局部破损检测方法。当采用局部破损检测方法时，检测完成后应及时修补，以免影响结构性能及使用功能。
　　应指出，通过检测得到的推定强度可作为判断结构是否需要处理的依据。同时回弹检测、超声回弹综合法、钻芯法的检测数据不能参加强度评定。

| mingong | 位置：河北 | 专业：施工 | 第 20 楼 | 2005-9-21　7:25 |

　　补充luqiab和亲亲mami的解答：
　　评定结果不是"符合要求"，应该是"经鉴定符合要求"；检测方法现在有很多，但必须是规范规定的；检测部门必须具备相应的资质，并得到相关部门认可。

| 哇塞 | 位置：浙江 | 专业：施工 | 第 23 楼 | 2005-9-21　10:58 |

　　《混凝土强度检验评定标准》（GBJ107—87）中第2.0.3条：混凝土强度应分批进行检验评定。一个验收批的混凝土应由强度等级相同、龄期相同以及生产工艺条件和配合比基本相同

的混凝土组成。回弹检测与标养试块的龄期不同，不能与标养试块一起参与评定。

7.1.15 讨论主题：在进行混凝土施工检验批质量验收时，如何针对混凝土强度进行验收？

原帖地址：http://bbs3.zhulong.com/forum/detail1928312_1.html

| mingong | 位置：河北 | 专业：施工 | 第1楼 | 2005-9-8 18:22 |

《混凝土强度检验评定标准》（GBJ107—87）规定摘录：

第4.1.3条 当混凝土的生产条件在较长时间内不能保持一致，且混凝土强度变异性不能保持稳定时，或在前一个检验期内的同一品种混凝土没有足够的数据用以确定验收批混凝土立方体抗压强度的标准差时，应由不少于10组的试件组成一个验收批，其强度应同时满足下列公式的要求（略）。

第4.3.1条 当检验结果能满足第4.1.1条或第4.1.3条或第4.2.1条的规定时，则该批混凝土强度判为合格；当不能满足上述规定时，该批混凝土强度判为不合格。

第4.3.2条 由不合格批混凝土制成的结构或构件，应进行鉴定。对不合格的结构或构件必须及时处理。

请问：在进行混凝土检验批质量验收时，如何评定混凝土施工检验批的混凝土强度是否符合GBJ107—87标准（此时混凝土无法按验收批进行评定）？而《混凝土结构工程质量验收规范》（GB50204—2002）又规定强度必须按GBJ107—87标准评定合格，那么是否意味着要等到强度评定后再进行检验批的评定与验收呢？

大家是如何解决此问题的，欢迎讨论，好帖重奖！

| hzzwj | 位置：其他 | 专业：施工 | 第2楼 | 2005-9-9 9:28 |

工程现场混凝土试块的统计评定，一般的工程项目也就是分基础和主体、楼地面三块，采用数理统计或非数理统计方法进行混凝土强度评定。GBJ107—87中第4.1.1条是不适用工程现浇构件混凝土的强度评定，因其强度标准差难以取定。也就是说，一个分部中试块组数超过十组时，按第4.1.3条进行评定，不到十组时按非统计方法评定。

楼主提出是否要等强度评定后再进行检验批的评定？我认为，混凝土施工检验批质量验收记录表，是要等该检验批留置试块的强度评定后再进行评定，附强度检验报告后报送监理审核，该强度评定是以划分的一个检验批中的留置试块进行统计法或非统计法进行评定。试块可为标准养护试块或是同条件养护试块（乘1.1系数后，按GBJ107—87评定）。

这是我对现行规范的一些理解，因为我自施行按检验批验收报送资料后就一直没有参与资料上面的一些事情。请各位网友一起探讨！

| mingong | 位置：河北 | 专业：施工 | 第3楼 | 2005-9-9 10:36 |

hzzwj，谢谢你的回复，给你重奖。但你的说法没有解决我提出的问题，比如一层只有1、2组或几组试块时，只能用非统计方法评定；但我用的混凝土是商品混凝土，可以是"在较长时间内保持一致"，应该是用统计方法评定。记得吴松勤一个讲座曾说过，应该按GBJ107—87标准的条件评定，不能随意改变评定方法。

但现在建设部检查要求中有一条"工程质量检验、验收、评定是否及时"，对此也没提出"及时"到什么程度。质监站提出的做法就是你说的做法，但我觉得有违标准初衷。

| hzzwj | 位置：其他 | 专业：施工 | 第 4 楼 | 2005-9-9　11:09 |

我认为商品混凝土"在较长时间内保持一致"只能是针对生产该产品的厂家而言。这有点像钢材生产厂家需提供钢材合格证，而材料到现场后还是需要取样检测一样的道理。强制性条文规定：混凝土强度的试件应在混凝土的浇筑地点随机抽取。对一个工程项目而言，不能认为在较长时间内保持一致吧。

对有些产品（如：混凝土、水泥）的评价是肯定需要一定的时间效应，这是客观的，这并不违背"检验、评定是否及时"。质量验收的指导思想就是要坚持验评分离、强化验收、完善手段、过程控制。质量验收关键还是在于强化验收和过程控制。

| 亲亲mami | 位置：北京 | 专业：施工 | 第 5 楼 | 2005-9-9　15:55 |

谈谈自己的思路：

1. 混凝土施工检验批验收通常是按照施工段划分，而混凝土强度评定并不是按照施工段划分（简单说是同强度等级、同龄期、配合基本相同的混凝土试块为一验收批），因此用混凝土强度评定做为混凝土施工检验批验收依据不够合理。

2. 一个混凝土施工检验批对应的1组或若干组混凝土试块强度符合设计要求，也并不意味着结构混凝土强度评定一定合格。

综上所述，混凝土施工检验批验收时，无法对结构混凝土强度是否合格做出直接评价。

先姑且抛开采用什么（统计还是非统计）方法进行混凝土强度统计评定，只考虑混凝土施工检验批如何进行验收，我们企业是这样对待的：对涉及有强度（龄期）要求主控项目的检验批质量验收（如混凝土、砌体），可采取"先验（收）后评（定）"的原则：

1. 对涉及强度（有龄期要求）的项目，可先填写设计强度等级、试件编号、留置组数，不做结论性评价；

2. 按照实际验收日期（不需要等28d强度报告）评定除强度之外的项目，合格后即算该验收批验收通过，各方签认；

3. 对混凝土强度是否合格的评定应放在混凝土分项工程质量验收时进行，此时混凝土试验数据基本齐全，通过混凝土强度统计评定，按评定结果判定结构混凝土强度是否合格。

以上做法的原因有以下方面：

1. 保证了检验批验收的真实性，实际的混凝土施工检验批验收应该不会等到强度报告出来以后再验收；

2. 保证了检验批验收的及时性，对模板、钢筋、混凝土三道工序施工的质量验收是一环扣一环的，只有保证每道工序检验批质量的及时验收通过，才不会影响下一道工序的施工；

3. 保证了检验批验收的合理性，对结构混凝土（砂浆）强度的评定验收除保证同批次强度符合设计要求外，还应以（标准试块、结构实体检验）强度统计评定合格为依据，因此将混凝土强度评定一项放到分项工程验收时进行评价。

这个问题现在很有争议，我们企业是这么要求的，但往往在实际运行中也会遇到很多麻烦，借此也希望多听听大家的意见。

| mingong | 位置：河北 | 专业：施工 | 第 7 楼 | 2005-9-10　19:16 |

对混凝土试块的评定问题，我听过专家的讲座，大意是评定要按照GBJ107—87标准，够

条件的就得用统计方法评定，不够条件的才可以用非统计方法评定，实际上，大家容易产生一个误区：非统计方法评定要求高，最低值要达到 0.95，平均值要超过 1.15。专家的解答是规范不是要求你越高越好，要求的是控制水平，所以对于零散的少量的混凝土要求高一些，而对于长期、大量连续的混凝土，用统计方法更能反应混凝土的控制水平（如果离散性过大，即使按非统计方法评定合格，用统计方法评定也可能不合格，所以用统计方法更合理）。

至于个别偏低只要在统计方法允许范围内就是合格的（指达到标准统计方法评定标准时），因为规范是通过系列的规范控制的，其实大家对照一下混凝土配合比设计规范、混凝土结构设计规范就明白，规范上关于同一个混凝土在不同规范里的要求（取值），是通过混凝土配比保证施工强度，通过施工强度评定保证实际强度，再通过设计强度保证能达到结构承载需要的强度。实际上我们没必要拘泥于个别试块偏低的情况。

我提出此主题就是针对不少人存在的误区，亲亲 mami 提出的做法比较合适。

7.1.16　讨论主题：结构实体检验同条件养护试块强度评定是否同标养试块强度评定？

原帖地址：http://bbs3.zhulong.com/forum/dispbbs.asp?rootid=1180606&p=1

tanyong79	位置：重庆	专业：施工	第 1 楼	2005-5-3　13:47

关于结构实体检验同条件养护试块强度评定，是否同标养试块强度评定？评定标准是否都是 GBJ107-87？

但质监站人员解释说：结构实体检验同条件试块强度值要将试验报告单上的代表值乘以 1.1，如果得出的数值达到设计强度值就参与评定，若未达到就不参与评定。

请同仁给予指导，不胜感激！

wjqtlgc	位置：新疆	专业：施工	第 4 楼	2005-5-13　9:14

根据《混凝土结构工程施工质量验收规范》（GB50204—2002）附录 D 的解释：混凝土同条件养护试块检验时，可将同组试件的强度代表值乘以折算系数 1.10 后，按现行国家标准 GBJ107—87 评定。折算系数 1.10 主要是考虑到实际混凝土结构及同条件试件可能失水等不利于强度增长的因素，经试验研究及工程调查确定的。

亲亲 mami	位置：北京	专业：施工	第 5 楼	2005-5-16　13:38

的确，根据 2002 版混凝土结构施工质量验收规范，对结构实体检验的同条件试块强度也需要进行统计评定，只有当结构实体强度统计评定和标养强度统计评定都合格（双控要求），才能够判定结构混凝土强度合格。

至于结构实体检验混凝土强度统计评定的各试件强度是否折算，规范并没有定的很死，只是提出"折算系数宜取 1.10，也可根据当地的试验统计结果做适当调整。"

我们也曾在企业内部做过相关调查，常温情况下符合等效养护龄期（日平均气温累计达到 600℃·d 所对应的龄期）的试件强度即使不折算，统计评定也能合格；而严冬季节，由于等效养护龄期很难确定，温度影响等因素，强度结果可能偏低，如果不折算统计评定可能会不合格。

我们企业为统一、方便标准执行，还是要求结构实体检验混凝土强度统计评定时，同条件养护试件强度试验结果均应乘以 1.10 的折算系数。

结构实体检验的同条件试块的留置（企业版）：

1. 同条件养护试件所对应的结构构件或结构部位,应由监理(建设)、施工等各方共同选定;

2. 根据既体现结构重要部位又适度控制实体检验数量的原则,重要部位建议如下:竖向构件中的墙、柱、核心筒,水平构件中跨度不小于 8m 的梁、跨度不小于 5m 的单向板、跨度不小于 6m 的双向板、预应力混凝土梁、跨度不小于 2m 的悬挑梁板,若有工程不满足上述条件,则应按规范"同一强度等级的同条件养护试件不宜少于 10 组,且不应少于 3 组",且应由各方在混凝土浇筑入模处见证取样,项目在具体实施中以此为依据与监理协商确定。

| 烟雨残石 | 位置:广东 | 专业:施工 | 第 7 楼 | 2005-5-19 16:28 |

1. 同条件养护混凝土试块强度值评定时,应乘以折算系数。
2. 若当地未进行同条件养护混凝土试块的试验研究和工程调查,折算系数可以取 1.10。
3. 由于各地温度、湿度等条件的差异,折算系数可以调整。北京、上海、深圳、郑州等地区的研究表明,折算系数为 1.04~1.10。若当地需增大折算系数要慎重,需有充分依据。

供参考。

| shw7009 | 位置:广东 | 专业:施工 | 第 14 楼 | 2005-8-10 0:33 |

同条件试块的留置,施工方应与监理、业主方共同商定留置部位及数量,为便于强度的评定,每个强度等级的同条件试块最好留置不少于 3 组,但应该不会多于标养试块组数。

7.1.17 讨论主题:当只有两组砂浆试块时如何评定验收批?
原帖地址:http://bbs3.zhulong.com/forum/detail2506274_1.html

| 杨柳依依 | 位置:辽宁 | 专业:结构 | 第 1 楼 | 2005-11-25 16:48 |

《砌体工程施工质量验收规范》(GB50203—2002)第 4.0.12 条注 1 中规定:"砌筑砂浆的验收批,同一类型、强度等级的砂浆试块应不少于 3 组。当同一验收批只有一组试块时,该组试块抗压强度的平均值 ($f_{2,m}$) 必须大于或等于设计强度等级所对应的立方体抗压强度 (f_2)。"这其中对出现两组试块时的情况没有做出明确规定。

例如,某砖混结构住宅楼基础砌体设计为 M10 水泥砂浆,只留置了两组试块,其抗压强度代表值分别为 12.6MPa、9.4MPa,同时满足 $f_{2,m}=11.0\text{MPa} \geqslant f_2$;$f_{2,\min}=9.4\text{MPa} \geqslant 0.75 f_2$,这两个条件,是否能判定该验收批的砂浆强度满足设计要求呢?

| 逸风 | 位置:辽宁 | 专业:施工 | 第 5 楼 | 2005-11-25 23:00 |

此种情况不能按 3 组的执行,因为规范规定是不应少于 3 组,3 组及大于 3 组的才能按 $f_{2,m} \geqslant f_2$、$f_{2,\min} \geqslant 0.75 f_2$ 执行,两组的情况应按只有一组的标准处理。

| 杨柳依依 | 位置:辽宁 | 专业:结构 | 第 8 楼 | 2005-11-26 10:25 |

这样的话,就是说我的这两组试块应该评定不合格了,又该如何处理呢?墙都抹灰了,大家出出主意。

| 逸风 | 位置：辽宁 | 专业：施工 | 第9楼 | 2005-11-26 | 13：15 |

这要看你的砂浆试块的位置了，是不是重要的部位。

一种作法，是回弹或采用拉拔试验检测砂浆的强度，经实体检测合格，可以作为依据。

二种作法，如果回弹等也不合格，找设计院进行计算，看是否能满足构造的要求，让设计出具计算书及合格的证明，如果计算也不能通过，则需要加固处理。

三种作法，如果不是重要的部位，监理和监督部门及甲方对此部位不太重视，可将试验报告拿出来不入档，这样问题也就没了，不过这个是非正常手段，慎用。

| 赤红热血 | 位置：浙江 | 专业：结构 | 第10楼 | 2005-11-26 | 15：06 |

砌墙的砂浆能回弹吗？如何回弹啊？我感觉不行，我感觉回弹就只有混凝土行啊！拉拔试验是如何检测的？能检测出砂浆的抗压强度吗？一般承重墙的砂浆强度必须要满足强度要求的吧，看这是M10的水泥砂浆，可能用在地下室的砖砌体中的吧（0.00以下的砖砌体），而且数量也不多，把9.4的那一组去掉不就好了吗？砖砌体报少一点，谁知道呢，否则会很麻烦啊。

| 亲亲mami | 位置：北京 | 专业：施工 | 第15楼 | 2005-11-29 | 13：08 |

对于这样的承重砌体结构部位，我们实际试验取样应该保证同类、同等级的砂浆试块留置不少于3组，这样就可以按照按"$f_{2,m} \geq f_2$；$f_{2,\min} \geq 0.75 f_2$"评定了，这种评定方法是比较容易通过的，应优先采用。

当同一验收批少于3组试块时，按照统计评定的原则：每组试块抗压强度的平均值必须大于或等于设计强度等级所对应的立方体抗压强度，即$f_{2,\min} \geq f_2$。相比之下要比前一种评定方法严格了很多，一旦有一组试块试验结果偏低就会导致评定结果不合格，所以我们应尽可能规避这种方式进行评定。

当施工中或验收时出现试块数量不足、砂浆试块的试验结果不能满足设计要求等情况可采用《砌体工程现场检测技术标准》（GB/T50315—2000）规定的现场检验方法对砂浆和砌体强度进行原位检测或取样检测。

7.1.18 讨论主题：1：3水泥砂浆是体积比还是重量比做投票。

原帖地址：http://bbs3.zhulong.com/forum/detail194189_1.html

| qiyufeng | 位置：湖北 | 专业：施工 | 第1楼 | 2004-3-29 | 17：45 |

我们常说1：3水泥砂浆，究竟是体积比还是重量比？

还是分位置、用途不同，用法也不同？

惭愧，做了这些年，居然被小师弟问这个问住了。

| pipetaker | 位置：北京 | 专业：监理 | 第11楼 | 2004-3-30 | 21：54 |

糊涂的人还不少呢，规范有明确规定—体积比。别与混凝土弄混了。

| 王大六 | 位置：广西 | 专业：施工 | 第12楼 | 2004-3-30 | 23：45 |

居然有这么多的人都喝醉了酒。

抹灰砂浆为体积比，砌筑砂浆为重量比。
难道你们都不在施工现场待过？
悲哉！

| chijiaowang | 位置：其他 | 专业：其他 | 第 18 楼 | 2004-3-31　8:19 |

不要争了，是体积比：
4.9.7　水泥砂浆体积比或水泥混凝土强度等级应符合设计要求，且水泥砂浆体积比不应小于 1：3（或相应的强度等级）；水泥混凝土强度等级不应小于 C15。
5.3.3　水泥砂浆面层的体积比（强度等级）必须符合设计要求；且体积比应为 1：2，强度等级不应小于 M15。

| 海拉尔人 | 位置：内蒙古 | 专业：施工 | 第 24 楼 | 2004-3-31　10:30 |

回复王大六：《建筑材料》关于砂浆，就是这样说的：抹面砂浆为体积比，砌筑砂浆为重量比。
回复 chijiaowang：你引用的是《建筑地面工程施工质量验收规范》（GB50209—2002）。建筑地面所用的仍然是抹面砂浆。
所以说"抹面砂浆是体积比，砌筑砂浆是重量比"正确。

| quhong | 位置：浙江 | 专业：施工 | 第 40 楼 | 2004-4-7　20:47 |

室内装饰工程质量规范：
4.1.10　所用的砂应是经过筛的中、粗砂，砂浆配合比为：水泥：砂 =1：2（体积比）。
建筑地面所用的仍然是抹面砂浆。

| xtepkh | 位置：广东 | 专业：市政 | 第 42 楼 | 2004-4-7　22:32 |

《JTJ053—94 公路工程水泥混凝土试验规程》中的水泥胶砂强度检验方法 T0503—94 水泥与标准砂的重量比是 1：1.25。具体施工一般是凭感觉，没见人去称或量体积。

| 冰凉雨 | 位置：河南 | 专业：施工 | 第 53 楼 | 2004-7-1　11:17 |

看了网友们的激烈讨论，竟发现原来我们的知识也都这么不扎实（这并不是说我学得就扎实），有好几位资深人员也竟认为是重量比，其实在没有特殊说明的情况下这类写法和说法是指体积比，不仅仅是砂浆，又如：3：7 灰土、1：8 水泥珍珠岩等等都是体积比，这是在没有严格强度要求时方便施工的一种配比法。希望该问题不要再讨论下去了，免得误了新人。

| 天堂的阳光 | 位置：广东 | 专业：施工 | 第 70 楼 | 2004-7-1　15:50 |

我以前的公司一个项目的总监曾经犯了这样一个错误，把 1：8 体积比的膨胀珍珠岩指令成重量比了，而且施工单位还提出了异议，她还是坚持了。结果可想而知，屋面返工。这位总监可以用德高望重来形容，也在质检站工作了十几年了，哎，真没有想到会犯这样的错。
所以，1：3 砂浆配合比是体积比还是重量比的争论就可以理解了。

7.1.19 讨论主题：对混凝土坍落度的检查？抽查？
原帖地址：http://bbs3.zhulong.com/forum/detail1492164_1.html

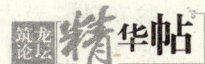

| 亲亲 mami | 位置：北京 | 专业：施工 | 第1楼 | 2005-7-5 11:30 |

谁能告诉我，对现场搅拌混凝土、预拌混凝土的坍落度应如何检查？有执行依据吗？

1. 对预拌混凝土（我们这创优专家要求进场后应车车都测坍落度！可有些大项目实际根本就做不到，只是做假资料应付），如果采用抽测，那么合理的抽测频率？

2. 如果是现场搅拌混凝土，合理的抽测频率？

| ZhxL0006 | 位置：新疆 | 专业：施工 | 第2楼 | 2004-7-5 12:26 |

坍落度检查是浇筑前的必要措施，防止配比中水灰比错误或不良，还能直观检查是否有离析等其他问题，预防各种缺陷。执行依据没查到，不过测坍落度又不复杂，车车都测坍落度做不到吗？

| jingyingzu98 | 位置：山东 | 专业：暖通 | 第3楼 | 2005-7-5 12:53 |

车车都检查，好像可行性不好，工期紧张、场地狭小、施工量大等方面都会影响到可行性。

| 亲亲 mami | 位置：北京 | 专业：施工 | 第4楼 | 2005-7-5 13:06 |

如果没有依据，我认为还是抽测检查比较合理，比如这样的规定：

一、对预拌混凝土：

1. 每车应先目测检查；

2. 对坍落度每 $100m^3$ 相同配合比混凝土抽检不少于一次（或按 10% 的车次随机抽检）。

二、对现场搅拌混凝土：

每工作班随机抽查不少于两次。

坍落度以 mm 为单位，结果表达修约至 5mm。

| mingong | 位置：河北 | 专业：施工 | 第5楼 | 2005-7-5 13:25 |

我对检查混凝土坍落度不认为有多大的意义，赞同"亲亲 mami"的观点抽样检测，我们企业标准就是4小时检测一次。规范本身允许坍落度范围是 ±3cm，想想吧，要不合格的话也差不多不用测了。况且，原先混凝土没有减水剂，坍落度作为检查水灰比的一个参照指标；现在的混凝土坍落度与水灰比几乎没有多大关系，更多地与外加剂、运输时间、缓凝等因素有关，着重强调它作为控制质量的指标个人觉得不太合适。

我认为与其每车检测坍落度不如花点功夫控制好每车进场的时间更有实际意义，因为超时对混凝土伤害可能更大一些，个人见解。

| ch9802 | 位置：广西 | 专业：施工 | 第8楼 | 2005-7-6 1:47 |

对混凝土的坍落度的检查是非常有必要的，如果把不合格的混凝土用来施工是非常不好的。

现场搅拌混凝土，可以先调好施工配合比，在第二罐混凝土进行检查，每天可以根据施工混凝土的量来进行检查，这样可以看看水灰比是否合适，是否有必要再根据天气，砂、石的含水量进行调整好配合比。

如是商品混凝土，如果条件允许的话，我认为是车车检查的好，可以看出混凝土是否是合格的产品，否则不合格的产品是不能施工的。如果条件不允许的，只能进行抽查了，这规范有明确的规定，多少的量检查多少次。

wsk7913	位置：湖北	专业：监理	第9楼	2005-7-6 2:11

我怀疑你们是不是在现场做施工的啊？车车检查怎么能做不到呢，那么简单的试验啊！我的结论是每车都必须做。

亲亲mami	位置：北京	专业：施工	第10楼	2005-7-6 11:16

从制定企业标准的角度，任何一种检查方式（包括材料、隐蔽、检验批、试验检验），都应该考虑到它的可行性问题，并不一定"全数检查"就最可行、最科学、最有效，必须把握好尺度问题。我发本帖的目的，也是和大家探讨，从可行性、科学性的角度应如何对混凝土坍落度检查。

根据我们的调研结果，对坍落度采用一种抽检方式较为合理，当然如能真正做到每车必测这种最严格检查方法也没错。

7.1.20 讨论主题：关于混凝土坍落度的困惑。
原帖地址：http://bbs3.zhulong.com/forum/detail1664310_1.html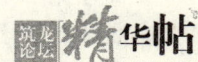

亲亲mami	位置：北京	专业：施工	第1楼	2005-8-3 13:44

最近去了一个工地，在检查《混凝土浇灌申请书》时发现，同一种配比的混凝土的坍落度要求会经常变化，而且与施工方案中的要求不相符。

例如：混凝土施工方案中规定泵送C30混凝土的坍落度要求是160±20mm，而实际混凝土浇灌申请中却出现了多种要求：140±20mm、160±20mm、170±20mm、180±20mm。请问：

1. 这种现象正常吗？是方案有问题还是浇灌申请有问题？为什么？
2. 混凝土坍落度要求应该依据哪些方面来确定呢？

烦劳各位帮忙解答，好帖有奖呀！！！

zhonghua1980	位置：广东	专业：施工	第2楼	2005-8-3 16:11

按理说有混凝土有不同的坍落度是对的！比如1～5层一个坍落度，5～10层一个坍落度！泵送高处的混凝土，稠了难送上去啊！而低处的也用大坍落度的，从质量创优说，也不好啊！

我们做的一个楼，甲方要求施工方案是不同的高度用不同的混凝土坍落度，至于后来做不做不知道！烂尾了！

alei999	位置：北京	专业：施工	第3楼	2005-8-3 20:19

坍落度相同才有问题呢。建筑物的高度不同，泵送有坍落度损失的，肯定要求商品混凝土站送不同的混凝土。

| mingong | 位置：河北 | 专业：施工 | 第 5 楼 | 2005-8-4 5:29 |

楼主这个问题很有意思。

关于坍落度的问题，其实涉及的方面挺多，楼上各位说的是与楼层高度有关，其实还与季节、天气等多种因素有关，但问题是，楼主说的是同一份配比的情况下出现不同要求是不合适的。按正常情况，施工申请的坍落度不同，配合比也不能相同，否则的话，只能证明搅拌混凝土没有按照配合比执行，相同的配合比怎么可能配出不同坍落度要求的混凝土呢？

还有一个问题，要求坍落度相同的，配合比也不一定相同，比如晴天、高温季节坍落度损失肯定要大一些，反之亦然，按同样配合比配置混凝土到达现场怎么可能是同样的坍落度呢？因为商品混凝土应该是在现场交验的。

这里还涉及一个问题：配合比的坍落度按多少设置？如果按施工要求设置，在施工现场监测肯定达不到要求。

综上所述，回答楼主问题：

1. 施工方案不应该规定一个数值，应该规定一个区间；流动性混凝土规范规定允许偏差值应该是 ±30mm，没必要改成 ±20mm，因为坍落度没有多少实际意义（以前不用减水剂的混凝土用坍落度检验水灰比，现在用减水剂，坍落度与水灰比没有必然联系）；同时，应该是不同的坍落度应该有不同的配合比相对应，实际上应该是每次浇灌最好有一个配合比。

2. 楼主第二个问题：坍落度要求应该根据浇灌部位（泵送的距离高度）、天气阴晴、气温高低、混凝土自身坍落度损失情况综合确定。

个人观点，欢迎大家继续讨论。

| sunnyman168 | 位置：北京 | 专业：其他 | 第 6 楼 | 2005-8-4 10:45 |

"实际混凝土浇灌申请中却出现了多种要求：140±20mm、160±20mm、170±20mm、180±20mm。"

其实这些都是资料上的东西，应该是没问题的。关键在于实际浇灌中一定要严格控制好混凝土的坍落度：一是满足可泵性要求，二是满足浇灌部位要求。并且可以灵活调整的。但实际泵送施工中许多施工人员擅自加水现象很普遍，这种现象一定要引起重视。

| yyjjgg | 位置：北京 | 专业：给排 | 第 12 楼 | 2005-8-5 15:38 |

首先一点，施工方案坍落度要求与混凝土浇灌申请要求不一致是应该的。

我注意到，施工方案规定的是1个区间，而浇灌申请上是不同的区间，所以，我宁愿认为混凝土浇灌申请是对的。因为，坍落度值是关系到混凝土质量的一个比较重要的指标，而我们的施工方案经常忽略它。

混凝土浇筑时，坍落度的选择，主要根据构件截面大小、钢筋疏密、振捣方式及施工方法确定。

1. 对采用非泵送施工方法时，坍落度选择为：

基础或地面的垫层，无配筋的厚大结构或配筋稀疏的结构：10～30mm

板、梁、大型及中型截面的柱子：30～50mm

配筋密集的结构：50～70mm

配筋特密的结构：70~90mm
2. 对采用泵送施工方法时，入泵时混凝土坍落度要求如下：
泵送高度30m，100~140mm
泵送高度30~60m，140~160mm
泵送高度60~100m，160~180mm
泵送高度100m以上，180~200mm

请注意，这是入泵坍落度要求，现在基本上采用预拌混凝土，从搅拌站运到施工现场可能已经过了两三个钟头了，混凝土坍落度已经有所损失了，一般方案要求的都是现场浇筑混凝土时的坍落度值，而混凝土浇灌申请虽然应该是项目部内部的控制性文件，但一般是也开给搅拌站作为要灰的依据。方案和浇灌申请的坍落度值要求应该不一样。商品混凝土厂家出厂时的混凝土坍落度值应综合考虑方案要求和坍落度经时损失。混凝土经时坍落度损失值，与气温有关，随着升温坍落度损失加大，同时也与外加剂的保塑性有关，对于掺粉煤灰和木钙的混凝土，经时1h的混凝土坍落度损失值如下：

大气温度10~20℃时，5~25mm
大气温度20~30℃时，25~35mm
大气温度30~35℃时，35~50mm

当掺粉煤灰和其他外加剂时，坍落度经时损失值可根据施工经验确定，无施工经验时，应通过试验确定。

shw7009	位置：广东	专业：施工	第21楼	2005-8-11 3:05

因为坍落度没有多少实际意义（以前不用减水剂的混凝土用坍落度检验水灰比，现在用减水剂，坍落度与水灰比没有必然联系）；

mingong上述说法是有问题的，在减水剂和水泥及其他原材都不变的情况下，水灰比与坍落度还是有必然联系的，因为相同的减水剂在相同掺量的情况下，对于同一种水泥来说，它的减水率基本是稳定的，这时坍落度的变化与水灰比是有联系的。

yjlnuem	位置：江苏	专业：造价	第23楼	2005-8-11 8:58

江苏这边现在温度中午施工现场要达到近40℃，坍落度小了到现场输送泵送不出（我们工地就是这个情况），从混凝土公司到施工现场还有近20min的车程，其间要考虑水分的损失。所以在施工方案中明确混凝土的坍落度是不科学的，应该根据实际情况作适当的调整。

shw7009	位置：广东	专业：施工	第24楼	2005-8-11 15:13

23楼的说法"在施工方案中明确混凝土的坍落度是不科学的"是错误的，施工方案是必须明确混凝土坍落度的，这是施工方对混凝土质量控制的一个重要参数，但这个坍落度应该是混凝土入模的坍落度，也就是说是考虑了施工过程各种因素对混凝土坍落度损失的影响后的坍落度，所以这就要求施工方与商品混凝土公司综合各种因素后，再来确定混凝土配制时的坍落度。也就是说，混凝土入模时的坍落度应该是基本相同（在规范允许范围内波动），但混凝土配制时的坍落度是随外界因素的变化而变化的，所以这时就能看出混凝土试配及外加剂与水泥的适应性试验的重要性了。

| dgh | 位置：江苏 | 专业：施工 | 第27楼 | 2005-8-11 12:01 |

我认为是施工方案有问题，在编制的时候，没有综合考虑各个浇筑部位对混凝土坍落度的具体要求。

7.1.21 讨论主题：水泥 3d 强度合格，28d 强度不合格怎么办？
原帖地址：http://bbs3.zhulong.com/forum/detail2062080_1.html

| damo888 | 位置：内蒙古 | 专业：其他 | 第1楼 | 2005-9-26 18:06 |

请教如水泥 3d 强度合格，28d 强度不合格怎么办？

| mingong | 位置：河北 | 专业：施工 | 第3楼 | 2005-9-26 18:51 |

主要看差多少，使用在什么部位，使用的情况怎样？比如用在混凝土中，而该批混凝土强度检验合格，就没有多大问题。

| damo888 | 位置：内蒙古 | 专业：其他 | 第4楼 | 2005-9-26 20:37 |

是这样的，等到 28d 结果出来后，已经用完了，主要用于混凝土结构梁板上，混凝土标养试块合格，这种情况是不是就可以不重做检验了？谢谢！

| xueyuqi | 位置：河北 | 专业：施工 | 第5楼 | 2005-9-26 20:53 |

MINGONG 说的非常准确，主要看实体结构是否合格，不合格要进行补强等处理措施；合格当然就放心了。

不过，我认为出现这种情况，一定要进行复检，哪怕让仲裁机构进行，关键是让一些控制力度不严的水泥企业受些教训，避免人民工程再出现豆腐渣。

| kstxb | 位置：江苏 | 专业：施工 | 第6楼 | 2005-9-26 20:54 |

28d 强度大于水泥强度等级的 95%，使用部位的混凝土试块合格即为合格，可不作任何处理。水泥强度等级 95% 只能对使用的该种水泥的构件进行鉴定（回弹），回弹合格即为合格，若再不合格可以钻芯检测，再不合格，只能加固了。当然如果你回弹出来达不到设计强度但又和设计的混凝土强度相差不是很大可以请设计院检验是否合格。

| alei999 | 位置：北京 | 专业：施工 | 第8楼 | 2005-9-27 13:24 |

结构实体检测啊，只能这样了。而且如果实体检测合格说明你的水泥就没有问题了，如果不合格就加固补强。

7.1.22 讨论主题：混凝土构件回弹不合格怎么办？求教各位！
原帖地址：http://bbs3.zhulong.com/forum/detail2186209_1.html

| hack21 | 位置：浙江 | 专业：施工 | 第1楼 | 2005-10-13 19:32 |

我施工的一个工地，有几个部位的试块试压不合格，经质监站回弹后，回弹值仍略低于设计值，但基本都在设计值 95% 以内。请求设计签证认可，但设计不予认可，理由是回弹结果不

能做为强度评定的依据,只可做为参考值。补充一下,取芯是不大可能了,因为不合格的试块有基础的,还有主体的,基础部位已全部回填完毕,地面工程也施工完毕,主体装饰工程也已施工完毕,如要取芯那将是很费周折的事情。请教各位大侠回弹结果是否能做为强度评定依据呢?如果不能做为评定依据,那我该怎么办呢?

以下是不合格部位的回弹结果:
基础毛石混凝土　设计 C15　回弹结果 13.2MPa(其他回弹值 21.5MPa、22.3MPa)
基础地梁　设计 C30　回弹结果 29.0MPa、29.8MPa(其他回弹值为 30.0MPa)
主体四层梁　设计 C25　回弹结果 24.6MPa(其他回弹值为 31.8MPa)

| wtywty0083 | 位置:浙江 | 专业:监理 | 第2楼 | 2005-10-13 19:45 |

这个主要是你们没协调好,先做混凝土评定,看是不是合格,如不能只有通过协调了,一般这个值是没什么问题的(私下说),但主要的是要由别人说了算。

| twm560825 | 位置:江苏 | 专业:其他 | 第3楼 | 2005-10-13 19:49 |

楼主,看了你的帖子,我也为你感到无奈,但我谈一下我个人的看法:
1. 这种事情只能依照规范规定,不可以有人情的,设计院不签是有道理的,不能怪设计院的;
2. 按照规范规定,回弹是不可以作为强度评定的依据的,必须用取芯来修正;
3. 既然你已经扒开基础做回弹了,为什么不能取出芯来呢,还与设计院较什么真啊;
4. 你的回弹值确实还是比较高的,如果通过取芯修正,混凝土确实能达到现在的回弹值的话,混凝土强度并没有低于85%,应该没有问题的,所以还是做取芯吧;
5. 可以与设计人员商量,进行一下复核验算,你当然要付点报酬的哟,如果复核验算可以满足的话,那就请设计人员给个设计变更,这个事情也就圆满解决了啊。

个人意见,仅供参考。

| gunyun | 位置:北京 | 专业:施工 | 第4楼 | 2005-10-13 19:55 |

混凝土试块不合格,为什么继续施工。不进行主体验收,装修就施工完毕了!把验收人员,设计扔在一边,没有问题也要给你找点问题。

| hjx200 | 位置:江苏 | 专业:施工 | 第6楼 | 2005-10-14 13:06 |

我看楼主的混凝土强度回弹值差得不是太多的,问题不是太大的。

建议楼主间隔一个月,再进行回弹看看,有可能差这点能提上来,因为混凝土在28d后强度还有一定的发展。另外建议楼主跟质监站沟通沟通,是否存在其他什么因素。

| wudi20001980 | 位置:其他 | 专业:其他 | 第8楼 | 2005-10-14 13:15 |

作为是施工单位,遇到这种情况也是有的,如果质检部门关系做不好,问题还真不好办,我看了一下检测值,个人看法应该不会有太大的问题。

| wls223344 | 位置:河北 | 专业:其他 | 第10楼 | 2005-10-15 7:57 |

应该没什么问题。以后施工还是要加强质量管理意识，一切按程序操作，避免类似质量事故发生。

| 南宫多情 | 位置：广东 | 专业：施工 | 第24楼 | 2005-11-8 20:59 |

前面有人说为什么不等结果出来再进行下步，事实上这是不可能的，混凝土强度要28d才出来。出了这种事情大家都不想的，一般也就是四种处理方式：经设计重新计算可满足要求的，可以验收；经补救后能满足设计要求的，可以验收；经业主同意能满足使用要求的，可以验收；最后就是报废。

假如设计拒绝的话，可以拿个补救方案出来，经设计业主同意也可以，正如上面那些兄弟说的一样，现在主要的是攻关了。

7.1.23 讨论主题：关于回弹法测混凝土强度的若干讨论！

原帖地址：http://bbs3.zhulong.com/forum/detail701611_1.html

| 刘清华 | 位置：北京 | 专业：结构 | 第1楼 | 2004-12-16 22:15 |

1. 回弹法的原理：以混凝土的表面硬度来推断混凝土的强度。而碳化会增大混凝土的表面硬度，所以以回弹判定混凝土强度时要测碳化深度进行修正。

测碳化深度的原理：酚酞遇碱显红色——水泥水化时有氢氧化钙生成。

现在的混凝土都掺了一部分粉煤灰，一方面水泥的含量降低，生成的氢氧化钙就少；另一方面粉煤灰和氢氧化钙产生反应，进一步降低氢氧化钙的含量，这样碱的浓度就低，使用酚酞测碳化深度时就会产生问题——错误地认为没有显红色的就是碳化了，人为的加大碳化深度的数值。

不知道还有什么更好的方法测碳化深度？是否该对粉煤灰混凝土专门建立一个测强曲线？

2. 用回弹法检测混凝土强度，除了仪器和测强曲线外，还有一个很重要的因素，就是检测人员的经验，如在对同一柱子的检测中阴面的回弹值就比朝阳面的回弹值低，同一测面中间的比边缘的低，光面与模板接缝处边缘低，特别是潮湿部位比干燥部位的回弹值要低的多。

很多检测人员对回弹法检测混凝土强度的可信度表示怀疑，根据你的经验怎么认为呢？欢迎大家就相关问题进行讨论！当然，只要是关于回弹法的点滴经验你都可以说出来，大家一起交流，共同进步！

| lljqq-007 | 位置：山西 | 专业：其他 | | 2004-12-26 22:06 |

我们曾经对现浇顶板进行回弹测试，是泵送混凝土，结果底面数值偏低很多，表面结果和钻芯强度接近。

| wangzhiwei | 位置：河北 | 专业：施工 | | 2005-1-1 17:20 |

也不知道怎么回事，我们工地也买了回弹仪，做出的试块不合格，但经过回弹测试根本没问题，也不知道是不是测试站在捣鬼！！！！

| zhxl0006 | 位置：新疆 | 专业：施工 | | 2005-1-5 11:02 |

混凝土材料本身组成成分和混凝土浇筑时的时间、方法、部位、钢筋，尤其是泵送商品混

凝土更明显，使其有很大的材质不均性，如低强度等级混凝土粗骨料处比多浆处强度高。再加上强度增长、潮湿、碳化深度、光洁度等原因，容易造成回弹试验的结果偏差，但作为一使用比较成熟的非损伤方法，通过大量取点，对同一批混凝土强度是可以有一总正确质量评判的。混凝土核心受力的内部混凝土相对较均匀，回弹试验的结果再配合其他如钻芯可以评测混凝土强度。

| liyong321 | 位置：河南 | 专业：其他 | 第13楼 | 2006-4-30 14:33 |

回弹法测混凝土抗压强度的操作上看起来简单，但有很强的科学性。除了有关的几个修正之外，测强曲线的建立也很有研究。很多人并没有意识到这一点。大多只是回弹几下，碳化修正一下就依据全国统一曲线柱下结论，忽略了其适用性的前提。给人造成很多误解。一般来说还是找正规的信誉好的检测单位来测定才能准确。

当然也不能否认偏差。由于当前的研究方法的局限性，目前作为一个简单的评测还是可行的。

7.1.24 讨论主题：混凝土强度和砂子粗细有关系吗？

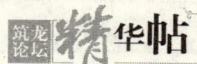

原帖地址：http://bbs3.zhulong.com/forum/detail242352_1.html

| 75760369 | 位置：河南 | 专业：施工 | 第1楼 | 2004-4-25 12:14 |

工地上试块总不合格，项目部研究好半天，水泥、石子没问题，可能是砂子有问题，砂子是人工砂，细度模数3.3，含泥2.7%。真是摸不到头脑。

| xf68 | 位置：广东 | 专业：施工 | 第2楼 | 2004-4-25 17:09 |

坍落度有没有检测？有时候商品混凝土有坍落度损失，司机会加水，加的不准，强度就降低。要注意这些问题。

混凝土强度是水灰比决定的。在进货检验时，有坍落度来检测。还有混凝土的外观，有没有离析、泌水，都要观察清楚。

| changqi | 位置：广东 | 专业：施工 | 第3楼 | 2004-4-25 17:13 |

试块用水很严格，宁少勿多，振荡很关键，其他按配比。

| lzjxnc | 位置：江西 | 专业：结构 | 第4楼 | 2004-4-25 17:14 |

混凝土的强度确实与砂子的粗细有关，但这种关系没有与石子的影响大。建议做一下砂筛分析，可能是级配不合理。

| 75760369 | 位置：河南 | 专业：施工 | 第8楼 | 2004-4-25 19:10 |

谢谢了，但是你们的问题基本上都控制的很好呀，每次都是让他们少加水，稠一点，坍落度3~5cm，各种材料都过称。我主要是请教大家强度和砂子有没有明显的关系，我们用的砂是碎石碾压的人工砂，听说这种砂不太好。

| wzp7804 | 位置：山东 | 专业：施工 | 第9楼 | 2004-4-25 19:32 |

砂子与混凝土强度有一定的关系啊，砂中的含泥量、泥块含量、粒径这些都是要严格控制的。

| 风2003 | 位置：浙江 | 专业：监理 | 第10楼 | 2004-4-25　19:38 |

按你给出的数据，你的砂子没有问题，是中砂。问题可能出在：
1. 水灰比没有控制好；
2. 密实度不够；
3. 养护有问题。

| 75760369 | 位置：河南 | 专业：施工 | 第11楼 | 2004-4-25　19:43 |

我说的是自己搅拌的混凝土不是商品混凝土，商品混凝土试块都合格。没办法了。项目部人都感觉奇怪自己打的就是不合格，都说是砂子有问题。

| 三剑客 | 位置：河南 | 专业：施工 | 第12楼 | 2004-4-25　20:55 |

说一下你的配比，你的养护方法，还有就是你的泥块含量，如果原材料都合格的话，我建议你自己检测一下砂，因为有的试验室的报告不能完全相信。砂和混凝土强度也有关系的，一个是含泥量和泥块含量，还有就是你的混凝土的水灰比对混凝土强度也有很大的影响的。

| 75760369 | 位置：河南 | 专业：施工 | 第14楼 | 2004-4-25　21:36 |

谢谢大家！谢谢斑竹奖赏！我只记得含泥量2.7%，没注意泥块，我所说的砂你们那里能用吗？人工砂？我听说有的地方不让用这种砂呀！对了还有一个重要环节，配合比实验室是按黄砂做的，而我们用的砂不是黄砂。不知道影响大不大？

| rdyubin | 位置：江苏 | 专业：施工 | 第18楼 | 2004-4-26　21:43 |

砂的含泥量稍高，我认为砂的级配是否存在问题，试验是另外一码事。另外，试块做的怎么样？这得和做试块的人有相当大的关系。

| 冰凉雨 | 位置：河南 | 专业：施工 | 第19楼 | 2004-4-26　21:45 |

影响混凝土强度的两个最主要原因：一是水灰比，二是砂率。你应该用人工砂做配比。砂细对混凝土强度的影响很大，砂细时，其表面积增大，水泥浆不足以握裹砂粒表面，使混凝土强度降低。此时应适当加大水泥（灰、水）用量，以提高混凝土强度（是有限度的）。

| gaojun111222 | 位置：湖南 | 专业：施工 | 第20楼 | 2004-4-26　22:05 |

你工地上的混凝土强度等级是多少？我认为原材料是小问题。原材料主要看你的水泥，水泥批号不能互用，还看你的水泥不要过期。

| renguoqiang | 位置：辽宁 | 专业：施工 | 第23楼 | 2004-4-26　23:01 |

混凝土的强度主要由水泥强度和水灰比决定的，与砂没有太大的关系，主要还是和易性和

日后的养护工作没有做到位。

| xf68 | 位置：广东 | 专业：施工 | 第24楼 | 2004-4-26 23:51 |

如果你做的试块一直偏低，就有可能是你的问题了。换个人做一下试试。

| daihongtu | 位置：吉林 | 专业：其他 | 第50楼 | 2004-4-29 9:56 |

试块在用水要求很严格并且振捣要求很高，养护同等重要。

| jzliu | 位置：辽宁 | 专业：施工 | 第62楼 | 2004-5-4 20:00 |

各位的见解我很赞同，但是混凝土的试压强度，最重要还是在配合比设计，一定要反映工程实际用材情况，并合理使用材料。否则是后患无穷的。另外要注意：试验室的试压方法，试块的标养状况，试块表面完好程度等都对试压结果都有较大的影响。也就是说试验室方面也有机会在里面搞鬼！

| spaceman | 位置：福建 | 专业：施工 | 第64楼 | 2004-5-4 21:25 |

要是做配合比的时候用的是人工砂，而且施工是用同样的砂，就没有砂的问题。对于试块不合格，如果你的水平还可以，我建议换台搅拌机，我们工地就出现过此情况，一样的配料，就是做出来不一样的结果，要严格控制加水量，也就是控制水灰比，还要控制搅拌的时间，问题可能出现在搅拌时间及机器问题上。

| phhwwbb | 位置：北京 | 专业：施工 | 第68楼 | 2004-5-5 19:07 |

为什么都在讨论砂子有没有问题？我觉得是做试块人员的因素较大。如果现场强度也不足，那就找试验室去。或者，你做试块时有意识的加一点25mm左右的石子试一下，当然，这是试验，正式做试块不可刻意地加石子。加石子试验的目的是为了检验一下级配，同时可以看出水泥用量是否合理。如果现场强度有问题，也可单独查一下砂的来源，再查当初送试验室试配的情况如何，是否用的是现在的砂。

| 王卫东 | 位置：河南 | 专业：施工 | 第69楼 | 2004-5-5 19:46 |

从上面的情况来看，我认为还是砂子的问题：

第一，你在做配比的时候应送与现场同材料的砂子，你送黄砂作配比而施工中却用人工砂，这样是自欺欺人，后果只能自己承受，实验室是无责任的。

第二，正如你所说的，当地不允许用人工砂，这是有一定根据的，因为人工砂的质量很难保证，往往别说细度模数了，也谈不上含泥量，单其级配就达不到，其中的石粉含量是一个大问题，而它的含量与混凝土的强度有直接的关系，这是一个根本原因。

| jhl6072673 | 位置：河北 | 专业：结构 | 第90楼 | 2004-6-15 16:33 |

人工砂与天然砂不一样，他的级配一般不好，这会对混凝土的强度有一定的影响，就我所知，我公司下属的混凝土搅拌站也使用人工砂，以降低成本，但掺加一半以上的天然砂。

| 愚工 | 位置：湖北 | 专业：施工 | 第 99 楼 | 2004-6-22　7:04 |

同意，实验室配合比用材，一定要是现场用材，人工砂太细，且石粉含量大，要达到设计强度，必须加大水泥用量，你用黄砂配合比的水泥量，强度肯定达不到。其实你们可以向甲方反映，用人工砂，必然要加大水泥用量，一对结构养护带来困难，由于水化热和水泥用量成正比，温度应力难以消除；二是对于成本核算来说，多用出来的水泥钱并不比节约的黄砂钱少！

| twhfox | 位置：江苏 | 专业：施工 | 第 153 楼 | 2004-9-23　10:12 |

混凝土实际强度比实验室出来的低的原因有很多，在实际的水泥强度跟胶砂比都没有问题的情况下：

1. 石子跟砂是否冲洗干净：骨料表面沾上石粉之后是很难清洗干净的，而这点对混凝土强度影响甚大，因为实际上没有办法通过搅拌来使石粉从石子表面脱离，由于骨料与水泥握裹不紧，导致成品混凝土石块试压中剪应力大大增加，试块提早破坏。

2. 泥块含量：实际上这点应该可以目测就能看出来的，估计你现在出现的情况原因不会是这个，除非那么多专家什么的都老花眼，嘿嘿。

3. 人工砂的级配问题，有条件你可以拿人工砂单独做个筛分试试，不管是人工碎石还是人工砂，如果生产机械比较好，级配是可以控制的，但某些老板为了利益，节省刀片，使得生产出来的砂石粒径集中在某一个或者某两个区间中，砂的级配对混凝土也是有影响的。

你说的还不够详细，但实际上谁都理解，现场的情况一般都比较难说明白的，仅就你所说的问题提出我的几点看法而已，呵呵，希望有所帮助。

顺便说一下，做试块一般都是需要严格掌握的，或者甚至需要一点点加工才行，当然，这建立在你对现场出来的混凝土有信心的前提下，否则到最后建筑物质量不成，那就是自欺欺人了。就我们来说，为了控制混凝土水化热，掺了较大量的粉煤灰，照理论说，应该采用 60d 的混凝土强度才对，但我们的监理同志就是够没见识的，说没有这种做法，没办法，28d 混凝土强度达不到要求，只好自己在做试块的时候添石子或者水泥做。当然，最终成品混凝土的强度是够的，呵呵。

比较头疼的还有一点，这样做出来的试块，离散度是非常大的，混凝土强度的统计学评定非常容易不合格，各位同道施工中要注意哦，尽量拿实际打出来的混凝土做试块是个比较稳妥而省事的办法。

| liuxinle | 位置：北京 | 专业：结构 | 第 158 楼 | 2004-9-24　21:56 |

砂子的粒径和级配对混凝土强度都是有影响的，而且人工砂拌制混凝土确实不是很好。但你应该用实际使用的材料送试验室进行试配，如果你是按试验室提供的配合比进行配制，应该是合格的，除非试验室出具的配合比有问题。

7.1.25　讨论主题：新材料的应用——凝石替代水泥。

原帖地址：http://bbs3.zhulong.com/forum/detail1797004_1.html

| ponywen | 位置：北京 | 专业：施工 | 第 1 楼 | 2005-8-22　12:29 |

最近由清华大学教授孙恒虎研究发明的凝石技术将替代水泥产品，该技术先进，据说是产

品能耗低，生产简单，作用强度大，是水泥的2到3倍，特别适合现在的一些中小水泥厂的改造，由于该产品刚刚推出，现在的一些大型企业持怀疑和观望态度。

另外国家现在没有关于凝石技术的规范和标准，所以该产品现在还没有普遍使用，但是对于新材料的推出大家有更多关于凝石技术的介绍和对这个新产品的看法可以交流一下，大家认为它最终可以替代水泥吗？

欢迎大家讨论！

| jdjjh | 位置：江苏 | 专业：监理 | 第6楼 | 2005-8-23 10:59 |

如果真能实际运用到工程中，将对建筑行业产生重大影响，对环保、能源都将是一个重大贡献。

| changqi | 位置：广东 | 专业：施工 | 第8楼 | 2005-8-23 11:11 |

凝石以经过高温过程的固体废物或火山灰类物质为主要原材料（掺量大于90%，可不需要烧制水泥熟料），模仿火山灰大地成岩过程，经配方设计，配料计算制备而成的硅铝基水硬性胶材料称为凝石。凝石是一类可以在许多场合取代水泥，但又有着许多与传统水泥不同的优异特性的硅铝基胶凝材料体系。

水泥是高钙体系—人造矿物。

凝石是硅铝体系—仿地成岩。

| ponywen | 位置：北京 | 专业：施工 | 第11楼 | 2005-8-27 13:43 |

转一些相关的资料供大家参考。

1. 我国发明凝石技术有望终结"混凝土时代"

众多的水泥厂可能再也不飘浓烟和粉尘、不排任何污水，新建的房屋桥梁都像古罗马建筑一样用石材建成，却再也不用开辟新的罗马采石场……凝石技术的出现，有可能让这些梦幻式的场景变成现实。我国科学家已发明一种仿地成岩的新型建筑胶凝材料——凝石。这种将冶金渣、粉煤灰、煤矸石等各种工业废弃物磨细后再"凝聚"而成的"石头"，与寻常水泥相比，能耗更低，强度更高，并且无废水、废气、粉尘排放。

由叶大年院士领衔的一个专家委员会来到清华大学和河北燕郊凝石产业化综合实验基地，对"863计划"项目——"凝石及其清洁制备技术"进行了细致的考察。专家一致认为，这项已经申报了4项国家专利、并荣获国家发明奖的新技术能耗低、无污染，具有完全自主知识产权，开辟了一个国际首创性的前沿新领域，整体上达到国际领先水平。

"自然界的火山喷发，大量火山灰几万年都保持稳定的性状，但如果喷到淡水中，数千年间就开始发生变化，而喷到盐湖里，几百年就可能形成岩石。"技术主要发明人、清华大学材料系教授孙恒虎说，凝石技术仿照自然界的这一成岩原理，在钢渣、粉煤灰、煤矸石等类似火山灰的废弃物中添加成岩物质，让它们在数小时乃至几十分钟内就凝聚成高强度的岩石。

实验数据和工程实践表明，凝石比传统水泥抗压、抗折强度更高，防水、防腐性能更优，完全可以替代水泥用作建筑材料，并在海洋堤坝、采矿回填等领域达到水泥无法达到的效果。从目前已经建成的3条年产量达90万t的中试生产线情况看，凝石的生产成本比传统水泥低30%~50%，能耗比水泥低30%以上。

有专家表示，凝石技术的出现，很可能终结建筑胶凝材料的"混凝土时代"，代之以"凝石时代"。

2. 废渣变为优质"水泥" 我科学家发明"凝石"技术

新华网北京8月12日电（记者邹声文）我国科学家发明了一种仿地成岩的新型建筑胶凝材料——"凝石"。这种将冶金渣、粉煤灰、煤矸石等各种工业废弃物磨细后再"凝聚"而成的"石头"，与寻常水泥相比，在强度、密度、耐腐蚀性、生产成本和清洁生产等许多方面表现十分突出。

"凝石"技术是国家高新技术研究发展计划（即"863计划"）的一项研究成果。由清华大学孙恒虎教授发明的这一具有完全自主知识产权的高新技术，已获得多项国家专利。这一技术已于12日通过了教育部主持的项目鉴定，下一步将提请国家"863计划"的主管部门进行验收。

地质学研究表明，天然火山灰等物质在常温常压条件下通过沉积、变质过程，可以转变为长期稳定存在的铝硅酸岩石。而"凝石"技术正是依据大地成岩原理，以各种工业废弃物（如冶金渣、粉煤灰、煤矸石、赤泥以及其他工业固体废弃物等）为主体原料，配以少量成岩剂，在常温常压条件下生产出高性能的新型建材——硅铝基类水泥产品。

专家认为，"凝石"与普通水泥相比，具有多种优点，比如：生产过程实现"冷操作"，节省能源，不排放二氧化碳；生产过程大量减少烟尘，不破坏天然资源，不污染环境；"凝石"混凝土的强度、密度、耐腐蚀、抗冻融等方面的性能优良；以各种废渣为原料，"吃渣量"可达90%以上，是处理废渣的最有效方法；生产成本低、工艺简单等等。

目前，这一技术已走出了实验室，进入了中试阶段，在吉林、河北等地分别建立了生产线。产品在道路工程、厂房建设、基础工程、矿业工程及混凝土制品方面得到规模化应用，得到用户好评。

多位专家认为，"凝石"技术对破解我国一些产业的环境和资源瓶颈难题，具有重要意义。目前，全国有数十亿吨的固体废弃物，仅煤矸石一种就高达34亿t。这些固体排放物还以每年10亿t的速度增加，造成巨大的环境压力。仅粉煤灰一项，全国每年的处理费用就达60亿元。此外，我国适宜烧制水泥的石灰石可开采储量为250亿t，以2003年的水泥产量计算，仅够用30余年。而一旦采用"凝石"技术，这些数量巨大的固体废弃物将变成生产优质类"水泥"胶凝材料——"凝石"的上佳原材料。

有专家表示，人类在建筑胶凝材料方面，已经历了千年的石灰"三合土"时代，百年的水泥"混凝土"时代。"凝石"技术的出现，很可能意味着人类即将迎来新的"凝石"时代。

| 2992106 | 位置：江苏 | 专业：施工 | 第14楼 | 2005-8-29 | 13:43 |

凝石取代混凝土还要一段时间（前提是可行的并通过国家生产许可），1822年英国人福斯特发明英国水泥到现在，已经走过了183年风风雨雨，从胶结性能有很大的改善，但在密度方面还是没有进步，我个人认为应该从新型材料的密度和胶结强度方面，生产出高强度轻质的混凝土，把粗、细骨料进步成质量轻的新型材料，从而可以大大减轻混凝土重量，最后做到省材、省时、省力、环保的目的。

| 简要 | 位置：浙江 | 专业：施工 | 第20楼 | 2005-11-16 | 12:38 |

原文过长，摘录如下：

《中国水泥》杂志、《中国建材》杂志联合整理

[新闻背景]"凝石"是由清华大学孙恒虎教授等一批地矿专业科技人员提出来的，并组织"蓝资科技有限公司"以商业方式运作推动此事。2003 年 11 月 27 日以叶大年院士为首的 21 位从事地矿和地球物理专业的院士在《中国科学院院士建议》（第 14 期总第 108 期）上向科技界推荐"凝石"。转而，"凝石"被媒体宣传为是"水泥工业带有革命性的新技术"，是"无须烧制的高品质水泥"，"水泥产业的战略转型应充分考虑凝石"，"凝石改变了（水泥工业的）一切"……。今年 8 月以来，我国一些重要媒体纷纷参与宣传，认为："凝石"优于水泥，"凝石"应取代水泥……。"凝石"的商业运作声势越来越大。

由于媒体过度炒作，一时间"凝石"技术似乎可以在高炉矿渣、钢渣、粉煤灰、煤矸石、赤泥、废砖、废玻璃、尾矿等废弃物中加一点孙教授新发明的"成岩剂"就可以"点石成岩"，变成水泥，就可以广泛应用于各种建筑工程。同时，还把"凝石"与环保、节能、绿色、健康、循环经济等概念混淆在一起，认为只有发展"凝石"才符合科学的发展观……

焦点之一："凝石技术"的核心是什么？是最新的发明创造吗？

廉慧珍（清华大学土木系教授）：

孙恒虎教授发明的"凝石"，其本质就是用以 CaO、SO_3、R_2O 为主要成分的激发剂来激发含硅铝的工业废料或天然岩石，这项研究国外、国内不少专家都曾经做过。前苏联研究开发碱激发矿渣做过许多工作，20 世纪 80 年代初，南京化工学院史才军等也曾做过大量研究，研究内容包括多种激发剂或复合激发剂在不同掺量下的各种实验。

吴兆正（原中国建材集团总工程师　教授级高工）：

"凝石"是一种胶凝材料，但不是水泥，对于建筑材料行业的人来说，它不是新东西，绝对不是发明创造。要严格分清"胶凝材料"和"水泥"（尤其是硅酸盐类通用水泥）的区别，这是两个不可混淆的材料概念。胶凝材料应具有把松散的物料胶结在一起，并形成具有一定强度的能力。这类具有胶凝能力的物质少说也有上百种，有机的无机的都有，古代的糯米浆以及现今的石灰、沥青都是胶凝材料。

……（略）

焦点之二："凝石"能够取代水泥吗？

何星华（中国建筑科学研究院　顾问总工程师　教授级高工）：

刚听说"凝石"的时候，感觉很新鲜。经过了解，我觉得它不过也是一种胶凝材料，和无熟料水泥差不多。如果说要用"凝石"代替水泥，我认为在应用方面还有很多问题。建工系统在施工过程中使用水泥，不只看抗压强度，像疲劳强度、刚度模量、收缩徐变量、抗拉抗折强度、凝结时间、坍落度、耐久性、施工中的可控性等，都是施工部门必须了解的。现在应用的水泥混凝土的很多基本参数都是经过多年实践积累得出的科学数据。如果没有这些准确数据，设计人员无法取值、无法设计，施工人员无法实际操作。还有这种新产品添加了外加剂后有什么副作用？能否达到水泥的效果？这些我们都没有看到具体的数据。

……（略）

焦点之三："凝石"技术能大面积推广应用吗？

廉慧珍（清华大学土木系教授）：

"凝石"产品的均质性如何，这是个大疑点。矿渣与粉煤灰随其成分的变化，性能差别很大，此类产品有其适合应用的范围和条件，并不能用于结构工程。任何一种胶凝材料都有其优

势和弊端，我们使用不同的胶凝材料时，都会用其利避其弊。清华大学土木工程系建材教研组绝大多数人都同意我的这个观点。碱硫激发矿渣为什么经历几十年至今得不到推广，就是质量的不稳定和弊端决定了其不能推广的命运。"凝石"产品已生产出了3000t，但现在还都放在库房里。为什么没卖出去？原材料决定了其质量波动大，必须有大量的工程实验数据及做构件实验的基础上才能考虑其在结构工程中使用。

……（略）

详文地址：http://bbs3.zhulong.com/forum/detail1797004_2.html

各物料—钙与硅铝之比〔$CaO/(SiO_2 + Al_2O_3)$〕（图7.1）

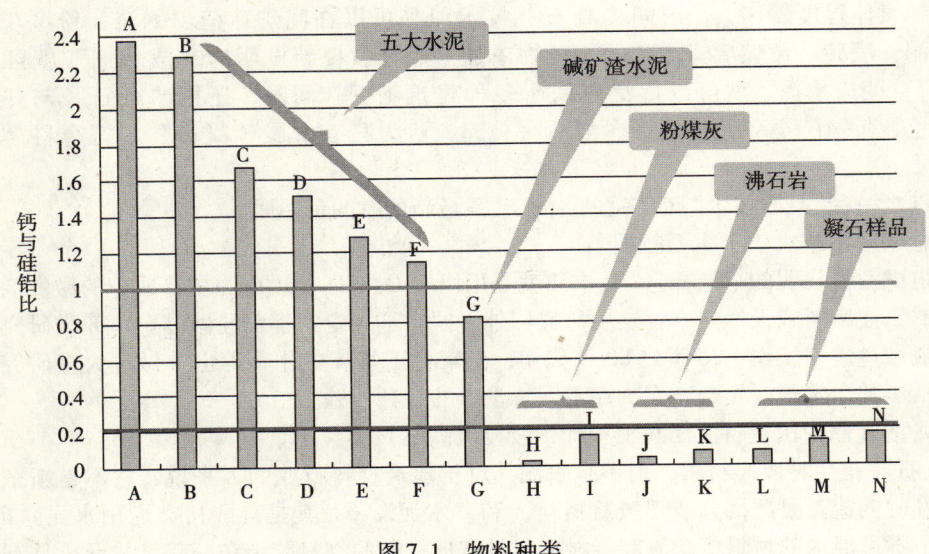

图7.1 物料种类

各物料—化学成分对比（表7.2）。

表7.2

成分	SiO_2	Al_2O_3	CaO	R_2O
水泥	21~23	5~7	64~68	<0.6
沸石	37~68	11~15	1~7	1~10
火山灰	52~72	13~21	1~7	1~6
粉煤灰	34~60	17~35	1~10	1~8

水泥混凝土与凝石混凝土对比（图7.2）。

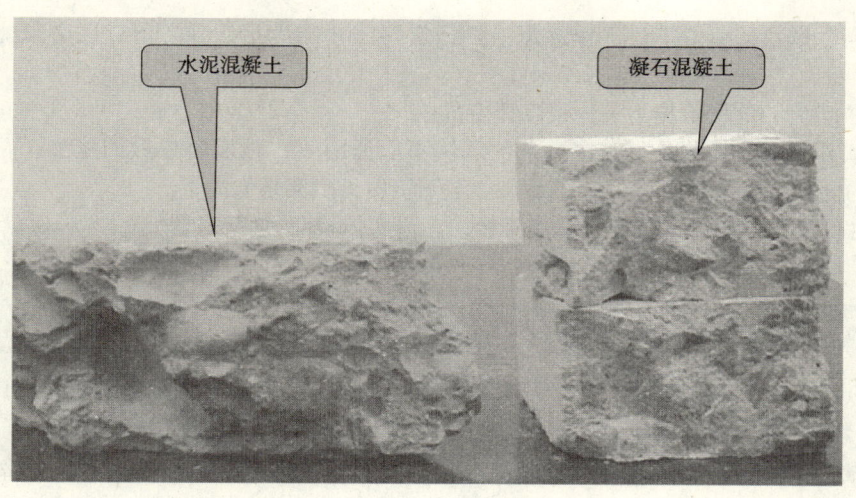

图 7.2

7.1.26　讨论主题：关于混凝土试块的问题。

原帖地址：http://bbs3.zhulong.com/forum/detail434405_1.html

| 鲁班再世 | 位置：黑龙江 | 专业：施工 | 第 1 楼 | 2004-8-9　7:38 |

1. 新规范规定要求有同条件 600℃·d 试块，如果我们现在使用的是掺加粉煤灰的混凝土，要求标养龄期为 56d，可 600℃·d 对应的等效龄期只有 20 多天，试块根本达不到强度怎么办？

2. 另外，冬期施工的平均气温为负值，不能累加温度，那么 600℃·d 试块就得转年再送试，这样不与负转正试块一样了吗。

3. 我们单位的试块都有我亲手制作，冬施的时候要留四组试块（标养、临界强度、负转正、同条件）我感觉是不是多了点。

4. 新规范有结构实体检测（钢筋保护层），我们这采用施工单位选点，质检站来扫描，一点 2500 元，这有用吗？不就是来施工单位抢劫吗。

| mjz186 | 位置：湖北 | 专业：施工 | | 2004-8-9　17:22 |

1. 如果是冬期施工，那你的结构构件肯定是采取了养护措施的，那同条件试块也应当采取相应的养护措施，至于到时同条件试块强度怎样不好肯定；

2. 钢筋保护层检测的费用是高了，不过我们这还没有开始；

3. 你一个人包办单位里的所有试块制作（累不累啊），可是个专业户了，一定有不少好的制作经验，说来让我们提高提高！

| 小孔 | 位置：河北 | 专业：监理 | | 2004-8-9　21:39 |

1. 本人认为同条件试块强度一是为了证明现场实体的实际强度，二是为了留作拆模之用，应达到与标养试块一样的等效龄期才能试压，既然标养试块 56d 才能达到设计强度，则同条件试块不应受 60 多天条件的限制。

2. 规范有规定，负温条件下的同条件混凝土龄期不作累计。

3. 同条件试块的留置组数不作规定，根据实际需要能满足条件即可，但必须能满足拆模所需试块。

4. 验收时标养试块不作为实体强度评定的依据。

5. 本人认为实体检测是只有在同条件试块不能证明实体强度时才做的检测，否则新规范中所规定的同条件试块留置便失去了意义。至于费用，确实是太高了。

7.1.27 讨论主题：常见混合砂浆试块不合格，而实体检测其强度很高。

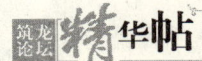

原帖地址：http://bbs3.zhulong.com/forum/detail444016_1.html

zghuo	位置：其他	专业：其他	第1楼	2004-8-14 11:12

为什么常见混合砂浆试块不合格，而实体检测其强度很高。以前我们在现场配比做了2组M5混合砂浆试块，当龄期还差两天时，选1组试块在太阳下暴晒了两天，最后出现三种结果，未经暴晒的试块试压强度为41MPa，经暴晒的试块试压强度为77MPa，实体检测强度为109MPa，请大家讨论，这是为什么？（本人已总结出经验，想与同僚们进行交流）

zghuo	位置：其他	专业：其他		2004-8-19 15:22

因为石灰是水溶性材料，它受潮后会降低强度，影响整个试块强度，为此试块试压前勿必把试块中的水分降到最低。对于实体检测强度高主要原因是砂浆经砌筑后在砌体的重力作用下砂浆层被预压和其自身强度共同提高，再说实体检测为针入度检测等因素，则实测强度就要高了。

在此也谈一下混凝土实体检测不合格情况的一点经验，各位网友如果混凝土构件进行回弹检测其强度比要求偏小不很大时，你可不要紧张，只要你去申请取芯试验，我可以说会合格。这主要是碳化取值计算的不合理性（这也有你的养护不当的功劳），还有回弹仪连续回弹点数多了而弹簧疲劳弹出偏低的强度等诸多因素形成回弹值的"参考率"。

不知本人说得对否，敬请PP。

骄阳岁月	位置：浙江	专业：施工		2004-8-19 17:50

有理，所以我们这砌筑砂浆一般都不用混合砂浆了，改用水泥砂浆，这样既方便，强度比混合砂浆又好。

mingong	位置：河北	专业：施工	第6楼	2006-5-5 9:52

老顽童真的不来了？不过这个帖子挺有价值，在施工现场经常看到对砂浆试块做法是不正确的，实际上砂浆与混凝土性质是不一样的，应该用无底试模做试块现在卖试模的厂家都跟混凝土一样做成有底的，好多留试块的人也跟混凝土一样做法，做出来的试块结果往往偏低，原因是砂浆里含水多，振捣太过形成离析，振捣太少不密实，水留在试块内了，结果也容易偏低。

另一个问题想不明白：混凝土试块在破型之前提前一天从标养室拿出来晒干后再压强度虽没有混合砂浆那么明显，但也会高于直接从标养室拿出来压的同批次试块，谁能解读原因？

无私	位置：北京	专业：结构	第7楼	2006-5-6 11:03

混合砂浆的强度与标准养护有很大的关系，混合砂浆的标准养护湿度为60%~80%，温度是20±3℃，最大的湿度不能超过80%，因为混合砂浆在成型的时候石灰的钙分子没有充分的吸收水分，成型后不注意养护湿度的控制，没有充分吸收水分的钙分子再在养护期间重新吸入水分容易发生膨胀，标养的混合砂浆试块就容易不合格。

实体检测的强度高于标养的强度有可能，因为混合砂浆的强度与养护湿度有关就不难理解了，现场实体的养护湿度可能连40%都达不到，现场砌筑完成型后的混合砂浆，在湿度40%都达不到的情况下没有充分吸收水分的钙分子，就不可能充分的吸收水分使其钙分子膨胀。现场的大气温度有可能高于或低于标养温度，我觉得养护湿度和温度造成实体检测强度高于标养强度是不容忽视的一点。

我个人理解。

| 亲亲mami | 位置：北京 | 专业：施工 | 第8楼 | 2006-6-16 11:48 |

砂浆制作及养护注意事项：

1. 制作砂浆强度试块时，不得使用带底试模，应将无底试模放在预先铺有吸水性较好的纸（一般使用报纸便可）的普通黏土砖上（砖的吸水率不小于10%，含水率不能大于20%）。其中放在砖上的纸应为湿润的状态，纸张大小要以能盖过砖四周为准，砖的使用面要求平整。凡砖四个垂直面粘过水泥或其他胶凝材料后，不允许再使用。

2. 由于砂浆的收缩量较大，在制作砂浆强度试块时，砂浆应高出试模6~8mm，同时抹平工作应在砂浆表面开始出现麻斑状态时（一般控制在15~30min内）进行，否则试块上表面可能形成凹形状态，导致试块强度值降低。

3. 成型砂浆试块，处理成型面时，不得压实、压光，否则砂浆试块的强度将会激增。

4. 砂浆中只要掺入粉煤灰、白灰膏等任何一种掺合料，即成为混合砂浆。水泥混合砂浆严禁放入混凝土标准养护室或标准养护箱内养护，因为其中石灰是气硬性胶凝材料，在水中或潮湿环境中无法硬化，只能在专用的混合砂浆标养箱内养护，无条件时，可置于一般室内养护。

7.1.28 讨论主题：关于混凝土强度评定。

原帖地址：http://bbs3.zhulong.com/forum/detail1646762_1.html

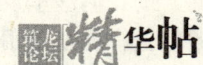

| lopez | 位置：安徽 | 专业：给排 | 第1楼 | 2005-7-31 23:07 |

感觉总归不大符合实际！

假如说C35的试块8组，每组都合格的，但平均值39的话，评定下来还是不合格！该怎么办？

| hunheren | 位置：辽宁 | 专业：施工 | 第2楼 | 2005-8-1 15:42 |

不可能吧，除非是你的八组离散性太大了，如果是正常的情况，一定是合格的。

| lopez | 位置：安徽 | 专业：给排 | 第3楼 | 2005-8-3 20:19 |

非统计法要求C35的$mf_{cu} \geq 1.15 f_{cu,k}$（40.25MPa）的啊，可平均下来达不到有没什么好办法？

| 亲亲mami | 位置：北京 | 专业：施工 | 第5楼 | 2005-8-4 14:20 |

能不能再多凑出两组试验数据（增加两份试验报告），凑成10组按统计方法评定应该就合格了。

以后一定要注意了：如果某一种配比的混凝土用量较少（标养试块不足10组），那么单组试块强度结果小于1.15倍强度标准值的情况屡次发生是非常不利的，因为这样很容易造成按非统计方法评定不合格。处理办法是多做几组试件凑够10组，按统计方法评定。

| fuyunchen | 位置：湖南 | 专业：施工 | 第6楼 | 2005-8-4 18:04 |

我的意见与5楼的兄弟一致，因为非统计方法评定要求的1.15系数对均匀的混凝土强度试件评定要求偏高，在有8组的情况下最好凑足10组，就可以用统计方法评定，只有混凝土强度标准差不大的情况下，才对评定结果是有利的！我做过一些混凝土强度评定，感觉统计方法评定比较合理，而非统计方法较保守。

| tianshuai | 位置：河南 | 专业：施工 | 第7楼 | 2005-8-5 20:48 |

但试块的强度也不能大于混凝土强度等级的1.5倍。

| hooliganlin | 位置：其他 | 专业：给排 | 第11楼 | 2005-8-11 10:07 |

在我们这里一般规定的是单组试块强度不能大于强度等级的3倍，不过这个数字我们在筑龙网上曾经讨论过，有地方说是2倍，而且还有什么文件规定。具体的情况还是要看当地质量监督站的要求吧。

| 华山思过崖 | 位置：浙江 | 专业：施工 | 第15楼 | 2005-8-22 11:35 |

这个问题我碰到过多次，主要的解决办法也是同五楼的做法，这都是事先安排好的。

但有一种情况这里我希望筑友们讨论一下：

按我们这里规定，多层商品房（指最高六层）的基础必须用商品混凝土，结构可用自拌混凝土，当基础用商品混凝土浇筑时，因基础混凝土量不多，你怎么排也排不到10组以上，比如说100m^{3}混凝土（这里排除了你非要排到10组以上）。当混凝土报告出来时，有两个报告：一个是混凝土厂提供的，一个是你现场抽检的，当混凝土强度均为37MPa时（数据我是举例的），你如何来判定该批混凝土是否合格？

我对此分析如下，按现场抽检混凝土强度数据显然达不到1.15倍的规范要求；当用商品混凝土时，混凝土厂不可能按你的混凝土方量来确定商品混凝土的级配是否达到1.15倍，按他历年经验，他所提供的混凝土，当到混凝土28d后，强度能够保证达到C35以上，因为他的混凝土强度标准差不大，能稳定的控制混凝土的强度，而且如果按其厂内同批混凝土也来进行评定的话，显然37这个数据是最合理的、也是最经济的（$35 \times 0.06 + 35 = 37.1$）。所以我判定该批混凝土是合格的。规范中10组的界线还应有对用商品混凝土作进一步的描述！

7.1.29 讨论主题：什么情况下，砂子、石子需要做碱活性指标检验。

原帖地址：http://bbs3.zhulong.com/forum/detail2599982_1.html

| 辛颜 | 位置：辽宁 | 专业：施工 | 第1楼 | 2005-12-6 16:56 |

除了图纸明确规定的外,在哪里还有规定,何种情况下砂子、石子需要做碱活性指标检验?在资料编制范例这本书中提到用于地下结构的石子及砂子需要做碱活性指标检验。

想请教大家,地下结构指哪里?如某工程无地下室,地梁及桩算地下结构吗?这条规定的出处在哪个规范中有体现?

强制性条文规定,对于重要结构的工程,砂石应做碱活性指标检验。请教大家在施工中,如何区别重要结构,是由设计给出吗?当某工程为重要结构时,做碱活性指标检验还要区分部位吗?

| zxc73420 | 位置:四川 | 专业:施工 | 第5楼 | 2005-12-7 9:21 |

这种情况很少遇见,像我以前做的耐酸及耐腐蚀性的工程设计都没要求对砂石做碱活性指标检验。个人认为,对这一点的理解应是设计有特殊要求或者特殊部位才做。辛版主遇到过吗?如遇到过,给大家介绍一下工程情况嘛。

| wuhh | 位置:北京 | 专业:施工 | 第6楼 | 2005-12-7 9:21 |

混凝土拌合物中的氯化物总含量(以氯离子重量计)应符合下列规定:
1. 对素混凝土,不得超过水泥重量的2%;
2. 对处于干燥环境或有防潮措施的钢筋混凝土,不得超过水泥重量的1%;
3. 对处在潮湿而不含有氯离子环境中的钢筋混凝土,不得超过水泥重量的0.3%;
4. 对在潮湿并含有氯离子环境中的钢筋混凝土,不得超过水泥重量的0.1%;
5. 预应力混凝土及处于易腐蚀环境中的钢筋混凝土,不得超过水泥重量的0.06%。

| zxc73420 | 位置:四川 | 专业:施工 | 第8楼 | 2005-12-7 9:24 |

《普通混凝土用砂质量标准及检验方法》(JGJ52—92)

3.0.7 对重要工程混凝土使用的砂,应采用化学法和砂浆长度法进行集料的碱活性检验。

3.0.8 采用海砂配制混凝土时,其氯离子含量应符合下列规定:

3.0.8.2 对钢筋混凝土,海砂中氯离子含量不应大于0.06%(以干砂重的百分率计,下同);

3.0.8.3 对预应力混凝土若必须使用海砂时,则应经淡水冲洗,其氯离子含量不得大于0.02%。

《普通混凝土用碎石和卵石质量标准及检验方法》(JGJ 53—92)

3.0.8 对重要工程的混凝土所使用的碎石或卵石应进行碱活性检验。

| 亲亲mami | 位置:北京 | 专业:施工 | 第20楼 | 2005-12-7 14:12 |

以下是北京市地方标准《预防混凝土结构碱集料反应规程》(DBJ01—95—2005)的规定(表7.3):应用于Ⅱ、Ⅲ类混凝土结构工程的集料每年均应进行碱活性检验,其他材料均应按批进行碱含量检测(地标强制性条文规定)。

表 7.3

工程类别	配置混凝土的碱活性集料种类	混凝土中最大碱含量	施工要求
Ⅰ 处于干燥环境，不直接接触水、相对湿度长期低于 80% 的工业与民用建筑。如居室、办公室、处于非潮湿条件下的工业厂房、仓库等建筑	—	不限制	可不采取预防碱集料反应措施，但混凝土结构外露部分需采取有效的防水措施，如采用防水材料、面砖等，确保雨水不渗进混凝土结构，否则需采取Ⅱ类工程的预防措施
Ⅱ 处于潮湿环境或干湿交替环境，直接与水或潮湿土壤接触的混凝土工程。如水处理工程、水坝、水池、桥墩、护坡；混凝土道路、桥梁、飞机跑道、铁道枕轨；地铁工程、隧道、地下构筑物；建筑物桩基础、底板、地下室等	非碱活性集料	不限制	—
	低碱活性集料	$3kg/m^3$（或 $5kg/m^3$ 同时采取掺加矿物掺合料抑制措施）	—
	碱活性集料	控制在 $3kg/m^3$ 以内，并同时采取掺加矿物掺合料抑制措施	—
	高碱活性集料	严禁使用	—
Ⅲ 有外部碱源，并处于潮湿环境的混凝土结构工程。如处于高含碱地区的混凝土工程、接触化冰雪盐的城市混凝土道路、桥梁、下水管道，以及处于盐碱化学工业污染范围内的工程	—	—	除采取Ⅱ类工程的措施外，还要采取混凝土隔离措施，防止环境中盐碱渗入混凝土结构。否则必须使用非碱活性集料或用低碱活性集料，并控制混凝土碱含量在 $3kg/m^3$ 以内，同时采取掺加矿物掺合料抑制措施

7.1.30 讨论主题：一个小区工程的材料复试问题。

原帖地址：http://bbs3.zhulong.com/forum/detail3081922_1.html

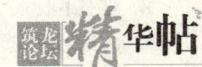

| 杨柳依依 | 位置：辽宁 | 专业：结构 | 第 1 楼 | 2006-2-21 18:59 |

　　一个小区中的几幢楼由一个建筑公司施工，材料均由同一厂供应，监理单位为同一单位，那么配合比及材料复试可以只做一份吗？

| mingong | 位置：河北 | 专业：施工 | 第 2 楼 | 2006-2-22 6:30 |

　　个人认为没有任何问题，只要将该批材料（配合比）用于几个楼号的部位均写到试验单上就行了（便于保持可追溯性），楼号多时试验单可以要求试验室多出几份便于保证每个单位工程归档资料均有原件。当然要保证材料批量满足规范要求。

| shijianf026 | 位置：北京 | 专业：施工 | 第 3 楼 | 2006-2-22 11:50 |

　　去年我做过一个 14 栋楼的小区工程，依依妹妹提到了配合比，我想你所说的原材应该是指自拌混凝土和砂浆吧？若是，则可！可按不同强度等级以及某些特殊要求各做一份配比。材料复试就不行了，还是应按照相关规定进行复试哦。

| 亲亲 mami | 位置：北京 | 专业：施工 | 第 4 楼 | 2006-2-22 12:14 |

　　对于群体工程（包含多个单位工程）所共用的材料，其出场质量证明文件是共用的，进场材料复验也可以按进场批量统筹考虑（现行规范并没有提出过按单位工程做材料进场复验的

规定呀，这一点有别于施工试验取样原则）。

就像 mingong 斑竹所说的：相关出场质量证明文件和复验报告上均应注明对应的楼号（有几个反映几个）、使用部位和进场数量（便于质量责任的可追溯）。

资料整理归档：如果群体工程同时交竣工，我们通常把物资资料编制成综合卷（不按单位工程整理组卷），这样可以节省时间和人力，避免资料的无谓重复。

| 逸风 | 位置：辽宁 | 专业：施工 | 第5楼 | 2006-2-22 20:13 |

我认为这样的工程在事前还是要沟通好，因为各地的规定可能是不一样的，而这方面国家规范里又没有明确的规定，在事先沟通好的情况下，个人认为这种情况是可行的。避免出现以后的麻烦，对于群体工程所共用的材料，只要是同一厂家，同一批号，进场材料复验可以按进场批量统筹考虑。

| sunqiang929 | 位置：安徽 | 专业：结构 | 第7楼 | 2006-2-24 10:27 |

我认为材料的取样复试：应该严格按照规范规定的要求进行取样，你所说的做一份是什么意思啊？像水泥、钢材这样的材料，无论是哪个厂的，只要批号不一样，生产日期、炉罐号不一样，都需要取样进行复试；像砂石一类的材料如果是同一产地，质量比较稳定的话，可以在批量允许的条件下做一份。关于配合比，如果强度等级相同，使用材料没有什么变化，可以只出一份。

| shijianf026 | 位置：北京 | 专业：施工 | 第8楼 | 2006-2-24 13:26 |

事实上，关于原材料的取样复试，我觉得规程上讲得挺全面的了，关键是我们如何去落实。对于材料的可追溯性，实际上是很难控制的。就像群体的项目，一批原材料进场了，比如钢筋，是不是它用于哪一栋楼了你就将它的相关资料归到某一栋楼或者几栋楼呢？不尽然！首先资料的份数有限；其次，关于材料的现场应用情况，我想不会有几个资料员会很了解。具有现实可操作性的是将物资资料编为一卷（如亲亲姐所说），可要这样就体现不了"可追溯性"了。以前我就碰过一个甲方，我们加工物资资料编为了一套，他们要资料时，就要求我们每栋楼弄一套，劳民伤财，也不科学。

| 筑筑新星 | 位置：贵州 | 专业：施工 | 第9楼 | 2006-2-24 15:30 |

同意楼上的看法，但是如果一个项目各单位工程的竣工日期不一样或相隔较长，资料应该分别组卷。使用复印件的，应说明原件所存放的位置，并加盖单位公章。

7.1.31 讨论主题：同条件 28d 再转标养 28d 试块强度不合格如何处理？
原帖地址：http://bbs3.zhulong.com/forum/detail2480955_1.html

| 亲亲 mami | 位置：北京 | 专业：施工 | 第1楼 | 2005-11-22 16:14 |

有一个项目问了这样一个问题：

设计要求冬施大体积混凝土采用 60d 标养强度作为强度验收依据，试验结果都是合格的。

但是按照《混凝土外加剂应用技术规范》（GB50119—2003），冬施混凝土掺加了防冻剂的，需要留置与工程同条件养护 28d 再标养 28d 试块，此试块强度结果有不合格情况，应如何处理？是否影响结构工程的验收呢？

| 辛颜 | 位置：辽宁 | 专业：施工 | 第 5 楼 | 2005-11-23　7:48 |

同养转标养的试压结果是作为该混凝土检验批在负温度下施工的强度等级的验收依据，此组试块直接涉及结构安全，如果此组试块不合格，我觉得肯定会影响结构验收，建议做混凝土实体强度检测。

| lshx1967 | 位置：甘肃 | 专业：其他 | 第 6 楼 | 2005-11-23　8:29 |

设计也同意混凝土按60d强度，那么同条件（28d）转标养（28d）的试块当然也很可能会出现低于设计值，建议与设计、监理商定按同条件（60d）转标养（28d）怎样？

| mingong | 位置：河北 | 专业：施工 | 第 7 楼 | 2005-11-23　10:53 |

不同意辛颜的观点，个人认为：

1. 既然标养试块合格，同条件养护试块（替代实体检测）合格，原材料（水泥、骨料、外加剂检验合格）应该已经基本满足GB50204—2002标准验收要求正常验收（当然规范本身有"同时符合相关规范的要求"），验收过关没有问题，很少有人能像楼主这样再去查混凝土外加剂应用技术规范要求的试块的结果。

2. 关键问题在同条件试块在制作、养护、试压过程中操作是否规范？是否有偏差？是个别现象还是普遍现象？如果所有操作都很规范，外加剂试验也很规范，结果合格，这个问题就值得探讨，而且很麻烦。能不能对外加剂进行第三方复检？

| dyzhxl | 位置：浙江 | 专业：施工 | 第 8 楼 | 2005-11-23　10:54 |

本人认为：设计要求同规范规定不相符时，应以规范规定为准，所以楼主所述问题60d标养强度不能作评定依据，应以28d同条件养护再标养28d强度为准，作为强度评定依据；若试块强度有不合格情况应请质量检测部门进行回弹或抽芯处理，经回弹或抽芯试验实体强度达到合格要求，则对结构工程验收没有影响；若达不到强度要求，则该批混凝土结构认定为不合格；需进行加固或返工重做。

| 小力飞刀 | 位置：北京 | 专业：施工 | 第 9 楼 | 2005-11-23　11:40 |

不好意思，纠正楼主一个认识上的错误，大体积混凝土强度增长是先快后慢的，后期增加强度，随着内部水泥分子的水化可能进行几十年，强度增长类似幂函数曲线。

1. 楼主提到的28d同条加28d标养不合格问题很可能出在混凝土养护环节，大体积混凝土在施工时水化热的作用显著，无形中提高了混凝土强度增长的条件。所谓的"同条养护"其实并非同条，在同等条件下，试块的温度可能比大体积混凝土的温度低一些，并没有真正意义上的"同条"。

2. 对于设计院的养护条件要求我觉得可以这样理解，60d标养能达到强度要求，等同于施工单位正常施工情况下能满足设计要求。正因为楼主的工程如果能满足冬期施工"三正"（正温运输、正温施工、正温养护）所以在60d标养的试验中合格。

3. 对于28d同条加28d标养不合格的问题可以和监理单位协调。说明引起不合格是因为

"同条试块不同条"而不是施工、材料方面的原因引起。申请把设计60d标养试块作为试验质量控制的首要依据。

4. 在沟通过程中可以随机按监理建议抽取进行"回弹或抽芯处"等检验。因为60d试验合格，所以我分析混凝土质量没有问题，只要楼主混凝土施工过程没有出现重大失误（受冻或振捣不好、离析、不覆盖养护等等）回弹值一定会让楼主满意。

5. 个人认为只要向业主和监理说明原因并且随机检查合格，竣工验收不存在问题！

| hjx200 | 位置：江苏 | 专业：施工 | 第10楼 | 2005-11-23　13:03 |

对于60d标养强度试块，试验结果都是合格来作为强度验收依据，理由不太充分，只能说从资料上走得过去。对于C60的高强度等级混凝土来说，标养与同条件养护对混凝土强度的影响有一定的区别，如果是同条件养护60d的试块试验合格，那混凝土强度肯定就没有问题了。

对于按照《混凝土外加剂应用技术规范》（GB50119—2003），冬施混凝土掺加了防冻剂的，需要留置与工程同条件养护28d再标养28d试块，此试块强度结果有不合格情况，正如老毒网友所说混凝土强度在28～90d之间强度增长约为5%左右，混凝土强度在28d后还有一定的发展，最终混凝土强度是否合格可以等混凝土强度再发展发展后，取一组同条件试块再压压，要是合格那就没有问题，现场检测没有问题，那验收就没有问题了。

| 辛颜 | 位置：辽宁 | 专业：施工 | 第11楼 | 2005-11-23　22:13 |

负温度下施工，通常均需要在混凝土中掺加防冻剂，对于掺加防冻剂的混凝土，《混凝土外加剂应用技术规范》（GB50119—2003）第7.4.2条规定，应制作1组同养转标养试块，所谓同养转标养试块，即先与结构同条件养护28d，再转入标准养护28d，然后进行试压。这组试块很重要，其试压结果将作为该混凝土检验批在负温度下施工的强度等级的验收依据。按照建设部关于见证取样送检文件（建建字〈2000〉211号）的规定，这组试块涉及结构安全，应由监理单位到场进行见证取样。

以上资料见《建筑工程资料表格填写范例》第二版第337页，本书由北京土木建筑学会主编。

| mingong | 位置：河北 | 专业：施工 | 第11楼 | 2005-11-23　22:36 |

回复　辛颜　斑竹：

难道楼主的同条件试块没经过28d标养就不能代表结构安全性能吗？同条件试块是代替实体检测的，某种意义上说其代表性由于现场实体检测，因为实体检测回弹也好、钻芯也罢，操作的偶然性和检测方法的误差一般要大于同条件试块的。

再如9楼小力飞刁网友所说，所谓的"同"条件，实际也不可能"同"条件的，因为试块毕竟与结构是两回事，而对于大体积混凝土冬期施工来说，整体内的混凝土条件肯定优于试块，因此，同条件试块完全可以替代实体检测。

我说过本主题的关键是试块有没有问题的原因是，同条件试块合格了，而同条件28d再标养后就不合格，值得探讨，关键不是这一组试块重要不重要的问题。同条件试块不只是监理见证取样而且是共同确定方案的，我说的意思是没有理由此同条件不作为依据非要彼同条件试块才可以保证结构安全。

你建议楼主实体检测，此过程应该由同条件试块替代了，意义不大。

| 亲亲 mami | 位置：北京 | 专业：施工 | 第 13 楼 | 2005-11-24 8:54 |

感谢各位斑竹和热心网友的参与和回复。大家从各自不同的角度谈论了对此问题的观点，都有一定的道理。

我还是认为：对于规范的规定通常是按常规性考虑的，但是在某些特殊前提下我们不能一概而论。例如这个问题，发生的前提是"大体积""冬期施工""设计提出以 60d 标养强度作为强度验收依据"，所以处理问题角度上不能按常规性考虑，要采取适当的变通处理方式，我比较赞成小力飞刁朋友的回复，具有一定合理性、科学性。

7.1.32 讨论主题：对于人工成孔灌注桩基础试块应打多少组？

原帖地址：http：//bbs3.zhulong.com/forum/detail1178138_1.html

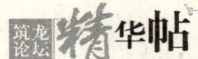

| 逸风 | 位置：辽宁 | 专业：施工 | 第 1 楼 | 2005-5-2 23:04 |

前几天去我们项目这的质量监督站开会，监督站下发了一个文件要求每根桩做一组标养试块、一组同养试块，虽然规范有这样的规定，但是现实吗？一天不用多打，就打 20 根桩的话，那就是 40 组试块，有必要吗？

另外还有一个问题，对于静载试验桩的选择，这个权力由谁来选，原来在我们那是由监理和试验室共同选择，而在这里却是由监督站来选择，究竟由谁来选择是合理的？

| 躲雨 | 位置：浙江 | 专业：施工 | 第 2 楼 | 2005-5-3 0:09 |

1. 第一点，每根桩做 1 组标养试块是强制性标准，确实不现实也不理解但还是要照做；同条件养护试块不是强制性标准，而且桩基混凝土所谓的"同条件"根本不具备操作性，如果监督站一定要你做，你就请教他们，温度怎么测（地表/地下（地下多深））？试块要埋入地下多少算同条件？

2. 第二点，静载试验桩的选择应该监督站和试验室都没有权力，一般静载试验桩的选择都是设计图纸确定的，当然最后还要根据现场实际打桩情况，综合施工、监理、业主的意见确定。监督站的工作应该是核查静载试验桩选择的桩号、数量等是否符合设计图纸、规范标准的要求，还可提出对技术资料反映出有问题的桩进行检测。试验室的工作最简单，就是测桩，出报告，如果测桩过程出现异常可通知监督站，其他应该不得干预。

| 逸风 | 位置：辽宁 | 专业：施工 | 第 3 楼 | 2005-5-3 13:14 |

对于一根桩就 3~4m^3 的混凝土，每根桩做一组试块合理吗？强制性条文规定的就全是对的吗？

| ggggtghaps | 位置：河北 | 专业：结构 | 第 4 楼 | 2005-5-3 13:25 |

监督站管事太多了，完全超越了它的权力，质量监督站在施工过程中只是起一个质量管理过程实施的监督作用。

从前的地基础及主体工程等主要的部位验收都有质检站签字的地方，而现在新的表格中没有了它的签字栏，它的工作检查完后，有问题写出监督报告，交由施工单位整改，由监理甲方单位监督检查结果，整改完毕，监理甲方签字认可整改到位便可以。

| 韦山 | 位置：广西 | 专业：施工 | 第 6 楼 | 2005-5-6 21:29 |

我说下我的看法：
1. 人工挖孔桩每根桩一组标养试块是肯定的，不能漏！同养试块与监理定。
2. 强制性条文是硬性规定不能违反，违反一条罚 5~30 万。
3. 监督站有监督权，没有决定哪根桩要试验的权力。

| amw1387439 | 位置：广东 | 专业：监理 | 第 7 楼 | 2005-5-7 0:17 |

同志们，首先我们要明白，质量监督站是代表政府来进行质量监督的。再要明白，不论是做什么事都必须要按照法律法规的规定、规范的要求做。明白这两点了对于以上问题就非常清楚该怎么做了。

又对于质量监督站的权限我想大家可能也不是很明白；质量监督站对工程质量监督主要是从两个方面入手的，一是监督工程实体质量，二是监督各建设主体的质量行为，而且是强制性的。建设各方必须服从质量监督站的管理与监督。因为他是代表政府、执行的是国家法律法规、他手中有执法权！

| 躲雨 | 位置：浙江 | 专业：施工 | 第 8 楼 | 2005-5-8 16:20 |

回 3 楼，对于这一点强制性条文一直以来就有不少争议，很多地方（包括我们）质监站、监理公司都是睁一只眼闭一只眼，因为确实太不实际！据说有人询问有关编写强制性条文的专家，解释是该条文是针对单桩单柱的桩，但至今只是据说而已。

| 软件狂人 | 位置：其他 | 专业：其他 | 第 10 楼 | 2005-7-10 17:17 |

本人也有同感！本人也有同感！本人也有同感！
个人认为：是不是强制性条文在印刷排版或其他什么原因造成了错误？
1. 现场混凝土的取样方法有两种，①一种是在搅拌机出口取；②另一种是在浇筑点取。与后期混凝土的浇筑施工质量没有直接关系，只能代表混凝土配合比是否符合设计及施工规范要求。谁在现场取样是把浇筑成型的混凝土挖出来做试块了？
2. 试块好坏与桩成孔方法、孔内有无泥浆、以及混凝土浇筑振捣是否密实无关，也代表不了施工质量。试块取样与现场混凝土后期施工是两个各自独立的过程。
3. 试块合格是个前提条件，后期施工过程对桩的质量也有很大的影响。
4. 桩的最终是否合格必须通过桩基试验确定，如大应变和小应变。
所以我认为每根桩取一组是没有必要的，按 $100m^3$ 及每一班取一组比较合理。上述观点不知大家怎么认为，请各位专家批评指正了！

| YUBYEBYE | 位置：四川 | 专业：市政 | 第 11 楼 | 2005-7-10 17:30 |

你其实不算惨，我们每一根桩要求做三组试件，比你还多一组，是业主的硬性规定，谁出钱谁是老大啊！

| yu7201 | 位置：江苏 | 专业：岩土 | 第 14 楼 | 2005-12-29 10:51 |

试块是否应该制作我都有疑问，别说同条件养护的了！

其一，养护28d，代表部位施工已经结束，试块差还是要对构件进行检测，不能以试块强度不足否定构件。

其二，试块制作一般很规范，与现场搅拌混凝土的质量是不一样的，现实也是强度不足的试块很少。

其三，对人工挖孔桩，桩体混凝土强度抽检也不是难事，并且纳入了规范。

7.1.33 讨论主题：如何保证混凝土试块的强度合格。

原帖地址：http：//bbs3.zhulong.com/forum/detail1022785_1.html

| 辛颜 | 位置：辽宁 | 专业：施工 | 第1楼 | 2005-4-1 21:37 |

在施工中，对于混凝土试块的制作是一个非常重要的环节，当混凝土试块的强度不合格时，对工程造成的损失是相当大的，而混凝土试块的强度又难以百分之百的保证。我觉得主要有以下几个原因。

1. 原材料的问题，在施工报验时，我们送验的常是最好的材料，而在施工中使用的与送验的有时在质量上相差很多，这是混凝土试块难以保证强度的一个原因。

2. 配合比的问题，除原材料的问题外，配合比的影响也很大，如水灰比的问题，原材料的重量与配合比是否能完全一致的问题，在施工过程中，是否能经常调整施工配合比的问题。

3. 振捣的问题，对于这个问题，在低强度的混凝土中影响不是很大，但是对于高强度干硬性的混凝土，影响就相当明显了。

以上几点是我个人的一点不成熟的想法，对于C20或C30的试块，我们施工中，按配合比或稍加一些水泥就可以了，对于干硬性高强度的混凝土试块，如何做才能保证试块强度合格。哪位有相关的经验，希望上传交流一下。

| 氓流到踩屎 | 位置：其他 | 专业：其他 | 第2楼 | 2005-4-2 11:15 |

版主你一提这混凝土试块呀，我的心是拔凉拔凉的呀！我一进工地就开始打试块，到现在还做试块呢。作了三年的试块吧。要说怎样保证试块强度呀，你说的三条是原因，但我想还有一条就是养护，现在我们许多工地没有标养箱，有也根本达不到标养要求。我们这监理不严，通常试块是吃"小灶"的，我还往试块里加过模板的U型夹呢，就当配筋了，呵呵。

| 精品建筑 | 位置：山东 | 专业：地产 | 第3楼 | 2005-4-2 20:06 |

这不是个别现象，应该说是普遍现象。没办法，工地上即使是按标准配合比来做万一试块不合格怎么办？只有回弹，一是麻烦，一是面子上过不去（中国人好面子啊），公司的牌子算砸了。养护就是铺草垫子，放背阴处一天浇几遍水，到时间送去，就是这样。关键还是在政府对建筑上的一些技术要求或检验方法需改进。怎么改不是你我该考虑的，我也没考虑过。

| mingong | 位置：河北 | 专业：施工 | 第6楼 | 2005-7-9 21:35 |

现场搅拌混凝土的试块制作问题是有些"学问"，现场搅拌混凝土与商品混凝土的主要区别是：计量准确性特别是水的用量控制差、搅拌时间控制不好。如果能把砂石料、外加剂计量控制好问题应该不大，做试块要避开开始的时候做，防止搅拌机吸附砂浆，导致配比不准确，在计量控制准确的情况下，做试块的这一盘适当减点儿水、搅拌时间延长一些应该是略偏高

一些。

　　试模必须清理干净，用机油涂膜，并将剩余的擦干；试模校正准确，最好用一根固定长度的绑丝专门校正对角线，确保试模方正，（个人感觉这点比较重要，不要怕麻烦）；用一个专用筒接卸混凝土试样，用锹装盛混凝土，第一次装至试模一半高度，用直径 16mm 圆钢端部磨成球形的捣棍插捣，插捣方法，每角 5 次，中间 5 次，捣至表面显露砂浆后，继续加混凝土至试模高度，同样方法插捣 25 次，后继续加满，再重复插捣一次，用小铁抹子沿试模四周各插捣两次，排除气泡，最后将顶部抹平，使其高出试模 2mm 为止。

| 逸风 | 位置：辽宁 | 专业：施工 | 第 13 楼 | 2005-7-16　15:10 |

　　对于现场做试块的问题，这就看你用怎样的一种心态去看待这个问题了，作假有些时候不是某个人所能控制的，我们这里我所见过的做假方式通常有两至三种：
　　1. 试块制作过程中，向试块中砸大石子。
　　2. 多加水泥，一般都是以半袋水泥为通用。
　　但是我认为做试块最重要的还是振捣，上面的方法是懒人的一些做法，对于试块来讲只要按正规的方法做，是没有问题的（现场配比和试验室配比不同除外）！

| 辛颜 | 位置：辽宁 | 专业：施工 | 第 14 楼 | 2005-7-16　20:56 |

　　不知道逸风版主是否做过 C50 及以上强度的试块，如果你按正规的方法做，你觉得会有问题吗？如我第一帖所说，试块的强度不足的原因有多个方面，哪位觉得你做试块，尤其是高强度及干硬性的混凝土，按正规的方法做，你有信心吗？

| Mingong | 位置：河北 | 专业：施工 | 第 15 楼 | 2005-7-17　10:02 |

　　现在用商品混凝土一般是没问题的，我们这里 C60 混凝土有 120 多组就发现 3 组达不到，但也达到 90%，全部是现场直接取样；C50 混凝土有 200 多组就出现过一次不够的，所以我觉得商品混凝土还是可靠的。

| xuxianjun | 位置：甘肃 | 专业：施工 | 第 16 楼 | 2005-8-9　13:32 |

　　试块还是不做假的好，我们搞建筑的，也应该有点职业道德，不要弄出的东西自己都心虚。

| shw7009 | 位置：广东 | 专业：施工 | 第 17 楼 | 2005-8-10　0:38 |

　　同意楼上的看法，这样至少自己心里有数，能睡个安稳觉。

| fox115 | 位置：浙江 | 专业：施工 | 第 23 楼 | 2005-11-6　8:22 |

　　混凝土试块确实挺难做的，再好的试验员也没有 100% 的把握。以我的经验应该注意以下几点！（自拌混凝土）
　　1. 在取样前要看一下，砂石等原材料，含泥量太高的绝对不行，还有一个就是搅拌是否均匀，混凝土的坍落度。
　　2. 至于另外加水泥，我觉得不可取，这样很容易造成试块离散性。

3. 试块的制作非常同意 mingong 说的，我平时就是这么做的，不过现在这个工地条件还算好，老板买来个振动台，省了不少力。

4. 养护是很关键的，浸在水里的时间不能太长，冬天 7d 足够了，有太阳的话一定要拿出来晒太阳，不能冻着。

5. 目前在这个工地我已经做了 5000 来组试块（都是自拌的），不合格的也只有 10 来组。做试块这东西经验很重要，不是一句话两句话能说清楚的。

7.1.34 讨论主题：C40 的混凝土用普通水泥 P.O32.5 配制问题大吗？

原帖地址：http://bbs2.zhulong.com/forum/detail3503222_1.html

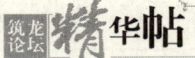

ZhxL0006	位置：新疆	专业：施工	第 1 楼	2006-5-28 23:15

疑惑——C40 混凝土的配合比

公司施工的一栋框架楼出现了点施工方法问题，而在检查混凝土的配合比时偶然发现该工程一层柱浇筑的 C40 商品混凝土的厂家提供的配合比有如下内容：

水泥使用 P.O32.5 水泥，510kg/m³；石子二级配，5～20mm，20～40mm。

开始以为单子出错了，后落实厂家就是这样配并供货的。查了各种关于配合比的书、单、软件，没有类似的做法。

该商品混凝土厂目前是新疆最大的商品混凝土厂，使用新疆质量和保证率最好的水泥。厂家应该是充分利用的水泥富裕强度。

大家说说看这样做有问题和危害吗？我们是否应该对此有所行动。

mingong	位置：河北	专业：施工	第 3 楼	2006-5-29 6:34

现在强度等级 32.5 水泥相当于原先 425，配置 C40 混凝土，水泥用量 510kg 应该算正常吧，没有达到最高水泥用量上限。我们去年用的 C60 混凝土也就是 42.5 水泥配置的（因为当地生产最高也就 42.5），没有发现问题。个人以为商品混凝土我们主要是检查成品质量，具体配比应该由厂家负责。

欢迎讨论。

kwm_hz008	位置：其他	专业：施工	第 4 楼	2006-5-29 7:14

C40 用 P.O32.5，强度是可以达到的，但施工规范也是说 C30 以下宜用 32.5 作配合比，像 C40 等高强度我觉得还是用 42.5 以上高强度的水泥，因为关系到水泥的水化热（水泥用量）等不利因素吧。我觉得这样做法是不正确的，而是有一定风险，厂家不能为了只图利益，必竟连规范依据也没有呀，个人意见。

steven_337	位置：辽宁	专业：施工	第 5 楼	2006-5-29 11:04

顺便插一句，呵呵，我看了我工地的混凝土临时配比单，C15、C25、C30 的水泥用的全是 42.5 的，这正常吗？嘿嘿！

mingong	位置：河北	专业：施工	第 7 楼	2006-5-29 11:22

高强度等级水泥配低强度等级混凝土主要也是涉及水泥用量问题，往往配合比设计会按最

低水泥用量配置，容易出现试块强度偏高或者混凝土和易性差等问题。

| 涛涛 | 位置：河南 | 专业：其他 | 第8楼 | 2006-5-29 17:10 |

混凝土强度等级的高低和水泥有关系，但不是绝对的，并不是说低强度水泥就不能配高强度混凝土，高强度混凝土不是单单靠水泥的强度提高上去的，如果是高强度等级水泥才能配高强度等级混凝土，那么，还有C100的混凝土呢，我怎么不知道有100多级的水泥呀。

| hjx200 | 位置：江苏 | 专业：施工 | 第10楼 | 2006-5-29 21:54 |

C40的混凝土一般都用42.5以上的水泥，用32.5的水泥用量就太大了。

| ZhxL0006 | 位置：新疆 | 专业：施工 | 第11楼 | 2006-5-30 1:30 |

看了各位的指点，很有启发。确实强度估计问题不很大（虽然现场的试块龄期都未到，出来后再报告了），但水化热和收缩感性认识是比正常配大，因为是柱未观察到明显裂缝——这也是我们较担心的（本地现在正在重点抓商品混凝土的裂缝通病）。另外施工的柱在拆模早处（两处1天时）有水泥未水化，手捏黏稠未上强度，不清楚是水灰比太大，还是水泥含量过高或下雨水多离析造成的（已返工此问题另发帖请教了）。

| tianxuebin | 位置：广东 | 专业：监理 | 第13楼 | 2006-6-1 12:36 |

我找了一点原来的老资料：
1. 32.5的水泥的28d的抗压强度31.9MPa，水泥的富余强度系数为1.13。
2. 混凝土受压破坏时，可能出现三种情况：一、骨料强度低于水泥石强度时，在外力作用下，首先是骨料破坏而引起混凝土破坏；二、水泥石强度不足，在外力作用下，首先是水泥石破坏而引起混凝土破坏；三、在骨料和水泥石接触的界面上破坏，而引起混凝土破坏。第一种情况一般不会发生，因为骨料强度一般高于水泥石强度；第二种情况按设计要求是不应该发生，设计时水泥强度等级是根据混凝土强度选择的，并保证水泥用量的情况下，此情况不应该发生；第三种情况是最有可能的。因此，从理论上讲，用32.5水泥配置C40混凝土是不合适的，基本可以断定在实际施工中达不到要求强度，而且即使可以达到设计强度，水泥用量过大，容易形成裂缝，实际上水泥的用量的增加并不能保证混凝土的强度。

| biao888 | 位置：江西 | 专业：监理 | 第15楼 | 2006-6-3 14:39 |

我想应该是32.5级的水泥吧！C40的混凝土用32.5的水泥来配是很难配出来的，即使是实验室配出来了，现场也是很难保证的，我还不清楚石子是碎石还是卵石，如是卵石的话那肯定会出问题的。

| lpll1 | 位置：山东 | 专业：监理 | 第16楼 | 2006-6-3 20:56 |

大家的意见不准确，关键在坍落度，大家按下面的网页下一个混凝土配合比调整软件试试就明白了。http://bbs3.zhulong.com/forum/detail1093413_4.html
可以看出加减水剂是没问题的。否则，不是有问题，而是特别有问题！
另有网友问施工配合比和实验室配合比的关系，除了调骨料含水率外，要严格按实验室配合比施工，监理怎么能让人家实验室给你出证明呢？开玩笑。

| jockay | 位置：江苏 | 专业：施工 | 第 17 楼 | 2006-6-3 22:45 |

我认为应该问题不大，若是老的 325 水泥，就有点问题了（施工规范规定 C30 以下宜用 32.5 级水泥作配合比），我单位工地也曾经用 32.5 级水泥配置 C40 混凝土。

| 逸风 | 位置：辽宁 | 专业：施工 | 第 19 楼 | 2006-6-5 19:14 |

32.5 级的水泥配出 C40 的混凝土是没有问题的！我们这里用 42.5 的能配出 C50 的混凝土，但是在施工过程中要严格控制水灰比和坍落度，但是从一定程度上来讲，这样做不经济，施工也困难！

| zlq1122 | 位置：河北 | 专业：施工 | 第 21 楼 | 2006-6-6 17:28 |

这样的配比配 C40 的混凝土，从混凝土的强度上将应该是没有问题的，但是这么大的水泥用量混凝土在硬化过程中的水化热势必会很大，这样对混凝土表面产生裂缝的机率会增大，对结构的使用功能有很大的影响！

| dujian6025 | 位置：浙江 | 专业：施工 | 第 22 楼 | 2006-6-6 17:28 |

一般来说 C40 的混凝土是采用 42.5 的水泥的，如果采用了 32.5 的水泥，水泥用量增加，水化热就加大，如果用在大体积混凝土中就不适合了，因水化热大往往会出现混凝土裂缝等问题。其实 C40 的混凝土采用 32.5 的水泥配比的话从经济角度来说也省不了多少。混凝土强度的来源不单单是取决于水泥的强度，关键还是看水泥的用量和配比的和易性能、石子的级配和强度。应该说商品混凝土采用大量的低强度等级水泥来配置高强度等级的混凝土是不合理的，实际上可以达到强度要求，但在操作上和具体的施工上是存在问题的，所以理论上的计算一般不采用这种配比。同时外加剂的量相对要增加了（达到混凝土的可泵送性）。

7.1.35 讨论主题：用 P.O42.5 的水泥配制 C50 混凝土，可行吗？

原帖地址：http://bbs3.zhulong.com/forum/detail2682099_1.html

| xzx2328 | 位置：山东 | 专业：施工 | 第 1 楼 | 2005-12-16 19:17 |

前一段时间，接到一个委托，要求用 P.O42.5 的水泥配制 C50 混凝土。我把水泥用量调至 550kg，用水量取 190kg，结果 28d 强度是 54.6MPa；加入适量（20%）矿渣粉以后，28d 强度达到 61MPa。C50 混凝土试配强度是 59.9MPa，我也拿不定主意是不是给他出配比。

我个人认为，谨慎起见，还是用 P.O52.5 的水泥配制的好。

| 王卫东 | 位置：河南 | 专业：施工 | 第 2 楼 | 2005-12-16 19:54 |

是可以配制的，建议加减水剂。

| mingong | 位置：河北 | 专业：施工 | 第 3 楼 | 2005-12-16 20:49 |

现在用的是水泥强度等级表示方法，与原来的标号不一样，我们 C60 泵送混凝土用的也是 P.O42.5，没有问题啊。你可以找份配比借鉴借鉴。P.O52.5 的水泥一般不好买，除了特大城

市，一般地区用量少，水泥厂不生产，你要买，他就要你把一罐全买回去，如果是一个工程没法用。

| 赤红热血 | 位置：浙江 | 专业：结构 | 第6楼 | 2005-12-16 21:12 |

我们这个工程C60的采用52.5水泥，C50的用42.5水泥，是混凝土厂家拌制的！

| dongqk | 位置：四川 | 专业：市政 | 第8楼 | 2005-12-16 21:22 |

为谨慎起见，还是用P.O52.5的水泥配制的好。我公司在有办法的情况下，用42.5R的水泥配制C50混凝土，其结果16组中有两组偏低，评定也评不合格。

| xzx2328 | 位置：山东 | 专业：施工 | 第10楼 | 2006-1-16 21:09 |

大家谈了这么多，可以归纳一下：如果加入高质量的外加剂和掺合料，在试验室可以配制出C50的混凝土；现场施工应该具有较高的施工水平，应该严格控制原材料的质量及外加剂的掺量。

7.1.36 讨论主题：混凝土试压强度高于设计强度多少为异常？

原帖地址：http://bbs3.zhulong.com/forum/detail1571053_1.html

| LCY-726 | 位置：四川 | 专业： | 第1楼 | 2005-7-18 22:56 |

我们这里有个工程混凝土设计强度为C30，而有一组试块压出来为52.2MPa，但混凝土强度评定为不合格。验收时质监站的人说有问题，我不知有什么问题，请各位大师指点，谢谢！

| hooliganlin | 位置：其他 | 专业：给排 | 第3楼 | 2005-7-18 23:32 |

一般来讲，当试块压出来的结果高于设计强度的3倍的时候就不合格了。我是江苏的，一般C10的试块压出来达到二十几也是正常的，只要同一部位同一单位的混凝土离散不大就行了。C30达到五十几是再正常不过的事情了，但是可以看出来的是你的试块可能是假的。

| 质检屠龙 | 位置：山东 | 专业：监理 | 第5楼 | 2005-7-19 4:23 |

你看一下配合比是否设计保守了，水泥用量多少，再就是施工中是否未按配合比施工，做试件的人是否有资格做，养护环境如何，是否造假了，一般就这几个方面。

| mingong | 位置：河北 | 专业：施工 | 第7楼 | 2005-7-19 7:12 |

按GBJ107标准评定合格就是正常的，规范规定，该用统计方法评定的就得按统计方法评定，不能随意改成非统计方法，统计方法评定的好处就是能有效控制离散性的范围，标准差过大，强度平均值再高也不合格。如果评定合格了，只能是有疑问，但不能说有问题。

| szhxh2005 | 位置：广东 | 专业：造价 | 第8楼 | 2005-7-19 7:20 |

深圳市规定，混凝土试块的强度超过了170%的设计强度就出强度异常偏高的黄单，注意呀注意！处理黄单比较麻烦，出了黄单以后，，实验室立即把不正常的结果告诉质检站，质检

站的监督员他们要来现场回弹或是抽芯检测，还得请一餐饭钱。如果按深圳市的规定，你的试块上限值是51。

| mingong | 位置：河北 | 专业：施工 | 第11楼 | 2005-7-19　7:20 |

回8楼，这应该属于"霸王条款"或者制定规则者是外行，对于不同的强度等级，用百分比衡量是不科学的，比如C10的混凝土在现在水泥强度等级比较高的状况下达到百分之二百也是很正常的，因为要考虑最少水泥用量和泵送性能，而对于高强度等级的混凝土来说高出10%就不只高出一个强度等级了，用170%根本没有任何意义。比如C60混凝土达到170%的话就达到100以上了，这不是开玩笑吗？这种笑话也只有政府部门敢弄出来，而且不怕人笑话。

| cbings | 位置：浙江 | 专业：施工 | 第12楼 | 2005-7-20　8:58 |

我想光一组不能说明问题的吧？得多看几组，如果都这样高的话，才有问题。光一组的话，我还怀疑是试验室搞错了。

| 亲亲mami | 位置：北京 | 专业：施工 | 第13楼 | 2005-7-20　13:06 |

混凝土试块强度试验结果忽高忽低，离散性大是普遍存在现象。通常情况下统计评定结果是合格的，但往往问题是出在"标准差"超标，而且超的很厉害，同一验收批混凝土标准差超过5.0的极为普遍。

"标准差"超标，并不意味混凝土强度不合格，从表象上只能反映混凝土的生产质量水平差，可我调查认为现场取样、养护的不规范也应该是导致"标准差"超标重要因素。总之是很难说清楚。

| szhxh2005 | 位置：广东 | 专业：造价 | 第14楼 | 2005-7-20　14:07 |

一个政府规定的条款出台，并不是某个人说了算，往往有一批人或是很多人参与论证，最后才得出结论，这个结论的利与蔽，有时我们也确实难于理解，如果mingong先生认为深圳市的规定这是霸王条款，那么其他的标准规范也大多出自政府行政主管部门，而特别是混凝土还有它的强制性条款，是否都应该一一否认呢？你能否站在政府的角度，去理解这条款的170%规定是为什么要制定的吗，它制定的理由是什么呢？我们来猜猜！我本人的个人理解是这样的：从统计学的角度考虑，当某一组数据严重偏离了正态分布曲线，应该是属于异常的，所以，强度异常偏高一词应该是从该科学根据而来，并不是凭空捏造。

| a343118 | 位置：浙江 | 专业：结构 | 第16楼 | 2005-7-20　16:31 |

我们这里规定混凝土不能超过两个等级，否则就要回弹了，砂浆也是这样规定的。

| jhl6072673 | 位置：河北 | 专业：结构 | 第17楼 | 2005-7-20　16:42 |

这种情况确实惹人怀疑，最好调查一下混凝土的配合比以及该组混凝土试块制作情形。

| 鹤唳九霄 | 位置：浙江 | 专业：市政 | 第18楼 | 2005-7-20　17:35 |

这个还是要看混凝土的强度等级，低强度等级的超几级其实还是蛮正常的，但是高强度等

级的要是还能超两三级以上的话那怀疑试块失真也是有道理的。
我们这边质检站规定，C30以上试块压出来超两级以上的，就必须现场取芯或者做回弹。

| njsmall1007 | 位置：江苏 | 专业：施工 | 第19楼 | 2005-7-20 19:56 |

这样的试块只能说是有疑问，并不是有问题，当然要是说你有问题那就是你做试块时有问题，明白了吗？这样的情况我也经常会有，可是从来都没有人说有问题啊，按上海（青浦）的标准可能超过200就要回弹了哦！每个地方都不一样，关键是看你们的试验室有没有搞定！

| szhxh2005 | 位置：广东 | 专业：造价 | 第22楼 | 2005-7-23 11:47 |

讨论来讨论去，最终还得听政府规定，谁敢和他们作对没好果子吃，不信你们试试。我说一句，这里有好多人都是个人认为的，这个原则问题在实际中都不能信，查文件第一！切切！

7.1.37 讨论主题：两种水泥混合使用到底会产生什么后果？
原帖地址：http://bbs3.zhulong.com/forum/detail150479_1.html

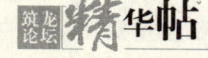

| lgx162 | 位置： | 专业：其他 | 第1楼 | 2004-2-13 11:30 |

我以前的一个工地有少部分梁柱出现了水泥混用（不同厂家不同型号的），但现在并没发现什么问题？时间长了会怎样？

| xf68 | 位置：广东 | 专业：施工 | | 2004-2-17 22:29 |

且不说裂缝吧，不同水泥的混凝土的内在特性肯定不同，整体性不同，造成混凝土内部的不均匀，对受力会有好处吗？

| Nistelrooy | 位置：重庆 | 专业：施工 | | 2004-7-31 16:04 |

水泥在水中硬化时，体积会产生小的膨胀，在空气中硬化时会产生大的收缩。水化热产生的温差易引起温差应力的裂缝。就算是相同的水泥也无法避免这类的膨胀、收缩、温差裂缝之类的问题，何况还是不同的水泥混用呢？

7.1.38 讨论主题：结构实体检验同条件试块留置时需要考虑不同部位吗？
原帖地址：http://bbs3.zhulong.com/forum/detail2880145_1.html

| 杨柳依依 | 位置：辽宁 | 专业：结构 | 第1楼 | 2006-1-12 19:52 |

对涉及混凝土结构安全的重要部位应进行结构实体检验。结构实体检验应在监理工程师（建设单位项目专业技术负责人）见证下，由施工项目技术负责人组织实施。承担结构实体检验的试验室应具有相应的资质。

结构实体检验的内容应包括混凝土强度、钢筋保护层厚度以及工程合同约定的项目；必要时可检验其他项目。

对混凝土强度的检验，应以在混凝土浇筑地点制备并与结构实体同条件养护的试件强度为依据。混凝土强度检验用同条件养护试件的留置、养护和强度代表值应符合本规范附录D的规定。

当同条件养护试件强度的检验结果符合现行国家标准《混凝土强度检验评定标准》的有

关规定时，混凝土强度应判为合格。

以上是规范对于同条件试块的制作的目的与留置原则，首先同条件试块是对涉及混凝土结构安全的重要部位的结构实体检验的一种方法。不知我这样理解对不对。根据此规定，是否需要在留置同条件试块时考虑留置部位的问题。可能理解有些不全面，或者此问题可以换一个说法，你认为一组同条件试块可以代表梁与板这两个不同部位吗？

| mingong | 位置：河北 | 专业：施工 | 第 2 楼 | 2006-1-13　6:21 |

对于妹妹第一个问题我认为没有疑问。只是确实存在两个问题：好多施工单位为真正做到"同条件"，好多监理等也都对施工单位不信任，这是当前诚信危机的结果。

至于梁板混凝土是两个不同构件没错，可你同时浇筑的，混凝土是相同的，个人认为分开做没有理由的。

| 杨柳依依 | 位置：辽宁 | 专业：结构 | 第 3 楼 | 2006-1-13　12:33 |

在施工前确定同条件试块的留置的时候，我想我们首先考虑的是部位的问题，即板与梁是否应均做实体检验的问题。

关于同条件的试块，在制作时，我觉得应该在混凝土的入模处，才能真正代表此部位。那么在实际施工中，你会取某盘混凝土一半浇筑的是梁，一半浇筑的是板的吗？我觉得如果那样的取样不能真正代表此处混凝土部位。基于上述原因，我觉得应分开做。

亲亲姐姐，你在哪里啊，小妹好想知道你是怎么想的？

| 杨柳依依 | 位置：辽宁 | 专业：结构 | 第 4 楼 | 2006-1-13　12:55 |

对于同条件试块的留置原则，我觉得需要考虑部位与养护条件，而部位是一个很关键的问题。不知这样理解对不对。亲姐，请发表你的看法。

| 亲亲 mami | 位置：北京 | 专业：施工 | 第 5 楼 | 2006-1-13　13:45 |

依依 mm 对规范标准执着探索的精神让 JJ 真真好感动，奖励信誉以资鼓励。

结构实体检验混凝土试件的留置是需要考虑结构构件或结构部位的，但至于说哪些构件或部位重要呢，真的不好说。我个人认为在结构实体检验用试块留置原则上应从易到难进行考虑：

1. 保证所有强度等级的混凝土都留置结构实体检验用混凝土试块；

2. 保证混凝土工程量大的强度等级试块留置不少于 10 组；混凝土工程量小的强度等级试块留置不少于 3 组；

3. 在上述原则满足的情况下兼顾考虑结构重要部位（施工方与监理方共同选定），保证墙、柱、梁、板都兼顾选到就可以了。

满足以上三方面就足够了。至于说同时浇筑的梁板是否有无必要分开做呢，我个人认为并没有必要从这个角度考虑（都是可以的，mm 多虑了）。

请指正。

| 杨柳依依 | 位置：辽宁 | 专业：结构 | 第 6 楼 | 2006-1-13　15:34 |

谢谢姐姐的回复，如果一幢楼的所有的梁与板均为一同浇筑，在同条件试块的代表部位上，都写梁，还是都写板，还是一部分写梁，一部分写板，还是在同一试块上注明梁板？一个试块，写代表部位为梁板，你觉得规范吗？

| shijianf026 | 位置：北京 | 专业：施工 | 第 7 楼 | 2006-1-13 15:50 |

我认为是没问题的，因为不管是同条件试块还是标养试块，它们所表示的都是结构构件在不同养护条件下混凝土的强度，其本质并不会因为其所在的部位而发生变化。不管是主次梁结构还是共同受力体系，我们试验混凝土的强度，最终目的还是为了验证结构实体的可靠度。因此，若强度等级相同，且一次浇筑的梁板，混凝土同条件试块我认为没有必要分开做，事实上也没分开做。

| 逸风 | 位置：辽宁 | 专业：施工 | 第 8 楼 | 2006-1-14 10:57 |

回复第6楼网友：当然是写梁板了，因为你是一同浇筑的，同一台班，同一配合比，有必要分开做吗？

依依妹妹的意思我能明白，因不是同一部位，所以试块就要分开做，而作为现在不管是哪种检测方式，都是为了检验最终施工的结果，而当试块不合格的时候，是检测梁还是检测板？因现在板基本上都是采用大模板施工，而梁一般采用木模或钢模，再加上两种构件的厚度不同，就有可能造成的回弹值的不同。但是不知依依妹妹有没有想过，就是你单做了试块，一样的配合比，一样的养护条件，又是一个台班，这两组试块的强度会有差异吗？如果离散性超过了范围，就不是对于梁板强度的怀疑了，而是对于整个工程的混凝土施工质量的怀疑，所以最终的施工质量的好坏取决于过程控制，而不取决于你打了多少组试块。

| szh3027 | 位置：河北 | 专业：监理 | 第 9 楼 | 2006-1-14 11:04 |

我们这里一般情况下是首先制定实体检验方案，由监理审批后实施。我们有一个工程分成了5个施工段，在实体检验方案中，制定了同条件试块（600多天）。是每层的梁板留置一组，每层的柱子留置一组，待试块达到600多天的报告回来后，进行评定，作为实体检验的一个方面。保护层的检测也是在不同的楼层不同的部位进行抽测，同时这个实体检验要质检站认可的，然后由质检站根据实体检验报告，对工程进行回弹或者钻芯取样。

第8章
施工测量

8.1.1 讨论主题：建筑物首次沉降观测应选几等水准。

原帖地址：http://bbs3.zhulong.com/forum/detail2546767_1.html

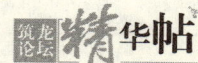

| CERON71 | 位置：浙江 | 专业：规划 | 第1楼 | 2005-11-30 17:38 |

在现行国标规范中对施工过程的沉降观测要求不太明确，这对施工单位在建筑物沉降观测精度选择随意性较大，但是精度的高低直接关系到沉降观测成败。对沉降观测精度选择既不能太高也不能太低，要适合工程特性的需要，既不造成无谓的浪费又要保证观测结果的准确性。你认为一般高层及重要的建（构）筑物在首次沉降观测过程中应用几等水准测量方法进行？在实际操作中你一般用几等进行观测？欢迎大家讨论。

| fzfzfz1968 | 位置：浙江 | 专业：安装 | 第2楼 | 2005-11-30 18:31 |

对于建筑物的沉降观测，首次和其他次应该区别不大的，我做的高100m以上的三心双曲薄壳变厚混凝土拱坝是按二等水准要求进行的，这也是我做的精度最高的水准测量。

| f123yf | 位置：其他 | 专业：其他 | 第3楼 | 2005-11-30 23:28 |

变形观测一般选择精密水准测量，变形观测同样也有规范要求（表8.1）：

建筑变形测量的等级及其精度要求　　　　　　　　　　表8.1

变形测量等级	沉降观测 观测点测站高差中误差（mm）	位移观测 观测点坐标中误差（mm）	适用范围
特级	≤0.05	≤0.3	特高精度要求的特种精密工程和重要科研项目的变形观测
一级	≤0.15	≤1.0	高精度要求的大型建筑物和科研项目变形观测
二级	≤0.50	≤3.0	中等精度要求的建筑物和科研项目变形观测；重要建筑物主体倾斜观测、场地滑坡观测
三级	≤1.50	≤10.0	低精度要求的建筑物变形观测；一般建筑物主体倾斜观测、场地滑坡观测

注：1. 观测点测站高差中误差，系指几何水准测量测站高差中误差或静力水准测量相邻观测点相对高差中误差；
　　2. 观测点坐标中误差，系指观测点相对测站点（如工作基点等）的坐标中误差、坐标差中误差以及等价的观测点相对基准线的偏差值中误差、建筑物（或构件）相对底部定点的水平位移分量中误差。

| f123yf | 位置：其他 | 专业：其他 | 第4楼 | 2005-11-30 23:28 |

对特级、一级沉降观测，应使用DSZ05或DS05型水准仪、因瓦合金标尺，按光学测微法观测；对二级沉降观测，应使用DS1或DS05型水准仪、因瓦合金标尺，按光学测微法观测；对三级沉降观测，可使用DS3型仪器、区格式木质标尺，按中丝读数法观测，亦可使用DS1、DS05型仪器、因瓦合金标尺，按光学测微法观测。光学测微法和中丝读数法的每测站观测顺序和方法，应按现行国家水准测量规范的有关规定执行（表8.2）。

水准观测的限差（mm）　　　　　　　　　　　　　　　表8.2

等级		基辅分划（黑红面）读数之差	基辅分划（黑红面）所测高差之差	往返较差及附合或环线闭合差	单程双测站所测高差较差	检测已测测段高差之差
特级		0.15	0.2	$\leq 0.1\sqrt{n}$	$\leq 0.07\sqrt{n}$	$\leq 0.15\sqrt{n}$
一级		0.3	0.5	$\leq 0.3\sqrt{n}$	$\leq 0.2\sqrt{n}$	$\leq 0.45\sqrt{n}$
二级		0.5	0.7	$\leq 1.0\sqrt{n}$	$\leq 0.7\sqrt{n}$	$\leq 1.5\sqrt{n}$
三级	光学测微法	1.0	1.5	$\leq 3.0\sqrt{n}$	$\leq 2.0\sqrt{n}$	$\leq 4.5\sqrt{n}$
	中丝读数法	2.0	3.0			

注：表中 n 为测站数。

8.1.2 讨论主题：对中杆倾斜误差。

原帖地址：http：//bbs3.zhulong.com/forum/detail1880219_1.html

| llssww2005 | 位置：江西 | 专业：施工 | 第1楼 | 2005-9-2 9:12 |

对中杆因其具有轻便且置平速度快的特点，在施工测量和放样中应用非常普遍，但对中杆在使用中由于搬运、碰撞等原因很容易使对中杆轴与圆水准器轴不平行，使得对中杆的圆水准气泡虽然整平，但对中杆仍不铅直，这样就会给所测角度和距离带来误差。

问题：1. 对中杆倾斜的校正方法？2. 如果对中杆存在倾斜，观察过程中如何消除其影响？

| jiaoshi | 位置：湖北 | 专业：施工 | 第2楼 | 2005-9-2 15:19 |

回楼主：最好的办法是用两台经纬仪（全站仪）与棱镜杆构成90°角，棱镜杆在90°角处，先用一台仪器对好棱镜杆的底角瞄准后，将水平制动锁定，将镜头向上看到棱镜杆的顶部（顶部最好放一个棱镜），这时棱镜杆与仪器的纵丝是不在一条垂线上的，指挥人员将棱镜的上部移动到棱镜中心与十字丝纵丝垂直（底部一定不能动）。然后另一台仪器也重复这样的操作。操作完后请两台仪器观测员再对一下上下是否垂直，确认垂直后就可以对圆水准泡进行调校了。水准泡居中后，再用仪器对一下棱镜杆的垂直度。
在上面的过程中，两台仪器最好不要动。

| ji3499222 | 位置：山东 | 专业：其他 | 第3楼 | 2005-9-2 15:24 |

楼主说得很好，对中杆确实方便快捷。对中杆的圆水准气泡的校正，应在杆的两90°的方向上进行校正，使用时尽量照准对中杆的底部，减少照准误差。

| llssww2005 | 位置：江西 | 专业：施工 | 第4楼 | 2005-9-2 15:36 |

谢谢两位的参与，还有其他方法吗？在测量过程中如何消除对中杆倾斜产生的误差？

| jiaoshi | 位置：湖北 | 专业：施工 | 第5楼 | 2005-9-2 15:40 |

回复第4楼网友：棱镜杆是一种测量工具，使用前必须进行校正，不经过校正是不能用的！

| llssww2005 | 位置：江西 | 专业：施工 | 第 6 楼 | 2005-9-2　15:41 |

　　回复第 3 楼网友：对中杆倾斜对测角和测距都有影响，尽量照准对中杆的底部，可以减少测角误差，测距误差还是无法减少。

| llssww2005 | 位置：江西 | 专业：施工 | 第 7 楼 | 2005-9-2　15:49 |

　　回复第 5 楼网友：严格讲测量人员出测前，所有测量工具必须进行校正，但实际工作中很难做到这一点。如果在作业过程中发现对中杆倾斜，采取什么方法可以消除其对测角和测距的影响？

| jiaoshi | 位置：湖北 | 专业：施工 | 第 8 楼 | 2005-9-2　15:57 |

　　测角的方法上面已经讲了，不再说了。测距时测完一次后，将棱镜转动 180°，然后将棱镜头转过来对准仪器，再测一次，两测量取平均值。不过最好还是事先检查。如果现场差得太大了，可以用垂球对棱镜杆进行校正，这个原理跟仪器校是一样的。

| llssww2005 | 位置：江西 | 专业：施工 | 第 10 楼 | 2005-9-2　19:39 |

　　回复第 8 楼网友：斑竹的方法很好，将对中杆转动 180°，再测一次取测量的平均值，这个方法对消除对中杆倾斜的测角误差同样适用。

| fzfzfz1968 | 位置：浙江 | 专业：安装 | 第 14 楼 | 2005-9-3　5:47 |

　　jiaoshi 斑竹的方法很好，将对中杆转动 180°，再测一次取测量的平均值，这个方法能很好地消除对中杆倾斜的测距误差，这个方法我第一次听说，以前没有注意过。不过这个方法对测角误差的消除还是要慎重的，我觉得如果在工作时发现对中杆有误差，测距和测角最好分开来进行测量。测距误差用斑竹的方法处理很好，测角误差应尽量观测对中杆的底部，也可以通过观测手指挥立杆人使对中杆处于垂直的（通过十字丝可以做到），这样可以很好地消除对中杆不准引起的测角误差。同时在校正对中杆时，一台仪器就可以了，两个方向分别进行，用垂线也是可行的。

| llssww2005 | 位置：江西 | 专业：施工 | 第 15 楼 | 2005-9-3　10:47 |

　　为了使大家对这个问题更清晰，见图 8.1。

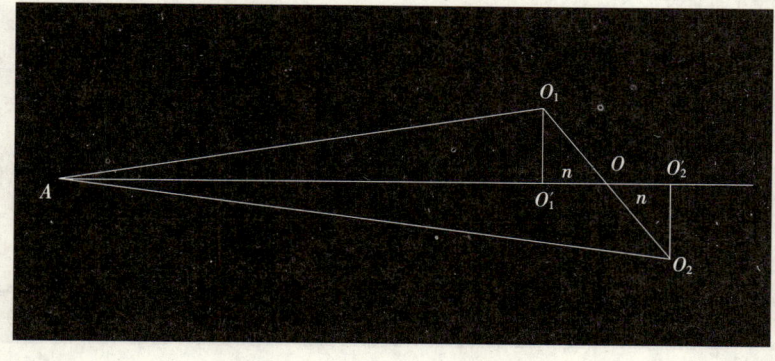

图 8.1

| llssww2005 | 位置：江西 | 专业：施工 | 第 16 楼 | 2005-9-3 10:48 |

如图 8.1，在 A 点置镜观测目标 O，由于对中杆存在倾斜误差，使得实际观测目标在位置 O_1，得角度观测值 L_1，距离观测值 S_1，对中杆旋转（绕 O）180°后，目标变化至 O_2 位置，观测得角度观测值 L_2，距离观测值为 S_2，假设：$\angle O_1 AO = \delta_1$，$\angle O_2 AO = \delta_2$，$AO'_1 = S'_1$，$AO'_2 = S'_2$，$AO = S$，$A - O$ 方向的角度观测值为 L。当 S 大于 50m，对中杆倾斜值不超过 5cm 时，$S'_1 \approx S_1$，$S'_2 \approx S_2$，$\delta_1 \approx \delta_2$。

则：$L = L_1 + \delta_1$，$L = L_2 - \delta_2$，$S = S'_1 - n = S_1 - n$，$S = S'_2 + n = S_2 + n$。

综上所述可得：$L = (L_1 + L_2) \div 2$，$S = (S_1 + S_2) \div 2$。

| 345 | 位置：浙江 | 专业：其他 | 第 19 楼 | 2005-9-12 15:47 |

我的看法是：这种方法理论可行，现实不可取。原因如下：

1. 用对中杆测量，其等级本来就不高，稍有倾斜影响不大。

2. 旋转（绕 O）180°，底部对中可能有影响。

3. 当 S 大于 50m，对中杆倾斜值不超过 5cm，最不理想盘左盘右水平度盘读数相差 400″，成果不合格。

4. 最方便的方法是挂垂球，校气泡，几分钟解决问题。

8.1.3 讨论主题：导线测设有哪些问题？如何控制？

原帖地址：http://bbs3.zhulong.com/forum/detail1843107_1.html

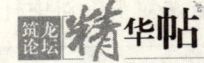

| jiaoshi | 位置：湖北 | 专业：施工 | 第 1 楼 | 2005-8-28 11:03 |

导线测量是工程测量过程使用最多的一种控制布设形式，导线的布设形式有：支导线、闭合导线、附合导线和无连接角导线等。大家在做导线控制时，做过些什么样的导线，在做不同形式导线控制时要注意些什么，在做的过程中遇到些什么问题，这些问题又是如何解决的？

| acerzh | 位置：安徽 | 专业：其他 | 第 4 楼 | 2005-8-29 15:35 |

现场踏勘选点时，应注意下列事项：

1. 相邻导线点间应通视良好，以便于角度测量和距离测量。如采用钢尺丈量导线边长，则沿线地势应较平坦，没有丈量的障碍物。

2. 点位应选在土质坚实并便于保存之处。

3. 在点位上，视野应开阔，便于测绘周围的地物和地貌。

4. 导线边长应按参照规范规定，最长不超过平均边长的两倍，相邻边长尽量不使其长短相差悬殊。

5. 导线应均匀分布在测区，便于控制整个测区。

导线点位选定后，在泥土地面上，要在点位上打一木桩，桩顶钉上一小钉，作为临时性标志；在碎石或沥青路面上，可以用顶上凿有十字纹的大铁钉代替木桩；在混凝土场地或路面上，可以用钢凿凿一十字纹，再涂上红油漆使标志明显。

| fzfzfz1968 | 位置：浙江 | 专业：安装 | 第 5 楼 | 2005-8-29 21:53 |

无连接角导线是不是就是自由导线，就是两边都只有一个已知点，或者两边根本就没有已

知点?

| fzfzfz1968 | 位置：浙江 | 专业：安装 | 第8楼 | 2005-8-31 21:47 |

现给大家一个例子，这是我工作中发生的一个实际问题：

在浙江巨县的一个水电工程，这是个私人投资的小工程，但其引水洞有4000m长，按照常规贯通一个4000m长的引水洞也没什么大不了的，尤其像jiaoshi斑竹有高精度的无棱镜来卡全站仪，那就比较容易一些。但现在的问题是，我去的时候，工程已经开工一段时间，已经换了5个测量师傅，故这个引水洞进洞和出洞处均没有任何已知点，只有进洞和出洞处的大概位置。现要求我来负责测量把这个隧洞贯通。这是一个半径为2m的隧洞，中间有一个拐角，坡降为千分之一。如果换做测量的你，有什么好的办法，能使这个隧洞顺利贯通呢？

| fzfzfz1968 | 位置：浙江 | 专业：安装 | 第9楼 | 2005-8-31 21:50 |

这个问题实际就是自由导线的测设问题，对于4000m长的导线，在山区如果不用GPS可不是那么好搞的，尤其是其断面很小，误差可不能太大啊。

具体的误差分析我觉得zxeti002斑竹这个帖子是一定很有用的：

http：//bbs2.zhulong.com/forum/detail1824172_1.html。

| jiaoshi | 位置：湖北 | 专业：安装 | 第12楼 | 2005-9-1 20:20 |

回复第5楼网友FZFZFZ1968：这种导线是两端均未测连接角，无法直接推算出各导线点方位角的一种导线。

| fzfzfz1968 | 位置：浙江 | 专业：安装 | 第13楼 | 2005-9-4 6:02 |

我记得以前做导线时对相邻导线边的距离好像也有一些规定，记不清楚了。

| jiaoshi | 位置：湖北 | 专业：施工 | 第14楼 | 2005-9-6 17:30 |

在2003版的水电水利施工测量规范中，各导线点相邻边长不宜相差过大。在条文说明中没有进行说明，这个不好规定，有时条件确实无法满足一个明确的值，我们在做的时候相邻边的长短差尽量不超过一倍。如果条件不允许，有时超过了也没办法。

| jiaoshi | 位置：湖北 | 专业：施工 | 第15楼 | 2005-9-6 17:35 |

回复第8楼网友，有几个问题不明白：
1. 洞内的线路是由测量控制还是有图纸？
2. 出洞口与进洞口在洞外联测有什么困难吗？联测的线路有多长？
3. 洞子是两头掘进还是一头掘进？
4. 能不能把当时的图发一个上来看看？

| jiaoshi | 位置：湖北 | 专业：施工 | 第16楼 | 2005-9-6 17:39 |

回复第9楼网友：如果条件好的情况下可以不用GPS的，这个导线的重点是哪头更重要些？导线的起始点一定要布设在重要的那头附近，这样点位差最大的地方对整体不会有影响。

fzfzfz1968	位置：浙江	专业：安装	第17楼	2005-9-6　19:12

回复 jiaoshi 斑竹：
1. 洞内的线路设计有图纸，实际贯通当然是由测量来控制了，不过要按照设计的线路打；
2. 出洞口与进洞口在洞外联测大约 6000m，没有什么困难；
3. 洞子是两头掘进，中间还有一个调压井；
4. 当时的图纸已经没有了。

这个联测主要是自由导线的测设精度要控制好，不能有差错，因为没有任何校核条件。

fzfzfz1968	位置：浙江	专业：安装	第18楼	2005-9-6　19:15

在导线测量时，有一个什么三联法，我一直搞得不是很清楚，也从没有用过，不知是怎么回事？

jiaoshi	位置：湖北	专业：施工	第19楼	2005-9-7　16:41

调压井的大小和深度是多少？大概位置在哪里？

fzfzfz1968	位置：浙江	专业：安装	第20楼	2005-9-7　19:42

调压井直径大概是 2m，深度 30m 左右。
在水利水电测量规范第 11 页第 5.2.7 条中，三、四等导线网的布设应该符合以下规定：
1. 作为首级网应布设成环行节点网；
2. 加密导线宜以直伸形状布设，并符合于首级网点上各导线相邻边长差不宜过大，导线点的最弱点位误差不超过计划的 ±10mm。

现有以下问题需要澄清：
1. 什么样的网型算是环行节点网；
2. 导线直伸与否的区别是什么；
3. 导线相邻边长为什么不宜相差过大；
4. 最弱点位误差不超过计划的 ±10mm，应该怎么理解？

尤其这最后一条真的不知道怎么理解。

jiaoshi	位置：湖北	专业：施工	第24楼	2005-9-10　6:53

呵呵，你的问题不少啊。对这些问题我是这样理解的：
1. 这个我认为就是结点网，因为单一的导线网型（附合、闭合）图形结构不强；
2. 导线直伸就是指导线夹角在 180° 左右，这个时候影响导线精度的更多是测距误差；
3. 相邻边相差过大，会造成点位偏差过大。定向是有一定的精度的，如果后视距离是前视的 1/5，那么前视点位差就相当于后视点位差的五倍；
4. 这个我也不清楚，可能与规范中模板允许偏差值 ±20mm 有关吧。导线点位在 ±10mm 以内，模板放样及验收按相邻导线点 ±10mm 的偏差控制，这样模板相对于高级点就可以达 ±20mm 的要求。

个人观点，不妥之处请各位指正。

| fzfzfz1968 | 位置：浙江 | 专业：安装 | 第 25 楼 | 2005-9-10 9:58 |

我对你上面第二条的解释有不同的看法："导线直伸就是指导线夹角在 180°左右，这个时候影响导线精度的更多是测距误差。"角度误差应该并不因是不是 180°而减小。

| jiaoshi | 位置：湖北 | 专业：施工 | 第 26 楼 | 2005-9-10 10:56 |

回复第 18 楼网友：三联脚架法导线测量观测（选自《数字测图原理与方法》151 页）：

三联脚架法是一种提高导线测角和测距精度的一种措施，常用于精密短边导线的测角和测距中。为了减弱仪器对中误差和目标偏心误差对测角和测距的影响，一般使用三个既能安置全站仪又能安置带有觇牌（反射棱镜）的基座和脚架，基座具有通用光学对中器。如图 8.2 所示。施测时将全站仪安置在测站 B 的基座中，带有觇牌的反射棱镜安置在后视点 B1 和前视点 B2 的基座中。当测完一站向下一站迁站时，导线点 B 和 B2 的脚架和基座不动，只是从基座上取下全站仪和带有觇牌的反射棱镜，在 B2 上安置全站仪，在 A 上安置带有觇牌的反射棱镜，并在 B3 点上架起脚架，安置基座和带有觇牌的反射棱镜，这样直到整条导线测完。

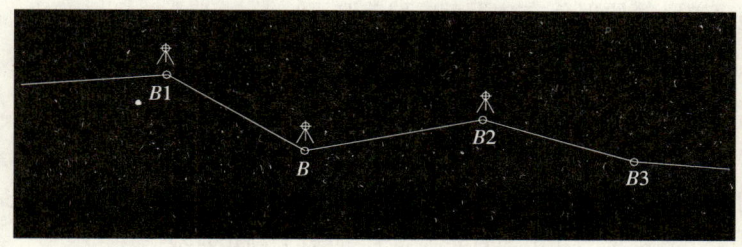

图 8.2 三联脚架法导线测量观测示意图

| jiaoshi | 位置：湖北 | 专业：施工 | 第 27 楼 | 2005-9-10 11:00 |

回复第 25 楼：对测角的精度是没有什么优势的，这种导线的点位在横向主要是由测角的误差所影响，而纵向误差则是由测距影响。这是我的理解。

| jiaoshi | 位置：湖北 | 专业：施工 | 第 28 楼 | 2005-9-10 11:13 |

回复 FZFZFZ1968 网友：三联脚架法在洞室导线中是很好用的，我们在洞室测量过程中都采用这种方法。你上面提到的 4000m 隧洞的洞内导线，用这种方法是相当好的，也很容易达到要求。

另：你的那个题目，我只能有空的时候再做，现在事情有点多，晚上又要看书。论坛上的各位朋友可以看看，想想这个两端没有已知的点的 4000m 隧洞该如何施工呢？注意，洞子中间还有一个直径 2m，深 30m 的竖井。

| 雪地僵尸 | 位置：广东 | 专业：施工 | 第 30 楼 | 2005-9-11 22:48 |

这个问题其实不是很难，做个五等导线网就 OK 了。前几年我做过一个 4.2km 的五等导线网，做的时候按四等要求做。为了减少不必要的返工，观测的时候搞几个多余观测就 OK 了。

8.1.4 讨论主题：三角高程测量精度大讨论。

原帖地址：http://bbs3.zhulong.com/forum/detail1532249_1.html

| jiaoshi | 位置：湖北 | 专业：施工 | 第1楼 | 2005-7-12 9:25 |

三角高程随着全站仪使用越来越普及，广泛用于工程测量的各个阶段，它的精度在一定情况下是可以代替水准高程的。大家做过什么样的三角高程，在测量过程中我们要注意些什么？

| jiaoshi | 位置：湖北 | 专业：施工 | 第2楼 | 2005-7-12 15:52 |

使用不同的仪器进行三角高程测量的计算不完全一样，这主要是因为测距仪与十字丝不一定同轴引起的。在用徕卡系列的仪器进行三角高程测量时，由于仪器测距仪的中心与十字丝中心是同轴的，所以计算的角度和距离都不用进行测距仪与十字丝中心的改正，其他的测距仪就要进行类似的改正。

| fzfzfz1968 | 位置：浙江 | 专业：安装 | 第3楼 | 2005-7-12 19:59 |

三角高程的高差计算原理公式（不考虑球差改正）：

$$h = S \times \tan\alpha + i - v$$

其误差计算公式：$mh = \sqrt{(ms \times \sin\alpha)^2 + (S \times ma \times \cos\dfrac{\alpha}{\rho})^2 + mi^2 + mv^2}$

从中我们可以看出三角高程的误差主要与垂直角的大小、垂直角的测量误差、距离的长短有关。在实地测量时一定要注意垂直角的观测精度，因为它对高差精度的影响最大，如果是用全站仪观测，更要注意多观测几个回合是非常有必要的（图8.3）。

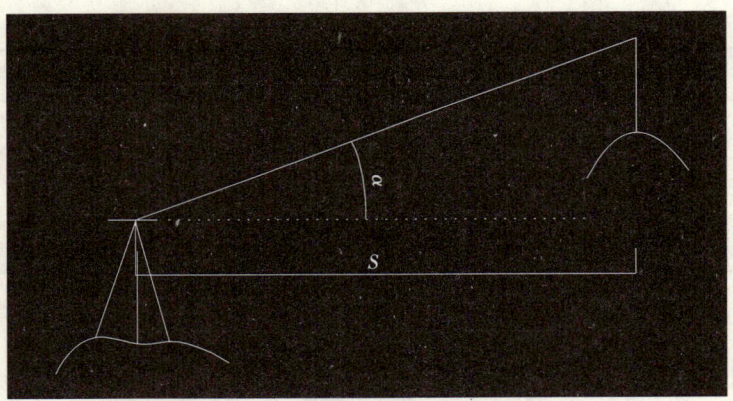

图8.3 三角高程测量示意图

| jiaoshi | 位置：湖北 | 专业：施工 | 第4楼 | 2005-7-12 19:59 |

回复第2楼网友：你上面的那个误差公式是哪个规范上的？

《水电水利工程施工测量规范》（DL/T5173—2003）中的误差公式与你的公式略有不同，

公式如下：$mh = \sqrt{(ms \times \sin\alpha)^2 + (S \times m\alpha \times \cos\frac{\alpha}{\rho})^2 + mi^2 + mv^2 + D^4/4R^2 \times mk^2}$

增加了一个大气折光系统测量误差。考虑球差高差计算公式是：
$$h = S \times \cos Z + i - v + (1 - K)S^2/2R \times \sin^2 Z$$

式中　Z——归算到测距时的天顶距（°）；

　　　K——大气折光系数（0.08～0.14）；

　　　R——平均曲率半径 6369000m。

另：在三角高程的计算时一定要考虑地球曲率和大气折光对高差的改正。下面两个点是我们做过的两个导线点，观测数据如下：

站 A 测 B：$S = 1187.98$m，天顶距：95°58′18″；

站 B 测 A：$S = 1187.9768$m，天顶距：84°02′8″。

棱镜与仪器同高，如果按 2 楼的公式计算往返高差相差 14.9cm。

| fzfzfz1968 | 位置：浙江 | 专业：安装 | 第 5 楼 | 2005-7-13　13:30 |

在三角高程的计算时要考虑地球曲率和大气折光对高差的改正是对的，但不是一定要做。至于你说的你所测的一对数据，按我写的公式计算往返高差相差 14.9cm，我认为这绝不是因为没有经过误差改正的原因，那你按经过误差改正的高差分别又是多少呢，请你把完整的计算过程写出来，让看看经过改正和没有经过改正的高差分别是多少。

| jiaoshi | 位置：湖北 | 专业：施工 | 第 7 楼 | 2005-7-13　19:16 |

回复第 5 楼 FZFZFZ1968 网友：

站 A 测 B：$S = 1187.98$m，天顶距：95°58′18″；

站 B 测 A：$S = 1187.9768$m，天顶距：84°02′8″，棱镜高与仪器高均相同高度。

1. 用公式 $h = S \times \tan\alpha + i - v$ 计算：

站 A 测 B：$GC = -123.5935$m；

站 B 测 A：$GC = 123.4444$m，相差 -0.1491m。

2. 用公式 $h = S \times \cos Z + i - v + (1 - K)S^2/2R \times \sin^2 Z$ 计算：

站 A 测 B：$GC = -123.4981$m；

站 B 测 A：$GC = 123.4824$m，相差 -0.0157m。

计算说明：

1. 天顶距及斜距均采用 TCR702 进行测量，天顶距无需进行归算，斜距的温度与气压改正由全站仪完成；

2. 表中 K 值取 0.13。

以上是计算过程，从计算结果来看，进行改正与不进行改正时往返测相差较大，如计算有误，请各位指正。

| fzfzfz1968 | 位置：浙江 | 专业：安装 | 第 8 楼 | 2005-7-13　22:47 |

在三角高程测量中，通常在 A、B 两点分别安置仪器进行对向观测，并计算两次观测的高差，取绝对值的平均值作为两点间的高差。地球曲率对高差的影响，简称球差，用 q 表示；大气折光对高差的影响，简称为气差，用 p 表示；球差与气差合称球气差。球气差的总影响用 γ

表示，$\gamma = q - p$。其计算公式如你写的，这里不再啰嗦。理论上 A、B 两点的三角高程计算（单向）公式为 $h_{AB} = S \times \tan\alpha + i - v + \gamma$。

令 $S \times \tan\alpha + i - v = h'_{AB}$，则 $h_{AB} = h'_{AB} + \gamma$。

在相同条件下，可视正反觇中球气差对高差的影响相同，而正反觇的高差正负号相反，则正反觇高差的平均值为 $h_{AB}平 = (h'_{AB} - h'_{BA})/2$。

上式表明取正反觇高差的平均值，消除了球气差对高差的影响。所以如果是对向观测的话，我认为改和不改是一样的，至少差别不是很大，因为把对向高差直接平均，与你经过改正的数据平均差别是很小的。

| fzfzfz1968 | 位置：浙江 | 专业：安装 | 第 9 楼 | 2005-7-13 23:00 |

顺便问一下 jiaoshi 版主，这个球气差改正公式 $(1 - K) S^2/2/R \times \sin^2 Z$，我好像记得是 $1 - KS^2/2/R$。能不能解释一下，时间长了搞不大清楚了。

| bay | 位置：浙江 | 专业：其他 | 第 10 楼 | 2005-7-14 8:31 |

珠峰测量的第二阶段就是用三角高程测量的，总的测量误差控制在 25cm，可没说明三角高程测量的误差为多少。

| jiaoshi | 位置：湖北 | 专业：施工 | 第 11 楼 | 2005-7-14 8:47 |

回 FZFZFZ1968：你在 8 楼的帖子已认真看过了，如你所说，在对向观测时不用进行改正，但是在单向观测过程中就一定要进行改正。另外，我个人觉得无论是相向还是单向，最好都进行计算，一是培养一个好的习惯；另一方面有利于我们对观测成果的分析。

关于你在 9 楼的问题，在上面的帖子中我忽视了告诉大家 S 表示的是斜距，因为规范中是这样的。

$(1 - K) S^2/2/R \times \sin^2 Z$ 其实它等于 $(1 - K) D^2/2/R$，这是因为 $D = S \times \sin Z$，你的那个公式中将 S 斜距改为 D 平距就对了。

补充说明：$\sin^2 Z = (\sin Z)^2$。

| jiaoshi | 位置：湖北 | 专业：施工 | 第 12 楼 | 2005-7-14 9:13 |

回复第 10 楼网友：珠峰测量的第二阶段三角高程测量是如何进行的，这个我不太清楚。但是这个总的测量误差包含的东西有些多，它不仅包含测量误差，还包含大气等各种误差在里面。而且它的三角测量只是单向测量，测量点距离珠峰又是很远的。我觉得，这个三角高程测量是有误差的，就是 25cm。也就是说珠峰高度与各测点之间的水准高程总的误差是 25cm。

谁有珠峰测量的基本数据，请传上来。

| wyqzm | 位置：云南 | 专业：岩土 | 第 13 楼 | 2005-7-14 19:50 |

众所周知，三角高程测量精度除了跟测角精度和测距精度有关外，跟天气因素的影响也是很大的。当空气流动比较大的时候，由于大气偏折光的存在，这对测量的结果有相当大的影响，而空气流动相对稳定的早上和傍晚则是比较好的时机。根据相关资料，当测距控制在 500m，仪器经过校正的情况下，应用三角高程测量可以达到三等水准的精度，这已完全可以

替代水准仪了。特别是在偏远的山区，由于水准测量极其困难，而且又相当费事，所以用全站仪三角高程测量法具有深远的意义。

| ykyk | 位置：贵州 | 专业：施工 | 第14楼 | 2005-7-14 21:09 |

在施工测量中三角高程确实使用很多，也可以在一定程度上取代水准测量，并且具有方便实用，快捷等优点。但是如果精度要求高的话，三角高程就会暴露出它的很多缺点，因为该方法过程中可引起误差的中间环节实在太多（仪器高、棱镜高的测量、天顶距、斜距的测量、温度的量测、气压的量测等等），而且误差不容易发现，尤其多测站传递时，更难控制。所以我认为三角高程还是少用为好。

| wyqzm | 位置：云南 | 专业：岩土 | 第16楼 | 2005-7-14 23:09 |

回复第14楼网友：的确也有这些方面因素的影响。我们大家都知道，误差是无法消除的，但是可以尽量减小的。对于在山区施工的工程，往往高差大，路难行，这样一来，本是不太远的两站之间势必会形成过多的水准测站。我想大家应该都知道，转站次数越多，那多产生较大误差的可能性就会越大，甚至会超出三角高程的方法，而且费时费力。当然，我的主要意思是说如果大家能够一起认真探讨这个问题，用三角高程法减轻广大测绘者的工作压力将是测绘者之福。

任何事情就怕"认真"二字。我相信，广大测绘者只要认真起来，是没有做不到的事情的。

| tchj8020 | 位置：云南 | 专业：施工 | 第21楼 | 2005-7-15 12:00 |

用全站仪进行三角高程测量，其精度与仪高、觇高的量测精度关系很大。可将全站仪安置于A、B两点的中点附近，可避免量仪高。在A、B两点用同一觇标同一觇高进行观测高差，可提高精度。该方法类似水准仪测量高差。

| jiaoshi | 位置：湖北 | 专业：施工 | 第23楼 | 2005-7-17 13:09 |

回21楼：你的方法不错，献花一朵。这个方法适用于线路不是很长，点与点之间距离不长的时候是可以的。但是三角高程一般都是在我们布设导线时或控制时，就一起测了，这样是很省时的。

| jiaoshi | 位置：湖北 | 专业：施工 | 第25楼 | 2005-7-19 8:15 |

呵呵，没什么人回复啊？是不是不够难啊？那就再给大家一个问题吧：全站仪中测距仪与光学十字丝不同轴时，我们怎么对它进行改正？

测距头与光学十字丝不同轴有三种情况：

第一种是仪器制作时出现的问题，测距头的红光光串与全站仪光学十字丝有一个夹角，这个问题很少出现。

第二种情况就是全站仪的情况，测距仪在镜筒上面或下面。

另外还有一种情况在无反射棱镜全站仪中普遍存在，那就是红外线与十字丝是重合的，激光器与十字丝有一个差距（除徕卡的全站仪外基本上就是这种情况）。

| lcc7973 | 位置：贵州 | 专业：建筑 | 第 29 楼 | 2005-7-20 18:08 |

在公路工程上，用全站仪作三角高程测量时，规范要求用高一等级的水准测量联测一定数量的控制点，作为三角高程测量的起闭依据。但是，规范里面没有明确的改正误差公式，请各位帮帮忙，给一个通用的测绘计算公式。我在这里谢谢了！

| jiaoshi | 位置：湖北 | 专业：施工 | 第 31 楼 | 2005-7-21 12:38 |

回复第 29 楼网友：这个我也没有看到有相关的资料，如果哪位有就发上来吧。我们在处理这个问题时没有什么好办法，就采取误差反号平均分配的方法进行改正。

| ykyk | 位置：贵州 | 专业：施工 | 第 32 楼 | 2005-7-21 21:58 |

回复第 21 楼网友：不好意思，我没明白您的方法，将全站仪安置于 A、B 两点的中点附近，就可以避免量仪高吗？"在 A、B 两点用同一觇标同一觇高进行观测高差，可提高精度"，请问在实际施测过程中，如何能做到在 A、B 两点用同一觇标同一觇高进行高差观测？"该方法类似水准仪测量高差"是什么意思？全站仪观测时视线一般不会是水平的吧？

| jiaoshi | 位置：湖北 | 专业：施工 | 第 33 楼 | 2005-7-22 12:36 |

回复第 32 楼网友：这种方法是采用测高差的方式进行，在测量过程中是不用量取仪高的。

| acerzh | 位置：安徽 | 专业：其他 | 第 36 楼 | 2005-7-23 11:04 |

电磁波（光电）测距三角高程代替四等水准，光电测距高程导线主要技术要求：
1. 起闭于不低于三等水准点上。
2. 导线各边边长不应大于 1km，高程导线的最大长度不应超过四等水准路线的最大长度（15km）。
3. 测边应采用不低于 II 级精度的测距仪往返观测各一测回，并符合光电测距的有关规定。
4. 垂直角观测应采用觇牌为照准目标，用 J2 级经纬仪按三丝法观测三测回。
5. 仪器高觇标高应在观测前后用经过检验的量杆各测一次，精确读至 1mm。

| jiaoshi | 位置：湖北 | 专业：施工 | 第 37 楼 | 2005-7-23 12:14 |

回复第 36 楼网友：请问你的这个规定来自哪里？在水电水利工程施工测量规范（2003 版）中的规定与你所讲的略有不同：
1. 规范规定是起讫于高一级的高程点，与你所述一致；
2. 导线最长边为 1km，这个必须是对向观测，总长度没有规定；
3. 与你所述相比多一个测回，为两个测回；
4. 规范规定，2″级的仪器观测用中丝法观测 3 个测回，三丝法观测 2 个测回；
5. 与你所述一致。

| 漆宝堂 | 位置：新疆 | 专业：其他 | 第 39 楼 | 2005-7-26 12:45 |

大家好，我使用的常州 DTM-2A 全站仪作三角高程测量误差极大，而且测程只有 800~

900m，各位有谁用过，请指教，谢谢。

| jiaoshi | 位置：湖北 | 专业：施工 | 第 40 楼 | 2005-7-26 16:26 |

回 39 楼：请你把情况（观测方法）详细说明一下，好吗？你所说的误差是正倒镜差值还是在已知的高程点上观测的差值啊？

| 寒山道 | 位置：河南 | 专业：施工 | 第 42 楼 | 2005-7-31 18:17 |

三角高程的误差和距离有关，不太好控制。不过测设高程时，假定镜高和仪器高均为零，先测出伪高程和后视高程的差值，然后根据差值修正仪器高程，使伪高程的后视点高程一样，以后测出的高程就是待测点实际高程，不过调整镜高时，要注意减去抽出杆子的长度，这种方法省去了量仪器高和棱镜高，不过在使用三角架时不实用，采用对中杆法时较为实用。

| jiaoshi | 位置：湖北 | 专业：施工 | 第 43 楼 | 2005-7-31 20:57 |

回 42 楼：我们在这里做三角高程时一般都用三脚架，你的方法不错。有个问题请教：起始点上你是立棱镜杆吗？你的高程与平面是分开测设的吗？

全站仪测高程我们经常用，倒是水准仪用的太少了，基本上不用了。除了做做等级水准、要求很高测量时，其他时间都是全站仪搞定。

如果是做导线测量的话，没有必要将高程与平面分开，我们这里做了不少的导线，高程和平面都是一起测的，情况还很不错。

| fzfzfz1968 | 位置：浙江 | 专业：安装 | 第 47 楼 | 2005-8-2 7:55 |

三角高程测量主要误差及预防措施：

1. 边长误差：边长误差决定于距离丈量方法。用普通视距法测定距离，精度只有 1/300；用电磁波测距仪测距，精度很高，边长误差一般为几万分之一到几十万分之一。边长误差对三角高程的影响与垂直角大小有关，垂直角愈大，其影响也愈大。

2. 垂直角误差：垂直角观测误差包括仪器误差、观测误差和外界环境的影响。对三角高程的影响与边长及推算高程路线总长有关。边长或总长愈长，对高程的影响也愈大。因此，垂直角的观测应选择大气折光影响较小的阴天观测较好。

3. 大气折光系数误差：大气垂直折光误差主要表现为折光系数 K 值测定误差。

4. 丈量仪高和觇标高的误差：仪高和觇标高的量测误差有多大，对高差的影响也会有多大。因此，应仔细量测仪高和觇标高。

| cy2003 | 位置：福建 | 专业：施工 | 第 48 楼 | 2005-8-7 0:25 |

三角高程在测量中应用越来越广，应该推广。本人在道路施工中也经常用，但在路面施工时因为误差较大的原因就必须用水准高程。和楼上的朋友学了不少，谢了。

本人在测量中发现，测量时如果距离较远，棱镜对点误差相对较大，多个测回均有不同结果。不知道为什么？五棱镜应该是自动聚焦的啊，请各位网友指教。

| jiaoshi | 位置：湖北 | 专业：施工 | 第 50 楼 | 2005-8-8 11:20 |

回 48 楼：请问你的仪器是什么仪器？是不是电子气泡？方法是怎么样的？请你详细说明一下，好吗？

我曾经遇到过由于电子气泡的居中后正倒镜的相差较大的问题，当时没有将仪器转动 90°进行检查。至于你所说的长距离每次观测结果不一样这并不奇怪，在同一次瞄准时不停的按测距，它的高差是在不同的变化的，这是由于大气折光和测距精度及稳定性影响的结果。

czw97241	位置：浙江	专业：其他	第 51 楼	2005-8-8 18:19

能否利用全站仪进行三角高程测量代替水准测量，只进行这两种测量方法的误差分析即可。

1. 三角高程测量的误差分析

三角高程测量计算高差的公式是：$h = s \times \tan\alpha$

式中 s 为距离，α 为垂直角。设 s 与 α 的中误差分别为 ms 及 $m\alpha$，根据"一般函数中误差等于该函数按每个观测值所求的偏导数与相应观测值中误差乘积之平方和的平方"这一定论得：$mh = \pm(FS)^2 \cdot ms^2 + (F\alpha)^2 \cdot m\alpha^2$。

因 $FS = \tan\alpha$，$F\alpha = s \cdot \sec^2\alpha$，代入得：$mh = \pm(\tan^2\alpha \cdot ms^2 + s^2 \cdot \sec^4\alpha \cdot m''\alpha\rho'')^2$

式中，$m\alpha$ 是以度、分、秒为单位的角度误差，必须转化成以弧度为单位。

即：$m\alpha = m''\alpha/\rho''$（$\rho'' = 206265$）。实际测量中全站仪测距 S 的误差极小，一般可忽略不计；垂直角 α 的数值一般也很小，此时 $\tan\alpha \approx 0$、$\sec\alpha \approx 1$，则有：$mh = \pm s \cdot (m''\alpha\rho'')$。

三角高程测量中必须往返测量高程，按误差传播定律得往返测高差中误差：

$mh 双 = 12mh$ 代入上式得：$mh 双 = 12S \cdot (m''\alpha\rho'')$

此式说明，当垂直角测量误差 $m\alpha$ 一定时，三角高程测量高差中的误差与距离成正比，距离越远，误差越大。而提高测距精度，也无法减小测量误差。当在两点间进行三角高程测量，需多次设站测设高差才能闭合时，根据误差传播定律得两点间高差中误差为：

$M = \pm m^2h 双 1 + m^2h 双 2 + \cdots + m^2h 双 n = \pm 12 \cdot (m''\alpha\rho'') \cdot S_1^2 + S_2^2 + \cdots + S_n^2$

当三角高程每站测量距离大致相等时，两点间距离：

$L = S_1 + S_2 + \cdots + S_n$，即：$L = n \cdot s$，$S = L/n$。

所以：$M = \pm 12 (m''\alpha\rho'') n \cdot S^2 = \pm 12 (m''\alpha\rho'') n \cdot L^2n^2 = \pm 12 (m''\alpha\rho'') \cdot Ln$。

从此式看出，当 n 增大时，中误差 M 才可减小，也就是说，测量距离越短，精度越高。这样，就失去了三角高程测量可减小水准测量工作负荷和提高测量速度的意义。

2. 水准高程测量的误差分析

若在两点间进行水准测量，中间共设 n 站，两点间的高差等于各站的高差和，

即：$h = h_1 + h_2 + \cdots + h_n$。

式中 h_1、$h_2 \cdots h_n$ 为各站的高差，若每站的高差中误差为 m 站，根据误差传播定律，则两点间的高差中误差为：$mh = \pm n \cdot m$ 站

式中表明，当每站的高差中误差 m 站一定时，水准测量的高差中误差与测站数的平方根成正比。若每站的距离大致相等，以 S 表示，则路线全长 L 为：

$L = n \cdot s$ 或 $n = L/S$

将 n 值代入上式，得：$mh = \pm Ls \cdot m$ 站 $= \pm m$ 站 $s \cdot L$

由于 S 大致相等，m 站在一定的测量条件下，也可视为常数，故 m 站 s 可视为定值，用 μ 表示，即：$\mu = m$ 站 $1S$，则：$mh = \mu \cdot L$

式中表明，水准测量的高差中误差与距离全长的平方根成正比。

3. 两种高程测量的精度对比

从三角高程测量误差公式 $M = \pm 12 (m''a\rho'') \cdot Ln$ 与水准高程测量误差公式 $mh = \pm n \cdot m$ 站 $= \mu \cdot L$ 中可以看出：

1) 在同等距离两点间进行高程测量，三角高程测量误差与距离成正比；而水准高程测量误差与距离的平方根成正比。很明显，水准高程测量精度高于三角高程测量精度。

2) 三角高程测量误差与测站数的平方根成反比，测站数越少，误差反而越大；水准高程测量精度与测站数的平方根成正比，测站数越少，误差越小。因此水准测量精度优于三角高程测量精度。

3) 两种测量方法均存在水准尺读数误差，因此对 m 站的大小在此不进行对比分析。

4. 结论

从两种高程测量的误差分析可得出结论。全站仪三角高程测量不能因提高测距精度而相应提高高差测量精度，其施测精度远低于水准高程测量。因此，全站仪三角高程测量无法普遍代替水准高程测量。只有在精度较低的高程测量中才可使用全站仪三角高程测量。

| jiaoshi | 位置：湖北 | 专业：施工 | 第54楼 | 2005-8-13 18:02 |

回51楼的朋友，你的分析有一定的道理，但能不能请你分析一下，三角高程在何种情况能替代三等水准高程呢？

| dragonyun | 位置：浙江 | 专业：施工 | 第56楼 | 2005-8-14 23:32 |

三角高程测量原理将不再说明，例如用徕卡 TC2003 全站仪，随机软件就进行了球差改正，对于高差较大的两点，往返测高差相差很大，和计算的高程投影面有关。

| 强强1020 | 位置：重庆 | 专业：施工 | 第58楼 | 2005-8-16 23:31 |

jiaoshi 请问能不能讲一下三角高程的观测步骤和注意事项？三角高程的计算是仪器自动完成的还是用 4800 计算器程序计算的？小弟是初学者请大家不要见笑。

| linbo690501 | 位置：四川 | 专业：安装 | 第59楼 | 2005-8-20 18:40 |

三角高程是可以替代水准的，特别是山地较陡的地方，用水准测站较多反而不如三角高程精度高，目前水利水电施工测量规范已认可了三角高程替代三等水准，二等水准还达不到这个标准。

| zhang9222 | 位置：陕西 | 专业：其他 | 第60楼 | 2005-12-10 13:44 |

地球曲率改正项，要与不要是根据测绘面积大小来决定的，而大气折光系数改正项，是必须要加的。如不加此项改正，据本人的多年工作经验，大多数情况下三角高程的往返测得的高差会超限。

| jiaoshi | 位置：湖北 | 专业：施工 | 第62楼 | 2005-12-11 11:33 |

回58楼：三角高程的观测在各种工程测量规范中有详细的说明，这里不作说明。三角高

程是将测量的天顶距和斜距按规范中规定的公式进行计算的，用 4800 计算器或其他的计算工具都可以计算出来。

回 59 楼：在距离较短，测量精度较高的情况下可以达到三等水准的等级要求，这个是经过很多单位考证的。

回 60 楼：你说的很对，这种改正是必须加入的。

| jiaoshi | 位置：湖北 | 专业：施工 | 第 64 楼 | 2005-12-11 19:27 |

无论是用三角高程代替哪种等级的高程，不是说一定就可以的，这个需要大家认真看规范及相关的资料。一定要注意观测方法、计算方法，在小心的前提下大胆的用。

8.1.5 讨论主题：一个奇怪的土方计算问题。

原帖地址：http://bbs3.zhulong.com/forum/detail2506953_1.html

| ceron71 | 位置：浙江 | 专业：规划 | 第 1 楼 | 2005-11-25 18:55 |

大家先看看下面两个土方计算地块，如图 8.4 所示，面积都是 400m²，设计平场标高都为 5.0m。其中图 1 共 25 个高程点，最小高程 5.24m，最大高程 8.25m。图 2 共 16 个高程点，最小高程 5.24mm，最大高程 5.51m。

先不要计算，猜猜哪块土方挖方量大？

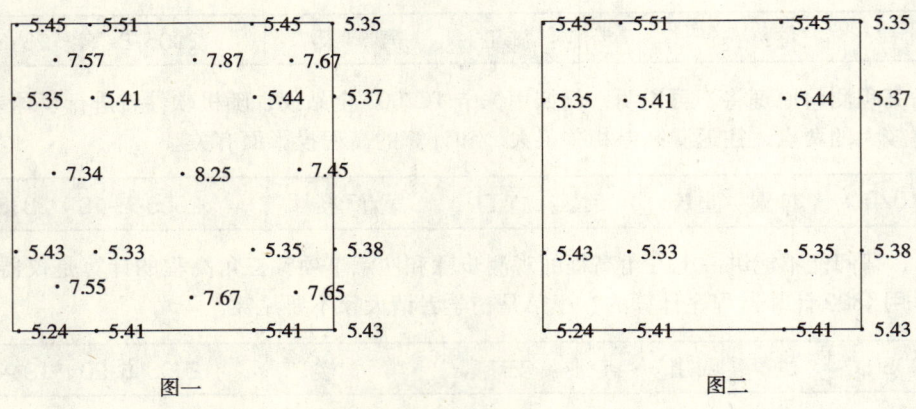

图一　　　　　　　　　　　图二

图 8.4　奇怪的土方计算问题

| ceron71 | 位置：浙江 | 专业：规划 | 第 2 楼 | 2005-11-25 18:58 |

好，现在打开南方 CASS5.1 软件，按我的方法分块计算土方。两块都采用方格网法计算，方格宽度都为 10m。你会惊奇地发现：两块的总挖方量竟都是 157.3m³。不信你可以自己算一算。你知道为什么吗？欢迎你来帖讨论。

| jiaoshi | 位置：湖北 | 专业：施工 | 第 3 楼 | 2005-11-25 19:47 |

刚刚算了一下，的确如你所说的是一样的。为什么会这样呢？主要是由于方格网的宽度是 10m，而程序之中方格网是以中心进行建立，这样两个不同的图形中相同的点正好在方格网

上，这样程序就不会考虑网格中间的高程点。也就是说第二张图比第一张图多测量比较高的高程点并没有进行方量计算。这时我们采取加密方格网是可以比较精确的计算出来的。

谢谢 ceron71 让我们对这些问题又多了些认识。下面图 8.5、图 8.6，大家看看就明白了。
第一张（图中红线是构成的三角网线，绿线是方格线）：

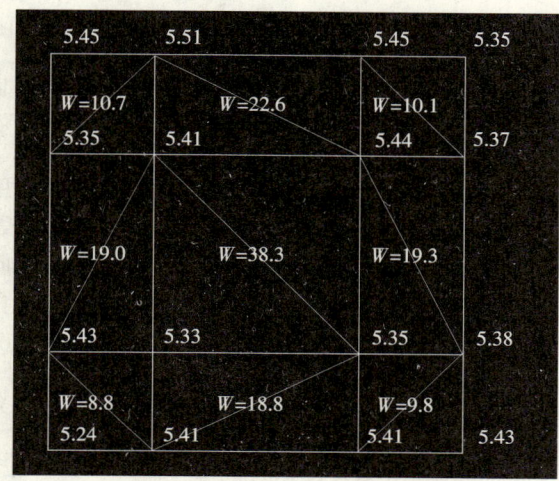

图 8.5

| jiaoshi | 位置：湖北 | 专业：施工 | 第 4 楼 | 2005-11-25　19:48 |

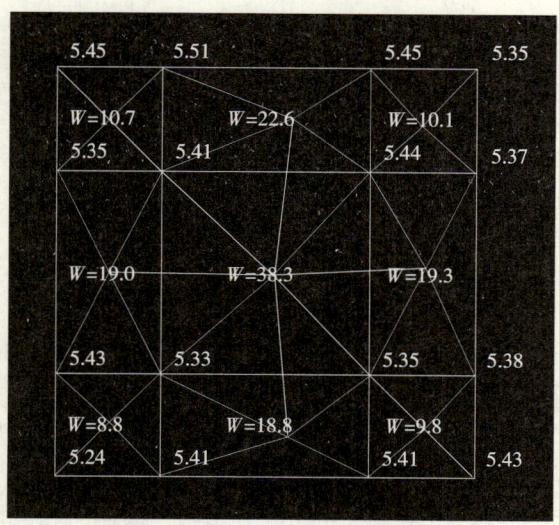

图 8.6

| 寒山道 | 位置：河南 | 专业：施工 | 第 5 楼 | 2005-11-25　22:26 |

的确，这也是软件考虑不全面的地方，格网角点的高程不是从所有数据中内差处理得出的，或许是软件作者偷懒，或是考虑不全面。CASS算量一般还是DTM算法最准。方格网现场施测也是这样，和你选择的方格网宽度有问题，你也不会测格网中间的高程，一般的方格网，对于原地面起伏不大的地方，精度还可以，对于原地面起伏较大的地方，有很大的差别的，我也遇到过这种情况。面积不大，DTM算法结果在采用20m方格时差别很大，采用10m方格差别稍小些。对于原地面起伏较大的地方，还是最好不要用方格网去算量，它只适合地面比较平坦的地方。

| 寒山道 | 位置：河南 | 专业：施工 | 第6楼 | 2005-11-25 22:39 |

对于楼主的问题，乍一看，肯定是第一个方量大。不过一般的土方方格网算量都是面积较大的区域，你的面积才400m²，是不是小了点？对于这样的小区域，你用10m或20m的方格网合适吗？就像你用0.01秒的精度标准去衡量所有的测角仪器，不敢说没有一台仪器是合格的，起码是百分之九十九的仪器是不合格的。这就是你的标准的精度取值问题，对于什么样的区域，用什么精度去衡量的问题。像仪器一样，本来是30″的标称精度，你非要用1″的标准去衡量，肯定是不合格的。你的问题也一样。

| f123yf | 位置：其他 | 专业：其他 | 第7楼 | 2005-11-25 23:24 |

楼主的问题很好，既然Jiaoshi版主都已经验证，想必应该确实好些了。其实对于发现的这些问题，我们有责任、有义务向南方软件公司反馈，以便他们的技术人员能够及时发现改进，进一步提高软件水平与质量，国产软件水平的提高与进步也是你我中国人共同的愿望。所以希望版主能够代表"筑龙测量"论坛将我们的意见向南方反映，希望他们做的更好！

| jiaoshi | 位置：湖北 | 专业：施工 | 第8楼 | 2005-11-26 10:38 |

已将此问题在南方公司的论坛上发布，希望能引起他们的注意。

| ceron71 | 位置：浙江 | 专业：规划 | 第9楼 | 2005-11-27 21:57 |

谢谢各位的讨论，寒山道网友说的不错，面积才400m²。但这只是举个例子，假若有一块较大的土方计算地块，图中存在几个方格如例子中的问题，那这个土方计算一定有误差。南方CASS程序用"方格网法计算土方"时，在计算每一个方格内的平均高程，只是简单地采用方格四角高程值的算术平均值，才产生了例子中的奇怪问题。我觉得这种方法不太合理，正如寒山道网友所说"只适合地面比较平坦的地方"，但假若碰到复杂地形呢？

不知大家有没有想过，既然"方格内的平均高程采用四角高程值的算术平均值"不太合理，那应该如何计算方格内的平均高程呢？

| superman126 | 位置：其他 | 专业：其他 | 第11楼 | 2005-12-24 17:14 |

这样情况问题不在于软件，给南方公司反应有用吗？具体问题应该具体分析，从数据来看：图一，明显的是几个土包，地形复杂；图二，比较平坦，地形简单。软件是死的，人是活的，计算的时候就要考虑特殊情况。

| wei12003 | 位置：上海 | 专业：其他 | 第12楼 | 2005-12-29 16:29 |

这个问题是测量打点有问题。如果地形确实如此，几个土包的出现，要么是故意的，要么是测点密度不够，最终计算的土方量与网格宽度的取值以及地形起伏状况、测点密度紧密相关。解决的办法就是外业加密测点，内业网格宽度取至5m试试！特别是小范围的土方测量计算更应该加密测点，网格宽度甚至要取到1～3m，计算才准确。

如果拿到上面的测量数据计算，用DTM也不行，原因就是外业测量不合格。我做了多年测量监理，要是我看到上面类似的东西，一句话：返工。

8.1.6 讨论主题：这两幢住宅楼如何放样？

原帖地址：http://bbs3.zhulong.com/forum/detail2512352_1.html

| CERON71 | 位置：浙江 | 专业：规划 | 第1楼 | 2005-11-26 15:02 |

有东、西两幢高层住宅楼，见图8.7。实地按设计院提供的四角坐标放样后，却发现西楼的房角 H 点离北河边只有12.6m，与规划要求河边预留绿化18m不符。由于种种原因，再测地形图设计已来不及。建设单位要求测量队在满足下面两个条件下重新放样两幢房子：

1. 东楼 B 点实地保持不动，两幢住宅楼大小和相对关系不变；
2. 西楼 H 点至河边距离满足18.5m。

而现场无电脑等设备，你能放出这两幢房子吗？有可能以后你就会碰到这种情况。

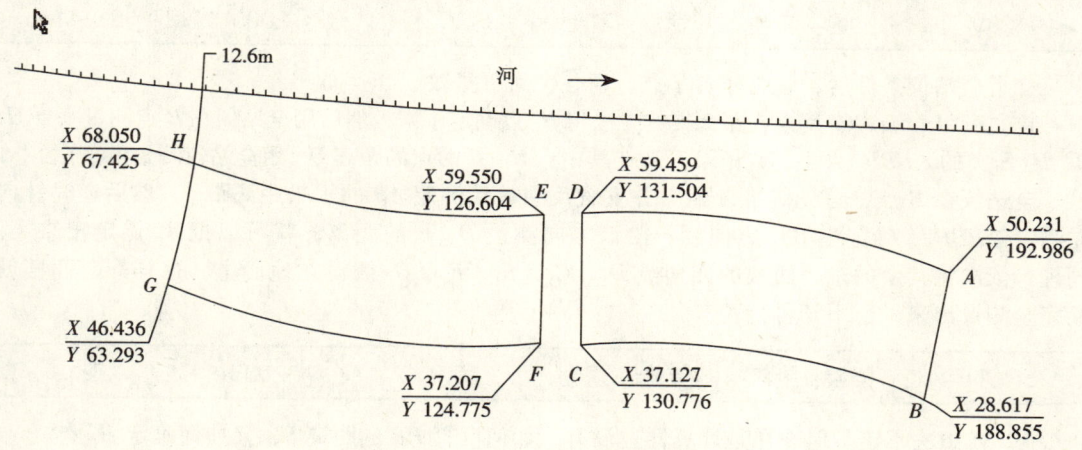

图8.7 两幢高层住宅楼示意图

| fzfzfz1968 | 位置：浙江 | 专业：安装 | 第2楼 | 2005-11-26 20:51 |

这个我觉得方法很多，既然没有电脑，那计算器应该是有的。B 点不动，且要保证两栋房子相互位置不变，西楼 H 点至河边距离还要满足18.5m，意思就是说如果以 B 点为圆心，把整个原来放样的位置旋转一个角度，使 H 点到河边的距离满足18.5m即可。这样一来这个问题就容易解决了。在 B 点设站，根据图中给出的坐标可以计算出 HB 的距离 S，从原来量 H 点12.6m的河边的地方向 H 点方向拉尺子，在尺上读数18.5m的地方立棱镜，经过几次重复，可以找到 H_1 点，使 H_1 点满足要求，这样剩下来的问题就很容易解决了。

以上方法是建立在有计算器的前提下的，假如没有计算器，你怎么完成这个任务？

| f123yf | 位置：其他 | 专业：其他 | 第 3 楼 | 2005-11-27　18:28 |

楼主：有没有全站仪呀？不同的仪器设备，肯定有不同的测设方法。仪器装备说明一下！

| fzfzfz1968 | 位置：浙江 | 专业：安装 | 第 4 楼 | 2005-11-27　18:49 |

有没有全站仪并不是最重要的，要看楼主原来是用什么方法做的。即使没有计算器，我们也应该可以在满足楼主条件的情况下，用原来的方法做出来，不知大家有办法没有，做测量的你应该可以很容易解决的。

| f123yf | 位置：其他 | 专业：其他 | 第 5 楼 | 2005-11-27　19:36 |

fzfzfz1968 大哥：跟你确实学到了不少东西，感谢！给你献花了。小弟能否请问一下，就这个测设问题，河岸又是曲线的，如果没有全站仪或测距仪，应当如何解决呢？

| CERON71 | 位置：浙江 | 专业：规划 | 第 7 楼 | 2005-11-27　21:18 |

fzfzfz1968 斑竹的测设方法和思路都不错，这是在有计算器的条件下的测设方法。问题是当时连计算器也忘记带了，测量设备只有一台能测设距离、坐标的普通全站仪。大家再想想如何测设？

| f123yf | 位置：其他 | 专业：其他 | 第 8 楼 | 2005-11-27　21:41 |

有了全站仪条件后，思路才有了点，请各位大哥指教。

首先应用 fzfzfz1968 网友在第 2 楼的方法将 H_1 点确定下来，然后用全站仪在 B 点测量一下 H、B、H_1 所夹的 $\angle HBH_1$ 大小，并记录下来（其中点 B、H 两点的距离 D_{HB} 用全站仪测量出来）。

全站仪在 B 点，首先瞄准 A 点，并安置反射棱镜测定 AB 的水平距离 D_{AB}，然后逆时针向左测设 $\angle HBH_1$，确定出 BA_1 方向后，沿该方向测设 D_{AB} 长的距离，就可以把 A_1 点定出来了。同理，依次将其余的东、西楼的四角点 D_1、C_1、E_1、F_1、G_1 测设在地面上，这样东、西楼就又完全测设出来了！不知可行否？

| CERON71 | 位置：浙江 | 专业：规划 | 第 9 楼 | 2005-11-27　22:19 |

f123yf 想法不错。但现在是计算器也没有，如何反算 HB 的距离 S，又如何确定 H_1 点？

| f123yf | 位置：其他 | 专业：其他 | 第 10 楼 | 2005-11-27　22:26 |

回复 CERON71 网友：其中 B、H 两点的距离 D_{HB} 用全站仪测量出来。

| 345 | 位置：浙江 | 专业：其他 | 第 11 楼 | 2005-11-28　8:11 |

先在 H 附近地面定出离河 18.5m 的一条线。然后在 B 架全站仪，测出 BH 距离，用全站仪在 B 点在那条线上放样距离 BH，得新 H 点。测出原 H 点、新 H 点到 B 的水平角。瞄准其他点，测出距离；放样水平角，定出方向；在该方向上放样原距离。

| SHHNJJ | 位置：北京 | 专业：施工 | 第 12 楼 | 2005-11-29　19:10 |

这个主题今天我才发现，觉得是要回一下。其实呀这种问题有时确实会碰到，就是典型的

扭转问题。在没有计算器的情况下，可以先将原先的点位都测一下，得到角度和距离。再根据要修改的距离测出角度，依次扭转这一角度就可以啦。测量上是有不少窍门的，多动脑子是我这个初学者的一贯态度和心得。

| CERON71 | 位置：浙江 | 专业：规划 | 第13楼 | 2005-11-30 16:05 |

在实际操作中，我是照345的方法定出新H点。但放两幢住宅楼的角桩我比以上各位都简单。

| 杨柳依依 | 位置：辽宁 | 专业：结构 | 第18楼 | 2005-11-30 21:25 |

这个问题好像只是一个几何题。在平面上算出尺寸就可以了，如果原点已定位的话，就说明已具备测设的能力了，还会有什么问题吗？

楼上各位说要用全站仪，我觉得没有那个必要吧，用经纬仪与钢尺就可以了。

| chenshuquan | 位置：广东 | 专业：规划 | 第20楼 | 2005-12-3 22:20 |

我觉得有全站仪的时候就不用计算了。用345的方法放出新H点后，本来你这个任务有所有桩点的坐标，在图上已经是设计院给了的。干脆就用图上的设站在B点，用本来的H点的坐标但是用新的H点做后视。按照本来的坐标放样出其他桩的点位，那不是更快吗？请大家指教。

| sziri507 | 位置：广东 | 专业：市政 | 第21楼 | 2005-12-7 15:37 |

在B点设站，在H点附近画出以B为圆心、BH为半径的一段弧线，在弧线上取与河岸距离18.5m处为H'点，实测旋转角HBH'，每个桩点都旋转同一角度即可，18.5m不用很精确，关键是BH'距离要控制好。这种问题一般只作定性讨论，现在施工不可能那么随意。

| SIYING | 位置：辽宁 | 专业：施工 | 第23楼 | 2006-5-3 20:03 |

有全站仪的情况下，我的想法和20楼的一样，这样用假设坐标系，直接就旋转了一个角度，觉得应该非常的方便快捷，不知道为什么20楼的兄弟居然没得到奖励。

如果没有全站仪和计算器只用经纬仪和钢尺，不知道各位是怎么放？难道从图上量角度和距离呀，那大楼还能住人吗？说能只用经纬仪和钢尺放出来的兄弟，为何不具体的说一下呀？另附一句，再厉害的测量员也不能光用眼睛和脑袋放线吧？特别是这种楼角点，要求的精度应该是挺高的。

| gym55 | 位置：河南 | 专业：规划 | 第27楼 | 2006-5-5 20:39 |

这个主题我也看了好几次了，由于本人没有施工放线测量的经验，一直没有勇气来回帖。看到这么多的楼主都发表了自己解决办法，今天斗胆来说一下自己的解决办法，如有不对的地方请各位老师们批评指正，条件是只有经纬仪和钢尺。

1. 首先固定A点不动，用钢尺量出$A-B$、$A-C$……各点之间的距离。
2. 在H点临河岸的上、下游用钢尺分别量出18.5m定出一条平行河岸的一条线。
3. 用$A-H$点的直线距离从A点量至与平行河岸的那条线的交点，确定这一点为新的放线H_1点。
4. 将经纬仪架在A点后视H点测量出H点到H_1点的平面夹角，这个角度就是整个放线点需要旋转的角度。

5. 经纬仪在 A 点不动分别以原来各点作后视，旋转上述角度并用 A 点至原来各点的距离即可定出新的放线点 B_1、C_1……。

以上是固定 A 点不动，同理也可固定 B 点不动作旋转。不知道这样解决行不行。

8.1.7 讨论主题：高层建筑平面控制网如何设置。

原帖地址：http://bbs3.zhulong.com/forum/detail2546256_1.html

| bay | 位置：浙江 | 专业：其他 | 第1楼 | 2005-11-30　17:00 |

高层建筑平面控制网如何设置，欢迎大家讨论（图8.8）。

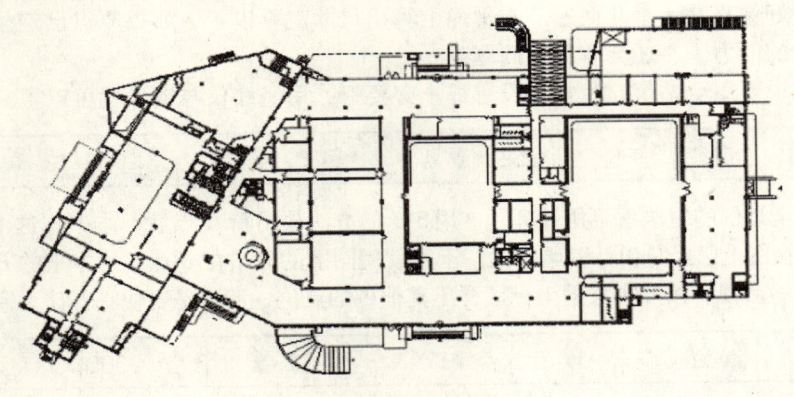

一层平面示意图

图 8.8

| bay | 位置：浙江 | 专业：其他 | 第2楼 | 2005-11-30　17:01 |

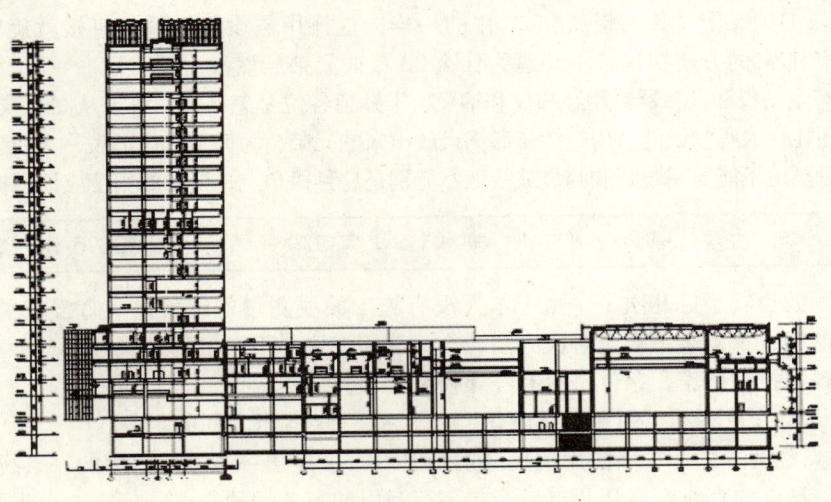

1—1 剖面示意图

图 8.9

| jiaoshi | 位置：湖北 | 专业：施工 | 第4楼 | 2005-11-30 20:17 |

  这类工程是没有做过的，但从一些资料上有点收获。民用建筑的控制网布设方式有内控法和外控法，其中内控法精度比外控法精度高，一般用于楼层比较高的建筑当中。如上海的金茂大厦就采用内控法布设平面及高程网。外控法用于楼层较低的建筑之中，记得在学校的一次实习时当时在武汉有一栋建筑十七层，采用的方法就是外控法。

| 杨柳依依 | 位置：辽宁 | 专业：结构 | 第5楼 | 2005-11-30 20:56 |

  我想如果要得出内控法还是外控法的结论，及施工现场平面控制网的建立，除了要提供平面图外，还需要很多条件：
  1. 要考虑的是施工的方法及流水段的划分，这对于选择在哪里最先投点是很重要的。
  2. 施工的外部环境的影响，是否存在投设外控点的可能性。
  3. 测量仪器的因素，是否有垂准仪或带弯镜的经纬仪，是否有较大的线坠。
  4. 图纸设计的结构的影响，这些需要考虑在基础及主体阶段不同的施工投测方法。
  以上几点仅是通过看书而得，小妹初出校门，有些考虑可能过于书本化，还请各位前辈指教。

| cexovj | 位置：其他 | 专业：其他 | 第6楼 | 2005-11-30 21:05 |

  1. 首先根据周围环境决定采取内控法还是外控法，应该都可以，只不过外控法需要周边要有比较高的建筑可做标识。
  2. 确定测量放线控制轴线两到三条，然后通过这几条控制轴线放出其他的线。

| bay | 位置：浙江 | 专业：其他 | 第8楼 | 2005-12-1 8:46 |

  根据本工程情况，我的设想是这样的：±0.000以下采用外控法施工放线，以上部分主楼采用内控法，裙房采用外控法。主楼平面呈矩形，设四个控制点，其中两点必须设在最长轴线附近。裙房施工根据施工段的划分分别设置不少于3点的十字控制线，控制线设在外墙柱上。

| 8965618 | 位置：广东 | 专业：施工 | 第11楼 | 2005-12-1 11:40 |

  建立平面控制网：根据建筑平面分布特点，本工程平面控制以"内控法"为主，依据施工平面图建立平面控制桩。按照规划图和设计图纸建立轴线控制网，经复核无误，在拟建建筑物四周建立轴线控制点。控制点应设置牢固、稳定，不下沉、不变位，并用混凝土保护。在±0.000施工完成后，在楼面上根据外控点缩进适当距离（以不影响上层施工放线为原则）固定内控点，上层施工时预留孔洞引测，施工时要认真复核各轴线及控制点的位置是否正确，办理好有关手续。

| lichanglongl | 位置：湖南 | 专业：结构 | 第13楼 | 2005-12-1 14:47 |

  根据本工程情况，±0.000以下采用外控法施工放线，以上部分主楼采用内控法，裙房采用外控法。主楼平面呈矩形，设四个控制点，其中两点必须设在最长轴线附近。裙房施工根据施工段的划分分别设置不少于3点的十字控制线，控制线设在外墙柱上。

| lqs1404 | 位置：上海 | 专业：结构 | 第 16 楼 | 2005-12-1 21:26 |

不好意思，发表一点点小看法，请多多指教。本工程平面控制网应分二个步骤：

1. ±0.000 以下采用外控法，在基坑安全位置布设轴线坐标控制点，其中高层这部分设一套控制网（比如把 X、Y 方向轴线各引出一条），裙房部分设一套控制网（比如把 $X1$、$Y1$ 方向轴线各引出一条），经规划部门、测绘部门、监理、甲方复核无误后，方可进行主体引测工序。

2. 待 ±0.000 结构完成后，将经复核后的控制点引至 ±0.000 结构完成面上，再经监理、甲方复核无误后，方进入我们所提的第二个步骤——±0.000 以上结构平面控制网的选择。

±0.000 以上结构采用内控法，将外控制点引入结构的点（或轴线点），采用箱式保护方式，将点（或轴线点）安全地保护好，同样也布设两套（高层及裙房各一套）控制点。在二层以上结构施工中，对准保护点垂直位置预留 250mm×250mm 引测洞，等上层结构混凝土浇捣完毕后，采用铅垂仪或激光经纬仪（或线坠）进行垂直线引测，直至上层进行分测工序。高层部分超过 30m 以上可以把保护点进行垂直转移，将点做于某层结构面上。

3. 控制点（控制网）对结构施工的复核：将点引至某层结构时，均要在结构层上进行距离复核及角度复核，复核无误时方可进行对结构的分测。谢谢。

| bay | 位置：浙江 | 专业：其他 | 第 17 楼 | 2005-12-2 8:58 |

楼上网友的测量思路在实际施工是可行的，但：

"经规划部门、测绘部门、监理、甲方复核无误后"，规划部门不会对你的控制网进行复核；

"高层部分超过 30m 以上可以把保护点进行垂直转移，将点做于某层结构面上。"如果是采用垂准仪这个高度是否还可增加？

| zhang2272 | 位置：天津 | 专业：施工 | 第 19 楼 | 2005-12-3 20:53 |

无论外控、内控首先要保证的是精确，我正在做高层施工，以下是我的心得：

1. 如选用外控法，必须保证各个做镜点距楼面有足够的距离和在其方向上可做不易遭到破坏的控制点，以保证其精确性。

2. 内控法如选用线坠，线坠必须在 8 磅以上，重量越大就越精确。无论选用线坠还是激光垂直仪必须在 4 层或 15m 以上在换一个（一层）控制点，以防止误差积累。

3. 每层必须保证不少于 3 个控制点，最后一个点可以拉大尺寸以求闭合与否。

4. 有还想了解的朋友可以加 QQ12648001。

| yttx | 位置：山东 | 专业：其他 | 第 22 楼 | 2005-12-5 7:59 |

我在网上找了一下相关知识，找到了下面的东东，希望对大家有用：

高层建筑物的平面控制网和主轴线是根据复核后的红线桩或平面控制坐标点来测设的，平面网的控制轴线应包括建筑物的主要轴线，间距宜为 30～50m，并组成封闭图形，其量距精度要求较高，且向上投测的次数愈多，对距离测设精度要求愈高，一般不得低于 1/10000，测角精度不得低于 20″。

见附件，下载地址：http://bbs3.zhulong.com/forum/detail2546256_3.html。

| dfj001 | 位置：河北 | 专业：施工 | 第 26 楼 | 2005-12-6 16:49 |

高层结构的平面测量控制：

±0.000 以下用外控法（轴线用线坠吊上来），因为地下部分通常是抗渗结构，不允许在板上留洞。

±0.000 以上采用内控法（一层留好点，以上每层都要留放线孔，用铅垂仪投点），因为高度过高，建筑物周围不好留轴线；再就是用线锤吊容易出现误差较大的情况。

| 漫天飞雪 | 位置：北京 | 专业：结构 | 第 28 楼 | 2005-12-10 9:45 |

高层建筑施工一般控制点都选择在轴线 1m 为控制线，顶板浇筑混凝土时预留出 200mm×200mm 结构洞口，我们盖的是 16 层办公楼，分两个流水段，每个流水段留出两个放线口，拉通线，用线坠法控制垂直度。

| 万航 1971 | 位置：湖南 | 专业：造价 | 第 38 楼 | 2005-12-23 16:22 |

测量一般有外控和内控方法。高层建筑的施工测量方法一般来说是随机应变的。具体的方法要根据你建筑的规模、形状、建筑物周围的情况等等情况来定，也可以外控和内控结合一起用。我觉得一般条件容许的话（场地比较开阔），采用外控法比较容易满足施工进度和质量检测的要求。我以前做的两个超高层都是用的外控法。测量时可以在混凝土浇捣前模板装好后在建筑物周边的模板上面投点，标记，这样还可以检查装好模板的轴线是否正确。混凝土浇捣完毕后利用模板上的投测点连线，做出楼面混凝土的控制线。内控法的话要在建筑物内做点，一般要等到混凝土浇捣完毕才可以投点，进度有点滞后，而且受养护水的影响等投点不是很方便。

一般定主轴线时最好塔楼和裙楼的主轴线采用一套。为保证施工需要，一般定在靠建筑物周边一点比较合适。一般高层根据建筑规模采用不同的控制，我以前一般都是采用井字控制线，投测的控制线可以相互校核，有问题的要及时复核平差。

总之做高层测量要心细，多检查，多校核。

8.1.8　讨论主题：全站仪的精度问题。

原帖地址：http://bbs3.zhulong.com/forum/detail2548283_1.html

| 杨柳依依 | 位置：辽宁 | 专业：结构 | 第 1 楼 | 2005-11-30 21:30 |

前几天我们临近的小区请来了测绘人员来做定位，共 17 幢楼，有的楼只给了一个点，有的给了两个点。结果发现给了两个点的出现问题，两点之间的距离有的差了 4cm，有的甚至差了 20cm，当然也有不差的。想向各位哥哥姐姐请教一下，用全站仪的精度能有多大，我看棱镜在那一立，也没有什么先进的方法来控制垂直度，且上站落点足有 1cm 粗，能保证精度吗？小妹初学建筑，还请大家多多指教。

| jiaoshi | 位置：湖北 | 专业：施工 | 第 2 楼 | 2005-11-30 21:52 |

看来去你们那里测量的人水平太差或者根本不认真。一般来说，放样点的精度与距离是成比例的，小区内做定位，重点是控制点要布设好。精度根据仪器来定的，这种情况下，放样点的距离不应小于 10mm。这里你要注意你的尺子是不是能满足要求？两点距离是不是最短距离？

| f123yf | 位置：其他 | 专业：其他 | 第 8 楼 | 2005-12-1 8:54 |

只要按照规范操作，全站仪能保证精度要求。误差的问题，不要轻易下结论，最好请原测绘单位或其他专业测绘单位复查，再作评论。

| yttx | 位置：山东 | 专业：其他 | 第 15 楼 | 2005-12-4 20:36 |

全站仪精度问题可以参考下面的连接：
http：//bbs2.zhulong.com/forum/detail1740005_1.html。
多种全站仪的使用说明可以参考下面连接：
http：//bbs2.zhulong.com/forum/detail714796_1.html。

| xhloveqq | 位置：四川 | 专业：造价 | 第 18 楼 | 2005-12-5 10:54 |

规划给点到你们复核之间有多长时间？如果按规范进行复核，产生 20cm 的误差可能性不大，这么大的差值对于你所说的这类测量应该算是错误了，不能理解成我们测量里的误差。

8.1.9 讨论主题：测量软件计算结果的差异。
原帖地址：http：//bbs3.zhulong.com/forum/detail2794225_1.html

| wei12003 | 位置：上海 | 专业：其他 | 第 1 楼 | 2006-1-1 11:24 |

现提出一个议题，请有兴趣的朋友参加讨论：我在用清华三维、PA2002/PA2005、瑞得、杨运英的控制测量平差等平差软件计算同一个控制网，在计算方案设置一样的前提下，最终点位坐标基本一致（也就差 3mm 以内），但是方向改正数、精度评定结果差异就比较大了，造成这种情况的原因是什么？如何解决？有什么好的建议？

先提出问题，我再谈看法。

| sokkia | 位置：山东 | 专业：其他 | 第 3 楼 | 2006-1-1 21:25 |

我用过 PA2005 和 NWC 计算同一附和导线，当 NWC 采用角度平差时和 PA2005 的结果不同，但当 NWC 采用方向平差时，两者结果完全一致，而方向平差是严密的平差方法，杨运英的导线测量平差采用的也是角度平差，其结果不同，平差的方法不一样。

| wei12003 | 位置：上海 | 专业：其他 | 第 4 楼 | 2006-1-1 23:22 |

控制网的精度与控制网布设的网形和观测方案密切相关，当控制网一旦布设并观测完毕后就与采用什么软件计算有很大的关系。但现在的问题是，不同的软件由于设计思路不一样，采用的平差方案也可能不同。计算的结果有些出入，特别是精度评定这一环节，控制网的可靠性有多高、质量如何就看精度这个指标了。如何看待这个问题，借助这个论坛谈点浅薄的观点，期望能起到抛砖引玉的作用。不一定正确，谬误之处请网友指正。

首先要声明的是本人对软件设计不通，并且用正版软件测试，因此才提出这个问题来讨论。测试的结果是同一个软件的不同版本计算结果基本一致，精度评定不一样，不同的软件差别就大了，没法比较，大家可以测试。

按道理测量平差都是以最小二乘法原理进行的，不管采用角度平差法还是方向平差法，在采用相同的计算条件时，精度评定的结果应当是一样的。但是当我们采用不同软件平差时，结果却不一致。产生这种结果的原因可能一是计算机浮点数表达不一样的因素，但计算机浮点数还是有个范围，不是无限的，产生的结果应当在毫米位数之后；二是平差软件的内部数据结构及计算方法不同，可能采用的误差方程不一样（条件方程多于实际用来平差的误差方程）；三是软件平差的数学模型是否也不一致呢？还有其他原因网友可以跟帖提出。

这就产生一个疑问，最小二乘法原理平差的结果不是惟一的？有关部门怎么来规范？特别是名目繁多的测量软件在没有通过权威部门的科学鉴定下怎么就能在市场上销售呢？

目前情况下用户只能用不同的软件进行平差，点位坐标取平均值，精度评定互相参照。实在不放心只有干脆两三个人分别独立手工来平差计算，采用最传统的办法了。这就冤枉了我们的银子了，解决一个问题需要我们花两个软件的钱。仓促之下，先胡说八道这些。

acerzh	位置：安徽	专业：其他	第6楼	2006-1-1 23:58

楼主的观点是错误的。不同的平差方法，精度评定结果是不同的。你可以推导一下，方向平差的精度要高于角度平差，这可以经过理论推导证明的，我们可进一步讨论。

我是做了这方面的研究，不同的平差方法精度评定结果肯定有出入的，如果不同的平差方法最后精度评定相同，那这个软件一定有问题。

wei12003	位置：上海	专业：其他	第13楼	2006-1-2 22:47

acerzh，你好！那请教最小二乘法原理平差的结果不是惟一的？还有同样用方向平差得出的精度评定结果怎么就不一样呢，定权方式不一样？

sokkia	位置：山东	专业：其他	第16楼	2006-1-3 14:47

这是 PA2005 的平差结果（控制点结果），如表 8.3。

PA2005 的平差结果　　　　　　　　　　表 8.3

点名	X (m)	Y (m)
B	188345.8709	5216.6021
A	187396.2520	5530.0090
C	184817.6050	9341.4820
D	184467.5243	8404.7624
2	187966.6394	6889.6621
3	186847.2667	7771.0456
4	186759.9971	9518.1968

sokkia	位置：山东	专业：其他	第17楼	2006-1-3 14:48

这是精度部分（点位中误差），如表 8.4。

平面点位误差成果表　　　　　　　　　　　　　　　　　　　　　　表8.4

点名	长轴（m）	短轴（m）	长轴方位（dms）	点位中误差（m）	备注
2	0.0123	0.0099	155.334230	0.0158	
3	0.0146	0.0126	23.093801	0.0192	
4	0.0141	0.0121	104.061850	0.0185	

sokkia	位置：山东	专业：其他	第18楼	2006-1-3　14:48

用NWC平差，采用方向平差的结果（控制点坐标），如表8.5。

控制网平差坐标平差值　　　　　　　　　　　　　　　　　　　　　表8.5

点名	纵坐标 X（m）	横坐标 Y（m）	备注
0	188345.8709	5216.6021	（已知点）
1	187396.2520	5530.0090	（已知点）
2	184817.6050	9341.4820	
3	184467.5243	8404.7524	（已知点）
2	187966.6392	6889.6621	
4	186759.9970	9518.1964	
3	186847.2665	7771.0456	

sokkia	位置：山东	专业：其他	第19楼	2006-1-3　14:53

这是NWC的点位误差结果，如表8.6。

点位中误差和误差椭圆　　　　　　　　　　　　　　　　　　　　　表8.6

编号	点名	Mx（cm）	My（cm）	Mp（cm）	E（cm）	F（cm）	T（dms）
1	2	1.20,	1.03,	1.58,	1.24,	0.98,	155.5504
2	4	1.18,	1.39,	1.82,	1.40,	1.16,	101.4627
3	3	1.42,	1.29,	1.92,	1.45,	1.25,	23.3352

其中，最大点位误差点是3点，$mx = 1.42$，$my = 1.29$，$mp = 1.92$

平均点位误差：$mx = 1.26$，$my = 1.24$

sokkia	位置：山东	专业：其他	第20楼	2006-1-4　15:09

大家看到两软件的平差结果坐标基本一致，误差只是在毫米后一位，点位误差也一致，只是4号点一个是1.85，一个是1.82。误差椭圆差别较大，长轴方位不一样，最大差别也是在4号，2°左右的差，而4号是最后一个点。我怀疑是不是误差椭圆的计算方法不同？而误差椭圆是根据协方差阵来的……原因正在考虑中，如果大家需要角度平差的结果我可以传图，结果绝对不一样。

| zlf430074 | 位置：湖南 | 专业：施工 | 第 22 楼 | 2006-1-4　17:29 |

本人曾在 excel 中用条件平差编制过附和导线的严密平差，在编制的过程中，我发现小数位取值对改正数的影响较大，原因在于在条件式不符值 W 一般要将度化为秒常数 ρ（= 206265），在圆周率取 3.14 与 3.141592627 经放大 ρ 倍后，结果值相差甚远，绝不再毫米之列。

| sunyang98241 | 位置：浙江 | 专业：施工 | 第 24 楼 | 2006-1-5　20:10 |

大家看到两软件的平差结果坐标基本一致，误差只是在毫米后一位，点位误差也一致。以上是第 20 楼网友的说法，我还是同意的。对于第 22 楼网友的说法我不敢苟同，EXCEL 中虽然小数位数不同，但是他只是在单元格中的显示做了四舍五入，数值本身没有发生变化的，不信可以试一次就知道了。

| zlf430074 | 位置：湖南 | 专业：施工 | 第 25 楼 | 2006-1-5　21:14 |

第 24 楼网友的意见十分中肯，但我在此特指：输入角度时，我们习惯于度分秒，然后再转化成小数，但在 excel 中求正余弦 sinA 时，A 的单位为弧度。例如求 sin30°公式编制时应输入 sin（30°/180°/ * 3.14），故有此一说（本人学浅，未能在 excel 找到 π 常数）。更正一点常数 ρ 应改成"弧度化为秒"。

顺便将我以前做的附（闭）和导线条件平差（excel 版）上传。做了以后才发现网上有类似帖（至今也未看），便不好意思上传。老实说我周围小圈子里懂这个的也不多，大家多批评指正。附件下载地址：http://bbs3.zhulong.com/forum/detail2794225_3.html。

| wei12003 | 位置：上海 | 专业：其他 | 第 29 楼 | 2006-1-6　11:57 |

为了让大家对方向平差和角度平差结果的差异有一个直观的了解，建议第 20 楼网友把角度平差结果也贴上来。此外，如果哪位对这一问题有兴趣进行进一步的研究，建议把程序编程数摸查一下，有什么不同，如果采用不同的条件方程平差结果会是一个怎样的情况。若能给一个结论，那最好不过了。

| sokkia | 位置：山东 | 专业：其他 | 第 30 楼 | 2006-1-6　20:06 |

这是用 NWC 角度平差的结果，如表 8.7。

控制网平差坐标平差值　　　　　表 8.7

点名	纵坐标 X（m）	横坐标 Y（m）	备注
0	188345.8709	5216.6021	（已知点）
1	187396.2520	5530.0090	（已知点）
2	184817.6050	9341.4820	（已知点）
3	184467.5243	8404.7624	（已知点）
4	187966.6422	6889.6635	

续表

点名	纵坐标 X (m)	横坐标 Y (m)	备注
6	186759.9968	9518.2021	
5	186847.2675	7771.0478	

| sokkia | 位置：山东 | 专业：其他 | 第31楼 | 2006-1-6 20:08 |

这是用杨运英软件的平差结果，如表8.8，大家看是否一样：

附合导线严密平差计算表　　　　　　　　　　　　　表8.8

点名	现测角值	改正数（·）	方位角	观测边长（m）	改正数（mm）	边长平差值（m）	坐标 (m)	
							X	Y
b								
a	85 30 21.1	+0.78	161 44 07.2				187396.252	505530.009
2	254 32 32.2	−0.81	67 14 29.1	1474.444	+6.88	1474.451	187966.642	506889.664
3	131 04 33.3	+0.65	141 47 00.5	1424.727	+6.80	1424.724	186847.267	507771.048
4	272 20 20.2	−0.02	92 51 34.4	1749.322	+10.56	1749.333	186759.997	509518.202
c	244 18 30.0	+3.31	185 11 54.6	1950.412	+2.26	1950.414	184817.605	509341.482
d			249 30 27.9					
备注	$WB = -3.90°$　测角中误差 = 2.61″			$Wd = 15.13$mm　$Ws = 23.06$mm			$Wy = -17.40$mm　$1/T = 1/286161$	

附：（如果起终点的连线及各边不相交则）面积 4560092.399m^2。

| sokkia | 位置：山东 | 专业：其他 | 第32楼 | 2006-1-6 20:09 |

这是用NWC的精度评定结果，如表8.9。

点位中误差和误差椭圆　　　　　　　　　　　　　　表8.9

编号	点名	Mx (cm)	My (cm)	Mp (cm)	E (cm)	F (cm)	T (dms)
1	4	1.17,	1.23,	1.69,	1.23,	1.16,	97.5659
2	6	1.44,	1.42,	2.02,	1.50,	1.36,	141.0047
3	5	1.44,	1.38,	1.99,	1.47,	1.34,	31.0334

其中，最大点位误差点是6点，$mx = 1.44$，$my = 1.42$，$mp = 2.02$
平均点位误差：$mx = 1.35$，$my = 1.34$

| sokkia | 位置：山东 | 专业：其他 | 第33楼 | 2006-1-6 20:10 |

杨运英软件的精度评定，注意他里面的误差椭圆方向是度，不是度分秒，如表8.10。

表 8.10 精度评定

点名	方位角中误差（"）	边长中误差（mm）	边长相对中误差	相邻点位中误差 mm	坐标误差 M_x (mm)	M_y (mm)	M (mm)	误差椭圆参数 A (mm)	B (mm)	F (°)
a										
2	1.65	12.14	1/12 万	16.95	11.66	12.30	16.95	12.31	11.64	97.95
3	1.63	11.35	1/13 万	16.01	14.39	13.76	19.91	14.74	13.38	31.06
4	1.56	12.62	1/14 万	18.32	14.44	14.15	20.22	14.98	13.58	141.01
c	1.51	14.32	1/14 万	20.22						

| licz01 | 位置：安徽 | 专业：其他 | 第 37 楼 | 2006-1-8 17:24 |

使用同一软件采用角度平差和方向平差得到的结果也应该有小的差异，因为定权不一样，之所以采用角度平差是因为计算方便，把不同方向的权近似的认为等权，此为不严密的平差计算。所以在高等级的控制网平差计算往往采取方向平差。

| iamspider | 位置：新疆 | 专业：规划 | 第 51 楼 | 2006-1-27 22:27 |

所有的故事只能有一首主题歌，平差也一样的。彼此计算程序之间不可能有大的出入。由于浮点数很难保证计算的结尾误差，所以一点差别没有是不可能的。其实绝对的正确是没有意义的，关键是能不能解决实际的问题。别忘了测量是一门实用学科。

| sokkia | 位置：山东 | 专业：其他 | 第 54 楼 | 2006-3-2 15:57 |

平差理论都丢了好几年了，在实际应用中除了大的项目用严密平差，一般的也就用简易平差，不过个人赞同以上同行提出平差软件应该由权威部门来鉴定后再发行的建议，同时平差软件是不是也应该在说明书附上软件采用的数学模型和计算方式，让用户可以比较其平差结果。国内的软件行业管理可能是比较松散，特别是这些专业软件，对这些好像没有特别的法规出台（个人所知只有一些要求类的东西，对成品的强制鉴定好像是没有），所以在支持楼主在实用中细心比较。

| lfk928036 | 位置：辽宁 | 专业：景观 | 第 55 楼 | 2006-3-3 13:42 |

我在平差易 2005 中发现这样几个问题，不知是否问题，请各位指教：
1. 平差三角高程网时无法设置单向观测边（大多数边对向观测，个别单向观测的情况）。
2. 三角高程网不能和平面测角网同时进行平差（需平面测角网平差后手动输入反算边长）。
3. 没有闭合条件的在闭合差项中不必列出（即闭合差项前面打叉的项）。

| gzstyxb | 位置：广东 | 专业：施工 | 第 60 楼 | 2006-3-19 16:32 |

对于各位讨论的问题，我也凑热闹。说点自己的看法。不正确的地方，请多指正。
1. 角度平差和方向平差
角度平差，实际上是把两个观测方向转化为一个角度，然后参与平差计算。如果一个测站仅仅有两个方向的话，角度平差和方向平差能得到一样的结果。如果一个测站有三个方向或者三个以上的方向，则角度平差实际上应该算一种近似的平差的。之所以这样说是因为两个角度的中间方向影响着这两个角度，也就是说，这两个角度是相关的关系。严格的平差方式就是采用方向平差。

对于附和导线，采用角度平差和方向平差，几乎完全一样。因为导线的每个测站都只有两个方向的。各位使用的软件，多数是方向平差，没有提供角度平差法。极少数的既可以采用方向平差，也可以采用角度平差。

2. 不同软件计算结果存在差异的问题

我们先不说软件。过去，没有计算机时候，平差控制网好像采用计算器，或者手摇计算机（不过我没有见到）。采用计算器计算，为了便于核对计算成果是否正确，往往是两个人采用不同的方法，各自独立计算，最后比较成果。结果一致，那么认为计算没有问题，否则至少有一个人计算错误。

采用计算器计算，在小数位上，一般取的不长（实际上受计算器限制，也无法取长）。我也没有参与过这样的工作，没有自己的经验，不过，从教科书上列举的算例来看，成果在毫米上是一致的。

我想，采用计算器计算都可以保证毫米一致，那么一般情况下，计算机计算的成果也至少在毫米上是一致的。这个是我的推断，推断也可能是错误的。于是我采用了几款软件分别计算比较（我比较的都是边角网），得到的结论是：有几款软件计算，一般情况结果在毫米上完全一致，精度评定也基本一致。当然，也有不一致和存在差异的地方。

3. 关于 NWC：这个软件我使用过，比较了解，提一点各位使用时候需要注意的地方。该软件可以采用角度平差，也可以采用方向平差。采用不同的计算方法，输入的先验单位权含义不一样的。另外一个是，该软件计算的结果不是方向改正数，而是角度改正数。据说，新版支持方向改正数。

| haojiu | 位置：山东 | 专业：其他 | 第62楼 | 2006-3-21 9:15 |

平差计算时，最好使用不同的软件分别计算，我以为只要计算结果相差不大，取平均值作为最终成果就可以了。我平时计算就是使用清华山维和科傻。

| gzstyxb | 位置：广东 | 专业：施工 | 第63楼 | 2006-3-21 12:54 |

回复第 62 楼网友：对于你的做法，我持不同意见。

1. 先说这两个软件，如果是纯粹测角网或者测边网，坐标结果基本上是一样的，精度评定则存在差异。对于边角网，坐标和精度都不一样。这是我比较的结论，也许是我使用过程存在问题，而不是软件问题。如果不是我使用的问题的话，为什么有许多软件能计算一致，而这两个不一致呢？难道权威也有两种的？有的人解释说是计算过程不一样。确实，计算思路不一样，是存在差异，毕竟计算机计算的精度也是有限的。哪有计算结果相同（不要理解是完全一样，这里的相同，我的理解是毫米位上是一致的）的软件，我们能认为它们的计算思路以及数据组织结构完全一致吗？不同软件计算，确实存在差异，关键这个差异一般来说存在一个合理的范围的。

2. 取平均值的话，实际上失去了严密平差的意义了。严密平差的目的，一个是得到最近真值的坐标，一个是得到观测的精度信息。对于一般工程来说，现在仪器都有非常好的精度，我不做严密平差，仅仅简易平差计算，也能得到较好的坐标，同时也能满足工程需要。经过我采用部分附和导线验算，严密平差和简易平差坐标都很接近的，相差都很小（当然，与观测精度，控制网型也存在关系）。这样说来，我根本就不需要什么严密平差了。既然如此，又何必来个"平均值"呢？

3. 对于上述疑问，我也没有很好的答案，各位自己找到合适自己的答案就可以了。

| caocao413 | 位置：辽宁 | 专业：其他 | 第 64 楼 | 2006-3-31 17:07 |

同样的平差思路，不同的程序计算的结果，应该是一致的，否则可能这个程序就有问题。

| gzstyxb | 位置：广东 | 专业：施工 | 第 65 楼 | 2006-3-31 23:21 |

回复第 64 楼网友：老兄表达不很明白。经典平差方法有两种：条件平差和间接平差。不管一个软件怎么的不一样，万变不离其宗。不同软件的差异仅仅在于数据结构的组织不一样而已，除了这点，原理都是 [pvv]＝最小。那么，除了核心的 [pvv]＝最小之外，实际上不同软件由于数据组织不一样，计算过程是有差异的。要不然，有的软件能计算某些控制网而有的软件却不能呢？

至于这个计算结果一致的条件，与计算思路没有任何关系的。你采用条件平差，他采用间接平差都一样。关键的是在相同计算条件：一样的定权方式，一样的先验精度设置，是否迭代，是否采用验后权等等。只有这样的条件一致，才会有结果一致的说法。这个说法实际上还是理论上的，实际计算还要考虑计算精度带来的影响等等。

说同一个控制网观测数据，在相同计算条件下，在一定精度范围内，不同软件计算结果一样才有意义的。至于这个精度范围多大合适，依据我目前计算比较的结果看来，一般在毫米上是一致的（包括坐标值和精度评定），都应该是正确的。没有必要再追求毫米后面再几位一致。

8.1.10 讨论主题：关于圆弧定位方法。

原帖地址：http：//bbs3.zhulong.com/forum/detail464028_1.html

| zxp110321 | 位置：浙江 | 专业：施工 | 第 1 楼 | 2004-8-24 20:48 |

关于圆弧形的建筑物，当弧度很大，半径在几百米长时，我不想去找那个圆心。求教各位，有没有什么好方法可以定出这个圆弧？

| tuotian | 位置：浙江 | 专业：结构 | 第 2 楼 | 2004-8-24 21:01 |

利用 AUTOCAD 画好你要放样的圆弧，然后一直画圆弧弦的垂直中心线与圆弧的交点，再将各个交点连接的直线代替弧线，如图 8.10 所示。一直精确到误差允许范围内，然后再根据 AUTOCAD 图上的各个直线段的尺寸去放样，不知道各位还有没有更好的方法？

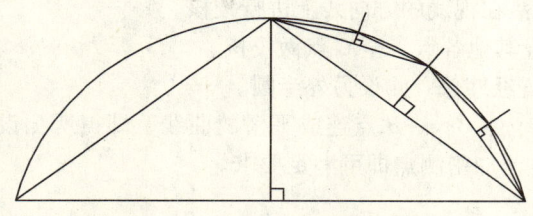

图 8.10 关于圆弧定位方法

| comf10929 | 位置：上海 | 专业：施工 | 第3楼 | 2004-8-24　21:12 |

我一般是在施工图上找一个弦长，在建筑平面上确定这条线，然后在图上量弦到弧的距离，多量几个点，把它反映到建筑平面上，连接这些圆弧上的点，就定出圆弧了。

| 三剑客 | 位置：河南 | 专业：施工 | 第4楼 | 2004-8-25　1:19 |

最好的方法是去找一个全站仪，那样测量起来比较方便。如果有几百米的半径，常规的做法就是楼上两位说的，利用弦长将圆弧上的点多划分一些，点越多，出来的圆弧效果越好。

| babyjjj | 位置：上海 | 专业：施工 | 第5楼 | 2004-8-25　9:25 |

以前在工地上时我也尝试过，大致好像是这样的：
1. 先用 autocad 在圆弧上平均定出 n 个点（n 根据弧的大小定，当然越多越好）；
2. 把圆弧所对应的直线一端和弧的交点与第一步中定出的点连接，可以用 CAD 计算出它们之间的关系，即直线长度和对应角度；
3. 在现场只需经纬仪和钢皮尺就可定出圆弧。
请各位高手指点。

| mycpc | 位置：广东 | 专业：结构 | 第12楼 | 2004-8-26　14:33 |

有些旅游建筑和公共建筑的平面外廓为圆弧形，有时受施工条件的限制无法采用由圆心直接画弧的测设法，可使用偏角法测设圆弧曲线。例如，某建筑物平面呈半圆形，各项尺寸如图 8.11 所示，圆心处的建筑物已先期施工，现进行外围圆弧放线。

一、施测准备
确定基准线作为施工定位放线的控制线，拟以 $AA'B'B$ 作为基准线，此四点可在圆心建筑物施工时测设控制桩，或由建筑方格网测设，另外在 C 点测设校正桩。

二、放线数据计算
弦长 $= 2R\sin(\varphi/2)$
式中　R——半径；
　　　φ——弦所对应的圆心角。

三、放线步骤
1. 在 A 点安置经纬仪，照准 A' 点，转 45°对准 C 点做校核。
2. 转动照准部，使视线与 A 点的切线成 1°角（$\varphi = 2°$），在视线方向上量出弦长 a，即可得出第一点 1，如图 8.12 所示。
3. 转动照准部，使视线与 A 点的切线成 2°角，在视线方向上量出弦长得出第二点 2，同时由 1 点量取 a，使其终点落在视线的方向线上进行校核。
4. 用同样的方法测设其他各点，至 C 点做校核。
5. 同理，在 B 点安置经纬仪，测设另外半圆。
6. 用样板将 A、1、2……C……B 点连成平滑的曲线，即得所测设的圆弧曲线。若要使测设数据更精确，按上述方法加密测点即可满足要求。

四、注意事项
1. 对控制桩应认真校核。

2. 对经纬仪进行校正，专人保管，专人使用。
3. 做好放线数据的计算记录。

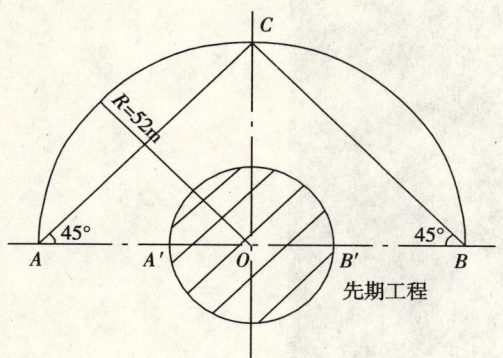
图 8.11 建筑物平面示意

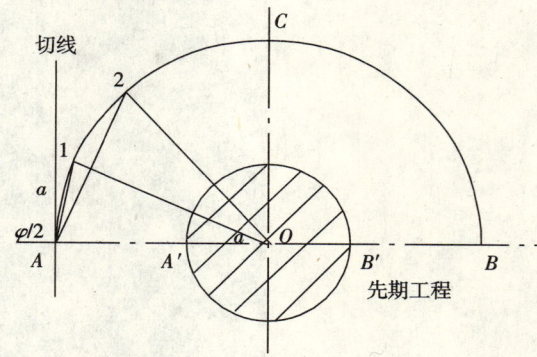
图 8.12 测设示意

| mycpc | 位置：广东 | 专业：结构 | 第 13 楼 | 2004-8-26 14:41 |

图 8.12 所示采用等弦分割，等角旋转仪器，主要应用了"弦切角＝它所夹弧所对的圆周角＝等于它所夹弧所对的圆心角一半"这一原理。通过这点提示，就很容易理解上面我贴的文章了！

8.1.11 讨论主题：在山脚下布设一个闭合导线，你有什么高招？

原帖地址：http://bbs3.zhulong.com/forum/detail1532401_1.html

| jiaoshi | 位置：湖北 | 专业：施工 | 第 1 楼 | 2005-7-12 9:55 |

在山脚下布设一个闭合导线，你有什么高招？

山体周围环境如下：山不是很高，但有些陡不好上，山的占地面积有些大，面积有将近 10 多平方公里。山上有一个移动公司的发射塔，这个塔有点高，在山脚都可以看到它。山的周围是一些小山包，高度都不高，最高也就 80m。在山脚下有一条环山的公路，要沿这条公路布设一个环山的闭合导线。你有什么好的办法吗？

| ji3499222 | 位置：山东 | 专业：其他 | 第 2 楼 | 2005-7-12 10:49 |

主要是在做导线的同时，用前方交会法交会出发射塔的坐标值（最少 3 个方向），测图时在任何一个导线点上都可以用发射塔来定向（方位定向），这样可减少来回定向的时间，减轻劳动强度，提高工作效率。

| jiaoshi | 位置：湖北 | 专业：施工 | 第 3 楼 | 2005-7-12 12:30 |

楼上网友的方法还是不错的。这个主要是在做导线时，用全圆观测法将基站塔作为一个未知点进行观测，这样做不仅可以得到基站塔的坐标，而且可以发现导线在测设过程中的错误。

图 8.13 所示就是我的方法了，大家还有什么高见啊？

| fzfzfz1968 | 位置：浙江 | 专业：安装 | 第 4 楼 | 2005-7-12 14:06 |

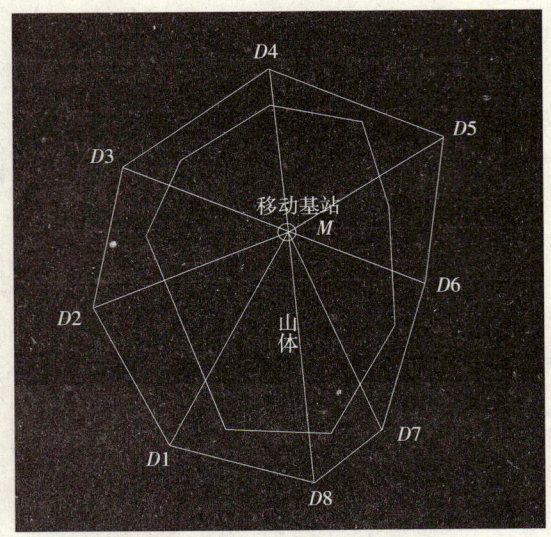

图 8.13

  我觉得你的这个思路很好。不过按照你对这个地形的描述来看，你的这个导线平均边长一般应超过 1000m。对于边长超过 1000m，总长超过 10km 的导线，应该是高等级的导线了。我想应该有专门的设计和施测方案，否则是很难保证闭合差在要求范围的。至于说观测中间的一个标志，如果你在方案里本身就是把它作为以后平差的一个点，按照你的方法是很好的，但如果你不准备把它作为一个点参与平差，只是作为以后测量时的一个校核用，那我觉得没有必要每个点都去观测它，你说呢？

| jiaoshi | 位置：湖北 | 专业：施工 | 第 5 楼 | 2005-7-12　15:42 |

  回复第 4 楼：你的意见很好，将中间点作为平差的一个点进行平差，这是一个好主意。至于说导线的等级可以根据要求去布设，如果你做这个导线，按四等布设你怎样做方案呢？假定使用 TCR702（$2''$，$2mm + 2 \times 10^{-6}$）仪器。

| fzfzfz1968 | 位置：浙江 | 专业：安装 | 第 6 楼 | 2005-7-12　19:34 |

  这里面至少应该保证方位角闭合差、全长相对闭合差不能超出规定，要保证这些有很多因素，仪器肯定要满足有关要求。但不是说仪器精度好就可以测出好的成果，还要考虑视线高度情况、点位稳定情况、仪器鉴定情况、棱镜杆水准泡调整情况等。说到这里我想起一个事情，在一个高速公路测量时，我们把导线完成后，成果提供给监理来复测，怎么测都超限，最后让我们全部重新来过。我不相信这个结果，就去把他们的仪器及其他附件拿来，自己检查，结果还没有实地去测，我就查出他的这个棱镜杆的水准泡严重不准。后经我调整后，让监理重新复测，结果就符合要求了。

  我的意思是说，如果要观测 10km 以上的导线，各方面都应准备充分。

8.1.12　讨论主题：测边网这样布设，行吗？

原帖地址：http://bbs3.zhulong.com/forum/detail1948041_1.html

| jiaoshi | 位置：湖北 | 专业：施工 | 第 1 楼 | 2005-9-11　17:55 |

我们要开工一个工程，精度要求高，需要在工程周围布设 7 个控制点。我想利用两个已知点和三个控制点先布设一个三等测边网，再加密其他的四个点（加密等级为四等），如图 8.14 所示。图 8.14 中 DB01 与 S25 不能通视，与其他点均可通视。我没有做过测边网，以前也没看别人做过，就想做一下，但有几个问题不太明白，请高手指点一二。

1. 测边网两点间的距离是否一定要往返测？
2. 图中已知的高程为三角高程，高程精度为厘米精度，能否直接引用？
3. JK05 这个点的水准高程可以从周边的二等水准点上引测，其他的相对较困难，这样其他点的高程用三角高程能否达到四等？还有四个控制点（加密点），可以引测三等水准高程，用五个点的高程对各点的三角高程进行测量的精度能否达到三等测边网的精度？
4. 以下点位如果不用三等测边网，直接布设成四等，如何布设（7 个未知点）？
5. 测边时，天顶距测四组，斜距测三组能满足要求吗？
6. 在做测边网的时候，我要注意哪些问题？

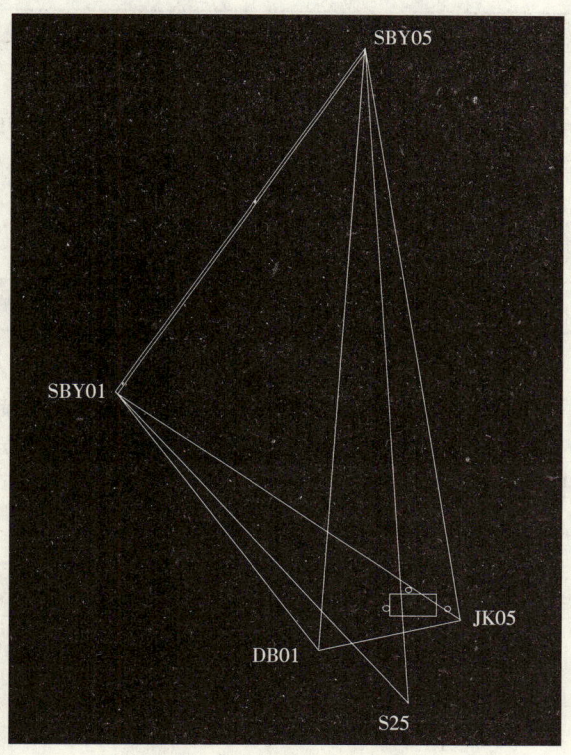

图 8.14　测边网布设

jiaoshi	位置：湖北	专业：施工	第 2 楼	2005-9-11　17:56

上面贴图中，红色框就是施工的范围。几个点的大致高程为 SBY05：524.40；SBY01：430；DB01：400；S25：417；JK05：407。其他四个点高程大致在 350~395 之间。

345	位置：浙江	专业：其他	第 5 楼	2005-9-12　0:16

哪两个是已知点？边长多少？
问题（1）往返测；
问题（2）可以用，最好用水准点。各点应当连测；
问题（3）测边网是平面控制测量，与高程控制是两个系统，没有"三角高程进行测量的精度能否达到三等测边网的精度"的说法；
问题（4）可以；
问题（5）要看你的仪器情况，一般距离4测回以上；
问题（6）仪器检验；在好的气象条件下测量；加气象改正。

另外，你的工地只需要的是联测原有坐标系统，但可能要的是内部精度高，如原已知点远的话，分级好。工地的几个点不一定联测多个点（一个点一个方向就可），具体看工程情况。一般已知控制点的点位误差在5cm以内。

| jiaoshi | 位置：湖北 | 专业：施工 | 第 7 楼 | 2005-9-12 8:35 |

这是水利工程中的一个单项工程，长96m，宽30m，高77m。所用仪器是：TCR702，测角精度是2″，测距精度是$2mm + 2 \times 10^{-6}$。

回5楼：图中双线的那条边是已知边，也就是SBY01－SBY05。已知点的精度在5cm以内是不是太大了？这里的首级网是按二等控制网的要求布设的。精度估计在10mm以内，因为布网所用的仪器是T3和DI2002（或ME5000）。

第3个问题是用三角高程对边长进行解算的精度能不能达到要求？

| 345 | 位置：浙江 | 专业：其他 | 第 8 楼 | 2005-9-12 9:01 |

回复第7楼网友：

说明：各等级的水平控制测量点位精度要求一般为5cm，由于等级越高，边长就长，相对精度就高，绝对精度难于提高。具体精度根据实测结果，但方向精度肯定相对很好。

三角高程不能对边长进行解算，精度肯定不够。特殊低级测量可能可以，要具体分析。我觉得还是要求内部精度高（局部）一些，已知点连测就可以了。

| linbo690501 | 位置：四川 | 专业：安装 | 第 9 楼 | 2005-9-12 9:43 |

第8楼的网友说得很好，内部精度最重要。另外还要用最弱边比例误差和相邻点间误差来评定较合理。测边网最重要的是测边精度，高差不大情况下天顶距应能达到要求。故一定要精确测定大气压和温度，另外还要注意边长投影问题。

| 雪地僵尸 | 位置：浙江 | 专业：安装 | 第 10 楼 | 2005-9-12 16:01 |

问题（2）：由于水电站的特殊性，考虑本控制系统主要服务于电站施工需要，建议采用相对独立的三等三角高程平面控制网（就直接采用原高程做为起算数据）。

问题（3）：建立相对独立的三等三角高程平面控制网后，只要联测一点的水准高程就OK了（三角高程观测按规范及技术设计书要求执行，垂直角往返各四测回。垂直角加入两差改正，指标差、测回差均必须在限差以内，仪高、镜高、温度、气压等均在观测开始和观测结束各读数一次）。

问题（4）：建议采用相对独立的四等导线平面控制网（按三等要求观测，可保证四等成果各项指标不会超限）。

问题（5）：根据你的仪器配置，测边往返各两测回（测距一测回的定义为照准1次，测距离4次），天顶测距4测回（如果是附合或闭合导线水平角测9测回）。

问题（6）：首先应进场踏勘，选一点位稳定、点位分布良好的点作为平面控制的起算点，并写一份控制网技术设计书上报给监理部门（这点很需要）。

建议执行规范要求：①《水利水电工程施工测量规范》（SL52—93）；②《中、短程光电测距规范》；③《三、四等国家水准测量规范》（GB12898—91）；④《水利水电工程施工测量规范》（DL/T5173—2003）。

观测时严格按规范执行，仪器必须经过鉴定、检验；观测在成像清晰、目标稳定的条件下进行（最好在观测时，测站与镜站都能撑测伞）；对于目标垂直角超过±3°测回间，要重新整置仪器，使水准气泡居中；观测过程中，应待仪器温度与外界气温一致后开始；观测过程中，仪器气泡中心偏移值不得大于一格；计算平距用垂直角必须经过两差改正，观测边经气象、加、乘常数改正，经改正后观测边投影至测区选定的高程面；平差前对所有观测记录簿按规范要求进行检查，输入计算机的所有数据必须经过百分之两百的检查。

| jiaoshi | 位置：湖北 | 专业：施工 | 第15楼 | 2005-9-13 7:03 |

请345网友解释一下：你上面所说的5cm是相对精度吗？绝对精度指的是什么？按你上面所讲的，在一个范围内按国家二等要求布设的控制网，在此控制网中加密三等网时，点位精度按5cm控制就行了吗？

| 345 | 位置：浙江 | 专业：其他 | 第16楼 | 2005-9-13 10:20 |

通常，人们有个误解，认为控制点等级越高，其点位精度也越高。一般控制网的精度要求以"最弱边边长相对中误差"来衡量，网中其他边的降低都要高于最弱边。下面看一看《工程测量规范》的要求（表8.11）。

表8.11

等级	平均边长（km）	最弱边边长相对中误差（小于等于）
二	9	1/120000
三	4.5	1/70000
四	2	1/40000

可以计算一下，边长中误差是多少？如二等为7.5cm，要不是平均边长9km，边长再短呢？可想相邻点的点位中误差能高吗。当然这是最弱边，但如果所有边都是这个精度，也是合格的。

其他标准中，包括GPS网都类似。所以，有的规范就规定，如"四等网中最弱相邻点的相对点位中误差不得超过5cm"。计算后可以知道，很多高等级的控制点点位中误差是达不到5cm的。

5cm对于工程本身来说，误差太大了。但对于高等级控制测量，已经非常不容易了。如角度误差1″，10公里以外就要差5cm。

5cm 是相邻点的相对精度，绝对误差就更大了。由于边长大，方向精度是很高的。

是相对精度还是绝对误差，还要具体分析。在高等级控制测量中是相对精度，如果你引测到工地，对你来说就相当于绝对误差了。工作中，由于我们是加密，边短，误差分配到各点就不大了，所以必须连测高等级点。

5cm 是习惯叫法，按国家二等要求布设的控制网，在此控制网中加密三等网时，点位精度应按最弱边边长相对中误差来衡量，也在 5cm 左右吧。

不知有没有解释清楚，望 jiaoshi 版主及网友们更正。

| jiaoshi | 位置：湖北 | 专业：施工 | 第 17 楼 | 2005-9-13 10:59 |

谢谢 345 朋友的精彩回复，你的回复让我解开了这几天没明白过来的疑惑。

这样也可以对水电水利规范中布设低一级控制点，相对于高级点，点位精度在 10mm 的要求了。因为在水电水利工程中控制网的边长相对短得多，边长最长要求 1500m，与工程测量中的 9000m 是不能相比的，所以 10mm 以内也是完全可以做到的。谢谢兄弟！

8.1.13 讨论主题：经纬仪应更注意"对中"还是"整平"？
原帖地址：http://bbs3.zhulong.com/forum/detail2508893_1.html

| f123yf | 位置：其他 | 专业：其他 | 第 1 楼 | 2005-11-25 23:38 |

经纬仪操作时应该更注意"对中"还是"整平"？安置经纬仪、全站仪等操作中一般都有"对中"、"整平"两个方面，具体操作时两个都要做到、做好，并达到最佳结合。但我想问"对中"和"整平"中，哪个对观测值产生的误差影响更大一些？在操作时更应该注意哪个方面呢？

| 寒山道 | 位置：河南 | 专业：施工 | 第 2 楼 | 2005-11-26 9:24 |

从经验上讲应该是整平误差更大一些，对中误差一般都不会差的太大，一般都在 1mm 左右，如果仪器整平差的远的话，那就不知道测的角度会差到哪去了。

| fzfzfz1968 | 位置：浙江 | 专业：安装 | 第 3 楼 | 2005-11-26 21:14 |

对中、整平，这个问题我认为是相辅相成的，不能分开来说对中还是整平哪个对观测值产生的误差影响更大一些，他们的因果关系是可以相互转换的，这从仪器的架设方法上就能够看出来的。

| f123yf | 位置：其他 | 专业：其他 | 第 7 楼 | 2005-11-27 11:25 |

从对中、整平最后对测量结果误差影响的角度来看，应该说"整平"的影响最大。因为整平的不好将导致仪器的水平度盘不水平，望远镜十字丝竖丝倾斜，最后综合体现到观测角度包含很大误差，并且这种误差的影响与测站点到目标点的距离成正比，距离越远误差越大。而对中不够理想，只是影响仪器中心与测站点中心不在同一条铅垂线，最后的观测角度将包含一定误差，这种误差的影响与测站点到目标点的距离成反比，距离越远误差越小。

如果考虑到当今仪器基本上都是采用"光学对中器法"对中整平，那么整平对测量结果的误差影响就更为显著了。最后的观测结果不仅存在整平造成的误差影响，而且还存在着"间接的仪器对中误差"对最后角度测量结果的影响。试想，一台整平不够理想的经纬仪，光学对中器十字丝中心对准地面测站点标志中心再精确（这也是我们评价"对中已经做好"的标准），这时的光学对中器视准轴还是一条倾斜视线，仪器中心与测站点中心并没有在同一条铅垂线，仪器对中状况还是没有做好。这样，最后的观测结果不仅包含整平造成的误差影响，还包含着"因整平不好间接导致的仪器对中误差"对最后角度测量结果的影响。

所以，在经纬仪、全站仪操作过程中，在注意"仪器对中"的前提下，更应该注意"仪器整平"的质量的好坏。

| fzfzfz1968 | 位置：浙江 | 专业：安装 | 第10楼 | 2005-11-27 18:43 |

我觉得很难认同你的看法。我在3楼的观点已经很明确了，大家是不是把这个所谓的整平的程度误差扩大化了，整平的衡量标准和对中的衡量标准其量纲是不一样的。

| 345 | 位置：浙江 | 专业：其他 | 第11楼 | 2005-11-28 9:42 |

对中、整平是基本的操作，都要符合。具体是哪个更重要，要看具体情况。我认为对中要求高的地方更多一些。气泡偏离要求是1格，精密工程测量对中要求高，要求强制对中。

整平对测量有影响，没有第7楼讲的那么严重。由于整平原因，竖轴倾斜对水平角也有影响，而且不能通过盘左盘右观测来消除。对水平角读数影响为 $V\cos\beta\tan\alpha$，V 为倾斜角，β 为与倾斜面的夹角，α 为垂直角；与测站点到目标点的距离没有关系。对望远镜十字丝竖丝倾斜是不明显的；水平度盘不水平也是没有关系的；对对中的影响也是不大的，如倾斜 $1'$，对中影响大概为 $1/3438 \times 1500 = 0.4$mm。

垂直角大的时候整平更重要。

8.1.14 讨论主题：高层建筑圆弧放线。

原帖地址：http：//bbs3.zhulong.com/forum/detail2886970_1.html

| aiqingguo | 位置：河北 | 专业：施工 | 第1楼 | 2006-1-13 19:31 |

大家好！我想向大家请教一个问题，高层建筑中圆弧如何放线，例如弧形墙内凹的那种，如果是现浇混凝土墙，如何放出墙的边线和模板控制线。再有立面上的大半径圆弧线如何放？如何控制精度？

| fzfzfz1968 | 位置：浙江 | 专业：安装 | 第3楼 | 2006-1-13 20:32 |

这里有两个帖子，楼主可以参考一下，也欢迎网友讨论：

http：//bbs.zhulong.com/forum/detail1506112_1.html，

http：//bbs.zhulong.com/forum/detail1146396_1.html。

| bay | 位置：浙江 | 专业：其他 | 第4楼 | 2006-1-14 8:45 |

如果是小圆弧，比如 3~5m 直径的可以直接拉尺划圆弧就可以放出线。大圆弧画线方法有很多种，最方便的是弦长法，因为圆弧也是由直线组成的。可以用CAD划出大样图，根据1m间距量出相应点距离，制成数据点列表。按照此数据进行点放线然后连线就可以了，见

图 8.15。

立面上的控制可以借用水平标高线和投影点来控制。如果是混凝土结构首先根据图纸放大样制模板,标出垂直控制点线,水平控制点线,现场安装只要控制这两根线就行了。砖墙的上部圆弧也可以用弦长法进行定位,原理同平面定位。

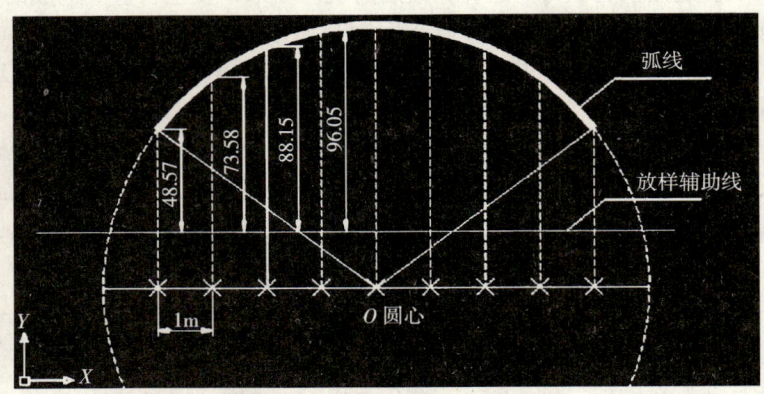

图 8.15 圆弧放线示意图

8.1.15 讨论主题:有关沉降观测的一些问题。
原帖地址:http://bbs3.zhulong.com/forum/detail3184894_1.html

| 辛颜 | 位置:辽宁 | 专业:施工 | 第 1 楼 | 2006-3-15 19:44 |

向大家请教一下,有关沉降观测的一些问题:

1. 什么建筑物需要做沉降观测,是否所有的建筑物都需要做,而不必区分某些资料上说明的高层建筑或基础有特殊情况或单桩承载力较大的建筑?

2. 关于观测点布置,相关书籍说明,观测点的布置应由设计定。在施工中对于沉降观测点选择是如何做的?如框架结构,有些书籍要求在桩上设置,是否合理?观测点的布置原则,除了变形缝、转角处、基础不同处外,对于较长结构,需要间隔多少米设置,是 8~12m 还是 15~30m?我的两本书上对此的要求是不同的,大家在施工中是如何选择的?

3. 水准点的设置及观测路线和观测仪器的选择,大家在施工是如何做的,是否可以满足精度的要求?

4. 有关沉降观测的数值问题,当每次观测的沉降量多少时为正常,多少时为异常?此值是否应根据地基情况及基础情况及主体结构情况来定,或者是某些书上有要求?当设计未说明对于沉降的要求时,你在做资料时以多少为宜?如间隔 3 个月,沉降 5mm 是否正常,50mm 是否正常,对此的判断有什么依据?

| yu7201 | 位置:江苏 | 专业:岩土 | 第 2 楼 | 2006-3-15 22:14 |

我的理解是:

1. 需要进行变形验算的建筑物就需要进行变形观测;

2. 观测点的布置书上要求比较高,我们一般以 20~30m 间距,再照顾平面上变化部位。在桩上设置观测点我觉得是不合理的,可操作性不强;

3. 观测仪器我们用 T2 水准仪加钢钢尺，一般就做一次闭合，复杂条件下就测两回；

4. 沉降量不超过规范或设计要求就应该是正常。关键在于发展趋势的判断，一般采用沉降速率，当然需要结合施工加荷情况和土质条件综合分析。

mingong	位置：河北	专业：施工	第 3 楼	2006-3-16 8:29

辛颜斑竹是不鸣则已，一鸣惊人，提的问题总是出人意料，沉降观测确实是个容易被忽视的问题，试着回复一下：

1. 个人认为应该是正常施工的建筑物都应该观测（简易的临时房连设计都不用，当然也不要观测），当然要根据各地的不同条件和规定，因为各地的地质环境相差太大。

2. 就个人经历过的地方既有根据当地地方规程的也有根据设计的，目前石家庄地区都是设计确定。当然如果需要自己确定时，布置点的位置在建筑变形测量规程中 5.1 沉降观测中有详细要求。

3. 我们这里是全部委托专业机构监测，个人认为可以参照建筑变形测量规程规定做。

4. 各地区和不同的基础形式相差太大，按照我们这里的情况看设计计算的最终沉降 10cm 的建筑在竣工时实际也就达到 2~3cm，有的甚至只有 1cm 左右。个人认为应该由设计根据其计算的最大沉降量确定。

躲雨	位置：浙江	专业：施工	第 4 楼	2006-3-16 9:41

我们这里的规定，沉降观测记录：

1. 如设计没要求，对工业厂房、公共建筑和四层及其以上的住宅建筑，应做沉降观测记录。第一次观测在观测点安设稳固后进行。以后的观测，对砖混结构工程从四层开始观测，每层观测一次，竣工后再观测一次移交建设单位；对框架结构、排架结构、钢结构工程每层观测一次，竣工后再观测一次移交建设单位。整个施工期间的观测不得小于四次。

2. 观测点布置一般由设计单位根据地质资料及建筑结构特点确定，设计无要求的由施工企业技术部门负责确定。一般要求：砖墙承重按墙长每 8~12m 设置，应设置在建筑物转角、纵横墙交接处、纵墙和横墙的中央、沉降缝的两侧；建筑物宽度大于 15m 时，内墙适当增设观测点；框架结构规定比较简单，就是在部分柱基上安设观测点；浮筏或箱形基础在周边设置。

3. 水准点不得少于 2 个，并应考虑永久使用，埋设坚固（不应埋设在道路、仓库、河岸、新填土、将建设或堆料的地方，以及受振动影响的范围内），与被观测的建筑物和构筑物的距离宜为 30~50mm；水准点帽头应采用铜或不锈钢制成，如采用普通钢应注意防锈；水准点埋设应在基坑开挖前 15 天完成；水准点埋设分深埋式和浅埋式且至少有一个深埋式（简图略）；观测采用环形闭合方法或往返闭合方法。

4. 沉降观测的数值问题还是应该由设计确定，毕竟建筑物地质情况和建筑结构特点不同，沉降的要求也大大不同，这是算出来的，不是定出来的。

jrzhangliang	位置：上海	专业：监理	第 5 楼	2006-3-16 12:33

海地区好像全面一点：

1. 建筑物施工期间必须设置沉降观测，施工完毕后委托有资质的检测单位跟踪检查 2 年，直至稳定（不稳定继续检测）。

2. 上海 6~12m 设置一点，建筑物四周大角和沉降缝两侧必须设置（文件规定）。我们这里图纸上都有规定以及位置标明。

3. 水准点按需要设置，一个永久性水准点，还有几个观测用水准点，一个区域不少于3个水准点（文件规定）。

4. 沉降均匀就是正常，最大和最小沉降量相差5cm就是不正常（一般不会出现），最终沉降量不大于设计规定，如上海地区是15cm。

| sswgijmt | 位置：福建 | 专业：施工 | 第6楼 | 2006-3-16 14:48 |

我也在这里提一个问题，就是沉降观测有没有规范要求一定要具有资质单位进行监测，可不可以施工单位自行进行监测？

| yu7201 | 位置：江苏 | 专业：岩土 | 第7楼 | 2006-3-16 16:16 |

回复第6楼网友：这点上好像沉降观测做的比较乱套，按道理是需要有一定资质要求的。现在也就看地方主管部门的意见，有的地方要求所有建筑都进行观测，有的地方规定要有测量资质的完成，有的由施工单位自己承担。沉降的资料对我们岩土来说是很宝贵的，现在因为管理比较不规范，收集资料的可靠性都成问题。

| lijianzhu | 位置：其他 | 专业：结构 | 第8楼 | 2006-3-17 16:40 |

沉降观测是分级别的，应该由具有资质等级的专业测绘单位进行沉降观测。施工单位在技术标和施工组织设计中一般有进行沉降观测的内容，一般采用DS3水准仪进行建筑物的粗略沉降观测，观测的结果可作为建筑物沉降的数据参考，工程变形测量等级能够达到三、四级。如果设计或建设单位要求测量等级高（如机场等重点工程项目），施工单位是不能完成的。

8.1.16 讨论主题：支水准路线的容许闭合差。
原帖地址：http://bbs3.zhulong.com/forum/detail2354490_1.html

| 345 | 位置：浙江 | 专业：其他 | 第1楼 | 2005-11-6 11:20 |

水准测量中，单一水准路线有闭合水准路线、附和水准路线、支水准路线。闭合水准路线、附和水准路线的容许闭合差用整个路线的长度或测站数来计算。而支水准路线的容许闭合差规范规定用单程的路线长度或测站数来计算，我认为是不合理的，应当用全程的路线长度或测站数来计算，大家以为呢？

| fzfzfz1968 | 位置：浙江 | 专业：安装 | 第3楼 | 2005-11-6 18:23 |

345，这个"支水准路线的容许闭合差规范规定用单程的路线长度或测站数来计算"的规定能解释一下是哪个规范的规定？

| 345 | 位置：浙江 | 专业：其他 | 第4楼 | 2005-11-6 18:51 |

《国家三、四等水准测量规范》、《国家一、二等水准测量规范》：

如四等：测段、路线往返测高差不符值 $\pm 20\sqrt{K}$，附和路线或环线闭合差 $\pm 20\sqrt{K}$，K 为测段、路线的长度，L 为附和路线或环线长度，《城市测量规范》也如此。

这里的测段、路线也就是支水准路线。

| fzfzfz1968 | 位置：浙江 | 专业：安装 | 第 5 楼 | 2005-11-6　19:01 |

那么，这个支水准路线既然有闭合差存在，说明是往返测的。既然是往返测，我觉得这个线路长度就应该是总的水准测量经过的路线长度，测段也应该是往返测段。

| 345 | 位置：浙江 | 专业：其他 | 第 6 楼 | 2005-11-6　19:31 |

这正是本帖的观点。但规范的意思是单程，所有的测量学教材也明确用单程。

| CERON71 | 位置：浙江 | 专业：规划 | 第 7 楼 | 2005-11-7　9:57 |

楼主的这个问题很好，我给大家来解释一下：

1. 实际上大家对支水准与闭合水准的概念混淆了：支水准是指从一个已知点出发，到未知点，再回到同一已知点的过程。虽然它也有一个闭合过程，但在测量上并不能看成是闭合水准。支水准计算时往返定权值一样，已知点到未知点的高差一般用往返高差的中数来处理。如二、三、四等水准环形网与已知点的联测，是一种特殊的支水准。而闭合水准实际上指的是由多个点组成的环形网，也叫闭合路线环。

2. 这样，水准测量中对允许误差分两种情况进行考虑：

1) 对附和或环形网存在一个闭合差，所以它的允许误差用"允许闭合差"来衡量，与路线全长有关。这就是规范中说的"附和路线或环线闭合差"。

2) 而对于支水准这种特殊情况，计算它的允许误差用另一个名字"往返较差"来衡量，也即规范中说的"测段、路线往返测高差不符值"，只与往返单程长度有关。实际上二、三、四等水准环形网与已知点的联测的误差也须用"往返较差"来计算。而且规范还对支水准的路线长度特别限制，规定为附合路线的一半。

我之所以说楼主的问题好，是因为这在实际水准操作中大家很容易犯的错误。给楼主献花了！

| 345 | 位置：浙江 | 专业：其他 | 第 9 楼 | 2005-11-7　10:45 |

谢 CERON71 网友解释。按你的解释：

1. 支水准是已知点到未知点，只有一个未知点。
2. 二、三、四等的与已知点的联测的水准环形网，是一种特殊的支水准。
3. 闭合水准实际上指的是由多个点组成的环形网，也叫闭合路线环。

有以下问题供讨论：

1. 不符值（往返测较差）是不是闭合差？我认为是。
2. 我认为路线上有几个未知点的也是支水准。以下是《工程测量基本术语标准》的支水准路线的定义：从一已知水准点出发，终点不附合或不闭合于另一已知水准点的水准路线。
3. 以上第 2 条（二、三、四等的与已知点的联测的水准环形网）容许闭合差如何计算？
4. 假如有一正方形，西南角有一已知水准点，东北角有一未知点。一种方法是环形测量，另一种原路往返，如何分别计算容许闭合差？

| CERON71 | 位置：浙江 | 专业：规划 | 第 10 楼 | 2005-11-7　12:29 |

回 345 网友：

1. 不符值（往返测较差）不是闭合差，它是针对支水准这种特殊路线的误差值计算方法，因为支水准既不闭合也不附合，不存在闭合差。

2. 支水准路线可以存在几个未知点。但它的条件是只有一个已知点，因这种路线缺少检核条件，所以规范还对支水准的路线长度特别限制。

3. 在二、三、四等的水准测量中，存在着水准环形网的，对这个环形网的误差用闭合差进行计算，如下图中的由 6 个点组成的闭合环。对环形网的一点与已知点的联测的路线，用"往返测较差"进行计算，如图 8.16 中的 1 – A 路线、3 – B 路线，而且必须往返测。

4. 你说的正方形中，如果只有一个已知点，在测量中严格讲是支水准，对它的误差计算采用"往返较差"进行。

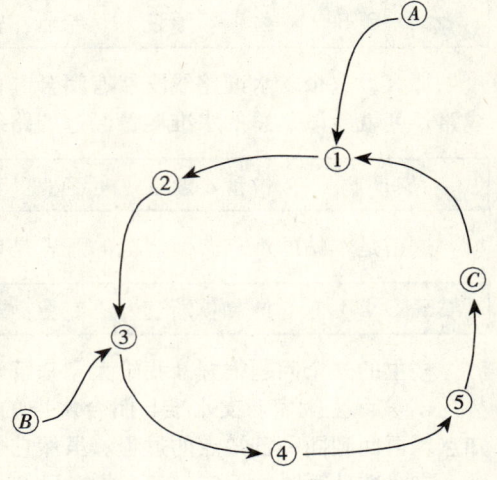

图 8.16

注：1. 图中 A、B、C 为已知点；
　　2. 1—5 为未知点。

| 345 | 位置：浙江 | 专业：其他 | 第 11 楼 | 2005-11-7　13:12 |

回复第 10 楼网友：

1. 不符值（往返测较差）是闭合差。理由是：闭合差 = 观测值 – 理论值。支水准要往返测，闭合差 = 往 – 返，（往 – 返）的理论值为零。

2. "支水准路线可以存在几个未知点。但它的条件是只有一个已知点。因这种路线缺少检核条件，所以规范还对支水准的路线长度特别限制。"存在几个未知点，只有一个已知点，组成环形是闭合水准路线。支水准路线往返测，并不缺少检核条件。闭合水准路线、附合水准路线、支水准路线的检核条件都是一个，特别限制没有道理。

3. 第 10 楼的图 8.16 是结点水准网，不是单一水准路线，$A1$、$B3$ 可以不往返，也就是可以只有单程。

4. "正方形中，如果只有一个已知点，在水准测量中严格讲是支水准"，我在第 1 楼的观点是用全程的路线长度或测站数来计算。

| CERON71 | 位置：浙江 | 专业：规划 | 第 12 楼 | 2005-11-7　14:05 |

回复第 11 楼网友：

1. "观测值 – 理论值 = 误差"，而并非闭合差，闭合差的首要条件是路线必须闭合或附合。如边长测量时，两点之间的距离应该存在一个理论值，但实际测得的都是观测值，这就产生误差。往返较差 = 往 – 返。

2. 对单一水准路线，附合路线或组成环的闭合路线严格来讲，都应该至少有两个已知点。只有一个已知点的按照《工程测量基本术语标准》的支水准路线的定义："从一已知水准点出发，终点不附合或不闭合于另一已知水准点的水准路线"，都为支水准。

3. 结点网中的 $A1$、$B3$ 路线为与已知点联测，都必须往返测，依据《工程测量规范》第 3.2.1 条表中观测次数一栏。

谢谢 345 的意见。

| CERON71 | 位置：浙江 | 专业：规划 | 第 14 楼 | 2005-11-7 17:34 |

可能楼主对闭合差的概念理解错了。看《城市测量规范》等 3.1.7 条各等水准测量的主要技术要求，对二、三、四等水准测量中的各种误差进行了规定，其中把高差不符值与闭合差分开。实际上误差有许多种，而不符值和闭合差只是误差的一种，对闭合了的水准用闭合差来计算，而对既不闭合也不附合的支水准用不符值来计算。楼主认为呢？

| 345 | 位置：浙江 | 专业：其他 | 第 15 楼 | 2005-11-7 18:55 |

哈哈，CERON71 网友，我想应该是你错了。回 12 楼：

1. 《工程测量基本术语标准》的绝对闭合差的定义：一个量或多个量的测量累计值与其固定值或力量值的差值。用"观测值－理论值＝误差"，也可以，这个误差就是闭合差。

2. "对单一水准路线，附合路线或组成环的闭合路线严格来讲，都应该至少有两个已知点"不对。《工程测量基本术语标准》的闭合水准路线的定义："起止于同一已知水准点的封闭水准路线"。在一个环线中只能有一个已知水准点，不能有两个已知水准点。如果有两个已知水准点，应该是两条附合路线。

另外，《工程测量基本术语标准》的支水准路线的定义："从一已知水准点出发，终点不附合或不闭合于另一已知水准点的水准路线"，对这个定义，应当说是有个规范表达错误，正确的我想是：从一已知水准点出发，终点不闭合或不附合于另一已知水准点的水准路线。

3. 结点网中的 $A1$、$B3$ 路线不是联测，是有三个已知水准点的水准网。不同等级可以不往返。符合《工程测量规范》第 3.2.1 条。

| fzfzfz1968 | 位置：浙江 | 专业：安装 | 第 16 楼 | 2005-11-7 20:05 |

我觉得对支水准路线往返观测的差值，无论是叫闭合差还是往返较差，其在规范中的允许误差计算公式，应该是一样的。我这里没有有关水准测量的规范，具体的公式记不清楚了，关键的问题可能还是对那个误差计算公式中线路长度"L"的理解了，从上面两位的帖子中，可以看出，两人对规范中"L"的理解是一致的，都认为是指单程的长度，只不过楼主认为这样计算不合理，而 CERON71 认为是合理的而已，是这样吗？我个人认为这里的"L"或"n"应该取往返的距离或往返的测站数之和，个人观点。

| 345 | 位置：浙江 | 专业：其他 | 第 17 楼 | 2005-11-7 20:22 |

fzfzfz1968 版主的理解正确。这是 1 楼主题的观点。但通过讨论引出其他问题，也有意义。我想我和 CERON71 网友可以作为"正方反方"，欢迎网友们也加入。

| fzfzfz1968 | 位置：浙江 | 专业：安装 | 第 18 楼 | 2005-11-7 22:12 |

我觉得你在 17 楼的说法"fzfzfz1968 版主的理解正确。这是 1 楼主题的观点"有点矛盾，我觉得这不是你 1 楼的观点。

| 345 | 位置：浙江 | 专业：其他 | 第 20 楼 | 2005-11-8 10:26 |

回复第18楼网友：

理解正确是指：第16楼的观点是指单程的长度，只不过楼主认为这样计算不合理，而CERON71认为是合理的而已。现在和CERON71网友讨论的是怎样是闭合水准路线、支水准路线，观点也不一致。

楼主提的问题我觉得没什么。不过大家引出的问题我觉得满有意思的。

8.1.17 讨论主题：全站仪的悬高测量问题。

原帖地址：http://bbs3.zhulong.com/forum/detail3054466_1.html

wei12003	位置：上海	专业：其他	第1楼	2006-2-15 20:56

现在的全站仪一般都内置有悬高测量程序。但是这个功能大多数测量人估计不会去用它，原因很简单，就是测量的方法不严谨，测量的精度无法得到保证。反正我不会去用它，主要是没有办法确定棱镜立在被测点的正下方，这样测出的距离用来计算肯定不准确。除非是粗略测量，否则真不敢用这个功能。

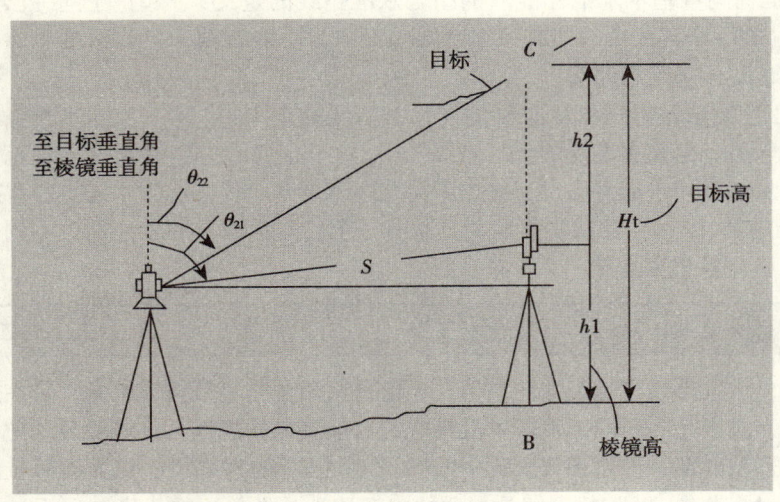

图8.17 悬高测量示意图

许多全站仪的说明都是以测架在空中电线的高度做例子（图8.17），遇到这种测量该怎么进行才好呢？

jxytmy	位置：辽宁	专业：施工	第3楼	2006-2-16 10:12

悬高测量的精度就取决于立镜点和被测点是否在铅垂线上，否则精度无法保证。现在许多全站仪都有免棱镜测量功能，此方法可以取代悬高测量。

wei12003	位置：上海	专业：其他	第4楼	2006-2-16 11:18

我真不明白仪器制造商为什么要内置这个程序，他的使用范围究竟有多广？免棱镜测量功能倒是可以测量，但没用过，不知精度如何。

| gym55 | 位置：河南 | 专业：规划 | 第 5 楼 | 2006-2-16 17:48 |

在没有免棱镜测量功能的全站仪上内置"悬高测量"程序是非常有用的，正像 jxytmy 楼主说的"悬高测量的精度就取决于立镜点和被测点是否在铅垂线上"，前年我们给公路部门测量过一次 22kV 高压线到一座设计桥面的高度，当时我们就是用全站仪的"悬高测量"程序解决的，为了保证悬高测量的精度，我们是这样测的：首先放出了两个线塔的中心线与桥面中心线的交叉点 A，在 A 点上架全站仪后视线路中心线，全站仪转 $90°$，在大约 200m 的距离处放出了另一站点 B，在 A 点向 B 点平移 4m 的位置上放出高压线与桥面的交叉点 C 点（供电部门提供的高压线到线路中心线的距离是 4m），用水准仪引测了 C 点的高程。在 A 点架全站仪在 C 点架棱镜，按全站仪的"悬高测量"程序先照准棱镜中心并水平止动，这时显示出 A 到 C 点的平距，按程序要求输入棱镜的高度，这时向上照准高压线并止动全站仪的望远镜，这时全站仪显示出高压线到 C 点的距离，加上 C 点所测的高程算出高压线的高程。测量完成。

| wei12003 | 位置：上海 | 专业：其他 | 第 6 楼 | 2006-2-17 8:02 |

第 5 楼网友，按我的理解，您所说的方法平面示意图是图 8.18 这样的吧？若是如此，我有几个问题不清楚，线塔的位置是测定的，还是有设计坐标？桥面中心线也有设计坐标？不然 A 点坐标没法计算放样。另外高压线至桥面中心线的距离供电部门是怎么得来的？4m 距离可以是 AC 与图中的红线，也可以是 AC 对称的另外一个。即使 C 点能够准确找到，虽可以用全站仪内置程序测量，但也可以手工计算对应 C 点的高压线高程，计算并不复杂，而且使用次数不会像坐标放样那么频繁，为何还要内置这样一个程序？

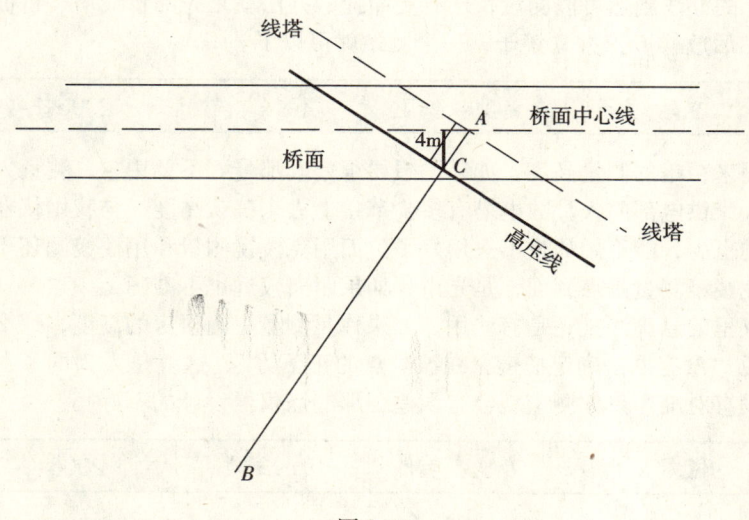

图 8.18

| gym55 | 位置：河南 | 专业：规划 | 第 7 楼 | 2006-2-17 10:22 |

wei12003 楼主你好。线路的中心线"线塔的位置不是测定的"，当时我们是这样确定的，先在两个线塔的中心位置确定了两个固定点，在一个点上架全站仪后视另一个点，在桥的一端

的中桩上架了一台经纬仪后视桥另一端的中桩，在两条视线的交点上确定出了 A 点，当时他们要求的是测出经过桥面上两条高压线中的任意一条到桥面的高度，在 A 点上架全站仪测出了线塔中心线与中桩线的平角，为了方便求出 C 点取 90°方向确定了仪器站 B 点。

| wei12003 | 位置：上海 | 专业：其他 | 第 8 楼 | 2006-2-17 11:23 |

那就是说线塔中心线与桥面中心线是垂直的，但我对供电部门提供的 4m 距离存在疑虑。如果中心线是斜交，4m 的距离有 N 个。在这种情况下，楼上的方法基本上能测量出高度，但精度如何不敢说。但总感觉还是粗测，话说回来，这种测量只要基本准确应当就可以，除非有特殊要求。

| gym55 | 位置：河南 | 专业：规划 | 第 9 楼 | 2006-2-17 12:16 |

楼主说的非常对，当时是一个朋友让帮忙。我们在此前从没有用过"悬高测量"这个程序，现在回过头来看当时用这样的方法确实是有点笨，如果只接在两个塔的中心点向同一侧垂直放出两个点，使这个点的距离到高压线线路中心的距离等于高压线线路中心到高压线的实际距离，取这两个点的连线与桥中桩连线的交点为 C 点，在桥中桩的连线上建立观测仪器站 B 点，这样就解决了两条中心线不垂直时用上法求出 C 点不正确的这个问题。

| wei12003 | 位置：上海 | 专业：其他 | 第 10 楼 | 2006-2-17 16:02 |

就这个高压线与桥面的高度而言，是一个线到面的距离问题，线是弧线，面是斜面或曲面。还是 8 楼说的只要基本准确即可，应当没有人提出要测量高压线上某一点到桥面上某一点的高度吧？楼上的办法当然可以测量，还有更简捷的办法就是先测量线塔、桥面端点坐标，求出 C 点坐标，然后放样 C 点并立镜子，一个测站就可以了。

| suchao1116 | 位置：浙江 | 专业：施工 | 第 11 楼 | 2006-2-19 23:18 |

悬高只能用来粗略的测量高度，如果是想要很精确那最好不要用它。测量人员要的就是准确度，我见过人家供电部门人员数电塔有多少节接上去来确认高度，与我用仪器测基本差不了多少。反正用的也少，能不用尽量不去用好了。而用免棱镜测量和用棱镜测还不一样，用棱镜测是点到点，免棱镜测量是点到面，是光束，如果距离较远也不准确。

其实全站仪里的悬高测量还是有些用，如果你是测量一幢楼房的高度，那么准确度相对就高一些。楼主说"没有办法确定棱镜立在被测点的正下方"，这就是人为的了，也怨不了仪器了。就像后视没有对准当然你测量就会有误差，那能怪仪器设计的不好吗？

| wei12003 | 位置：上海 | 专业：其他 | 第 13 楼 | 2006-3-3 21:15 |

发这个帖子本来是想讨论全站仪的悬高测量程序是否有内置的必要，我想全站仪内存有限，能否可以用好内存，提高全站仪的利用效率，比如内置逐渐趋进法放样边坡开挖或填筑点的程序等等可能会好些。

| gym55 | 位置：河南 | 专业：规划 | 第 14 楼 | 2006-3-3 21:40 |

我想悬高测量这个程序用不了多少内存，你说的其他几个程序要是内置进全站仪恐怕得用

不少的内存，同时还得考虑全站仪的 CPU 的功能和运算速度，我认为在没有免棱镜功能的全站仪里内置这个程序还是有点用的。

| wei12003 | 位置：上海 | 专业：其他 | 第 15 楼 | 2006-3-3 22:12 |

看样子楼上的网友对仪器比较了解，能否请教一下全站仪内置程序占多少内存怎么能查到？另外，现在的全站仪向后方交会可以多达九个点进行交会计算，计算更复杂，全站仪还是内置了。没有查资料，现在的仪器内存最大有多少啊？

| wei12003 | 位置：上海 | 专业：其他 | 第 16 楼 | 2006-3-8 22:50 |

全站仪悬高测量的原理和应用：
NIKON 全站仪集光电测距仪、电子经纬仪和微处理机于一体，不仅能同时自动测角、测距，而且精度高、速度快，尤其是它提供的一些特殊测量功能如对边测量（RDM）、悬高测量（REM）、三维导线测量、放样测量等，给测量工作带来了极大的方便。在此，讨论一下悬高测量的原理和应用。

所谓悬高测量，就是测定空中某点距地面的高度。全站仪进行悬高测量的工作原理如图 8.19 所示。首先把反射棱镜设立在欲测目标点 C 的天底 B 点（即过目标点 B 的铅垂线与地面的交点），输入反射棱镜高 HT；然后照准反射棱镜进行距离测量，再转动望远镜照准目标点 C，便能实时显示出目标点 C 至地面的高度 H。

显示的目标高度 H，由全站仪自身内存的计算程序按下式计算而得：

$$H = S\cos\alpha_1 \tan\alpha_2 - S\sin\alpha_1 + v$$

式中，S 为全站仪至反射棱镜的斜距；α_1 和 α_2 分别为反射棱镜和目标点的竖直角。

由此可见，悬高测量的原理很简单，观测起来也很便捷。利用全站仪提供的该项特殊功能，可方便地用于测定悬空线路、桥梁以及高大建筑物、构筑物的高度。值得注意的是，要想利用悬高测量功能测出目标点的正确高度，必须将反射棱镜恰好安置在被测目标点的天底，否则测出的结果将是不正确的。

综上所述，全站仪的普及使用，给我们的测量工作带来极大的方便，同时，要结合自己的具体工作，不断地对全站仪的功能进行开发，才能更好地发挥全站仪的先进功能。

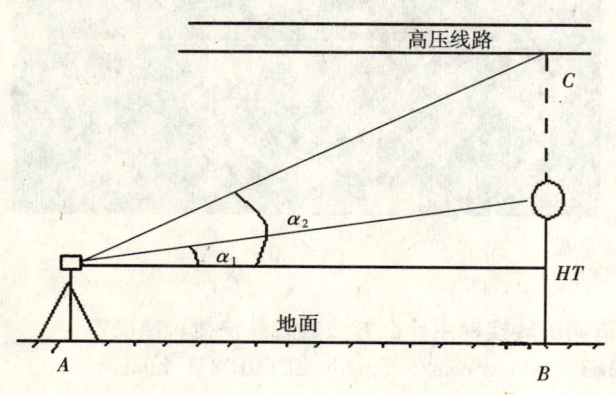

图 8.19　悬高测量示意图

| wei12003 | 位置：上海 | 专业：其他 | 第 18 楼 | 2006-3-21 9:37 |

严密的悬高测量方法，我认为应当是这样的：

1. 对需要测量架空高压线到其下方平（曲）面某一点的高度，可以先测量线塔两点坐标，建立一个直线方程，然后根据这个直线方程上的点放样到地面置棱镜，测量棱镜点的斜距、垂直角及其上方高压线的垂直角（图 8.20）。当然还要量取仪高、棱镜高，根据这些观测要素，即可计算出高压线至地面的垂直距离了，甚至可以画出高压线与地面线的断面图。这个方法的关键是在什么地方架仪器的问题，否则也会产生争议。前面说了有一个直线方程，仪器只有架设在直线的法线上，法线上的坐标是很好求的，在放置棱镜点的时候应当顺便放出来。这样测量的缺点是：如果要测量高压线多处目标至地面的高度就是设站太多，但为了保证精度，只好如此。因为 θ 角值愈小，照准高压线目标愈困难，测量的垂直角精度也愈差。当然如果 S 和两线塔之间的距离的比值很大，照准高压线的目标只是一个点，那就可以在一个测站上测量。

2. 至于楼房顶部、避雷针顶部等至地面的高度，我想还是用前方交会的方法比较妥当，也能保证精度。悬高测量要解决的就是不可到达目标至地面的垂直高度问题，至于地面某一点至空中某一点的斜高、地面不可到达目标至空中某一点的高度不在悬高测量讨论之列。

3. 全站仪内置悬高测量程序有合理的一面，不知哪位哲学家说过"存在的就是合理的"。主要是不需要人工记录计算，仪器直接显示，这就是它的方便之处，虽说这个计算很简单，但大家图的就是这一点。通过上面的讨论，可以看出，全站仪内置悬高测量方法是不够严谨的，只能适应精度要求不高的时候使用，精度要求高时要慎重使用。

4. 现在徕卡全站仪内存最大可以达到 32MB，如果用存储卡可以达到 256MB，数据存储量达到 1750MB，还可以用 GeoC++ 自己编写专用的应用程序，topcon 等等一些全站仪也可以自己编写专用的应用程序内置到仪器中，大家可以根据自己的测量工作编写自己喜欢的程序内置到全站仪。

以上几点权当是对全站仪悬高测量方法应用讨论的一个小小总结，不当之处请大家指正。

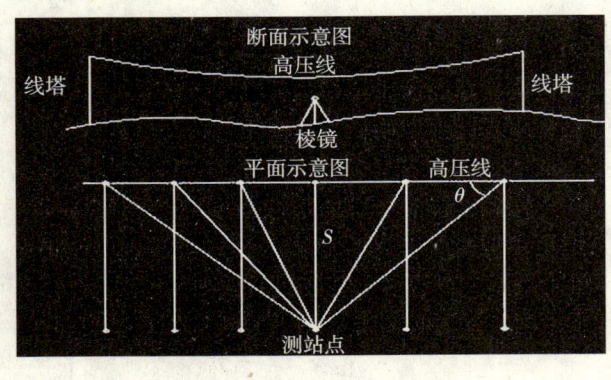

图 8.20

8.1.18 讨论主题：请问旋转楼梯用什么方法放线最快捷、准确？
原帖地址：http://bbs3.zhulong.com/forum/detail390108_1.html

| 樱木 Robin | 位置：广东 | 专业：施工 | 第 1 楼 | 2004-7-11 12:14 |

请问旋转楼梯用什么方法放线最快捷、准确？

| sohaixing | 位置：青海 | 专业：施工 | 第5楼 | 2004-7-12 18:01 |

老办法：
1. 定出圆心，如果是椭圆，也要定出双圆心。或者是弧线就用 X、Y 坐标。
2. 根据设计的楼梯步数，划分出单个踏面的角度。
3. 现场弹出踏步墨线（圆弧楼梯的内外弧、踏步投影线）。
4. 在圆心处设立标高圆心控制竿（6mm 的钢筋），在控制竿上划分出踢步分格标高控制线，竿顶用三角支架固定牢固，支模时如果外侧空间允许，在外弧也可以设立 3～4 个标高控制竿。如果没有空间也可不设立，就是检查外弧时要仔细。
5. 圆弧楼梯的踢步模板很简单，关键是底模必须计算正确。先把底模龙骨架设完毕，检查无误后，铺设底模衬板（就是一些小木方满铺），再铺设楼梯底模，大多采用 1.2mm 以上的铁皮，用剪刀剪开合理满铺。
6. 圆弧楼梯的内外侧模也是同上面底模一样施工。
7. 根据现场弹出的投影墨线安装踢步模板。
8. 施工时，下料均匀，边施工边复核。

8.1.19 讨论主题：关于沉降观测。
原帖地址：http://bbs3.zhulong.com/forum/detail2054804_1.html

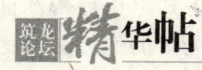

| hubig0501 | 位置：四川 | 专业：结构 | 第1楼 | 2005-9-25 19:41 |

关于什么样的建筑必须做沉降观测，以及沉降观测是否分为专业测量资质单位做的和施工单位自己做的简易方法两种，其相应的预算费用怎么算，由谁出的问题，我只是在结构设计的《高规》上看到过，说是 20 层以上或 14 层以上结构复杂的工程要做，但也不是强制性条款。我现在施工的工程是人工挖孔桩基础，13 层，总高达到 50 余米。原图纸设计中没有关于沉降观测的说法，我公司中标进场后（建设单位已经于招标前自行组织施工队伍施工了基础分部），建设单位现场代表口头要求我公司做沉降观测，而且说是施工单位的义务，包含在施工内容之中，不另外给钱。显然我没有答应，请示公司技术部门也说必须由业主作为单独的措施列项并计算费用，后建设单位代表不再提及此事，请对此事情有研究的同志帮助分析。谢谢。

| free360 | 位置：浙江 | 专业：地产 | 第2楼 | 2005-9-25 20:56 |

在温州（多为软土地基）基本上每个工程都做建筑物沉降观测（有地下室的必须做基坑变形观测），其发生的费用均由施工单位承担。

| 飘零的叶儿 | 位置：甘肃 | 专业：监理 | 第3楼 | 2005-9-25 21:19 |

在甘肃也是每个工程都必须做沉降观测，而且沉降观测记录是列入竣工验收资料里的。根据楼主所说的情况，基础已另外分包，且已做完，那就要求业主提供基础施工的全套资料，最主要的是提供测桩报告。上部结构的沉降观测还是应由你们来做，根据规范（记不清是哪本规范），每个结构层施工完毕都要进行一次沉降观测，直到竣工验收。至于费用肯定是包含在预算价之内，再单独要求支付沉降观测的费用就不合理了。

| 范柳松 | 位置：江苏 | 专业：施工 | 第 4 楼 | 2005-9-25　22:02 |

我去过一些地方，搞过施工和资料。回答这个问题得根据当地要求和图纸要求而来？如果图纸上没有注明，则由我们做一般的沉降观测，当然费用自己承担。如果图纸上有明确要求则应由甲方委托具有沉降观测资格的单位进行，费用由甲方承担。我在沈阳施工的一幢20层的高层甲方花费了三四千元（其实一般施工单位都不具有沉降观测资格的，施工单位的水准仪和塔尺的精度达不到要求）。

| hubig0501 | 位置：四川 | 专业：结构 | 第 5 楼 | 2005-9-26　20:54 |

很感谢朋友们的发言，看来很多兄弟单位的朋友们都在为业主做着高尚的奉献，我觉得如果设计提出了要求，且反映在了设计文件中的话，施工单位在投标中就应该对其做相应的措施项目报价。但如果是建设或设计单位在招投标之后提出，则应该补偿施工单位相应费用，而且业主方也可以直接找有资质的测量单位做。至于做的方法，确实也存在着简易的施工单位的自控措施和有资质的测量单位出正规报告的两种方式。

不过，对于沉降观测作为一种检测（监测）手段评估工程的质量（包括勘察质量、设计质量、施工质量）的方法，在国家级别的标准中还没有很明确和强制性的体现，所以，在操作方式上也显得八仙过海了，相应国家规范随着社会的发展和建筑行业技术进步的发展也有需要完善的地方。

对于我不做的原因当然有我的理由，除了上述的是业主代表在中标后口头提出来且不给钱的原因外，关于责任主体中，勘察质量责任主体与我方无关；设计质量责任主体也与我方无关；基础施工的质量责任主体也与我方无关。我方中标修建上部结构的房子，其重量荷载等早已在设计计算之内，所以，即使本工程出现沉降所引起的所有质量问题都与我方施工无任何关系。

另外，本工程基础持力层为中风化泥岩，人工挖孔桩基础，从概念上分析应该沉降量不会太大。这是我的考虑。还有即使施工单位做简易的观测，也要购买精度较高的仪器，该设备方面的投资对项目部来说是不划算的。

| ggggtghaps | 位置：河北 | 专业：结构 | 第 7 楼 | 2005-10-9　20:16 |

做沉降观测应当有相关资质的单位进行观测，因为沉降观测是对结构使用安全有关系的一项工作。对于高层来说，沉降观测应当是一项长期的工作，而不是一时的工作，所以应当是由专业的单位进行观测，如果是通过一段时间的观测发现有不均匀沉降后，可以对结构进行加固处理。如果只是要求施工单位在施工过程中进行沉降观测，结顶后就不再做这项工作，这应当是错误的。因为沉降不只是在施工过程中产生，它应当根据时间的推移，地基基础的变形，特别是软土地基，它的沉降在不断的进行。

要求的精度与建筑施工要求的精度也不同，因为它是通过沉降来看结构的垂直度。

| xf68 | 位置：广东 | 专业：施工 | 第 11 楼 | 2005-10-9　22:02 |

软弱地基、动力设备基础、高耸构筑物、超长建筑物都必须进行沉降观测。这个工作是在施工过程是施工单位的义务，交付后是建设单位委托进行。没有为这个事情还要专门列支费用的。

| mingong | 位置：河北 | 专业：施工 | 第 13 楼 | 2005-10-10 6:15 |

此主题有讨论价值，观测依据除楼主说得高规，还有建筑变形测量规程可看下面的帖子：建筑物垂直度、标高测量记录疑问http：//bbs.zhulong.com/forum/detail1932113_1.html。据我所知，此问题各地要求不一样，费用支出也不一样，河北这里全部是由甲方委托专业机构监测，原先在别的地方就是施工单位自行监测。

| ntyubin | 位置：江苏 | 专业：施工 | 第 15 楼 | 2005-10-10 8:29 |

以前在施工阶段是施工单位负责沉降观测的。（江苏）南通市质监站下发一份文件，对沉降观测作了明确的要求，指定要由具有资质的专业单位负责。这样近年来，我们这儿的沉降观测从施工阶段起就由业主委托专业单位观测了。是否要进行沉降观测，设计图纸上都有要求，可按设计要求执行。如果图纸上未明确，一般可在图纸会审会议上提出来，请设计方明确。

8.1.20　讨论主题：由不可及基线确定坐标的讨论。

原帖地址：http：//bbs3.zhulong.com/forum/detail1500397_1.html

| fzfzfz1968 | 位置：浙江 | 专业：安装 | 第 1 楼 | 2005-7-7 0:38 |

我虽然和筑龙接触的时间不长，但我非常喜欢这个论坛，现给大家做一个题目：

如图 8.21 所示，假如有两个已知点（A，B 两点），其标志均为国家明显等级标志，因为各种原因，我们不能到达或我们不想到达，现在我们要确定 C 点的坐标该怎么做，方法很多，望大家发挥自己的想像，比如没有测距仪器时该怎么做等等，作为一种测量方法望大家畅所欲言。

图 8.21

| llssww2005 | 位置：江西 | 专业：施工 | 第 6 楼 | 2005-7-7 21:47 |

利用陀螺经纬仪可以确定 C 点坐标，具体做法是：陀螺经纬仪架在 C 点，分别定出 CA，CB 的方位角及其夹角，而 AB 的方位角和边长是已知的（可以根据 A、B 的坐标算出），这样三角形的三个内角都可以计算出，平差一下 C 点的坐标就可以确定了。

| fzfzfz1968 | 位置：浙江 | 专业：安装 | 第 3 楼 | 2005-7-10 8:39 |

我介绍一种方法，大家认为可行吗？如图 8.22 所示，另选一点 D 分别在 C、D 点设站，

观测∠ACB、∠DCB、∠ADB、∠CDB、则C、D两点坐标可定。这是一种无多余观测的情况。一台经纬仪可以搞定。

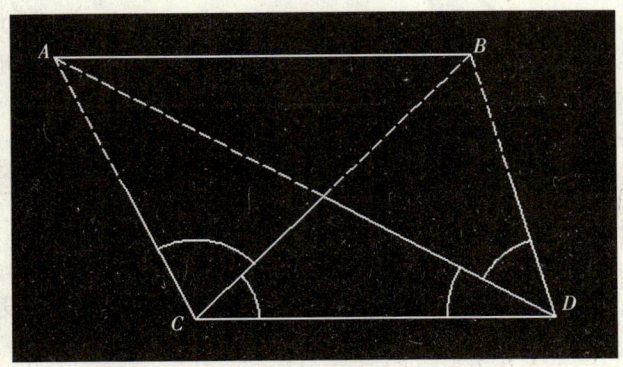

图 8.22

| llssww2005 | 位置：江西 | 专业：施工 | 第 4 楼 | 2005-7-10 9:03 |

第二种方法，在 AB 直线中任意插入一点 D，如图 8.23 所示，仪器分别架在 C、D 点分别测出 C 角、D 角以及 CD 边长，而 AD 的方位角可以根据 A、B 的坐标计算出，这样 C 点的坐标就可以推导出来了。

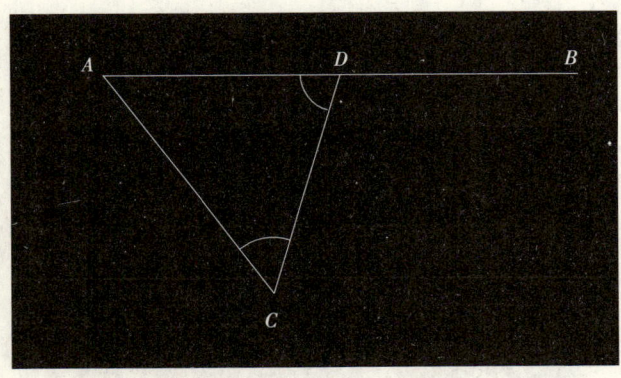

图 8.23

| 累累123 | 位置：四川 | 专业：其他 | 第 5 楼 | 2005-7-10 17:38 |

我有一种方法，只测三个角就 OK 了，如图 8.24 所示：

1. 方法是在 C 点置仪，后视 A 点在 AC 大致中间的位置确定 D 点，前视 B 点在 BC 大致中间的位置确定 E 点，并测出∠ACB。

2. 置仪 D 点测出∠BDC。

3. 置仪 E 点测出∠AEC。

不知各位意见如何。

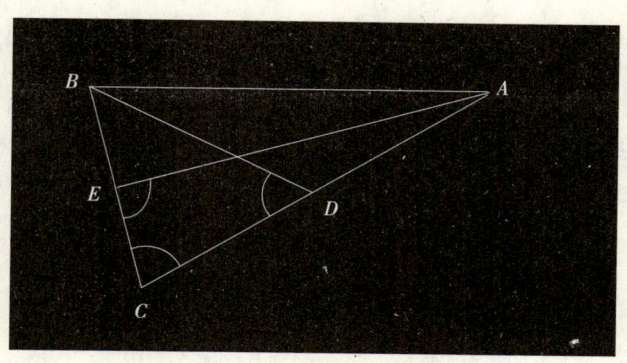

图 8.24

| fzfzfz1968 | 位置：浙江 | 专业：安装 | 第 29 楼 | 2005-7-12 18:57 |

为了标注看的清楚一些我把图变成下面的形式，其计算道理是一样的。

如图 8.25 所示，A、B 为已知点，其距离为 S，C 点为待定点，D 点为辅助点，在 C 点观测∠1、∠2，在 D 点观测∠3、∠4，求 C 点的坐标，在图中∠7 + ∠8 = 180° − ∠2 + ∠4，可以计算出，假定 CD 的长度为 x，由 x/sin（7 + 8） = b/sin4，知 b = x × sin4/sin（7 + 8）；

同理由 x/sin（5 + 6） = a/sin3，知 a = x × sin3/sin（5 + 6）；

在三角形 ACB 中，a2 + b2 − 2 × a × b × cos（1 + 2） = S2，把 a、b 分别代入可以求出 CD 的距离，余下的问题应该很好解决了。以上是一个思路，如果公式中有什么问题，请大家指正。

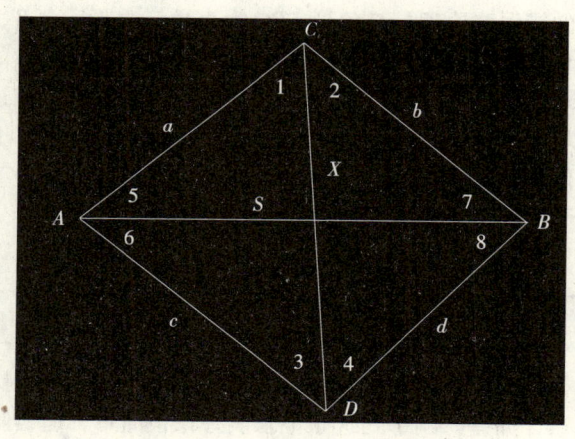

图 8.25

8.1.21 讨论主题：一个数学问题，也是个测量问题。
原帖地址：http://bbs3.zhulong.com/forum/detail2773268_1.html

| fzfzfz1968 | 位置：浙江 | 专业：安装 | 第 1 楼 | 2005-12-29 12:20 |

以前发过一个差不多的问题，那个是测角引起的误差，现再写一个关于测距小误差，引起点位大偏移的问题。

同样的如图：A、B 为已知点，设 A 点坐标为（0，0），B 点坐标为（0，500），坐标单位为米，在 C 点架设仪器，测得∠ACB 为 45°00′00″，AC 的距离为 707.10m，根据以上条件，可以求出 C 点的坐标，现在的问题是假如在如图 D 点架设仪器，其他数据都一样，只是距离 AD 为 707.09m，就是说距离相差 1cm，问 D 点到 C 点的距离大概相差多少？根据你做测量的经验估计估计。也许你会大吃一惊的。

首先说明一下，理论上这个 D 点不止一个，但我们只讨论图中示意方向的点。

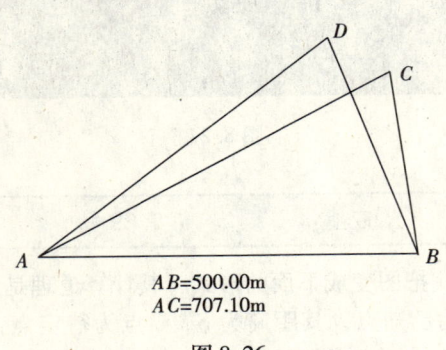

AB=500.00m
AC=707.10m

图 8.26

| 345 | 位置：浙江 | 专业：其他 | 第 3 楼 | 2006-1-3 9:59 |

斑主的所提的这个问题值得重视。AC、AD 距离相差 0.01m，对角 A、B 的影响有 8′多，C、D 两点相差 2m 左右。在实际工作中，本图形用 1 楼的方法测量是很不好的。可能由于测量误差，带来的是工程中的错误。原理是三角形 ABC 为直角三角形，∠B 为 90°。用正弦定理可以计算 B 角。但用误差传播定律根据 AC 的距离误差计算∠B 的误差时，AC 的一点点距离误差对∠B 影响很大。$dB = \sin45/500/\cos B \rho dS$，这里 $\cos B$ 接近为零。所以在这种情况下，不能测量 AC 的距离及 C 角。可以测量 BC 的距离及 C 角，或者测量两边，或者两角，或者有多余观测。

这个问题也说明了做好测量方案的重要。这也是一种优化，相当于二类设计。

8.1.22 讨论主题：关于建筑物垂直度、标高、全高测量记录。
原帖地址：http：//bbs3.zhulong.com/forum/detail2019854_1.html

| hjx200 | 位置：江苏 | 专业：施工 | 第 1 楼 | 2005-9-21 12:48 |

在建筑物垂直度、标高、全高测量记录中，有垂直度测量、标高测量和全高测量这三项，但在每项的最后还有个累计偏差。刚拿到这张记录表好像很简单，但实际去操作和填写确感觉存在问题，这张表是否存在某些缺陷。

从这么长时间在筑龙论坛房建版，亲亲斑竹在规范和技术资料上是高手，请教！

| hkh001 | 位置：广东 | 专业：其他 | 第 2 楼 | 2005-9-21 17:26 |

有没有人能用图形来说明一下建筑物垂直度、标高、全高应该是在建筑物的哪几个位置，数据测量应该是从哪些位置来测。

| 亲亲 mami | 位置：北京 | 专业：施工 | 第 3 楼 | 2005-9-22 8:22 |

各个地方对于建筑物垂直度、标高测量记录表格内容设置差异很大的,你不妨把当地的测量记录上传一份,让大家看看(表格设置不合理、不科学甚至错误的情况都是有可能的)。这里有一份北京市的《建筑物垂直度、标高测量记录》(表8.12)你可以对照一下。

北京市建筑物垂直度、标高测量记录 表8.12

建筑物垂直度、标高观测记录 表C3-5		编 号	02-C3-001
工程名称		同施工图纸上名称	
施工阶段	工程结构封顶	观测日期	2003年5月14日

观测说明(附观测示意图):

天气:多云间阴

风力:1-2级 风向:南 温度:13℃

观测时间:9:00AM

观测员:****** 记录员:******

使用仪器:经纬仪 DJD2E(J2000352)

水准仪 DSZ2.5(S2000564)

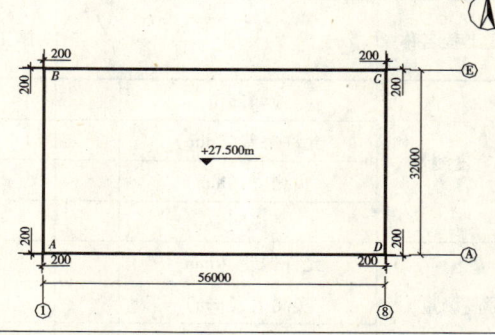

垂直度测量(全高)27.500m		标高测量(全高)27.500m	
观测部位	实测偏差(mm)	观测部位	实测偏差(mm)
①/Ⓐ	偏北3	①/Ⓐ	+12
①/Ⓐ	偏东2		
①/Ⓔ	偏西4	①/Ⓔ	-7
①/Ⓔ	偏南2		
⑧/Ⓐ	偏西3	⑧/Ⓐ	+8
⑧/Ⓐ	偏南3		
⑧/Ⓔ	偏北3	⑧/Ⓔ	-3
⑧/Ⓔ	偏东6		

结论:

本次观测建筑垂直度(全高)偏差最大6mm,标高(全高)偏差最大12mm,符合《混凝土结构工程施工质量验收规范》(GB50204—2002)及设计要求

签字栏	建设(监理)单位	施工单位	××公司	
		专业技术负责人	专业质检员	施测人
		测量技术负责人	测量验线员	

| mingong | 位置：河北 | 专业：施工 | 第4楼 | 2005-9-22　15:26 |

回复第2楼网友：这个帖子也许对你有些帮助，你可以看看，也可以说说你的观点，这个问题现实工作中译文较多。http://bbs.zhulong.com/forum/detail1932113_1.html。

| hjx200 | 位置：江苏 | 专业：施工 | 第5楼 | 2005-9-24　10:24 |

亲亲斑竹，我把本地区《建筑物垂直度、标高、全高测量记录》（表8.13）传上来了，请指教。

建筑物垂直度、标高、全高测量记录　　　　　表8.13

检测工程名称			施工阶段		检测日期		年	月	日
垂直度测量	检测部位								累计偏差
	允许偏差（mm）								
	实测值（mm）								
	说明								
标高测量	允许偏差（mm）								
	实测值（mm）								
	说明								
全高测量	允许偏差（mm）								
	实测值（mm）								
	说明								
评价与建议									
参加人员	监理（建设）单位			施工单位					
				项目技术负责人		质检员		记录人	

| 亲亲mami | 位置：北京 | 专业：施工 | 第6楼 | 2005-9-26　12:30 |

　　hjx200请不要追着我问，我好怕的。老实说，测量我就一直没学好过（学校如此、现在仍然如此，见笑了）。看了这张测量记录表，我也想问问：

　　1. 是否有必要每一层结构都进行垂直度、标高的测量呢？

　　2. 结构垂直度、标高的检测部位是如何选定的？表格设置的"检测部位"是共用的，这合理吗？

　　3. 全高测量应包括垂直度（全高）和标高（全高）两项，而在这记录表中也没有体现，为什么？

　　4. "累计偏差"有必要吗？又如何保证"累计偏差"的准确度呢？

　　5. 各地对承担这项测量的资质有何要求？尤其是全高的测量，能否由施工单位自行负责呢？

请大家讨论，好帖重奖。

| dakelove | 位置：贵州 | 专业：施工 | 第 7 楼 | 2005-9-26 14:12 |

根据亲亲斑竹的问题逐一回答，请大家指导：

1. 每一层结构都必须进行垂直度和标高测量，这是局部质量控制，只有每一层都必须保证合格，才能评论整个建筑的质量情况。

2. 结构的垂直度和标高检测部位可以按楼层和施工段划分（相当于检验批的划分），表格设置的"检测部位"是共用的，是因为在每个检测部位都有建筑物垂直度测量、标高测量和全高测量这三项数据，在填写时注明一个检测部位就可以填写这三个数据，这种应该是合理的。

3. 全高测量是包括垂直度和标高，一般的表格应该分两栏填写，他的这个表格就只有一栏，那就只填写垂直度（总高）偏差就可以，而总高标高其实就是最上面一层的高度，可以根据各层标高偏差累计来控制。

4. 累计偏差是必需的，因为局部偏差是在局部合格，但是几个偏差加起来可能会很大，比如下一层的偏差加上上一层的偏差可能就是很大的偏差，累计偏差就是控制偏差在同一方向的偏差出现很大，保证累计偏差的准确度就是在施工中要严格控制偏差值，在下层出现偏差，上一层就要调整，避免累计偏差增大。

5. 应该没有具体的要求，一般的施工人员都可以参加，但是必须具备这方面的检测知识。

检测的程序一般是施工单位自检合格都报监理公司或建设单位验收，也可以根据实际情况，各方共同检测，在记录上签认也可以。关于验收表格，你们可以看看中国建筑工业出版社的吴松勤主编的《建筑工程施工质量验收规范应用讲座（验收表格）》这本书，里面有所有的验收表格，按新规范编写的。

| mingong | 位置：河北 | 专业：施工 | 第 10 楼 | 2005-9-27 6:12 |

这个问题建议楼主不要穷追不舍了，作为老乡，我也是此表格受害者，此表格出自河北省地方规程，此规程，据我所知，是根据新规范编制的，当时编制时间确实比较仓促，而且，未广泛征求意见，里面的缺陷并不止于此。在这里说一点个人看法，这里对于总高垂直度的问题个人猜测，表格设置人和楼上几位都把概念弄混了：

垂直度偏差测量其实有两个含义：一是建筑物变形，二是施工偏差，对此问题我早就发过讨论帖子，只是没人响应而已。在变形测量规范里所说的总高垂直度应该是变形观测范畴，与沉降观测对应，应该单独用表格填写，即楼主所提供的表格，不一定要每层测量，1~5层测一次即可。

另一个总高垂直度检查，是 GB50204—2002 标准中的检查，包含标高直接在检验批表格中填写就可以了，这是控制施工误差的内容。也就是 dakelove 筑友所说的应该每层检查。

这个表格所以不好操作（填写）是设置人概念混淆了。

建议大家认真看一下《建筑变形测量规程》（JGJ/T 8—97）、《高层建筑混凝土结构技术规程》（JGJ3—2002），还有 GB50204—2002 标准，对照一下，应该有一个比较清晰、明确的思路，思路清晰了工作就应该好做了，个人观点，请大家讨论。

| yumen88 | 位置：广东 | 专业：监理 | 第 13 楼 | 2005-9-28 11:34 |

建筑物垂直度及楼层标高测量频率从主体施工阶段开始每 1~2 层施工完毕后进行一次观测，不一定每一层要测量一次，也可以每两层测量一次的，当然每一层观测一次是最好的了；测量观测点布置具体应该由设计院确定出具观测点布置平面图，有些设计院也有交给监理或施工单位根据现场实际情况自行确定的。主体施工完毕（主体封顶）后可逐渐放松观测频率，规范具体没有详细规定，应根据现场实际情况确定的。